高等数学疑难问题解析

（第2版）

主　编　李应岐　方晓峰

副主编　王　静　张　辉　郑丽娜

国防工业出版社

·北京·

内容简介

本书采用问题与分析的形式解答了工科院校高等数学教学中常见的典型问题，这些问题是作者根据教学要求以及多年的教学积累整理和提炼出来的．全书共分八章，内容包括：函数、极限与连续，一元函数微分学，一元函数积分学，微分方程，向量代数与空间解析几何，多元函数微分学，多元函数积分学和无穷级数．对每章在教学和学习中出现的典型问题和概念易错问题给予了详细的分析和解答，对部分重要的知识点进行了拓展，进一步引导读者理解和掌握高等数学的概念和思想；与此同时，在每章后面，我们选取了部分历届考研真题，供读者进一步深入学习和理解．

本书可作为理工科院校本科各专业学生学习高等数学课程的指导书或考研参考书，也可以作为相关课程教学人员的教学参考资料．

图书在版编目(CIP)数据

高等数学疑难问题解析/李应岐，方晓峰主编．—2 版．—北京：国防工业出版社，2023.8(2024.1 重印)
ISBN 978-7-118-12967-0

Ⅰ.①高… Ⅱ.①李… ②方… Ⅲ.①高等数学-高等学校-题解 Ⅳ.①O13-44

中国国家版本馆 CIP 数据核字(2023)第 137021 号

※

国防工业出版社出版发行
(北京市海淀区紫竹院南路 23 号 邮政编码 100048)
三河市天利华印刷装订有限公司印刷
新华书店经售

*

开本 787×1092 1/16 **印张** 20¾ **字数** 480 千字
2024 年 1 月第 2 版第 2 次印刷 **印数** 1501—3500 册 **定价** 58.00 元

国防书店：(010)88540777 书店传真：(010)88540776
发行业务：(010)88540717 发行传真：(010)88540762

第2版前言

为了帮助读者抓住学习要点，提高学习质量和效率，在这次修订中，我们对高等数学的基本概念、基本理论和基本方法进行了再梳理，部分章节内容做了优化重组．全书共分八章，内容包括：函数、极限与连续，一元函数微分学，一元函数积分学，微分方程，向量代数与空间解析几何，多元函数微分学，多元函数积分学和无穷级数．

此次编写我们在第1版仅有概念强化栏目的基础上，增添了学习要求、是非辨析和真题实战栏目，旨在让读者在使用过程中有针对性理解，牢固掌握，形成闭环学习路径．全书增选了248道典型问题和是非辨析题，选取了175道历届考研题作为检验对正文的掌握和理解，力求通过练与考使读者掌握相关知识点．

本次修订依然参考了众多国内外出版的教材和参考书，在此，对相应作者表示感谢．由于编者水平有限，虽对前版中出现的错误进行了更改，但仍会存在不足，恳请读者、同行和专家批评指正．

本书的编写和再版得到了军队“双重”建设资助，也得到各级领导和国防工业出版社的大力支持，在此表示由衷的感谢！

编　者

2023年1月

第1版前言

高等数学是理工科高等院校的一门重要的基础理论课程，它对学生的综合素质的培养及后续课程的学习起着极其重要的作用．灵活掌握高等数学的基本概念、基本理论和基本方法，对学生学好该课程至关重要．高等数学理论体系完整而严密，许多看似无关的部分，它们之间又有着千丝万缕的联系．随着授课学时缩减，授课班级大，授课速度快，许多学生在学习过程中不能很好地掌握概念的来龙去脉，对定义和定理的内涵和外延也不能准确理解，导致许多学生尤其是基础薄弱的学生对高等数学的学习望而却步，学习过程中囫囵吞枣，降低了学习效率．我们编写这本教学辅导书，旨在帮助那些学习高等数学的读者较好地理解和掌握高等数学的内容，对容易出错的概念和在理解上存在困难的问题，针对性地进行分析和阐述，力求思路清晰、推证简洁并且可读性强，从而满足广大师生的教学和学习要求．

在编写过程中我们注重针对教与学实践中的基本概念、基本理论和基本运算中常见的易混淆的概念性错误进行分析，主要通过以答疑及错解分析的方式编写而成．我们认为学好高等数学首先要加强对基本知识的学习，做到概念清、理论明、计算熟；其次是注重阶梯能力的训练与培养．全书精选了近400个问题，这些问题主要涉及对高等数学基本概念与基本理论的深入理解，以及对基本方法的灵活应用；对一些概念、理论与方法做了适当延伸和拓展．在阐述过程中，侧重于基本概念的深化理解，着眼于区分模棱两可的模糊认识，注重相关概念的区别与联系，剖析了初学者易出现的似是而非的错误解法．本书既注重理论分析，又注重通过正反两方面的例子来具体说明问题，既注重数学的严谨性，又注重对学生的启发引导及能力的培养．

本书是高等院校理工科类各专业学生学习高等数学课程必备的参考书，是有志考研学生的精品之选，也是授课教师极为有益的教学参考书．全书共有8章．内容包括函数、极限与连续、一元函数微分学、一元函数积分学、向量代数与空间解析几何、多元函数微分学、多元函数积分学、无穷级数和常微分方程．

本书参考了国内外出版的一些教材和参考书，在此，对文献作者一并表示感谢，由于水平有限，书中不足之处在所难免，恳请读者、同行和专家批评指正．

本书的编写和出版得到了各级领导和国防工业出版社的大力支持，在此表示衷心的感谢！

编　者

2013年10月

目　　录

第一章　函数、极限与连续

一、学习要求

1. 理解函数的概念，掌握函数的表示法，并会建立应用问题的函数关系.

2. 了解函数的有界性、单调性、周期性和奇偶性.

3. 理解复合函数及分段函数的概念、了解反函数及隐函数的概念、掌握基本初等函数的性质及其图形、了解初等函数的概念、理解极限的概念、理解函数左极限与右极限的概念以及函数极限存在与左极限、右极限之间的关系.

4. 掌握极限的性质及四则运算法则.

5. 掌握极限存在的两个准则，并会利用它们求极限，掌握利用两个重要极限求极限的方法.

6. 理解无穷小量、无穷大量的概念，掌握无穷小量的比较方法，会用等价无穷小量求极限.

7. 理解函数连续性的概念(含左连续与右连续)，会判别函数间断点的类型.

8. 了解连续函数的性质和初等函数的连续性，理解闭区间上连续函数的性质(有界性、最大值和最小值定理、介值定理)，并会应用这些性质.

二、概念强化

(一) 函数的概念

1. 邻域与去心邻域的区别和联系是什么?

分析:邻域指的是一个开区间，点 a 的 δ 邻域可记为 $\cup(a,\delta)=\{x \| x-a|<\delta\}$;而去心邻域是上述区间去掉邻域的中心点形成的两个小开区间的并集，点 a 的去心 δ 邻域可记为

$$\mathring{\cup}(a,\delta)=\{x|0<|x-a|<\delta\}.$$

它是点 a 的左 δ 邻域 $\{x|-\delta<x-a<0\}$ 和右 δ 邻域 $\{x|0<x-a<\delta\}$ 的并集.

两者的区别仅仅是包含点 a 与不包含点 a 的不同.

两者的联系为 $\cup(a,\delta)=\mathring{\cup}(a,\delta)\cup\{a\}$.

2. 说明映射与函数的关系.

分析:映射与函数是一般与特殊的关系，映射是定义在两个非空集合上的对应法则，而函数是定义在两个非空数集上的对应法则. 因此函数是一种特殊映射，但映射不一定是函数.

例如 $X=\{(x,y)|x^2+y^2=1\}$, $Y=\{(x,0)\||x|\leqslant 1\}$, $f:X\to Y$ 是一个映射，但不是函数.

3. 逆映射和反函数存在的条件是否一样?

分析:当一个映射既是单射又是满射，即双射时存在逆映射，而函数存在反函数的条件是

函数是定义域到值域的单值函数．即当映射是双射时，存在逆映射；当函数为单射时，存在反函数．

4. 单调函数有反函数，非单调函数一定没有反函数，正确吗？

分析：不正确．一个函数是否存在反函数，由其对应规则决定．若对应规则在定义域和值域之间构成一一对应关系，则必有反函数；否则就没有反函数．函数在区间 I 上单调只是一种的对应关系，单调是存在反函数的充分条件，不是必要条件．

例如，函数

$$f(x)=\begin{cases}x, & x\in Q,\\ -x, & x\in Q^C\end{cases}$$

在 $(-\infty,+\infty)$ 内不单调，但它存在反函数 $f^{-1}(x)\equiv f(x)$．

5. 分段函数一定不是初等函数？

分析：不一定．例如函数 $f(x)=\dfrac{\sqrt{x^2}}{x}=\begin{cases}-1, & x<0\\ 1, & x>0\end{cases}$ 既是分段函数，也是初等函数．

6. 如何判断一个函数是否为周期函数？

分析：判断一个函数是否为周期函数可以通过判断该函数是否具有周期函数的一些性质来判断．方法如下：

（1）由于周期函数满足 $f(x+T)=f(x)$．因此周期函数的定义域是无界的，若一个函数的定义域有下界或有上界，则该函数一定是非周期函数．

（2）若 $f(x)$ 为周期函数，则 $f(x)-f(x_0)$ 的零点必然也呈周期性．因此，若 $f(x)-f(x_0)$ 的零点不呈周期性，则 $f(x)$ 为非周期函数．

（3）通过求解 $f(x)-f(x_0)$ 的零点 $x_i(i=1,2,\cdots)$ 来计算 $T_i=x_i-x_0(i=1,2,\cdots)$，然后逐个检验 $f(x+T_i)\equiv f(x)$ 是否成立．若所有的 T_i 都使恒等式不成立，则 $f(x)$ 为非周期函数．

（二）极限

7. 如何理解数列极限 $\varepsilon-N$ 定义中 ε 与 N 的关系？

分析：数列极限定义理解的关键在于如何描述 x_n 在 $n\to\infty$ 时无限接近于 a. 定义中对于无限接近用绝对值 $|x_n-a|<\varepsilon$ 来描述，其中 ε 为“任意小”的正数．

对于 $n\to\infty$ 用 $n>N$ 表示，其中 N 要“充分大”. $x_n\to a(n\to\infty)$ 的核心在于满足 x_n 接近于 a 的程度是无限小和 $n>N$ 的所有 x_n 满足绝对值不等式．

所以数列极限的定义把描述自变量 n 和因变量 x_n 的步骤颠倒了，首先是对任意小正数 ε，存在正整数 N，当 $n>N$ 时绝对值不等式 $|x_n-a|<\varepsilon$ 成立．

数列极限定义理解的重点在于 ε 的任意给定性和 N 与 ε 的相应性．先给定任意的 ε，由绝对值不等式求出满足不等式的正整数 N，即 N 由 ε 决定．若绝对值不等式 $|x_n-a|<\varepsilon$ 有解，则满足不等式的最小正整数 N 是唯一的，但满足不等式的正整数 N 有无限多个．在这里我们关注的是 N 的存在性，因而在定义的应用中，没有必要一定要求出满足不等式最小的正整数 N.

8. 怎样表述数列极限的否定形式，即 $\lim\limits_{n\to\infty}x_n\neq a$？

分析：设有数列 $\{x_n\}$ 和常数 a，若对于任意的自然数 N，存在某个正数 ε_0 和正整数 $n_0>N$，使不等式 $|x_{n_0}-a|\geqslant\varepsilon_0$ 成立，则称数列 $\{x_n\}$ 不以 a 为极限，也称数列 $\{x_n\}$ 不收敛于 a，记为

$$\lim_{n\to\infty} x_n \neq a.$$

9. 数列极限是否可以表述为:"$\forall \varepsilon > 0, \exists N > 0$,当 $n > N$ 时,有无穷多个 x_n 使 $|x_n - a| < \varepsilon$"?

分析:不可以. 因为"当 $n > N$ 时,有无穷多个 x_n 使 $|x_n - a| < \varepsilon$."并不是 $n > N$ 所有的 x_n 满足 $|x_n - a < \varepsilon$.

例如 $\{x_n\} = \{(-1)^n\}$,对当 $\forall \varepsilon > 0, \exists N > 0$,有无穷多个 $n = 2k\left(k > \left[\frac{N}{2}\right]\right)$,满足

$$|x_n - 1| = 0 < \varepsilon,$$

但数列 $\{(-1)^n\}$ 发散.

10. 数列 $\{x_n\}$ 与数列 $\{|x_n|\}$ 是否具有相同的敛散性?

分析:一般不会同时收敛或同时发散.

若数列 $\{x_n\}$ 收敛 a,则数列 $\{|x_n|\}$ 一定收敛 $|a|$. 因为,对于 $\forall \varepsilon > 0, \exists N$,当 $n > N$ 时,$|x_n - a| < \varepsilon$ 成立,因此 $||x_n| - |a|| \leqslant |x_n - a| < \varepsilon$.

反之,数列 $\{|x_n|\}$ 收敛,但数列 $\{x_n\}$ 不一定收敛. 如 $\{|(-1)^n|\}$ 收敛,而 $\{(-1)^n\}$ 发散.

事实上,若数列 $\{x_n\}$ 恒为正(或负),则数列 $\{|x_n|\}$ 与 $\{x_n\}$ 具有相同的敛散性.

值得注意的是,数列 $\{x_n\}$ 为无穷小数列的充分必要条件为数列 $\{|x_n|\}$ 为无穷小数列.

11. 若数列 $\{x_n\}$ 的奇子数列 $\{x_{2n-1}\}$ 和偶子数列 $\{x_{2n}\}$ 收敛于同一极限,数列 $\{x_n\}$ 是否也收敛于该极限?

分析:是的. 证明:不妨设 $\{x_{2n-1}\}$ 和 $\{x_{2n}\}$ 都收敛于 a,则

$\forall \varepsilon > 0, \exists N_1 > 0$,当 $n > N_1$ 时,有 $|x_{2n-1} - a| < \varepsilon$;

$\exists N_2 > 0$,当 $n > N_2$ 时,有 $|x_{2n} - a| < \varepsilon$.

现取 $N = \max\{2N_1 - 1, 2N_2\}$,当 $n > N$ 时,有 $|x_n - a| < \varepsilon$. 故数列 $\{x_n\}$ 收敛,且极限也为 a.

12. 如何理解数列 $\{x_n\}$ 无界与数列 $\{x_n\}$ 为无穷大的关系?

分析:数列 $\{x_n\}$ 无界,是指对任给 $M > 0$,总存在一正整数 n_0,使得 $|x_{n_0}| > M$,它强调某一个 n_0 的存在性,而数列 $\{x_n\}$ 为无穷大,是对任给 $M > 0$,存在正整数 N,当 $n > N$ 时,使 $|x_n| > M$,它强调是对所有大于 N 的 n 成立. 因此,若数列 $\{x_n\}$ 为无穷大,则数列 $\{x_n\}$ 一定无界,但反之不一定成立,例如数列 $\{x_n\} = \left\{n\sin\frac{n\pi}{2}\right\}$ 无界但不是无穷大,这是因为当 $n = 2k$ 时,$|x_n| = |2k\sin k\pi| = 0$.

值得注意的是,无界数列必有无穷大子数列.

13. 如何证明数列 $\{x_n\}$ 是发散的?

分析:由于收敛数列的任意子列也收敛,且收敛于同一极限. 因此证明数列发散的常用方法有:

(1) 找出数列 $\{x_n\}$ 的一个发散子列;

(2) 找出数列 $\{x_n\}$ 的两个收敛于不同极限的子列.

14. 怎么证明数列 $\{x_n\}$ 是无界的?

分析:找出数列 $\{x_n\}$ 的一个无穷大子数列 $\{x_{n_k}\}$,即 $x_{n_k} \to \infty\ (k \to \infty)$.

15. 如何证明数列 $\{x_n\}$ 不是无穷大?

分析:常用方法是找出一个收敛子列. 例如数列 $\left\{n\sin\frac{n\pi}{2}\right\}$ 的偶子数列 $\{2k\sin k\pi\}$ 收敛于

0,则数列$\left\{n\sin\frac{n\pi}{2}\right\}$不是无穷大.

16. 若数列$\{x_n\}$,$\{y_n\}$均发散,则数列$\{x_ny_n\}$,$\{x_n+y_n\}$和数列$\left\{\frac{x_n}{y_n}\right\}$是否也发散?

分析:不一定. 例如数列$\{x_n\}=\{(-1)^n\}$和$\{y_n\}=\{(-1)^{n+1}\}$均发散,但数列$\{x_ny_n\}=\{(-1)^{2n+1}\}=\{-1\}$收敛于$-1$;数列$\{x_n+y_n\}=\{(-1)^n+(-1)^{n+1}\}=\{0\}$收敛于0;数列$\left\{\frac{x_n}{y_n}\right\}=\{-1\}$收敛于$-1$.

17. 若数列$\{x_n\}$发散,数列$\{y_n\}$收敛,则数列$\{x_ny_n\}$,数列$\{x_n+y_n\}$和数列$\left\{\frac{x_n}{y_n}\right\}$是否也发散?

分析:(1) 若数列$\{x_n\}$发散,数列$\{y_n\}$收敛,则数列$\{x_ny_n\}$可能收敛也可能发散.

例如$\{x_n\}=\{(-1)^n\}$发散,$\{y_n\}=\left\{\frac{1}{n}\right\}$收敛,$\{z_n\}=\{n^2\}$发散,而$\{x_ny_n\}=\left\{\frac{(-1)^n}{n}\right\}$收敛,$\{z_ny_n\}=\{n\}$发散.

(2) 若数列$\{x_n\}$发散,数列$\{y_n\}$收敛,则数列$\{x_n+y_n\}$一定发散. 证明如下:

利用反证法. 假设数列$\{x_n+y_n\}$收敛,由于$x_n=(x_n+y_n)-y_n$,且数列$\{y_n\}$收敛,则由极限的四则运算法则可得,数列$\{x_n\}$一定收敛,这与条件矛盾,因此数列$\{x_n+y_n\}$一定发散.

(3) 若数列$\{x_n\}$发散,数列$\{y_n\}$收敛,则数列$\left\{\frac{x_n}{y_n}\right\}$一定发散. 证明如下:

利用反证法. 假设数列$\left\{\frac{x_n}{y_n}\right\}$收敛,则由于$x_n=\frac{x_n}{y_n}\cdot y_n$,且数列$\{y_n\}$收敛,则根据极限的四则运算法则可得,数列$\{x_n\}$收敛,这与条件矛盾,因此数列$\left\{\frac{x_n}{y_n}\right\}$一定发散.

18. 下列命题是否正确?

若$\lim\limits_{n\to\infty}x_n=a$,则$\lim\limits_{n\to\infty}(x_n-x_{n-1})=0$和$\lim\limits_{n\to\infty}\frac{x_{n-1}}{x_n}=1$.

分析:若$\lim\limits_{n\to\infty}x_n=a$,则$\lim\limits_{n\to\infty}(x_n-x_{n-1})=\lim\limits_{n\to\infty}x_n-\lim\limits_{n\to\infty}x_{n-1}=a-a=0$;

若$\lim\limits_{n\to\infty}x_n=a\neq0$,则有$\lim\limits_{n\to\infty}\frac{x_n}{x_{n-1}}=\frac{\lim\limits_{n\to\infty}x_n}{\lim\limits_{n\to\infty}x_{n-1}}=\frac{a}{a}=1$;

但若$\lim\limits_{n\to\infty}x_n=0$,则$\lim\limits_{n\to\infty}\frac{x_n}{x_{n-1}}$不一定为1.

例如$\{x_n\}=\{q^n\}(0<q<1)$,且$\lim\limits_{n\to\infty}x_n=\lim\limits_{n\to\infty}q^n=0$,而$\lim\limits_{n\to\infty}\frac{x_n}{x_{n-1}}=q<1$.

19. 是否可以把数列极限定义中的"无限接近"替换成"越来越接近"?

分析:不可以."无限接近"是指$|x_n-a|$小于任意整数,"无限接近"表示$|x_n-a|$趋于0,即$\lim\limits_{n\to\infty}x_n=a$,但$|x_n-a|$不一定单调减少,而"越来越接近"只能表示$|x_n-a|$单调减少,它不能保证$|x_n-a|$趋于0.

例如数列$x_n=\left\{1+\frac{\sin\frac{n\pi}{2}}{n}\right\}$,当$n$无限增大时,$x_n$无限接近于1,但$|x_n-1|$并不是单调减少

值得注意的是，$|x_n - a|$单调减少也不一定能保证$|x_n - a|$趋于0.

又例如$x_n = \left\{1 + \frac{1}{3n}\right\}$，当$n$增加时，$x_n$越来越接近于0，即$|x_n - 0|$单调减少，但$|x_n - 0| > 1$，因此$x_n$不可能无限接近于0.

20. 如何理解函数极限的$\varepsilon - \delta$定义中ε与δ的意义与关系？

分析：函数极限是指在自变量x无限接近于某个常数a这一特定变化过程中，因变量$f(x)$与某个定数A无限接近的现象．自变量x无限接近于a用$0 < |x - a| < \delta$来描述；因变量$f(x)$无限接近某个定数A用$|f(x) - A| < \varepsilon$表示．

事实上，ε为给定的任意小正数，δ描述满足绝对值不等式$|f(x) - A| < \varepsilon$的所有x，δ由ε决定，但满足绝对值不等式$|f(x) - A| < \varepsilon$的δ有无限多个．在$\varepsilon - \delta$论证法中并不需要寻找最大的δ，因此可以利用不等式的缩放来求出满足条件的δ.

21. $\varepsilon - \delta$定义的否定形式是什么，怎么表述$\lim\limits_{x \to x_0} f(x) \neq A$？

分析：设x_0与A是给定的常数，函数在点x_0的某个去心邻域$\mathring{U}(x_0)$内有定义．对于某个给定正数ε_0，无论选择多么小的$\delta > 0$，总存在点$x_1 \in \mathring{U}(x_0, \delta)$，使$|f(x_1) - A| \geqslant \varepsilon_0$成立，则称当$x \to x_0$时$f(x)$不以$A$为极限，记为$\lim\limits_{x \to x_0} f(x) \neq A$.

22. 函数极限的几何意义是什么？

分析：极限$\lim\limits_{x \to x_0} f(x) = A$（或$\lim\limits_{x \to \infty} f(x) = A$）表示函数$f(x)$在$0 < |x - x_0| < \delta$（或$|x| > X$）上的图介于两条直线$y = A - \varepsilon$与$y = A + \varepsilon$之间．

23. 为什么说函数极限存在时，函数具有局部有界性？

分析：如果函数极限存在，即$\lim\limits_{x \to x_0} f(x) = A$（或$\lim\limits_{x \to \infty} f(x) = A$）成立，则由极限的定义，$\forall \varepsilon > 0$，$\exists \delta > 0$（或$X > 0$），当$0 < |x - x_0| < \delta$（或$|x| > X$）时，$A - \varepsilon < f(x) < A + \varepsilon$. 此时，$|f(x)| < \max\{|A + \varepsilon|, |A - \varepsilon|\}$，故$f(x)$局部有界．

24. 函数极限定义中，为什么要规定$|x - x_0| > 0$？

分析：规定$|x - x_0| > 0$就限制了$x \neq x_0$，即可以不要求函数$f(x)$在x_0处有定义，拓宽了研究函数极限的范围．例如$f(x) = \frac{\sin x}{x}$在$x = 0$处无定义，但有$\lim\limits_{x \to 0} \frac{\sin x}{x} = 1$.

25. 若$f(x)$和$g(x)$在开区间(a,b)内均无界，则$f(x)g(x)$在(a,b)内是否也无界？

分析：不一定．例如函数$f(x) = \tan x$和$g(x) = \cot x$在$\left(0, \frac{\pi}{2}\right)$内均无界，但是$f(x)g(x) \equiv 1$在$\left(0, \frac{\pi}{2}\right)$内有界．

26. 无穷小的阶是指什么？当$\alpha(x)$与$\beta(x)$分别是$x \to x_0$的n阶和m阶无穷小，当$n > m$时，$\alpha(x) \pm \beta(x)$，$\alpha(x) \cdot \beta(x)$，$\alpha(x)/\beta(x)$分别是几阶无穷小？

分析：无穷小的阶的定义总是和同阶无穷小的定义相联系．

设$\alpha(x)$与$\beta(x)$都是$x \to x_0$（或$x \to \infty$）时的无穷小，

如果$\lim\limits_{\substack{x \to x_0 \\ (x \to \infty)}} \frac{\alpha(x)}{\beta(x)} = l \neq 0$，那么称$\alpha(x)$与$\beta(x)$是$x \to x_0$（或$x \to \infty$）时的同阶无穷小．

如果 $\alpha(x)$ 与 $[\beta(x)]^k$（k 为正数）是 $x\to x_0$（或 $x\to\infty$）时的同阶无穷小，则称 $\alpha(x)$ 是关于 $\beta(x)$ 当 $x\to x_0$（或 $x\to\infty$）时的 k 阶无穷小．

特别地，当 $\alpha(x)$ 是关于 $(x-x_0)$ 当 $x\to x_0$ 时的 k 阶无穷小，简称 $\alpha(x)$ 是当 $x\to x_0$ 时的 k 阶无穷小．例如 x^3 是当 $x\to 0$ 时的 3 阶无穷小．

需要注意的是，如果 $\alpha(x)$ 是当 $x\to x_0$ 时的 k 阶无穷小，则一定存在 x_0 的某个去心邻域 $\mathring{U}(x_0,\delta)$，当 $x\in\mathring{U}(x_0,\delta)$ 时，$\alpha(x)\neq 0$，否则，若在 x_0 的任何去心邻域内，总存在 $\alpha(x)=0$ 的点，则无穷小 $\alpha(x)$ 就没有阶数．例如 $x^3\sin\dfrac{1}{x}$ 当 $x\to 0$ 时是比 x^2 的高阶无穷小，但没有阶数，因为无论多么小的 $\delta>0$，总存在充分大的正数 $\dfrac{1}{2k\pi}\in\mathring{U}(0,\delta)$ 使得 $x^3\sin\dfrac{1}{x}=0$.

若 $\alpha(x)$，$\beta(x)$ 分别是 $x\to x_0$ 的 n 阶和 m 阶无穷小（$n>m$），则：

（1）$\alpha(x)\pm\beta(x)$ 是 $x\to x_0$ 的 m 阶无穷小；

（2）$\alpha(x)\cdot\beta(x)$ 是 $x\to x_0$ 的 $n+m$ 阶无穷小；

（3）$\alpha(x)/\beta(x)$ 是 $x\to x_0$ 的 $n-m$ 阶无穷小．

27. 什么是高阶无穷小？是否有以下结论：

（1）$o(x^n)-o(x^n)=0$；　　　　（2）$o(x^3)/o(x)=o(x^2)$.

分析： 高阶无穷小的定义为：设 $\alpha(x)$ 与 $\beta(x)$ 都是 $x\to x_0$（或 $x\to\infty$）时的无穷小，如果 $\lim\limits_{\substack{x\to x_0\\(x\to\infty)}}\dfrac{\alpha(x)}{\beta(x)}=0$，那么称 $\alpha(x)$ 是比 $\beta(x)$ 在 $x\to x_0$（或 $x\to\infty$）时高阶的无穷小，记为 $\alpha(x)=o(\beta(x))$.

由于 $o(x)$ 表示 $x\to 0$ 时 x 的高阶无穷小，$o(x^n)$ 表示 $x\to 0$ 时 x^n 的高阶无穷小，但题目中的两个结论一般来讲是不成立的．例如：

（1）若取 $x^4=o(x^2)$，$x^5=o(x^2)$，则 $x^4-x^5\neq 0$.

（2）若取 $x^4=o(x^3)$，$x^4=o(x)$，则 $\dfrac{x^4}{x^4}=1\neq o(x^2)$.

关于高阶无穷小的运算有如下性质

（1）$o(x^n)\pm o(x^n)=o(x^n)$；

（2）$o(x^n)\cdot o(x^m)=o(x^{n+m})$；

（3）当 $n>m$ 时，$o(x^n)\pm o(x^m)=o(x^m)$；

（4）若 $f(x)$ 有界，则 $f(x)\cdot o(x^n)=o(x^n)$.

28. 无穷小是绝对值比零大比任何正数都小的数？无穷大是绝对值比任何正数都大的数？

分析： 都不对．无穷小是以 0 为极限的变量，除 0 以外，任何无穷小都不是固定的数．无论一个绝对值多么小的数，都是一个固定的数，它的绝对值一定大于其绝对值的二分之一，不可能小于任意的正数，因此不能说无穷小是绝对值比零大比任何正数都小的数．同样，无穷大是一个绝对值能大于任意正数的变量而不是一个数，无论一个正数多么大，都是一个固定的数，它的绝对值一定小于其绝对值的 2 倍，不可能比任何正数都大，因此不能说无穷大是绝对值比任何正数都大的数．

29. 无穷小（大）除以非零有界函数是否仍为无穷小（大）？

分析：（1）无穷小除以非零有界函数不一定是无穷小．例如函数 $\sin x$ 是 $x\to 0$ 时的无穷小，且 x 在 $(-1,1)$ 内有界，但 $\lim\limits_{x\to 0}\frac{\sin x}{x}=1$.

(2) 无穷大除以非零有界函数一定是无穷大.

设 $\lim f(x)=\infty$，且 $|g(x)|<M(g(x)\neq 0)$，则有 $\lim\frac{1}{f(x)}=0$，且

$$\lim\frac{g(x)}{f(x)}=\lim g(x)\cdot\frac{1}{f(x)}=0.$$

由无穷小和无穷大的关系得，$\lim\frac{f(x)}{g(x)}=\infty$.

30. 用等价无穷小代换求极限时应该注意什么？

分析：在求解复杂极限时，我们通常会用简单的无穷小代替式子中较复杂的无穷小简化计算. 但是必须注意，一般只能替换乘积或商式中因子，而对于和或差中的无穷小项一般不能用等价无穷小代换，否则会出现错误.

例如 $\lim\limits_{x\to 0}\frac{\sin x-x}{x^3}=\lim\limits_{x\to 0}\frac{x-x}{x^3}=0$ 是错误的. 对于此题可以用洛必达法则或泰勒公式求解.

解法一（洛必达法则）$\lim\limits_{x\to 0}\frac{\sin x-x}{x^3}=\lim\limits_{x\to 0}\frac{\cos x-1}{3x^2}=\lim\limits_{x\to 0}\frac{-\sin x}{6x}=-\frac{1}{6}$;

解法二（泰勒公式）$\lim\limits_{x\to 0}\frac{\sin x-x}{x^3}=\lim\limits_{x\to 0}\frac{x-\frac{1}{6}x^3+o(x^3)-x}{x^3}=-\frac{1}{6}$.

31. 下列计算正确吗？

$$\lim_{x\to 0}\frac{\sin\left(x^2\sin\frac{1}{x}\right)}{x}=\lim_{x\to 0}\frac{x^2\sin\frac{1}{x}}{x}=\lim_{x\to 0}x\sin\frac{1}{x}=0$$

分析：错误. 错在计算过程使用了等价无穷小代换：

$$\sin\left(x^2\sin\frac{1}{x}\right)\sim x^2\sin\frac{1}{x},(x\to 0).$$

在等价无穷小 $\lim\limits_{\substack{x\to x_0\\(x\to\infty)}}\frac{\alpha(x)}{\beta(x)}=1$ 的定义中，要求 $\alpha(x)\neq 0,\beta(x)\neq 0$，由于在 $x\to 0$ 的过程中，当 $x=\frac{1}{n\pi}$ 时，$x^2\sin\frac{1}{x}=0$，因此 $\sin\left(x^2\sin\frac{1}{x}\right)$ 与 $x^2\sin\frac{1}{x}$ 不是等价无穷小，故不能用代换. 本问题正确的做法为利用夹逼法则，由于

当 $x\neq 0$ 时，

$$0\leqslant\left|\frac{\sin\left(x^2\sin\frac{1}{x}\right)}{x}\right|\leqslant\left|x\sin\frac{1}{x}\right|\leqslant|x|,\text{且}\lim_{x\to 0}|x|=0.$$

所以 $\lim\limits_{x\to 0}\frac{\sin\left(x^2\sin\frac{1}{x}\right)}{x}=0$.

32. 设 $x_1=2,x_{n+1}=2+3x_n(n=1,2,\cdots)$. 记 $\lim\limits_{n\to\infty}x_n=a$，对等式 $x_{n+1}=2+3x_n$ 两边取极限，得 $a=2+3a$，于是 $a=-1$. 上述计算错在哪里？

分析：计算错误的原因在于没有正确理解 $\lim\limits_{n\to\infty}x_n=a$ 的含义和极限四则运算法则的条件是

各项的极限都存在．$\lim\limits_{n\to\infty}x_n=a$ 首先表示数列$\{x_n\}$收敛，其次是$\{x_n\}$的极限为 a. 又

$$x_n=2+3x_{n-1}=2+3\times2+3^2x_{n-2}=2+3\times2+3^2\times2+\cdots+3^{n-1}\times2,$$

则$\{x_n\}$单增且无上界，即数列$\{x_n\}$发散．因此对等式两边同时进行极限运算是错误的．

33. 下列计算是否正确？

$$\lim_{n\to\infty}n\left(\frac{1}{n^2+1}+\frac{1}{n^2+2}+\cdots+\frac{1}{n^2+n}\right)$$

$$=\lim_{n\to\infty}\frac{n}{n^2+1}+\lim_{n\to\infty}\frac{n}{n^2+2}+\cdots+\lim_{n\to\infty}\frac{n}{n^2+n}=\underbrace{0+0+\cdots+0}_{n个}=0.$$

分析：错误的．极限的四则运算法则只适用于有限项的四则运算，而该式实际上是无限个无穷小的和．正确的求解方法是用夹逼准则来计算．

因为$\frac{1}{n+1}\leqslant\frac{n}{n^2+k}<\frac{1}{n}$，$(1\leqslant k\leqslant n)$，则有

$$\frac{n}{n+1}\leqslant n\left(\frac{1}{n^2+1}+\frac{1}{n^2+2}+\cdots+\frac{1}{n^2+n}\right)<\frac{n}{n}=1,$$

又$\lim\limits_{n\to\infty}\frac{n}{n+1}=1$. 由数列极限存在的夹逼准则，故有

$$\lim_{n\to\infty}n\left(\frac{1}{n^2+1}+\frac{1}{n^2+2}+\cdots+\frac{1}{n^2+n}\right)=1.$$

（三）连续

34. 连续性的等价定义有哪些？

分析：（1）用极限定义连续性：$\lim\limits_{x\to x_0}f(x)=f(x_0)$；

（2）$\varepsilon-\delta$ 定义：$\forall\varepsilon>0,\exists\delta>0$，当$|x-x_0|<\delta$时，$|f(x)-f(x_0)|<\varepsilon$成立，则称函数$f(x)$在点 $x=x_0$ 处连续．

（3）增量定义：设 $\Delta x=x-x_0$，$\Delta f(x)=f(x)-f(x_0)$，则$\lim\limits_{\Delta x\to0}\Delta f(x)=0$.

（4）增量的 $\varepsilon-N$ 定义：$\forall\varepsilon>0,\exists\delta>0$，当$|\Delta x|<\delta$时，$|\Delta f(x)|<\varepsilon$.

（5）左右连续定义：$\lim\limits_{x\to x_0^+}f(x)=\lim\limits_{x\to x_0^-}f(x)=f(x_0)$.

35. 函数定义域中是否只有间断点和连续点？

分析：不一定．函数的定义中除间断点和连续点外，还有孤立点．如 $y=\sqrt{\cos x-1}$ 仅有孤立点 $x=2k\pi$，$k\in\mathbf{Z}$，也就是说定义域里的点都是孤立点．

36. 间断点研究的基础是什么？

分析：函数的间断点是在研究函数在某一点是否连续时提出的，是通过否定函数在该点的连续性来定义的．讨论函数$f(x)$在点 $x=x_0$ 的连续性首先要讨论极限$\lim\limits_{x\to x_0}f(x)$的意义与存在性．只有当$f(x)$在点 x_0 的去心邻域内有定义时，才能研究极限$\lim\limits_{x\to x_0}f(x)$，也就是说此极限的研究是有意义的．如果$f(x)$在点 x_0 的任意去心邻域内没有定义，也就没有研究该极限的条件，说函数$f(x)$在点 $x=x_0$ 是连续还是间断也就没有意义．因此间断点研究的基础是$f(x)$点 x_0 的去心邻域内有定义．

37. 第二类间断点是否只有无穷间断点和振荡间断点？

分析：函数间断点的分类是按极限$\lim\limits_{x\to x_0}f(x)$的情况分类的，左右极限都存在的点称为**第一类间断点**，左右极限至少有一个不存在的点称为**第二类间断点**．第一类间断点根据左右极限是否相等分为可去间断点（相等）和跳跃间断点（不等）．第二类间断点是左右极限至少有一个不存在的点，但单侧极限不存在的形式很多，难以完全分类，因此第二类间断点不仅包括无穷间断点和振荡间断点，也包括其他有名称或无名称的间断点．例如函数$g(x)=e^{\frac{1}{x}}$，则有

$$g(0^+)=\lim_{x\to 0^+}e^{\frac{1}{x}}=+\infty,g(0^-)=\lim_{x\to 0^-}e^{\frac{1}{x}}=0,$$

$x=0$为第二类间断点，但不是无穷间断点．通常称此类间断点为无界间断点．

38. 对任何以a为极限的数列$\{x_n\}(x_n\neq a)$，$\lim\limits_{n\to\infty}f(x_n)=A$与$\lim\limits_{x\to a}f(x)=A$有什么关系？

分析：为充要条件关系．证明如下．

必要性：设$\lim\limits_{x\to a}f(x)=A$，即对$\forall\varepsilon>0$，$\exists\delta>0$，当$0<|x-a|<\delta$时，有

$$|f(x)-A|<\varepsilon.$$

又因$x_n\to a(x_n\neq a)$，对$\delta>0$，$\exists N$，当$n>N$时，有$0<|x_n-a|<\delta$，则$|f(x_n)-A|<\varepsilon$，故$\lim\limits_{n\to\infty}f(x_n)=A$.

充分性：利用反证法．假设$\lim\limits_{x\to a}f(x)\neq A$，则$\exists\varepsilon_0>0$，对$\forall\delta>0$，总有点

$$x_0:0<|x_0-a|<\delta,使|f(x_0)-A|>\varepsilon_0.$$

取$\delta=\dfrac{1}{n}(n=1,2,\cdots)$，随着$n$的增大，将得到一系列向点$a$缩小的去心邻域

$$0<|x-a|<\delta_n,$$

在每个邻域$\mathring{U}(a,\delta_n)$内都存在点x_n，使$|f(x_n)-A|>\varepsilon_0$.

也就是说，存在数列$\{x_n\}(x_n\neq a)$，$x_n\to a$，且$|f(x_n)-A|>\varepsilon_0$，即$\lim\limits_{x\to a}f(x)\neq A$．这与"任何数列$\{x_n\}(x_n\neq a)$，$x_n\to a$，$\lim\limits_{n\to\infty}f(x_n)=A$."矛盾．所以$\lim\limits_{x\to a}f(x)=A$.

值得注意的是，在该充要条件中要求"**任何**数列$\{x_n\}(x_n\neq a)$，$x_n\to a$，都有

$$\lim_{n\to\infty}f(x_n)=A".$$

如果只是一些数列或一个数列$\{x_n\}(x_n\neq a)$满足$x_n\to a$，且有$\lim\limits_{n\to\infty}f(x_n)=A$，则不一定有$\lim\limits_{x\to a}f(x)=A$．例如$\lim\limits_{x\to 0}\sin\dfrac{1}{x}$不存在，但当$x_n=\dfrac{1}{n\pi}$时，有$\lim\limits_{n\to\infty}f(x_n)=\lim\limits_{n\to\infty}\sin n\pi=0$.

应用：(1) 可以用于证明函数极限$\lim\limits_{x\to a}f(x)$不存在．

找出一个数列$\{x_n\}(x_n\neq a)$，$x_n\to a$，使$\lim\limits_{n\to\infty}f(x_n)$不存在；

或找出两个数列$\{x_n\}(x_n\neq a)$，$x_n\to a$，$y_n(y_n\neq a)$，$y_n\to a$，使$\lim\limits_{n\to\infty}f(x_n)\neq\lim\limits_{n\to\infty}f(y_n)$.

(2) 可以用函数的极限求数列的极限．

若数列$x_n(x_n\neq a)$，$x_n\to a$，且$\lim\limits_{x\to a}f(x)=A$，则$\lim\limits_{n\to\infty}f(x_n)=A$．但若$\lim\limits_{x\to a}f(x)$不存在，则$\lim\limits_{n\to\infty}f(x_n)$不一定不存在．

39. 若$\lim\limits_{x\to a}f(x)$和$\lim\limits_{x\to a}f(x)\cdot g(x)$存在，是否$\lim\limits_{x\to a}g(x)$也存在？

分析：不一定．若$\lim\limits_{x\to a}f(x)\neq 0$，则$\lim\limits_{x\to a}g(x)=\lim\limits_{x\to a}\dfrac{f(x)g(x)}{f(x)}=\dfrac{\lim\limits_{x\to a}f(x)g(x)}{\lim\limits_{x\to a}f(x)}$存在．

但$\lim\limits_{x\to a}f(x)=0$,则$\lim\limits_{x\to a}g(x)$不一定存在．例如$\lim\limits_{x\to 0}x=0$,$\lim\limits_{x\to 0}x\sin\dfrac{1}{x}=0$,但是$\lim\limits_{x\to 0}\sin\dfrac{1}{x}$不存在．

40. 什么情况下,需要用左、右极限来研究函数的极限？是否必须用极限的定义来计算函数的左、右极限？

分析:当函数$f(x)$在点$x=x_0$的两侧变化趋势可能不一致时,需要用单侧极限即左、右极限来研究函数的极限．例如:一般对分段函数在分段点处的极限要用左、右极限去研究,也有一些初等函数在某些点的左、右极限不一致,需要分开研究．例如$\arctan\dfrac{1}{x}$和$4^{\frac{1}{x}}$在$x\to 0$时左右极限都不一样．

值得注意的是,左、右极限的计算大都不必直接用定义计算．例如$\lim\limits_{x\to 0}4^{\frac{1}{x}}$,因$\lim\limits_{x\to 0^+}4^{\frac{1}{x}}=+\infty$,$\lim\limits_{x\to 0^-}4^{\frac{1}{x}}=0$,则$\lim\limits_{x\to 0}4^{\frac{1}{x}}$不存在．

41. 下面的结论是否成立？为什么？

(1) 若$\lim\limits_{x\to x_0}\varphi(x)=u_0$,$\lim\limits_{u\to u_0}f(u)$存在,则$\lim\limits_{x\to x_0}f[\varphi(x)]=\lim\limits_{u\to u_0}f(u)$.

(2) 若$\lim\limits_{x\to x_0}\varphi(x)=u_0$,$y=f(u)$在点$u_0$处连续,则$\lim\limits_{x\to x_0}f[\varphi(x)]=f(u_0)$.

(3) 若$u=\varphi(x)$在点x_0处不连续,$u_0=\varphi(x_0)$,且$y=f(u)$在点u_0处不连续,则$y=f[\varphi(x)]$在点x_0处不连续.

(4) 若$u=\varphi(x)$在点x_0处不连续,$u_0=\varphi(x_0)$,且$y=f(u)$在点u_0处连续,则$y=f[\varphi(x)]$在点x_0处不连续.

(5) 若$u=\varphi(x)$在点x_0处连续,$u_0=\varphi(x_0)$,且$y=f(u)$在点u_0处连续,则$y=f[\varphi(x)]$在点x_0处连续.

(6) 若$u=\varphi(x)$在点x_0处连续,$u_0=\varphi(x_0)$,且$\lim\limits_{u\to u_0}f(u_0)$存在,则$\lim\limits_{x\to x_0}f[\varphi(x)]=\lim\limits_{u\to u_0}f(u)$.

分析:(1) 不一定成立．例如函数

$$\varphi(x)=\begin{cases}0, & x\neq 0\\ 1, & x=0\end{cases},\quad f(x)=\begin{cases}3, & x\neq 0\\ 0, & x=0\end{cases},$$

则$f[\varphi(x)]=\begin{cases}0, & x\neq 0\\ 3, & x=0\end{cases}$.

又因$\lim\limits_{x\to 0}\varphi(x)=0$,而$\lim\limits_{u\to 0}f(u)=3$,但$\lim\limits_{x\to 0}f[\varphi(x)]=0\neq\lim\limits_{u\to 0}f(u)$.

(2) 成立．令$u=\varphi(x)$,对$\forall\varepsilon>0$,$\exists\delta>0$,当$|u-u_0|<\delta$时,使

$$|f(u)-f(u_0)|<\varepsilon.$$

又因$\lim\limits_{x\to x_0}\varphi(x)=u_0$,则对$\delta>0$,$\exists\gamma>0$,当$|x-x_0|<\gamma$时,$|\varphi(x)-u_0|<\delta$. 所以,对$\forall\varepsilon>0$,$\exists\gamma>0$,当$|x-x_0|<\gamma$时,$|\varphi(x)-u_0|<\delta$,使

$$|f[\varphi(x)]-f(u_0)|<\varepsilon.$$

(3) 不一定成立．例如函数$\varphi(x)=\begin{cases}1, & x\geqslant 0\\ 0, & x<0\end{cases}$和$f(x)=\begin{cases}1, & x\geqslant 0\\ 0, & x<0\end{cases}$均在点$x=0$不连续,但$f[\varphi(x)]=1$在点$x=0$连续．

(4) 不一定成立．例如函数$\varphi(x)=\begin{cases}1, & x\geqslant 0\\ 0, & x<0\end{cases}$在点$x=0$不连续,$f(x)=3$,在任意点$u_0$

处连续,$f[\varphi(x)]=3$ 也在任意点连续.

(5) 成立. 因为 $y=f(u)$ 在点 u_0 处连续,则 $\forall \varepsilon>0$, $\exists \eta>0$,当 $|u-u_0|<\eta$ 时,使得 $|f(u)-f(u_0)|<\varepsilon$;

又因 $u=\varphi(x)$ 在点 x_0 处连续,对 $\eta>0$, $\exists \delta>0$,当 $|x-x_0|<\delta$ 时,

$$|\varphi(x)-\varphi(x_0)|=|\varphi(x)-u_0|<\eta.$$

所以 $\forall \varepsilon>0$, $\exists \delta>0$,当 $|x-x_0|<\delta$ 时, $|f(u)-f(u_0)|<\varepsilon$.

(6) 成立. 因为 $\lim\limits_{u\to u_0} f(u)$ 存在,设 $\lim\limits_{u\to u_0} f(u)=A$,则 $\forall \varepsilon>0$, $\exists \eta>0$,当 $|u-u_0|<\eta$ 时,使得

$$|f(u)-A|<\varepsilon;$$

又因 $u=\varphi(x)$ 在点 x_0 处连续,对上述的 $\eta>0$, $\exists \delta>0$,当 $|x-x_0|<\delta$ 时,

$$|\varphi(x)-\varphi(x_0)|=|u-u_0|<\eta.$$

故有 $\forall \varepsilon>0$, $\exists \delta>0$,当 $|x-x_0|<\delta$ 时, $|f(u)-A|<\varepsilon$.

42. 为什么说初等函数在它的定义区间连续,而不说在定义域上连续?

分析:基本初等函数在其定义域上是连续的,但初等函数在其定义域的某些点上不一定连续,因为初等函数的定义域不只有定义区间,而且可能含有孤点,对于孤点讨论连续性是没有意义的. 例如函数 $y=\sqrt{\cos^2 x-1}$ 的定义域仅有孤点 $x=k\pi, k\in \mathbf{Z}$,其每一个点都是孤立点. 由于函数在定义域的孤立点的邻近无定义,因而不能讨论函数在该点的连续性,亦即不能说函数在该点连续,即不能笼统地说初等函数在其定义域上连续.

但不难证明,如果初等函数 $f(x)$ 的定义域 D 内的某点属于 D 内某一区间(该点属于 $f(x)$ 的某一定义区间),那么 $f(x)$ 在该点必定连续. 因此说初等函数在其定义区间上连续.

43. 已知函数 $f(x)$ 在 $x=a$ 处连续,是否一定存在一充分小的邻域 $\cup(a,\delta)$,使得 $f(x)$ 在该邻域内连续?

分析:不一定. 例如: 令 $E=\left\{0, \pm\dfrac{2}{(2n-1)\pi}(n=1,2,\cdots)\right\}$ 和

$$f(x)=\begin{cases} x\arctan\left(\tan\dfrac{1}{x}\right), & x\notin E \\ \dfrac{\pi}{2}|x|, & x\in E \end{cases}$$

则 $f(x)$ 在 $x=0$ 连续,而 $x=\pm\dfrac{2}{(2n-1)\pi}(n=1,2,\cdots)$ 都是 $f(x)$ 的跳跃间断点. 于是在连续点 $x=0$ 的任何邻域内都存在间断点.

证明: 因 $f(0)=0$,且 $|f(x)|\leqslant\dfrac{\pi}{2}|x|$, $\lim\limits_{x\to 0} f(x)=0$,所以 $f(x)$ 在 $x=0$ 连续.

当 $\dfrac{2}{(2n+1)\pi}<x<\dfrac{2}{(2n-1)\pi}(n=1,2,\cdots)$ 时,即 $\left(n-\dfrac{1}{2}\right)\pi<\dfrac{1}{x}<\left(n+\dfrac{1}{2}\right)\pi$,且有

$$\arctan\left(\tan\frac{1}{x}\right)=\frac{1}{x}-n\pi,$$

则

$$f(x)=x\left(\frac{1}{x}-n\pi\right)=1-n\pi x,$$

于是

$$f\left(\frac{2}{(2n+1)\pi}+0\right)=1-n\pi\cdot\frac{2}{(2n+1)\pi}=\frac{1}{2n+1},$$

$$f\left(\frac{2}{(2n-1)\pi}-0\right)=1-n\pi\cdot\frac{2}{(2n-1)\pi}=-\frac{1}{2n-1},$$

而

$$f\left(\frac{2}{(2n+1)\pi}-0\right)=1-(n+1)\pi\cdot\frac{2}{(2n+1)\pi}=-\frac{1}{2n+1},$$

$$f\left(\frac{2}{(2n-1)\pi}+0\right)=1-(n-1)\pi\cdot\frac{2}{(2n-1)\pi}=\frac{1}{2n-1},$$

所以,函数$f(x)$在$x=\frac{2}{(2n-1)\pi}(n=1,2,\cdots)$处虽左、右连续,但却是跳跃间断.

另分析:不一定. 考虑函数$f(x)=\begin{cases}0, & x\in Q,\\ x^2, & x\in Q^C\end{cases}$在点$x=0$处连续. 但在点$x=0$的任意充分小的去心邻域$\overset{\circ}{\cup}(0,\delta)$内,$f(x)$处处都不连续.

44. 若$\lim\limits_{x\to a}f(x)=\infty$,$\lim\limits_{x\to a}g(x)=\infty$,是否有$\lim\limits_{x\to a}[f(x)\pm g(x)]=\infty$,$\lim\limits_{x\to a}(f(x)\cdot g(x))=\infty$?

分析:不一定有$\lim\limits_{x\to a}[f(x)\pm g(x)]=\infty$. 若

令$g(x)=f(x)+A$,则$\lim\limits_{x\to a}[f(x)-g(x)]=\lim\limits_{x\to a}A=A$;

令$g(x)=-f(x)+A$,则$\lim\limits_{x\to a}[f(x)+g(x)]=\lim\limits_{x\to a}A=A$.

但一定有$\lim\limits_{x\to a}f(x)\cdot g(x)=\infty$. 这是因为

$$\lim_{x\to a}\frac{1}{f(x)g(x)}=\lim_{x\to a}\frac{1}{f(x)}\cdot\lim_{x\to a}\frac{1}{g(x)}=0,$$

由无穷小和无穷大的关系得,$\lim\limits_{x\to a}f(x)\cdot g(x)=\infty$.

45. 若在x_0的去心邻域内$f(x)>g(x)$,且$\lim\limits_{x\to x_0}f(x)=A$,$\lim\limits_{x\to x_0}g(x)=B$,则$A>B$,对吗?

分析:错误. 例如当$0<|x|<1$时,$0<x^2<x$,但是$\lim\limits_{x\to x_0}x=\lim\limits_{x\to x_0}x^2=0$.

事实上,若在x_0的去心邻域内$f(x)>g(x)$,且$\lim\limits_{x\to x_0}f(x)=A$,$\lim\limits_{x\to x_0}g(x)=B$,则$A\geqslant B$.

46. $f(x)$在x_0的去心邻域内有界与$\lim\limits_{x\to x_0}f(x)$存在的关系是什么?

分析:$f(x)$在x_0的去心邻域内有界是$\lim\limits_{x\to x_0}f(x)$存在的必要条件.

若$\lim\limits_{x\to x_0}f(x)$存在,不妨假设$\lim\limits_{x\to x_0}f(x)=A$,则

$$\forall\varepsilon>0,\exists\delta>0,\text{当}0<|x-x_0|<\delta\text{时,有}|f(x)-A|<\varepsilon,$$

亦即$|f(x)|<\max\{|A+\varepsilon|,|A-\varepsilon|\}$. 因此$f(x)$在$x_0$的去心邻域内有界.

但$f(x)$在x_0的去心邻域内有界不是$\lim\limits_{x\to x_0}f(x)$存在的充分条件,例如

令$f(x)=\begin{cases}1, & x\in Q\\ -1, & x\notin Q\end{cases}$,显然对任意的$x_0\in\mathbf{R}$,则$f(x)$在$x_0$的任一去心邻域内都有界,但$\lim\limits_{x\to x_0}f(x)$不存在.

47. 若$f(x)$在x_0的去心邻域内无界，是否必有$\lim\limits_{x\to x_0}f(x)=\infty$？

分析：不一定．例如函数$f(x)=\frac{1}{x}\sin\frac{1}{x}$，取$x_n=\frac{2}{(2n-1)\pi}(n\in\mathbf{Z})$，则有

$$|f(x_n)|=\left|\frac{1}{x_n}\sin\frac{1}{x_n}\right|=\left(n-\frac{1}{2}\right)\pi,$$

即$f(x)$在$x=0$的去心邻域内无界．

但若取$x_n=\frac{1}{n\pi}(n\in\mathbf{Z})$，则有$f(x_n)=\frac{1}{x_n}\sin\frac{1}{x_n}=0$. 故$\lim\limits_{x\to 0}f(x)\neq\infty$.

事实上，$f(x)$在x_0的去心邻域内无界是$\lim\limits_{x\to x_0}f(x)=\infty$的必要非充分条件．

48. 若$f(x)$在$(-\infty,+\infty)$内连续，且$\lim\limits_{x\to-\infty}f(x)=A$，$\lim\limits_{x\to+\infty}f(x)=B$，则$f(x)$在$(-\infty,\infty)$内是否一定有界？

分析：是的．因为$\lim\limits_{x\to-\infty}f(x)=A$，$\lim\limits_{x\to+\infty}f(x)=B$，即

$\forall\varepsilon>0$，$\exists X_1>0,X_2>0$，当$x\in(-\infty,-X_1)$时，有$|f(x)-A|<\varepsilon$；当$x\in(X_2,+\infty)$时，有$|f(x)-B|<\varepsilon$.

又因$f(x)$在$(-\infty,+\infty)$内连续，存在$M_1>0$，当$x\in[-X_1,X_2]$时，有$|f(x)|\leqslant M_1$.
取$M=\max\{|A+\varepsilon|,|A-\varepsilon|,|B+\varepsilon|,|B-\varepsilon|,M_1\}$，则当$x\in(-\infty,+\infty)$时，有$|f(x)|\leqslant M$.

49. 设函数$f(x)$在$\mathbf{R}$上连续，且恒不等于0，又$\phi(x)$在$\mathbf{R}$上有定义且有间断点，则下列结论是否正确，为什么？

(1) $\phi[f(x)]$必有间断点；　(2) $f[\phi(x)]$必有间断点；

(3) $\phi(x)\cdot f(x)$必有间断点；　(4) $\frac{\phi(x)}{f(x)}$必有间断点．

分析：(1) 错误．考虑函数$f(x)\equiv 1$和$\phi(x)=\begin{cases}1, & x\geqslant 0,\\ -1, & x<0\end{cases}$，则$\phi[f(x)]\equiv 1$在$\mathbf{R}$上连续．

(2) 错误．考虑函数$f(x)\equiv 1$和$\phi(x)=\begin{cases}1, & x\geqslant 0,\\ -1, & x<0\end{cases}$，则$f[\phi(x)]\equiv 1$在$\mathbf{R}$上连续．

(3) 正确．用反证法证明．假设$\phi(x)\cdot f(x)$在$\mathbf{R}$上处处连续，则$\phi(x)=\frac{\phi(x)\cdot f(x)}{f(x)}$在$\mathbf{R}$上也处处连续，这与$\phi(x)$有间断点相矛盾．故$\phi(x)\cdot f(x)$在$\mathbf{R}$上必有间断点．

(4) 正确．用反证法证明．假设$\frac{\phi(x)}{f(x)}$在$\mathbf{R}$上处处连续，则$\phi(x)=\frac{\phi(x)}{f(x)}\cdot f(x)$在$\mathbf{R}$上也处处连续，这与$\phi(x)$有间断点相矛盾．故$\frac{\phi(x)}{f(x)}$在$\mathbf{R}$上必有间断点．

50. 若$f(x)$在(a,b)内连续，且$\lim\limits_{x\to a^+}f(x)=A$，$\lim\limits_{x\to b^-}f(x)=B$，则下述结论是否成立，为什么？

(1) $f(x)$在(a,b)内有界；

(2) $f(x)$在(a,b)内有最大值或最小值；

(3) 若$A\cdot B<0$，则一定存在$c\in(a,b)$，使$f(c)=0$.

分析：(1) 成立．构造函数$F(x)=\begin{cases}A, & x=a,\\ f(x), & a<x<b,\\ B, & x=b,\end{cases}$则$F(x)$在区间$[a,b]$上连续．由闭

区间上连续函数的有界性得，$F(x)$在区间$[a,b]$上有界．即$f(x)$在区间(a,b)内也有界．

(2) 不一定．例如函数$f(x)=x$在$(0,1)$内既没有最大值也没有最小值，但有$\lim\limits_{x\to0^+}f(x)=0$，$\lim\limits_{x\to1^-}f(x)=1$.

(3) 成立．构造函数$F(x)=\begin{cases}A, & x=a,\\ f(x), & a<x<b,\\ B, & x=b,\end{cases}$则$F(x)$在区间$[a,b]$上连续．因为$A\cdot B<0$，由介值定理得，至少存在一点$c\in(a,b)$，使$F(c)=0$. 故有$f(c)=0$.

三、是非辨析

1. 设函数$f(x)$的定义域为$(-l,l)$，则$f(x)$必可表示为定义在$(-l,l)$上的一偶函数和奇函数之和.

【解析】正确．记$f(x)=\dfrac{f(x)+f(-x)}{2}+\dfrac{f(x)-f(-x)}{2}$，其中$\dfrac{f(x)+f(-x)}{2}$为偶函数，$\dfrac{f(x)-f(-x)}{2}$为奇函数.

2. 若数列$\{x_n\}$有界，则数列$\{x_n\}$收敛.

【解析】错误．例如数列$x_n=(-1)^n$，显然$|x_n|\leqslant1$，数列$\{x_n\}$有界，但是$\{x_n\}$是发散的.

3. 设$a_n>0(n=1,2,3,\cdots)$，$S_n=a_1+a_2+\cdots+a_n$，则数列$\{S_n\}$有界是数列$\{a_n\}$收敛的充分非必要条件.

【解析】正确．由$a_n>0(n=1,2,3,\cdots)$，$S_n=a_1+a_2+\cdots+a_n$知，数列$\{S_n\}$单调增加，由单调有界准则知，若数列$\{S_n\}$有界，则$\{S_n\}$收敛．而$a_n=S_n-S_{n-1}$，所以

$$\lim_{n\to\infty}a_n=\lim_{n\to\infty}(S_n-S_{n-1})=\lim_{n\to\infty}S_n-\lim_{n\to\infty}S_{n-1}=0,$$

故数列$\{a_n\}$收敛．充分性成立，但必要性未必成立．例如取函数$a_n=\dfrac{1}{2}$，显然$a_n>0$，$\{a_n\}$收敛，但$\{S_n\}=\left\{\dfrac{n}{2}\right\}$是无界的.

4. $\lim\limits_{x\to0}\sin x\cos\dfrac{1}{x}=\lim\limits_{x\to0}\sin x\cdot\lim\limits_{x\to0}\cos\dfrac{1}{x}=0\cdot\lim\limits_{x\to0}\cos\dfrac{1}{x}=0$.

【解析】错误．极限的乘积运算法则只能在每个极限都存在时才能用，而$\lim\limits_{x\to0}\cos\dfrac{1}{x}$极限不存在．$\lim\limits_{x\to0}\sin x=0$，$\left|\cos\dfrac{1}{x}\right|\leqslant1$，应该利用无穷小与有界函数的乘积还是无穷小.

5. $\lim\limits_{x\to2}\dfrac{x^2}{2-x}=\dfrac{\lim\limits_{x\to2}x^2}{\lim\limits_{x\to2}(2-x)}=\infty$.

【解析】错误．因为分母$\lim\limits_{x\to2}(2-x)=0$，所以不能用商的极限运算法则.

6. 函数$f(x)=\sqrt{x}$在点$x=-6$处无定义，则$x=-6$是函数$f(x)$的间断点.

【解析】错误．$f(x)=\sqrt{x}$在$x=-6$的某去心邻域内无定义，不满足间断点的定义.

7. 区间$(a,b]$上的连续函数未必存在最大值与最小值.

【解析】正确．$f(x)=x$ 在$(0,1]$上连续，有最大值$f(1)=1$，但是无最小值．

8. 设函数$f(x)$在点 x_0 连续，$g(x)$在点 x_0 不连续，则 $F(x)=f(x)g(x)$在点 x_0 不连续．

【解析】错误．取函数$f(x)=\sin^2 x$ 在 $x=0$ 处连续，$g(x)=\begin{cases}\dfrac{1}{x}, & x\neq 0\\ 1, & x=0\end{cases}$在 $x=0$ 处不连续，

但 $F(x)=f(x)g(x)=\begin{cases}\dfrac{\sin^2 x}{x}, & x\neq 0\\ \sin^2 x, & x=0\end{cases}$在 $x=0$ 处连续．

9. 如果 $p(x)$是多项式，那么$\lim\limits_{x\to c}p(x)=p(c)$．

【解析】正确．多项式函数是初等函数，在其定义域 **R** 上连续．

10. 对于每一个 c，都有$\lim\limits_{x\to c}\tan x=\tan c$.

【解析】错误．$\lim\limits_{x\to\frac{\pi}{2}}\tan x=+\infty$．

11. 如果函数$f(x)$在点 c 连续，那么$f(c)$存在．

【解析】正确．根据函数连续的定义可得．

12. 如果一个连续函数$f(x)$，对所有 x 满足 $A\leqslant f(x)\leqslant B$，那么$\lim\limits_{x\to\infty}f(x)$存在并且满足 $A\leqslant \lim\limits_{x\to\infty}f(x)\leqslant B$.

【解析】错误．连续函数$f(x)=\sin x$ 满足 $-1\leqslant\sin x\leqslant 1$，但是$\lim\limits_{x\to\infty}\sin x$ 不存在．

13. 如果$\lim\limits_{x\to c}[f(x)+g(x)]$存在，那么$\lim\limits_{x\to c}f(x)$和$\lim\limits_{x\to c}g(x)$都存在．

【解析】错误．取$f(x)=\dfrac{1}{x}$，$g(x)=-\dfrac{1}{x}$，则$\lim\limits_{x\to 0}[f(x)+g(x)]=0$，但是$\lim\limits_{x\to 0}f(x)=\infty$，$\lim\limits_{x\to 0}g(x)=\infty$.

14. 函数$f(x)=\left[\dfrac{x}{2}\right]$在点 $x=2.5$ 处连续．

【解析】正确．$f(2.5)=\left[\dfrac{2.5}{2}\right]=1$，而$\lim\limits_{x\to 2.5}f(x)=1=f(2.5)$，所以连续．

15. 设$f(x)$在 $x=2$ 连续，且$\lim\limits_{x\to 2}\dfrac{f(x)-3}{x-2}$存在，则$f(2)=3$.

【解析】正确．由$\lim\limits_{x\to 2}\dfrac{f(x)-3}{x-2}$存在，可得$\lim\limits_{x\to 2}[f(x)-3]=0$，从而$\lim\limits_{x\to 2}f(x)=3$，另一方面$f(x)$在 $x=2$ 连续，则$\lim\limits_{x\to 2}f(x)=3=f(2)$．

16. 无穷多个无穷小之和仍是无穷小．

【解析】错误．虽然$\lim\limits_{n\to\infty}\dfrac{1}{n^2}=0$，但是

$$\lim_{n\to\infty}\left(\frac{1}{n^2}+\frac{2}{n^2}+\cdots\frac{n-1}{n^2}\right)=\lim_{n\to\infty}\frac{1+2+\cdots+(n-1)}{n^2}=\lim_{n\to\infty}\frac{\frac{n(n-1)}{2}}{n^2}=\frac{1}{2},$$

无穷多个无穷小之和可能是无穷小，也可能不是．

17. 若函数 $y=f(x)$在点 $x=a$ 的任意邻域内无界，则$\lim\limits_{x\to a^+}|f(x)|=\infty$或$\lim\limits_{x\to a^-}|f(x)|=\infty$．

【解析】错误．函数 $y=\dfrac{1}{x}\sin\dfrac{1}{x}$ 在 $x=0$ 的任意邻域内无界但是$\lim\limits_{x\to 0^+}\left|\dfrac{1}{x}\sin\dfrac{1}{x}\right|$和

$\lim\limits_{x\to 0^-}\left|\dfrac{1}{x}\sin\dfrac{1}{x}\right|$均不存在.

18. 设函数$f(x)$在(a,b)内连续,若$f(a)f(b)<0$,则不一定存在$\xi\in(a,b)$,使$f(\xi)=0$.

【解析】正确. 如函数$f(x)=\begin{cases}x, & x\in(0,1]\\ -1, & x=0\end{cases}$,它在$(0,1)$内连续,且$f(0)f(1)<0$,但在$(0,1)$内恒有$f(x)>0$,故不存在$\xi\in(0,1)$,使$f(\xi)=0$.

19. 如果$f(x)$在$[a,b]$上连续并且恒正,那么$\dfrac{1}{f(x)}$不一定为$\dfrac{1}{f(a)}$和$\dfrac{1}{f(b)}$之间的任意值.

【解析】正确. 例如$f(x)=x^2+1$在$[-1,1]$上连续且恒正,但是$\dfrac{1}{f(-1)}=\dfrac{1}{f(1)}$,它们之间没有任何值.

20. 如果对全体实数x,$0\leqslant f(x)\leqslant 3x^2+2x^4$都成立,那么$\lim\limits_{x\to 0}f(x)=0$.

【解析】正确. 由$\lim\limits_{x\to 0}(3x^2+2x^4)=0$,根据夹逼准则可得$\lim\limits_{x\to 0}f(x)=0$.

21. 在$(-\infty,+\infty)$上连续且有界的函数一定有最值.

【解析】错误. 如$y=\arctan x$在$(-\infty,+\infty)$上连续且$|\arctan x|<\dfrac{\pi}{2}$,但没有最值.

22. 函数$y=f(x)$在$[a,b]$上有定义,在(a,b)内连续,对$p\in(f(a),f(b))$,$\exists c\in(a,b)$,使$f(c)=p$.

【解析】错误. 令$f(x)=\begin{cases}1, & x=1\\ 0.5, & 1<x<3\\ -1, & x=3\end{cases}$,在$[1,3]$上有定义,在$(1,3)$内连续,而$\forall x\in(1,3)$,$f(x)\neq 0$.

23. 若函数$y=f(x)$在(a,b)内有反函数$y=f^{-1}(x)$,则函数$y=f(x)$在(a,b)内不是单调增加就是单调减少.

【解析】错误. 例如一元函数$y=\begin{cases}x, & x\text{为有理数}\\ -x, & x\text{为无理数}\end{cases}$在$(-1,1)$上存在反函数$y=\begin{cases}x, & x\text{为有理数}\\ -x, & x\text{为无理数}\end{cases}$,但并不单调.

四、真题实战

(一) 填空题

1. $\lim\limits_{x\to 0}(x+2^x)^{\frac{2}{x}}=$______.

2. 若$\lim\limits_{x\to 0}\left(\dfrac{1-\tan x}{1+\tan x}\right)^{\frac{1}{\sin kx}}=\mathrm{e}$,则$k=$______.

3. 当$x\to 0$时,$\alpha(x)=kx^2$与$\beta(x)=\sqrt{1+x\arcsin x}-\sqrt{\cos x}$是等价无穷小,则$k=$______.

4. 曲线$y=x\left(1+\arcsin\dfrac{2}{x}\right)$的斜渐近线方程为______.

（二）选择题

1. 设数列$\{x_n\}$与$\{y_n\}$满足$\lim\limits_{n\to\infty}x_ny_n=0$,则下列断言正确的是(　　).

(A) 若$\{x_n\}$发散,则$\{y_n\}$必发散　　(B) 若$\{x_n\}$无界,则$\{y_n\}$必无界

(C) 若$\{x_n\}$有界,则$\{y_n\}$必为无穷小　　(D) 若$\left\{\dfrac{1}{x_n}\right\}$为无穷小,则$\{y_n\}$必为无穷小

2. 设$\lim\limits_{n\to\infty}a_n=a$,且$a\neq 0$,则当$n$充分大时有(　　).

(A) $|a_n|>\dfrac{|a|}{2}$　　(B) $|a_n|<\dfrac{|a|}{2}$

(C) $a_n>a-\dfrac{1}{n}$　　(D) $a_n<a+\dfrac{1}{n}$

3. 设函数$f(x)$在$(-\infty,+\infty)$内单调有界,$\{x_n\}$为数列,下列命题正确的是(　　).

(A) 若$\{x_n\}$收敛,则$\{f(x_n)\}$收敛　　(B) 若$\{x_n\}$单调,则$\{f(x_n)\}$收敛

(C) 若$\{f(x_n)\}$收敛,则$\{x_n\}$收敛　　(D) 若$\{f(x_n)\}$单调,则$\{x_n\}$收敛

4. 当$x\to 0$时,用"$o(x)$"表示比x高阶的无穷小,则下列式子中错误的是(　　).

(A) $x\cdot o(x^2)=o(x^3)$　　(B) $o(x)\cdot o(x^2)=o(x^3)$

(C) $o(x^2)+o(x^2)=o(x^2)$　　(D) $o(x)+o(x^2)=o(x^2)$

5. 曲线$y=\dfrac{1}{x}+\ln(1+e^x)$渐近线的条数为(　　).

(A) 0　　(B) 1　　(C) 2　　(D) 3

6. 函数$f(x)=\dfrac{(e^{\frac{1}{x}}+e)\tan x}{x(e^{\frac{1}{x}}-e)}$在$[-\pi,\pi]$上的第一类间断点是$x=$(　　).

(A) 0　　(B) 1　　(C) $-\dfrac{\pi}{2}$　　(D) $\dfrac{\pi}{2}$

7. 设$y=y(x)$是二阶常系数微分方程$y''+py'+qy=e^{3x}$满足初始条件$y(0)=y'(0)=0$的特解,则当$x\to 0$时,函数$\dfrac{\ln(1+x^2)}{y(x)}$的极限(　　).

(A) 不存在　　(B) 等于1　　(C) 等于2　　(D) 等于3

8. 若$\lim\limits_{x\to 0}\dfrac{\sin 6x+xf(x)}{x^3}=0$,那么$\lim\limits_{x\to 0}\dfrac{6+f(x)}{x^2}$为(　　).

(A) 0　　(B) 6　　(C) 36　　(D) $\dfrac{\pi}{2}$

9. 设函数$f(x)=\begin{cases}-1, & x<0\\ 1, & x\geqslant 0\end{cases}$,$g(x)=\begin{cases}2-ax, & x\leqslant -1\\ x, & -1<x<0\\ x-b, & x\geqslant 0\end{cases}$,若$f(x)+g(x)$在$\mathbf{R}$上连续,则(　　).

(A) $a=3,b=1$　　(B) $a=3,b=2$

(C) $a=-3,b=1$　　(D) $a=-3,b=2$

10. 设对任意的x,总有$\varphi(x)\leqslant f(x)\leqslant g(x)$,且$\lim\limits_{x\to\infty}[g(x)-\varphi(x)]=0$,则$\lim\limits_{x\to\infty}f(x)=$(　　).

(A) 存在且等于零　　　　　　　　(B) 存在但不一定为零

(C) 一定不存在　　　　　　　　　(D) 不一定存在

11. 设$f(x)$在$(-\infty,+\infty)$内有定义,且$\lim\limits_{x\to\infty}f(x)=a$,$g(x)=\begin{cases}f\left(\dfrac{1}{x}\right), & x\neq 0\\ 0, & x=0\end{cases}$,则(　　).

(A) $x=0$ 必是$g(x)$的第一类间断点

(B) $x=0$ 必是$g(x)$的第二类间断点

(C) $x=0$ 必是$g(x)$的连续点

(D) $g(x)$在$x=0$处的连续性与a的取值有关

(三) 求解和证明下列各题

1. 求极限$\lim\limits_{x\to 0}\dfrac{[\sin x-\sin(\sin x)]\sin x}{x^4}$.

2. 设数列$\{x_n\}$满足$0<x_1<\pi$,$x_{n+1}=\sin x_n(n=1,2,\cdots)$,

(Ⅰ) 证明$\lim\limits_{n\to\infty}x_n$存在,并求其极限;

(Ⅱ) 计算$\lim\limits_{n\to\infty}\left(\dfrac{x_{n+1}}{x_n}\right)^{\frac{1}{x_n^2}}$.

3. 已知$\lim\limits_{x\to\infty}[(ax+b)e^{\frac{1}{x}}-x]=2$,求$a,b$.

4. 设a,b为常数,且当$n\to\infty$时,$\left(1+\dfrac{1}{n}\right)^n-e$与$\dfrac{b}{n^a}$为等价无穷小,求$a,b$的值.

5. 设函数$f(x)=\begin{cases}\dfrac{\ln(1+ax^3)}{x-\arcsin x}, & x<0\\ 6, & x=0\\ \dfrac{e^{ax}+x^2-ax-1}{x\sin\dfrac{x}{4}}, & x>0\end{cases}$,

问a为何值时,$f(x)$在$x=0$处连续;a为何值时,$x=0$是$f(x)$的可去间断点?

6. 试确定常数A,B,C的值,使得$e^x(1+Bx+Cx^2)=1+Ax+o(x^3)$,其中$o(x^3)$是当$x\to 0$时比$x^3$高阶的无穷小.

7. 设数列$\{x_n\}$满足:

$$x_1>0,x_ne^{x_{n+1}}=e^{x_n}-1(n=1,2,\cdots).$$

证明:$\{x_n\}$收敛,并求$\lim\limits_{n\to\infty}x_n$.

(四) 参考答案

(一) 填空题

1. $4e^2$【解析】$\lim\limits_{x\to 0}(x+2^x)^{\frac{2}{x}}=e^{\lim\limits_{x\to 0}\frac{2}{x}\ln(x+2^x)}=e^{\lim\limits_{x\to 0}\frac{2(x+2^x-1)}{x}}=e^{\lim\limits_{x\to 0}2(x+2^x\ln 2)}=e^{2(1+\ln 2)}=4e^2$.

2. -2【解析】$\lim\limits_{x\to 0}\left(\dfrac{1-\tan x}{1+\tan x}\right)^{\frac{1}{\sin kx}}=e^{\lim\limits_{x\to 0}\frac{1}{\sin kx}\ln\left(\frac{1-\tan x}{1+\tan x}\right)}$,由等价无穷小代替,已知条件等价于

$$\lim_{x\to 0}\frac{1}{kx}\ln\left(\frac{1-\tan x}{1+\tan x}\right)=\lim_{x\to 0}\frac{1}{kx}\ln\left(1-\frac{2\tan x}{1+\tan x}\right)$$

$$=-\lim_{x\to 0}\frac{1}{kx}\frac{2\tan x}{1+\tan x}=-\frac{2}{k}\lim_{x\to 0}\frac{1}{x}\frac{x}{1+\tan x}=-\frac{2}{k}=1$$

所以 $k=-2$.

3. $\frac{3}{4}$【解析】$\lim\limits_{x\to 0}\frac{\beta(x)}{\alpha(x)}=\lim\limits_{x\to 0}\frac{\sqrt{1+x\arcsin x}-\sqrt{\cos x}}{kx^2}=\lim\limits_{x\to 0}\frac{1+x\arcsin x-\cos x}{kx^2(\sqrt{1+x\arcsin x}+\sqrt{\cos x})}$

$$=\lim_{x\to 0}\frac{1+x\arcsin x-\cos x}{2kx^2}=\lim_{x\to 0}\frac{\arcsin x+x\cdot\frac{1}{\sqrt{1-x^2}}+\sin x}{4kx}$$

$$=\lim_{x\to 0}\frac{\arcsin x}{4kx}+\lim_{x\to 0}\frac{x\cdot\frac{1}{\sqrt{1-x^2}}}{4kx}+\lim_{x\to 0}\frac{\sin x}{4kx}=\frac{3}{4k}=1.$$

因此 $k=\frac{3}{4}$.

4. $y=x+2$【解析】因为 $\lim\limits_{x\to+\infty}\frac{y}{x}=\lim\limits_{x\to+\infty}\left(1+\arcsin\frac{2}{x}\right)=1$,

$$\lim_{x\to+\infty}\left[x\left(1+\arcsin\frac{2}{x}\right)-x\right]=\lim_{x\to+\infty}x\arcsin\frac{2}{x}=\lim_{x\to+\infty}x\cdot\frac{2}{x}=2.$$

所以斜渐近线方程为 $y=x+2$. 对于 $x\to-\infty$ 有相同结论. 所以只有一条斜渐近线 $y=x+2$.

(二) 选择题

1. D【解析】取 $y_n=0$,则必有 $\lim\limits_{n\to\infty}x_ny_n=0$,排除(A)选项.

对于(B)选项,取

$$x_n=\begin{cases}2k-1, & n=2k-1\\0, & n=2k\end{cases},y_n=\begin{cases}2k, & n=2k,\\0, & n=2k-1,\end{cases}\quad k=1,2,\cdots$$

则 $\lim\limits_{n\to\infty}x_ny_n=0$,此时 x_n,y_n 均无界,排除(B)选项.

对于(C)选项,取数列 $x_n=0$,数列 y_n 为任意非无穷小的数列,则有 $\lim\limits_{n\to\infty}x_ny_n=0$,排除(C)选项.

对于(D)选项,$y_n=(x_ny_n)\cdot\frac{1}{x_n}$,当 $\frac{1}{x_n}$ 为无穷小时,$\lim\limits_{n\to\infty}y_n=\lim\limits_{n\to\infty}(x_ny_n)\cdot\lim\limits_{n\to\infty}\frac{1}{x_n}=0$,即数列 y_n 也是无穷小,故选(D)选项.

2. A【解析】因为 $\lim\limits_{n\to\infty}a_n=a,a\neq 0$,所以 $\lim\limits_{n\to\infty}|a_n|=|a|>0$,取 $\varepsilon=\frac{|a|}{2}>0$,则存在正整数 N,使得当 $n>N$ 时,恒有 $||a_n|-|a||<\frac{|a|}{2}$,即 $\frac{|a|}{2}<|a_n|<\frac{3|a|}{2}$. 所以正确答案为(A)选项.

3. B【解析】对于(A)选项,由数列 $\{x_n\}$ 收敛不能推出 $\{x_n\}$ 单调,也得不到函数 $f(x_n)$ 在 $(-\infty,+\infty)$ 内单调,所以 $\{f(x_n)\}$ 不一定收敛,故(A)选项错误.

对于(B)选项,由数列 $\{x_n\}$ 单调可以推出函数 $f(x)$ 在 $(-\infty,+\infty)$ 内单调,又 $f(x)$ 有界,所以 $\{f(x_n)\}$ 收敛,故(B)选项正确.

对于(C)选项,可令 $x_n=n$,使得数列$\{f(x_n)\}$收敛,但$\{x_n\}$不收敛,故(C)选项错误.

对于(D)选项,同样可令 $x_n=n$,由于$f(x)$在$(-\infty,+\infty)$内单调,可知函数$\{f(x_n)\}$单调,但$\{x_n\}$不收敛,故(D)选项错误.

4. D【解析】由高阶无穷小的概念及极限的四则运算法则可得

$$\lim_{x\to0}\frac{x\cdot o(x^2)}{x^3}=\lim_{x\to0}\frac{o(x^2)}{x^2}=0\Rightarrow x\cdot o(x^2)=o(x^3),$$

$$\lim_{x\to0}\frac{o(x)\cdot o(x^2)}{x^3}=\lim_{x\to0}\frac{o(x)}{x}\cdot\lim_{x\to0}\frac{o(x^2)}{x^2}=0\cdot0=0\Rightarrow o(x)\cdot o(x^2)=o(x^3),$$

$$\lim_{x\to0}\frac{o(x^2)+o(x^2)}{x^2}=\lim_{x\to0}\frac{o(x^2)}{x^2}+\lim_{x\to0}\frac{o(x^2)}{x^2}=0+0=0\Rightarrow o(x^2)+o(x^2)=o(x^2),$$

当$x\to0$时,$x^2=o(x)$,但由$\lim\limits_{x\to0}\frac{x^2+o(x^2)}{x^2}=1$可知$x^2+o(x^2)\neq o(x^2)$. 因此(A)、(B)、(C)选项都正确,错误的是(D)选项.

5. D【解析】因为$\lim\limits_{x\to-\infty}\left[\frac{1}{x}+\ln(1+e^x)\right]=0+\ln1=0$,故有水平渐近线$y=0$. 又因为

$$k=\lim_{x\to+\infty}\frac{\left[\frac{1}{x}+\ln(1+e^x)\right]}{x}=\lim_{x\to+\infty}\frac{1}{x^2}+\lim_{x\to+\infty}\frac{\ln(1+e^x)}{x}=\lim_{x\to+\infty}\frac{e^x}{1+e^x}=1.$$

且$b=\lim\limits_{x\to+\infty}\left[\frac{1}{x}+\ln(1+e^x)-x\right]=0$,所以有斜渐近线$y=x$.

又因为函数存在一个间断点$x=0$,而且$\lim\limits_{x\to0}\left[\frac{1}{x}+\ln(1+e^x)\right]=\infty$,故$x=0$是垂直渐近线. 所以(D)选项正确.

6. A【解析】由题知$f(x)$在$[-\pi,\pi]$上有间断点$x=0,1,-\frac{\pi}{2},\frac{\pi}{2}$. 因为

$$\lim_{x\to0^+}f(x)=\lim_{x\to0^+}\frac{(e^{\frac{1}{x}}+e)\tan x}{x(e^{\frac{1}{x}}-e)}=\lim_{x\to0^+}\frac{(1+ee^{-\frac{1}{x}})\tan x}{x(1-e^{-\frac{1}{x}}e)}=\lim_{x\to0^+}\frac{\tan x}{x}=1,$$

$$\lim_{x\to0^-}f(x)=\lim_{x\to0^-}\frac{(e^{\frac{1}{x}}+e)\tan x}{x(e^{\frac{1}{x}}-e)}=-\lim_{x\to0^+}\frac{e}{-e}\frac{\tan x}{x}=-1.$$

左右极限均存在,故可知$x=0$是函数$f(x)$的第一类间断点. 又

$$\lim_{x\to1}f(x)=\lim_{x\to1}\frac{(e^{\frac{1}{x}}+e)\tan x}{x(e^{\frac{1}{x}}-e)}=\infty,$$

$$\lim_{x\to-\frac{\pi}{2}}f(x)=\lim_{x\to-\frac{\pi}{2}}\frac{(e^{\frac{1}{x}}+e)\tan x}{x(e^{\frac{1}{x}}-e)}=\infty,$$

$$\lim_{x\to\frac{\pi}{2}}f(x)=\lim_{x\to\frac{\pi}{2}}\frac{(e^{\frac{1}{x}}+e)\tan x}{x(e^{\frac{1}{x}}-e)}=\infty.$$

所以(B)、(C)、(D)选项均为第二类间断点,应该选(A)选项.

7. C【解析】利用泰勒展开式求解. 当$x\to0$时,$\ln(1+x^2)\sim x^2$. $y(x)$在$x=0$处展开到第2阶,即

$$y(x)=y(0)+y'(0)x+\frac{y''(0)x^2}{2!}+o(x^2).$$

把 $x=0$ 代入常系数微分方程中,并利用 $y(0)=y'(0)=0$ 得

$$y''(0)+py'(0)+qy(0)=1,\text{即 } y''(0)=1.$$

所以 $y(x)\sim\frac{1}{2}x^2$.

故原式 $=\lim\limits_{x\to 0}\frac{x^2}{\frac{1}{2}x^2}=2$. 故应选(C)选项.

8. C【解析】

【思路一】泰勒公式。

由极限的定义得,$\lim\limits_{x\to 0}\frac{\sin 6x+xf(x)}{x^3}=0\Rightarrow \sin 6x+xf(x)=o(x^3)$,

将 $\sin 6x$ 带有皮亚诺余项的泰勒公式 $\sin 6x=6x-\frac{(6x)^3}{3!}+o(x^3)$ 代入上式,得

$$6x-\frac{(6x)^3}{3!}+xf(x)=o(x^3)\Rightarrow 6-36x^2+f(x)=o(x^2)\Rightarrow \frac{6+f(x)}{x^2}=36+o(1),$$

对方程两边取极限得

$$\lim_{x\to 0}\frac{6+f(x)}{x^2}=\lim_{x\to 0}[36+o(1)]=36.$$

所以选(C)选项.

【思路二】凑极限法。

$$\lim_{x\to 0}\frac{6+f(x)}{x^2}=\lim_{x\to 0}\frac{6x+xf(x)}{x^3}=\lim_{x\to 0}\frac{6x-\sin 6x}{x^3}+\lim_{x\to 0}\frac{\sin 6x+xf(x)}{x^3},$$

由洛必达法则得

$$\lim_{x\to 0}\frac{6x-\sin 6x}{x^3}=2\lim_{x\to 0}\frac{1-\cos 6x}{x^2}=6\lim_{x\to 0}\frac{\sin 6x}{x}=36.$$

又因为 $\lim\limits_{x\to 0}\frac{\sin 6x+xf(x)}{x^3}=0$,所以

$$\lim_{x\to 0}\frac{6+f(x)}{x^2}=\lim_{x\to 0}\frac{6x-\sin 6x}{x^3}+\lim_{x\to 0}\frac{\sin 6x+xf(x)}{x^3}=36+0=36.$$

9. D【解析】$f(x)+g(x)=\begin{cases}2-ax-1, & x\leqslant -1\\ x-1, & -1<x<0\\ x-b+1, & x\geqslant 0\end{cases}$,所以 $f(x)+g(x)$ 在 $\mathbf{R}$ 上连续,则由连续的定义,必须满足

$$\lim_{x\to -1^-}[f(x)+g(x)]=\lim_{x\to -1^-}(1-ax)=1+a,$$

$$\lim_{x\to -1^+}[f(x)+g(x)]=\lim_{x\to -1^+}(x-1)=-2,$$

左右极限要相等,所以有 $1+a=-2, a=-3$. 类似有

$$\lim_{x\to 0^-}[f(x)+g(x)]=\lim_{x\to 0^-}(x-1)=-1,$$

$$\lim_{x\to 0^+}[f(x)+g(x)]=\lim_{x\to 0^+}(x-b+1)=-b+1.$$

左右极限要相等，所以有 $-1=-b+1$，$b=2$.

10. D【解析】排除法：取 $\varphi(x)=1-e^{-|x|}$，$g(x)=1+e^{-|x|}$，$f(x)=1$，则有 $\varphi(x)\leqslant f(x)\leqslant g(x)$，且 $\lim\limits_{x\to\infty}[g(x)-\varphi(x)]=0$，$\lim\limits_{x\to\infty}f(x)=1$，排除（A）、（C）两个选项．取

$$\varphi(x)=e^x-e^{-|x|},g(x)=e^{-|x|}+e^x,f(x)=e^x,$$

显然，$\varphi(x)$，$f(x)$，$g(x)$ 满足题设条件，但 $\lim\limits_{x\to\infty}f(x)$ 不存在，因此（B）选项也可排除，应该选（D）选项．

11. D【解析】因为 $\lim\limits_{x\to 0}g(x)=\lim\limits_{x\to 0}f\left(\dfrac{1}{x}\right)=\lim\limits_{u\to\infty}f(u)=a$. 又 $g(0)=0$，所以，当 $a=0$ 时，$\lim\limits_{x\to 0}g(x)=g(0)$，即 $g(x)$ 在点 $x=0$ 处连续；当 $a\neq 0$ 时，$\lim\limits_{x\to 0}g(x)\neq g(0)$，即 $x=0$ 是 $g(x)$ 的第一类间断点．因此，$g(x)$ 在点 $x=0$ 处的连续性与 a 的取值有关．

（三）求解和证明下列各题

1. $\dfrac{1}{6}$【解析】利用等价无穷小 $\sin x^4\sim x^4$，将 x^4 换成 $\sin^4x$，可大大简化运算．

$$\lim_{x\to 0}\frac{[\sin x-\sin(\sin x)]\sin x}{x^4}=\lim_{x\to 0}\frac{[\sin x-\sin(\sin x)]\sin x}{\sin^4x}$$

$$\overset{令\sin x=t}{=}\lim_{t\to 0}\frac{t-\sin t}{t^3}=\lim_{t\to 0}\frac{1-\cos t}{3t^2}=\frac{1}{6}$$

2.【解析】（Ⅰ）利用数列单调有界准则来判断极限的存在性．

易知当 $0<x<\pi$ 时，有 $\sin x<x$，而 $0<x_2=\sin x_1<x_1<\pi$，利用归纳证明可得

$$0<x_{n+1}=\sin x_n<x_n<\pi,$$

即数列 $\{x_n\}$ 单调下降且有下界，所以数列 $\{x_n\}$ 的极限存在，设 $\lim\limits_{n\to\infty}x_n=A$，对方程 $x_{n+1}=\sin x_n$ 两边取极限有 $A=\sin A$，可得 $A=0$.

（Ⅱ）$\lim\limits_{n\to\infty}\left(\dfrac{x_{n+1}}{x_n}\right)^{\frac{1}{x_n^2}}=\lim\limits_{n\to\infty}\left(\dfrac{\sin x_n}{x_n}\right)^{\frac{1}{x_n^2}}=\lim\limits_{n\to\infty}e^{\frac{1}{x_n^2}\ln\left(\frac{\sin x_n}{x_n}\right)}=e^{\lim\limits_{n\to\infty}\frac{1}{x_n^2}\ln\left(1+\frac{\sin x_n}{x_n}-1\right)}$

$$=e^{\lim\limits_{n\to\infty}\frac{1}{x_n^2}\left(\frac{\sin x_n}{x_n}-1\right)}=e^{\lim\limits_{n\to\infty}\frac{1}{x_n^2}\left(\frac{\sin x_n}{x_n}-1\right)}=e^{\lim\limits_{n\to\infty}\frac{\sin x_n-x_n}{x_n^3}}$$

转化为函数极限，由（Ⅰ）知 $\lim\limits_{n\to\infty}x_n=0$，又

$$e^{\lim\limits_{x\to 0}\frac{\sin x-x}{x^3}}=e^{\lim\limits_{x\to 0}\frac{-\frac{1}{3!}x^3+o(x^3)}{x^3}}=e^{-\frac{1}{6}},$$

所以 $\lim\limits_{n\to\infty}\left(\dfrac{x_{n+1}}{x_n}\right)^{\frac{1}{x_n^2}}=e^{-\frac{1}{6}}$.

3. $a=1$，$b=1$【解析】【思路一】令 $x=\dfrac{1}{t}$，则

$$\lim_{x\to+\infty}[(ax+b)e^{\frac{1}{x}}-x]=\lim_{t\to 0^+}\left[\left(\frac{a}{t}+b\right)e^t-\frac{1}{t}\right]=\lim_{t\to 0^+}\frac{(a+bt)e^t-1}{t}=2,$$

要极限存在，必须有 $\lim\limits_{t\to 0^+}(a+bt)=1$，所以 $a=1$. 于是

$$2=\lim_{t\to0^+}\frac{(1+bt)\mathrm{e}^t-1}{t}=\lim_{t\to0^+}[b\mathrm{e}^t+(1+bt)\mathrm{e}^t]=\lim_{t\to0^+}\mathrm{e}^t[b+(1+bt)].$$

即有 $2=\lim\limits_{t\to0^+}[b+(1+bt)]=\lim\limits_{t\to0^+}[(1+b)+bt]$,所以 $1+b=2,b=1$.

【思路二】对于极限 $\lim\limits_{t\to0^+}\dfrac{(a+bt)\mathrm{e}^t-1}{t}=2$,将带皮亚诺型余项的泰勒公式 $\mathrm{e}^t=1+t+o(t)$ 代入上式可得

$$\lim_{t\to0^+}\frac{(a+bt)(1+t+o(t))-1}{t}=\lim_{t\to0^+}\frac{a-1+(a+b)t+bt^2+o(t)}{t}=2,$$

即有 $1+b=2$,于是 $b=1$.

4. $a=1,b=-\dfrac{\mathrm{e}}{2}$

【解析】【思路一】$\lim\limits_{n\to\infty}\dfrac{\left(1+\dfrac{1}{n}\right)^n-\mathrm{e}}{\dfrac{b}{n^a}}=\dfrac{1}{b}\lim\limits_{n\to\infty}\dfrac{\mathrm{e}^{n\ln\left(1+\frac{1}{n}\right)}-\mathrm{e}}{\dfrac{1}{n^a}}=\dfrac{\mathrm{e}}{b}\lim\limits_{n\to\infty}\dfrac{\mathrm{e}^{n\ln\left(1+\frac{1}{n}\right)-1}-1}{\dfrac{1}{n^a}}$

$$=\frac{\mathrm{e}}{b}\lim_{n\to\infty}\frac{n\ln\left(1+\dfrac{1}{n}\right)-1}{\dfrac{1}{n^a}}=\frac{\mathrm{e}}{b}\lim_{n\to\infty}\frac{n\left[\ln\left(1+\dfrac{1}{n}\right)-\dfrac{1}{n}\right]}{\dfrac{1}{n^a}}$$

由于 $\ln\left(1+\dfrac{1}{n}\right)-\dfrac{1}{n}\sim-\dfrac{1}{2}\dfrac{1}{n^2}(n\to\infty)$,则 $a=1$,且上式极限等于 $\dfrac{-\dfrac{1}{2}\mathrm{e}}{b}=1$,所以 $b=-\dfrac{1}{2}\mathrm{e}$.

【思路二】由麦克劳林公式,当 $n\to\infty$ 时可以直接得到

$$\left(1+\frac{1}{n}\right)^n-\mathrm{e}=\mathrm{e}[\mathrm{e}^{n\ln\left(1+\frac{1}{n}\right)-1}-1]\sim\mathrm{e}\left[n\ln\left(1+\frac{1}{n}\right)-1\right]=\mathrm{e}\left[n\left(\frac{1}{n}-\frac{1}{2n^2}+o(x^3)\right)-1\right]$$

$$=\mathrm{e}\left[-\frac{1}{2n}+o(x^3)\right]\sim-\frac{\mathrm{e}}{2}\cdot\frac{1}{n}\sim\frac{b}{n^a},$$

所以 $a=1,b=-\dfrac{1}{2}\mathrm{e}$.

5.**【解析】**由给出的数列关系式,改写可以得到

$$x_{n+1}=\ln\frac{\mathrm{e}^{x_n}-1}{\mathrm{e}^{x_n}}\quad(n=1,2,\cdots),$$

其中分子 $\mathrm{e}^{x_n}-1=\mathrm{e}^{x_n}-\mathrm{e}^0$,所以由拉格朗日中值定理,有 $\mathrm{e}^{x_n}-1=\mathrm{e}^{x_n}-\mathrm{e}^0=\mathrm{e}^{\xi}\cdot x_n$,其中 ξ 在 0 和 x_n 之间. 如果 $x_n>0$,则 $\dfrac{\mathrm{e}^{x_n}-1}{x_n}=\mathrm{e}^{\xi}>1$,即 $x_{n+1}=\ln\dfrac{\mathrm{e}^{x_n}-1}{x_n}>0$. 由于 $x_1>0$,根据数学归纳法可以推知 $x_n>0(n=1,2,\cdots)$,又由 e^x 和 $\ln x$ 的严格单调递增的性质,上式变形为

$$\ln\mathrm{e}^{x_{n+1}}=\ln\frac{\mathrm{e}^{x_n}-1}{x_n}(n=1,2,\cdots),$$

即 $\mathrm{e}^{x_{n+1}}=\dfrac{\mathrm{e}^{x_n}-1}{x_n}=\dfrac{\mathrm{e}^{x_n}-\mathrm{e}^0}{x_n-0}=\mathrm{e}^{\xi},\quad\xi\in(0,x_n)$.

由 e^x 的严格单调性,由此可得 $x_{n+1}=\xi<x_n$,所以 $\{x_n\}$ 单调递减. 所以数列单调递减且有下

界．所以数列极限存在．

于是令$\lim\limits_{n\to\infty}x_n=a$，则由递推公式得$ae^a=e^a-1$，即$(1-a)e^a=1$，由此可得$a=0$．单调性可另证：由题意知$x_n>0$，又

$$\frac{e^{x_n}-1}{x_n}=\frac{1+x_n+\frac{x_n^2}{2!}+\cdots-1}{x_n}=1+\frac{x_n}{2!}+\frac{x_n^2}{3!}\cdots<1+\frac{x_n}{1!}+\frac{x_n^2}{2!}\cdots=e^{x_n},$$

所以$e^{x_{n+1}}<e^{x_n}$，即$x_{n+1}<x_n$，所以$\{x_n\}$单调递减有下界必有极限．

6.【解析】先求左极限：

$$\lim_{x\to0^-}f(x)=\lim_{x\to0^-}\frac{\ln(1+ax^3)}{x-\arcsin x}=\lim_{x\to0^-}\frac{ax^3}{x-\arcsin x}=\lim_{x\to0^-}\frac{a\arcsin^3x}{x-\arcsin x},$$

令$y=\arcsin x$，则

$$\lim_{x\to0^-}f(x)=\lim_{x\to0^-}\frac{ay^3}{\sin y-y}=\lim_{x\to0^-}\frac{3ay^2}{\cos y-1}=\lim_{x\to0^-}\frac{3ay^2}{-\frac{1}{2}y^2}=-6a.$$

再求右极限：

$$\lim_{x\to0^+}f(x)=\lim_{x\to0^+}\frac{e^{ax}+x^2-ax-1}{x\sin\frac{x}{4}}=\lim_{x\to0^+}\frac{e^{ax}+x^2-ax-1}{\frac{x^2}{4}}=\lim_{x\to0^+}\frac{ae^{ax}+2x-a}{\frac{x}{2}}$$

$$=\lim_{x\to0^+}\frac{a^2e^{ax}+2}{\frac{1}{2}}=2a^2+4.$$

若$f(x)$在$x=0$处连续，则有$\lim\limits_{x\to0^+}f(x)=\lim\limits_{x\to0^-}f(x)$，即$2a^2+4=-6a\Rightarrow a=-1$或$a=-2$．

当$a=-1$时，$\lim\limits_{x\to0^+}f(x)=\lim\limits_{x\to0^-}f(x)=6=f(0)$，左右极限相等且等于该点值，此时$x=0$为函数$f(x)$的连续点．

当$a=-2$时，$\lim\limits_{x\to0^+}f(x)=\lim\limits_{x\to0^-}f(x)=12\neq f(0)$，左右极限相等但不等于该点值，此时$x=0$为函数$f(x)$的可去间断点．

7.【解析】【思路一】由于题干中含有无穷小因子，自然联想到泰勒展开式．因为

$$\begin{aligned}e^x(1+Bx+Cx^2)&=\left[1+x+\frac{1}{2!}x^2+\frac{1}{3!}x^3+o(x^3)\right](1+Bx+cx^2)\\&=1+(B+1)x+\left(\frac{1}{2}+B+C\right)x^2+\left(\frac{1}{6}+\frac{1}{2}B+C\right)x^3+o(x^3)\\&=1+Ax+o(x^3).\end{aligned}$$

所以对比等式左右两端即能得到方程组$\begin{cases}\frac{1}{6}+\frac{1}{2}B+C=0\\\frac{1}{2}+B+C=0\\B+1=A\end{cases}$，解得$A=\frac{1}{3}$，$B=-\frac{2}{3}$，$C=\frac{1}{6}$.

【思路二】观察题设条件，可以将原式化为$e^x(1+Bx+Cx^2)-1-Ax=o(x^3)$，即

$$\lim_{x\to0}\frac{e^x(1+Bx+Cx^2)-1-Ax}{x^3}=\lim_{x\to0}\frac{e^x(1+Bx+Cx^2)+e^x(B+2Cx)-A}{3x^2}=0,$$

由于分母趋于0,所以要使上述极限存在,则分子的极限应该满足

$$\lim_{x \to 0}[e^x(1+Bx+Cx^2)+e^x(B+2Cx)-A]=1+B-A=0,$$

进一步计算

$$\lim_{x \to 0}\frac{e^x(1+Bx+Cx^2)+e^x(B+2Cx)-A}{3x^2}=\lim_{x \to 0}\frac{e^x(1+2B+2C+Bx+4Cx+Cx^2)}{6x}=0,$$

同理分子的极限应该满足:

$$\lim_{x \to 0}e^x(1+2B+2C+Bx+4Cx+Cx^2)=1+2B+2C=0.$$

再进一步计算

$$\lim_{x \to 0}\frac{e^x(1+2B+2C+Bx+4Cx+Cx^2)}{6x}=\lim_{x \to 0}\frac{e^x(1+3B+6C+Bx+6Cx+Cx^2)}{6}$$

$$=1+3B+6C=0$$

于是得到方程组$\begin{cases}1+B-A=0\\1+2B+2C=0\\1+3B+6C=0\end{cases}$,解得$A=\frac{1}{3},B=-\frac{2}{3},C=\frac{1}{6}.$

第二章　一元函数微分学

一、学习要求

1. 理解导数和微分的概念,理解导数与微分的关系,理解导数的几何意义,会求平面曲线的切线方程和法线方程,了解导数的物理意义,会用导数描述一些物理量,理解函数的可导性与连续性之间的关系.

2. 掌握导数的四则运算法则和复合函数的求导法则,掌握基本初等函数的导数公式. 了解微分的四则运算法则和一阶微分形式的不变性,会求函数的微分.

3. 了解高阶导数的概念,会求简单函数的高阶导数.

4. 会求分段函数的导数,会求隐函数和由参数方程所确定的函数以及反函数的导数.

5. 理解并会用罗尔定理、拉格朗日中值定理和泰勒定理,了解并会用柯西中值定理.

6. 掌握用洛必达法则求未定式极限的方法.

7. 理解函数的极值概念,掌握用导数判断函数的单调性和求函数极值的方法,掌握函数最大值和最小值的求法及其应用.

8. 会用导数判断函数图形的凹凸性(注:在区间(a,b)内,设函数$f(x)$具有二阶导数,当$f''(x)>0$时,$f(x)$的图形是凹的;当$f''(x)<0$时,$f(x)$的图形是凸的),会求函数图形的拐点以及水平、铅直和斜渐近线,会描绘函数的图形.

9. 了解曲率、曲率圆和曲率半径的概念,会计算曲率和曲率半径.

二、概念强化

(一) 导数的概念

1. 设函数$y=f(x)$在点x_0的某邻域内有定义,Δx是变量x在点x_0处的增量. 问下面两个极限是否可以作为函数$y=f(x)$在点x_0处的导数的定义?

(1) $\lim\limits_{\Delta x\to 0}\dfrac{f(x_0)-f(x_0-\Delta x)}{\Delta x}$;　　　(2) $\lim\limits_{\Delta x\to 0}\dfrac{f(x_0+\Delta x)-f(x_0-\Delta x)}{2\Delta x}$.

分析:(1) 可以. 因为导数定义中自变量x的增量Δx是双侧趋向于零的,包含$\Delta x\to 0^+$和$\Delta x\to 0^-$两种变化过程,所以定义中的Δx换成$-\Delta x$是等价的. 即若

$$\lim_{\Delta x\to 0}\frac{f(x_0)-f(x_0-\Delta x)}{\Delta x}=\lim_{\Delta x\to 0}\frac{f(x_0-\Delta x)-f(x_0)}{-\Delta x}$$

存在,利用变量代换$h=-\Delta x$,则有

$$\lim_{\Delta x\to 0}\frac{f(x_0)-f(x_0-\Delta x)}{\Delta x}=\lim_{h\to 0}\frac{f(x_0+h)-f(x_0)}{h}=f'(x_0).$$

也就是说，$y=f(x)$在点x_0处导数的定义表达式并不唯一．事实上，导数定义的本质是函数$f(x)$在点x_0处的增量$\Delta f(x)$与自变量x的增量Δx比值的极限．

（2）不可以．因为$f(x_0+\Delta x)-f(x_0-\Delta x)$是函数$f(x)$在以$x_0$为中心的对称点$x_0+\Delta x$和$x_0-\Delta x$处的函数值之差，而与$f(x)$在点$x_0$处有无定义无关，也就是说

$$\lim_{\Delta x\to 0}\frac{f(x_0+\Delta x)-f(x_0-\Delta x)}{2\Delta x}$$

是否存在与$f(x)$在点x_0处的函数值无关．

比如，考虑绝对值函数$f(x)=|x|$，知$f(x)$在点$x=0$处不可导，而

$$\lim_{\Delta x\to 0}\frac{f(0+\Delta x)-f(0-\Delta x)}{2\Delta x}=\lim_{\Delta x\to 0}\frac{|\Delta x|-|-\Delta x|}{2\Delta x}=\lim_{\Delta x\to 0}0=0\text{ 存在．}$$

更一般地，对于任何偶函数$f(x)$，都有

$$\lim_{\Delta x\to 0}\frac{f(0+\Delta x)-f(0-\Delta x)}{2\Delta x}=0,$$

但$\lim\limits_{\Delta x\to 0}\dfrac{f(0+\Delta x)-f(0)}{\Delta x}$未必存在．

事实上，$\lim\limits_{\Delta x\to 0}\dfrac{f(x_0+\Delta x)-f(x_0-\Delta x)}{2\Delta x}$存在是$\lim\limits_{\Delta x\to 0}\dfrac{f(x_0+\Delta x)-f(x_0)}{\Delta x}$存在的必要非充分条件．

这是因为若$\lim\limits_{\Delta x\to 0}\dfrac{f(x_0+\Delta x)-f(x_0)}{\Delta x}$存在，则

$$\begin{aligned}&\lim_{\Delta x\to 0}\frac{f(x_0+\Delta x)-f(x_0-\Delta x)}{2\Delta x}\\&=\frac{1}{2}\lim_{\Delta x\to 0}\frac{[f(x_0+\Delta x)-f(x_0)]-[f(x_0-\Delta x)-f(x_0)]}{\Delta x}\\&=\frac{1}{2}\left(\lim_{\Delta x\to 0}\frac{f(x_0+\Delta x)-f(x_0)}{\Delta x}+\lim_{\Delta x\to 0}\frac{f(x_0-\Delta x)-f(x_0)}{-\Delta x}\right)\\&=\frac{1}{2}[f'(x_0)+f'(x_0)]=f'(x_0),\end{aligned}$$

即$\lim\limits_{\Delta x\to 0}\dfrac{f(x_0+\Delta x)-f(x_0-\Delta x)}{2\Delta x}$存在且等于$f'(x_0)$．

进一步推广，若$f(x)$在点x_0处可导，对于任意的实数m、n和非零实数k，则有

$$\lim_{\Delta x\to 0}\frac{f(x_0+m\Delta x)-f(x_0+n\Delta x)}{k\Delta x}=\frac{m-n}{k}f'(x_0).$$

2．对于分段函数$f(x)=\begin{cases}1+x+x^2\sin\dfrac{1}{x}, & x\neq 0\\ 1, & x=0\end{cases}$，有$f(0)=1$，为什么函数在0处导数不等于零，而为$f'(0)=1$？

分析：产生此疑问的原因是把“$f(x)$在点$x=0$处的导数”理解成了“$f(0)=1$的导数”，也就是把导数的记号理解错了，从而得到“$f'(0)=[f(0)]'$”错误结论．而相反的情况是错误地认为“$[f(0)]'$就等于$f'(0)$”，从而错误地得出$(\sin 0)'=\cos 0=1$．

更为典型的也是最常见的错误是认为$\{f[\varphi(x)]\}'$就等于$f'[\varphi(x)]$. 事实上,记号$\{f[\varphi(x)]\}'$表示复合函数$f[\varphi(x)]$对自变量x的导数,有$\{f[\varphi(x)]\}'=f'[\varphi(x)]\cdot\varphi'(x)$,而$f'[\varphi(x)]$表示$f(u)$对$u$的导函数$f'(u)$与函数$u=\varphi(x)$复合而成的函数. 因此,在考虑分段函数在间断点的导数时必须用导数的定义来分析,对于本题,即计算

$$f'(0)=\lim_{x\to 0}\frac{f(x)-f(0)}{x-0}=\lim_{x\to 0}\frac{x+x^2\sin\frac{1}{x}}{x}=\lim_{x\to 0}\left(1+x\sin\frac{1}{x}\right)=1$$

3. 函数$f(x)$在区间I上的导数的定义

$$\lim_{\Delta x\to 0}\frac{f(x+\Delta x)-f(x)}{\Delta x}=f'(x),\quad x\in I$$

中,$f'(x)$与Δx和x是什么关系? 在极限计算过程中究竟Δx是变量还是x是变量? 也就是说,导函数$f'(x)$与Δx有无关系?

分析:在计算$f(x)$在区间I中指定点x处的导数时,增量比值$\frac{f(x+\Delta x)-f(x)}{\Delta x}$的趋近过程是随$\Delta x$的变化而变化,其中$x$看成一常数,即$\Delta x$是变量.

事实上,如果函数$f(x)$在区间I上可导,那么对于I中任意一给定的点x而言,极限$\lim\limits_{\Delta x\to 0}\frac{f(x+\Delta x)-f(x)}{\Delta x}$必存在. 即给定一点$x\in I$,有唯一的导数$f'(x)$与之对应. 由函数的定义可得,$f'(x)$是定义在$I$上以$x$为自变量的函数,我们称之为$f(x)$在区间$I$上的导函数,简称导数.

综上所述,在计算极限$\lim\limits_{\Delta x\to 0}\frac{f(x+\Delta x)-f(x)}{\Delta x}$的过程中,$\Delta x$是变量,$x$看成一常量. 而求出极限即得到$f'(x)$,它是$f(x)$在区间$I$上的导函数,与$\Delta x$无关. 也就是说,$\Delta x$是计算极限过程中的变量,$x$是导函数$f'(x)$的自变量.

4. 设函数

$$f(x)=\begin{cases}x^2\sin\frac{1}{x}, & x\neq 0\\ 0, & x=0\end{cases},$$

由导数的四则运算知:当$x\neq 0$时,$f'(x)=2x\sin\frac{1}{x}-\cos\frac{1}{x}$. 于是

(1) 因为$f'(x)$在点$x=0$处无定义,所以$f(x)$在点$x=0$处不可导;

(2) 因为$\lim\limits_{x\to 0}f'(x)$不存在,所以$f(x)$在点$x=0$处不可导.

上述两种说法是否正确?

分析:两种说法都不正确. 对于分段函数在分界点处的导数问题,根据分段函数的表达式采用导数定义或单侧导数来判断. 事实上,由于

$$f'(0)=\lim_{\Delta x\to 0}\frac{f(0+\Delta x)-f(0)}{\Delta x}=\lim_{\Delta x\to 0}\frac{(\Delta x)^2\sin\frac{1}{\Delta x}-0}{\Delta x}=\lim_{\Delta x\to 0}\Delta x\sin\frac{1}{\Delta x}=0,$$

即$f(x)$在点$x=0$处可导,且$f'(0)=0$. 那么上述两种说法错在哪呢?

(1) 的错误原因在于$f'(x)=2x\sin\frac{1}{x}-\cos\frac{1}{x}$是仅在 $x\neq0$ 时计算求得的,因此不能用它在点 $x=0$ 处无定义就去判断$f(x)$在点 $x=0$ 处的可导性.

(2) 的错误原因是由$\lim\limits_{x\to0}f'(x)$不存在不能推出$f(x)$在点 $x=0$ 处不可导. 由函数极限的概念可知,$\lim\limits_{x\to0}f'(x)$是否存在与$f'(x)$在点 $x=0$ 处的函数值无关. 也就是说,即使$\lim\limits_{x\to0}f'(x)$不存在,但$f'(x)$在点 $x=0$ 处可能有定义. 这就容易明白为什么$\lim\limits_{x\to0}f'(x)$不存在而$f'(0)$存在的原因. 基于上述理论,再来寻找下面例子的错误原因.

设函数$f(x)=\begin{cases}\arctan\frac{1}{x}, & x\neq0\\ 0, & x=0\end{cases}$,则当 $x\neq0$ 时,$f'(x)=-\frac{1}{1+x^2}$. 因为$\lim\limits_{x\to0}f'(x)=\lim\limits_{x\to0}\left(-\frac{1}{1+x^2}\right)=-1$,所以$f(x)$在点 $x=0$ 处可导,且$f'(0)=-1$.

显然$f(x)$在点 $x=0$ 处不连续,由可导和连续的关系,$f(x)$在点 $x=0$ 处不可导. 即上述结论也是错误的. 原因在于把导函数$f'(x)$当 $x\to0$ 的极限值错误地认为就是$f'(x)$在点 $x=0$ 处的函数值.

事实上,设$f(x)$在点 x_0 处连续,在 x_0 的某一去心邻域内可导,若$\lim\limits_{x\to x_0}f'(x)$存在,则$f(x)$在点 x_0 处可导,且$f'(x_0)=\lim\limits_{x\to x_0}f'(x)$.

此定理的证明过程(参阅问题11). 事实上,$\lim\limits_{x\to x_0}f'(x)$存在是$f(x)$在点 x_0 处可导的充分非必要条件. 特别要注意的是,由问题(2)$\lim\limits_{x\to x_0}f'(x)$不存在并不能判断$f(x)$在点 x_0 处不可导.

5. 试说明下列单侧导数的几何意义

(1) $f'_-(x_0)$和$f'_+(x_0)$都存在但不相等;

(2) $f'_-(x_0)=+\infty,f'_+(x_0)=+\infty$;

(3) $f'_-(x_0)=-\infty,f'_+(x_0)=-\infty$;

(4) $f'_-(x_0)=+\infty,f'_+(x_0)=-\infty$;

(5) $f'_-(x_0)=-\infty,f'_+(x_0)=+\infty$.

分析:在几何上,函数$f(x)$在点 x_0 处的左导数$f'_-(x_0)$(或右导数$f'_+(x_0)$)表示曲线 $y=f(x)$在点$(x_0,f(x_0))$处的左切线(或右切线).

(1) 当$f'_-(x_0)$和$f'_+(x_0)$都存在但不相等时,曲线 $y=f(x)$在点$(x_0,f(x_0))$处的左切线和右切线形成一夹角,此时可将此点形象地称为曲线 $y=f(x)$的角点,如图 2.1(a)所示。

(2) 当$f'_-(x_0)=+\infty,f'_+(x_0)=+\infty$时,曲线 $y=f(x)$在点$(x_0,f(x_0))$附近图形呈上升态势,且在点$(x_0,f(x_0))$处存在切线,其方程为 $x=x_0$,如图 2.1(b)所示。

(3) 当$f'_-(x_0)=-\infty,f'_+(x_0)=-\infty$时,曲线 $y=f(x)$在点$(x_0,f(x_0))$附近图形呈下降态势,且在点$(x_0,f(x_0))$处存在切线,其方程为 $x=x_0$,如图 2.1(c)所示。

(4) 当$f'_-(x_0)=+\infty,f'_+(x_0)=-\infty$时,曲线 $y=f(x)$在点$(x_0,f(x_0))$处的左切线和右切线重合,其切线方程为 $x=x_0$. 当 x 渐增地经过 x_0 时,曲线先上升后下降,此时可将此点形象地称为曲线 $y=f(x)$的尖点,如图 2.1(d)所示。

(5) 当$f'_-(x_0)=-\infty,f'_+(x_0)=+\infty$时,曲线 $y=f(x)$在点$(x_0,f(x_0))$处的左切线和右切线重合,其切线方程为 $x=x_0$. 当 x 渐增地经过 x_0 时,曲线先下降后上升,此时可将此点形象地称为曲线 $y=f(x)$的尖点,如图 2.1(e)所示。

6. 函数$f(x)$在点 x_0 处连续但不可导有哪些情形?

分析:函数$f(x)$在点 x_0 处连续是函数$f(x)$在点 x_0 处可导的必要非充分条件. $f(x)$在点

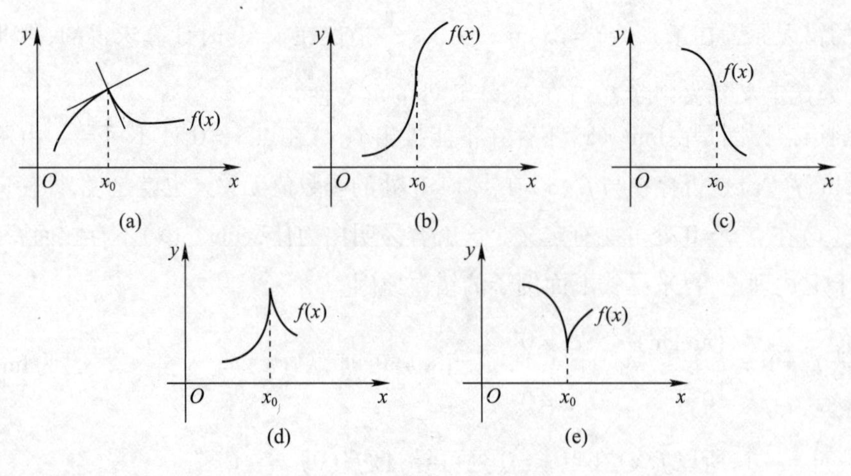

图 2.1

x_0 处连续但不可导有以下几种情形:

(1) 左、右导数存在但不相等,例如

函数 $f(x)=\begin{cases}2x, & x\geqslant 1,\\ x+1, & x<1\end{cases}$ 在 $x=1$ 处连续,但 $f'_-(1)=1, f'_+(1)=2$.

(2) 左、右导数至少有一个不存在. 例如

$$f(x)=\begin{cases}x\sin\dfrac{1}{x}, & x>0,\\ 0, & x\leqslant 0\end{cases}$$

在 $x=0$ 处连续,且 $f'_-(0)=0$,但 $f(x)$ 在点 $x=0$ 的右导数不存在.

特别地,左、右导数至少有一个为∞. 例如函数 $f(x)=x^{\frac{1}{3}}$ 在 $x=0$ 处连续,但有

$$f'_-(0)=f'_+(0)=+\infty.$$

7. 问函数 $f(x)$ 在点 x_0 处左、右可导和左、右连续有什么关系?

分析:$f(x)$ 在点 x_0 处左可导必然左连续,右可导必然右连续. 证明如下.

不妨假设 $f(x)$ 在点 x_0 处左可导,则 $f'_-(x_0)=\lim\limits_{\Delta x\to 0^-}\dfrac{f(x_0+\Delta x)-f(x_0)}{\Delta x}$. 由极限与无穷小的关系得 $\dfrac{f(x_0+\Delta x)-f(x_0)}{\Delta x}=f'_-(x_0)+\alpha(\Delta x)$,其中 $\alpha(\Delta x)$ 为 $\Delta x\to 0^-$ 时的无穷小. 即有

$$f(x_0+\Delta x)-f(x_0)=f'_-(x_0)\Delta x+\alpha(\Delta x)\Delta x.$$

上式两边同时取左极限 $\Delta x\to 0^-$ 可得

$$\begin{aligned}\lim_{\Delta x\to 0^-}[f(x_0+\Delta x)-f(x_0)]&=\lim_{\Delta x\to 0^-}[f'_-(x_0)\Delta x+\alpha(\Delta x)\Delta x]\\&=\lim_{\Delta x\to 0^-}f'_-(x_0)\Delta x+\lim_{\Delta x\to 0^-}\alpha(\Delta x)\Delta x=0.\end{aligned}$$

所以 $f(x)$ 在点 x_0 处左连续.

同理可证,若 $f(x)$ 在点 x_0 处右可导,则 $f(x)$ 在点 x_0 处右连续.

反之,不一定成立. 例如,函数 $f(x)=\begin{cases}x\sin\dfrac{1}{x}, & x\neq 0\\ 0, & x=0\end{cases}$ 在点 $x=0$ 处连续,但在点 $x=0$ 处

不可导，且左、右导数都不存在．

事实上，若$f(x)$在点x_0处可导，则左导数和右导数都存在，即有$f(x)$在点x_0处左连续和右连续，所以$f(x)$在点x_0处连续．

8. $f'_-(x_0)$、$f'_+(x_0)$、$f'(x_0^-)$和$f'(x_0^+)$的含义分别是什么？有何联系？

分析：$f'_-(x_0)$和$f'_+(x_0)$分别表示函数$f(x)$在点x_0处的左导数和右导数，其定义分别为

$$f'_-(x_0)=\lim_{\Delta x\to 0^-}\frac{f(x_0+\Delta x)-f(x_0)}{\Delta x}=\lim_{x\to x_0^-}\frac{f(x)-f(x_0)}{x-x_0}$$

和

$$f'_+(x_0)=\lim_{\Delta x\to 0^+}\frac{f(x_0+\Delta x)-f(x_0)}{\Delta x}=\lim_{x\to x_0^+}\frac{f(x)-f(x_0)}{x-x_0}.$$

$f'(x_0^-)$和$f'(x_0^+)$分别表示$f(x)$的导函数$f'(x)$在点x_0处的左极限和右极限，其定义分别为$f'(x_0^-)=\lim\limits_{x\to x_0^-}f'(x)$和$f'(x_0^+)=\lim\limits_{x\to x_0^+}f'(x)$.

事实上，导数的极限定理建立了$f'_-(x_0)$、$f'_+(x_0)$与$f'(x_0^-)$、$f'(x_0^+)$之间的联系，具体如下：

若$f(x)$在$(a,x_0]$上连续，在(a,x_0)内可导，且$f'(x_0^-)$存在，则$f(x)$在点x_0处左可导，且$f'_-(x_0)=f'(x_0^-)$.

若$f(x)$在$[x_0,b)$上连续，在(x_0,b)内可导，且$f'(x_0^+)$存在，则$f(x)$在点x_0处右可导，且$f'_+(x_0)=f'(x_0^+)$（参阅问题11）.

应值得注意的是，在使用导数的极限定理时，一定要判断$f(x)$在点x_0处的连续性．如果$f(x)$在点x_0处不连续，那么$f(x)$在点x_0处一定不可导．

9. 下列两个问题的分析是否正确？

(1) 设$f(x)=x^{\frac{2}{3}}(\cos x-1)$，则$f'(x)=\frac{2}{3}x^{-\frac{1}{3}}(\cos x-1)-x^{\frac{2}{3}}\sin x$. 由于$f'(x)$在点$x=0$无定义，所以$f(x)$在点$x=0$处不可导．

(2) 设$\varphi(x)$在点x_0处连续，$f(x)=(x-x_0)\varphi(x)$，则由导数的运算法则得，$f'(x)=\varphi(x)+(x-x_0)\varphi'(x)$，故$f'(x_0)=\varphi(x_0)$.

分析：以上两个问题的分析都不正确．

对于问题(1)，由于函数$x^{\frac{2}{3}}$在点$x=0$处不可导，所以在$x=0$处对函数$f(x)$运用导数四则运算法则的条件并不具备，进而上述的解法是不正确的．此问题正确的方法是利用导数的定义来计算，即因为

$$\lim_{x\to 0}\frac{f(x)-f(0)}{x-0}=\lim_{x\to 0}\frac{x^{\frac{2}{3}}(\cos x-1)}{x}=\lim_{x\to 0}\frac{x^{\frac{2}{3}}\cdot\left(-\frac{1}{2}x^2\right)}{x}=\lim_{x\to 0}\left(-\frac{1}{2}x^{\frac{5}{3}}\right)=0,$$

所以$f(x)$在点$x=0$处可导，且$f'(0)=0$.

而对于问题(2)，$\varphi(x)$在点x_0处仅仅连续，在点x_0处未必可导，因此在$x=x_0$处对函数$f(x)$运用导数四则运算法则的条件也不具备，进而上述的解法也是不正确的．此问题正确的方法是利用导数的定义来计算，即因为

$$\lim_{x\to x_0}\frac{f(x)-f(x_0)}{x-x_0}=\lim_{x\to x_0}\frac{(x-x_0)\varphi(x)}{x-x_0}=\lim_{x\to x_0}\varphi(x)=\varphi(x_0),$$

所以$f(x)$在点$x=x_0$处可导,且$f'(x_0)=\varphi(x_0)$.

10. 已知函数$f(x)=\begin{cases}x^2, & x\geqslant 1\\ \frac{2}{3}x^3, & x<1\end{cases}$,试问下述求导函数$f'(x)$的方法是否正确?

当$x>1$时,$f'(x)=(x^2)'=2x$;当$x<1$时,$f'(x)=\left(\frac{2}{3}x^3\right)'=2x^2$.

又$f'_+(1)=2x|_{x=1}=2$,$f'_-(1)=2x^2|_{x=1}=2$,则$f'_+(1)=f'_-(1)$. 故导函数为

$$f'(x)=\begin{cases}2x, & x\geqslant 1,\\ 2x^2, & x<1\end{cases}$$

分析:结论是错误的. 注意到$f(x)$在点$x=1$不连续,因此$f(x)$在点$x=1$处不可导. 正确的答案为

$$f'(x)=\begin{cases}2x, & x>1\\ 2x^2, & x<1\end{cases}.$$

事实上,造成错误的原因是求$f(x)$在点$x=1$处单侧导数的方法不正确. 对于分段函数在分界点处的导数问题,一般采用单侧导数来判断. 因为

$$\lim_{\Delta x\to 0^+}\frac{f(1+\Delta x)-f(1)}{\Delta x}=\lim_{\Delta x\to 0^+}\frac{(1+\Delta x)^2-1}{\Delta x}=\lim_{\Delta x\to 0^+}(\Delta x+2)=2=f'_+(1),$$

而

$$\lim_{\Delta x\to 0^-}\frac{f(1+\Delta x)-f(1)}{\Delta x}=\lim_{\Delta x\to 0^-}\frac{\frac{2}{3}(1+\Delta x)^3-1}{\Delta x}=\lim_{\Delta x\to 0^-}\frac{2\Delta x+2(\Delta x)^2+\frac{2}{3}(\Delta x)^3-\frac{1}{3}}{\Delta x}$$

不存在,即$f(x)$在点$x=1$处不可导.

比较上述两种求单侧导数的方法,为什么用导数公式计算的右导数结果正确,而左导数结果错误呢?事实上,这有一个利用导数公式计算单侧导数的方法,当函数具有一定条件时,单侧导数就可不用定义计算(参阅问题11).

11. 不用定义方法能计算单侧导数吗?若可以,那函数应具备什么条件?

分析:在函数满足一定的条件下,单侧导数可以不用定义计算,具体结论如下:

定理1 设函数$f(x)$在$[x_0,a)$上连续,在开区间(x_0,a)内可导,且$\lim\limits_{x\to x_0^+}f'(x)=A$,则$f(x)$在点$x=x_0$处右可导,且$f'_+(x_0)=A$.

证明:任取一点$x\in(x_0,a)$,则在闭区间$[x_0,x]$上由拉格朗日中值定理得,至少存在一点$\xi\in(x_0,x)$,使得$f'(\xi)=\frac{f(x)-f(x_0)}{x-x_0}$,此时有

$$\lim_{x\to x_0^+}\frac{f(x)-f(x_0)}{x-x_0}=\lim_{x\to x_0^+}\frac{f'(\xi)(x-x_0)}{x-x_0}=\lim_{x\to x_0^+}f'(\xi),$$

当$x\to x_0^+$时,$\xi\to x_0^+$. 又$\lim\limits_{x\to x_0^+}f'(x)=A$,则

$$\lim_{x\to x_0^+}\frac{f(x)-f(x_0)}{x-x_0}=\lim_{\xi\to x_0^+}f'(\xi)=\lim_{x\to x_0^+}f'(x)=A.$$

因此$f(x)$在点$x=x_0$处右可导,且$f'_+(x_0)=A$.

值得注意的是，$\lim\limits_{x\to x_0^+} f'(x)$存在是$f(x)$在点$x=x_0$处右可导的充分非必要条件．也就是说，若$\lim\limits_{x\to x_0^+} f'(x)$不存在，则不能判断$f(x)$在点$x=x_0$处右导数不存在．

同理可得：

定理2　设函数$f(x)$在$(b,x_0]$上连续，在开区间(b,x_0)内可导，且$\lim\limits_{x\to x_0^-} f'(x)=B$，则$f(x)$在点$x=x_0$处左可导，且$f'_-(x_0)=B$.

定理1和2表明，

(1) 如果分段函数在分界点连续的一侧的导函数的极限存在，那么此侧的单侧导数不必用定义来计算．例如函数$f(x)=\begin{cases}x^2, & x\geqslant 1\\ \dfrac{2}{3}x^3, & x<1\end{cases}$在点$x=1$处右连续，且

$$\lim_{x\to 1^+} f'(x)=\lim_{x\to 1^+}(x^2)'=\lim_{x\to 1^+}2x=2.$$

因此，$f'_+(1)=\lim\limits_{x\to 1^+} f'(x)=2$.

注意到右导函数$2x$连续，于是$f(x)$在点$x=1$处的右导数就无须取右导函数$2x$的极限，只要把$x=1$代入$2x$即可．因此有$f'_+(1)=(x^2)'\big|_{x=1}=2x\big|_{x=1}=2$.

又$f(x)$在点$x=1$处不左连续，故$f(x)$在点$x=1$处左导数不存在．

(2) 如果分段函数在分界点处连续，且两侧导函数的极限均存在时，那么分段函数在该点的左、右导函数都可用导数公式计算．进一步若左、右导函数都连续，则函数在该点的左、右导数就等于左、右导函数在该点的函数值．

例如分段函数$f(x)=\begin{cases}x, & x\geqslant 0\\ -x, & x<0\end{cases}$在点$x=0$点连续．当$x>0$时，$f'(x)=1$且连续；当$x<0$时，$f'(x)=-1$且连续．故有

$$f'_+(0)=(x)'\big|_{x=0}=1\big|_{x=0}=1, f'_-(0)=(-x)'\big|_{x=0}=(-1)\big|_{x=0}=-1.$$

特别地，当函数$f(x)$在分界点x_0两侧为同一个表达式时，若$f(x)$在点x_0连续，且$\lim\limits_{x\to x_0} f'(x)$存在，则有$f'(x_0)=\lim\limits_{x\to x_0} f'(x)$．例如函数$f(x)=\begin{cases}x^3\sin\dfrac{1}{x}, & x\neq 0\\ 0, & x=0\end{cases}$在点$x=0$处连续，且$\lim\limits_{x\to 0} f'(x)=\lim\limits_{x\to 0}\left(x^3\sin\dfrac{1}{x}\right)'=\lim\limits_{x\to 0}\left(3x^2\sin\dfrac{1}{x}-x\cos\dfrac{1}{x}\right)=0$．故有$f'(0)=0$.

12. 当$x\to a^+$时，$f(x)\to\infty$与$f'(x)\to\infty$是否有必然联系？

设函数$f(x)$在开区间(a,b)内可导，则

(1) 当$\lim\limits_{x\to a^+} f(x)=\infty$时，是否必有$\lim\limits_{x\to a^+} f'(x)=\infty$？

(2) 当$\lim\limits_{x\to a^+} f'(x)=\infty$时，是否必有$\lim\limits_{x\to a^+} f(x)=\infty$？

分析：(1) 不一定．例如函数$f(x)=\dfrac{1}{x}+\sin\dfrac{1}{x}$在$\left(0,\dfrac{\pi}{2}\right)$内可导，则$\lim\limits_{x\to 0^+} f(x)=\infty$，且

$$f'(x)=-\frac{1}{x^2}\left(1+\cos\frac{1}{x}\right),$$

取$x_n=\dfrac{1}{(2n-1)\pi}(n=1,2,3,\cdots)$，则有$f'(x_n)=0$．故$\lim\limits_{x\to 0^+} f'(x)=\infty$不成立．

（2）不一定．例如函数 $f(x)=\sqrt{x}$ 在 $(0,1)$ 内可导，且 $f'(x)=\frac{1}{2\sqrt{x}}$. 即 $\lim\limits_{x\to0^+}f'(x)=\infty$，但 $\lim\limits_{x\to0^+}f(x)=0$. 故 $\lim\limits_{x\to0^+}f(x)=\infty$ 不成立．

13. 如果函数 $f(x)$ 在点 x_0 处可导，那么是否存在点 x_0 的某一去心邻域 $\mathring{U}(x_0)$，使得 $f(x)$ 在 $\mathring{U}(x_0)$ 内处处可导？

分析：不一定．例如函数 $f(x)=\begin{cases}0, & x\text{ 为有理数},\\ x^2, & x\text{ 为无理数}\end{cases}$ 在点 $x=0$ 处可导．对于 $\lim\limits_{\Delta x\to0}\frac{f(0+\Delta x)-f(0)}{\Delta x}$，

当 Δx 为有理数时，

$$\lim_{\Delta x\to0}\frac{f(0+\Delta x)-f(0)}{\Delta x}=\lim_{\Delta x\to0}\frac{0-0}{\Delta x}=0;$$

当 Δx 为无理数时，

$$\lim_{\Delta x\to0}\frac{f(0+\Delta x)-f(0)}{\Delta x}=\lim_{\Delta x\to0}\frac{(\Delta x)^2-0}{\Delta x}=\lim_{\Delta x\to0}\Delta x=0.$$

所以 $\lim\limits_{\Delta x\to0}\frac{f(0+\Delta x)-f(0)}{\Delta x}=0$，即 $f(x)$ 在点 $x=0$ 处可导，且 $f'(0)=0$.

由实数的稠密性易知，$f(x)$ 在任意非零点 $x\neq0$ 处都不连续，即 $f(x)$ 在点 $x=0$ 的任一去心邻域 $\mathring{U}(0)$ 内处处不可导．也就是说，若函数 $f(x)$ 在一点处可导，那么在该点任意小的邻域内未必处处可导．

14. 如果函数 $f(x)$ 在点 x_0 处可导，那么 $f(x)$ 在点 x_0 处必连续．于是是否存在点 x_0 的某一去心邻域 $\mathring{U}(x_0)$，使得 $f(x)$ 在 $\mathring{U}(x_0)$ 内处处连续？

分析：不一定．请参阅问题 13. 也就是说，函数在一点的导数仅仅反映函数在该点的性质，具有局部性态．

15. 设函数 $f(x)$ 在 x_0 处可导，则

$$\begin{aligned}\lim_{\Delta x\to0}\frac{f(x_0+\Delta x)-f(x_0-\Delta x)}{\Delta x}&\xlongequal{x=x_0-\Delta x}\lim_{\Delta x\to0}\frac{f(x+2\Delta x)-f(x)}{\Delta x}\\&=2\lim_{\Delta x\to0}\frac{f(x+2\Delta x)-f(x)}{2\Delta x}=2\lim_{\Delta x\to0}f'(x)\\&=2\lim_{\Delta x\to0}f'(x_0-\Delta x)=2f'(x_0).\end{aligned}$$

问上述计算方法是否正确？

分析：结果正确，但计算方法错误．事实上，上述解题过程存在两处概念性的错误．

（1）题设条件仅知函数 $f(x)$ 在 x_0 处可导，而 $f(x)$ 在 $x=x_0-\Delta x$ 处的可导性是无法判断的．因此未必有

$$\lim_{\Delta x\to0}\frac{f(x+2\Delta x)-f(x)}{2\Delta x}=\lim_{\Delta x\to0}f'(x).$$

即使 $f(x)$ 在 $x=x_0-\Delta x$ 处可导，则上述表达式也是错误的，应该是

$$\lim_{\Delta x\to 0}\frac{f(x+2\Delta x)-f(x)}{2\Delta x}=f'(x).$$

（2）错误还出现在最后一步：$2\lim\limits_{\Delta x\to 0}f'(x_0-\Delta x)=2f'(x_0)$.

这一极限运算要求导函数 $f'(x)$ 在点 x_0 处连续，而题设条件并没有给出．此极限正确的计算方法为

$$\begin{aligned}
&\lim_{\Delta x\to 0}\frac{f(x_0+\Delta x)-f(x_0-\Delta x)}{2\Delta x}\\
&=\frac{1}{2}\lim_{\Delta x\to 0}\frac{[f(x_0+\Delta x)-f(x_0)]-[f(x_0-\Delta x)-f(x_0)]}{\Delta x}\\
&=\frac{1}{2}\left(\lim_{\Delta x\to 0}\frac{f(x_0+\Delta x)-f(x_0)}{\Delta x}+\lim_{\Delta x\to 0}\frac{f(x_0-\Delta x)-f(x_0)}{-\Delta x}\right)\\
&=\frac{1}{2}[f'(x_0)+f'(x_0)]=f'(x_0).
\end{aligned}$$

16. 若 $\lim f(x)=A$，则 $\lim|f(x)|=|A|$. 若 $f(x)$ 在点 x_0 处连续，则 $|f(x)|$ 在点 x_0 处也连续．若 $f(x)$ 在点 x_0 处可导，则 $|f(x)|$ 在点 x_0 处是否也可导？

分析：不一定．例如，$f(x)=x$ 在点 $x=0$ 处可导，但 $|f(x)|=|x|$ 在点 $x=0$ 处不可导．

事实上，设 $f(x)$ 在点 x_0 处可导，则

（1）若 $f(x_0)\neq 0$，则 $|f(x)|$ 在点 x_0 处可导；

（2）若 $f(x_0)=0$，则 $|f(x)|$ 在点 x_0 处可导的充要条件是 $f'(x_0)=0$.

证明：（1）因 $f(x)$ 在点 x_0 处可导，则 $f(x)$ 在点 x_0 处连续．又 $f(x_0)\neq 0$，由极限的局部保号性得，存在 x_0 的某一邻域 $\cup(x_0)$，使得当 $x\in\cup(x_0)$ 时，有 $f(x)\neq 0$. 再由复合函数的求导法则，复合函数 $|f(x)|=[f^2(x)]^{\frac{1}{2}}$ 在 x_0 处可导，且有

$$(|f(x)|)'|_{x=x_0}=\frac{f(x)f'(x)}{\sqrt{f^2(x)}}\Big|_{x=x_0}=\frac{f(x_0)f'(x_0)}{|f(x_0)|}.$$

（2）若 $f(x_0)=0$，$f'(x_0)=0$，则

$$f'(x_0)=\lim_{h\to 0}\frac{f(x_0+h)-f(x_0)}{h}=\lim_{h\to 0}\frac{f(x_0+h)}{h}=0.$$

又

$$\lim_{h\to 0}\frac{|f(x_0+h)|-|f(x_0)|}{h}=\lim_{h\to 0}\frac{|f(x_0+h)|}{h}=\lim_{h\to 0}\frac{f(x_0+h)}{h}\cdot\frac{|f(x_0+h)|}{f(x_0+h)}=0,$$

故 $|f(x)|$ 在点 x_0 处可导，且 $(|f(x)|)'|_{x=x_0}=0$.

若 $|f(x)|$ 在点 x_0 处可导，则

$$\lim_{h\to 0^+}\frac{|f(x_0+h)|-|f(x_0)|}{h}=\lim_{h\to 0^+}\left|\frac{f(x_0+h)}{h}\right|=\left|\lim_{h\to 0^+}\frac{f(x_0+h)}{h}\right|=|f'(x_0)|,$$

$$\lim_{h\to 0^-}\frac{|f(x_0+h)|-|f(x_0)|}{h}=-\lim_{h\to 0^-}\left|\frac{f(x_0+h)}{h}\right|=-\left|\lim_{h\to 0^-}\frac{f(x_0+h)}{h}\right|=-|f'(x_0)|.$$

又 $|f'(x_0)| = -|f'(x_0)|$，则 $|f'(x_0)| = 0$. 故 $f'(x_0) = 0$.

由上述结论可得，若 $f(x)$ 在点 x_0 处可导，则 $|f(x)|$ 在点 x_0 处不可导的充要条件是 $f(x_0) = 0$ 和 $f'(x_0) \neq 0$.

17. 可导的周期函数的导函数还是周期函数吗？可导的非周期函数的导函数一定不是周期函数吗？

分析：可导的周期函数的导函数仍是周期函数．不妨假设 $f(x)$ 为定义在 I 上的可导的周期函数，最小正周期为 T，则 $f(x) = f(x+T)$．由复合函数求导法则得 $f'(x) = f'(x+T)$．因此，导函数 $f'(x)$ 是周期为 T 的周期函数．也就是说，一个可导的周期为 T 的周期函数，它的导函数仍是周期为 T 的周期函数．

但非周期函数的导函数也可能是周期函数．例如单增函数

$$f(x) = x + \sin x, x \in (-\infty, +\infty)$$

的导函数 $f'(x) = 1 + \cos x$ 是以 2π 为周期的周期函数．

18. 可导的奇函数的导函数为偶函数，可导的偶函数的导函数为奇函数．问可导的非奇（或非偶）函数的导函数一定是非偶（或非奇）函数吗？

分析：可导的非奇函数的导函数未必是非偶函数．例如函数 $f(x) = x + 1$，它的导函数 $f'(x) = 1$ 是偶函数．也就是说，原函数为奇函数是导函数为偶函数的充分非必要条件．

可导的非偶函数的导函数一定是非奇函数．事实上，可导函数是偶函数的充要条件是其导函数为奇函数．不妨设可导函数 $F(x)$ 的导函数为 $f(x)$.

若 $F(-x) = F(x)$，由复合函数求导法则得，$-f(-x) = f(x)$．即 $f(x)$ 是奇函数．

若 $f(-x) = -f(x)$，则 $f(-x) + f(x) = 0$，即 $[-F(-x) + F(x)]' = 0$.

则 $-F(-x) + F(x) \equiv C$. 令 $x = 0$，则 $C = 0$. 即 $-F(-x) + F(x) = 0$. 故 $F(x)$ 是偶函数．

19. 基本初等函数在定义域内处处可导吗？

分析：不一定．例如，幂函数 $y = x^{\frac{1}{3}}$ 在点 $x = 0$ 处不可导，反三角函数 $y = \arcsin x$ 在点 $x = 1$ 处也不可导．进而，初等函数在定义区间上未必处处可导．因此，不能把基本初等函数和初等函数连续性的结论搬到可导性上来．虽然对基本初等函数和初等函数都有可导公式，但这些求导公式成立的范围是定义域的一个子集，务必要注意那些不可导的点，避免错误发生．

（二）高阶导数

20. 计算函数高阶导数的方法有哪些？

分析：（1）**定义法**．由高阶导数的定义，二阶导数是一阶导数的导数，三阶导数是二阶导数的导数，n 阶导数是 $n-1$ 阶导数的导数．因此，求高阶导数的一般方法为就是使用基本求导公式和求导法则逐阶求导即可．但当阶数 n 较大时，采用逐阶求导的方法往往较为复杂，不宜采用．

（2）**高阶导数运算法则**．设函数 $u(x)$ 和 $v(x)$ 具有 n 阶导数，则：

（i）$(ku)^{(n)} = ku^{(n)}$；

（ii）$(u \pm v)^{(n)} = u^{(n)} \pm v^{(n)}$；

（iii）莱布尼茨公式：

$$(u \cdot v)^{(n)} = u^{(n)}v + C_n^1 u^{(n-1)}v' + C_n^2 u^{(n-2)}v'' + \cdots + C_n^k u^{(n-k)}v^{(k)} + \cdots + C_n^{n-1}u'v^{(n-1)} + uv^{(n)}.$$

上公式尤其适用于 u、v 当中有一个为多项式的情形．

(3) 数学归纳法.

例 1:求函数 $y=e^{4x}\sin 3x$ 的 n 阶导数.

解:由导数的运算法则得

$$y'=4e^{4x}\sin 3x+3e^{4x}\cos 3x=5e^{4x}\sin(3x+\theta),$$

其中 $\sin\theta=\frac{3}{5},\cos\theta=\frac{4}{5}$.

继续求导,得

$$y''=5[4e^{4x}\sin(3x+\theta)+3e^{4x}\cos(3x+\theta)]=5^2e^{4x}\sin(3x+2\theta).$$

不妨假设当 $n=k-1$ 时,$y^{(k-1)}=5^{k-1}e^{4x}\sin(3x+(k-1)\theta)$ 成立. 那么当 $n=k$ 时,有

$$\begin{aligned}y^{(k)}&=4\cdot 5^{k-1}e^{4x}\sin(3x+(k-1)\theta)+3\cdot 5^{k-1}e^{4x}\sin(3x+(k-1)\theta)\\&=5^ke^{4x}\sin(3x+k\theta).\end{aligned}$$

由数学归纳法,对于一切正整数 n,有

$$y^{(n)}=5^ne^{4x}\sin(3x+n\theta).$$

21. 求由参数方程 $\begin{cases}x=\cos t+t\sin t,\\y=\sin t-t\cos t\end{cases}$ 所确定的函数 $y=y(x)$ 的二阶导数 $\frac{d^2y}{dx^2}$.

问下列解法是否正确?

$$\frac{dy}{dx}=\frac{\frac{dy}{dt}}{\frac{dx}{dt}}=\frac{\cos t-\cos t+t\sin t}{-\sin t+\sin t+t\cos t}=\tan t;$$

$$\frac{d^2y}{dx^2}=(\tan t)'=\sec^2t.$$

分析:一阶导数 $\frac{dy}{dx}$ 的解法正确,而二阶导数 $\frac{d^2y}{dx^2}$ 的解法错误. 因为二阶导数 $\frac{d^2y}{dx^2}$ 是一阶导数 $\frac{dy}{dx}$ 对 x 的导函数,而不是 $\frac{dy}{dx}$ 对 t 的导函数. 正确的解法有以下两种方法.

解法一:利用复合函数求导法则,将参数 t 看成中间变量

$$\frac{d^2y}{dx^2}=\frac{d}{dx}\left(\frac{dy}{dx}\right)=\frac{d}{dt}\left(\frac{dy}{dx}\right)\cdot\frac{dt}{dx}=\frac{d}{dt}\left(\frac{dy}{dx}\right)\cdot\frac{1}{\frac{dx}{dt}}=\frac{d(\tan t)}{dt}\cdot\frac{1}{t\cos t}=\frac{1}{t\cos^3t}.$$

解法二:将 $\frac{dy}{dx}$ 看成 t 的函数,直接利用由参数方程所确定函数的求导公式.

$$\frac{d^2y}{dx^2}=\frac{d}{dx}\left(\frac{dy}{dx}\right)=\frac{\frac{d}{dt}\left(\frac{dy}{dx}\right)}{\frac{dx}{dt}}=\frac{\sec^2t}{t\cos t}=\frac{1}{t\cos^3t}.$$

事实上,由参数方程 $\begin{cases}x=x(t)\\y=y(t)\end{cases}$,所确定的变量 y 与 x 之间的函数关系是通过参数 t 建立起来的. 要求的是 y 对 x 的导数,而不是 y 对 t 的导数,这在求高阶导数时最容易被疏忽. 尤其采用 y'、y'' 等记号时,更容易忘记,从而出现错误. 建议采用 $\frac{dy}{dx}$、$\frac{d^2y}{dx^2}$ 等导数记号.

22. 利用$\frac{dx}{dy}=\frac{1}{y'}$推导$\frac{d^2x}{dy^2}$,有人采用以下方法

$$\frac{d^2x}{dy^2}=\frac{d}{dy}\left(\frac{dx}{dy}\right)=\frac{d}{dy}\left(\frac{1}{y'}\right)=-\frac{y''}{y'^2}.$$

请问是否正确？为什么？

分析:不正确．产生错误的原因在于复合函数求导时把中间变量和自变量混淆了．事实上,$y'=\frac{dy}{dx}$是函数$y=y(x)$关于x的导函数,其仍然是x的函数,而$\frac{dx}{dy}$是函数$y=y(x)$的反函数$x=x(y)$关于y的导函数,其仍然是y的函数．因此所给表达式$\frac{dx}{dy}=\frac{1}{y'}$的右边是关于$x$的函数．由于$x$也是$y$的函数$x=x(y)$,所以$\frac{dx}{dy}$是以$x$为中间变量,$y$为自变量的复合函数．利用复合函数求导法则,在由$\frac{dx}{dy}=\frac{1}{y'}$推导$\frac{d^2x}{dy^2}$时,应先对中间变量$x$求导,再乘以$x$对$y$的导数．即有

$$\frac{d^2x}{dy^2}=\frac{d}{dy}\left(\frac{dx}{dy}\right)=\frac{d}{dx}\left(\frac{dx}{dy}\right)\cdot\frac{dx}{dy}=\frac{d}{dx}\left(\frac{1}{y'}\right)\cdot\frac{1}{y'}=-\frac{y''}{y'^2}\cdot\frac{1}{y'}=-\frac{y''}{y'^3}.$$

事实上,也可将导函数$\frac{dx}{dy}$看成由参数方程$\begin{cases}y=y(x),\\ \frac{dx}{dy}=\frac{1}{y'}\end{cases}$($x$为参数)所确定的函数(自变量为$y$)．利用由参数方法所确定的函数的求导法则,有

$$\frac{d^2x}{dy^2}=\frac{d}{dy}\left(\frac{dx}{dy}\right)=\frac{\frac{d}{dx}\left(\frac{dx}{dy}\right)}{\frac{dy}{dx}}=\frac{\frac{d}{dx}\left(\frac{1}{y'}\right)}{y'}=-\frac{y''}{y'^2}\cdot\frac{1}{y'}=-\frac{y''}{y'^3}.$$

(三) 导数的计算

23. 复合函数求导公式$\frac{dy}{dx}=\frac{dy}{du}\cdot\frac{du}{dx}$能否通过等式$\frac{\Delta y}{\Delta x}=\frac{\Delta y}{\Delta u}\cdot\frac{\Delta u}{\Delta x}$两边取极限$\Delta x\to 0$直接得出?

分析:不能．这是因为只有当函数$y=f(u)$的自变量u的增量$\Delta u\neq 0$时,$\frac{\Delta y}{\Delta u}$才有意义．而$\Delta u=u(x+\Delta x)-u(x)$对应于$\Delta x\neq 0$有可能为零,此时$\frac{\Delta y}{\Delta u}$就无意义了．

24. 如果函数$u=\varphi(x)$在点x_0处可导,且函数$y=f(u)$在点$u_0=\varphi(x_0)$处可导,那么复合函数$y=f[\varphi(x)]$在点x_0处也可导．问下列3种情况是否成立?

(1) 如果函数$u=\varphi(x)$在点x_0处不可导,且函数$y=f(u)$在点$u_0=\varphi(x_0)$处可导,那么$y=f[\varphi(x)]$在点x_0处一定不可导．

(2) 如果函数$u=\varphi(x)$在点x_0处可导,且函数$y=f(u)$在点$u_0=\varphi(x_0)$处不可导,那么$y=f[\varphi(x)]$在点x_0处一定不可导．

(3) 如果函数$u=\varphi(x)$在点x_0处不可导,且函数$y=f(u)$在点$u_0=\varphi(x_0)$处不可导,那么$y=f[\varphi(x)]$在点x_0处一定不可导．

分析:(1) 不一定.

例如函数 $u=\varphi(x)=|x|$ 在 $x=0$ 处不可导,而 $y=f(u)=u^2$ 在点 $u=0$ 处可导,但复合函数 $y=f[\varphi(x)]=x^2$ 在 $x=0$ 处可导.

(2) 不一定.

例如函数 $u=\varphi(x)=x^2$ 在 $x=0$ 处可导,而 $y=f(u)=|u|$ 在点 $u=0$ 处不可导,但复合函数 $y=f[\varphi(x)]=x^2$ 在 $x=0$ 处可导.

(3) 不一定.

例如函数 $u=\varphi(x)=x-|x|$ 在 $x=0$ 处不可导,且 $y=f(u)=u+|u|$ 在点 $u=0$ 处不可导,但复合函数 $y=f[\varphi(x)]=x-|x|+|x-|x||=x-|x|+|x|-x=0$ 在 $x=0$ 处可导.

25. 设 $y=(2+\sin x)^x$,则有 $y'=x(2+\sin x)^{x-1}\cos x$. 此方法是否正确?

分析:不正确. 因为函数 $y=(2+\sin x)^x$ 既不是幂函数,也不是指数函数,所以不能直接用幂函数或指数函数的求导公式计算. 事实上,此类函数为幂指函数. 而对于幂指函数的导数计算问题,一般将函数进行恒等变形,变为指数函数形式再进行计算. 此题正确的解法为由于 $y=\mathrm{e}^{x\ln(2+\sin x)}$,即有

$$y'=\mathrm{e}^{x\ln(2+\sin x)}[x\ln(2+\sin x)]'=(2+\sin x)^x\left[\ln(2+\sin x)+\frac{x\cos x}{2+\sin x}\right].$$

26. 对数求导法与隐函数求导法有何关系?如何利用对数求导法求函数的导数?

分析:对给定的函数表达式两边取自然对数后再进行求导的方法称为**对数求导法**. 一般地,取对数后出现一个隐函数(y 是 x 的函数)方程,再利用隐函数求导法求出 $\frac{\mathrm{d}y}{\mathrm{d}x}$. 因此,对数求导法与隐函数求导法是密切相关的.

对数求导法的基本步骤如下:

(1) 对 $y=y(x)$ 两边取绝对值后,再取自然对数;

(2) 将得到的等式两边对自变量 x 求导;

(3) 从求导后得到的等式中解出 $\frac{\mathrm{d}y}{\mathrm{d}x}$.

值得注意的是,求导过程中要把 y 看作 x 的隐函数. 对数求导法特别适合于幂指函数、若干个因式相乘或相除以及根式函数.

27. 已知曲线由 $\begin{cases}x=t^3,\\ y=t^2\end{cases}$ $(t\in\mathbf{R})$ 确定,则对应于点 $(0,0)$ 的参数为 $t=0$,且

$$\frac{\mathrm{d}y}{\mathrm{d}x}=\frac{\frac{\mathrm{d}y}{\mathrm{d}t}}{\frac{\mathrm{d}x}{\mathrm{d}t}}=\frac{2t}{3t^2}=\frac{2}{3t}.$$

因为当 $t=0$ 时上式无意义,所以该曲线在点 $(0,0)$ 处的切线不存在. 这个结论正确吗?

分析:不正确. 参数曲线 $\begin{cases}x=x(t),\\ y=y(t)\end{cases}$ 在 $t=t_0$ 对应点处的切线的斜率可表示为 $k=\left.\frac{y'(t)}{x'(t)}\right|_{t=t_0}$ 的条件是 $x'(t_0)\neq0$. 当 $x'(t_0)=0$ 时,切线可能存在,只是斜率不能按上述方法计算而已.

本题中注意到 $x'(0)=0$,则上述方法不能采用,因此应另寻蹊径. 下面从切线的定义出发来判断切线的存在性. 我们知道,切线是割线的极限位置,不妨设 (t^3,t^2) 是曲线上点 $(0,0)$

附近任意一点，如图 2.2 所示，则过这两点的割线的斜率为 $k_{割}=\frac{t^2-0}{t^3-0}=\frac{1}{t}$，当 $t\to 0$ 时，$k_{割}\to\infty$. 这说明曲线在(0,0)处的切线存在，并且垂直于 x 轴. 因此曲线在(0,0)处的切线方程为 $x=0$.

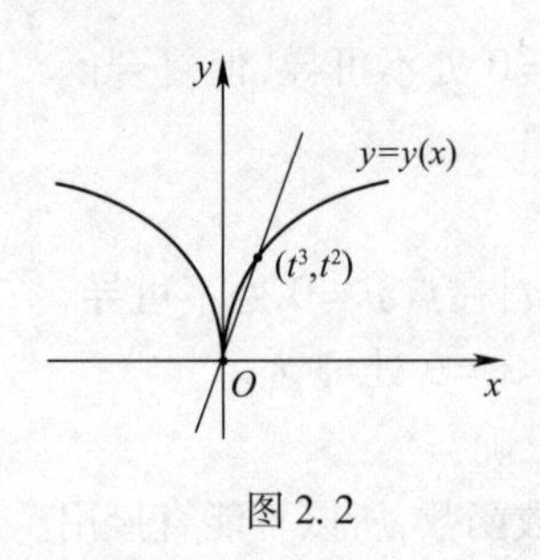

图 2.2

事实上，求曲线 $L:y=f(x)$ 在给定点 $(x_0,f(x_0))$ 处的切线的关键是求斜率 $k=f'(x_0)$. 当 L 由隐函数方程给出时，k 可利用隐函数求导方法解出；当 L 由参数方程确定时，k 可利用参数方程所确定的函数的求导方法解出；当 L 由极坐标方程给出时，可先写成参数方程，再利用参数方程的相关方法解出.

应值得注意的两点为：第一，切线存在与导数存在并不等价. 当导数存在时，切线一定存在，而切线存在时，导数未必存在. 第二，当切点 $(x_0,f(x_0))$ 未知时，应先确定切点坐标进而再求切线的斜率.

（四）函数的微分

28. "微分就是导数，导数就是微分"，这种说法正确吗？

分析：不正确. 微分和导数是两个不同的概念，微分是函数增量中的线性主部，是自变量增量的线性函数，而导数是变化率问题中函数增量与自变量增量比值的极限. 但它们之间关系密切，$y=f(x)$ 在点 x_0 处可微的充要条件是 $y=f(x)$ 在点 x_0 处可导，且有

$$dy=f'(x_0)dx,$$

而又有区别，$f(x)$ 在点 x_0 处的导数 $f'(x_0)$ 是一个常数，仅与 x_0 有关，而 $y=f(x)$ 在点 x_0 处的微分不仅与 x_0 有关，而且与自变量的增量 Δx 有关.

从几何上看，导数 $f'(x_0)$ 为曲线 $y=f(x)$ 在点 $(x_0,f(x_0))$ 处的切线的斜率，而微分

$$dy=f'(x_0)(x-x_0)$$

是曲线 $y=f(x)$ 在点 $(x_0,f(x_0))$ 处的切线在区间 $[x_0,x_0+\Delta x]$ 上纵坐标的增量.

值得注意的是，导数主要用于函数性质的理论研究与应用问题变化率的讨论，而微分主要用来进行近似计算与误差估计.

29. "若 $y=f(x)$ 在 x_0 处可导，则当 $\Delta x\to 0$ 时，$f(x)$ 在 x_0 处的微分 dy 是 Δx 的同阶无穷小."这种说法是否正确？为什么？

分析：不正确. 若 $y=f(x)$ 在 x_0 处可导，则 $y=f(x)$ 在 x_0 处可微，且 $dy=f'(x_0)\Delta x$. 于是 $\lim\limits_{\Delta x\to 0}\frac{dy}{\Delta x}=f'(x_0)$. 因此，

当 $f'(x_0)\neq 0$ 时，$f(x)$ 在 x_0 处的微分 dy 是 Δx 当 $\Delta x\to 0$ 时的同阶无穷小；

当 $f'(x_0)=0$ 时，$f(x)$ 在 x_0 处的微分 dy 是 Δx 当 $\Delta x\to 0$ 时的高阶无穷小.

30. 微分 $dy=f'(x)dx$ 中的 dx 是否要很小？

分析：不一定.

根据微分的定义，即函数 $y=f(x)$ 在某区间内有定义，x_0 及 $x_0+\Delta x$ 在这区间内，若增量

$$\Delta y=f(x_0+\Delta x)-f(x_0)=A\Delta x+o(\Delta x),$$

且 A 是不依赖于 Δx 的常数，那么称函数 $y=f(x)$ 在点 x_0 是可微的，而 $A\Delta x$ 叫作函数 $y=f(x)$ 在点 x_0 相应于自变量增量 Δx 的微分，记作 dy，即 $dy=A\Delta x$. 也就是说，表达式 $\Delta y=A\Delta x+o(\Delta x)$ 并

非当 Δx 很小时才成立，即与 Δx 的大小无关．因此 $\mathrm{d}y=A\Delta x$ 应理解为 Δx 的线性函数，而此函数具有这样的性质：当 $\Delta x\to 0$ 时，$\mathrm{d}y$ 是无穷小，且 $\Delta y-\mathrm{d}y$ 是 Δx 的高阶无穷小．

综上所述，微分 $\mathrm{d}y=A\Delta x$ 中的 Δx 可以任意取值，未必很小．特别地，当 $A\neq 0$，且 $|\Delta x|\ll 1$ 时，$\Delta y\approx \mathrm{d}y=A\Delta x$.

同时指出，当在区间 I 上考察函数微分时，如果函数 $f(x)$ 在 I 上每一点 x 均可微，那么 $\mathrm{d}y=f'(x)\Delta x$ 又是 x 的函数．因此，微分表达式 $\mathrm{d}y=f'(x)\Delta x$ 的含义：

(1) 当在一给定点 x 处考察微分时，微分 $\mathrm{d}y=A\Delta x$ 是 Δx 的线性函数，且 A 是与 Δx 无关的常数；

(2) 当在区间 I 上考察微分时，取定自变量的一个公共增量 Δx，此时 $\mathrm{d}y=f'(x)\Delta x$ 看成是 x 的函数．因而在进行微分计算时总是把 Δx 看成常数．

因此，函数微分的确切表述应是：称 $f'(x)\Delta x$ 为函数 $y=f(x)$ 在点 x 处关于 Δx 的微分．

31. 函数的微分与函数的增量有何联系与区别？$\Delta y=\mathrm{d}y$ 吗？

分析：由微分定义，$\Delta y=\mathrm{d}y+o(\Delta x)$，$\mathrm{d}y=f'(x_0)\Delta x$，即 $\Delta y-\mathrm{d}y=o(\Delta x)$，且当 $|\Delta x|$ 充分小时，有 $\Delta y\approx \mathrm{d}y$. 事实上，当 $f'(x_0)\neq 0$ 时，

$$\lim_{\Delta x\to 0}\frac{\Delta y-\mathrm{d}y}{\Delta y}=\lim_{\Delta x\to 0}\frac{\Delta y-f'(x_0)\Delta x}{\Delta y}=\lim_{\Delta x\to 0}\left[1-\frac{f'(x_0)}{\dfrac{\Delta y}{\Delta x}}\right]$$

$$=1-\lim_{\Delta x\to 0}\frac{f'(x_0)}{\dfrac{\Delta y}{\Delta x}}=1-\frac{f'(x_0)}{\lim\limits_{\Delta x\to 0}\dfrac{\Delta y}{\Delta x}}=1-\frac{f'(x_0)}{f'(x_0)}=0.$$

即有 $\Delta y-\mathrm{d}y=o(\Delta y)$. 则当 $\Delta x\to 0$ 时，$\Delta y-\mathrm{d}y$ 为关于 Δy 的高阶无穷小，即 $\mathrm{d}y$ 是 Δy 的主要部分．又 $\mathrm{d}y=f'(x_0)\Delta x$ 是 Δx 的线性函数，故称 $\mathrm{d}y$ 是 Δy 的线性主部．

Δy 与 $\mathrm{d}y$ 的区别表现在：$\Delta y=f(x_0+\Delta x)-f(x_0)$ 为函数 $f(x)$ 在点 x_0 处的增量，而 $\mathrm{d}y=f'(x_0)\Delta x$ 为 Δx 的线性函数．在几何上，Δy 为曲线纵坐标的增量，而 $\mathrm{d}y$ 是切线纵坐标的增量．

一般情况下，$\Delta y\neq \mathrm{d}y$；但对线性函数 $y=kx+b$，有 $\Delta y=\mathrm{d}y$. 特别地，当 $y=x$ 时，有 $\Delta y=\mathrm{d}y$，即 $\Delta x=\mathrm{d}x$.

32. 什么是相关变化率问题？如何解决相关变化率问题？

分析：若在变化过程中，变量 x 与 y 都随另一个变量 t 变化而变化，从而变量 x 与 y 之间存在着某种相互依赖关系，则它们的变化率 $\frac{\mathrm{d}x}{\mathrm{d}t}$ 和 $\frac{\mathrm{d}y}{\mathrm{d}t}$ 也存在着某种关系．研究这两个变化率之间关系的问题称为相关变化率问题．

解决相关变化率问题的基本步骤如下：

(1) 建立 x 与 y 之间的关系式 $F(x,y)=0$；

(2) 用复合函数链式求导法则将 $F(x,y)=0$ 两边对 t 求导得到 $\frac{\mathrm{d}x}{\mathrm{d}t}$ 和 $\frac{\mathrm{d}y}{\mathrm{d}t}$ 的关系式；

(3) 从求导后的关系式中解出所要求的变化率的表达式；

(4) 将已知的一变化率代入上式得到所要求的变化率．

(五) 微分中值定理

33. 如何理解“罗尔定理的 3 个条件是结论成立的充分非必要条件”

分析:罗尔定理的 3 个条件是结论成立的充分条件是指:

当函数 $f(x)$ 满足:①闭区间 $[a,b]$ 上连续;②在开区间 (a,b) 内可导;③$f(a)=f(b)$ 时,罗尔定理的结论必成立,即在 (a,b) 内至少存在一点 ξ,使得

$$f'(\xi)=0.$$

若缺少任何一个条件,都不能保证此结论一定成立.

例如,函数 $f(x)=\begin{cases}x,0\leqslant x<1,\\0,x=1.\end{cases}$ 在 $[0,1]$ 上不满足条件①,$f(x)=|x|$ 在 $[-1,1]$ 上不满足条件②,$f(x)=x$ 在 $[0,1]$ 上不满足条件③,都导致罗尔定理的结论不成立.

罗尔定理中的 3 个条件不是必要条件,即指当结论成立时,未必 3 个条件都满足. 也就是说这 3 个条件中任何 1 个不满足甚至 3 个条件都不满足时结论也可能成立. 例如符号函数 $y=\operatorname{sgn}x$ 在 $[-1,1]$ 上 3 个条件都不满足,但存在无穷多个 ξ 使得 $f'(\xi)=0$.

34. 罗尔定理中"函数 $f(x)$ 在闭区间 $[a,b]$ 上连续,在开区间 (a,b) 内可导"这两个条件,是否可以合并成"函数 $f(x)$ 在闭区间 $[a,b]$ 上可导",这样是不是更简单呢?

分析:"函数 $f(x)$ 在闭区间 $[a,b]$ 上可导"不仅包含了"函数 $f(x)$ 在闭区间 $[a,b]$ 上连续,在开区间 (a,b) 内可导",而且还要求 $f(x)$ 在左端点 $x=a$ 处右可导和在右端点 $x=b$ 处左可导. 显然,若改之则条件增强,当然罗尔定理的适用范围就缩小了.

例如,函数 $f(x)=\sqrt{1-x^2}$ 在闭区间 $[-1,1]$ 上连续,在开区间 $(-1,1)$ 内可导,且 $f(-1)=f(1)=0$,进而满足罗尔定理的 3 个条件,因此在 $(-1,1)$ 至少存在一点 ξ,使得

$$f'(\xi)=-\frac{x}{\sqrt{1-x^2}}\bigg|_{x=\xi}=-\frac{\xi}{\sqrt{1-\xi^2}}\bigg|=0.$$

于是 $\xi=0\in(-1,1)$. 注意到,$f(x)$ 在 $x=-1$ 和 $x=1$ 处都不可导. 显然,若将罗尔定理的 3 个条件改为"函数 $f(x)$ 在闭区间 $[a,b]$ 上可导,且 $f(a)=f(b)$",则 $f(x)=\sqrt{1-x^2}$ 在闭区间 $[-1,1]$ 上罗尔定理就不适用了,进而缩小了罗尔定理的适用范围. 事实上,在研究数学命题时,通常总力求把命题的条件减弱,以扩大其适用范围.

35. 用罗尔定理证明拉格朗日中值定理时,构造的辅助函数

$$\varphi(x)=f(x)-f(a)-\frac{f(b)-f(a)}{b-a}(x-a)$$

是否唯一?

分析:不唯一. 要利用罗尔定理证明结论,关键是构造一个函数 $\varphi(x)$ 满足

(1) 在闭区间 $[a,b]$ 上连续,在开区间 (a,b) 内可导,且 $\varphi(a)=\varphi(b)$;

(2) $\varphi'(x)=f'(x)-\dfrac{f(b)-f(a)}{b-a}$.

事实上,满足上述条件的 $\varphi(x)$ 有无限多个,可取

$$\varphi(x)=f(x)-\frac{f(b)-f(a)}{b-a}x+C,$$

其中 C 为任意的实数.

另外,设 $\varphi(x)=(b-a)f(x)-[f(b)-f(a)]x+C$,通过变形也可以得到相同结果.

36. 拉格朗日公式常见的形式有哪些?

分析:拉格朗日公式常见的形式有以下几种:

(1) $f(b)-f(a)=f'(\xi)(b-a),\xi\in(a,b)$;

(2) $f'(\xi)=\dfrac{f(b)-f(a)}{b-a},\xi\in(a,b)$;

(3) $f(b)-f(a)=f'(a+\theta(b-a))(b-a),\theta\in(0,1)$;

(4) $f(x+\Delta x)-f(x)=f'(\xi)\Delta x$,$\xi$ 介于 x 和 $x+\Delta x$ 之间;

(5) $\Delta y=f'(a+\theta\Delta x)\Delta x,\theta\in(0,1)$;

(6) $f(x+h)-f(x)=f'(x+\theta h)h,\theta\in(0,1)$.

上述各式中的 Δx 和 h 可正可负,并且 a 可小于 b 也可大于 b.

37. 如果函数 $f(x)$ 在闭区间 $[a,b]$ 上满足罗尔定理的 3 个条件,那么能否在 (a,b) 内存在无限多个 ξ,使得 $f'(\xi)=0$?

分析:可能存在. 例如,函数 $f(x)=1$ 在闭区间 $[0,1]$ 上满足罗尔定理的 3 个条件,且 $f'(x)\equiv 0$. 对于任意的 $\xi\in(0,1)$,有 $f'(\xi)=0$.

38. 如果 $f(x)$ 在闭区间 $[a,b]$ 上满足罗尔定理的 3 个条件,那么在开区间 (a,b) 内至少存在一点 ξ,使得 $f'(\xi)=0$. 问 ξ 是否是 $f(x)$ 的极值点?

分析:可导函数的极值点必为驻点,而可导函数的驻点未必是极值点. 罗尔定理结论说明 $f(x)$ 在开区间 (a,b) 内至少存在一个驻点 $x=\xi$,通常并不唯一. 因此点 $x=\xi$ 未必是 $f(x)$ 的极值点. 例如,$f(x)=x^3(3x-5)$ 在闭区间 $[-1,2]$ 上满足罗尔定理的 3 个条件.

令 $f'(x)=3x^2(4x-5)=0$,则 $\xi_1=0,\xi_2=\dfrac{5}{4}$.

又 $f''(x)=6x(6x-5)$,进而有

x	$(-1,0)$	0	$\left(0,\frac{5}{4}\right)$	$\frac{5}{4}$	$\left(\frac{5}{4},2\right)$
$f'(x)$	$-$	0	$-$	0	$+$
$f(x)$	单减		单减	极小	单增

故 $\xi_2=\dfrac{5}{4}$ 是 $f(x)$ 的极小值点,而 $\xi_1=0$ 不是 $f(x)$ 的极值点.

事实上,在罗尔定理中,如果 $f(x)$ 在开区间 (a,b) 内存在唯一驻点 $x=\xi$,那么点 $x=\xi$ 必是 $f(x)$ 的极值点. 下面用反证法证明此结论.

假设点 $x=\xi$ 不是 $f(x)$ 的极值点,则必存在一充分小的正数 $\delta>0$,使得

$$a<\xi-\delta<\xi+\delta<b,$$

且有 $f(\xi-\delta)<f(\xi)<f(\xi+\delta)$(或 $f(\xi-\delta)>f(\xi)>f(\xi+\delta)$). 显然有 $f(a)=f(b)\neq f(\xi)$. 否则若 $f(a)=f(b)=f(\xi)$,则在闭区间 $[a,\xi]$ 上由罗尔定理得,至少存在一点 $\eta\in(a,\xi)$,使得 $f'(\eta)=0$. 这与 $f(x)$ 在开区间 (a,b) 内存在唯一驻点 $x=\xi$ 相矛盾. 下面分两种情形讨论.

若 $f(a)=f(b)<f(\xi)$,则有 $f(b)<f(\xi)<f(\xi+\delta)$. 由闭区间上连续函数的介值定理得,在 $(\xi+\delta,b)$ 内至少存在一点 γ,使得 $f(\xi)=f(\gamma)$. 于是在闭区间 $[\xi,\gamma]$ 上由罗尔定理得,至少存在一点 $\xi_0\in(\xi,\gamma)$,使得 $f'(\xi_0)=0$. 这与题设矛盾.

同理可证 $f(a)=f(b)>f(\xi)$ 情形.

综上所述,在罗尔定理中,若 $f(x)$ 在开区间 (a,b) 内存在唯一驻点 $x=\xi$ 使得 $f'(\xi)=0$,则点 $x=\xi$ 必是 $f(x)$ 的极值点.

39. 问罗尔中值定理、拉格朗日中值定理和柯西中值定理之间有什么联系？

分析：罗尔中值定理可以看成拉格朗日中值定理的特殊情形，拉格朗日中值定理是柯西中值定理的特殊情形．在拉格朗日中值定理中，若增加条件 $f(a)=f(b)$ 即为罗尔定理，在柯西中值定理中，若取 $F(x)=x$ 即为拉格朗日中值定理．在数学史上，是由罗尔定理到拉格朗日中值定理再到柯西中值定理的．也可称柯西中值定理是拉格朗日中值定理的推广形式，拉格朗日中值定理是罗尔定理的推广形式．

40. 对于柯西中值定理，如果函数 $f(x)$ 及 $F(x)$ 满足

(1) 在闭区间 $[a,b]$ 上连续；

(2) 在开区间 (a,b) 内可导；

(3) 对任一 $x\in(a,b)$，$F'(x)\neq 0$，

那么在 (a,b) 内至少存在一点 ξ，使等式

$$\frac{f(b)-f(a)}{F(b)-F(a)}=\frac{f'(\xi)}{F'(\xi)}.$$

问下面的证明方法是否正确？

由拉格朗日中值定理，在 (a,b) 内至少存在一点 ξ，使得

$$f(b)-f(a)=f'(\xi)(b-a),$$
$$F(b)-F(a)=F'(\xi)(b-a)$$

上述两式相除得，$\dfrac{f(b)-f(a)}{F(b)-F(a)}=\dfrac{f'(\xi)}{F'(\xi)}$.

分析：上述方法错误．

虽然等式 $f(b)-f(a)=f'(\xi)(b-a)$ 和 $F(b)-F(a)=F'(\xi)(b-a)$ 中的 ξ 符号形式相同，但 ξ 的取值不一定相等．而柯西中值定理结论中表达式的分子和分母要求 ξ 的取值相同．

例如，函数 $f(x)=x^4$ 和 $F(x)=x^2$ 在闭区间 $[0,1]$ 上满足柯西中值定理的 3 个条件，且有

$$\frac{f'\left(\frac{\sqrt{2}}{2}\right)}{F'\left(\frac{\sqrt{2}}{2}\right)}=\frac{f(1)-f(0)}{F(1)-F(0)}=1,$$

但由拉格朗日中值可得 $f'\left(\sqrt[3]{\frac{1}{4}}\right)=\dfrac{f(1)-f(0)}{1-0}=1$，$F'\left(\dfrac{1}{2}\right)=\dfrac{g(1)-g(0)}{1-0}=1$.

进而有 $\dfrac{f'\left(\sqrt[3]{\frac{1}{4}}\right)}{F'\left(\frac{1}{2}\right)}=\dfrac{f(1)-f(0)}{F(1)-F(0)}$.

这个例子告诉我们，柯西中值定理的证明，不能采用对分子和分母中的两个函数分别使用拉格朗日中值定理后再相除的方法，因为这两个等式中的 ξ 的取值一般是不同的．

41. 利用罗尔定理讨论方程 $f(x)=0$ 根的存在性问题时，如何构造辅助函数？

分析：由零点定理可知，若 $f(x)$ 在闭区间 $[a,b]$ 上连续，且 $f(a)\cdot f(b)<0$，则方程 $f(x)=0$ 在开区间 (a,b) 内至少存在一根．进一步若 $f(x)$ 在 (a,b) 上单调，则 $f(x)=0$ 在 (a,b) 内仅存在唯一根．此方法简便易懂，但具有局限性．如果遇到方程 $f(x)=0$ 具有偶重根，或 $f(a)\cdot f(b)>0$，或 $f(x)$ 表达式中系数为一些字母表示的常数，函数值正负无法判断，那么零

点定理就无法使用. 例如,证明方程

$$4ax^3+3bx^2+2cx=a+b+c$$

在开区间$(0,1)$内至少存在一根. 如果设

$$f(x)=4ax^3+3bx^2+2cx-(a+b+c),$$

那么$f(0)=-(a+b+c)$,$f(1)=3a+2b+c$. 由于无法判断$f(0)$和$f(1)$的正负,从而不能使用零点定理证明.

此时,如果我们能够找到一个在闭区间$[a,b]$上满足罗尔定理3个条件的函数$F(x)$,且有$F'(x)=f(x)$,那么由罗尔定理可得,$F'(x)=f(x)=0$在开区间(a,b)内至少存在一根.

如上例,若令

$$F(x)=ax^4+bx^3+cx^2-(a+b+c)x,$$

则$F(x)$在闭区间$[0,1]$上连续,在开区间$(0,1)$内可导,且$F(0)=F(1)=0$. 由罗尔定理,在$(0,1)$内至少存在一点ξ,使得$F'(\xi)=0$. 故$F'(x)=f(x)=0$在$(0,1)$内至少存在一根.

当然,直接从$f(x)$找$F(x)$有时会有点困难,而经过适当的变形(或等价方程)后,便可找到满足罗尔定理3个条件的$F(x)$,进而根的存在性问题获得解决.

从需要解决的问题(这里是指方程$f(x)=0$根的存在性问题)出发,寻找具有某种性质的函数$F(x)$,通过对$F(x)$的讨论使问题得以解决,那么$F(x)$称为**辅助函数**,而寻找辅助函数$F(x)$进而解决问题的方法通常称为**构造辅助函数法**.

如果我们希望用罗尔定理讨论方程$f(x)=0$根的存在性,那么构造的辅助函数$F(x)$应满足$F'(x)=f(x)$,并且$F(x)$满足罗尔定理的3个条件. 值得注意的是,辅助函数$F(x)$往往并不唯一,可根据要求灵活选择.

此外,了解下列求导公式有助于寻找辅助函数$F(x)$.

(1) $[x^{\mu}f(x)]'=x^{\mu-1}[xf'(x)+\mu f(x)]$;

(2) $[e^{\lambda x}f(x)]'=e^{\lambda x}[f'(x)+\lambda f(x)]$;

(3) $[e^{g(x)}f(x)]'=e^{g(x)}[g'(x)f(x)+f'(x)]$;

(4) $[f(x)\ln x]'=f'(x)\ln x+\dfrac{f(x)}{x}$.

例1　若方程$a_nx^n+a_{n-1}x^{n-1}+\cdots+a_2x^2+a_1x=0(a_n\neq0)$有一正根$x_0>0$,则方程$na_nx^{n-1}+(n-1)a_{n-1}x^{n-2}+\cdots+2a_2x+a_1=0$必存在一个小于$x_0$的正根.

证明:记$f(x)=a_nx^n+a_{n-1}x^{n-1}+\cdots+a_2x^2+a_1x$,则$f(x)$在闭区间$[0,x_0]$上连续,在开区间$(0,x_0)$内可导,且$f(0)=f(x_0)=0$.

由罗尔定理可得,至少存在一点$\xi\in(0,x_0)$,使得$f'(\xi)=0$,即有

$$na_n\xi^{n-1}+(n-1)a_{n-1}\xi^{n-2}+\cdots+2a_2\xi+a_1=0.$$

故方程$na_nx^{n-1}+(n-1)a_{n-1}x^{n-2}+\cdots+2a_2x+a_1=0$必存在一个小于$x_0$的正根.

例2　设$f(x)$可导,则$f(x)$的两个零点之间必存在$f(x)+f'(x)$的零点.

证明:构造辅助函数$F(x)=f(x)e^x$,则

$$F'(x)=[f(x)+f'(x)]e^x.$$

不妨假设$x_1,x_2(x_1<x_2)$为$f(x)$的两个零点,则$f(x_1)=f(x_2)=0$,即$F(x_1)=F(x_2)=0$. 又$F(x)$在闭区间$[x_1,x_2]$上连续,在开区间(x_1,x_2)内可导,由罗尔定理得,至少存在一点

$\xi \in (x_1, x_2)$，使得 $F'(\xi)=0$，即 $[f(\xi)+f'(\xi)]\mathrm{e}^{\xi}=0$，从而有 $f(\xi)+f'(\xi)=0$. 则 ξ 为 $f(x)+f'(x)$ 的一零点. 故命题成立.

42. 已知 $f(x)$ 在 $(a, +\infty)$ 内可导，且 $\lim\limits_{x\to+\infty} f(x)=C$（常数），问是否有 $\lim\limits_{x\to+\infty} f'(x)=0$？很多学生给出了肯定的回答："是". 具体理由可归纳为以下 3 种情形：

(1) 由 $\lim\limits_{x\to+\infty} f(x)=C$ 知，$y=C$ 是曲线 $y=f(x)$ 的水平渐近线，又因 $f(x)$ 可导，所以当 $x\to+\infty$ 时，曲线 $y=f'(x)$ 必是水平的. 进而有 $\lim\limits_{x\to+\infty} f'(x)=0$.

(2) 证明：设 $M>a$，任取一点 $x\in(M, +\infty)$，$f(x)$ 在闭区间 $[M,x]$ 上由拉格朗日中值定理得，至少存在一点 $\xi\in(M,x)$，使得

$$f'(\xi)=\frac{f(x)-f(M)}{x-M}.$$

因 $\lim\limits_{x\to+\infty} f(x)=C$，则 $\lim\limits_{x\to+\infty}\dfrac{f(x)-f(M)}{x-M}=0$. 又当 $x\to+\infty$ 时，$\xi\to+\infty$，进而 $\lim\limits_{\xi\to+\infty} f'(\xi)=0$，故有 $\lim\limits_{x\to+\infty} f'(x)=0$.

(3) 证明：对于充分大的正数 x，$f(x)$ 在闭区间 $[x,2x]$ 上由拉格朗日中值定理得，至少存在一点 $\xi\in(x,2x)$，使得

$$f'(\xi)=\frac{f(2x)-f(x)}{2x-x}=\frac{f(2x)-f(x)}{x}.$$

因 $\lim\limits_{x\to+\infty} f(x)=C$，则 $\lim\limits_{x\to+\infty}\dfrac{f(2x)-f(x)}{x}=0$. 又当 $x\to+\infty$ 时，$\xi\to+\infty$，进而 $\lim\limits_{\xi\to+\infty} f'(\xi)=0$，故有 $\lim\limits_{x\to+\infty} f'(x)=0$.

问以上 3 种方法是否正确？

分析：3 种方法都是错误的. 正确的答案是未必有 $\lim\limits_{x\to+\infty} f'(x)=0$. 下面逐一详细分析.

方法(1)，遇到问题能从几何角度直观加以分析来寻求解决问题的思路的方法是可取的，但这里不够严谨，仅从具有水平渐近线就得出结论，当 $x\to+\infty$ 时，曲线 $y=f'(x)$ 必是水平的，错误的原因在于没有考虑到曲线 $y=f(x)$ 振荡地无限趋近渐近线的可能性.

例如函数 $f(x)=\dfrac{1}{x}\sin x^2\ (x>0)$，则 $\lim\limits_{x\to+\infty} f(x)=0$，且 $f'(x)=2\cos x^2-\dfrac{1}{x^2}\sin x^2$，但 $\lim\limits_{x\to+\infty} f'(x)=\lim\limits_{x\to+\infty}\left(2\cos x^2-\dfrac{1}{x^2}\sin x^2\right)$ 不存在，因此 $\lim\limits_{x\to+\infty} f'(x)=0$ 是不成立的. 事实上，对于充分大的正整数 $n\in\mathbf{N}^+$，取 $x_n=\sqrt{n\pi}$，则有

$$f'(x_n)=2\cos(\sqrt{n\pi})^2-\frac{1}{(\sqrt{n\pi})^2}\sin(\sqrt{n\pi})^2=2(-1)^n=\begin{cases}2, & n=2k\\ -2, & n=2k+1\end{cases}, k\in\mathbf{Z}.$$

方法(2)和方法(3)错误的原因都是对拉格朗日中值定理中值 ξ 和闭区间 $[a,b]$ 之间的关系误解产生的. 拉格朗日中值定理仅仅保证满足两个条件的函数 $f(x)$ 在闭区间 $[M,x]$ 和 $[x,2x]$ 上使拉格朗日公式成立的中值 ξ 存在，但不能推出当闭区间 $[M,x]$ 向右无限延伸时中值 ξ 也一定向右无限移动. 例如分段函数

$$f(x)=\begin{cases}\dfrac{1}{2}x^2+x, & -1\leqslant x<0\\[2ex] \dfrac{\mathrm{e}^x-\mathrm{e}^{-x}}{\mathrm{e}^x+\mathrm{e}^{-x}}, & x\geqslant 0\end{cases}$$

在$[-1,+\infty)$内可导且严格单增．当x充分大时，$f(x)$在闭区间$[-1,x]$上由拉格朗日中值定理得，存在一点$\xi\in(-1,0)$，使得$f'(\xi)=\dfrac{\dfrac{e^{x}-e^{-x}}{e^{x}+e^{-x}}+\dfrac{1}{2}}{x+1}$．易得当$x\to+\infty$时，$\xi\to-1$．

而当$[x,2x]$向右连续无限延伸时，点ξ介于x和$2x$之间也随着x的变动而向右变动，但ξ是以特殊方式趋近于无穷大．即使对于这些点ξ而言，当$\xi\to+\infty$时有$f'(\xi)\to0$，也无法保证当x任意取值趋近于$+\infty$时有$f'(x)\to0$．仍考虑函数$f(x)=\dfrac{1}{x}\sin x^{2}\,(x>0)$来说明$\xi$是以特殊方式趋近于无穷大．在闭区间$[x,2x]$上由拉格朗日中值定理得，至少存在一点$\xi\in(x,2x)$，使得

$$f'(\xi)=\frac{f(2x)-f(x)}{2x-x}=\frac{\dfrac{1}{4x}\sin 4x^{2}-\dfrac{1}{x}\sin x^{2}}{x}=2\cos\xi^{2}-\frac{1}{\xi^{2}}\sin\xi^{2},$$

即有

$$\cos\xi^{2}=\frac{1}{2x^{2}}\left(\frac{1}{2}\sin 4x^{2}-\sin x^{2}\right)+\frac{1}{2\xi^{2}}\sin\xi^{2}.$$

当$x\to+\infty$时，有$\xi\to+\infty$．于是上式两边同时取极限得$\lim\limits_{\xi\to+\infty}\cos\xi^{2}=0$．

欲使上式成立，ξ必是以特殊方式趋近于无穷大．因此当$\lim\limits_{\xi\to+\infty}f'(\xi)=0$时，未必有$\lim\limits_{x\to+\infty}f'(x)=0$．

（六）导数的应用

43．使用洛必达法则很容易计算出

$$\lim_{x\to0}\frac{\sin x}{x}\overset{L}{=}\lim_{x\to0}\frac{\cos x}{1}=\cos0=1,$$

$$\lim_{x\to0}(1+x)^{\frac{1}{x}}=\lim_{x\to0}e^{\frac{\ln(1+x)}{x}}=e^{\lim\limits_{x\to0}\frac{\ln(1+x)}{x}}\overset{L}{=}e^{\lim\limits_{x\to0}\frac{1}{1+x}}=e^{1}=e.$$

问能否以此代替两个重要极限的证明？

分析：不能．

因为在使用洛必达法则时，用到导数公式$(\sin x)'=\cos x$和$(\ln x)'=\dfrac{1}{x}$，而这两个导数公式的证明过程分别用到了$\lim\limits_{x\to0}\dfrac{\sin x}{x}=1$和$\lim\limits_{x\to0}(1+x)^{\frac{1}{x}}=e$．因此用洛必达法则来证明上述重要极限公式就犯了逻辑上循环论证的错误．

44．问下列利用洛必达法则求解极限的过程是否正确？

（1）$\lim\limits_{x\to1}\dfrac{x^{3}-3x+2}{2x^{3}-x^{2}-4x+3}=\lim\limits_{x\to1}\dfrac{3x^{2}-3}{6x^{2}-2x-4}=\lim\limits_{x\to1}\dfrac{6x}{12x-2}=\lim\limits_{x\to1}\dfrac{6}{12}=\dfrac{1}{2}$；

（2）$\lim\limits_{x\to\infty}xe^{\frac{1}{x^{2}}}=\lim\limits_{x\to\infty}\dfrac{e^{\frac{1}{x^{2}}}}{\dfrac{1}{x}}=\lim\limits_{x\to\infty}\dfrac{-\dfrac{2}{x^{3}}e^{\frac{1}{x^{2}}}}{-\dfrac{1}{x^{2}}}=\lim\limits_{x\to\infty}\dfrac{2e^{\frac{1}{x^{2}}}}{x}=0$；

(3) $\lim\limits_{x\to1}(1-x)\tan\dfrac{\pi}{2}x=\lim\limits_{x\to1}(1-x)'\cdot\left(\tan\dfrac{\pi}{2}x\right)'=\lim\limits_{x\to1}(-1)\dfrac{\pi}{2}\sec^2\dfrac{\pi}{2}x=\infty$;

(4) 设$f(x)$在点$x=x_0$处具有二阶导数,则

$$\lim_{h\to0}\frac{f(x_0+h)+f(x_0-h)-2f(x_0)}{h^2}=\lim_{h\to0}\frac{f'(x_0+h)-f'(x_0-h)}{2h}$$

$$=\lim_{h\to0}\frac{f''(x_0+h)+f''(x_0-h)}{2}=\frac{f''(x_0)+f''(x_0)}{2}=f''(x_0).$$

分析:以上4个问题的计算过程都是错误的. 要正确使用洛必达法则,就必须考虑洛必达法则成立的3个条件:

① 当$x\to x_0$(或$x\to\infty$)时,$f(x)$和$g(x)$同时趋近于0或∞;

② 当$0<|x-x_0|<\delta$(或$|x|>X$)时,$f'(x)$和$g'(x)$都存在;

③ $\lim\dfrac{f'(x)}{g'(x)}=A$(或$\infty$).

也就是说,在使用洛必达法则之前,一定要判断以上3个条件是否满足,决不能不顾条件是否成立就随意使用.

下面我们对以上4个问题的错误逐一分析.

(1) 错误产生在连续两次使用洛必达法则后得到$\lim\limits_{x\to1}\dfrac{6x}{12x-2}$已经不是未定式了,所以不能继续利用洛必达法则. 此时,应该利用连续函数的性质计算,则

$$\lim_{x\to1}\frac{6x}{12x-2}=\frac{6}{12-2}=\frac{3}{5}$$

(2) 因为$\lim\limits_{x\to\infty}xe^{\frac{1}{x^2}}$不是未定式,所以不能利用洛必达法则. 事实上,由于

$$\lim_{x\to\infty}e^{\frac{1}{x^2}}=e^{\lim\limits_{x\to\infty}\frac{1}{x^2}}=e^0=1,$$

故有$\lim\limits_{x\to\infty}xe^{\frac{1}{x^2}}=\infty$.

(3) 注意到$\lim\limits_{x\to1}(1-x)\tan\dfrac{\pi}{2}x$是"$0\cdot\infty$"未定式,因此要利用洛必达法则,必须先变形为"$\dfrac{0}{0}$"或"$\dfrac{\infty}{\infty}$"未定式. 此题的正确解法如下:

$$\lim_{x\to1}(1-x)\tan\frac{\pi}{2}x=\lim_{x\to1}\frac{(1-x)\sin\frac{\pi}{2}x}{\cos\frac{\pi}{2}x}=\lim_{x\to1}\frac{1-x}{\cos\frac{\pi}{2}x}\cdot\lim_{x\to1}\sin\frac{\pi}{2}x$$

$$=\lim_{x\to1}\frac{1-x}{\cos\frac{\pi}{2}x}=\lim_{x\to1}\frac{-1}{-\frac{\pi}{2}\sin\frac{\pi}{2}x}=\frac{-1}{-\frac{\pi}{2}\sin\frac{\pi}{2}}=\frac{2}{\pi}.$$

(4) 错误发生在第二次使用洛必达法则. 题设条件仅仅已知$f(x)$在点$x=x_0$处具有二阶导数,而在点x_0的某邻域内是否二阶可导并不知道,也就是说$f''(x_0+h)$和$f''(x_0-h)$未必存在. 同时,第三步计算极限时需要二阶导函数连续,因此也不成立. 正确的解法为

$$\lim_{h\to 0}\frac{f(x_0+h)+f(x_0-h)-2f(x_0)}{h^2}=\lim_{h\to 0}\frac{f'(x_0+h)-f'(x_0-h)}{2h}$$

$$=\frac{1}{2}\lim_{h\to 0}\left[\frac{f'(x_0+h)-f'(x_0)}{h}+\frac{f'(x_0-h)-f'(x_0)}{-h}\right]$$

$$=\frac{1}{2}\left[\lim_{h\to 0}\frac{f'(x_0+h)-f'(x_0)}{h}+\lim_{h\to 0}\frac{f'(x_0-h)-f'(x_0)}{-h}\right]$$

$$=\frac{1}{2}[f''(x_0)+f''(x_0)]=f''(x_0).$$

以上种种错误给我们一个启示,要正确使用洛必达法则必须注意:

(1) 判断要计算的极限是不是“$\frac{0}{0}$”或“$\frac{\infty}{\infty}$”未定式;

(2) 如果是“$\frac{0}{0}$”或“$\frac{\infty}{\infty}$”未定式,那么其他两个条件是否满足;

(3) “$0\cdot\infty$”“$\infty-\infty$”“1^{∞}”“∞^{0}”和“0^0” 未定式必须先变形为“$\frac{0}{0}$”或“$\frac{\infty}{\infty}$”未定式.

事实上,首先判断是何种未定式尤其关键,进而选取何种方法计算. 即使是“$\frac{0}{0}$”或“$\frac{\infty}{\infty}$”未定式,如果只是单一地使用洛必达法则求解,有时会出现越来越复杂的表达式. 例如

$$\lim_{x\to 0}\frac{e^{\sin x}-e^x}{\arctan x\cdot\ln(1+x^2)},$$

首先判断是“$\frac{0}{0}$”未定式,如果采用洛必达法则,那么有

$$\lim_{x\to 0}\frac{e^{\sin x}-e^x}{\arctan x\cdot\ln(1+x^2)}=\lim_{x\to 0}\frac{e^{\sin x}\cos x-e^x}{\frac{\ln(1+x^2)}{1+x^2}+\frac{2x\cdot\arctan x}{1+x^2}}$$

$$=\lim_{x\to 0}(1+x^2)\cdot\frac{e^{\sin x}\cos x-e^x}{\ln(1+x^2)+2x\cdot\arctan x}$$

$$=\lim_{x\to 0}\frac{e^{\sin x}\cos x-e^x}{\ln(1+x^2)+2x\cdot\arctan x}$$

$$=\lim_{x\to 0}\frac{e^{\sin x}(\cos x)^2-e^{\sin x}\sin x-e^x}{\frac{2x}{1+x^2}+2\arctan x+\frac{2x}{1+x^2}}.$$

采用两次洛必达法则得到一个比原极限更复杂的极限,计算烦琐. 即应用洛必达法则计算这个极限并没有达到简化计算的目的.

事实上,为了简便有效地计算一些极限,往往伴随着等价无穷小代替等方法,如

$$\lim_{x\to 0}\frac{e^{\sin x}-e^x}{\arctan x\cdot\ln(1+x^2)}=\lim_{x\to 0}\frac{e^x(e^{\sin x-x}-1)}{x\cdot x^2}=\lim_{x\to 0}e^x\cdot\lim_{x\to 0}\frac{e^{\sin x-x}-1}{x^3}$$

$$=\lim_{x\to 0}\frac{e^{\sin x-x}-1}{x^3}=\lim_{x\to 0}\frac{\sin x-x}{x^3}=\lim_{x\to 0}\frac{\cos x-1}{3x^2}=\lim_{x\to 0}\frac{-\sin x}{6x}=-\frac{1}{6}.$$

通过上述求解不难发现,采用等价无穷小代替和非零因子提出方法再计算极限,便可大大

简化计算量．由此我们得到启发，对于未定式极限，洛必达法则是一种简便有效快捷的方法．对于一些极限问题，需要将多种方法结合起来灵活使用，才能达到事半功倍的效果．

45. 下面计算$\lim\limits_{x\to\infty}\dfrac{x-\sin x}{x+\sin x}$的方法是否正确？

因为$\lim\limits_{x\to\infty}\dfrac{x-\sin x}{x+\sin x}=\lim\limits_{x\to\infty}\dfrac{1-\cos x}{1+\cos x}$，又等式左边的极限不存在，所以$\lim\limits_{x\to\infty}\dfrac{x-\sin x}{x+\sin x}$也不存在？

分析：不正确．洛必达法则是计算未定式极限一种有效的方法，但其逆命题不成立．也就是说，若 $\lim\dfrac{f'(x)}{g'(x)}$不存在，不能判断 $\lim\dfrac{f(x)}{g(x)}$也不存在．如果 $\lim\dfrac{f'(x)}{g'(x)}$不存在，则不能使用洛必达法则．此题的正确解法为

$$\lim_{x\to\infty}\frac{x-\sin x}{x+\sin x}=\lim_{x\to\infty}\frac{1-\frac{\sin x}{x}}{1+\frac{\sin x}{x}}=\frac{\lim\limits_{x\to\infty}\left(1-\frac{\sin x}{x}\right)}{\lim\limits_{x\to\infty}\left(1+\frac{\sin x}{x}\right)}=\frac{1}{1}=1.$$

46. 任何“$\dfrac{0}{0}$”或“$\dfrac{\infty}{\infty}$”型的未定式都可以用洛必达法则求极限吗？

分析：不一定．使用洛必达法则必须满足 3 个条件，而“$\dfrac{0}{0}$”或“$\dfrac{\infty}{\infty}$”型的未定式未必都具备这些条件．例如极限$\lim\limits_{x\to 0}\dfrac{x^2\sin\frac{1}{x}}{\sin x}$属于“$\dfrac{0}{0}$”型未定式，若采用洛必达法则，则

$$\lim_{x\to 0}\frac{x^2\sin\frac{1}{x}}{\sin x}=\lim_{x\to 0}\frac{2x\sin\frac{1}{x}-\cos\frac{1}{x}}{\cos x},$$

事实上，上式右边的极限不存在．

本题正确的解法为

$$\lim_{x\to 0}\frac{x^2\sin\frac{1}{x}}{\sin x}=\lim_{x\to 0}\frac{x}{\sin x}\cdot x\sin\frac{1}{x}=\lim_{x\to 0}\frac{x}{\sin x}\cdot\lim_{x\to 0}x\sin\frac{1}{x}=1\cdot 0=0.$$

因此，利用洛必达法则不能求出极限值，但并不意味着原极限不存在，只能说洛必达法则不适用．也就是说，$\lim\dfrac{f'(x)}{g'(x)}$不存在并不意味着 $\lim\dfrac{f(x)}{g(x)}$也不存在．这种现象应如何解释呢？首先回顾一下证明“$\dfrac{0}{0}$”型未定式的洛必达法则时采用的柯西中值定理得到的等式

$$\frac{f(x)-f(a)}{g(x)-g(a)}=\frac{f'(\xi)}{g'(\xi)}\text{或}\frac{f(x)}{g(x)}=\frac{f'(\xi)}{g'(\xi)}$$

为确定起见，不妨假设 $x>a$，从而 $a<\xi<x$. 对于任意 $x>a$，都至少存在一 ξ 满足上述等式．当 x 取遍开区间$(a,a+\delta)$内的任意实数时，ξ 未必充满整个区间$(a,a+\delta)$．因此，当$\lim\limits_{x\to a^+}\dfrac{f'(\xi)}{g'(\xi)}$存在时，$\lim\limits_{x\to a^+}\dfrac{f'(x)}{g'(x)}$未必存在．此时问题得以回答．

另外，对于一些特殊的极限问题，如果直接利用洛必达法则，那么会产生回到原极限的循环现象，因此无法求出极限．例如

$$\lim_{x\to+\infty}\frac{e^x+e^{-x}}{e^x-e^{-x}}=\lim_{x\to+\infty}\frac{e^x-e^{-x}}{e^x+e^{-x}}=\lim_{x\to+\infty}\frac{e^x+e^{-x}}{e^x-e^{-x}}.$$

事实上,上述极限问题的正确解法为

$$\lim_{x\to+\infty}\frac{e^x+e^{-x}}{e^x-e^{-x}}=\lim_{x\to+\infty}\frac{1+e^{-2x}}{1-e^{-2x}}=\frac{\lim\limits_{x\to+\infty}(1+e^{-2x})}{\lim\limits_{x\to+\infty}(1-e^{-2x})}=\frac{1}{1}=1.$$

47. 数列极限是否可以直接用洛必达法则计算。

分析:不可以. 因为数列是一类特殊的函数,并没有导数,所以不能直接利用洛必达法则求极限. 但对于"$\frac{0}{0}$"或"$\frac{\infty}{\infty}$"型的数列极限,可以先转化为函数极限的"$\frac{0}{0}$"或"$\frac{\infty}{\infty}$"型未定式再利用洛必达法则.

事实上,数列极限$\lim\limits_{n\to\infty}f(n)$可以看作为函数极限$\lim\limits_{x\to+\infty}f(x)$的特殊情形,因此,如果$\lim\limits_{x\to+\infty}f(x)$存在,那么$\lim\limits_{n\to\infty}f(n)$也存在,且$\lim\limits_{n\to\infty}f(n)=\lim\limits_{x\to+\infty}f(x)$.

如果极限$\lim\limits_{x\to+\infty}f(x)$是"$\frac{0}{0}$"或"$\frac{\infty}{\infty}$"型未定式,且满足洛必达法则的条件,那么可以利用洛必达法则. 例如,$\lim\limits_{n\to\infty}\frac{\ln n}{n}=\lim\limits_{x\to+\infty}\frac{\ln x}{x}\overset{L}{=}\lim\limits_{x\to+\infty}\frac{1}{x}=0$

48. 下列计算极限的方法是否正确?

$$\lim_{x\to0}(1+x^2)^{\frac{1}{\ln(1+x^2)}}=[\lim_{x\to0}(1+x^2)]^{\lim\limits_{x\to0}\frac{1}{\ln(1+x^2)}}=1^\infty=1$$

分析:不正确. 这里函数$(1+x^2)^{\frac{1}{\ln(1+x^2)}}$是幂指函数,幂指函数的一般形式为$[f(x)]^{g(x)}$,其中底数$f(x)$和幂数$g(x)$都是$x$的函数,对幂指函数取极限时应属于同一极限过程,也就是说两个函数是同步进行. 如果底数部分和指数部分分别取极限,那么就成为两个独立的极限过程,并不是同步进行. 因此上述极限方法错误.

事实上,对于幂指函数$[f(x)]^{g(x)}$,如果$\lim f(x)=A(>0)$,$\lim g(x)=B$,那么

$$\lim[f(x)]^{g(x)}=\lim e^{g(x)\ln f(x)}=e^{\lim g(x)\ln f(x)}=e^{\lim g(x)\cdot\lim\ln f(x)}$$
$$=e^{B\ln A}=A^B=[\lim f(x)]^{\lim g(x)}.$$

同时,对于"1^∞""0^0"和"∞^0"3种幂指函数的未定式极限,不能利用上述结论计算. 解决此类极限问题的基本方法是将幂指函数$[f(x)]^{g(x)}$变形为$e^{g(x)\ln f(x)}$,也就是把"1^∞"、"0^0"和"∞^0"未定式转换为指数呈"$0\cdot\infty$"型未定式,然后再化为"$\frac{0}{0}$"或"$\frac{\infty}{\infty}$"型未定式,最后再利用相应方法计算出极限. 因此

$$\lim_{x\to0}(1+x^2)^{\frac{1}{\ln(1+x^2)}}=\lim_{x\to0}e^{\frac{\ln(1+x^2)}{\ln(1+x^2)}}=\lim_{x\to0}e=e.$$

特别地,对于"1^∞"型未定式极限,下面介绍一种重要结论. 对于幂指函数$[f(x)]^{g(x)}$,若$\lim f(x)=1$,$\lim g(x)=\infty$,且$\lim g(x)[f(x)-1]=A$,则$\lim[f(x)]^{g(x)}=e^A$. 因为

$$\lim[f(x)]^{g(x)}=\lim e^{g(x)\ln f(x)}=e^{\lim g(x)\ln f(x)}=e^{\lim g(x)\cdot\ln[1+f(x)-1]}=e^{\lim g(x)\cdot[f(x)-1]}=e^A.$$

因此,对于上述极限问题,也可以这样计算

$$\lim_{x\to0}(1+x^2)^{\frac{1}{\ln(1+x^2)}}=e^{\lim\limits_{x\to0}\frac{x^2}{\ln(1+x^2)}}=e^{\lim\limits_{x\to0}\frac{x^2}{x^2}}=e.$$

49. 泰勒公式有什么实际意义?

分析:泰勒公式由泰勒多项式与余项组成. 泰勒多项式可由函数在一点处的各阶导数直接写出,具有形式简单、易于计算等优点. 泰勒公式的实际意义是用一个高次多项式来近似逼近非线性函数. 可用于函数值的近似计算、极限计算、等式或不等式的证明.

50. 泰勒公式的余项有几种类型,各有什么用处?

分析:泰勒公式的余项有两种:一种是定性的,如皮亚诺型余项;另一个是定量的,如拉格朗日型余项. 这两种余项虽然本质相同,但是作用有别. 一般来讲,如果不需要对余项做定量分析和计算,那么可用皮亚诺型,主要用于求极限问题;当需要定量讨论余项时,可用拉格朗日型,主要用于近似计算和误差分析等问题.

51. 设函数 $f(x)$ 在开区间 (a,b) 内具有 $n+1$ 阶导数,x_0 是 (a,b) 内任意给定一点,则对于任意 $x\in(a,b)$,有

$$f(x)=f(x_0)+f'(x_0)(x-x_0)+\frac{1}{2}f''(x_0)(x-x_0)^2+\cdots+\frac{1}{n!}f^{(n)}(x_0)(x-x_0)^n+R_n(x)$$

其中 $R_n(x)=\dfrac{1}{(n+1)!}f^{(n+1)}(\xi)(x-x_0)^{n+1}$,$\xi$ 介于 x_0 与 x 之间. 问下列两个等式是否成立?

(1) 当 x 固定时,$\lim\limits_{n\to\infty}R_n(x)=0$;

(2) 当 n 固定时,$\lim\limits_{x\to x_0}R_n(x)=0$.

分析:(1) 等式不一定成立. 因为当 x 确定后,$R_n(x)$ 与 n 和 ξ 有关,而 ξ 又与 n 有关,而当 $n\to\infty$ 时,$R_n(x)$ 不一定趋近于0.

例如,函数 $f(x)=\dfrac{1}{1-x}$ 在定义域内具有任意阶导数,且

$$\frac{1}{1-x}=1+x+x^2+\cdots+x^n+R_n(x).$$

取 $x=-2$,则 $R_n(-2)=\dfrac{1}{3}-[1-2+2^2-\cdots+(-2)^n]=\dfrac{(-2)^{n+1}}{3}$,显然,当 $n\to\infty$ 时,$R_n(-2)$ 发散,并不趋近于0.

关于当 $n\to\infty$ 时 $R_n(x)$ 趋近于0的问题,将在无穷级数一章详细讨论.

(2) 等式成立. 首先有

$$R_n(x)=f(x)-\left[f(x_0)+f'(x_0)(x-x_0)+\frac{1}{2}f''(x_0)(x-x_0)^2+\cdots+\frac{1}{n!}f^{(n)}(x_0)(x-x_0)^n\right],$$

对于任意固定的正整数 n,有

$$\lim_{x\to x_0}R_n(x)=\lim_{x\to x_0}\left(f(x)-\left[f(x_0)+f'(x_0)(x-x_0)+\frac{1}{2}f''(x_0)(x-x_0)^2\right.\right.$$
$$\left.\left.+\cdots+\frac{1}{n!}f^{(n)}(x_0)(x-x_0)^n\right]\right)=0.$$

顺便指出,余项 $R_n(x)$ 当 $x\to x_0$ 时不仅是一个无穷小,而且当函数 $f(x)$ 在 x_0 的某邻域内具有 n 阶导数条件下,那么利用洛必达法则和导数的定义可以证明 $R_n(x)$ 是一个比 $(x-x_0)^n$ 高阶的无穷小,因而记为 $R_n(x)=o((x-x_0)^n)$,称为皮亚诺余项. 此时,n 阶泰勒公式又可以表示为

$$f(x)=f(x_0)+f'(x_0)(x-x_0)+\frac{1}{2}f''(x_0)(x-x_0)^2+\cdots+$$

$$\frac{1}{n!}f^{(n)}(x_0)(x-x_0)^n+o((x-x_0)^n),$$

称为$f(x)$在x_0处带皮亚诺余项的n阶泰勒公式.

52. 函数$f(x)=\sin x$的麦克劳林公式是否可以写成

$$\sin x=x-\frac{x^3}{3!}+\frac{x^5}{5!}-\cdots+(-1)^{m-1}\frac{x^{2m-1}}{(2m-1)!}+\frac{\sin(\theta x+m\pi)}{(2m)!}x^{2m},\tag{1}$$

其中$0<\theta<1$.

分析:可以. 但一般习惯将$\sin x$的麦克劳林公式写成

$$\sin x=x-\frac{x^3}{3!}+\frac{x^5}{5!}-\cdots+(-1)^{m-1}\frac{x^{2m-1}}{(2m-1)!}+\frac{\sin\left[\theta x+(2m+1)\frac{\pi}{2}\right]}{(2m+1)!}x^{2m+1},\tag{2}$$

事实上,公式(1)和(2)的区别在于(1)式为$\sin x$的$2m-1$阶麦克劳林公式,而(2)式为$\sin x$的$2m$阶麦克劳林公式. 即$\sin x$按x的幂展开的$2m-1$阶泰勒公式和$2m$阶泰勒公式相同,因为$(\sin x)^{(2m)}\big|_{x=0}=0$. 但公式(2)给出的精度估计比公式(1)较高,因此一般将$\sin x$的麦克劳林公式写成公式(2)的形式. 此外,$\cos x$按x的幂展开的$2m$阶泰勒公式和$2m+1$阶泰勒公式相同,因为$(\cos x)^{(2m+1)}\big|_{x=0}=0$.

53. 若可导函数$f(x)$在区间(a,b)内有$f'(x)\geqslant0$(或$\leqslant0$),且只在有限个离散点x_k处等号成立,即$f'(x_k)=0$. 问能否判断$f(x)$在区间(a,b)内单增(或单减)?

分析:可以. 下面给出理论证明,不妨考虑单增情形.

设x^*和x^{**}为(a,b)内任意两点,且$x^*<x^{**}$,则在开区间(x^*,x^{**})内只有有限个驻点$x_1,x_2,\cdots,x_n(x_1<x_2<\cdots<x_n)$,即$f(x)$在$[x^*,x_1],[x_1,x_2],\cdots,(x_n,x^{**})$内都是单增,于是

$$f(x^*)<f(x_1)<\cdots<f(x_n)<f(x^{**}).$$

因此,$f(x)$在区间(a,b)内单增.

同理,单减情形类似可证.

事实上,设$f(x)$在$(-\infty,+\infty)$内可导,且$f'(x)\geqslant0$(或$f'(x)\leqslant0$),如果$f(x)$仅在有限个或无穷多个离散点处导数为零,则$f(x)$在$(-\infty,+\infty)$内单增(或单减). 例如函数$f(x)=x+\sin x$在$(-\infty,+\infty)$内单增.

54. 设函数$f(x)$在区间I内可导,若$f(x)$在I内是①单增函数;②单减函数,则导函数$f'(x)$在I内是否也是①单增函数;②单减函数?

分析:不一定. 例如,$f(x)=x^3$在区间$(-1,1)$内单增,而$f'(x)=3x^2$在$(-1,1)$内不是单增函数. 再如,$f(x)=-x^3$在区间$(-1,1)$内单减,而$f'(x)=-3x^2$在$(-1,1)$内不是单减函数. 又如,$f(x)=\frac{1}{x}$在$(0,1)$内单减,而$f'(x)=-\frac{1}{x^2}$在$(0,1)$内单增.

55. 设函数$f(x)$在点x_0的某邻域内可导,若$f'(x_0)>0$,则$f(x)$在该邻域内是否单增?

分析:不 定. 例如函数

$$f(x)=\begin{cases}x+2x^2\sin\dfrac{1}{x}, & x\neq0,\\ 0, & x=0,\end{cases}$$

在$(-\infty,+\infty)$内处处可导，且

$$f'(0)=\lim_{x\to0}\frac{f(x)-f(0)}{x-0}=\lim_{x\to0}\frac{x+2x^2\sin\frac{1}{x}}{x}=\lim_{x\to0}\left(1+2x\sin\frac{1}{x}\right)=1,$$

当$x\neq0$时，$f'(x)=1+4x\sin\frac{1}{x}-2\cos\frac{1}{x}$.

取$x^*=\frac{1}{\left(2k+\frac{1}{2}\right)\pi}(k=\pm1,\pm2,\cdots)$，则有$f'(x^*)=1+\frac{4}{\left(2k+\frac{1}{2}\right)\pi}>0$；

取$x^{**}=\frac{1}{2k\pi}(k=\pm1,\pm2,\cdots)$，则有$f'(x^{**})=-1<0$.

当$k\to\infty$时，$x^*\to0$，$x^{**}\to0$. 因此，在点$x=0$的任意邻域内$f'(x)$的取值有正有负，从而$f(x)$在该邻域内都不是单调的.

56. 当$x>a$时，若可导函数$f(x)$和$g(x)$满足$f'(x)>g'(x)$，则是否有$f(x)>g(x)$？

分析：不一定. 虽然函数$f(x)$的增长率比函数$g(x)$在同一点处的增长率大，但如果$f(x)$在点$x=a$处的函数值比$g(x)$在点$x=a$处的函数值小，就不能保证对任意的$x>a$，都有$f(x)>g(x)$.

例如，$f(x)=2x-10$，$g(x)=\sin x$则$f'(x)=2>g'(x)=\cos x$. 但当$0<x<\pi$时，有$f(x)<g(x)$.

因此，利用导数的大小比较两个函数值大小时，必须考虑两个函数在起点处函数值的大小. 事实上，对于上述问题，如果加上$f(a)=g(a)$条件，那么结论便成立. 并可将其推广为一重要的不等式定理.

不等式定理 如果

(1) $f(x)$和$g(x)$在$[a,+\infty)$内具有n阶导数；

(2) $f^{(k)}(a)=g^{(k)}(a)(k=0,1,\cdots,n-1)$；

(3) 当$x>a$时，$f^{(n)}(x)>g^{(n)}(x)$，

那么当$x>a$时，有$f(x)>g(x)$.

证明：令$F(x)=f(x)-g(x)$，则$F^{(n)}(x)=f^{(n)}(x)-g^{(n)}(x)$.

当$x>a$时，有$F^{(n)}(x)>0$，则$F^{(n-1)}(x)$在$(a,+\infty)$内单增. 又$f^{(n-1)}(a)=g^{(n-1)}(a)$，则当$x>a$时，$F^{(n-1)}(x)>0$，则$F^{(n-2)}(x)$在$(a,+\infty)$内单增. 这样继续下去，

当$x>a$时，$F'(x)>0$，则$F'(x)$在$(a,+\infty)$内单增. 又$f(a)=g(a)$，则当$x>a$时，$F(x)>0$，即$f(x)>g(x)$.

这个定理给出了一种利用导数的大小来证明不等式的方法. 例如

证明：当$x>0$时，$\ln(1+x)>\frac{\arctan x}{1+x}$.

将所证不等式变形为$(1+x)\ln(1+x)>\arctan x$.

记$f(x)=(1+x)\ln(1+x)$，$g(x)=\arctan x$，则

$$f'(x)=1+\ln(1+x),g'(x)=\frac{1}{1+x^2},f''(x)=\frac{1}{1+x},g''(x)=-\frac{2x}{(1+x^2)^2},$$

即$f(0)=g(0)=0$，$f'(0)=g'(0)=1$.

当$x>0$时，有$f''(x)\geqslant g''(x)$. 由不等式定理得，当$x>0$时，有$f(x)>g(x)$. 故原不等式

成立．

57. 如果函数$f(x)$在闭区间$[a,b]$上可导，且$f'_+(a)\cdot f'_-(b)<0$，能否用介值定理得到在开区间(a,b)内至少存在一点ξ，使得$f'(\xi)=0$的结论？

分析：闭区间上连续函数的介值定理说明：如果函数$f(x)$在闭区间$[a,b]$上连续，那么介于$f(a)$和$f(b)$之间的任意一个常数C，在开区间(a,b)内至少存在一点ξ，使得

$$f(\xi)=C,a<\xi<b.$$

由题设条件，若$f'_+(a)\cdot f'_-(b)<0$，则$f'_+(a)$和$f'_-(b)$异号，即$C=0$是介于$f'_+(a)$和$f'_-(b)$之间的一常数．欲利用介值定理推出$f'(\xi)=0$，还必须要求导函数$f'(x)$在闭区间$[a,b]$上连续，但题设条件并没有给出．因此，不能利用介值定理得到$f'(\xi)=0$结论．

事实上，这个结论确是成立的．它是描述导函数性质的达布定理的特殊情形．现将达布定理叙述并证明如下．

定理（达布定理）　如果函数$f(x)$在闭区间$[a,b]$上可导，C是介于$f'_+(a)$和$f'_-(b)$之间的任一常数，那么在开区间(a,b)内至少存在一点ξ，使得

$$f'(\xi)=C$$

证明：先讨论一特殊情形，假设$f'_+(a)$和$f'_-(b)$异号．不妨假设$f'_+(a)>0$，$f'_-(b)<0$．因为$f'_+(a)=\lim\limits_{x\to a^+}\dfrac{f(x)-f(a)}{x-a}>0$，由极限的局部保号性，存在点$a$的一右邻域$(a,a+\delta_1)$，使得当$x\in(a,a+\delta_1)$时，$f(x)>f(a)$．同理，由$f'_-(b)<0$，则存在点$b$的一左邻域$(b-\delta_2,b)$，使得当$x\in(b-\delta_2,b)$时，$f(x)>f(b)$．又$f(x)$在闭区间$[a,b]$上连续，则$f(x)$在闭区间$[a,b]$上的最大值在开区间$(a,b)$内取得．不妨设$f(x)$在点$x=\eta$处取得最大值．又$f(x)$在点$x=\eta$处可导，则有$f'(\eta)=0$．

对于介于$f'_+(a)$和$f'_-(b)$之间的任一常数C，构造辅助函数

$$F(x)=f(x)-Cx,$$

那么$F(x)$在闭区间$[a,b]$上可导，且$F'(x)=f'(x)-C$，进而

$$F'_+(a)=f'_+(a)-C,F'_-(b)=f'_-(b)-C,$$

即$F'_+(a)$和$F'_-(b)$异号．根据上述所证结论，在开区间(a,b)内至少存在一点ξ，使得$F'(\xi)=C$．即$f'(\xi)-C=0$．故$f'(\xi)=C$．

由达布定理可知，若导函数$f'(x)$在闭区间$[a,b]$上恒不等于零，则$f'(x)$在$[a,b]$上要么恒大于零，要么恒小于零．

58. 曲线的凹凸性有哪些等价的定义？

分析：大多教材给出的曲线凹凸性的定义如下

设$f(x)$在区间I上连续，如果对于I上任意两点x_1和x_2，恒有

$$f\left(\frac{x_1+x_2}{2}\right)<\frac{f(x_1+x_2)}{2}\left(\text{或} f\left(\frac{x_1+x_2}{2}\right)>\frac{f(x_1+x_2)}{2}\right),$$

那么称$f(x)$在I上的图形是凹的（或凸的）

下面介绍两个几何意义上的等价定义．

（1）几何定义：曲线弧上任意两点的弦总位于对应弧段的上（或下）方，则称此曲线是凹（或凸）的；

(2) 切线定义:若在某区间上曲线弧总位于其每一点处切线的上方(或下方),则称此曲线弧在该区间上是凹(或凸)的.

事实上,数学上任何一个等价的充要真命题都可作为定义,这与定义的存在唯一性并不矛盾,是一个事物的不同表述形式,而它们的表述的对象都是唯一的.只不过是演绎(逻辑推理)的顺序,把其中一个较原始的充要命题叫作定义(凡是定义都是充分必要的),而把后出现的等价命题(充要条件)叫作定理.

59. 在极值点的左邻域与右邻域内函数一定单调吗?

设函数 $f(x)$ 在点 $x=x_0$ 处取得极大值,问是否一定存在 x_0 的某邻域,使 $f(x)$ 在该 x_0 的左邻域内单增,在 x_0 的右邻域内单减?

分析:不一定存在.例如函数

$$f(x)=\begin{cases}1-x^2\left(2+\sin\dfrac{1}{x}\right), & x\neq 0,\\ 1, & x=0,\end{cases}$$

在点 $x=0$ 处取得极大值,且

$$f'(x)=\begin{cases}-2x\left(2+\sin\dfrac{1}{x}\right)+\cos\dfrac{1}{x}, & x\neq 0,\\ 0, & x=0,\end{cases}$$

取 $x^*=\dfrac{1}{2k\pi}(k\in\mathbf{Z}^+)$,则有 $f'(x^*)=1-\dfrac{2}{k\pi}>0$;

取 $x^{**}=\dfrac{1}{(2k+1)\pi}(k\in\mathbf{Z}^+)$,则有 $f'(x^{**})=-1-\dfrac{4}{(2k+1)\pi}<0.$

因此,在点 $x=0$ 的任意右 δ 邻域内,无论 δ 多么小,$f'(x)$ 的取值有正有负,即 $f(x)$ 在该右 δ 邻域内不是单调的.因此满足条件的 x_0 的邻域不存在.

事实上,若 $f(x)$ 在点 x_0 处连续,且 $f(x)$ 在 x_0 的左邻域内单增,在 x_0 的右邻域内单减,则 $f(x)$ 在点 $x=x_0$ 处取得极大值.

对于 $f(x)$ 在点 $x=x_0$ 处取得极小值的情形,只要注意到,如果 $f(x)$ 在点 $x=x_0$ 处取得极大值,那么 $-f(x)$ 在点 $x=x_0$ 处取得极小值,便可得出相同的回答.

特别值得注意的是 $f(x)$ 在点 x_0 处的连续性.如果 $f(x)$ 在 x_0 的某邻域内有定义,且 $f(x)$ 在 x_0 的左邻域内单增,在 x_0 的右邻域内单减,则 $f(x)$ 在点 $x=x_0$ 处未必取得极大值.例如

$$f(x)=\begin{cases}-|x|, & x\in(-1,0)\cup(0,1)\\ -10, & x=0\end{cases}$$

在 $(-1,0)$ 内单增,在 $(0,1)$ 内单减,但 $f(x)$ 在点 $x=0$ 处取得极小值.

60. 闭区间上的最值点一定是函数的极值点吗?

分析:不一定.首先回顾一下函数极值的定义:设函数 $f(x)$ 在开区间 (a,b) 内有定义,$x_0\in(a,b)$,若存在一点 x_0 的邻域,对于该邻域内异于 x_0 的一切 x,恒有

$$f(x)<f(x_0)\ (\text{或} f(x)>f(x_0)),$$

则称 $f(x_0)$ 为 $f(x)$ 的一极大(或小)值,而 x_0 称为 $f(x)$ 的极大(或小)值点.

这里应当注意两点：

(1) 存在一点 x_0 的邻域；

(2) $f(x)<f(x_0)$（或 $f(x)>f(x_0)$）中没有等号（$x\neq x_0$）.

再看一下最值的定义：设函数 $f(x)$ 在区间 I 上有定义，若存在一点 $x_0\in I$，对于一切 $x\in I$ 恒有

$$f(x)\leqslant f(x_0)\ (\text{或} f(x)\geqslant f(x_0)),$$

则 x_0 称为 $f(x)$ 的最大（或小）值点．这里应该注意要求 $f(x)\leqslant f(x_0)$（或 $f(x)\geqslant f(x_0)$）.

根据上述定义，对于所提出的问题有

(1) 当最值点 x_0 在闭区间端点处取得时，x_0 一定不是极值点．因为极值点必须要求存在 x_0 的某邻域，显然在端点处是不存在的．

(2) 当最值点 x_0 在闭区间内部取得时，x_0 有可能是极值点也有可能不是极值点．例如，函数 $f(x)=|x|$ 在闭区间 $[-1,1]$ 的最小值点 $x=0$ 也是极小值点．而如，函数

$$f(x)=\begin{cases}-x-1, & -2\leqslant x\leqslant -1,\\ 0, & -1<x<1,\\ x-1, & 1\leqslant x\leqslant 2,\end{cases}$$

在闭区间 $[-2,2]$ 上存在无穷多个最小值点，即 $[-1,1]$ 内每一点都是 $f(x)$ 的最小值点，但这些点都不是 $f(x)$ 的极小值点．

事实上，设 $f(x)$ 在闭区间 $[a,b]$ 上连续，且在点 $x_0\in(a,b)$ 取得最值，若 x_0 是 $f(x)$ 的唯一最大（或小）值点，则 x_0 必是 $f(x)$ 的极大（或小）值点．

61. 利用导数的知识证明不等式的常用方法有哪些？

分析：在数学中常常要用到一些重要不等式．下面介绍借助于导数来证明不等式常用的方法，并辅以典型例题作一详细介绍．

(1) 利用拉格朗日公式。

例 1　证明不等式

$$\frac{b-a}{b}<\ln\frac{b}{a}<\frac{b-a}{a}\ (b>a>0).$$

证明：将不等式变形为

$$\frac{1}{b}<\frac{\ln b-\ln a}{b-a}<\frac{1}{a}.$$

取 $f(x)=\ln x$，则 $f(x)$ 在闭区间 $[a,b]$ 上连续，在开区间 (a,b) 内可导．由拉格朗日中值定理得，至少存在一点 $\xi\in(a,b)$，使得 $f'(\xi)=\dfrac{f(b)-f(a)}{b-a}$，即 $\dfrac{1}{\xi}=\dfrac{\ln b-\ln a}{b-a}$．又 $a<\xi<b$，则 $\dfrac{1}{b}<\dfrac{1}{\xi}<\dfrac{1}{a}$．即 $\dfrac{1}{b}<\dfrac{\ln b-\ln a}{b-a}<\dfrac{1}{a}$．故不等式成立．

(2) 利用泰勒公式。

例 2　证明：当 $x>0$ 时，$\sqrt{1+x}>1+\dfrac{x}{2}-\dfrac{x^2}{8}$.

证明：当 $x>0$ 时，$f(x)=\sqrt{1+x}$ 的二阶麦克劳林公式为

$$\sqrt{1+x}=1+\frac{x}{2}-\frac{x^2}{8}+\frac{1}{16}(1+\xi)^{-\frac{5}{2}}x^3,$$

其中 $0<\xi<x$. 又 $\frac{1}{16}(1+\xi)^{-\frac{5}{2}}x^3>0$,故有 $\sqrt{1+x}>1+\frac{x}{2}-\frac{x^2}{8}$.

(3) 利用函数的单调性。

当 $F(x)$ 在闭区间 $[a,b]$ 上单增(或单减),则当 $x>a$ 时,有 $F(x)>F(a)$(或 $F(x)<F(a)$). 如果 $f(a)=g(a)$,要证明当 $x>a$ 时,$f(x)>g(x)$,只需令 $F(x)=f(x)-g(x)$,就可以利用 $F(x)$ 的单调性来证明. 特别在 $F(x)$ 可导的条件下,只要证明当 $x>a$ 时 $F'(x)>0$ 即可.

例 3　当 $x>0$ 时,$\ln(1+x)>\frac{\arctan x}{1+x}$.

证明:将所证不等式变形为 $(1+x)\ln(1+x)>\arctan x$.

记 $f(x)=(1+x)\ln(1+x)-\arctan x$,则 $f(0)=0$,且

$$f'(x)=1+\ln(1+x)-\frac{1}{1+x^2}=\ln(1+x)+\frac{x^2}{1+x^2}.$$

当 $x>0$ 时,$f'(x)>0$,即 $f(x)$ 在 $[0,+\infty)$ 内单增. 于是当 $x>0$ 时,有 $f(x)>f(0)$. 故原不等式成立.

(4) 利用函数的最值。

如果 $f(a)$ 是函数 $f(x)$ 在区间 I 上的最大(或小)值,那么有 $f(x)\leqslant f(a)$(或 $f(x)\geqslant f(a)$). 因此,要证不等式 $f(x)\leqslant g(x)\ (x\in I)$,只需证明函数 $F(x)=f(x)-g(x)$ 在区间 I 上的最大值小于等于零即可.

例 4　设 $0<a<1$,当 $x>0$ 时,$x^a-ax\leqslant 1-a$.

证明:设 $f(x)=x^a-ax-(1-a)$,则 $f'(x)=ax^{a-1}-a$.

令 $f'(x)=0$,得 $f(x)$ 的唯一驻点 $x=1$. 又当 $0<x<1$ 时,$f'(x)>0$,当 $x>1$ 时,$f'(x)<0$. 即 $f(1)$ 是 $f(x)$ 在区间 $(0,+\infty)$ 内的最大值. 于是当 $x>0$ 时,有

$$f(x)\leqslant f(1)=0.$$

因此,当 $x>0$ 时,$x^a-ax\leqslant 1-a$.

(5) 利用函数图形的凹凸性。

由函数图形凹凸性判断定理得,当 $f''(x)>0$ 时,$f(x)$ 在开区间 (a,b) 内的图形是凹的,即有

$$f\left(\frac{x_1+x_2}{2}\right)<\frac{f(x_1)+f(x_2)}{2},$$

其中 x_1 和 x_2 是 (a,b) 内的任意互异两点.

例 5　设 $x>0,y>0$,当 $x\neq y$ 时,$x\ln x+y\ln y>(x+y)\ln\frac{x+y}{2}$.

证明:设 $f(t)=t\ln t,t>0$,则 $f'(t)=1+\ln t\geqslant 1$,$f''(t)=\frac{1}{t}>0$. 即 $f(t)$ 在 $(0,+\infty)$ 内的图形是凹的. 当 $x>0,y>0$ 且 $x\neq y$ 时,则 $f\left(\frac{x+y}{2}\right)<\frac{f(x)+f(y)}{2}$,即

$$\frac{x\ln x+y\ln y}{2}>\frac{x+y}{2}\ln\frac{x+y}{2}.$$

故原不等式成立.

62. 解最值的应用问题时,如何建立目标函数?

分析:在求一函数的最值的方法的前提下,对于简单(归结为一元函数的极值)的最值应用问题关键是如何建立目标函数. 这首先应根据题意把题中的量判断清楚,哪些是变量,哪些是常量;再选择因变量和自变量,通常一般选取待求的最佳量为因变量(目标函数),而自变量一般可有多种取法,应根据经验和难易程度慎重选择.

通常情况下,目标函数中的因变量总是选取待求最佳的量,如求面积的最值就选面积,求距离的最值就选距离,求费用最少就选费用等. 但为简化计算,有时改换成最值点相同的函数作为目标函数.

如求函数 $l=\sqrt{(x-a)^2+(y-b)^2+(z-c)^2}$ 的最值,可改为求函数

$$u=(x-a)^2+(y-b)^2+(z-c)^2$$

的最值问题,因为它们有相同的最值点,显然后者的计算要简便得多. 不过要特别注意,采用上述方法求出最值点后,一定要代入 l 的表达式求出所需的最值.

63. 函数曲线的作图中如何求曲线的斜渐近线?

分析:首先介绍一下曲线渐近线的定义. 如果存在直线 $L: y=kx+b$,使得当 $x\to\infty$(或 $x\to+\infty$ 或 $x\to-\infty$)时,曲线 $y=f(x)$ 上的动点 $M(x,y)$ 到直线 L 的距离 $d(M,L)\to 0$,则称 L 为曲线 $y=f(x)$ 的渐近线. 当直线 L 的斜率 $k\neq 0$ 时,称 L 为斜渐近线.

特别地,若 $\lim\limits_{x\to a}f(x)=\infty$ 或 $\lim\limits_{x\to a^-}f(x)=\infty$ 或 $\lim\limits_{x\to a^+}f(x)=\infty$,则直线 $x=a$ 是曲线 $y=f(x)$ 的一条铅直渐近线;

若 $\lim\limits_{x\to\infty}f(x)=b$ 或 $\lim\limits_{x\to+\infty}f(x)=b$ 或 $\lim\limits_{x\to-\infty}f(x)=b$,则直线 $y=b$ 是曲线 $y=f(x)$ 的一条水平渐近线.

事实上,直线 $L: y=kx+b$ 为曲线 $y=f(x)$ 的渐近线的充分必要条件是

$$k=\lim_{\substack{x\to\infty\\ \left(\substack{x\to+\infty\\ x\to-\infty}\right)}}\frac{f(x)}{x},\quad b=\lim_{\substack{x\to\infty\\ \left(\substack{x\to+\infty\\ x\to-\infty}\right)}}[f(x)-kx].$$

当 $k\neq 0$ 时,曲线 $y=f(x)$ 存在斜渐近线 L. 例如,求曲线 $y=(2x-1)e^{\frac{1}{x}}$ 的斜渐近线.

因为

$$k=\lim_{x\to\infty}\frac{(2x-1)e^{\frac{1}{x}}}{x}=\lim_{x\to\infty}\left(2e^{\frac{1}{x}}-\frac{e^{\frac{1}{x}}}{x}\right)=\lim_{x\to\infty}2e^{\frac{1}{x}}-\lim_{x\to\infty}\frac{e^{\frac{1}{x}}}{x}=2-0=2,$$

$$b=\lim_{x\to\infty}[(2x-1)e^{\frac{1}{x}}-2x]=\lim_{x\to\infty}\left[\frac{2(e^{\frac{1}{x}}-1)}{\frac{1}{x}}-e^{\frac{1}{x}}\right]=\lim_{x\to\infty}\frac{2(e^{\frac{1}{x}}-1)}{\frac{1}{x}}-\lim_{x\to\infty}e^{\frac{1}{x}}$$

$$=\lim_{x\to\infty}\frac{2\cdot\frac{1}{x}}{\frac{1}{x}}-e^{\lim\limits_{x\to\infty}\frac{1}{x}}=2-e^0=2-1=1.$$

故 $y=2x+1$ 为曲线 $y=(2x-1)e^{\frac{1}{x}}$ 的一条斜渐近线.

事实上,$y=(2x-1)e^{\frac{1}{x}}$ 可以变形为

$$y=2x+1+2x(\mathrm{e}^{\frac{1}{x}}-1)-1-\mathrm{e}^{\frac{1}{x}},$$

它与直线 $y=2x+1$ 在同一横坐标 x 处的纵坐标之差是 $2x(\mathrm{e}^{\frac{1}{x}}-1)-1-\mathrm{e}^{\frac{1}{x}}$. 并且

$$\lim_{x\to\infty}\left[2x(\mathrm{e}^{\frac{1}{x}}-1)-1-\mathrm{e}^{\frac{1}{x}}\right]=2-1-1=0.$$

这时动点到直线 $y=2x+1$ 的距离也趋近于零.

三、是非辨析

1. 设函数 $f(x)$ 在 $x=0$ 处连续,若 $\lim\limits_{x\to0}\dfrac{f(x)}{x}$ 存在,则 $f'(0)$ 存在.

【解析】正确. 由 $\lim\limits_{x\to0}\dfrac{f(x)}{x}$ 存在可得 $\lim\limits_{x\to0}f(x)=f(0)=0$,所以

$$f'(0)=\lim_{x\to0}\frac{f(x)-f(0)}{x}=\lim_{x\to0}\frac{f(x)}{x}\text{存在}.$$

2. 设函数 $f(x)$ 在 $x=0$ 处连续,且 $\lim\limits_{h\to0}\dfrac{f(h^2)}{h^2}=1$,则 $f(0)=0$, $f'(0)$ 存在.

【解析】错误. 由题意知 $\lim\limits_{h\to0}f(h^2)=0=f(0)$,令 $h^2=\Delta x$,则当 $h\to0$ 时,$\Delta x\to0^+$,

$$1=\lim_{h\to0}\frac{f(h^2)}{h^2}=\lim_{h\to0}\frac{f(h^2)-f(0)}{h^2}=\lim_{\Delta x\to0^+}\frac{f(\Delta x)-f(0)}{\Delta x}=f'_+(0).$$

不能得出 $f'(0)$ 存在.

3. 设函数 $f(x)=|x^3-1|\varphi(x)$,其中 $\varphi(x)$ 在 $x=1$ 处连续,则 $\varphi(1)=0$ 是 $f(x)$ 在 $x=1$ 处可导的充要条件.

【解析】正确. 因为 $\lim\limits_{x\to1^+}\dfrac{f(x)-f(1)}{x-1}=\lim\limits_{x\to1^+}\dfrac{x^3-1}{x-1}\cdot\varphi(x)=3\varphi(1)$

$$\lim_{x\to1^-}\frac{f(x)-f(1)}{x-1}=-\lim_{x\to1^-}\frac{x^3-1}{x-1}\cdot\varphi(x)=-3\varphi(1),$$

可见,$f(x)$ 在 $x=1$ 处可导的充要条件是 $3\varphi(1)=-3\varphi(1)$,即 $\varphi(1)=0$.

4. 若函数 $f(x)$ 在点 x_0 处不可导,则曲线 $y=f(x)$ 在点 (x_0,y_0) 处一定没有切线.

【解析】错误. 例如函数 $y=\sqrt[3]{x}$ 在 $x=0$ 处不可导,但曲线 $y=\sqrt[3]{x}$ 在点 $(0,0)$ 处有垂直于 x 轴的切线.

5. 函数 $f(x)=\sqrt{x}$ 在 $[0,\sqrt{2}]$ 上满足拉格朗日中值定理的条件.

【解析】正确. 函数 $f(x)=\sqrt{x}$ 在 $[0,\sqrt{2}]$ 上连续,在 $(0,\sqrt{2})$ 可导.

6. 若 $f(x)$ 在 $x=x_0$ 处不可导,$g(x)$ 在 $x=x_0$ 处不可导,则 $f(x)+g(x)$、$f(x)\cdot g(x)$ 在 $x=x_0$ 处不可导.

【解析】错误. 例如 $f(x)=x-\dfrac{1}{x}$ 和 $g(x)=x+\dfrac{1}{x}$ 在 $x=0$ 处都不可导,而 $f(x)+g(x)=2x$ 在 $x=0$ 处可导;取 $f(x)=\dfrac{1}{|x|}$ 和 $g(x)=|x|$ 在 $x=0$ 处都不可导,而 $f(x)\cdot g(x)=1$ 在 $x=0$ 处可导.

7. 若$f(x)$在$x=x_0$处可导,$g(x)$在$x=x_0$处不可导,则$f(x)\pm g(x)$、$f(x)\cdot g(x)$、$\frac{f(x)}{g(x)}$均在$x=x_0$处不可导.

【解析】错误. 其中$f(x)\pm g(x)$在$x=x_0$处不可导,利用反证法. 若$f(x)\pm g(x)$在$x=x_0$处可导,则根据求导法则$[f(x)\pm g(x)]-f(x)=\pm g(x)$在$x=x_0$处可导,这与题意$g(x)$在$x=x_0$处不可导矛盾. 取$f(x)=0,g(x)=\frac{1}{x}$,满足$f(x)$在$x=0$处可导,$g(x)$在$x=0$处可导,但是$f(x)\cdot g(x)=0,\frac{f(x)}{g(x)}=0$均在$x=0$处可导.

8. 若$\lim\limits_{x\to x_0}f'(x)=A$,则$f'(x_0)=A$.

【解析】错误. 例如函数$f(x)=\begin{cases}x^2, & x\neq 0\\ 1, & x=0\end{cases}$,取$x_0=0$,则当$x\neq 0$时,$f'(x)=2x$,所以$\lim\limits_{x\to 0}f'(x)=\lim\limits_{x\to 0}2x=0$. 而

$$f'_+(0)=\lim_{\Delta x\to 0}\frac{f(0+\Delta x)-f(0)}{\Delta x}=\lim_{\Delta x\to 0}\frac{(\Delta x)^2-1}{\Delta x}=-\infty,$$

所以$f'(0)$不存在.

9. 设$y=f(x)$在点x_0的某邻域有定义,且$f(x_0+\Delta x)-f(x_0)=a\Delta x+b(\Delta x)^2$,其中$a,b$为常数,则$f(x)$在点$x_0$处可导,且$f'(x_0)=a$.

【解析】正确. $f'(x_0)=\lim\limits_{\Delta x\to 0}\frac{f(x_0+\Delta x)-f(x_0)}{\Delta x}=\lim\limits_{\Delta x\to 0}\frac{a\Delta x+b(\Delta x)^2}{\Delta x}=a$ 或者因为$b(\Delta x)^2=o(\Delta x)$,$\Delta y=f(x_0+\Delta x)-f(x_0)=a\Delta x+o(\Delta x)$,可知函数$y=f(x)$在点$x_0$可微,则可导.

10. 设函数$f(x)$在闭区间$[a,b]$上有定义,在开区间(a,b)内可导,则对任何$\xi\in(a,b)$,有

$$\lim_{x\to\xi}[f(x)-f(\xi)]=0.$$

【解析】正确. 不妨设$\xi<x$,则$f(x)$在$[\xi,x]\subset(a,b)$上连续,在(ξ,x)内可导,由拉格朗日中值定理知至少存在一点$t\in(\xi,x)$,使$f(x)-f(\xi)=f'(t)(x-\xi)$,从而

$$\lim_{x\to\xi}[f(x)-f(\xi)]=\lim_{x\to\xi}f'(t)(x-\xi)=0.$$

11. 如果$P(x)$是$f(x)$的2次麦克劳林多项式,那么$P(0)=f(0),P'(0)=f'(0),P''(0)=f''(0)$.

【解析】正确. 由泰勒公式的定义可得.

12. 拉格朗日中值定理是带拉格朗日型余项的泰勒公式的一个特例.

【解析】正确. $f(x)-f(x_0)=f'(\xi)(x-x_0)$,化简可得$f(x)=f(x_0)+f'(\xi)(x-x_0)$,即$f(x)$的一阶泰勒公式.

13. 设$f(x)$在区间(a,b)内可导,若$f(x)$在(a,b)内有界,则$f'(x)$在(a,b)内有界.

【解析】错误. 例如函数$f(x)=\sin\frac{1}{x}$在$(0,1)$内有界,但是取$x_n=\frac{1}{2n\pi}$时,有

$$\lim_{n\to\infty}f'(x_n)=-\lim_{n\to\infty}\frac{1}{x_n^2}\cos\frac{1}{x_n}=-\lim_{n\to\infty}(2n\pi)^2\cos 2n\pi=-\infty,$$

所以$f'(x)=-\frac{1}{x^2}\cos\frac{1}{x}$在$(0,1)$上无界.

14. 设$f(x)$在区间(a,b)内可导,若$f'(x)$在(a,b)内有界,则$f(x)$在(a,b)内有界.

【解析】正确．因为$f'(x)$在(a,b)内有界，所以存在$M>0$，对于(a,b)内任意一点x，$|f'(x)|\leqslant M$. 对于(a,b)内任意一点x及某一点x_0，由拉格朗日中值定理，得

$$f(x)=f(x_0)+f'(\xi)(x-x_0),$$

即$|f(x)|\leqslant|f(x_0)|+|f'(\xi)||(x-x_0)|\leqslant|f(x_0)|+M(b-a)$，故$f(x)$在$(a,b)$内有界．

15. 函数$f(x)$在区间(a,b)内可导，则在(a,b)内$f'(x)>0$是函数$f(x)$在区间(a,b)内单调增加的充要条件．

【解析】错误．若在(a,b)内$f'(x)>0$，则$f(x)$在区间(a,b)内单调增加．但反之不成立．例如函数$f(x)=x^3$在$(-1,1)$内单调增加，但是$f'(0)=0$，不满足$f'(x)>0$.

16. 若$f''(x_0)=0$，则$(x_0,f(x_0))$必为曲线$y=f(x)$的拐点．

【解析】错误．取$f(x)=x^4$，虽然$f''(0)=0$，但是当$x\neq0$时，无论$x>0$或$x<0$都有$f''(x)>0$，因此点$(0,0)$不是这曲线的拐点．

17. 若$(x_0,f(x_0))$为曲线$y=f(x)$的拐点，则必有$f''(x_0)=0$.

【解析】错误．取$f(x)=\sqrt[3]{x}$，当$x\neq0$时，$f'(x)=\dfrac{1}{3\sqrt[3]{x^2}}$，$f''(x)=-\dfrac{2}{9x\sqrt[3]{x^2}}$. 当$x=0$时，$f'(x)$，$f''(x)$都不存在．在$(-\infty,0)$内，$f''(x)>0$，曲线是凹的；在$(0,+\infty)$内，$f''(x)<0$，曲线是凸的，因此$(0,0)$点是曲线的拐点，但是$f''(x)$在$x=0$处不存在．

18. 若函数$f(x)$在点x_0处的二阶导数$f''(x_0)=-3$，则$f(x_0)$为$f(x)$的极小值．

【解析】错误．函数$f(x)=-\dfrac{1}{2}x^3$在点$x=1$处的二阶导数为-3，但$f(1)$不是极值．

19. 可导函数的驻点必是该函数的极值点．

【解析】错误．点$x=0$为函数$f(x)=x^3$的驻点但不是极值点．

20. 函数$f(x)$在点x_0取得极值，则一定有$f'(x_0)=0$.

【解析】错误．函数$f(x)=|x|$在$x=0$取得极小值，但$f'(x)$在$x=0$处不存在．

21. 函数在开区间内未必有极值点，也未必有最值点．

【解析】正确．函数$f(x)=x$在区间$(0,1)$内无极值点，也没有最值点．

22. 设$\lim\limits_{x\to a}\dfrac{f(x)-f(a)}{(x-a)^2}=-1$，则在点$x=a$处$f(x)$取得极大值．

【解析】正确．因为$\lim\limits_{x\to a}\dfrac{f(x)-f(a)}{(x-a)^2}=-1$，所以$\lim\limits_{x\to a}\dfrac{f(x)-f(a)}{x-a}=0=f'(0)$. 又在$a$的某一邻域内$\dfrac{f(x)-f(a)}{(x-a)^2}<0$，即$f(x)-f(a)<0$，所以点$x=a$处$f(x)$取得极大值．

23. 若函数$y=f(x)$在极大（极小）值点二阶可导，则其二阶导数值小（大）于0.

【解析】错误．函数$y=-x^4(y=x^4)$在点$x=0$取得极大（极小）值，但在该点二阶导数为0.

24. 若$y=f(x)$在(a,b)内连续，且图像光滑（没有尖点和角点），则该函数在(a,b)内必可导．

【解析】错误．曲线$y=\sqrt[3]{x}$是光滑的，且在R上连续，但在点$x=0$不可导．

25. 若函数$y=f(x)$在点$x=a$可微，则在$x=a$处dy是Δy的线性主部．

【解析】错误．当$f'(a)=0$时，dy不是Δy的线性主部．如$f(x)=x^2$，$f'(0)=0$，$dy=0$，显然不是$\Delta y=(\Delta x)^2$的主要部分．

26. 设函数$y=f(x)$在点$x=a$可导，且$f'(a)>0$，则在点$x=a$一定存在一个小邻域（无论

多么小),函数 $y=f(x)$ 是增加的.

【解析】错误. 函数 $f(x)=\begin{cases}x+2x^2\sin\dfrac{1}{x}, & x\neq 0\\ 0, & x=0\end{cases}$ 的导数为

$$f'(x)=\begin{cases}1+4x\sin\dfrac{1}{x}-2\cos\dfrac{1}{x}, & x\neq 0\\ 0, & x=0\end{cases}$$

在 $x=0$ 大于零,但是 $y=f(x)$ 在点 $x=0$ 的任意邻域内都不单调.

27. 函数可能在定义域中只有一个点可导,而在其他点不可导.

【解析】正确. 函数 $f(x)=\begin{cases}-x^2, & x\in\mathbf{Q}\\ x^2, & x\notin\mathbf{Q}\end{cases}$ 在除 $x=0$ 以外的所有点不可导,但是 $f'(0)=0$.

28. 设 $f'(x_0)=f''(x_0)=0$, $f'''(x_0)>0$,则点 $(0,f(0))$ 是曲线 $y=f(x)$ 的拐点.

【解析】正确. $f'''(x_0)=\lim\limits_{x\to x_0}\dfrac{f''(x)-f''(x_0)}{x-x_0}=\lim\limits_{x\to x_0}\dfrac{f''(x)}{x-x_0}>0$. 由极限的保号性,当 $x<x_0$ 时, $f''(x)<0$;当 $x>x_0$ 时, $f''(x)>0$. 所以点 $(0,f(0))$ 是曲线 $y=f(x)$ 的拐点.

29. 直线 $y=3x+2$ 为函数 $y=\dfrac{3x^2+2x+\sin x}{x}$ 的图形的一条斜渐近线.

【解析】错误.

$$k=\lim_{x\to\infty}\frac{3x^2+2x+\sin x}{x^2}=\lim_{x\to\infty}\frac{3x^2+2x}{x^2}+\lim_{x\to\infty}\frac{\sin x}{x^2}=3,$$

$b=\lim\limits_{x\to\infty}\left(\dfrac{3x^2+2x+\sin x}{x}-2x\right)=\lim\limits_{x\to\infty}\dfrac{x^2+2x+\sin x}{x}$ 极限不存在,所以无斜渐近线.

30. 如果 $f'(c)=f''(c)=0$,那么 $f(c)$ 既不是极大值也不是极小值.

【解析】错误. 函数 $f(x)=x^4$ 满足 $f'(0)=f''(0)=0$,但在 $x=0$ 处取得极小值.

31. 函数 $y=\sin x$ 的图形有无数多个拐点.

【解析】正确. $y'=\cos x$, $y''=-\sin x$,令 $y''=0$,得 $x=k\pi(k\in\mathbf{Z})$,在该点左右邻域, y'' 的符号异号,所以 $(k\pi,0)$ 是 $y=\sin x$ 的拐点.

32. 若函数 $y=f(x)$ 可微且递增, $\mathrm{d}x=\Delta x>0$,则 $\Delta y>\mathrm{d}y$.

【解析】错误. $f(x)=x$ 在 $[0,1]$ 上单调递增,取 $\Delta x=1$,则 $\Delta y=1$,而 $\mathrm{d}y=\Delta x=1$,所以 $\mathrm{d}y=\Delta y$.

33. 若 $f'(c)=g'(c)=0$ 且 $h(x)=f(x)g(x)$,则 $h'(c)=0$.

【解析】正确. $\lim\limits_{x\to c}\dfrac{h(x)-h(c)}{x}=\lim\limits_{x\to c}\dfrac{f(x)g(x)-f(c)g(c)}{x}$

$$=\lim_{x\to c}\frac{[f(x)g(x)-f(x)g(c)]+[f(x)g(c)-f(c)g(c)]}{x-c}$$

$$=\lim_{x\to c}\frac{f(x)[g(x)-g(c)]}{x-c}+\lim_{x\to c}\frac{g(c)[f(x)-f(c)]}{x-c}$$

$$=g'(c)\lim_{x\to c}f(x)+g(c)f'(c)\ =g'(c)f(c)+g(c)f'(c)=0=h'(c)$$

34. 如果 $f(x)$ 和 $g(x)$ 都可微, $h(x)=f(g(x))$,那么由 $g'(c)=0$ 可推出 $h'(c)=0$.

【解析】正确．根据复合函数的求导法则，$h'(x)=f'(g(x))\cdot g'(x)$，则

$$h'(c)=f'(g(c))\cdot g'(c)=0.$$

35. 若$(x_0,f(x_0))$为连续曲线弧 $y=f(x)$ 的拐点，则$f(x_0)$可能是$f(x)$的极值．

【解析】正确．函数$f(x)=\begin{cases}x^3, & x\geqslant 0\\ -x^3, & x<0\end{cases}$，点$(0,0)$是曲线 $y=f(x)$ 的拐点，且$f(0)$是函数的极小值．

36. 若$(x_0,f(x_0))$为连续曲线弧 $y=f(x)$ 的拐点，则$f'(x_0)$一定存在．

【解析】错误．取$f(x)=\sqrt[3]{x}$，当 $x\neq 0$ 时，$f'(x)=\dfrac{1}{3\sqrt[3]{x^2}}$，$f''(x)=-\dfrac{2}{9x\sqrt[3]{x^2}}$. 当 $x=0$ 时，$f'(x)$不存在．在$(-\infty,0)$内，$f''(x)>0$，曲线是凹的；在$(0,+\infty)$内，$f''(x)<0$，曲线是凸的，因此$(0,0)$点是曲线的拐点，但是$f'(x)$在 $x=0$ 处不存在．

37. 当且仅当两个可导函数在(a,b)只相差一个常数时，它们在(a,b)上有相同的导数．

【解析】正确．两个可导函数在(a,b)只相差一个常数时，设$f(x)=g(x)+C$，则

$$f'(x)=g'(x);$$

反过来，若$f'(x)=g'(x)$，则令 $h(x)=f(x)-g(x)$，显然

$$h'(x)=f'(x)-g'(x)=0,h(x)\equiv C,$$

可得$f(x)=g(x)+C$.

38. 闭区间上的连续函数一定在区间上有最大值．

【解析】正确．闭区间上的连续函数的最值定理．

39. 曲线上一点的切线不能在这一点穿过此曲线．

【解析】错误．曲线$f(x)=x^3$ 在 $x=0$ 处的切线为 $y=0$ 穿过曲线．

40. 如果$f'(x)\leqslant 2$ 对于 $x\in[0,3]$恒成立，且$f(0)=1$，那么$f(3)<4$.

【解析】错误．由拉格朗日中值定理得$\dfrac{f(3)-f(0)}{3-0}=f'(\xi)\leqslant 2$，所以$f(3)-1\leqslant 6$，即$f(3)\leqslant 7$.

四、真题实战

(一) 填空题

1. 设函数 $y=f(x)$由方程 $y-x=e^{x(1-y)}$ 确定，则$\lim\limits_{n\to\infty}n\left[f\left(\dfrac{1}{n}\right)-1\right]=$__________.

2. 设曲线 $y=f(x)$ 和 $y=x^2-x$ 在点$(1,0)$处有公共的切线，则$\lim\limits_{n\to\infty}n\left[f\left(\dfrac{n}{n+2}\right)\right]=$__________.

3. $\lim\limits_{x\to+\infty}x^2[\arctan(x+1)-\arctan x]=$__________.

4. 设$\begin{cases}x=\sqrt{t^2+1}\\ y=\ln(t+\sqrt{t^2+1})\end{cases}$，则$\left.\dfrac{d^2y}{dx^2}\right|_{t=1}=$__________.

(二) 选择题

1. 设函数$f(x)$在区间$(-1,1)$内有定义，且$\lim\limits_{x\to 0}f(x)=0$，则(　　).

(A) 当$\lim\limits_{x\to 0}\dfrac{f(x)}{\sqrt{|x|}}=0$, $f(x)$在$x=0$处可导

(B) 当$\lim\limits_{x\to 0}\dfrac{f(x)}{x^2}=0$, $f(x)$在$x=0$处可导

(C) 当$f(x)$在$x=0$处可导时, $\lim\limits_{x\to 0}\dfrac{f(x)}{\sqrt{|x|}}=0$

(D) 当$f(x)$在$x=0$处可导时, $\lim\limits_{x\to 0}\dfrac{f(x)}{x^2}=0$

2. 设$f(0)=0$,则$f(x)$在点$x=0$可导的充要条件为(   ).

(A) $\lim\limits_{h\to 0}\dfrac{1}{h^2}f(1-\cos h)$存在

(B) $\lim\limits_{h\to 0}\dfrac{1}{h}f(1-e^h)$存在

(C) $\lim\limits_{h\to 0}\dfrac{1}{h^2}f(h-\sin h)$存在

(D) $\lim\limits_{h\to 0}\dfrac{1}{h}[f(2h)-f(h)]$存在

3. 设函数$f(x)=(e^x-1)(e^{2x}-2)\cdots(e^{nx}-n)$,其中$n$为正整数,则$f'(0)=$(   ).

(A) $(-1)^{n-1}(n-1)!$

(B) $(-1)^n(n-1)!$

(C) $(-1)^{n-1}n!$

(D) $(-1)^n n!$

4. 设函数$f(x)=\lim\limits_{n\to\infty}\sqrt[n]{1+|x|^{3n}}$,则$f(x)$在$(-\infty,+\infty)$内(   ).

(A) 处处可导

(B) 恰有一个不可导点

(C) 恰有两个不可导点

(D) 至少有三个不可导点

5. 设函数$f(x)$连续,且$f'(0)>0$,则存在$\delta>0$,使得(   ).

(A) $f(x)$在$(0,\delta)$内单调增加

(B) $f(x)$在$(-\delta,0)$内单调减少

(C) 对任意$x\in(0,\delta)$,有$f(x)>f(0)$

(D) 对任意$x\in(-\delta,0)$,有$f(x)>f(0)$

6. 设函数$f(x)=\dfrac{\sin x}{1+x^2}$在$x=0$处的3次泰勒多项式为$ax+bx^2+cx^3$,则(   ).

(A) $a=1,b=0,c=-\dfrac{7}{6}$

(B) $a=1,b=0,c=\dfrac{7}{6}$

(C) $a=-1,b=-1,c=-\dfrac{7}{6}$

(D) $a=-1,b=-1,c=\dfrac{7}{6}$

7. 设函数$y=f(x)$具有二阶导数,且$f'(x)>0$, $f''(x)>0$, Δx为自变量x在点x_0处的增量, Δy与dy分别为$f(x)$在点x_0处对应的增量与微分,若$\Delta x>0$,则(   ).

(A) $0<dy<\Delta y$

(B) $0<\Delta y<dy$

(C) $\Delta y<dy<0$

(D) $dy<\Delta y<0$

8. 设函数$f(x)$可导,且$f(x)f'(x)>0$,则(   ).

(A) $f(1)>f(-1)$

(B) $f(1)<f(-1)$

(C) $|f(1)|>|f(-1)|$

(D) $|f(1)|<|f(-1)|$

9. 设函数$f(x)$在$(-\infty,+\infty)$内连续,其导函数的图形如图2.3所示,则(   ).

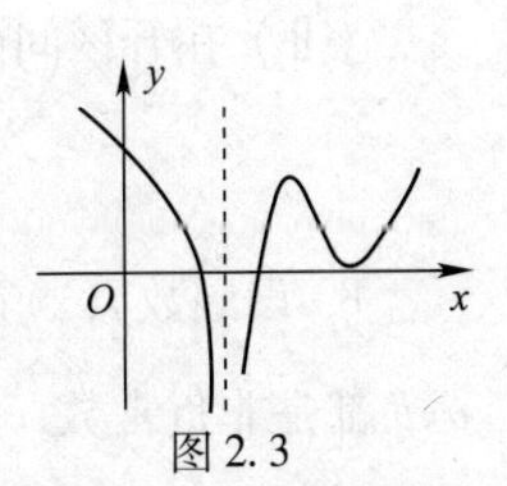

图2.3

(A) 函数$f(x)$有2个极值点,曲线$y=f(x)$有2个拐点

(B) 函数$f(x)$有2个极值点,曲线$y=f(x)$有3个拐点

(C) 函数$f(x)$有3个极值点,曲线$y=f(x)$有1个拐点

(D) 函数$f(x)$有3个极值点,曲线$y=f(x)$有2个拐点

10. 设函数$f(x)$具有二阶导数,$g(x)=f(0)(1-x)+f(1)x$,则在区间$[0,1]$上(　　).

(A) 当$f'(x)\geqslant 0$时,$f(x)\geqslant g(x)$　　(B) 当$f'(x)\geqslant 0$时,$f(x)\leqslant g(x)$

(C) 当$f''(x)\geqslant 0$时,$f(x)\geqslant g(x)$　　(D) 当$f''(x)\geqslant 0$时,$f(x)\leqslant g(x)$

11. 设函数$y=f(x)$在$(0,+\infty)$内有界且可导,则(　　).

(A) 当$\lim\limits_{x\to+\infty}f(x)=0$时,必有$\lim\limits_{x\to+\infty}f'(x)=0$

(B) 当$\lim\limits_{x\to+\infty}f'(x)$存在时,必有$\lim\limits_{x\to+\infty}f'(x)=0$

(C) 当$\lim\limits_{x\to 0^+}f(x)=0$存在时,必有$\lim\limits_{x\to 0^+}f'(x)=0$

(D) 当$\lim\limits_{x\to 0^+}f(x)=0$存在时,必有$\lim\limits_{x\to 0^+}f'(x)=0$

12. 设函数$f(x)$在$(0,+\infty)$上具有二阶导数,且$f''(x)>0$,令$u_n=f(n)(n=1,2,\cdots)$,则下列结论正确的是(　　).

(A) 若$u_1>u_2$,则$\{u_n\}$必收敛　　(B) 若$u_1>u_2$,则$\{u_n\}$必发散

(C) 若$u_1<u_2$,则$\{u_n\}$必收敛　　(D) 若$u_1<u_2$,则$\{u_n\}$必发散

(三) 求解和证明下列各题

1. 已知函数$y=y(x)$由方程$x^3+y^3-3x+3y-2=0$确定,求$y(x)$的极值.

2. 已知常数$k\geqslant\ln 2-1$,证明:$(x-1)(x-\ln^2x+2k\ln x-1)\geqslant 0$.

3. 已知方程$\dfrac{1}{\ln(1+x)}-\dfrac{1}{x}=k$在区间$(0,1)$内有实根,求$k$的取值范围.

4. (Ⅰ)证明:对任意的正整数n,都有$\dfrac{1}{n+1}<\ln\left(1+\dfrac{1}{n}\right)<\dfrac{1}{n}$成立;

(Ⅱ) 设$a_n=1+\dfrac{1}{2}+\cdots+\dfrac{1}{n}-\ln n(n=1,2,\cdots)$,证明数列$\{a_n\}$收敛.

5. 设奇函数$f(x)$在$[-1,1]$上具有二阶导数,且$f(1)=1$. 证明:

(Ⅰ) 存在$\xi\in(0,1)$,使得$f'(\xi)=1$;

(Ⅱ) 存在$\eta\in(-1,1)$,使得$f''(\eta)+f'(\eta)=1$.

6. 设$y=f(x)$在$(-1,1)$内具有二阶连续导数且$f''(x)\neq 0$,试证:

(Ⅰ) 对于$(-1,1)$内的任一$x\neq 0$,存在唯一的$\theta(x)$,使$\theta(x)\in(0,1)$,$f(x)=f(0)+xf'[\theta(x)x]$成立;

(Ⅱ) $\lim\limits_{x\to 0}\theta(x)=\dfrac{1}{2}$.

7. 假设函数$f(x)$和$g(x)$在$[a,b]$上存在二阶导数,并且$g''(x)\neq 0$,

$$f(a)=f(b)=g(a)=g(b)=0.$$

试证:

(Ⅰ) 在开区间(a,b)内$g(x)\neq 0$;

(Ⅱ) 在开区间(a,b)内至少存在一点ξ,使

$$\frac{f(\xi)}{g(\xi)}=\frac{f''(\xi)}{g''(\xi)}.$$

8. 设函数$f(x)$在区间$[0,1]$上具有二阶导数,且满足条件$|f(x)|\leqslant a$,$|f''(x)|\leqslant b$,其中a,b都是非负常数,c是$(0,1)$内任意一点,证明:$|f'(x)|\leqslant 2a+\dfrac{b}{2}$.

9. 设函数$f(x)$在区间$[0,1]$上具有二阶导数，且

$$f(1)>0,\lim_{x\to 0^+}\frac{f(x)}{x}<0.$$

证明：(Ⅰ) 方程$f(x)=0$在区间$(0,1)$内至少存在一个实根；

(Ⅱ) 方程$f(x)f''(x)+[f'(x)]^2=0$在区间$(0,1)$内至少存在两个不同实根.

10. 设函数$f(x)$在区间$[a,b]$上具有二阶导数，且$f(a)=f(b)=0,f'(a)f'(b)>0$，证明存在$\xi\in(a,b)$和$\eta\in(a,b)$，使$f(\xi)=0$及$f''(\eta)=0$.

11. 设函数$f(x)$在$[0,2]$上具有连续导数，$f(0)=f(2)=0,M=\max\limits_{x\in[0,2]}\{|f(x)|\}$

证明：(Ⅰ) 存在$\xi\in(0,2)$，使得$|f'(\xi)|\geqslant M$；

(Ⅱ) 若对任意的$x\in(0,2)$，$|f'(x)|\leqslant M$，则$M=0$.

12. 设函数$f(x)$在闭区间$[-1,1]$上具有三阶连续导数，$f(-1)=0,f(1)=1,f'(0)=0$.
证明：在开区间$(-1,1)$内至少存在一点ξ，使得$f'''(\xi)=3$.

13. $f(x)$在区间$[-a,a]\,(a>0)$上具有二阶连续导数，且$f(0)=0$.

(Ⅰ) 写出$f(x)$的带拉格朗日型余项的一阶麦克劳林公式；

(Ⅱ) 证明在$[-a,a]$上至少存在一点η，使$a^3f''(\eta)=3\int_{-a}^{a}f(x)\,\mathrm{d}x$.

(四) 参考答案

(一) 填空题

1. 1【解析】由$y-x=\mathrm{e}^{x(1-y)}$，得当$x=0$时，$y=1$. 等式两边同时对x求导得

$$y'-1=\mathrm{e}^{x(1-y)}(1-y-xy'),$$

将$x=0,y=1$代入上式，得$f'(0)=1$. 则$\lim\limits_{n\to\infty}n\left[f\left(\frac{1}{n}\right)-1\right]=\lim\limits_{n\to\infty}\dfrac{\left[f\left(\frac{1}{n}\right)-1\right]}{\frac{1}{n}}=f'(0)=1.$

2. -1【解析】因为$y=f(x)$与$y=x^2-x$在点$(1,0)$处有公共切线，所以

$$f(1)=(x^2-x)\big|_{x=1}=0,f'(1)=(x^2-x)'\big|_{x=1}=(2x+1)\big|_{x=1}=1,$$

于是可得

$$\lim_{n\to\infty}nf\left(\frac{n}{n+2}\right)=\lim_{n\to\infty}\frac{-2n}{n+2}\cdot\lim_{n\to\infty}\frac{f\left(1-\frac{2}{n+2}\right)-f(1)}{-\frac{2}{n+2}}=-2f'(1)=-2.$$

3. 1【解析】利用洛必达法则求未定式极限.

$$\lim_{x\to+\infty}\frac{\arctan(x+1)-\arctan x}{\frac{1}{x^2}}=\lim_{x\to+\infty}\frac{\frac{1}{1+(1+x)^2}-\frac{1}{1+x^2}}{\frac{-2}{x^3}}$$

$$=-\frac{1}{2}\lim_{x\to+\infty}\frac{1+x^2-[1+(x+1)^2]}{[1+(x+1)^2](1+x^2)}x^3$$

$$=-\frac{1}{2}\lim_{x\to+\infty}\frac{x^3(-2x-1]}{[1+(x+1)^2](1+x^2)}=-\frac{1}{2}\cdot(-2)=1.$$

此题也可采用微分中值定理求解.

4. $-\sqrt{2}$【解析】因为

$$\frac{\mathrm{d}y}{\mathrm{d}x}=\frac{\frac{\mathrm{d}y}{\mathrm{d}t}}{\frac{\mathrm{d}x}{\mathrm{d}t}}=\frac{\frac{1}{\sqrt{t^2+1}}}{\frac{t}{\sqrt{t^2+1}}}=\frac{1}{t},\frac{\mathrm{d}^2y}{\mathrm{d}x^2}=\left(\frac{1}{t}\right)'_x=\frac{-\frac{1}{t^2}}{\frac{t}{\sqrt{t^2+1}}}=-\frac{\sqrt{t^2+1}}{t^3},$$

所以$\left.\frac{\mathrm{d}^2y}{\mathrm{d}x^2}\right|_{t=1}=-\sqrt{2}.$

(二) 选择题

1. C【解析】当$f(x)$在$x=0$处可导时,则$f(x)$在$x=0$处连续,则由$\lim\limits_{x\to0}f(x)=0$得$f(0)=0$.于是$\lim\limits_{x\to0}\frac{f(x)-f(0)}{x-0}=\lim\limits_{x\to0}\frac{f(x)}{x}=f'(0)$,$\lim\limits_{x\to0}\frac{f(x)}{\sqrt{|x|}}=\lim\limits_{x\to0}\frac{f(x)}{x}\cdot\frac{x}{\sqrt{|x|}}=0$.
所以选(C).

2. B【解析】对于A选项:

$$\lim_{h\to0}\frac{1}{h^2}f(1-\cosh)=\lim_{h\to0}\frac{f(1-\cosh)}{1-\cosh}\cdot\frac{1-\cosh}{h^2}=\frac{1}{2}\lim_{(1-\cosh)\to0}\frac{f(1-\cosh)}{1-\cosh}.$$

令$x=1-\cosh$,得

$$\lim_{h\to0}\frac{f(1-\cosh)}{h^2}=\frac{1}{2}\lim_{x\to0^+}\frac{f(x)}{x}.$$

即$f'_+(0)$存在,但并不能由此推出$f'(0)$存在,因此条件A是可导的必要条件,而不是充分条件,A选项错误.

对于B选项:

令$t=1-\mathrm{e}^h$,则有

$$\lim_{h\to0}\frac{1}{h}f(1-\mathrm{e}^h)=\lim_{t\to0}\frac{f(t)}{\ln(1-t)}=\lim_{t\to0}\frac{f(t)}{t}\frac{t}{\ln(1-t)}=-\lim_{t\to0}\frac{f(t)}{t}.$$

即$f'(0)$存在. 由于上式逆向推导也是正确的,所以由$f'(0)$存在也可推出$\lim\limits_{h\to0}\frac{1}{h}f(1-\mathrm{e}^h)$存在,因此条件B是充要条件,B选项正确.

对于C选项:

$$\lim_{h\to0}\frac{1}{h^2}f(h-\sinh)=\lim_{h\to0}\frac{f(h-\sinh)}{h-\sinh}\cdot\frac{h-\sinh}{h^2}.$$

由于$\lim\limits_{h\to0}\frac{h-\sinh}{h^2}=0$,故条件C不能保证$\lim\limits_{(h-\sinh)\to0}\frac{f(h-\sinh)}{h-\sinh}$存在,也即$f'(0)$存在,因此它不是可导的充分条件,C选项错误.

对于D选项:

极限$\lim\limits_{h\to0}\frac{1}{h}[f(2h)-f(h)]$存在,可知极限$\lim\limits_{h\to0}[f(2h)-f(h)]=0$,由此不能推导出函数$f(x)$在$x=0$处的连续性,更不能推出函数$f(x)$在$x=0$处的可导性. 因此不是可导的充分条件,故D选项错误. 所以选(B).

3. A【解析】【思路一】利用一点处导数的定义进行求解

根据导数的定义得

$$f'(0)=\lim_{x\to0}\frac{f(x)-f(0)}{x}=\lim_{x\to0}\frac{(e^x-1)(e^{2x}-2)\cdot\cdots\cdot(e^{nx}-n)}{x}$$

$$=\lim_{x\to0}(e^{2x}-2)\cdot\cdots\cdot(e^{nx}-n)=(-1)\times(-2)\times\cdots\times[-(n-1)]=(-1)^{n-1}(n-1)!$$

所以正确答案为(A)选项.

【思路二】利用乘积求导公式

令 $u(x)=(e^{2x}-2)\cdots(e^{nx}-n)$,则 $f(x)=(e^x-1)u(x)$,

$$f'(0)=[e^xu(x)+(e^x-1)u'(x)]\big|_{x=0}=e^xu(x)\big|_{x=0}$$

$$=[e^x(e^{2x}-2)\cdots(e^{nx}-n)]\big|_{x=0}=(-1)^{n-1}(n-1)!$$

4. C【解析】当 $|x|>1$ 时,$\lim\limits_{n\to\infty}\sqrt[n]{1+|x|^{3n}}=|x|^3\lim\limits_{n\to\infty}\left(1+\dfrac{1}{|x|^{3n}}\right)^{\frac{1}{n}}=|x|^3$.

当 $|x|=1$ 时,$\lim\limits_{n\to\infty}\sqrt[n]{1+|x|^{3n}}=\lim\limits_{n\to\infty}(1+1)^{\frac{1}{n}}=2^0=1$.

当 $|x|<1$ 时,$\lim\limits_{n\to\infty}\sqrt[n]{1+|x|^{3n}}=\lim\limits_{n\to\infty}(1+|x|^{3n})^{\frac{1}{n}}=1^0=1$.

所以 $f(x)=\begin{cases}|x|^3, & |x|>1\\ 1, & |x|\leqslant1\end{cases}$.

当 $|x|>1$ 和 $|x|<1$ 时函数为初等函数,可导,因此只需分析 $x=\pm1$ 时的情形即可. 因为

$$f'_+(1)=\lim_{x\to1^+}\frac{x^3-1}{x-1}=3,f'_-(1)=\lim_{x\to1^-}\frac{1-1}{x-1}=0.$$

所以函数 $f(x)$ 在点 $x=1$ 处的左、右导数不相等,即函数 $f(x)$ 在点 $x=1$ 处不可导. 又

$$f'_+(-1)=\lim_{x\to-1^+}\frac{1-1}{x+1}=0,f'_-(-1)=\lim_{x\to-1^-}\frac{-x^3-1}{x+1}=-3.$$

同理,函数 $f(x)$ 在点 $x=-1$ 处也不可导,所以函数 $f(x)$ 有两个不可导点,所以正确答案为(C)选项.

5. C【解析】由已知得 $f'(0)=\lim\limits_{x\to0}\dfrac{f(x)-f(0)}{x}$,根据极限的保号性,存在 $\delta>0$,$f(x)$ 在区间 $(0,\delta)$ 内,$\dfrac{f(x)-f(0)}{x}>0$,则 $f(x)-f(0)>0\Rightarrow f(x)>f(0)$ 成立,C 选项正确.

对于 A 、B 选项,由题中已知条件并不能得出.

同理,$f(x)$ 在区间 $(-\delta,0)$ 内,有 $f(x)-f(0)<0\Rightarrow f(x)<f(0)$ 成立,D 选项错误. 所以选(C).

6. A【解析】由 $\sin x$,$\dfrac{1}{1+x^2}$ 的麦克劳林公式,得

$$f(x)=\frac{\sin x}{1+x^2}=\left[x-\frac{x^3}{6}+o(x^3)\right]\cdot[1-x^2+o(x^3)]=x-\frac{7}{6}x^3+o(x^3)$$

故选(A).

7. A【解析】由于 $f''(x)>0$,可知函数为凹函数,由凹函数的性质可知

$$f(x_0+\Delta x)>f(x_0)+f'(x_0)\Delta x,$$

移项可得

$$\Delta y=f(x_0+\Delta x)-f(x_0)>\mathrm{d}y=f'(x_0)\Delta x>0,$$

故选(A).

8. C【解析】【思路一】由题目已知条件,有

$$f(x)f'(x)>0\Rightarrow(1)\begin{cases}f(x)>0\\f'(x)>0\end{cases},(2)\begin{cases}f(x)<0\\f'(x)<0\end{cases},$$

画图 2.4 如下:

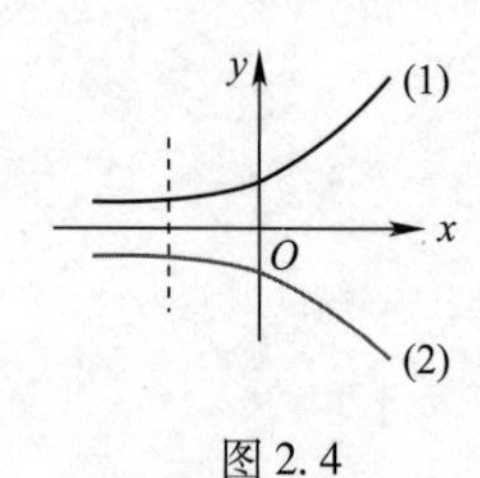

图 2.4

【思路二】由题设 $f(x)f'(x)>0$,知

$$2f(x)f'(x)>0\Rightarrow[f^2(x)]'>0$$

故 $f^2(x)$ 严格单调递增,所以

$$f^2(1)>f^2(-1)\Rightarrow|f(1)|>|f(-1)|.$$

【思路三】如分别取 $f(x)=\mathrm{e}^x$,$f(x)=-\mathrm{e}^x$,可以排除 A、B、D.

所以答案选(C).

9. B【解析】如图 2.5 所示,标记点 A,B,C,D,E.

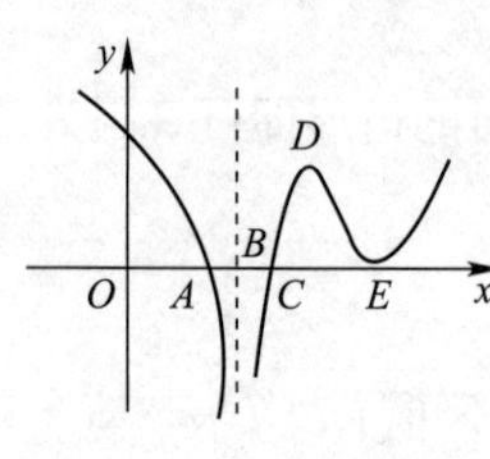

图 2.5

则 A,C 点两侧导数异号,所以 A 为极大值点、C 为极小值点;B 点不可导,但是左侧导数单调递减,即 $f''(x)<0$,右侧单调递增,即 $f''(x)>0$,所以 B 点为拐点,同理可以判定 B、E 为拐点,所以有 2 个极值点,3 个拐点,所以选(B).

10. D【解析】因为在区间$[0,1]$上,$g(x)=f(0)(1-x)+f(1)x$ 的图形是连接曲线$y=f(x)$上两点$(0,f(0))$,$(1,f(1))$的弦. 因此,在区间$[0,1]$上:

当 $f''(x)\leqslant 0$ 时,曲线 $y=f(x)$ 向上凸,弦在曲线之下,即 $f(x)\geqslant g(x)$;

当 $f''(x)\geqslant 0$ 时,曲线 $y=f(x)$ 向下凹,弦在曲线之上,即 $f(x)\leqslant g(x)$.

故选(D).

11. B【解析】本题可以用特例法.

对(A)选项,当 $x\to+\infty$ 时,$f(x)\to 0$ 可能是无穷振荡的函数,那么其导数 $f'(x)$ 可能存在极限,如 $f(x)=\dfrac{1}{x}\cos x^2$,$f'(x)=-\dfrac{1}{x^2}\cos x^2-2\sin x^2$,显然 $\lim\limits_{x\to+\infty}f(x)=0$,然而 $\lim\limits_{x\to+\infty}f'(x)$ 不存在,所以(A)选项不对;

对于(C)(D)选项,例如 $f(x)=\sin x\to 0(x\to 0^+)$,但是 $f'(x)=\cos x\to 1(x\to 0^+)$,所以(C)(D)选项不对;

对(B)选项,可以直接证明,由题意可知,$f(x)$ 在$(0,+\infty)$内有界并且可导,假设 $\lim\limits_{x\to+\infty}f'(x)=a\neq 0$,则由拉格朗日中值定理可得:$f(2x)-f(x)=xf'(\xi)(x\to+\infty)$,由于函数有界,令 $\lim\limits_{x\to+\infty}f(x)=M$,则

$$\lim_{x\to+\infty}[f(2x)-f(x)]\leqslant\lim_{x\to+\infty}|f(2x)-f(x)|\leqslant 2|M|,$$

即 $\lim\limits_{x\to+\infty}|xf'(\xi)|\leqslant 2|M|$,又因为 $x\to+\infty$,所以 $\lim\limits_{x\to+\infty}f'(\xi)=0$,即 $\lim\limits_{x\to+\infty}f'(x)=0$.

所以正确答案为(B)选项.

12. D【解析】反例 1:因为 $f(x) = -\ln x$ 在 $(0, +\infty)$ 上 $f''(x) > 0$, 又 $u_1 > u_2$, 但 $\{u_n\} = \{-\ln n\}$ 发散,排除(A);

反例 2:$f(x) = \dfrac{1}{x^2}$ 在 $(0, +\infty)$ 上 $f''(x) > 0$, $u_1 > u_2$, 但 $\{u_n\} = \left\{\dfrac{1}{n^2}\right\}$ 收敛,排除(B);

反例 3:$f(x) = x^2$ 在 $(0, +\infty)$ 上 $f''(x) > 0$, $u_1 < u_2$, 但 $\{u_n\} = \{n^2\}$ 发散,排除(C);

应该选(D).

(三) 求解和证明下列各题

1.【解析】根据求极值的一般步骤,由隐函数求导,有

$$3x^2 + 3y^2y' - 3 + 3y' = 0$$

令 $y' = 0$,则有 $3x^2 - 3 = 0$,解得 $x = \pm 1$. 对上式两边同时再求导数,则有

$$6x + 6yy'^2 + 3y^2y'' + 3y'' = 0.$$

在 $y' = 0$ 处有 $6x + 3y^2y'' + 3y'' = 0$,进而 $y'' = -\dfrac{2x}{y^2 + 1}$.

所以当 $x = 1$ 时, $y'' \leqslant 0$,所以 $x = 1$ 为函数的极大值点,并且有 $y(1) = 1$;当 $x = -1$ 时, $y'' > 0$,所以 $x = -1$ 为函数的极小值点, $y(-1) = 0$.

2.【解析】①当 $0 < x < 1$ 时, $x - 1 < 0$. 因此,只需要证明

$$x - \ln^2 x + 2k\ln x \leqslant 0.$$

令 $f(x) = x - \ln^2 x + 2k\ln x - 1$,则

$$f'(x) = 1 - \frac{2\ln x}{x} + \frac{2k}{x} = \frac{x - 2\ln x + 2k}{x}.$$

令 $g(x) = x - 2\ln x + 2k$,则

$$g'(x) = 1 - \frac{2}{x} = \frac{x - 2}{x} < 0.$$

故 $g(x) \geqslant g(1) = 1 + 2k \geqslant 1 + 2\ln 2 - 2 = 2\ln 2 - 1 = \ln \dfrac{4}{\mathrm{e}} \geqslant 0$.

即 $f'(x) \geqslant 0$,所以函数 $f(x)$ 在 $(0,1)$ 单调增加,所以 $f(x) \leqslant f(1) = 0$.

② 当 $x \geqslant 1$, $x - 1 \geqslant 0$. 因此只需要证明

$$x - \ln^2 x + 2k\ln x \leqslant 0.$$

令 $f(x) = x - \ln^2 x + 2k\ln x - 1$,则

$$f'(x) = 1 - \frac{2\ln x}{x} + \frac{2k}{x} = \frac{x - 2\ln x + 2k}{x}.$$

令 $g(x) = x - 2\ln x + 2k$,则

$$g'(x) = 1 - \frac{2}{x} = \frac{x - 2}{x}.$$

令 $g'(x) = 0$,得 $x = 2$.

当 $1<x<2$ 时，$g'(x)<0$；当 $x>2$ 时，$g'(x)>0$；所以 $x=2$ 是 $g(x)$ 的极小值点，并且有

$$g(x)\geqslant g(2)=2-2\ln2+2k=2(k+1-\ln2)\geqslant 0.$$

即 $f'(x)\geqslant 0$，所以函数 $f(x)$ 在 $(1,+\infty)$ 单调增加，所以 $f(x)\geqslant f(1)=0$.

综合①②，结论成立.

3.【解析】【方法一】记 $f(x)=\dfrac{1}{\ln(1+x)}-\dfrac{1}{x}-k$，$x\in(0,1]$，则

$$f'(x)=\frac{(x+1)\ln^2(x+1)-x^2}{x^2(x+1)\ln^2(x+1)},$$

记 $g(x)=(x+1)\ln^2(x+1)-x^2$，则有

$$g'(x)=\ln^2(x+1)+2\ln(x+1)-2x,\ g''(x)=\frac{2\ln(x+1)-2x}{x+1}.$$

当 $x\in(0,1]$ 时，$g''(x)<0$，所以 $g'(x)<g'(0)=0$，所以 $x\in(0,1]$ 时，$g'(x)<0$，从而有 $g(x)<g(0)=0$，从而可得 $f'(x)<0$，即 $f(x)$ 单调减少.

由 $\lim\limits_{x\to0^+}f(x)=\dfrac{1}{2}-k$，$f(1)=\dfrac{1}{\ln2}-1-k$，所以 $f(x)=0$ 在区间 $(0,1)$ 内有实根当且仅当

$$\begin{cases}\dfrac{1}{2}-k>0,\\ \dfrac{1}{\ln2}-1-k<0\end{cases}$$

所以常数 k 的取值范围为 $\left(\dfrac{1}{\ln2}-1,\dfrac{1}{2}\right)$.

【方法二】使用零点定理，使得函数

$$F(x)=\frac{1}{\ln(1+x)}-\frac{1}{x}-k$$

的左右端点异号，即

$$[\lim_{x\to0^+}F(x)]\cdot[\lim_{x\to1^-}F(x)]=\left(\frac{1}{2}-k\right)\left(\frac{1}{\ln2}-1-k\right)<0\Rightarrow\frac{1}{\ln2}-1<k<\frac{1}{2}.$$

4.【解析】(Ⅰ)【思路一】利用单调性

先证明右端不等式，令 $f(x)=x-\ln(1+x)\ (x\geqslant0)$，则

$$f'(x)=1-\frac{1}{1+x}>0\quad(x>0),$$

所以 $f(x)$ 在 $(0,+\infty)$ 上单调递增，所以 $f(x)>f(0)=0\ (x>0)$，进而有 $f\left(\dfrac{1}{n}\right)>0$，即

$$\frac{1}{n}>\ln\left(1+\frac{1}{n}\right)\quad(n\text{ 为任意正整数}).$$

再证明左端不等式，令 $g(x)=\ln\left(1+\dfrac{1}{x}\right)-\dfrac{1}{x+1}=\ln(x+1)-\ln x-\dfrac{1}{x+1}\ (x>0)$，则

$$g'(x)=\frac{1}{x+1}-\frac{1}{x}+\frac{1}{(x+1)^2}=-\frac{1}{x(x+1)}+\frac{1}{(x+1)^2}=-\frac{1}{x(x+1)^2}<0\quad(x>0).$$

所以 $g(x)$ 在 $(0,+\infty)$ 上单调递减,又因为 $\lim\limits_{x\to+\infty} g(x)=0$,所以 $g(x)>0(x>0)$,因此, $g(n)>0$,即有 $\ln\left(1+\frac{1}{n}\right)>\frac{1}{n+1}$($n$ 为正整数).

综上,有 $\frac{1}{n+1}<\ln\left(1+\frac{1}{n}\right)<\frac{1}{n}$.

【思路二】利用微分中值定理证明不等式,将要证明的不等式改写成

$$\frac{1}{1+\frac{1}{n}}<\frac{\ln\left(1+\frac{1}{n}\right)-\ln 1}{\frac{1}{n}}<1.$$

令 $f(x)=\ln x$,显然 $f(x)$ 在 $\left[1,1+\frac{1}{n}\right]$ 上连续可导,由拉格朗日中值定理得, $\exists\xi\in\left(1,1+\frac{1}{n}\right)$,使得

$$f'(\xi)=\frac{\ln\left(1+\frac{1}{n}\right)-\ln 1}{\frac{1}{n}}=\frac{\ln\left(1+\frac{1}{n}\right)}{\frac{1}{n}}=\frac{1}{\xi},$$

由于 $1<\xi<1+\frac{1}{n}$,于是有

$$\frac{1}{1+\frac{1}{n}}<\frac{\ln\left(1+\frac{1}{n}\right)}{\frac{1}{n}}<1.$$

即 $\frac{1}{n+1}<\ln\left(1+\frac{1}{n}\right)<\frac{1}{n}$.

(Ⅱ)利用数列收敛的单调有界准则

由题意可知 $a_{n+1}=1+\frac{1}{2}+\cdots+\frac{1}{n}+\frac{1}{n+1}-\ln(n+1)$;又 $a_n=1+\frac{1}{2}+\cdots+\frac{1}{n}-\ln n$,所以有

$$a_{n+1}-a_n=\frac{1}{n+1}-\ln\left(1+\frac{1}{n}\right).$$

由(Ⅰ)知 $\frac{1}{n+1}-\ln\left(1+\frac{1}{n}\right)<0$,那么 $a_{n+1}-a_n<0(n=1,2,\cdots)$,所以 a_n 单调递减.

再证明 a_n 有界,由于

$$\begin{aligned}a_n&=\sum_{k=1}^{n}\frac{1}{k}-\ln n>\sum_{k=1}^{n}\ln\left(1+\frac{1}{k}\right)-\ln n=\sum_{k=1}^{n}[\ln(1+k)-\ln k]-\ln n\\&=\ln(n+1)-\ln n=\ln\left(1+\frac{1}{n}\right)>0.\end{aligned}$$

所以 a_n 有下界.

综上,a_n 单调递减并且有下界,所以 a_n 收敛.

5.【解析】(Ⅰ)【思路一】令 $F(x)=f(x)-x$,则 $F(1)=f(1)-1=0$,由 $f(x)$ 为奇函数知

$f(0)=0$,因此 $F(0)=f(0)=0$,即 $F(x)$ 在区间$[0,1]$上满足罗尔定理,则 $\exists\xi\in(0,1)$ 使得 $F'(\xi)=0$,即 $f'(\xi)=1$.

【思路二】由 $f(x)$ 为奇函数知 $f(0)=0$,且易知 $f(x)$ 在区间$[0,1]$上满足拉格朗日中值定理,因此存在点 $\xi\in(0,1)$,使得

$$f'(\xi)=\frac{f(1)-f(0)}{1-0}=1.$$

(Ⅱ) 令 $G(x)=e^x(f'(x)-1)$,由(Ⅰ)知 $G(\xi)=0$,又由于 $f(x)$ 为奇函数,故 $f'(x)$ 为偶函数,可知 $G(-\xi)=0$

因此 $G(x)$ 在区间$[-\xi,\xi]$上满足罗尔定理条件,则 $\exists\eta\in(-\xi,\xi)\subset(-1,1)$ 使 $G'(\eta)=0$,即

$$e^{\eta}[f'(\eta)-1]+e^{\eta}f''(\eta)=0,$$

因为 $e^{\eta}\neq0$,所以 $f''(\eta)+f'(\eta)=1$.

6.**【解析】**(Ⅰ) 由拉格朗日中值定理可得:对任一 $x\in(-1,1)$ 且 $x\neq0$,存在 $\theta(x)\in(0,1)$,使 $f(x)=f(0)+xf'[\theta(x)x]$. 又由于 $f''(x)$ 连续并且 $f''(x)\neq0$,$f''(x)$ 在$(-1,1)$不变号,所以 $f'(x)$ 在$(-1,1)$上严格单调递增或递减,所以 $\theta(x)$ 唯一.

(Ⅱ)**【思路一】**利用导数定义,将 $f''(x)$ 用 $f'(\theta x)$ 表示,由(Ⅰ)知

$$f'(\theta(x)x)=\frac{f(x)-f(0)}{x-0},$$

记 $\theta=\theta(x)$,则

$$f'(\theta x)-f'(0)=\frac{f(x)-f(0)-xf'(0)}{x}.$$

因此有

$$\frac{f'(\theta x)-f'(0)}{\theta x}\cdot\theta=\frac{f(x)-f(0)-xf'(0)}{x^2}.$$

所以

$$\theta=\frac{\dfrac{f(x)-f(0)-xf'(0)}{x^2}}{\dfrac{f'(\theta x)-f'(0)]}{\theta x}}.$$

两边同时取极限,并令 $x\to0$ 得

$$\lim_{x\to0}\theta=\lim_{x\to0}\frac{\dfrac{f(x)-f(0)-xf'(0)}{x^2}}{\dfrac{f'(\theta x)-f'(0)}{\theta x}},$$

根据导数定义有

$$\lim_{x\to0}\frac{f'(\theta x)-f'(0)}{\theta x}=f''(0).$$

求解 $\lim\limits_{x\to0}\dfrac{f(x)-f(0)-xf'(0)}{x^2}$ 可以用洛必达法则或泰勒公式.

① 洛必达法则:$\lim\limits_{x\to0}\dfrac{f(x)-f(0)-xf'(0)}{x^2}=\lim\limits_{x\to0}\dfrac{f'(x)-f'(0)}{2x}=\lim\limits_{x\to0}\dfrac{f''(x)}{2}=\dfrac{f''(0)}{2}$.

② 泰勒公式：$\lim\limits_{x\to 0}\dfrac{f(x)-f(0)-xf'(0)}{x^2}=\lim\limits_{x\to 0}\dfrac{\frac{1}{2}x^2f''(\xi)+o(x^2)}{x^2}=\dfrac{f''(0)}{2}$.

【思路二】对$f'(\theta x)$再次使用拉格朗日中值定理得

$$f'(\theta x)=f'(0)+f''(\xi)\cdot\theta x,(其中\xi在\theta x和0之间).$$

代入$f(x)=f(0)+xf'(\theta x)$中得

$$\theta=\frac{f(x)-f(0)-xf'(0)}{x^2f''(\xi)}.$$

于是$\lim\limits_{x\to 0}\theta=\dfrac{1}{f''(0)}\lim\limits_{x\to 0}\dfrac{f(x)-f(0)-xf'(0)}{x^2}=\dfrac{\frac{1}{2}f''(0)}{f''(0)}=\dfrac{1}{2}$.

【思路三】将$f'(\theta x)$用泰勒公式展开

$$f'(\theta x)=f'(0)+f''(0)\theta x+o(\theta x).$$

由(Ⅰ)有$f(x)=f(0)+xf'(\theta x)$，那么由$f(x)=f(0)+f'(0)x+f''(0)\theta x^2+o(\theta x)x$得：

$$\theta=\frac{f(x)-f(0)-xf'(0)-o(\theta x)x}{x^2f''(0)}.$$

所以

$$\lim_{x\to 0}\theta=\frac{f(x)-f(0)-xf'(0)}{x^2f''(0)}=\frac{\frac{1}{2}f''(0)}{f''(0)}=\frac{1}{2}.$$

其中$\lim\limits_{x\to 0}\dfrac{o(\theta x)x}{x^2}=0$.

7.【解析】(Ⅰ)证明在一个区间上函数值都不等于0，适合考虑反证法．假设存在一点$x_0\in(a,b)$，使得$g(x_0)=0$；则由已知条件$g(a)=g(b)=0$，分别在$[a,x_0]$，$[x_0,b]$上使用罗尔定理，则存在

$$\xi_1\in(a,x_0),\xi_2\in(x_0,b),\xi_1<\xi_2$$

使得$g'(\xi_1)<g'(\xi_2)$；另外由$g(x)$的二阶可导性，在$[\xi_1,\xi_2]$上再用罗尔定理，可知存在点$\xi\in(\xi_1,\xi_2)$，使得$g''(\xi)=0$；从而与已知条件$g''(x)\neq 0$矛盾．所以在开区间(a,b)内，$g(x)\neq 0$成立．

(Ⅱ)将需要验证的等式变形改写，有

$$\frac{f(\xi)}{g(\xi)}=\frac{f''(\xi)}{g''(\xi)}\Leftrightarrow f(\xi)g''(\xi)-g(\xi)f''(\xi)=0.$$

于是令$F(x)=f(x)g'(x)-g(x)f'(x)$，则由已知条件可得$F(a)=F(b)=0$，并且$F(x)$可导，所以根据罗尔定理，存在$\xi\in(a,b)$，使得$F'(\xi)=0$，即

$$f(\xi)g''(\xi)-g(\xi)f''(\xi)=0即\frac{f(\xi)}{g(\xi)}=\frac{f''(\xi)}{g''(\xi)}.$$

8.【解析】将函数与导数表达式联系起来，考虑带拉格朗日型余项的泰勒公式，可得函数$x=c$处的一阶泰勒公式为

$$f(x)=f(c)+f'(c)(x-c)+\frac{f''(\xi)(x-c)^2}{2!}\quad(*)$$

其中ξ位于x,c之间．取$x=0$，得

$$f(0)=f(c)+f'(c)(0-c)+\frac{f''(\xi_1)(-c)^2}{2!},$$

其中 $0<\xi_1<c<1$. 取 $x=1$,得

$$f(1)=f(c)+f'(c)(1-c)+\frac{f''(\xi_2)(1-c)^2}{2!},$$

其中 $0<c<\xi_2<1$. 两式相减得

$$f(1)-f(0)=f'(c)+\frac{1}{2!}[f''(\xi_2)(1-c)^2-f''(\xi_1)c^2].$$

于是由绝对值不等式,得

$$\begin{aligned}|f'(c)|&=\left|f(1)-f(0)-\frac{1}{2!}[f''(\xi_2)(1-c)^2-f''(\xi_1)c^2]\right|\\&\leqslant|f(1)|+|f(0)|+\frac{1}{2!}|f''(\xi_2)|(1-c)^2+\frac{1}{2!}|f''(\xi_1)|c^2\\&\leqslant a+a+\frac{b}{2}[(1-c)^2+c^2]\end{aligned}$$

当 $c\in(0,1)$ 时,$(1-c)^2+c^2\leqslant1$,所以 $|f'(c)|\leqslant2a+\frac{b}{2}$ 成立.

9.【解析】(Ⅰ)由已知 $f(1)>0$,$\lim\limits_{x\to0}\frac{f(x)}{x}<0$,由极限值小于0,可知存在邻域 $0<x<\delta<1$,使得 $\frac{f(x)}{x}<0$,所以取 $x_0\in(0,\delta)$,则有 $\frac{f(x_0)}{x_0}<0$,即 $f(x_0)<0$.

对于区间 $[x_0,1]$,满足闭区间上连续函数零点定理的条件,即 $f(x_0)f(1)<0$,从而可知存在一点 $\xi\in(x_0,1)\subset(0,1)$,使得 $f(\xi)=0$,所以结论(1)成立.

(Ⅱ)**【思路一】**由等式 $f(x)f''(x)+[f'(x)]^2=0$,可得 $[f(x)f'(x)]'=0$,从而方程

$$f(x)f''(x)+[f'(x)]^2=0$$

在区间 $(0,1)$ 内至少存在两个不同的实根,即有两个零点使得函数 $F(x)=f(x)f'(x)$ 有两个导数等于零的点,即 $F(x)$ 有3个不同的零点即可. 根据第一问可知 $f(\xi)=0$,由极限式 $\lim\limits_{x\to0}\frac{f(x)}{x}<0$ 及函数的可导性,可得 $f(0)=0$,从而由罗尔定理可知,存在一点 $\eta\in(0,\xi)$,有 $f'(\eta)=0$;因此有

$$F(0)=f(0)f'(0)=0,F(\xi)=f(\xi)f'(\xi)=0,F(\eta)=f(\eta)f'(\eta)=0.$$

所以在区间 $[0,\eta]$,$[\eta,\xi]$ 上对函数 $F(x)$ 分别利用罗尔定理,可知

$$F'(x)=[f(x)f'(x)]'=f(x)f''(x)+[f'(x)]^2=0$$

至少存在两个零点.

【思路二】由 $\lim\limits_{x\to0}\frac{f(x)}{x}<0$ 极限存在,可得 $f(0)=0$;由第一问有 $f(\xi)=0$,所以由罗尔定理,存在一点 $\eta\in(0,\xi)$,有 $f'(\eta)=0$.

令 $F(x)=f(x)f'(x)$,知 $F(x)$ 在区间 $[0,\xi]$ 上可导,且 $F(0)=F(\eta)=F(\xi)=0$,所以由罗尔定理,存在两个点 $m\in(0,\eta)$,$n\in(\eta,\xi)$,使得 $F'(m)=F'(n)=0$,即 m,n 是方程

$$f(x)f''(x)+[f'(x)]^2=0$$

在区间(0,1)上的两个不同的实根.

10.【解析】不妨设$f'(a)>0$, $f'(b)>0$,即

$$\lim_{x\to a^+}\frac{f(x)}{x-b}>0,\ \lim_{x\to b^-}\frac{f(x)}{x-b}>0.$$

于是由极限的保号性,可知存在$x_1\in(a,a+\delta_1)$和$x_2\in(b,b-\delta_2)$,使$f(x_1)>0$, $f(x_2)<0$,显然$x_1<x_2$. 所以由闭区间上连续函数的介值定理可知,在区间$[x_1,x_2]$上存在一点$\xi\in(x_1,x_2)\subset(a,b)$,使得$f(\xi)=0$.(对$f'(a)<0$, $f'(b)<0$类似可证)

由$f(a)=f(\xi)=f(b)$,则分别在区间$[a,\xi]$,$[\xi,b]$上$f(x)$满足罗尔定理,于是由罗尔定理可得,存在$\xi_1\in(a,\xi)$,$\xi_2\in(\xi,b)$,使得$f'(\xi_1)=f'(\xi_2)=0$. 进一步在区间$[\xi_1,\xi_2]$对函数$f'(x)$使用罗尔定理,可知存在$\eta\in(\xi_1,\xi_2)\subset(a,b)$,使得$f''(\eta)=0$.

11.【解析】(Ⅰ) 当$M=0$时,$f(x)\equiv 0$, $\forall\xi\in(0,2)$,均有$|f'(\xi)|\geqslant M$;当$M>0$时,不妨设在点$c(c\in(0,2))$处取得$|f(x)|$最大值,即$|f(c)|=M$.

若$c\in(0,1)$,由拉格朗日中值定理,存在$\xi_1\in(0,c)$,使得$f'(\xi_1)=\frac{f(c)-f(0)}{c-0}=\frac{M}{c}$,从而$|f'(\xi_1)|=\frac{M}{c}\geqslant M$.

若$c\in(1,2)$,由拉格朗日中值定理,存在$\xi_2\in(c,2)$,使得

$$|f'(\xi_2)|=\left|\frac{f(2)-f(c)}{2-c}\right|=\frac{M}{2-c}\geqslant M$$

若$c=1$,由拉格朗日中值定理,存在$\xi_3\in(0,1)$,使得$f'(\xi_3)=f(1)-f(0)$,所以$|f'(\xi_3)|=M$. 综上可知存在$\xi\in(0,2)$,使得$|f'(\xi)|\geqslant M$.

(Ⅱ) 假设$|f'(x)|\leqslant M$, $\forall x\in(0,2)$,则由(Ⅰ)可知,$|f(1)|=M$. 不妨设$f(1)=M$. 令$F(x)=f(x)-Mx$,则$F'(x)=f'(x)-M\leqslant 0$. 又$F(0)=F(1)=0$,所以$F(x)\equiv 0$,即$f(x)=Mx$, $x\in[0,1]$. 从而$f'_-(1)=M$. 又因为$f'(1)=0$,所以$M=0$.

12.【解析】由函数在$x=0$处得二阶带拉格朗日型余项的泰勒公式

$$f(x)=f(0)+f'(0)x+\frac{f''(0)}{2!}x^2+\frac{f'''(\eta)}{3!}x^3=f(0)+\frac{f''(0)}{2!}x^2+\frac{f'''(\eta)}{3!}x^3,$$

其中η介于0与x之间,$x\in[-1,1]$,分别令$x=-1$和$x=1$,得

$$0=f(-1)=f(0)+\frac{f''(0)}{2!}-\frac{f'''(\eta_1)}{6},$$

$$1=f(1)=f(0)+\frac{f''(0)}{2!}+\frac{f'''(\eta_2)}{6},$$

其中$-1<\eta_2<0,0<\eta_2<1$. 两式相减,得

$$f'''(\eta_1)+f'''(\eta_2)=6.$$

由$f(x)$在闭区间$[-1,1]$上具有三阶连续导数,由闭区间上连续函数的最值定理,存在M和m,使得

$$m\leqslant\frac{1}{2}[f'''(\eta_1)+f'''(\eta_2)]\leqslant M.$$

再由介值定理,至少存在一点$\xi\in(\eta_1,\eta_2)\subset(-1,1)$,使得

$$f'''(\eta)=\frac{1}{2}[f'''(\eta_1)+f'''(\eta_2)]=3.$$

13.【解析】(Ⅰ)$f(x)=f(0)+f'(0)x+\frac{f''(\xi)}{2!}x^2=f'(0)x+\frac{f''(\xi)}{2!}x^2$,其中

$$x\in[-a,a],\xi\in(0,x).$$

(Ⅱ) 令 $F(x)=\int_0^x f(t)\mathrm{d}t$,则易知 $F(x)$ 在 $[-a,a]$ 上具有二阶连续导数,它的二阶麦克劳林展开式为

$$\begin{aligned}F(x)&=F(0)+F'(0)x+\frac{F''(0)}{2!}x^2+\frac{F'''(\xi)}{3!}x^3\\&=0+f(0)x+\frac{f'(0)}{2!}x^2+\frac{f''(\xi)}{3!}x^3\\&=\frac{f'(0)}{2!}x^2+\frac{f''(\xi)}{3!}x^3,\end{aligned}$$

又

$$F(a)=\frac{f'(0)}{2!}a^2+\frac{f''(\xi_1)}{3!}a^3,$$

$$F(-a)=\frac{f'(0)}{2!}a^2-\frac{f''(\xi_2)}{3!}a^3(-a<\xi_2<0<\xi_1<a),$$

则有

$$\int_{-a}^{a}f(x)\mathrm{d}x=F(a)-F(-a)=\frac{a^3}{3!}[f''(\xi_1)+f''(\xi_2)]=\frac{a^3}{3}\cdot\frac{f''(\xi_1)+f''(\xi_2)}{2}.$$

因为 $f''(x)$ 在 $[-a,a]$ 上连续,根据闭区间上连续函数的性质知,存在最大值 M 和最小值 m,使得对任意的 $x\in[-a,a]$,都有 $m\leqslant\frac{f''(\xi_1)+f''(\xi_2)}{2}\leqslant M$.

由介值定理知 $\exists\eta\in[-a,a]$,使得 $f''(\eta)=\frac{f''(\xi_1)+f''(\xi_2)}{2}$. 因此

$$a^3f''(\eta)=3\int_{-a}^{a}f(x)\mathrm{d}x.$$

第三章　一元函数积分学

一、学习要求

1. 理解原函数的概念,理解不定积分和定积分的概念.

2. 掌握不定积分的基本公式,掌握不定积分和定积分的性质及定积分中值定理,掌握换元积分法与分部积分法.

3. 会求有理函数、三角函数有理式和简单无理函数的积分.

4. 理解积分上限函数,会求它的导数,掌握牛顿-莱布尼茨公式.

5. 了解反常积分的概念,会计算反常积分.

6. 掌握用定积分表达和计算一些几何量与物理量(平面图形的面积、平面曲线的弧长、旋转体的体积及侧面积、平行截面面积为已知的立体体积、功、引力、压力、质心、形心等)及函数的平均值.

二、概念强化

(一) 不定积分的概念

1. "若 $F'(x)=f(x)$,则称 $F(x)$ 是 $f(x)$ 的原函数,称 $F(x)+C$(C 为任意常数)是 $f(x)$ 的不定积分."这一说法对吗?

分析:说法不完全对,主要问题是没有提到区间. 应当说:如果可导函数 $F(x)$ 及其导函数 $f(x)$ 在某一区间 I 内处处有 $F'(x)=f(x)$ 成立,那么 $F(x)$ 就称为 $f(x)$ 在区间 I 内的一个原函数;而

$$\int f(x)\,\mathrm{d}x = F(x) + C$$

称为 $f(x)$ 在区间 I 内的不定积分. 即 $f(x)$ 在区间 I 内的不定积分是 $f(x)$ 在区间 I 内的原函数的一般表达式. 每给定常数 C 的一个值,不定积分就表示相应的一个原函数,因此积分常数 C 是任意的待定常数. 例如

$$\int \frac{1}{\sqrt{1-x^2}}\mathrm{d}x = \arcsin x + C$$

表示 $\arcsin x$ 是函数 $\frac{1}{\sqrt{1-x^2}}$ 在区间 $(-1,1)$ 内相应于 $C=0$ 的那个原函数,而 $\frac{1}{\sqrt{1-x^2}}$ 的任意一个原函数可在 $\arcsin x+C$ 中给 C 以适当的值而得到.

目前,有的教材对具体的不定积分公式或者举例时,一般也不提使这些公式或者结果成立的区间. 作为对概念的理解,读者应特别注意原函数存在所在的区间.

2. 积分常数 C 是任意常数,它是否又是可以唯一确定的呢?

分析:是的. 我们不仅要注意积分常数的任意性,还要注意它的可确定性,这在实际问题中往往是必不可少的.

例如,已知物体运动的初始位置 $t=0$ 时 $s=2\text{m}$,以速度 $v=gt$ 运动,试求路程函数 $s(t)$. 很明显,有

$$\left(\frac{1}{2}gt^2\right)'=gt=v(t)$$

那么能否断定 $s(t)=\frac{1}{2}gt^2$ 呢? 当然不能,因为对任意一个常数 C,都有

$$\left(\frac{1}{2}gt^2+C\right)'=gt$$

所以我们只能断定 $s(t)=\frac{1}{2}gt^2+C$,要确切知道这一函数关系,还必须考虑初始条件 $s(0)=2$,将其代入 $s(t)$ 中可得 $C=2$. 因此,所求的路程函数为

$$s(t)=\frac{1}{2}gt^2+2.$$

据上可知,在物理问题中只要知道初始条件(几何问题须知道边界条件)就可以唯一地确定积分常数的值. 事实上,这类问题有更普遍的意义,到微分方程一章中将专门讨论.

3. $\left(\int f(x)\,\mathrm{d}x\right)'=\int f'(x)\,\mathrm{d}x$,这个等式对吗?

分析:不对. 因为 $\left(\int f(x)\,\mathrm{d}x\right)'=f(x)$,而 $\int f'(x)\,\mathrm{d}x$ 表示的是不定积分

$$\int f'(x)\,\mathrm{d}x=f(x)+C.$$

4. 一切初等函数在其定义域内都有原函数,对吗?

分析:不对. 因为连续函数存在原函数,而一切初等函数在其定义区间上连续,所以一切初等函数在其定义区间上都有原函数. 但是初等函数在定义域内未必处处连续,因此一个切初等函数在其定义域内未必都有原函数,例如函数 $y=\sqrt{x^2(\sin x-1)}$.

5. 有人说 $y=\ln(ax)$ 与 $y=\ln x$ 是同一个函数的原函数,这句话对吗?

分析:不对,因为函数 $y=\ln(ax)$ 的定义域与 a 的取值有关,当 $a>0$ 时,要求 $x>0$;当 $a<0$ 时,要求 $x<0$,而函数 $y=\ln x$ 的定义域为 $x>0$. 也就是说,$y=\ln(ax)$ 和 $y=\ln x$ 的定义域可能不同,所以它们不是同一个函数的原函数. 值得注意的是,当 $a>0$ 时,$y=\ln(ax)$ 与 $y=\ln x$ 都是函数 $y=\frac{1}{x}$ 在 $(0,+\infty)$ 上的原函数.

6. 我们知道,奇(偶)函数的导数是偶(奇)函数;其逆命题为:偶(奇)函数的原函数是奇(偶)函数,此说法成立吗?

分析:(1)"奇函数的原函数是偶函数"成立. 事实上,设 $F'(x)=f(x)$,且 $f(-x)=-f(x)$,则 $[F(-x)]'=-f(-x)=f(x)=F'(x)$,进而有 $F(-x)-F(x)\equiv C$. 又当 $x=0$ 时,$C\equiv0$,故有 $F(-x)=F(x)$.

(2)偶函数的原函数只有一个是奇函数,其余都不是. 事实上,设 $F'(x)=f(x)$,且

$f(-x)=f(x)$，则$[F(-x)]'=-f(-x)=-f(x)=-F'(x)$，进而有$F(-x)+F(x)\equiv C$.

当$C=0$时，$F(-x)=-F(x)$，即原函数$F(x)$为奇函数；

当$C\neq 0$时，$F(-x)\neq -F(x)$，即原函数$F(x)$不为奇函数．例如函数$f(x)=x^2$为偶函数，则原函数$F(x)=\dfrac{x^3}{3}+C$，当且仅当$C=0$时，$F(x)$才为奇函数．

7. 在一元微分学中，只给出$(\ln x)'=\dfrac{1}{x}$的公式；而在积分学中，多数书上给出公式$\int\dfrac{dx}{x}=\ln|x|+C$，有的书上也给出$\int\dfrac{dx}{x}=\ln x+C$，对此应怎样理解？

分析：在微分学中，是已知函数$\ln x$，求它的导数．这个函数的定义域是$(0,+\infty)$，导数公式$(\ln x)'=\dfrac{1}{x}$自然只是在区间$(0,+\infty)$内成立；而不定积分则是对已知函数$\dfrac{1}{x}$求它的原函数．这个函数的定义域是$(-\infty,0)\cup(0,+\infty)$．因此，一般应理解为在以上的两个区间内分别求其原函数为

$$\int\frac{dx}{x}=\begin{cases}\ln x+C_1, & x>0,\\ \ln(-x)+C_2, & x<0,\end{cases}\tag{3.1}$$

其中C_1和C_2是两个彼此独立的常数．为了方便，将式(3.1)写作

$$\int\frac{dx}{x}=\ln|x|+C\tag{3.2}$$

但必须按式(3.1)所指出的由两个区间各自有原函数来理解式(3.2)，即由于$\dfrac{1}{x}$的定义域是两个区间的并，因此在每个区间内应有各自的原函数．

有的书上只讲公式

$$\int\frac{dx}{x}=\ln x+C\tag{3.3}$$

原因是考虑到学习不定积分的目的，主要在于训练学生求原函数的技巧，为了使这种训练单纯起见，允许只求出所给函数在某一特定区间的函数．因此，读者应加以注意，式(3.3)仅给出$\dfrac{1}{x}$在$(0,+\infty)$这一区间上的原函数．

8. 设$f(x)$在区间I内连续，则$f(x)$在I内一定存在原函数$F(x)$，问$F(x)$在I内一定连续吗？

分析：是的．这是因为$F(x)$是$f(x)$在I内的原函数，即有$F'(x)=f(x)$，由连续是可导的必要条件知，$F(x)$在I内必连续．

9. 设$f(x)$在区间I内不连续，问$f(x)$在I内一定没有原函数吗？

分析：不一定，例如函数

$$F(x)=\begin{cases}x^2\sin\dfrac{1}{x}, & x\neq 0,\\ 0, & x=0,\end{cases}$$

在$(-\infty,+\infty)$内处处可导，且有

$$F'(x)=f(x)=\begin{cases}2x\sin\dfrac{1}{x}-\cos\dfrac{1}{x}, & x\neq 0,\\ 0, & x=0,\end{cases}$$

即 $f(x)$ 在 $(-\infty,+\infty)$ 内有原函数 $F(x)$，但 $x=0$ 是其间断点．容易看出，这个间断点是第二类间断点．

一般地，可以证明：设 $f(x)$ 在区间 I 有原函数 $F(x)$，即 $F'(x)=f(x)$，$x\in I$. 如果 $x_0\in I$ 为 $f(x)$ 的间断点，那么 x_0 必为 $f(x)$ 的第二类间断点．用反证法证明如下：

设 x_0 为 $f(x)$ 的第一类间断点，那么下列左右极限均存在：

$$\lim_{x\to x_0^-}f(x)=\lim_{x\to x_0^-}F'(x),\quad \lim_{x\to x_0^+}f(x)=\lim_{x\to x_0^+}F'(x).$$

由于 $F(x)$ 在 x_0 处可导，故在 x_0 处必连续，从而知

$$\lim_{x\to x_0^-}f(x)=\lim_{x\to x_0^-}F'(x)=F'(x_0^-)=F'(x_0)=f(x_0),$$

$$\lim_{x\to x_0^+}f(x)=\lim_{x\to x_0^+}F'(x)=F'(x_0^+)=F'(x_0)=f(x_0).$$

这就是说 $f(x)$ 在 x_0 处连续，与假设 x_0 为 $f(x)$ 的第一类间断点相矛盾．

由此可见，有第一类间断点的函数一定不存在原函数；函数连续仅是函数存在原函数的充分条件而不是必要条件．

10. 求分段函数的原函数时，应当注意什么？

分析：在求分段函数的原函数时，应先分别求函数的各分段在相应区间内的原函数，然后考察函数在分界点处的连续性．如果连续，那么在包含该点的区间内有原函数存在．根据原函数的连续性，定出积分常数．如果分界点是函数的第一类间断点，可知在包含该点的区间内部不存在原函数．让我们来看以下的例题．

例1　设 $f(x)=\begin{cases}x+1, & x\leqslant 1,\\ 2x, & x>1,\end{cases}$ 求 $\int f(x)\,\mathrm{d}x$.

解　先分别在 $(-\infty,1)$ 和 $(1,+\infty)$ 内求原函数

$$F(x)=\begin{cases}\dfrac{x^2}{2}+x+C_1, & x<1,\\ x^2+C_2, & x>1,\end{cases}$$

由于 $f(x)$ 在 $x=1$ 处连续，因此原函数 $F(x)$ 在这点有定义且连续，从而得

$$\frac{3}{2}+C_1=1+C_2=C.$$

故有

$$\int f(x)\,\mathrm{d}x=\begin{cases}\dfrac{x^2}{2}+x-\dfrac{3}{2}+C, & x\leqslant 1,\\ x^2-1+C, & x>1.\end{cases}$$

例2　若 $f(x)=\begin{cases}0, & x<0,\\ x+1, & 0\leqslant x\leqslant 1,\\ 2x, & x>1,\end{cases}$ 求 $\int f(x)\,\mathrm{d}x$.

解　由 $x=0$ 是 $f(x)$ 的第一类间断点，故在 $(-\infty,+\infty)$ 内 $f(x)$ 不存在原函数；而 $f(x)$ 在

点 $x=1$ 处连续,因此 $f(x)$ 的不定积分只能分别在区间 $(-\infty,0)$ 和 $(0,+\infty)$ 内得到

$$\int f(x)\mathrm{d}x = \begin{cases} C_1, & x < 0, \\ \dfrac{x^2}{2} + x + C_2, & 0 < x \leqslant 1, \\ x^2 + \dfrac{1}{2} + C_2, & x > 1. \end{cases}$$

这里 C_1 与 C_2 是两个独立的常数.

(二)不定积分的计算方法

11. 有人认为积分表中有 $\int \cos x\mathrm{d}x = \sin x + C$,那么必有 $\int \cos 2x\mathrm{d}x = \sin 2x + C$,这个结论对吗?

分析:这个结论不对. 事实上,易知 $(\sin 2x + C)' = 2\cos 2x \neq \cos 2x$,因此 $\sin 2x$ 不是 $\cos 2x$ 的原函数. 正确的做法是:使用第一类换元法,令 $2x=u$,则

原式 $= \dfrac{1}{2}\int \cos 2x\mathrm{d}(2x) = \dfrac{1}{2}\int \cos u\mathrm{d}u = \dfrac{1}{2}\sin u + C = \dfrac{1}{2}\sin 2x + C$.

12. 怎样使用计算不定积分的第一类换元法?

分析:设被积函数为 $g(x)$,那么第一类换元法(或凑微分法)可按如下 4 个步骤进行.

(1) $\int g(x)\mathrm{d}x = \int f[\phi(x)]\phi'(x)\mathrm{d}x = \int f[\phi(x)]\mathrm{d}\phi(x)$

对被积函数 $g(x)$ 适当地进行分拆,从中分离出部分因子 $\phi'(x)$,使它与 $\mathrm{d}x$ 凑微分成为 $\mathrm{d}\phi(x)$;分拆 $g(x)$ 时要注意其余部分能表成 $\phi(x)$ 的函数 $f[\phi(x)]$,且它较易积分,这是关键的一步;

(2) 令 $u=\phi(x)$,则原式 $= \int f(u)\mathrm{d}u$;

(3) 求较易计算的积分 $\int f(u)\mathrm{d}u$,设它的原函数为 $F(u)$,于是得

$$\int f(u)\mathrm{d}u = F(u) + C;$$

(4) 代回原变量 $u=\phi(x)$,最后得到

$$\int g(x)\mathrm{d}x = F[\phi(x)] + C.$$

读者在熟悉了第一类换元法以后,也可以不写出中间变量 $u=\phi(x)$,而直接从第(1)步到第(4)步,这样可以省去将 $u=\phi(x)$ 代来代去的工作.

13. 有哪些常用的凑元公式?

分析:设 $\int f(t)\mathrm{d}t = F(t) + C$,常用的凑元公式有:

$$\int f(x+a)\mathrm{d}x = \int f(x+a)\mathrm{d}(x+a) = F(x+a) + C;$$

$$\int f(ax+b)\mathrm{d}x = \frac{1}{a}\int f(x+a)\mathrm{d}(ax+b) = \frac{1}{a}F(ax+b) + C\ (a\neq 0);$$

$$\int xf(ax^2+b)\mathrm{d}x = \frac{1}{2a}F(ax^2+b)+C\ (a\neq 0);$$

$$\int x^n f(ax^{n+1}+b)\mathrm{d}x = \frac{1}{(n+1)a}F(ax^{n+1}+b)+C\ (a\neq 0);$$

$$\int \frac{f(\sqrt{u})}{\sqrt{u}}\mathrm{d}u = 2\int f(\sqrt{u})\mathrm{d}\sqrt{u} = 2F(\sqrt{u})+C;$$

$$\int \frac{1}{u^2}f\left(\frac{1}{u}\right)\mathrm{d}u = -\int f\left(\frac{1}{u}\right)\mathrm{d}\left(\frac{1}{u}\right) = -F\left(\frac{1}{u}\right)+C;$$

$$\int \mathrm{e}^u f(\mathrm{e}^u+b)\mathrm{d}u = F(\mathrm{e}^u+b)+C;$$

$$\int a^u f(a^u+b)\mathrm{d}u = \frac{1}{\ln a}F(a^u+b)+C;$$

$$\int \frac{f(\ln u)}{u}\mathrm{d}u = \int f(\ln u)\mathrm{d}\ln u = F(\ln u)+C;$$

$$\int f(\sin u)\cos u\mathrm{d}u = \int f(\sin u)\mathrm{d}\sin u = F(\sin u)+C;$$

$$\int f(\cos u)\sin u\mathrm{d}u = -\int f(\cos u)\mathrm{d}\cos u = -F(\cos u)+C;$$

$$\int \frac{f(\tan u)}{\cos^2 u}\mathrm{d}u = \int f(\tan u)\sec^2 u\mathrm{d}u = \int f(\tan u)\mathrm{d}\tan u = F(\tan u)+C;$$

$$\int f\left(\arcsin\frac{u}{a}\right)\frac{1}{\sqrt{a^2-u^2}}\mathrm{d}u = F\left(\arcsin\frac{u}{a}\right)+C\ (a\neq 0);$$

$$\int f\left(\arctan\frac{u}{a}\right)\frac{1}{a^2+u^2}\mathrm{d}u = \frac{1}{a}F\left(\arctan\frac{u}{a}\right)+C\ (a\neq 0);$$

$$\int \frac{f'(u)}{f(u)}\mathrm{d}u = \int \frac{1}{f(u)}\mathrm{d}f(u) = \ln|f(u)|+C.$$

14. 在计算 $\int \sin x\cos x\mathrm{d}x$ 时,有人分别求得结果

$$\frac{1}{2}\sin^2 x + C,\ -\frac{1}{2}\cos^2 x + C \text{ 和 } -\frac{1}{4}\cos 2x + C.$$

请问这 3 个结果都对吗？为什么会产生这样的情况？

分析:这 3 个结果都对．事实上,容易验证它们的导数都等于 $\sin x\cos x$,所以它们都是 $\sin x\cos x$ 的不定积分．

在求不定积分时,采用不同的换元函数不仅造成计算繁琐的差异,而且计算结果在形式上也可能很不一样．例如本问题中的不定积分如果采用下面的 3 种不同的换元方法,就会得到问题中所提到的 3 个形式上不一样的结果．

$$\int \sin x\cos x\mathrm{d}x = \int \sin x\mathrm{d}(\sin x) = \frac{1}{2}\sin^2 x + C;$$

$$\int \sin x\cos x\mathrm{d}x = -\int \cos x\mathrm{d}(\cos x) = -\frac{1}{2}\cos^2 x + C;$$

$$\int \sin x\cos x\mathrm{d}x = \frac{1}{2}\int \sin 2x\mathrm{d}x = -\frac{1}{4}\cos 2x + C.$$

15. 使用不定积分的第二类换元法时,要注意些什么?

分析:对问题14中凑微分法实行相反的代换,便是第二类换元法,具体过程可表述为

(1) 令 $x=\phi(t)$,则

$$\int f(x)\mathrm{d}x = \int f[\phi(t)]\phi'(t)\mathrm{d}t = \int g(t)\mathrm{d}t;$$

(2) 设 $G'(t)=g(t)$,则原式 $=\int g(t)\mathrm{d}t = G(t)+C$;

(3) 设 $x=\phi(t)$ 的反函数为 $t=\phi^{-1}(x)$,将 $t=\phi^{-1}(x)$ 代入 $G(t)$,则

$$原式=G[\phi^{-1}(x)]+C.$$

为了上述逆代换存在,规定代换函数 $x=\phi(t)$ 是严格单调、可导(必连续)且 $\phi^{-1}(x)\neq 0$. 所以在具体运用第二类换元法时,常常对 $x=\phi(t)$ 附加单调区间的限制,使之存在反函数 $t=\phi^{-1}(x)$.

16. 有人说,连续函数 $F(x)=|x|$ 是函数

$$f(x)=\begin{cases}-1, & x<0,\\ 1, & x\geqslant 0\end{cases}$$

的原函数.

理由是:当 $x\geqslant 0$ 时,$|x|=x$,故 $(|x|)'=1$;而当 $x<0$ 时,$|x|=-x$,故 $(|x|)'=-1$. 这一说法对吗?

分析:这个说法不对,主要错在当 $x\geqslant 0$ 时,$(|x|)'=1$ 这一结论上. 事实上,在 $x=0$ 这一点处,函数 $|x|$ 不可导,所以 $|x|$ 不是 $f(x)$ 的原函数. 即在区间 $(-\infty,+\infty)$ 内,$f(x)$ 不存在原函数;而除去 $x=0$ 这一点后,我们得到了两个区间 $(-\infty,0)$ 和 $(0,+\infty)$,于是可以说 $|x|$ 是 $f(x)$ 分别在上述两个区间内的原函数.

17. 在求不定积分 $\int |x|\mathrm{d}x$ 时,有人这样解:令 $x=t^2$,那么

$$\int |x|\mathrm{d}x = 2\int t^3\mathrm{d}t = \frac{t^4}{2}+C=\frac{x^2}{2}+C,$$

这个解法对吗?

分析:解法不对. 原因在于函数 $|x|$ 在 $(-\infty,+\infty)$ 内连续,而令 $x=t^2$,相当于将 x 限制在区间 $(0,+\infty)$ 内,如果仅在这个区间内求原函数,那么上面的解法是对的. 但一般应求出函数在整个定义域的原函数,故还应在 $(-\infty,0)$ 内求原函数,这时

$$\int |x|\mathrm{d}x = -\int x\mathrm{d}x = -\frac{x^2}{2}+C$$

即有

$$\int |x|\mathrm{d}x=\begin{cases}\frac{1}{2}x^2+C_1, & x>0,\\ -\frac{1}{2}x^2+C_2, & x<0,\end{cases} \tag{3.4}$$

这个题与上面两个题不同,因为$|x|$在$(-\infty,+\infty)$内连续,故在整个数轴上存在原函数,所以式(3.4)中C_1和C_2不是相互独立的常数,应求出它们的关系,使原函数在$x=0$处也可导.为此,只要式(3.4)右边的原函数在$x=0$连续就行了,也就是

令$\lim\limits_{x\to 0^+}\left(\frac{1}{2}x^2+C_1\right)=\lim\limits_{x\to 0^-}\left(-\frac{1}{2}x^2+C_2\right)$,即$C_1=C_2=C$,便可求得:

$$\int|x|\mathrm{d}x=\frac{x}{2}|x|+C,\quad x\in(-\infty,+\infty).$$

18. 如果函数$f(x)$的定义域是若干个分离的区间,那么原函数之间是否仅相差常数?

分析:不一定.例如函数$f(x)=x$, $x\in I=(-\infty,-1)\cup(0,+\infty)$,显见$F(x)=\frac{x^2}{2}$是$f(x)$在$I$上的一个原函数;又

$$\Phi(x)=\begin{cases}\frac{x^2}{2}, & x\in(-\infty,-1),\\ 1+\frac{x^2}{2}, & x\in(0,+\infty)\end{cases}$$

也是$f(x)$在I上的一个原函数,但

$$\Phi(x)-f(x)=\begin{cases}0, & x\in(-\infty,-1),\\ 1, & x\in(0,+\infty)\end{cases}$$

在I上并非常数.

由此可见,我们所说某个函数的任意两个原函数之间只相差一个常数是对于某个区间而言的.

19. 下面这个不定积分的求法是否正确?

$$\int\frac{x^2+1}{x^4+1}\mathrm{d}x=\int\frac{1+\frac{1}{x^2}}{x^2+\frac{1}{x^2}}\mathrm{d}x=\int\frac{\mathrm{d}\left(x-\frac{1}{x}\right)}{\left(x-\frac{1}{x}\right)^2+2}=\frac{1}{\sqrt{2}}\arctan\frac{x^2-1}{\sqrt{2}x}+C. \tag{3.5}$$

分析:不正确.问题在于求原函数时,用x作了除数.而从结果来看,式(3.5)右端的函数在$x=0$处无定义.这样解只是分别求出了被积函数在$(-\infty,0)$及$(0,+\infty)$两个区间内的原函数,应写成下面的分段函数

$$\int\frac{x^2+1}{x^4+1}\mathrm{d}x=\begin{cases}\frac{1}{\sqrt{2}}\arctan\frac{x^2-1}{\sqrt{2}x}+C_1, & x<0,\\ \frac{1}{\sqrt{2}}\arctan\frac{x^2-1}{\sqrt{2}x}+C_2, & x>0.\end{cases} \tag{3.6}$$

然而式(3.5)左端的被积函数在$(-\infty,+\infty)$内连续,故应在$(-\infty,+\infty)$内求其原函数.与(问题17)一样,在式(3.6)的右边应补充定义原函数在$x=0$点的值,使这个原函数在$x=0$处连续,从而就能保证它在这点可导.为此,分别求式(3.6)右端函数在$x=0$点的左、右极限.

$$\lim_{x\to 0^-}\frac{1}{\sqrt{2}}\arctan\frac{x^2-1}{\sqrt{2}x}+C_1=\frac{\pi}{2\sqrt{2}}+C_1,$$

$$\lim_{x\to 0^+}\frac{1}{\sqrt{2}}\arctan\frac{x^2-1}{\sqrt{2}x}+C_2=\frac{-\pi}{2\sqrt{2}}+C_2.$$

由连续性的定义可得

$$C_1+\frac{\pi}{2\sqrt{2}}=C_2-\frac{\pi}{2\sqrt{2}}=C.$$

故有

$$\int\frac{x^2+1}{x^4+1}\mathrm{d}x=\begin{cases}\frac{1}{\sqrt{2}}\arctan\frac{x^2-1}{\sqrt{2}x}-\frac{\pi}{2\sqrt{2}}+C, & x<0,\\ C, & x=0,\\ \frac{1}{\sqrt{2}}\arctan\frac{x^2-1}{\sqrt{2}x}+\frac{\pi}{2\sqrt{2}}+C_2, & x>0.\end{cases}\tag{3.7}$$

从高等数学教学基本要求来说,作出积分如式(3.5)不算错,但必须按式(3.6)来理解式(3.4). 较高要求则应当给出式(3.7)的结果.

顺便说一下,本题如果用部分分式法来解,那么不难得到下面的结果

$$\int\frac{x^2+1}{x^4+1}\mathrm{d}x=\frac{1}{\sqrt{2}}\{\arctan(\sqrt{2}x+1)+\arctan(\sqrt{2}x-1)\}+C.$$

20. 在求不定积分$\int\frac{1}{1-x^2}\mathrm{d}x$时,有人这样解:令$x=\sin t$,那么

$$\int\frac{1}{1-x^2}\mathrm{d}x=\int\frac{1}{\cos^2 t}\cos t\mathrm{d}t=\ln|\tan t+\sec t|+C=\frac{1}{2}\ln\left|\frac{1+x}{1-x}\right|+C,$$

这个解法对吗?

分析:这个积分结果对,但解法不对,主要问题在使用第二类换元法$x=\sin t$出现问题. 使用第二类换元法时要求所做的变换$x=\phi(t)$应该是单调、可导函数(其中$\phi'(t)\neq 0$),而且$\phi(t)$的值域应该刚好对应于被积函数的定义域. 使用变换$x=\sin t$,为了保证单调性,可取$-\frac{\pi}{2}<t<\frac{\pi}{2}$,但此时$\sin t$的值域是$(-1,1)$,仅为被积函数定义域的一部分,所以使用这个变换仅能保证在$x\in(-1,1)$内结果正确,其余部分则应另作讨论. 正确解法如下

解一　当$x\in(-1,1)$时,由上述讨论知$\int\frac{1}{1-x^2}\mathrm{d}x=\frac{1}{2}\ln\left|\frac{1+x}{1-x}\right|+C.$

当$|x|>1$时,令$u=\frac{1}{x}$,此时$u\in(-1,1)$,则

$$\text{原式}=\int\frac{1}{1-\frac{1}{u^2}}\left(-\frac{1}{u^2}\right)\mathrm{d}u=\int\frac{1}{1-u^2}\mathrm{d}u=\frac{1}{2}\ln\left|\frac{1+u}{1-u}\right|+C$$

$$=\frac{1}{2}\ln\left|\frac{1+\frac{1}{x}}{1-\frac{1}{x}}\right|+C=\frac{1}{2}\ln\left|\frac{1+x}{1-x}\right|+C.$$

故有

$$\int \frac{1}{1-x^2}dx = \frac{1}{2}\ln\left|\frac{1+x}{1-x}\right| + C.$$

解二　本题如果利用有理函数积分法可以避开上述复杂的讨论,而且计算比较简单.

$$\int \frac{1}{1-x^2}dx = \frac{1}{2}\left[\int \frac{1}{1+x}dx + \int \frac{1}{1-x}dx\right] = \frac{1}{2}\ln\left|\frac{1+x}{1-x}\right| + C.$$

21. 由分部积分法得到下面等式

$$\int \frac{\cos x}{\sin x}dx = 1 + \int \frac{\cos x}{\sin x}dx = 2 + \int \frac{\cos x}{\sin x}dx = \cdots n + \int \frac{\cos x}{\sin x}dx (n \in \mathbf{N})$$

将各等号两边减去积分项,得 $0 = 1 = 2 = \cdots n$,问产生这一错误的原因是什么?

分析:产生这一错误的原因是对不定积分概念理解不深入. 譬如我们设 $F(x)$ 是 $f(x)$ 在区间 I 的一个原函数,则 $F(x)+1$ 也是 $f(x)$ 的一个原函数. 由于不定积分 $\int f(x)\mathrm{d}x$ 是 $f(x)$ 的原函数的一般表达式,因此,有

$$\int f(x)\mathrm{d}x = F(x) + C_1 = F(x) + 1 + C_2$$

由此可见,$C_1 = 1 + C_2$. 如不区别 C_1 与 C_2,认为 $F(x)+C$ 和 $F(x)+1+C$ 都是 $f(x)$ 的不定积分(这个说法没错!),因而推得 $F(x)+C = F(x)+1+C$,自然会得出 $0=1$ 的错误结果.

回到原题,以第一个等式为例

$$\int \frac{\cos x}{\sin x}dx = 1 + \int \frac{\cos x}{\sin x}dx \tag{3.8}$$

等式两边各有一个不定积分式,如记等式左边的为 $\ln|\sin x| + C_1$,记等式右边的为 $1+\ln|\sin x| + C_2$,则式(3.8)为 $\ln|\sin x| + C_1 = 1 + \ln|\sin x| + C_2$. 从这里,我们只能得到 $C_1 = 1 + C_2$ 的关系,不会导出错误,但从式(3.8)消去不定积分,就是认为同一函数的不定积分所表达的原函数都相等,即认为 $C_1 = C_2$,那么自然得出 $0=1$ 的错误结果. 其他各式的错误原因相同.

类似于上述的错误经常发生,比如由分部积分法易得

$$I = \int e^x \sin x dx = e^x(\sin x - \cos x) - I \tag{3.9}$$

移项后解出 I 得

$$I = \frac{1}{2}e^x(\sin x - \cos x) \tag{3.10}$$

注意到,式(3.10)中丢掉了积分常数 C! 原因是式(3.9)等号两边的 I 都是 $e^x\sin x$ 的不定积分. 设 $F(x)$ 为 $e^x\sin x$ 的一个原函数,如果记式(3.9)左边的 $I = F(x) + C_1$,那么式(3.9)右边应记为 $I = F(x) + C_2$,代入式(3.9)后移项,得

$$2[F(x) + C_1] = e^x(\sin x - \cos x) + C_1 - C_2$$

即有

$$I = F(x) + C_1 = \frac{1}{2}e^x(\sin x - \cos x) + \frac{C_1 - C_2}{2}$$

记 $C=\dfrac{C_1-C_2}{2}$,便得

$$I=\frac{1}{2}e^x(\sin x-\cos x)+C$$

一般情况下,数学的表达要求简洁,所以不定积分中积分常数都用 C 来表示. 这就要求我们概念清楚,应像上面剖析的那样,处理好积分常数,这样才不会产生类似于本问题中出现的错误.

22. 分部积分法主要有哪些作用,在使用分部积分时应注意什么问题?

分析:我们知道,分部积分法与微分学中乘积的求导公式相对峙,这种积分法的主要作用可归纳为3种.

Ⅰ. 逐步化简积分式。

通过分部积分公式:$\int u\mathrm{d}v = uv-\int v\mathrm{d}u$,可将不定积分 $\int uv'\mathrm{d}x$ 转化为 $\int vu'\mathrm{d}x$,如果要此公式能起到简化积分式的作用,自然要求 vu' 比 uv' 简单而容易积分,即 u 和 $\mathrm{d}v$ 的选取应使:

(1) 从 $v'\mathrm{d}x$ 容易求出 v;

(2) 积分 $\int vu'\mathrm{d}x$ 比原积分 $\int uv'\mathrm{d}x$ 易求.

例1 求 $\int x\arctan x\mathrm{d}x$.

解 令 $x\mathrm{d}x=\mathrm{d}v$,则取 $v=\dfrac{x^2}{2}$;这时 $u=\arctan x$,即 $u'=\dfrac{1}{1+x^2}$. 从而可得

$$\begin{aligned}\int x\arctan x\mathrm{d}x &= \int \arctan x\mathrm{d}\left(\frac{x^2}{2}\right)=\frac{x^2}{2}\arctan x-\int\frac{x^2}{2}\cdot\frac{1}{1+x^2}\mathrm{d}x\\ &=\frac{x^2}{2}\arctan x-\frac{1}{2}x+\frac{1}{2}\arctan x+C\end{aligned}$$

Ⅱ. 产生循环,从而求出积分。

例2 求 $I=\int\sqrt{1-x^2}\,\mathrm{d}x$.

解 $$\begin{aligned}I=\int\sqrt{1-x^2}\,\mathrm{d}x &= x\sqrt{1-x^2}+\int\frac{x^2}{\sqrt{1-x^2}}\mathrm{d}x = x\sqrt{1-x^2}+\int\frac{1}{\sqrt{1-x^2}}\mathrm{d}x-I\\ &= x\sqrt{1-x^2}+\arcsin x-I\end{aligned}$$

这样,等式右端循环地出现了我们所要求出的积分式,移项即得

$$I=\frac{x}{2}\sqrt{1-x^2}+\frac{1}{2}\arcsin x+C$$

能出现循环最典型的例题是求如下不定积分

$$\int e^{\alpha x}\cos\beta x\mathrm{d}x \text{ 或 } \int e^{\alpha x}\sin\beta x\mathrm{d}x,$$

主要是因为 e^x 的导数仍为 e^x;而 $(\sin x)''=-\sin x$,$(\cos x)''=-\cos x$,所以上面两个积分经过两次分部积分后,必然会循环地出现原来的积分.

应当注意的是,在反复使用分部积分法的过程中,不要对调两个函数地位,否则会恢复原

状. 例如

$$\int e^x\sin x\mathrm{d}x = e^x\sin x - \int e^x\mathrm{d}(\sin x) = e^x\sin x - e^x\sin x + \int e^x\sin x\mathrm{d}x,$$

这是由于第一次分部以 e^x 为 v,而第二次分部却以 $\sin x$ 为 v 的缘故.

Ⅲ. 建立递推公式。

例3　建立 $I_n = \int(\ln x)^n\mathrm{d}x\ (n\in\mathbf{N})$ 的递推公式.

解　由分部积分法可得

$$I_n = \int(\ln x)^n\mathrm{d}x = x(\ln x)^n - n\int(\ln x)^{n-1}\mathrm{d}x,$$

即

$$I_n = x(\ln x)^n - nI_{n-1}.$$

这就是递推公式.

比如当 $n=3$ 时,有

$$\int(\ln x)^3\mathrm{d}x = x(\ln x)^3 - 3x(\ln x)^2 + 6x\ln x - 6x + C.$$

使用递推公式,就不必一次又一次地反复作分部积分.

顺便说一下,有时从表面上看被积函数只有一项,但却不是基本积分表中的积分,不能直接积分,此时可将被积函数作为 u,积分变量 x 作为 v 直接使用分部积分法. 例如上述例3.

23. 求积分 $\int\frac{1}{x\sqrt{x^2-1}}\mathrm{d}x$ 主要有哪些不同的解法?

分析:本题是典型的第二类换元积分法的题目. 除了用到代换 $x=\sec t$ 之外,还可以用其他的代换来去根式.

解一　用三角变换有理化被积表达式. 令 $x=\sec t$,则 $\sqrt{x^2-1}=\tan t$,所以

$$原式 = \int\frac{\sec t\cdot\tan t}{\sec t\cdot\tan t}\mathrm{d}t = \int\mathrm{d}t = t + C = \arccos\frac{1}{x} + C.$$

解二　当被积函数的分母比分子至少高一次时,用倒代换常奏效,即令 $x=\frac{1}{t}$,则有

$$原式 = \int\frac{1}{\frac{1}{t}\cdot\sqrt{\frac{1}{t^2}-1}}\left(-\frac{1}{t^2}\right)\mathrm{d}t = -\int\frac{1}{\sqrt{1-t^2}}\mathrm{d}t = -\arcsin t + C = -\arcsin\frac{1}{x} + C.$$

解三　令 $\sqrt{x^2-1}=t$,则

$$原式 = \int\frac{1}{t(t+1)}\cdot\frac{1}{2}\mathrm{d}t = \frac{1}{2}\int\left(\frac{1}{t}-\frac{1}{t+1}\right)\mathrm{d}t = \frac{1}{2}\ln\left|\frac{t}{t+1}\right| + C = \frac{1}{2}\ln\left|\frac{\sqrt{x^2-1}}{\sqrt{x^2-1}+1}\right| + C.$$

解四　用三角变换有理化被积表达式. 令 $x=\csc t$,则 $\sqrt{x^2-1}=\cot t$,所以

$$原式 = \int\frac{-\csc t\cdot\cot t}{\csc t\cdot\cot t}\mathrm{d}t = -\int\mathrm{d}t = -t + C = -\arcsin\frac{1}{x} + C.$$

应当指出,在用第二类换元法求不定积分时,令代换 $x=\phi(t)$,对 t 积分完成之后,还应当

把最后的结果通过反函数 $t=\phi^{-1}(x)$ 还原为 x 的函数．当被积函数中含有 $\sqrt{x^2\pm a^2}$ 及 $\sqrt{a^2-x^2}$ 时，把对 t 的结果化为 x 的函数，三角形法及初等数学中的三角公式是经常要用到的．

24. 求积分 $\int\frac{1}{\sqrt{x(1-x)}}\mathrm{d}x$ 主要有哪些不同的解法？

分析：求不定积分往往不止一种解法，特别是求有些无理函数的不定积分，解法更多．结合本题，介绍以下几种解法．主要思想是把无理函数的积分化为有理函数的积分．

解一　用第一类换元法，即凑微分法．

由于被积函数的定义域为(0,1)，因而可将 $\frac{\mathrm{d}x}{\sqrt{x}}$ 凑合成为微分式 $2\mathrm{d}\sqrt{x}$．故有

$$\text{原式}=2\int\frac{1}{\sqrt{1-x}}\mathrm{d}\sqrt{x}=2\arcsin\sqrt{x}+C.$$

解二　用三角变换有理化被积表达式．

由于 $x(1-x)=\frac{1}{4}-\left(x-\frac{1}{2}\right)^2$，因此令 $x-\frac{1}{2}=\frac{\sin t}{2}\left(-\frac{\pi}{2}<t<\frac{\pi}{2}\right)$，即有

$$\text{原式}=\int\mathrm{d}t=t+C=\arcsin(2x-1)+C.$$

解三　有理化被积函数．

由于 $\frac{1}{\sqrt{x(1-x)}}=\frac{1}{x}\sqrt{\frac{x}{1-x}}$，则令 $\sqrt{\frac{x}{1-x}}=t(t>0)$，进而可得

$$\text{原式}=2\int\frac{\mathrm{d}t}{1+t^2}=2\arctan t+C=2\arctan\sqrt{\frac{x}{1-x}}+C.$$

解四　用特殊的换元法，有理化被积函数．

由 $0<x<1$ 知，为了使被积函数有理化，可令 $x=\sin^2 t\left(0<t<\frac{\pi}{2}\right)$，而 $1-x=\cos^2 t$．于是可得

$$\text{原式}=2\int\mathrm{d}t=2t+C=2\arcsin\sqrt{x}+C.$$

主要介绍这4种解法，其实还可以给出许多类似的解法，比如用凑微分法也可如下进行

$$\text{原式}=-2\int\frac{\mathrm{d}\sqrt{1-x}}{\sqrt{1-(1-x)}}=-2\arcsin\sqrt{1-x}+C.$$

用多种方法解题，不仅可以培养灵活的思维能力，而且可以比较各种解法之间的联系，达到举一反三，触类旁通的学习效果．

比如从解一得到的结果知，若令 $t=\arcsin\sqrt{x}$，即 $x=\sin^2 t$，定能化简并求出积分，而这正是解四所作的变换；

又从解三我们得到启示，如遇到形如 $\sqrt[n]{\frac{ax+b}{cx+d}}$ 的被积函数，那么可作变换 $t^n=\frac{ax+b}{cx+d}$，有指望能将被积函数有理化．

又本例题所使用的方法完全可推广到求不定积分

$$\int \frac{\mathrm{d}x}{\sqrt{(x-a)(b-x)}}\ (a<b)$$

其最简便的解法是

$$\int \frac{\mathrm{d}x}{\sqrt{(x-a)(b-x)}} = 2\int \frac{\mathrm{d}\sqrt{x-a}}{\sqrt{(b-a)-(x-a)}} = 2\int \frac{\mathrm{d}\sqrt{\frac{x-a}{b-a}}}{\sqrt{1-\left(\frac{x-a}{b-a}\right)}} = 2\arcsin\sqrt{\frac{x-a}{b-a}} + C.$$

这是上面解一的推广.

本题最巧妙的变换是令 $x-a=(b-a)\sin^2 t$,则 $b-x=(b-a)\cos^2 t$,从而

$$\int \frac{\mathrm{d}x}{\sqrt{(x-a)(b-x)}} = 2\int \mathrm{d}t = 2t + C = 2\arcsin\sqrt{\frac{x-a}{b-a}} + C.$$

这是受解四的启示.

又解一、二、三所得 3 个原函数表面上不一样,但其正确性可用求导还原的方法来验证(在解不定积分题时,要养成这个习惯).当我们验得 3 种解法所得的原函数都正确后,应进一步想到,3 个原函数之间必有如下关系

$$2\arcsin\sqrt{x} = 2\arctan\sqrt{\frac{x}{1-x}} + C_1 = \arcsin(2x-1) + C_2.$$

令 $x=\frac{1}{2}$,得 $C_1=0, C_2=\frac{\pi}{2}$,便可得到反三角函数的恒等式

$$2\arcsin\sqrt{x} = 2\arctan\sqrt{\frac{x}{1-x}} = \arcsin(2x-1) + \frac{\pi}{2}\ (0\leqslant x<1).$$

总之,在学习高等数学时,不要满足于所做练习题的结论和答案相符,而应当用不同的方法去解答同一个题目.只要通过做练习题,去分析和总结解题的方法和技巧,分析各种解题方法的特点和联系,以及分析题目中的条件与求得结果之间的联系,并将灵活的解题技巧与所学到的基本理论联系起来,这样定能在学会数学知识的同时,提高分析问题和解决问题的能力.

25. "已知曲线 $y=y(x)$ 上点 (x,y) 处的切线的斜率为 $\frac{1}{x\sqrt{x^2-1}}$,又知曲线通过点 $(-2,0)$,求这曲线的方程."

有人这样解:由 $y'=\frac{1}{x\sqrt{x^2-1}}$,得

$$y = \int \frac{\mathrm{d}x}{x\sqrt{x^2-1}} = -\int \frac{\mathrm{d}\frac{1}{x}}{\sqrt{1-\frac{1}{x^2}}} = \arccos\frac{1}{x} + C.$$

因点 $(-2,0)$ 在曲线上,故有 $C=-\frac{2}{3}\pi$,因而求得曲线方程为

$$y = \arccos\frac{1}{x} - \frac{2}{3}\pi.$$

问这种解法对不对?

分析:这种解法不对．因为被积函数$\frac{1}{x\sqrt{x^2-1}}$的定义域是$(-\infty,-1)$和$(1,+\infty)$两个区间,而题设曲线过点$(-2,0)$,则$x\in(-\infty,-1)$．而上面解法关键的一步是用到

$$\frac{\mathrm{d}x}{x\sqrt{x^2-1}}=\frac{\mathrm{d}x}{x^2\sqrt{1-\frac{1}{x^2}}}$$

实际上是假定$x>1$,因此所求得的不定积分是$(1,+\infty)$上的不定积分,不是$(-\infty,-1)$上的不定积分．而在$(1,+\infty)$的不定积分中代入点$(-2,0)$的坐标来确定积分常数C当然是不对的．正确的做法为

$$y=\int\frac{\mathrm{d}x}{x\sqrt{x^2-1}}=-\int\frac{\mathrm{d}\frac{1}{x}}{\sqrt{1-\frac{1}{x^2}}}=\arcsin\frac{1}{x}+C\quad(x<-1).$$

以点$(-2,0)$的坐标代入得$C=\frac{\pi}{6}$,故所求的曲线方程为

$$y=\arcsin\frac{1}{x}+\frac{\pi}{6}\quad(x<-1).$$

如果也考虑$x>1$的情况,那么本题答案为

$$y=\begin{cases}\arcsin\frac{1}{x}+\frac{\pi}{6} & x<-1,\\ \arccos\frac{1}{x}+C & x>1,\end{cases}$$

其中C是任意常数．

26. 利用部分分式求有理函数的积分时,确定部分分式中的待定系数有哪些方法?

分析:我们通过解下面的例题来介绍4种基本方法．

例　求$I=\int\frac{1+6x+x^2-3x^3}{(x-1)^3(x^2+2x+2)}\mathrm{d}x$

解　设$\frac{1+6x+x^2-3x^3}{(x-1)^3(x^2+2x+2)}=\frac{A}{x-1}+\frac{B}{(x-1)^2}+\frac{C}{(x-1)^3}+\frac{Dx+E}{x^2+2x+2}$,

去分母,得

$$1+6x+x^2-3x^3=[A(x-1)^2+B(x-1)+C](x^2+2x+2)+(Dx+E)(x-1)^3\quad(3.11)$$

由式(3.11)确定系数A、B、C、D、E的基本方法如下:

Ⅰ．比较系数法

即将式(3.11)右端的各项乘开,得一个四次多项式,与等号左边的多项式比较同次幂的系数,得5个方程组成的方程组,再从这个方程组解出待定系数A、B、C、D、E的值．这是最基本的一种方法,但就本题而言,采用这种方法是相当繁琐的,在这里我们就不计算了．

Ⅱ．赋值法

在式(3.11)中,令$x=1$,得$C=1$．但本题中原分式的分母中只有$x=1$一个实根,所以,再令x为其他值以求A、B、D、E也比较麻烦．对本题来说,这个方法也不太简便．

下面我们介绍两种在一般教材中没有提到的方法．这两种方法用于化分母有重根或较为

复杂的虚根的有理函数为部分分式时,较为有效.

Ⅲ. 逐次约简法

第一步　令 $x=1$,得 $C=1$.

第二步　以 $C=1$ 代入式(3.11)右端后,将以 C 为系数的项移到等式的左端,两边约去因式 $(x-1)$,得

$$-3x^2-3x+1=[A(x-1)+B](x^2+2x+2)+(Dx+E)(x-1)^2 \tag{3.12}$$

在式(3.12)中令 $x=1$,得 $B=-1$.

第三步　以 $B=-1$ 代入式(3.12)后,将以 B 为系数的项移到等式左端,两边再约去因式 $(x-1)$,得

$$-2x-3=A(x^2+2x+2)+(Dx+E)(x-1) \tag{3.13}$$

在式(3.13)中令 $x=1$,得 $A=-1$.

第四步　以 $A=-1$ 代入式(3.13),将以 A 为系数的项移到等式左端后,两边再约去因式 $(x-1)$,得

$$x+1=Dx+E.$$

从而得 $D=E=1$.

这样,定出一个系数,便将多项式约简一次,直到全部系数定出为止.

Ⅳ. 求导法

第一步　同上,令 $x=1$,得 $C=1$.

第二步　以 $C=1$ 代入(1)式后,将以 C 为系数的项移到等式的左端后,两边求导数,得

$$4-9x^2=[2A(x-1)+B](x^2+2x+2)+2(x+1)[A(x-1)^2+B(x-1)]+D(x-1)^3+3(Dx+E)(x-1)^2$$

在上式中令 $x=1$,得 $B=-1$.

第三步　以 $B=-1$ 代入并将含 B 为系数的项移到等式左端后,两端再求导并约去公因子2,得

$$1-6x=A[(x^2+2x+2)+4(x^2-1)+(x-1)^2]+3D(x-1)^2+3(Dx+E)(x-1).$$

在上式中令 $x=1$,得 $A=-1$.

第四步　以 $A=-1$ 代入,移项、求导并约去公因子3,得

$$4x-2=4Dx-3D+E,$$

故 $D=E=1$.

将已求得的系数代入各部分分式后,积分得

$$I=\frac{1}{2}\ln\frac{x^2+2x+2}{(x-1)^2}+\frac{1}{x-1}-\frac{1}{2(x-1)^2}+C.$$

比较以上方法,可见赋值法是基本的.在逐次约简或求导后,实际上还是要靠赋值法来确定各系数.逐次约简法和求导法还可以交叉使用,即分解因式方便时,可分解因式,约去公因式而逐次化简;分解因式麻烦时,用求导法同样能达到逐次化简的目的.

以上,为了介绍这4种方法,所以我们在解题过程中单一地使用了这些方法.实际上在解

题过程中各种方法可以穿插使用,即化到哪一步感到用哪个方法比较简便,就用哪个方法解,尽可能地使解法更简单些.

27. 有理函数的不定积分,必须都用部分分式法来解吗?

分析:不一定.用部分分式的方法求有理函数的积分,主要是要从理论上证明:有理函数的原函数都是初等函数这一结论.对具体的积分来说,如果所给有理函数的分母能分解因式,那么用部分分式的方法,就一定能求得这个有理函数的积分.然而,用部分分式法求积分往往很麻烦,况且有些有理式的分母根本就无法分解因式.所以,当我们求有理函数的积分时,应尽可能地考虑是否有其他更简便的方法.

例　求 $\int \frac{\mathrm{d}x}{x(x^{10}+1)}$.

解　在实数域内,要将 $x^{10}+1$ 分解因式,是相当困难的,故此题不宜直接用部分分式的方法解.我们介绍以下两种比较特殊的解法.

解一　原式 $=\int \frac{\mathrm{d}x}{x^{11}\left(1+\frac{1}{x^{10}}\right)}=-\frac{1}{10}\int \frac{\mathrm{d}x^{-10}}{1+x^{-10}}=-\frac{1}{10}\ln(1+x^{-10})+C.$

解二　原式 $=\int \frac{x^{9}\mathrm{d}x}{x^{10}(x^{10}+1)}=\frac{1}{10}\int \frac{\mathrm{d}x^{10}}{x^{10}(x^{10}+1)}=\frac{1}{10}\ln\frac{x^{10}}{x^{10}+1}+C.$

28. 求 $\int \frac{\cos x-\sin x}{\cos x+\sin x}\mathrm{d}x$ 的解法有哪些?

分析:这是形如 $\int R(\sin x,\cos x)\mathrm{d}x$ 的积分,我们将其称为三角函数有理式的积分,在一般情况下,令代换 $u=\tan\frac{x}{2}$,总可以把它化为含有变量 u 的有理函数的积分$\Big($所以称代换 $u=\tan\frac{x}{2}$ 为万能代换$\Big)$,但对具体问题,万能代换不一定是最好的方法,需要根据被积函数的特点,灵活选择方法.

解一　用万能代换,令 $u=\tan\frac{x}{2}(-\pi<x<\pi)$,则有

$$原式=\int \frac{\frac{1-u^2}{1+u^2}-\frac{2u}{1+u^2}}{\frac{1-u^2}{1+u^2}+\frac{2u}{1+u^2}}\cdot\frac{2}{1+u^2}\mathrm{d}u=2\int\frac{1-2u-u^2}{1+2u+u^2}\cdot\frac{1}{1+u^2}\mathrm{d}u$$

$$=2\int\left(\frac{-u}{1+u^2}+\frac{1-u}{1+2u-u^2}\right)\mathrm{d}u=-\ln(1+u^2)+\ln|1+2u-u^2|+C$$

$$=\ln\left|\frac{1-u^2}{1+u^2}+\frac{2u}{1+u^2}\right|+C=\ln|\cos x+\sin x|+C.$$

解二　利用三角函数恒等式转化被积函数.

$$原式=\int\frac{(\cos x-\sin x)^2}{\cos^2 x-\sin^2 x}\mathrm{d}x=\int\frac{1-\sin 2x}{\cos 2x}\mathrm{d}x$$

$$=\frac{1}{2}\ln|\sec 2x+\tan 2x|+\frac{1}{2}\ln|\cos 2x|+C=\frac{1}{2}\ln|1+\sin 2x|+C.$$

解三　原式 $=\int \frac{\cos^2 x-\sin^2 x}{(\cos x+\sin x)^2}\mathrm{d}x=\int \frac{\cos 2x}{1+\sin 2x}\mathrm{d}x$

$$=\frac{1}{2}\int \frac{\mathrm{d}(1+\sin 2x)}{1+\sin 2x}=\frac{1}{2}\ln|1+\sin 2x|+C.$$

解四　利用凑微分法.

$$原式=\int \frac{\mathrm{d}(\cos x+\sin x)}{\cos x+\sin x}=\ln|\cos x+\sin x|+C.$$

从这里我们看到万能代换相对而言比较繁琐. 另外,对于形如 $\int R(\sin^2 x,\cos^2 x)\mathrm{d}x$ 的积分,令 $u=\tan x\left(-\frac{\pi}{2}<x<\frac{\pi}{2}\right)$,可使计算较简便. 例如

$$\int \frac{1}{1+3\cos^2 x}\mathrm{d}x=\int \frac{1}{1+3\dfrac{1}{1+u^2}}\cdot\frac{1}{1+u^2}\mathrm{d}u=\int \frac{1}{u^2+4}\mathrm{d}u$$

$$=\frac{1}{2}\arctan\frac{u}{2}+C=\frac{1}{2}\arctan\frac{\tan x}{2}+C.$$

29. 初等函数的导数必为初等函数,初等函数的原函数是否必为初等函数?

分析:不一定. 虽然求导和求原函数是两种互逆的运算,但其导数为初等函数的函数,未必都是初等函数. 例如

$$\int \mathrm{e}^{-x^2}\mathrm{d}x,\int \sin x^2\mathrm{d}x,\int \frac{\sin x}{x}\mathrm{d}x,\int \frac{1}{\ln x}\mathrm{d}x,$$

它们的被积函数都是初等函数(因而在其定义域内是连续的,原函数必是存在的),但它们的原函数却不能用初等函数表示. 所以有一点必须要强调的是,原函数不存在与原函数存在但不能用初等函数表示是两个不同的概念.

(三)定积分的概念

30. 在定积分的定义中,为什么要假定被积函数在有限区间上有界?

分析:定积分的定义来源于实际问题的需要,比如在引出这个定义时提到的"路程问题"和"曲边梯形的面积问题",这些实际问题的共同点就是要研究函数 $f(x)$ 在区间 $[a,b]$ 上一种"和式的极限". 为了说明在定积分定义中为什么要设 $[a,b]$ 为有限区间,函数 $f(x)$ 要有界,让我们来考察一下这一定义的主要步骤:

(1) 分割. 将区间 $[a,b]$ 任意地分为 n 个小区间 $[x_{i-1},x_i]$,它的长记为 $\Delta x_i(i=1,2,\cdots,n)$. 并在 $[x_{i-1},x_i]$ 上任取一点 ξ_i,作乘积 $f(\xi_i)\Delta x_i$.

(2) 求和. 将上面得到的 n 个乘积加起来,得和式

$$S_n=\sum_{i=1}^{n} f(\xi_i)\Delta x_i$$

(3) 取极限. 记 $\lambda=\max\limits_{1\leqslant i\leqslant n}(\Delta x_i)$,如果和式 S_n 的极限

$$\lim_{\lambda\to 0}\sum_{i=1}^{n} f(\xi_i)\Delta x_i$$

存在,那么把这个极限值称为 $f(x)$ 在 $[a,b]$ 上的定积分,记作

$$\int_a^b f(x)\,\mathrm{d}x = \lim_{\lambda\to 0}\sum_{i=1}^{n} f(\xi_i)\Delta x_i$$

这时称$f(x)$在$[a,b]$上可积.

从定义上看,之所以要假定区间$[a,b]$为有限的原因是容易理解的. 因为如果$[a,b]$是无限区间,那么第(1)步将$[a,b]$分割而成的n个小区间中,至少有一个是无限的,乘积$f(\xi_i)\Delta x_i$中至少有一个无意义. 于是第(1)步就做不到.

又如果$f(x)$无界,那么$f(x)$至少在一个小区间,比如$[x_{i-1},x_i]$上无界. 因此在此区间上,总存在一点ζ_l,使$|f(\zeta_l)|>M$(M是待定常数). 我们来考察和

$$\begin{aligned}
&|f(\xi_1)\Delta x_1+\cdots+f(\zeta_l)\Delta x_l+\cdots+f(\xi_n)\Delta x_n|\\
=&|f(\xi_1)\Delta x_1+\cdots+f(\xi_l)\Delta x_l+\cdots+f(\xi_n)\Delta x_n+[f(\zeta_l)-f(\xi_l)]\Delta x_l|\\
\geqslant&[f(\zeta_l)-f(\xi_l)]\Delta x_l-|S_n|\geqslant|f(\zeta_l)|\Delta x_l-|f(\xi_l)|\Delta x_l-|S_n|>N
\end{aligned}$$

其中N是任意给定的正数,我们只要取定M,使

$$M>\frac{N+|S_n|+|f(\zeta_l)|\Delta x_l}{\Delta x_l}$$

上面不等式总成立. 这就证明了和式

$$f(\xi_1)\Delta x_1+\cdots+f(\zeta_l)\Delta x_l+\cdots+f(\xi_n)\Delta x_n$$

无界. 这就是说,只要$f(x)$在$[a,b]$上无界,我们就可以通过ξ_i的选取使得到的和式无界. 因此,定义中的第(3)步便无法得到. 所以,要把$f(x)$有界作为定义中的假设条件.

上面的讨论,也同时证明了函数$f(x)$在$[a,b]$上有界是$f(x)$在$[a,b]$上可积的必要条件. 为了使读者对上述讨论理解得更清楚,让我们来举一个具体的例子.

例 证明$f(x)=\begin{cases}\dfrac{1}{\sqrt{x}}, & 0<x\leqslant 1,\\ 0, & x=0\end{cases}$在$[0,1]$上不可积.

证 将区间$[0,1]$等分成n份. 在区间$\left[0,\dfrac{1}{n}\right]$上,取$\xi_1=\dfrac{1}{n^4}$,在其他$n-1$个区间$[x_{i-1},x_i]$上取$\xi_i=\dfrac{i}{n}(i=2,3,\cdots,n)$. 这时,相应的积分和为

$$S_n=n+\frac{1}{\sqrt{n}}\left(\frac{1}{\sqrt{2}}+\cdots+\frac{1}{\sqrt{n}}\right)\to\infty\ (n\to\infty),$$

即极限不存在,故函数$f(x)$在$[0,1]$上不可积.

综上所述,如果函数在$[a,b]$上无界,那么就无从讨论其在$[a,b]$上的定积分问题. 然而,$f(x)$在$[a,b]$上有界,在$[a,b]$上也不一定可积,例如狄利克莱函数

$$D(x)=\begin{cases}1, & \text{当} x \text{为有理数},\\ 0, & \text{当} x \text{为无理数}\end{cases}$$

在$[0,1]$上有界. 将区间$[0,1]$任意分为n个区间,如果

(1) 在每个小区间$[x_{i-1},x_i]$上任意取一有理点q_i,那么积分和为

$$S_n=D(q_1)\Delta x_1+D(q_2)\Delta x_2+\cdots+D(q_n)\Delta x_n=\Delta x_1+\Delta x_2+\cdots+\Delta x_n=1,$$

这个和式的极限为1。

(2) 在每个小区间$[x_{i-1},x_i]$上任取一无理点 r_i,那么积分和为

$$S_n = D(r_1)\Delta x_1 + D(r_2)\Delta x_2 + \cdots + D(r_n)\Delta x_n = 0,$$

这个和式的极限为 0.

由于(1)和(2)两种取点的方法不一样,使相应的和式极限不同,因此,我们说 $D(x)$ 在$[0,1]$上不可积.

上例说明,函数 $f(x)$ 在区间$[a,b]$上有界是 $f(x)$ 在$[a,b]$上可积的必要条件,而不是充分条件.

31. 在定积分的定义中,$\lambda\to 0$ 的含义是什么? 能否改为 $n\to\infty$? 为什么?

分析:$\lambda = \max\limits_{1\leqslant i\leqslant n}\{\Delta x_i\}$,由 $\lambda<\delta$,有 $\Delta x_i<\delta(i=1,2,\cdots,n)$,$\lambda\to 0$ 意味着区间$[a,b]$被无限细分,这时 $\lim\limits_{\lambda\to 0}\sum\limits_{i=1}^{n} f(\xi_i)\Delta x_i$ 就是准确值 I 了.

由 $\lambda\to 0$,可推出 $n\to\infty$,即$[a,b]$上分点的个数 n 必然会无限增多;但反之则不然.

例如,取 x_1 为$[a,b]$的中点,x_2 为$[x_1,b]$的中点,……,如此类取其半,显见 $n\to\infty$,但 $\lambda = \max\limits_{1\leqslant i\leqslant n}\{\Delta x_i\} = \dfrac{b-a}{2}$不趋 0. 由此可见,$\lambda\to 0$ 与 $n\to\infty$ 并不等价,定义中 $\lambda\to 0$ 不能改为 $n\to\infty$. $\lambda\to 0$ 是有别于 $n\to\infty$ 和 $x\to a$ 的第三类极限过程,但以前的一些极限性质,对 $\lambda\to 0$ 也成立. 在某些特殊分割下 $\lambda\to 0$ 与 $n\to\infty$ 等价,例如对$[a,b]$实行 n 等分,$\lambda=(b-a)/n$,这时 $\lambda\to 0\Leftrightarrow n\to\infty$.

又如,设 $f(x)$ 在$[a,b]$上可积,则积分值 $I = \int_a^b f(x)\,\mathrm{d}x$ 与分法无关,对于某一特殊分法,若当 $n\to\infty$ 时有 $\lambda\to 0$,这时我们也常用 $n\to\infty$ 代替 $\lambda\to 0$.

32. 定积分 $\int_a^b f(x)\,\mathrm{d}x$ 的几何意义为:由函数 $f(x)$ 的曲线、x 轴与直线 $x=a$、$x=b$ 所围成的曲边梯形的面积,问上述结论是否正确?

分析:不正确. 例如 $\int_{-\frac{\pi}{2}}^{\frac{\pi}{2}} \sin x\mathrm{d}x = [-\cos x]_{-\frac{\pi}{2}}^{\frac{\pi}{2}} = 0$,而由 $f(x)=\sin x$、$x=\dfrac{\pi}{2}$、$x=-\dfrac{\pi}{2}$和 x 轴所围成的曲边梯形的面积为 $S = \int_{-\frac{\pi}{2}}^{\frac{\pi}{2}} |\sin x|\mathrm{d}x = 2\int_0^{\frac{\pi}{2}} |\sin x|\mathrm{d}x = 2$.

正确的结论为:定积分 $\int_a^b f(x)\,\mathrm{d}x$ 的几何意义是由函数 $f(x)$ 的曲线、x 轴与直线 $x=a$、$x=b$ 所围成的曲边梯形的面积的代数和,要求在 x 轴上方的面积取正值,在 x 轴下方的面积取负值.

33. 我们在求由 $0\leqslant y\leqslant x^2$,$0\leqslant x\leqslant 1$ 所确定的曲边三角形的面积时,只要将区间$[0,1]$作 n 等分,并取子区间的左端点 $x_i=\dfrac{i}{n}$作为 ξ_i,做出积分和式再取极限,便能求出它的面积为$\dfrac{1}{3}$. 为什么在定积分的定义中要强调把区间$[a,b]$作任意分割和点 ξ_i 要任意选取?

分析:早在古希腊时期,阿基米德就能解决类似于上述曲边三角形的面积等问题. 他的方法接近于现在的积分法. 但与现代积分法相比,在取点与等分方面具有特殊性,不够一般化.

我们要求曲边梯形的面积,总是先将它所在的区间$[a,b]$分割,然后用台阶形去近似. 自然不同的人对$[a,b]$的分割方法不会相同. 一般说来,在曲线的纵坐标变化较大的地方分得细些,而变化较小的地方分得粗些. 所以任意地分割$[a,b]$是求得近似的一般方法. 其次,为

了使近似比较精确,ξ_i 的选取也要具有任意性．不过不管怎样去分割$[a,b]$,也不管怎样去选取 ξ_i,所得到的台阶形面积,都是这个曲边梯形面积的近似值．这些近似值将随着所有的 Δx_i 变小而更能精确地表示曲边梯形的面积,当 $\lambda \to 0$ 时,都应以曲边梯形的面积 S 为极限 $\lim\limits_{\lambda \to 0}\sum\limits_{i=1}^{n} f(\xi_i)\Delta x_i = S$,即对任意的分割和任意取点．积分和式趋于同一个极限值．这样,通过从近似到精确的辩证方法,才抓住了求曲边梯形面积的两个要点．同样,求变速直线运动的路程问题,从近似到精确的方法也是如此．因而,抽象成定积分的定义要强调这两个任意性．

定积分的这种定义是不是就抓住了问题的本质,而不这样就不行呢？是的,我们可以再看一个例子．

例　设$f(x)=\begin{cases}x^2, & 当 x 为有理数\\ 0, & 当 x 为无理数\end{cases}$,如果限定分割为等分,且取点为小区间右端点,试计算$f(x)$在$[0,1]$及$[0,\sqrt{2}]$上的积分和式的极限．

解　在这种限定下,$f(x)$在$[0,1]$上的积分和式为

$$\sum_{i=1}^{n} f\left(\frac{i}{n}\right)\frac{1}{n} = \sum_{i=1}^{n}\left(\frac{i}{n}\right)^2\frac{1}{n} = \frac{n(n+1)(2n+1)}{6}\cdot\frac{1}{n^3}\to\frac{1}{3},$$

所以$f(x)$在$[0,1]$上的积分和式的极限为$\frac{1}{3}$. 同样,$f(x)$在$[0,\sqrt{2}]$上的积分和式为

$$\sum_{i=1}^{n} f\left(\frac{i}{n}\sqrt{2}\right)\frac{\sqrt{2}}{n} = \sum_{i=1}^{n} 0\cdot\frac{\sqrt{2}}{n} = 0,$$

所以$f(x)$在$[0,\sqrt{2}]$上的积分和式的极限为0. 这里出现了一个不合情理的现象:$f(x)$是非负的,它在较小区间上的积分和式的极限值反而比在较大区间上的大．这种现象的出现是由于我们对分割及取点的限制．如果没有这种限制,$f(x)$在任一个区间的各个积分和式差异将较大,根本不可能趋向一个确定的数．

34. 定积分 $\int_a^b f(x)\mathrm{d}x$ 的值 I 与哪些因素有关？又与哪些因素无关？为什么？

分析:定积分的值 I 是积分和 $\sigma = \sum\limits_{i=1}^{n} f(\xi_i)\Delta x_i$ 的极限值,自然地,I 与被积函数$f(x)$及积分区间$[a,b]$有关．因此,若被积函数不同,或积分区间不一样,算出的 I 可能不一样．同时,值 I 与对区间$[a,b]$的分法及点 ξ_i 的取法无关,否则极限不唯一,这样定义的积分值 I 无意义．

此外,定积分值 I 还与所用积分变量的符号无关,即有

$$\int_a^b f(x)\mathrm{d}x = \int_a^b f(t)\mathrm{d}t = \int_a^b f(u)\mathrm{d}u.$$

35. 怎样用定积分来求极限

$$\lim_{n\to\infty}\frac{1}{n}\left(\sin\frac{\pi}{n}+\sin\frac{2\pi}{n}\cdots+\sin\frac{n-1}{n}\pi\right)?$$

分析:由定积分的定义知,如果$f(x)$在$[a,b]$上可积,那么我们可以对$[a,b]$用特殊的分法,并特殊地取点,所得积分和的极限就是$f(x)$在$[a,b]$上的定积分．所以,遇到求一些和式极限的问题,如果将其化为某个可积函数的积分和,就能用定积分来求．而要将所设和式化为积分和,主要是要根据所设和式确定被积函数和积分区间．下面我们用两种方法来阐明如何

将本问题中的和式化为积分和式，从而求出其极限.

解一　从和式

$$\frac{1}{n}\left(\sin\frac{\pi}{n}+\sin\frac{2\pi}{n}\cdots+\sin\frac{n-1}{n}\pi\right) \tag{3.14}$$

可知，如要将其化为积分和，那么被积函数当为 $\sin\pi x$，而分点$\frac{1}{n}$和$\frac{n-1}{n}$当 $n\to\infty$ 时分别趋于 0 和 1，所以积分区间当为$[0,1]$. 于是将区间作 n 等分，取 ξ_i 为$[x_{i-1},x_i]$的左端点，这样，函数 $\sin\pi x$ 相应的积分和正是式(3.14). 由于 $\sin\pi x$ 在$[0,1]$上连续，故可积，从而就有

$$\frac{1}{n}\left(\sin\frac{\pi}{n}+\sin\frac{2\pi}{n}+\cdots+\sin\frac{n-1}{n}\pi\right)=\int_0^1\sin\pi x\mathrm{d}x=\frac{2}{\pi}.$$

解二　仍从和式(3.14)来分析. 若以 $\sin x$ 为被积函数，因分点$\frac{\pi}{n}$和$\frac{n-1}{n}\pi$ 当 $n\to\infty$ 时分别趋于 0 和 π，故积分区间当为$[0,\pi]$. 将作 n 等分，则有 $\Delta x_i=\frac{\pi}{n}$，从而有

$$\begin{aligned}&\lim_{n\to\infty}\frac{1}{n}\left(\sin\frac{\pi}{n}+\sin\frac{2\pi}{n}+\cdots+\sin\frac{n-1}{n}\pi\right)\\&=\frac{1}{\pi}\lim_{n\to\infty}\frac{\pi}{n}\left(\sin\frac{\pi}{n}+\sin\frac{2\pi}{n}+\cdots+\sin\frac{n-1}{n}\pi\right)\\&=\frac{1}{\pi}\int_0^{\pi}\sin x\mathrm{d}x=\frac{2}{\pi}.\end{aligned}$$

36. 下列两个问题是否正确?

问题 1　如果函数 $f(x)$在$[a,b]$上有原函数，那么 $f(x)$在$[a,b]$上可积；

问题 2　如果函数 $f(x)$在$[a,b]$上可积，那么 $f(x)$在$[a,b]$上一定有原函数.

分析:这两个问题都不正确.

先说问题 1. 在$[a,b]$上有原函数存在的函数 $f(x)$未必是可积的. 例如

$$F(x)=\begin{cases}x^2\sin\frac{1}{x^2}, & x\neq 0,\\0, & x=0,\end{cases}$$

在$[-1,1]$上处处可导，且有

$$F'(x)=f(x)=\begin{cases}2x\sin\frac{1}{x^2}-\frac{2}{x}\cos\frac{1}{x^2}, & x\neq 0,\\0, & x=0\end{cases}$$

因此 $f(x)$在$[-1,1]$上有原函数 $F(x)$，但 $f(x)$在$[-1,1]$上无界，故 $f(x)$在$[-1,1]$上不可积.

再说问题 2，在$[a,b]$上可积的函数不一定有原函数. 例如符号函数

$$\operatorname{sgn}x=\begin{cases}1, & x>0,\\0, & x=0,\\-1, & x<0,\end{cases}$$

在$[-1,1]$上可积，因为它只有一个第一类间断点 $x=0$. 然而根据(问题 9)知，此函数在区间

$[-1,1]$上不存在原函数.

通过这两个问题的回答,读者应该注意数学的严谨性. 比如对问题1,有的人认为,如果在$[a,b]$上 $F'(x)=f(x)$,则

$$\int_a^b f(x)\,\mathrm{d}x = F(b) - F(a),$$

因此$f(x)$当然在$[a,b]$上可积. 须知,仅凭借于这种直觉,往往会得到错误的结论. 有些直觉,对启发数学的抽象思维很有益处,但仅由直觉得到的结论不一定可靠,要把直觉得到的结果上升到数学的理论,必须加以证明. 如不能证明所得结论的正确性,则可以考虑举出反例,以否定问题的正确性,比如我们上面的回答都是举出了反例,因而否定了问题1 和问题2. 这是学习和研究数学的一种重要方法.

(四) 定积分的计算方法

37. 在怎样的条件下,牛顿-莱布尼茨公式

$$\int_a^b f(x)\,\mathrm{d}x = F(b) - F(a)$$

成立? 其中 $F'(x)=f(x)$.

分析: 如果函数$f(x)$在$[a,b]$上连续,那么这个公式是对的,这就是牛顿-莱布尼茨公式,也称为微积分基本定理,因为正是这个公式架起了联系微分与(定)积分的桥梁. 它把函数$f(x)$在区间$[a,b]$上的定积分的计算转化为求$f(x)$的原函数在区间$[a,b]$上的增量,从而能很方便地将定积分计算出来. 然而,正因为它重要,在使用此公式时更要注意公式成立的条件,比如在问题17 中,式(3.4)所表示的函数$f(x)$在$[-1,1]$上不可积,因此便不能用此公式. 使式(3.4)成立的条件还可以放宽,如下面的定理1 与定理2 所示:

定理1 设$f(x)$在$[a,b]$上可积,且存在原函数 $F(x)$,则牛顿-莱布尼茨公式成立.

证明 将区间$[a,b]$任意分割为 n 个小区间:

$$[x_0,x_1],[x_1,x_2],\cdots,[x_{n-1},x_n]$$

其中 $x_0=a,x_n=b$,那么

$$\begin{aligned}F(b)-F(a) &= [F(x_1)-F(x_0)]+[F(x_2)-F(x_1)]+\cdots+[F(x_n)-F(x_{n-1})]\\ &= f(\xi_1)\Delta x_1+f(\xi_2)\Delta x_2+\cdots+f(\xi_n)\Delta x_n,\end{aligned}$$

这里我们用了拉格朗日中值定理,$\xi_i\in(x_{i-1},x_i)$. 由于$f(x)$可积,令 $\lambda=\max\limits_{1\leqslant i\leqslant n}\{\Delta x_i\}\to 0$,即得

$$F(b)-F(a) = \lim_{\lambda\to 0}\sum_{i=1}^{n} f(\xi_i)\Delta x_i = \int_a^b f(x)\,\mathrm{d}x.$$

定理2 设 $F(x)$在区间$[a,b]$上可导,$F'(x)=f(x)$在区间$[a,b]$分段连续(除去有限个第一类间断点外,$f(x)$连续),则牛顿-莱布尼茨公式成立.

证明 不妨设 $c\in[a,b]$是$f(x)$的唯一的第一类间断点,则有

$$\begin{aligned}\int_a^b f(x)\,\mathrm{d}x &= \int_a^c f(x)\,\mathrm{d}x + \int_c^b f(x)\,\mathrm{d}x\\ &= [F(c)-F(a)]+[F(b)-F(c)] = F(b)-F(a).\end{aligned}$$

例如,$\int_a^b \operatorname{sgn}x\,\mathrm{d}x = |b|-|a|$,其中 a、b 是任意实数.

38. 同一个连续函数有无穷多个原函数,在使用牛顿-莱布尼兹公式计算其定积分时,会不会因为选取原函数的不同而算出不同的积分值?

分析:不会的．事实上,设被积函数 $f(x)$ 的任意两个原函数是 $F(x)$ 与 $\Phi(x)$,则 $\Phi(x)=F(x)+C$,有

$$\Phi(x)\Big|_a^b=\int_a^b f(x)\mathrm{d}x=[F(x)+C]\Big|_a^b=[F(b)+C]-[F(a)+C]=F(x)\Big|_a^b$$

39. 不定积分、定积分与变上限积分三者之间的关系如何?

分析:函数 $f(x)$ 的不定积分 $\int f(x)\mathrm{d}x$ 是 $f(x)$ 的原函数的全体;而变上限积分 $\int_a^x f(t)\mathrm{d}t$ 是上限 x 的一个函数,它是 $f(x)$ 的原函数之一,进而可得

$$\int f(x)\mathrm{d}x=\int_a^x f(t)\mathrm{d}t+C\ (C\text{ 为常数});$$

但定积分仅仅是一个数,它等于 $f(x)$ 的任一原函数 $F(x)$ 在积分区间上的增量,即有

$$\int_a^b f(x)\mathrm{d}x=F(b)-F(a)\ (F'(x)=f(x)).$$

由此可知,可以通过先演算不定积分(原函数族)求出任一原函数 $F(x)$,再计算其增量 $F(b)-F(a)$,便是所求的定积分.

可见,如上三者之间既有联系,又有区别.

例如,$\sin x$ 是 $\cos x$ 的一个原函数,则

$$\int_0^x \cos x\mathrm{d}x=\sin x=F(x);$$

$$\int \cos x\mathrm{d}x=\sin x+C=F(x)+C;$$

$$\int_0^{\frac{\pi}{2}}\cos x\mathrm{d}x=\sin x\Big|_0^{\frac{\pi}{2}}=1=F\left(\frac{\pi}{2}\right).$$

40. 设 $f(x)$ 在区间 $[a,b]$ 上可积,问 $F(x)=\int_a^x f(t)\mathrm{d}t$ 是否一定可导?

分析:不一定可导.

例如 $f(x)=\operatorname{sgn}x$ 在 $[-1,1]$ 上可积,但 $F(x)=\int_{-1}^x \operatorname{sgn}t\mathrm{d}t=|x|-1$(见问题18)在 $x=0$ 处不可导.但我们可以证明,$F(x)$ 在 $[a,b]$ 上连续.

若 $x\in[a,b]$,取 $|\Delta x|$ 充分小,使 $x+\Delta x\in[a,b]$;若 $x=a$,由于只要考虑 $F(x)$ 右连续,故 $\Delta x>0$;若 $x=b$,由于只要考虑左连续,故 $\Delta x<0$. 总之,可取 $|\Delta x|$ 充分小使 x 及 $x+\Delta x\in[a,b]$. 又 $f(x)$ 可积,则必有界.设 $|f(x)|\leqslant M$,于是

$$\begin{aligned}|F(x+\Delta x)-F(x)|&=\left|\int_a^{x+\Delta x}f(t)\mathrm{d}t-\int_a^x f(t)\mathrm{d}t\right|\\&=\left|\int_x^{x+\Delta x}f(t)\mathrm{d}t\right|\leqslant M|\Delta x|.\end{aligned}$$

故当 $\Delta x\to 0$ 时,$F(x+\Delta x)-F(x)\to 0\ (x\in[a,b])$.

我们知道,若 $f(x)$ 在 $[a,b]$ 上连续,则 $F(x)$ 在 $[a,b]$ 上可导,且 $F'(x)=f(x)$. 可以进一步指出,若 $f(x)$ 在 $[a,b]$ 上可积,在 $[a,b]$ 上某点 x_0 连续,则 $F(x)$ 在点 x_0 可导,且 $F'(x_0)=f(x_0)$. 其

证明已超出高等数学教学的基本要求,我们就不予证明了.

41. 区间 I 上的连续函数 $f(x)$ 的一切原函数能否用公式 $F(x)=\int_a^x f(t)\mathrm{d}t\,(a,x\in I)$ 给出?

分析:不能. $F(x)=\int_a^x f(t)\mathrm{d}t$ 仅为连续函数 $f(x)$ 的一个原函数,而非一切原函数. 例如函数 $f(x)=0$,则 $G(x)=C(C\neq 0)$ 是 $f(x)$ 的原函数;由牛顿-莱布尼兹公式可得

$$F(x)=\int_a^x f(x)\mathrm{d}x=\int_a^x 0\mathrm{d}x=C-C=0,$$

可见,不论 $C(\neq 0)$ 为何值,$G(x)\neq F(x)$,$F(x)=0$ 仅为一个原函数. 这就是说,原函数族 $G(x)=C$ 不能由公式 $F(x)=\int_a^x f(t)\mathrm{d}t$ 给出.

42. 有人解得 $\frac{\mathrm{d}}{\mathrm{d}x}\int_a^x (x-t)^2\mathrm{d}t=(x-x)^2=0$,这个结果对吗?

分析:不对,这里被求导的函数是变上限积分函数,但因为被积函数中含有自变量 x,故不能直接按照变限积分的求导法则去求. 正确的解法是令 $x-t=u$,则 $-\mathrm{d}t=\mathrm{d}u$,故有

$$\frac{\mathrm{d}}{\mathrm{d}x}\int_a^x (x-t)^2\mathrm{d}t=\frac{\mathrm{d}}{\mathrm{d}x}\left(-\int_{x-a}^0 u^2\mathrm{d}u\right)=\frac{\mathrm{d}}{\mathrm{d}x}\int_0^{x-a} u^2\mathrm{d}u=(x-a)^2$$

总结一下,对积分上限函数求导时要注意以下两点:

首先,要弄清是对哪个变量求导,把积分上限函数的自变量与积分变量区分开来. 积分上限函数的自变量是上限变量,因此对积分上限的函数求导,就是对上限变量求导,与积分变量没有关系.

其次,积分上限函数求导公式 $\frac{\mathrm{d}}{\mathrm{d}x}\int_a^x f(t)\mathrm{d}t=f(x)$ 中的被积函数 $f(t)$ 是与变量 x 无关的,若被积函数中含有上限变量 x,应该先将 x 提到积分号外面或通过变量代换将 x 变换到积分限上再求导.

43. (1) 连续的奇函数的原函数都是偶函数吗?

(2) 连续的偶函数的原函数都是奇函数吗?

分析:(1)都是. 证明如下.

设 $f(x)$ 是连续的奇函数,则其原函数一般表示式为:

$$F(x)=\int_0^x f(t)\mathrm{d}t+C,$$

故
$$F(-x)=\int_0^{-x} f(t)\mathrm{d}t+C=\int_0^x[-f(-u)]\mathrm{d}u+C=\int_0^x f(u)\mathrm{d}u+C=F(x)$$

即 $f(x)$ 的原函数都是偶函数.

(2) 不一定,连续的偶函数的原函数中,仅有一个是奇函数,证明如下.

设 $f(x)$ 是连续的偶函数,则其原函数一般表示式为 $F(x)=\int_0^x f(t)\mathrm{d}t+C$,

故有

$$F(-x)=\int_0^{-x} f(t)\mathrm{d}t+C=-\int_0^x f(u)\mathrm{d}u+C$$

要使 $F(-x)=F(x)$,必须 $C=0$. 即在 $f(x)$ 的原函数中仅有原函数 $F(x)=\int_0^x f(t)\mathrm{d}t$ 是奇函数.

44. (1) 由$\left(\arctan\dfrac{1+x}{1-x}\right)'=\dfrac{1}{1+x^2}$,得

$$\int_0^{\sqrt{3}}\frac{1}{1+x^2}\mathrm{d}x = \arctan\frac{1+x}{1-x}\Bigg|_0^{\sqrt{3}} = -\frac{2}{3}\pi;$$

(2) 由$\left(\dfrac{1}{\sqrt{2}}\arctan\dfrac{x^2-1}{\sqrt{2}x}\right)'=\dfrac{x^2+1}{x^4+1}$,得

$$\int_{-1}^{1}\frac{x^2+1}{x^4+1}\mathrm{d}x = \frac{1}{\sqrt{2}}\arctan\frac{x^2-1}{\sqrt{2}x}\Bigg|_{-1}^{1} = 0.$$

问这两道题的结果对吗?

分析:这两个问题中的被积函数都是连续正函数,且积分下限均小于上限,故它们的积分值必大于零,所以一看答案便知结果都是错的.错在哪里?追其根源还是对原函数的概念没有搞清楚.

下面我们来对错误进行剖析.

(1) 由于函数$\arctan\dfrac{1+x}{1-x}$在$x=1$处不可导,因此,它只能是$\dfrac{1}{1+x^2}$分别在$(-\infty,1)$和$(1,+\infty)$内的原函数,而不是包含$x=1$在内的区间$[0,\sqrt{3}]$上的原函数.所以不能像题中那样在$[0,\sqrt{3}]$上用牛顿-莱布尼茨公式来计算定积分的值,那么怎样来改正呢?

(i) 求出$\dfrac{1}{1+x^2}$在$(-\infty,+\infty)$内的原函数$F(x)$,这样自然可以在$[0,\sqrt{3}]$运用牛顿-莱布尼茨公式.因此,设

$$F(x)=\begin{cases}\arctan\dfrac{1+x}{1-x}+C_1, & x>1,\\ C, & x=1,\\ \arctan\dfrac{1+x}{1-x}+C_2, & x<1\end{cases}$$

现在确定常数C_1,C_2和C的关系,使$F(x)$在$x=1$处连续.

由于$\lim\limits_{x\to1^+}F(x)=C_1-\dfrac{\pi}{2}$, $\lim\limits_{x\to1^-}F(x)=\dfrac{\pi}{2}+C_2$,即有

$$C_1-\frac{\pi}{2}=\frac{\pi}{2}+C_2=C.$$

若取$C=\dfrac{\pi}{2}$,那么$C_1=\pi,C_2=0$,则有

$$F(x)=\begin{cases}\arctan\dfrac{1+x}{1-x}+\pi, & x>1,\\ \dfrac{\pi}{2}, & x=1,\\ \arctan\dfrac{1+x}{1-x}, & x<1.\end{cases}$$

它也是$\frac{1}{1+x^2}$在$[0,\sqrt{3}]$上的一个原函数,故有

$$\int_0^{\sqrt{3}} \frac{1}{1+x^2}\mathrm{d}x = F(x)\Big|_0^{\sqrt{3}} = \left(\arctan\frac{1+\sqrt{3}}{1-\sqrt{3}}+\pi\right)-\arctan 1 = \frac{1}{3}\pi.$$

(ii) 由$\int_0^{\sqrt{3}} \frac{1}{1+x^2}\mathrm{d}x = \int_0^1 \frac{1}{1+x^2}\mathrm{d}x + \int_1^{\sqrt{3}} \frac{1}{1+x^2}\mathrm{d}x$,分别计算:

$$\int_0^1 \frac{1}{1+x^2}\mathrm{d}x = \lim_{\varepsilon\to 0^+}\left(\arctan\frac{1+x}{1-x}\Big|_0^{1-\varepsilon}\right) = \frac{\pi}{4},$$

$$\int_1^{\sqrt{3}} \frac{1}{1+x^2}\mathrm{d}x = \lim_{\varepsilon\to 0^+}\left(\arctan\frac{1+x}{1-x}\Big|_{1+\varepsilon}^{\sqrt{3}}\right) = \frac{\pi}{12}.$$

故有

$$\int_0^{\sqrt{3}} \frac{1}{1+x^2}\mathrm{d}x = \frac{\pi}{4}+\frac{\pi}{12} = \frac{\pi}{3}.$$

显然,本题最简便的解法是

$$\int_0^{\sqrt{3}} \frac{1}{1+x^2}\mathrm{d}x = \arctan x\Big|_0^{\sqrt{3}} = \frac{\pi}{3}.$$

我们之所以介绍上面两种改正的方法,主要是要说明只要找到连续函数的任何一个原函数,牛顿-莱布尼茨公式都是可以用的.

(2) 和(1)一样,我们只介绍一种改正的方法,在(问题9中),我们曾讨论过$\frac{x^2+1}{x^4+1}$在$(-\infty,+\infty)$内的原函数,其中相应于$C=0$的一个是

$$F(x)=\begin{cases}\frac{1}{\sqrt{2}}\arctan\frac{x^2-1}{\sqrt{2}x}+\frac{\pi}{2\sqrt{2}}, & x>0,\\ 0, & x=0,\\ \frac{1}{\sqrt{2}}\arctan\frac{x^2-1}{\sqrt{2}x}-\frac{\pi}{2\sqrt{2}}, & x<0,\end{cases}$$

故

$$\int_{-1}^1 \frac{x^2+1}{x^4+1}\mathrm{d}x = \frac{\pi}{2\sqrt{2}}-\left(-\frac{\pi}{2\sqrt{2}}\right) = \frac{\pi}{\sqrt{2}} = \frac{\sqrt{2}\pi}{2}.$$

45. 定积分的换元法与不定积分的换元法有何共同点与差别?

分析:共同点是明显的,一般说来,它们都是建立在找被积函数的原函数基础上积分方法.但更重要的是建立在它们之间的差别和各自的特点:

(1) 不定积分的换元法。

不定积分的换元法的主要目的是通过换元,求出被积函数的原函数的一般表达式.有第一类换元法和第二类换元法两种.第一类换元法也称"凑微分法",它的特点是逐步将被积函数的原函数凑出来,而不必明显地将原积分换成新变量的积分后,再求其原函数;第二类换元法的特点是必须把原积分换成新变量的积分,然后求出新变量积分的原函数,再在结果中将新

变量换回到原来的变量,即令 $x=\phi(t)$,则有

$$\int f(x)\,\mathrm{d}x = \left\{\int f[\phi(t)]\phi'(t)\,\mathrm{d}t\right\}_{t=\phi^{-1}(x)} = [F(t)]_{t=\phi^{-1}(x)} + C$$

其中 $t=\phi^{-1}(x)$ 是 $x=\phi(t)$ 的反函数. 所以,第二类换元法必须要求换元函数的反函数存在,这只要 $\phi'(t)\neq 0$ 就可以了. 这是与第一类换元法的差别.

(2) 定积分的换元法。

定积分的换元法的目的在于求出积分值,这是它与不定积分的换元法不同之处. 它在换元的同时,要相应地变换积分的上下限,将原积分变换成一个积分值相等的新积分. 所以积分经过变换后,不必再去关心原被积函数的原函数是什么,也没有必要再去关心变换函数是否存在反函数等问题. 这是定积分换元法与不定积分换元法的最大差别. 此外,尚有其他一些差别,比如,通过换元积分法知,如果 $f(x)$ 是在 $[-l,l]$ 上连续的奇函数,那么

$$\int_{-l}^{l} f(x)\,\mathrm{d}x = 0$$

无需寻找 $f(x)$ 的原函数,就能断定其积分值为零. 了解这一点是重要的,因为它能开拓我们的思路,去构思一些更巧妙的换元技巧. 我们举一例如下:

例　计算 $I=\int_0^{\frac{\pi}{2}}\frac{\cos x}{\sin x+\cos x}\mathrm{d}x$.

解　令 $x=\frac{\pi}{2}-t$,则有

$$I=\int_{\frac{\pi}{2}}^{0}\frac{\cos\left(\frac{\pi}{2}-t\right)}{\sin\left(\frac{\pi}{2}-t\right)+\cos\left(\frac{\pi}{2}-t\right)}\mathrm{d}\left(\frac{\pi}{2}-t\right)=\int_0^{\frac{\pi}{2}}\frac{\sin t}{\cos t+\sin t}\mathrm{d}t=\int_0^{\frac{\pi}{2}}\frac{\cos x}{\sin x+\cos x}\mathrm{d}x,$$

即

$$2I=\int_0^{\frac{\pi}{2}}\frac{\cos x}{\sin x+\cos x}\mathrm{d}x+\int_0^{\frac{\pi}{2}}\frac{\sin x}{\cos x+\sin x}\mathrm{d}x=\int_0^{\frac{\pi}{2}}\mathrm{d}x=\frac{\pi}{2},$$

故有 $I=\frac{\pi}{4}$.

由此可见,定积分的换元法往往能使得我们得到一些计算定积分值的特殊技巧,这是学习定积分时应当注意的.

46. 在求积分 $\int_0^1\sqrt{1-x^2}\,\mathrm{d}x$ 时,令 $x=\sin t$,得

$$\int_0^1\sqrt{1-x^2}\,\mathrm{d}x=\int_0^{\frac{5\pi}{2}}\cos^2 t\,\mathrm{d}t=\int_0^{\frac{5\pi}{2}}\frac{1+\cos 2t}{2}\mathrm{d}t=\frac{5}{4}\pi.$$

这种做法对不对?

分析:从几何意义看,积分 $\int_0^1\sqrt{1-x^2}\,\mathrm{d}x$ 是单位圆面积的 $\frac{1}{4}$,积分值应是 $\frac{1}{4}\pi$,故上面的结果不对. 错在哪里? 是不是积分限变错了? 不是的,根据定积分的换元法,积分限这样变是允许的. 让我们再深入一步检查,在引进积分变元 t 以后,选择了 t 相应的取值区间 $\left[0,\frac{5\pi}{2}\right]$,在这个区间内,$\cos t$ 的值有正也有负,因此应有 $\sqrt{1-\sin^2 t}=|\cos t|$,而不应是 $\cos t$. 这就是问题之

所在．所以正确的做法如下：

$$\int_0^1 \sqrt{1-x^2}\,\mathrm{d}x = \int_0^{\frac{5\pi}{2}} |\cos t|\cos t\mathrm{d}t = \int_0^{\frac{\pi}{2}} \cos^2 t\mathrm{d}t - \int_{\frac{\pi}{2}}^{\frac{3\pi}{2}} \cos^2 t\mathrm{d}t + \int_{\frac{3\pi}{2}}^{\frac{5\pi}{2}} \cos^2 t\mathrm{d}t = \frac{\pi}{4}$$

这个例子说明定积分换元时，不必要求 $x=\phi(t)$ 有反函数，因此，$\phi(t)$ 不一定要相应的变化区间上单调，如本题选 $x=\sin t, t\in\left[0,\frac{5\pi}{2}\right]$，在这个区间上 $\sin t$ 并不单调，但同样能得出结果．本题同时也说明，如果我们选取它的单调区间 $\left[0,\frac{\pi}{2}\right]$，那么便有

$$\int_0^1 \sqrt{1-x^2}\,\mathrm{d}x = \int_0^{\frac{\pi}{2}} \cos^2 t\mathrm{d}t = \frac{\pi}{4},$$

显然，此方法做起来简单但不易出错，所以，在定积分换元时，我们总是尽可能选取变换的单调区间．

47. 怎样运用奇、偶函数与周期函数的性质，简化定积分的计算？

分析：计算定积分时，分析被积函数的特点，充分运用奇、偶函数的性质及周期函数的性质，对简化计算很有益处．试看以下 3 例．

例 1　计算 $\int_{-2}^{2} \frac{7x^5+x^4+x^3+5x^2-13x-2}{1+x^2}\mathrm{d}x$．

解　注意到 $\frac{7x^5+x^3-13x}{1+x^2}$ 是奇函数，被积函数的其余项是偶函数，所以

$$\text{原式} = 2\int_0^2 \frac{x^4+5x^2-2}{1+x^2}\mathrm{d}x = 2\int_0^2\left(x^2+4-\frac{6}{1+x^2}\right)\mathrm{d}x = \frac{64}{3} - 12\arctan 2.$$

例 2　计算 $\int_{-\ln 2}^{\ln 2} \frac{\sin x+\mathrm{ch}x}{9+16\mathrm{sh}^2 x}\mathrm{d}x$．

$$\text{解　原式} = \int_{-\ln 2}^{\ln 2} \frac{\sin x}{9+16\mathrm{sh}^2 x}\mathrm{d}x + \int_{-\ln 2}^{\ln 2} \frac{\mathrm{ch}x}{9+16\mathrm{sh}^2 x}\mathrm{d}x$$

$$= \frac{1}{2}\int_0^{\ln 2} \frac{1}{3^2+(4\mathrm{sh}x)^2}\mathrm{d}(4\mathrm{sh}x) = \frac{1}{6}\arctan\frac{4\mathrm{sh}x}{3}\Bigg|_0^{\ln 2} = \frac{1}{24}\pi.$$

例 3　计算 $\int_{100}^{100+\pi} \sin^2 2x(\tan x+1)\mathrm{d}x$．

解　由于 $\sin^2 2x$ 和 $\tan x$ 都是以 π 为周期的周期函数，积分区间 $[100,100+\pi]$ 之长为 π，而对以 T 为周期的周期函数 $f(x)$ 来说，有

$$\int_\lambda^{\lambda+T} f(x)\mathrm{d}x = \int_{-\frac{T}{2}}^{\frac{T}{2}} f(x)\mathrm{d}x$$

（这是因为 $\int_\lambda^{\lambda+T} f(x)\mathrm{d}x = \int_\lambda^{-\frac{T}{2}} f(x)\mathrm{d}x + \int_{-\frac{T}{2}}^{\frac{T}{2}} f(x)\mathrm{d}x + \int_{\frac{T}{2}}^{\lambda+T} f(x)\mathrm{d}x$，令 $x=t+T$，则

$$\int_{\frac{T}{2}}^{\lambda+T} f(x)\mathrm{d}x = \int_{-\frac{T}{2}}^{\lambda} f(x)\mathrm{d}x = -\int_\lambda^{-\frac{T}{2}} f(x)\mathrm{d}x)$$

其中 λ 为任意实数，加以被积函数又有明显的奇、偶性，故有

$$\text{原式} = \int_{-\frac{\pi}{2}}^{\frac{\pi}{2}} \sin^2 2x(\tan x+1)\mathrm{d}x = 2\int_0^{\frac{\pi}{2}} \sin^2 2x\mathrm{d}x = \frac{\pi}{2}.$$

这里,我们综合运用了函数的周期性和奇、偶性,使计算非常简便. 如果不运用这些性质,那么计算时不但麻烦,而且容易出错.

48. 怎样运用积分中值定理(包括推广的积分中值定理)?

分析:积分中值定理和推广的积分中值定理有广泛的应用,我们先举例说明积分中值定理的应用,再介绍推广的积分中值定理及其应用.

例1　设$f(x)$在$[a,b]$上连续,在(a,b)内可导,且$f'(x)\leqslant 0$. 试证:对函数

$$F(x)=\frac{1}{x-a}\int_a^x f(t)\,\mathrm{d}t,\quad x\in(a,b)$$

有$F'(x)\leqslant 0$成立.

证　$$F'(x)=\frac{1}{(x-a)^2}\left[f(x)(x-a)-\int_a^x f(t)\,\mathrm{d}t\right]$$

$$=\frac{1}{(x-a)^2}[f(x)(x-a)-f(\xi)(x-a)]\ (a\leqslant\xi\leqslant x)$$

$$=\frac{f(x)-f(\xi)}{x-a}(\text{不论}\ \xi\ \text{等于}\ x\ \text{还是小于}\ x\ \text{都成立})$$

$$=f'(c)\frac{x-\xi}{x-a}\leqslant 0(\xi<c<x),$$

最后一步用了拉格朗日中值定理.

例2　求极限$\lim\limits_{n\to\infty}\int_n^{n+1}x^k\mathrm{e}^{-x}\mathrm{d}x\ (k\in\mathbf{N})$.

解　由积分中值定理得

$$\int_n^{n+1}x^k\mathrm{e}^{-x}\mathrm{d}x=\xi^k\mathrm{e}^{-\xi}\quad(n\leqslant\xi\leqslant n+1),$$

故当$n\to\infty$时,$\xi\to+\infty$. 故

$$\lim_{n\to\infty}\int_n^{n+1}x^k\mathrm{e}^{-x}\mathrm{d}x=\lim_{\xi\to+\infty}\xi^k\mathrm{e}^{-\xi}=0.$$

下面我们来介绍推广的积分中值定理.

定理　设$f(x)$在$[a,b]$上连续,$g(x)$在$[a,b]$上可积且不变号. 则存在$\xi\in[a,b]$,使

$$\int_a^b f(x)g(x)\,\mathrm{d}x=f(\xi)\int_a^b g(x)\,\mathrm{d}x. \tag{3.15}$$

证明　由于在等式(3.15)的两边对调积分上下限将导致两边同时变号,所以只要对$a<b$的情形来证明这个等式就可以了,又改变$g(x)$的符号也同时使式(3.15)的两边变号,所以不失一般性,可以设$g(x)\geqslant 0,x\in[a,b]$. 又设$m,M$分别表示$f(x)$在$[a,b]$的最小值和最大值,并记$I=\int_a^b g(x)\,\mathrm{d}x$. 则由$m\leqslant f(x)\leqslant M$,进而可得

$$mI\leqslant\int_a^b f(x)g(x)\,\mathrm{d}x\leqslant MI. \tag{3.16}$$

由上式知,若$I=0$,则$\int_a^b f(x)g(x)\,\mathrm{d}x=0$,即对任意$\xi\in[a,b]$都有

$$\int_a^b f(x)g(x)\,\mathrm{d}x=f(\xi)\int_a^b g(x)\,\mathrm{d}x.$$

若 $I\neq 0$,则因 $a<b$,故有 $I>0$,因此式(3.16)成为

$$m \leqslant \frac{1}{I}\int_a^b f(x)g(x)\,\mathrm{d}x \leqslant M,$$

由介值定理知,在 m 与 M 之间存在数值 μ,使

$$\frac{1}{I}\int_a^b f(x)g(x)\,\mathrm{d}x = \mu;$$

又由在闭区间 $[a,b]$ 上 $f(x)$ 的连续性,则 $f(x)$ 在 m 与 M 之间必存在一点 $\xi\in[a,b]$,使 $f(\xi)=\mu$,进而可得

$$f(\xi) = \frac{1}{I}\int_a^b f(x)g(x)\,\mathrm{d}x,$$

即

$$\int_a^b f(x)g(x)\,\mathrm{d}x = f(\xi)\int_a^b g(x)\,\mathrm{d}x.$$

例3　估计积分 $\int_0^{100}\frac{\mathrm{e}^{-x}}{x+100}\mathrm{d}x$ 的值所在的范围.

解　用推广的积分中值定理,有

$$\int_0^{100}\frac{\mathrm{e}^{-x}}{x+100}\mathrm{d}x = \frac{1}{\xi+100}(1-\mathrm{e}^{-100})$$

其中 $0\leqslant\xi\leqslant 100$,故

$$\frac{1}{200}\leqslant\frac{1}{\xi+100}\leqslant\frac{1}{100}$$

于是

$$\frac{1}{200}(1-\mathrm{e}^{-100}) \leqslant \int_0^{100}\frac{\mathrm{e}^{-x}}{x+100}\mathrm{d}x \leqslant \frac{1}{100}(1-\mathrm{e}^{-100}).$$

这个例题如直接用积分中值定理来估计,由于积分区间长为100,而被积函数的最大值与最小值相差也不小,这样来得到估计不但麻烦,也不精确.

49. 在证明 $\lim\limits_{n\to\infty}\int_0^1\frac{x^n}{1+x}\mathrm{d}x = 0$ 时,用积分中值定理,得

$$\int_0^1\frac{x^n}{1+x}\mathrm{d}x = \frac{\xi^n}{1+\xi},$$

由于 $0<\xi<1$,所以

$$\lim_{n\to\infty}\frac{\xi^n}{1+\xi}=0.$$

问这个证明对不对?

分析:不对. 首先,在用积分中值定理后所得的 ξ 应写作 $0\leqslant\xi\leqslant 1$,如果不能排除 $\xi=1$ 的情况,$\lim\limits_{n\to\infty}\frac{\xi^n}{1+\xi}=0$ 就不成立. 其次,积分中值定理只肯定 ξ 的存在,并未说明 ξ 在区间的何处. 一般地说,ξ 依赖于被积函数与积分区间,在本题中,当 n 不同时,被积函数也就不同,从而 ξ 在 $[0,1]$ 的位置也随之不同,因此应该记之为 ξ_n,即

$$\int_0^1 \frac{x^n}{1+x}dx = \frac{(\xi_n)^n}{1+\xi_n}.$$

如果 $n\to\infty$ 时,$\xi_n\to1$. 那么就不能肯定其极限为0. 因此,上面的证明是不对的.

下面我们给出两种证明方法.

证一　由 $0<\frac{x^n}{1+x}<x^n$,得

$$0 < \int_0^1 \frac{x^n}{1+x}dx < \int_0^1 x^n dx = \frac{1}{n+1}$$

由夹逼准则得

$$\lim_{n\to\infty}\int_0^1 \frac{x^n}{1+x}dx = 0.$$

证二　用推广的积分中值定理,得

$$\int_0^1 \frac{x^n}{1+x}dx = \frac{1}{1+\xi}\int_0^1 x^n dx = \frac{1}{(1+\xi)(n+1)} \quad (0\leqslant\xi\leqslant1),$$

故有

$$\lim_{n\to\infty}\int_0^1 \frac{x^n}{1+x}dx = \lim_{n\to\infty}\frac{1}{(1+\xi)(n+1)} = 0.$$

50. 怎样计算被积函数含有绝对值符号的定积分?

分析:定积分的被积函数中含有绝对值符号时,计算的基本方法是用分段函数表示被积函数,以便去掉绝对值符号,然后利用定积分的可加性,分段进行计算.

例1　计算 $\int_{-2}^3 |x^2-2x-3|dx$.

解　方程 $x^2-2x-3=0$ 有两个实根为 -1 及3,根据一元二次不等式的判别,函数 x^2-2x-3 在 $[-2,3]$ 上分为两部分,在 $[-2,-1)$ 取正值,在 $(-1,3]$ 取负值. 所以

$$|x^2-2x-3| = \begin{cases} x^2-2x-3, & -2\leqslant x<-1, \\ -(x^2-2x-3), & -1\leqslant x\leqslant 3, \end{cases}$$

于是

$$\int_{-2}^3 |x^2-2x-3|dx = \int_{-2}^{-1}(x^2-2x-3)dx - \int_{-1}^3(x^2-2x-3)dx = 13.$$

例2　计算 $\int_{-2}^3\left(x^2-2|x|+\frac{1}{|x|+1}\right)dx$.

解　原式 $=\int_{-2}^0\left(x^2+2x+\frac{1}{1-x}\right)dx+\int_0^3\left(x^2-2x+\frac{1}{1+x}\right)dx=-\frac{4}{3}+\ln 12$.

这个题也可以利用奇偶性去掉绝对值函数符号. 注意到,被积函数在 $[-2,2]$ 为偶函数. 故有

原式 $=2\int_0^2\left(x^2-2x+\frac{1}{1+x}\right)dx+\int_2^3\left(x^2-2x+\frac{1}{1+x}\right)dx=-\frac{4}{3}+\ln 12$.

例3　计算 $\int_{-2}^{3}|x^2+2|x|-3|\mathrm{d}x$.

解　由被积函数为偶函数,得

$$\text{原式}=2\int_0^2|x^2+2x-3|\mathrm{d}x+\int_2^3|x^2+2x-3|\mathrm{d}x$$
$$=-2\int_0^1(x^2+2x-3)\mathrm{d}x+2\int_1^2(x^2+2x-3)\mathrm{d}x+\int_2^3(x^2+2x-3)\mathrm{d}x$$
$$=\frac{49}{3}.$$

例4　计算 $\int_0^{\pi}\sqrt{\sin x-\sin^3 x}\,\mathrm{d}x$.

解一　原式 $=\int_0^{\pi}\sqrt{\sin x}\,|\cos x|\mathrm{d}x=\int_0^{\frac{\pi}{2}}\sqrt{\sin x}\cos x\mathrm{d}x-\int_{\frac{\pi}{2}}^{\pi}\sqrt{\sin x}\cos x\mathrm{d}x=\frac{4}{3}$

解二　我们知道,在 $[0,\pi]$ 上,函数 $f(\sin x)$ 的图像关于直线 $x=\frac{\pi}{2}$ 对称,这是因为 $\sin\left(\frac{\pi}{2}-x\right)=\sin\left(\frac{\pi}{2}+x\right)$,即有

$$\int_0^{\pi}f(\sin x)\mathrm{d}x=2\int_0^{\frac{\pi}{2}}f(\sin x)\mathrm{d}x,$$

故有

$$\text{原式}=2\int_0^{\frac{\pi}{2}}\sqrt{\sin x}\cos x\mathrm{d}x=\frac{4}{3}.$$

（五）反常积分

51. 设 $f(x)$ 在 $[a,b)$ 连续,$\lim\limits_{x\to b^-}f(x)=\infty$,则我们把极限 $\lim\limits_{\varepsilon\to 0}\int_a^{b-\varepsilon}f(x)\mathrm{d}x(\varepsilon>0)$ 定义为 $f(x)$ 在 $[a,b)$ 上的广义积分,并记为 $\int_a^b f(x)\mathrm{d}x$. 为什么广义积分采用这样的定义,广义积分与一般常义积分有什么关系?

分析:前面我们已经讨论过,在用和式极限为定义的定积分(以后我们称之为常义积分)意义下,无界函数不可积. 但有些实际问题又要求我们去研究像本问题中的无界函数 $f(x)$ 的积分. 这时,我们自然地要以极限为工具. 因为对充分小的正数 ε,$f(x)$ 在 $[a,b-\varepsilon]$ 上连续,故变上限的积分

$$F(\varepsilon)=\int_a^{b-\varepsilon}f(x)\mathrm{d}x$$

总存在,所以称极限

$$\lim_{\varepsilon\to 0}F(\varepsilon)=\lim_{\varepsilon\to 0}\int_a^{b-\varepsilon}f(x)\mathrm{d}x$$

为 $f(x)$ 在 $[a,b)$ 上的反常积分或广义积分.

既然是反常积分,必须以常义积分为其特殊情况. 如果 $f(x)$ 在 $[a,b]$ 上连续,那么由变上限积分的连续性,则

$$\lim_{\varepsilon \to 0} \int_a^{b-\varepsilon} f(x)\,dx = \int_a^b f(x)\,dx$$

成立,所以常义积分确实是广义积分的特殊情况.

例　研究积分 $\int_0^1 \frac{1}{\sqrt{x}} dx$.

解　易见 $x=0$ 为被积函数的瑕点,即有

$$\int_0^1 \frac{1}{\sqrt{x}} dx = \lim_{\varepsilon \to 0^+} \int_\varepsilon^1 \frac{1}{\sqrt{x}} dx = \lim_{\varepsilon \to 0} (2 - 2\sqrt{\varepsilon}) = 2.$$

值得注意的是,在问题 14 中,我们已证明 $\frac{1}{\sqrt{x}}$ 在 $[0,1]$ 上的常义积分不存在,但作为广义积分却是存在的.

52. 当 $f(x)$ 为偶函数时,能否由 $\int_0^{+\infty} f(x)\,dx$ 的敛散性确定 $\int_{-\infty}^{+\infty} f(x)\,dx$ 的敛散性？下列等式能否成立？

$$\int_{-\infty}^{+\infty} f(x)\,dx = 2\int_0^{+\infty} f(x)\,dx. \tag{3.17}$$

分析: 第一问的答案是肯定的. 事实上,因为

$$\int_{-\infty}^{+\infty} f(x)\,dx = \int_{-\infty}^{0} f(x)\,dx + \int_0^{+\infty} f(x)\,dx,$$

当 $\int_0^{+\infty} f(x)\,dx$ 发散时, $\int_{-\infty}^{+\infty} f(x)\,dx$ 也发散;

当 $\int_0^{+\infty} f(x)\,dx$ 收敛时,令 $x=-t$,则 $\int_{-\infty}^{0} f(x)\,dx = -\int_{+\infty}^{0} f(t)\,dt = \int_0^{+\infty} f(x)\,dx$ 也收敛,从而 $\int_{-\infty}^{+\infty} f(x)\,dx$ 也收敛.

一般情况下,式(3.17)是不成立的. 虽然题设左式的积分限为 $\pm\infty$,但不能认为积分区间是对称区间. 按照定义,有

$$\int_{-\infty}^{+\infty} f(x)\,dx = \lim_{a \to -\infty} \int_a^0 f(x)\,dx + \lim_{b \to +\infty} \int_0^b f(x)\,dx,$$

其中, a 与 b 是独立变化的,并非 $b=-a$,不能把它们看成是对称于原点的变化.

但由上述推导可知,当式(3.17)右端的广义积分收敛时,式(3.17)是成立的. 顺便说明一下,同理可知,当 $f(x)$ 为奇函数,且 $\int_0^{+\infty} f(x)\,dx$ 收敛时,有 $\int_{-\infty}^{+\infty} f(x)\,dx = 0$.

53. 有人在求积分

$$I = \int_0^1 \frac{1}{2x - \sqrt{1-x^2}} dx$$

时,令 $x=\sin t$,得

$$I = \int_0^{\frac{\pi}{2}} \frac{\cos t}{2\sin t - \cos t} dt = \frac{1}{5}\left[-\int_0^{\frac{\pi}{2}} dt + 2\int_0^{\frac{\pi}{2}} \frac{d(2\sin t - \cos t)}{2\sin t - \cos t}\right] = \frac{1}{5}\left(2\ln 2 - \frac{\pi}{2}\right).$$

问这一解法对吗?

分析: 这一解法不对. 有些人在解积分题时,往往把注意力集中于找被积函数的原函数,

而忽略了去考虑在积分区间上被积函数是否可积这一首要问题．这是需要引起注意的．在本题中，若令被积函数的分母为零，可解得 $x=\frac{1}{\sqrt{5}}$. 而 $0<\frac{1}{\sqrt{5}}<1$，所以题中的积分为广义积分．故应从广义积分的定义出发来求，即

$$I=\lim_{\xi\to 0^+}\int_0^{\frac{1}{\sqrt{5}}-\xi}\frac{1}{2x-\sqrt{1-x^2}}dx+\lim_{\eta\to 0^+}\int_{\frac{1}{\sqrt{5}}+\eta}^{1}\frac{1}{2x-\sqrt{1-x^2}}dx,$$

但函数 $\frac{1}{2x-\sqrt{1-x^2}}$ 在区间 $\left[0,\frac{1}{\sqrt{5}}-\xi\right]$ 与 $\left[\frac{1}{\sqrt{5}}+\eta,1\right]$ 上的一个原函数为

$$\frac{1}{5}\left[2\ln\left|2x-\sqrt{1-x^2}\right|-\arcsin x\right],$$

这通过换元 $x=\sin t$ 是不难求得的．所以

$$\lim_{\xi\to 0^+}\int_0^{\frac{1}{\sqrt{5}}-\xi}\frac{1}{2x-\sqrt{1-x^2}}dx=\lim_{\xi\to 0^+}\frac{1}{5}\left[2\ln\left|2\left(\frac{1}{\sqrt{5}}-\xi\right)-\sqrt{1-\left(\frac{1}{\sqrt{5}}-\xi\right)^2}\right|-\arcsin\left(\frac{1}{\sqrt{5}}-\xi\right)\right]=\infty.$$

同样，

$$\lim_{\eta\to 0^+}\int_{\frac{1}{\sqrt{5}}+\eta}^{1}\frac{1}{2x-\sqrt{1-x^2}}dx=\infty$$

因此广义积分 I 是发散的，故题中的解法是错误的．把广义积分当作常义积分来解是造成错误的根本原因．

通过解这个问题，使我们注意到在计算积分题时，应首先判断该积分是常义积分还是广义积分．如果是广义积分，就应该根据广义积分的定义去求．

54. 遇到分段的连续函数的积分或反常积分，怎样运用牛顿－莱布尼茨公式计算？

分析：(1) 关于分段连续函数的积分。

在问题 18 中（定理 2）已经证明牛顿－莱布尼茨公式可以推广到分段连续函数的情况，这里，我们通过一个具体的例子说明其运用．

例1　设

$$f(x)=\begin{cases}\frac{1}{1+x}, & x\geqslant 0,\\ \frac{1}{1+e^x}, & x<0,\end{cases}$$

求积分 $\int_{-1}^{1}f(x)dx$ 的值．

解一　运用问题18 的定理2，先在$[-1,1]$上分段求 $f(x)$ 的原函数，并使此分段的原函数在 $x=0$ 点连续，得

$$F(x)=\begin{cases}\ln\frac{1+x}{2}, & x\geqslant 0,\\ -\ln(1+e^{-x}), & x<0\end{cases}$$

于是

$$\int_{-1}^{1}f(x)dx=F(1)-F(-1)=\ln(1+e).$$

解二　一般的方法是分段积分．由定积分的性质可得

$$\int_{-1}^{1}f(x)\mathrm{d}x=\int_{-1}^{0}\frac{1}{1+\mathrm{e}^{x}}\mathrm{d}x+\int_{0}^{1}\frac{1}{1+x}\mathrm{d}x=\left[-\ln(1+\mathrm{e}^{-x})\right]_{-1}^{0}+\left[\ln(1+x)\right]_{0}^{1}=\ln(1+\mathrm{e}).$$

(2) 关于广义积分。

例2　计算积分 $\int_{0}^{1}\frac{1}{\sqrt{x(1-x)}}\mathrm{d}x$

解　这是一个广义积分,它的上下限都是被积函数的瑕点．按广义积分的定义,有

$$\int_{0}^{1}\frac{1}{\sqrt{x(1-x)}}\mathrm{d}x=\lim_{\xi\to0^{+}}\int_{0+\xi}^{c}\frac{1}{\sqrt{x(1-x)}}\mathrm{d}x+\lim_{\eta\to0^{+}}\int_{c}^{1-\eta}\frac{1}{\sqrt{x(1-x)}}\mathrm{d}x$$

其中 c 为 0 与 1 之间的某个固定值．

由于被积函数 $\frac{1}{\sqrt{x(1-x)}}$ 在区间 $[0+\xi,c]$ 与 $[c,1-\eta]$ 上的原函数为

$$F(x)=2\arcsin\sqrt{x}$$

又因 $F(x)$ 在 $[0,1]$ 上连续,故有

$$\int_{0}^{1}\frac{1}{\sqrt{x(1-x)}}\mathrm{d}x=\lim_{\xi\to0^{+}}[F(c)-F(\xi)]+\lim_{\eta\to0^{+}}[F(1-\eta)-F(c)]=F(1)-F(0)=\pi.$$

这一结果无异于直接应用牛顿－莱布尼茨公式可得

$$\int_{0}^{1}\frac{1}{\sqrt{x(1-x)}}\mathrm{d}x=\left[2\arcsin\sqrt{x}\right]_{0}^{1}=\pi.$$

值得注意的是,上面的 $F(1)$ 与 $F(0)$ 都应以极限意义去理解,即有

$$F(1)=\lim_{\eta\to0^{+}}F(1-\eta),F(0)=\lim_{\xi\to0^{+}}F(0+\xi).$$

例3　计算 $\int_{0}^{1}\ln x\mathrm{d}x$

解　因为 $x=0$ 为 $\ln x$ 的瑕点,所以原积分为广义积分．

$$\begin{aligned}\int_{0}^{1}\ln x\mathrm{d}x&=\lim_{\xi\to0^{+}}\int_{0+\xi}^{1}\ln x\mathrm{d}x=\lim_{\xi\to0^{+}}\left[x\ln x-x\right]_{0+\xi}^{1}\\&=\lim_{\xi\to0^{+}}[-1-\xi\ln\xi-\xi]=-1.\end{aligned}$$

上式也可以简写为

$$\int_{0}^{1}\ln x\mathrm{d}x=\left[x\ln x-x\right]_{0}^{1}=-1,$$

但以上限 1 和下限 0 代入原函数 $x\ln x-x$ 的过程应理解为极限过程．

总之,凡遇到广义积分,不论是无界函数的广义积分还是无限区间上的广义积分,根据定义来讨论它们的敛散性以及当积分收敛时计算它们的值,都可归结为 3 步:先求出被积函数 $f(x)$ 的原函数 $F(x)$,其次使用牛顿－莱布尼茨公式,最后求极限．为了书写统一与简便起见,把 3 步合起来写,像常义积分一样,写成

$$\int_{a}^{b}f(x)\mathrm{d}x=\left[F(x)\right]_{a}^{b}=F(b)-F(a).$$

不过,对 $F(b)$ 与 $F(a)$ 的理解要随不同的广义积分而不同．当 $f(x)$ 在 b 或 a 为无界时,

$F(b)$与$F(a)$应理解为

$$F(b)=\lim_{x\to b^-}F(x),\ F(a)=\lim_{x\to a^+}F(x).$$

当b为$+\infty$或a为$-\infty$时,$F(+\infty)$与$F(-\infty)$应理解为

$$F(+\infty)=\lim_{x\to+\infty}F(x),\ F(-\infty)=\lim_{x\to-\infty}F(x),$$

当这些极限都存在时,广义积分收敛;否则,广义积分发散.

例4 讨论广义积分$\int_{e}^{+\infty}\frac{1}{x(\ln x)^p}dx$的敛散性,其中$p$为常数.

解 因

$$\int\frac{1}{x(\ln x)^p}dx=\begin{cases}\ln(\ln x)+C, & p=1,\\ \frac{1}{1-p}(\ln x)^{1-p}+C, & p\neq 1,\end{cases}$$

即 当$p=1$时,$\int_{e}^{+\infty}\frac{1}{x\ln x}dx=\ln(\ln x)\Big|_{e}^{+\infty}=+\infty$;

当$p<1$时,$\int_{e}^{+\infty}\frac{1}{x(\ln x)^p}dx=\frac{1}{1-p}(\ln x)^{1-p}\Big|_{e}^{+\infty}=+\infty$;

当$p>1$时,$\int_{e}^{+\infty}\frac{1}{x(\ln x)^p}dx=\frac{1}{1-p}(\ln x)^{1-p}\Big|_{e}^{+\infty}=\frac{1}{p-1}$.

因此,此广义积分当$p\leqslant 1$时发散;当$p>1$时收敛于$\frac{1}{p-1}$.

55. 有的广义积分经过换元后变成常义积分;而有的常义积分经过换元后也可能变为广义积分,试解释其中的原因.

分析:让我们通过具体的例子来作解释.

例1 计算$I=\int_0^2\frac{x^3}{\sqrt{4-x^2}}dx$

解 这是以$x=2$为瑕点的广义积分,根据定义,有

$$I=\lim_{\varepsilon\to 0^+}\int_0^{2-\varepsilon}\frac{x^3}{\sqrt{4-x^2}}dx$$

作变量替换,令$x=2\sin t$,得

$$I=\lim_{\varepsilon\to 0^+}8\int_0^{\arcsin\left(1-\frac{\varepsilon}{2}\right)}\sin^3 t dt. \tag{3.18}$$

这时I仍是广义积分,不过,由于被积函数$\sin^3 t$在区间$\left[0,\frac{\pi}{2}\right]$上已无瑕点. 故上述积分与常义积分无异,

$$I=\lim_{\varepsilon\to 0^+}8\int_0^{\arcsin\left(1-\frac{\varepsilon}{2}\right)}\sin^3 t dt=8\int_0^{\frac{\pi}{2}}\sin^3 t dt.$$

不过在理解本题时,还是要认为广义积分经过换元后仍是广义积分,但如式(3.18)右端的广义积分实质上已是常义积分,这正是我们在问题28中讲到的,我们可以把常义积分看成

是特殊的广义积分．所以，如果经过换元后广义积分变成了常义积分，那么就可以按常义积分去求．

例2　计算积分$\int_{-1}^{1}\frac{x^2+1}{x^4+1}\mathrm{d}t$

解　这是连续的偶函数在对称区间上的积分，是一常义积分，但如果我们作变换$t=x-\frac{1}{x}$，那么便成为广义积分．即有

$$原式=2\int_0^1\frac{x^2+1}{x^4+1}\mathrm{d}t=2\int_0^1\frac{\mathrm{d}\left(x-\frac{1}{x}\right)}{\left(x-\frac{1}{x}\right)^2+2}=2\int_{-\infty}^0\frac{\mathrm{d}t}{t^2+2}=\frac{\pi}{\sqrt{2}}.$$

这一做法应当按下面式子来理解，即将常义积分看成广义积分再换元，则有

$$\int_0^1\frac{x^2+1}{x^4+1}\mathrm{d}t=\lim_{\varepsilon\to0^+}\int_\varepsilon^1\frac{x^2+1}{x^4+1}\mathrm{d}t=\lim_{\varepsilon\to0^+}\int_\varepsilon^1\frac{\mathrm{d}\left(x-\frac{1}{x}\right)}{\left(x-\frac{1}{x}\right)^2+2}$$

$$=\lim_{\varepsilon\to0^+}\int_{\varepsilon-\frac{1}{\varepsilon}}^0\frac{\mathrm{d}t}{t^2+2}=\int_{-\infty}^0\frac{\mathrm{d}t}{t^2+2}.$$

56. 下列计算是否正确？为什么？

(1) $\int_{-1}^{1}\frac{1}{x^2}\mathrm{d}t=\left[-\frac{1}{x}\right]_{-1}^{1}=-2$；　　(2) $\int_{-\infty}^{+\infty}\frac{x}{\sqrt{x^2+1}}\mathrm{d}x=0$.

分析：(1) 不正确．被积函数为正，其积分不会为负值．本题为瑕积分，有瑕点$x=0\in[-1,1]$，依题意易知题设瑕积分发散．错误的原因就在于将瑕积分当成常义积分去计算了．

(2) 不正确．虽然被积函数是奇函数，但积分区间不能认为是关于原点的对称区间（理由同问题23）．事实上，对于本题，有

$$\int_{-\infty}^{+\infty}\frac{x}{\sqrt{x^2+1}}\mathrm{d}x=\int_{-\infty}^{0}\frac{x}{\sqrt{x^2+1}}\mathrm{d}x+\int_{0}^{+\infty}\frac{x}{\sqrt{x^2+1}}\mathrm{d}x,$$

又由于

$$\int_{-\infty}^{0}\frac{x}{\sqrt{x^2+1}}\mathrm{d}x=\lim_{a\to-\infty}\int_{a}^{0}\frac{x}{\sqrt{x^2+1}}\mathrm{d}x=\lim_{a\to-\infty}\sqrt{x^2+1}\,\Big|_a^0=\lim_{a\to-\infty}\left(1-\sqrt{a^2+1}\right)$$

不存在，进而广义积分$\int_{-\infty}^{0}\frac{x}{\sqrt{x^2+1}}\mathrm{d}x$发散，因此所给反常积分发散，不能收敛于0.

（六）定积分的应用

57. 能用定积分来解决的实际问题有什么特点？

分析：能用定积分来解决的实际问题，总可归结为求一个确定在某一区间$[a,b]$上且一般来说在$[a,b]$上非均匀分布的量A. 这个量A有以下两个特点．

(1) 对区间具有可加性。

设A是与x的变化区间$[a,b]$有关的待求量．在$[a,b]$内任意插入分点

$$a = x_0 < x_1 < x_2 < \cdots < x_n = b,$$

把$[a,b]$分成几个小区间$[x_{i-1},x_i](i=1,2,\cdots,n)$，相应地量$A$也被分成$n$个部分量

$$\Delta A_i(i=1,2,\cdots,n),$$

那么A等于这些部分量的和，即

$$A = \sum_{i=1}^{n} \Delta A_i .$$

(2) 能找出部分量的近似表达式。

如果对每个部分量ΔA_i可以找到如下形式的近似值

$$\Delta A_i \approx f(\xi_i)\Delta x_i,$$

其中$f(x)$为$[a,b]$上的连续函数，$\Delta x_i = x_i - x_{i-1}$，$\xi_i \in [x_{i-1},x_i]$，那么待求量$A$的近似值为

$$A = \sum_{i=1}^{n} \Delta A_i \approx \sum_{i=1}^{n} f(\xi_i)\Delta x_i .$$

我们要求的是A的精确值，而用ΔA_i的近似值累加，其误差也将累加，所以就要求累加的误差能随所有$\Delta x_i \to 0$而趋于0. 因此，希望相应于任一长Δx的小区间$[x,x+\Delta x] \subset [a,b]$的部分量$\Delta A$都满足表达式

$$\Delta A = f(x)\Delta x + \varepsilon \Delta x,$$

且当$\Delta x \to 0$时，$\varepsilon \to 0$(并与x无关). 这样，我们可以证明量A即可用定积分来计算

$$A = \int_a^b f(x)\,\mathrm{d}x .$$

58. 怎样选取线性(对Δx_i而言)式子$f(\xi_i)\Delta x_i$，才能使它有“资格”近似代替ΔA_i？所谓有“资格”，即使它满足下式

$$\Delta A_i - f(\xi_i)\Delta x_i = o(\Delta x_i).$$

分析：设$f(x)$是给定问题中已知的连续函数，m_i和M_i分别为$f(x)$在小区间$[x_{i-1},x_i]$上的最小值和最大值，且

$$m_i \Delta x_i \leqslant \Delta A_i \leqslant M_i \Delta x_i \tag{3.19}$$

任取点$\xi_i \in [x_{i-1},x_i]$，则$f(\xi_i)\Delta x_i$就有“资格”近似代替ΔA_i，即$\Delta A_i \approx f(\xi_i)\Delta x_i$，也即

$$\Delta A_i - f(\xi_i)\Delta x_i = o(\Delta x_i).$$

事实上，从式(3.19)的各项减去$f(\xi_i)\Delta x_i$，得

$$[m_i - f(\xi_i)]\Delta x_i \leqslant \Delta A_i - f(\xi_i)\Delta x_i \leqslant [M_i - f(\xi_i)]\Delta x_i,$$

各项乘$\frac{1}{\Delta x_i}(\Delta x_i = x_i - x_{i-1} > 0)$，得

$$m_i - f(\xi_i) \leqslant \frac{\Delta A_i - f(\xi_i)\Delta x_i}{\Delta x_i} \leqslant M_i - f(\xi_i)$$

因$f(x)$在$[x_{i-1},x_i]$上连续，由连续函数的性质可得

$$\lim_{\Delta x_i \to 0}[m_i - f(\xi_i)] = \lim_{\Delta x_i \to 0}[M_i - f(\xi_i)] = 0,$$

由极限存在准则Ⅰ知，$\lim\limits_{\Delta x_i}\frac{\Delta A_i - f(\xi_i)\Delta x_i}{\Delta x_i} = 0$，即有$\Delta A_i - f(\xi_i)\Delta x_i = o(\Delta x_i)$.

59. 如何理解和运用微元法来解决可化为定积分的实际问题？

分析：微元法也称元素法，它是用来化实际问题为定积分问题的一种简便算法，也是物理学、力学和工程技术上普遍采用的方法．如问题32所述，可化为定积分来计算的待求量A有两个特点，对区域的可加性这一特点，是容易看出来的，因此，关键在于另一特点．即找任一部分量的表达式：

$$\Delta A = f(x)\Delta x + \varepsilon\Delta x \tag{3.20}$$

然而，人们往往根据问题的几何或物理的特征，自然地将注意力集中于去找$f(x)\Delta x$这一项上．但不能忘记，这一项与ΔA之差，当$\Delta x \to 0$时，应是比Δx高阶的无穷小量，借用微分的记号，将这项记为

$$\mathrm{d}A = f(x)\mathrm{d}x \tag{3.21}$$

这个量$\mathrm{d}A$称为待求量A的微元或元素．用定积分来解决实际问题的关键就在于求出微元．

若$f(x)$连续，我们由式(3.20)即知，式(3.21)表示的微元实际上是A的微分，因为在区间$[a,x]$上的待求量为

$$A(x) = \int_a^x f(t)\mathrm{d}t, \quad x \in [a,b], \tag{3.22}$$

即有$\mathrm{d}A(x) = f(x)\mathrm{d}x$．因此，要求出在区间$[a,b]$上的待求量$A$，先要求出$A$的微分$\mathrm{d}A = f(x)\mathrm{d}x$．然后把$f(x)\mathrm{d}x$在$[a,b]$上积分，即可求得$A$．这就是所谓的微元法或元素法．

按数学的定义，量A的微分是它的线性主部，但从工程实际应用角度看，量A的微分就是在一定条件($\mathrm{d}x \to 0$)下，将一些变动的量视为常量而得到的与$\mathrm{d}x$成正比的ΔA的近似值．按此理解，把数学与工程实际应用结合起来考虑，那么量A的微分一般说来比较容易求出，同时，化实际问题为定积分问题的步骤也得到了简化．这是微元法所以得到普遍采用的原因．

例1　求由不等式$a \leqslant x \leqslant b, g(x) \leqslant y \leqslant f(x)$所确定的平面图形的面积$S$.

解　在$[a,b]$上任取两点x与$x+\mathrm{d}x$，当$\mathrm{d}x$很小时，视$f(x)$与$g(x)$为常量，那么得微元$\mathrm{d}S = [f(x) - g(x)]\mathrm{d}x$，于是

$$S = \int_a^b [f(x) - g(x)]\mathrm{d}x$$

例2　已知立体的横截面的面积为$S(x)$，$x \in [a,b]$，$x = a$与$x = b$分别对应于立体两端的横截面．求体积V.

解　在$[a,b]$上任取x与$x+\mathrm{d}x$两点，当$\mathrm{d}x$很小时，视$S(x)$不变，则$\mathrm{d}V = S(x)\mathrm{d}x$，故

$$V = \int_a^b S(x)\mathrm{d}x \tag{3.23}$$

例3　已知在闭区间$[a,b]$上的线段l，线密度为$f(x)$，求线段l的质量．

解　在$[a,b]$上任取x与$x+\mathrm{d}x$两点，当$\mathrm{d}x$很小时，视小线段上的质量分布是均匀的，即$f(x)$不变，得$\mathrm{d}m = f(x)\mathrm{d}x$，进而$l$的质量可表示为

$$m = \int_a^b f(x)\mathrm{d}x. \tag{3.24}$$

这样的例子不胜枚举，学习定积分应用主要是掌握这个微元法，而不必去硬记任何一个积分公式．

关于差 $\Delta A-\mathrm{d}A$,应当是比 $\mathrm{d}x$ 高阶的无穷小量($\mathrm{d}x\to 0$),这一点,在实际应用中一般都不验证,因为如果对每个问题都要一一验证,那么这一方法的应用又将受到限制. 但注意到这一点是必要的. 当你认为已得到了微元 $\mathrm{d}A=f(x)\mathrm{d}x$ 后,便予以积分,若积分结果不符合实际时,再回过头来验证这一点,定能发现问题.

60. 设有曲边梯形 $A=\{(x,y)\mid 0\leqslant y\leqslant x^2,1\leqslant x\leqslant 2\}$,计算该曲边梯形的面积一般在直角坐标系中进行,若利用极坐标系计算,由于曲线 $y=x^2$ 的极坐标方程为

$$\rho=\frac{\sin\theta}{\cos^2\theta}\left(\theta\in\left[\frac{\pi}{4},\arctan 2\right]\right), \tag{3.25}$$

用下列算式算得该面积 A 是否正确?

$$A=\int_{\frac{\pi}{4}}^{\arctan 2}\frac{1}{2}\left(\frac{\sin\theta}{\cos^2\theta}\right)^2\mathrm{d}\theta=\int_{\frac{\pi}{4}}^{\arctan 2}\frac{1}{2}\tan^2\theta\mathrm{d}\tan\theta=\left[\frac{1}{6}\tan^3\theta\right]_{\frac{\pi}{4}}^{\arctan 2}=\frac{7}{6}$$

分析:不正确. 在算式中,虽然曲边梯形的面积是利用极坐标系来计算的,但这里算得的是由曲线 $\rho=\dfrac{\sin\theta}{\cos^2\theta},\theta=\dfrac{\pi}{4}$ 及 $\theta=\arctan 2$ 所围成的曲边三角形 A_1 的面积,在直角坐标系中,该图形由曲线 $y=x^2,y=x$ 及 $y=2x$ 所围成,而不是曲边梯形 A,如图 3.1 所示.

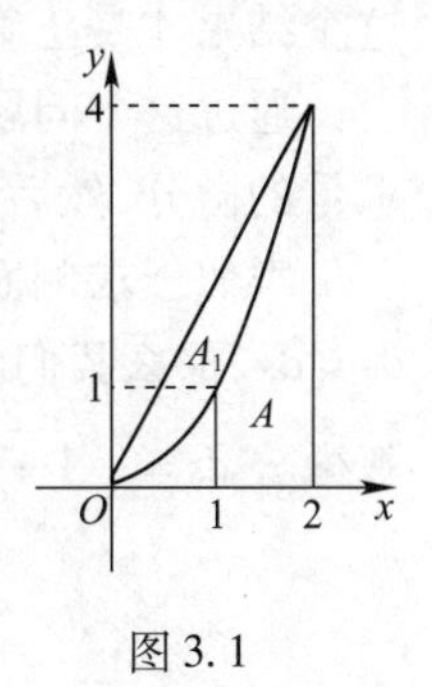

图 3.1

$$A=\int_0^{\frac{\pi}{4}}\left[\frac{1}{2}\left(\frac{2}{\cos\theta}\right)^2-\frac{1}{2}\left(\frac{1}{\cos\theta}\right)^2\right]\mathrm{d}\theta+\int_{\frac{\pi}{4}}^{\arctan 2}\left[\frac{1}{2}\left(\frac{2}{\cos\theta}\right)^2-\frac{1}{2}\left(\frac{\sin\theta}{\cos^2\theta}\right)^2\right]\mathrm{d}\theta$$

$$=\frac{7}{3}.$$

顺便说明一下,在计算面积等几何量时,若涉及直角坐标与极坐标的转化,要注意图形边界曲线的正确表示. 还要指出的是,一般来说,平面图形的边界曲线主要为线段时,所求面积利用直角坐标系计算比较方便,而平面图形的边界曲线为圆弧时,所求面积利用极坐标系计算比较简便.

61. 将底半径为 r、高为 h 的正圆锥的侧面,看作是由 xOy 坐标面上的直线 $y=kx\left(k=\dfrac{r}{h}\right)$ 绕 x 轴旋转而成的. 为了求其体积 V,先求体积微元 $\mathrm{d}V=\pi k^2x^2\mathrm{d}x$,即当 $\mathrm{d}x$ 很小时将圆台视为圆柱,故

$$V=\int_0^h\pi k^2x^2\mathrm{d}x=\frac{1}{3}\pi r^2h.$$

若求侧面积 S 时,也将小圆台视为圆柱,那么得到的面积微元将是 $\mathrm{d}S=2\pi kx\mathrm{d}x$,从而

$$S=\pi rh.$$

上面的结果与我们已知的公式相比较,便知求得的体积是对的,而侧面积是错的. 为什么用的近似方法相似,而得到的结果却是一个对而另一个错了呢?

分析:这个问题就是我们在使用微元法时要注意的 个问题. 即要考察所找的微元是不是待求量 A 的微分 $\mathrm{d}A$,即 $\Delta A-\mathrm{d}A$ 是不是比 $\mathrm{d}x$ 高阶的无穷小,这一步是必须检查的.

(1) 关于体积. 我们有

$$0<\Delta V-\mathrm{d}V<\pi k^2[(x+\mathrm{d}x)^2-x^2]\mathrm{d}x=\pi k^2(2x+\mathrm{d}x)(\mathrm{d}x)^2=o(\mathrm{d}x).$$

因此，$\mathrm{d}V$ 确实是 V 的微分，故积分结果符合实际．

(2) 关于侧面积．我们用中学数学中关于圆弧的长和圆扇形的面积公式，可得小圆台的侧面积为

$$\Delta S = 2\pi k\sqrt{1+k^2}\,x\mathrm{d}x + \pi k\sqrt{1+k^2}\,(\mathrm{d}x)^2$$

故与我们前面所找的 $\mathrm{d}S$ 之差为

$$\Delta S - \mathrm{d}S = 2\pi k(\sqrt{1+k^2}-1)\mathrm{d}x + \pi k\sqrt{1+k^2}\,(\mathrm{d}x)^2$$

容易看出，这个差与 $\mathrm{d}x$ 是同阶无穷小($\mathrm{d}x\to 0$)．故上述 $\mathrm{d}S$ 不是 S 的微分，积分得出结果当然不对了．可以看出，S 的微分应当是 $\mathrm{d}S = 2\pi k\sqrt{1+k^2}\,x\mathrm{d}x$，故有

$$S = 2\pi k\sqrt{1+k^2}\int_0^h x\mathrm{d}x = \pi r\sqrt{r^2+h^2},$$

这个结果才是正确的．

通过这个问题的分析，主要是加深对“微元法”的理解．关键是所得到的微元一定要是待求量的微分，然后再积分，才不会错．

类似于求侧面积的问题，还有求曲线 $y=f(x)$ 在区间 $[a,b]$ 上一段的弧长，如果我们用 $\mathrm{d}s=\mathrm{d}x$，那么我们就会得到 $s=b-a$，即曲线弧长等于直线段长的错误．要求弧长，应当先求求弧微分 $\mathrm{d}s=\sqrt{1+y'^2}\,\mathrm{d}x$，然后积分，得

$$s = \int_a^b \sqrt{1+y'^2}\,\mathrm{d}x.$$

62. 求由 $0\leqslant y\leqslant \sin x$ 和 $0\leqslant x\leqslant \pi$ 所确定的平面图形绕 y 轴旋转所得的旋转体的体积，怎样求比较方便？

分析：为了说明问题，我们用两种方法解，并加以比较．

解法一　用公式 $V=\pi\int_0^1 x^2\mathrm{d}y$ 来计算，如用这种方法计算，必须分两次算．先用曲边梯形 $OCAB$ 绕 y 轴旋转所得旋转体的体积 V_1，减去由曲边三角形 OCA 绕 y 轴旋转所得旋转体的体积 V_2，才得所求的体积 V.

由于 $x_1=\arcsin y$，$x_2=\pi-\arcsin y$，则有

$$V_1 = \pi\int_0^1 x_2^2\mathrm{d}y = \pi\int_0^1(\pi-\arcsin y)^2\mathrm{d}y,$$

$$V_2 = \pi\int_0^1 x_1^2\mathrm{d}y = \pi\int_0^1(\arcsin y)^2\mathrm{d}y,$$

即

$$V = V_1 - V_2 = \pi\int_0^1[(\pi-\arcsin y)^2-(\arcsin y)^2]\mathrm{d}y$$
$$= \pi^2\int_0^1(\pi-2\arcsin y)\mathrm{d}y = 2\pi^2.$$

解法二　将旋转体分割成以 y 轴为中心轴的圆柱形薄壳，以薄壳的体积作为体积微元，这一方法称为柱壳法，我们把区间 $[x,x+\mathrm{d}x]$ 上的小长条绕 y 轴旋转所得圆柱形薄壳的体积为 ΔV. 当 $\mathrm{d}x$ 很小时，可认为此柱壳的高不变，为 $\sin x$. 柱壳的内表面的面积近似于 $2\pi x\sin x$. 将此柱壳沿母线剪开并展平，得一厚度为 $\mathrm{d}x$、面积近似于 $2\pi x\sin x$ 的矩形薄板，它的体积即为体

积微元

$$dV=2\pi x\sin x dx, x\in[0,\pi].$$

故有 $V = 2\pi\int_0^\pi x\sin x dx = 2\pi^2$.

比较以上两种方法,对这一问题,解法二似乎更方便些. 如果说本例所用两种方法差异不算太大的话,那么下面例子用这一方法就更显得简单易算了.

例　求由摆线 $x=a(t-\sin t), y=a(1-\cos t)$ 的一拱($0\leqslant t\leqslant 2\pi$)与 x 轴围成的图形绕 y 轴旋转所得旋转体的体积.

解　由 $dV=2\pi xy dx$,得

$$V = 2\pi\int_0^{2\pi a} xy dx = 2\pi a^3\int_0^{2\pi}(t-\sin t)(1-\cos t)^2 dt = 6\pi^3 a^3.$$

一般说来,设在 xOy 平面内有一块由曲线 $y=f_1(x), y=f_2(x)\,[f_1(x)>f_2(x)]$ 与直线 $x=a, x=b$ 所围成的平面图形. 这一图形绕 y 轴旋转所得旋转体的体积为

$$V = 2\pi\int_a^b[f_1(x)-f_2(x)]x dx.$$

以上,我们不仅介绍了求旋转体体积的另一种方法——柱壳法,更重要是要说明,用积分法解应用题时,切忌硬套公式,重要的是灵活运用“微元法”,在求积分微元时,要具体分析实际问题的特点,研究怎样分割所要求的量,才能使计算更为方便. 这样,才能培养分析问题和解决问题的能力.

63. 求曲线 $y=x^{\frac{2}{3}}$ 在 $x=-1$ 和 $x=8$ 间的弧长,用弧长公式 $s = \int_{-1}^8\sqrt{1+y'^2}dx$ 计算可以吗? 弧长是多少?

分析:不可以. 因为 $y=x^{\frac{2}{3}}$ 在 $x=0$ 处不可导,故不能直接用公式计算. 计算弧长时选取 y 为积分变量,如图 3.2 所示,将曲线分为两段,其函数分别为弧 $AO: x=-y^{\frac{3}{2}}$,弧 $OB: x=y^{\frac{3}{2}}$,由弧长公式可得

$$\begin{aligned} s &= \int_0^1\sqrt{1+x'^2}dy + \int_0^4\sqrt{1+x'^2}dy \\ &= \int_0^1\sqrt{1+\frac{9}{4}y}dy + \int_0^4\sqrt{1+\frac{9}{4}y}dy \\ &= \frac{1}{27}\left(13^{\frac{3}{2}} + 8\times 10^{\frac{3}{2}} - 16\right). \end{aligned}$$

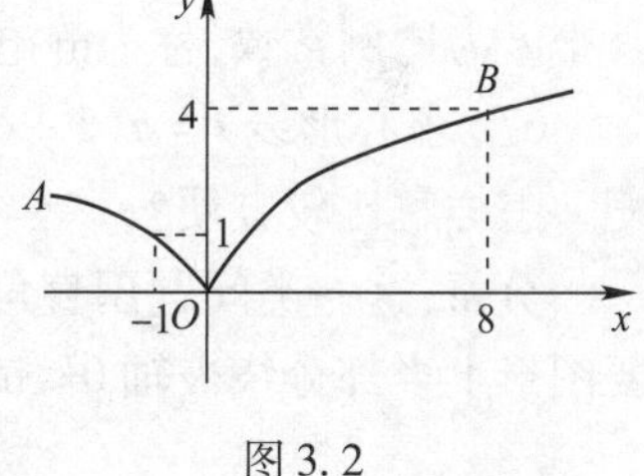

图 3.2

注意,若在计算中选取 x 为积分变量,计算时要分为$[-1,0]$和$[0,8]$两部分的定积分计算,但求解较难.

64. 计算垂直于水面的平板所受水压力时,如何选取坐标系和积分元素?

分析:在水面下深度为 h 的地方,由水的质量所产生的压强为 $p=\rho gh$(ρ 为水的密度). 当平板垂直放置于水中时,由于平板上各点处的水深不同,因而压强 p 是随着水深 h 变化的. 在使用元素法时,总是设想把平板分割成许多平行于水面的窄横条,而在每一个横窄条上可近似地看作水深 h 不变,压强也不变.

选取坐标系时,通常以水面为原点,垂直于水面向下作正向坐标轴,则水深位置为 x 处取小区间$[x, x+dx]$上,窄横条宽度 y 根据平板形状而定(一般和 x 有关),这样积分元素(微小

水压力)为 $dp=\rho gx\cdot ydx$,从而积分可得水压力.

65. 为什么要通过先求静力矩,再求重心?

分析:显然,重心没有可加性;而静力矩有可加性,可用微元法并用积分计算它,所以可先求总静力矩,再除以图形的面积或重量(质量),便是图形的形心或重心坐标.

66. 求均匀带电的圆盘面,对过圆心而垂直于盘面的直线上一点 M 处的单位点电荷的作用力(静电力). 设圆盘半径为 R,所带总电量为 Q,点 M 与圆盘面距离为 h. 怎样解此题较为简便?

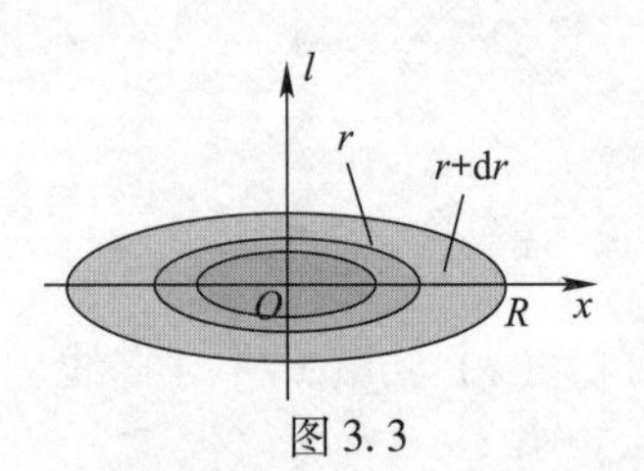

图 3.3

分析:解决这个问题还在于找出适当的作用力微分,为了简便,要充分利用圆盘的对称性. 如图 3.3,以圆盘的中心 O 为圆心,作以 r 和 $r+dr$ 为半径的两个圆,当 dr 很小时,得一细圆环. 我们来考虑这个环对点 M 处的单位点电荷的作用力. 从而得到 df.

细圆环对点 M 的作用力,是环上各点对点 M 作用力的合力. 由对称性知,这个合力在水平方向的分力的大小为 0;而在铅直方向的分力的大小等于整个环的电量集中在环上任一点上的点电荷对 M 的作用力的铅直分量的大小. 当 dr 很小时,细圆环上所带的电量为 $\dfrac{Q(2\pi r dr)}{\pi R^2}$,环上任一点与 M 点的距离为 $\sqrt{r^2+h^2}$,故由库仑定律知细圆环对 M 点的作用力在铅直方向上的分力的大小,即所求力的微元为

$$df=k\frac{(2\pi r dr)Q}{\pi R^2}\cdot\frac{h}{(r^2+h^2)^{3/2}}=k\frac{2hQ}{R^2}\cdot\frac{r dr}{(r^2+h^2)^{3/2}}.$$

故所求作用力 f 的大小为

$$f=k\frac{2hQ}{R^2}\int_0^R\frac{r dr}{(r^2+h^2)^{3/2}}=\frac{2khQ}{R^2}\left[\frac{1}{h}-\frac{1}{\sqrt{R^2+h^2}}\right].$$

其中 k 为比例常数,称为静电力常数. f 的方向为铅直方向.

67. 求心形线 $r=a(1+\cos\theta)(0\leqslant\theta\leqslant\pi,a>0)$ 所围平面图形绕极轴旋转所得旋转体的体积. 怎样解比较方便?

分析:这一类问题用直角坐标与极坐标相结合的方法作比较简便. 如图 3.4,由对称性,只要图形上半部分绕极轴 $0\leqslant\theta\leqslant\pi$ 旋转即可. 在直角坐标系下,体积微元 $dV=\pi y^2dx$ 虽然比较易求,但作积分比较麻烦,因为要解出 y 与 x 的关系已不容易,而且还得求出曲线 $r=a(1+\cos\theta)$ 上与图中 A 点对应的最小横坐标 $x=x_0$ 的值(假定它对应于 $\theta=\theta_0$). 这时,我们有下列求体积的积分表达式

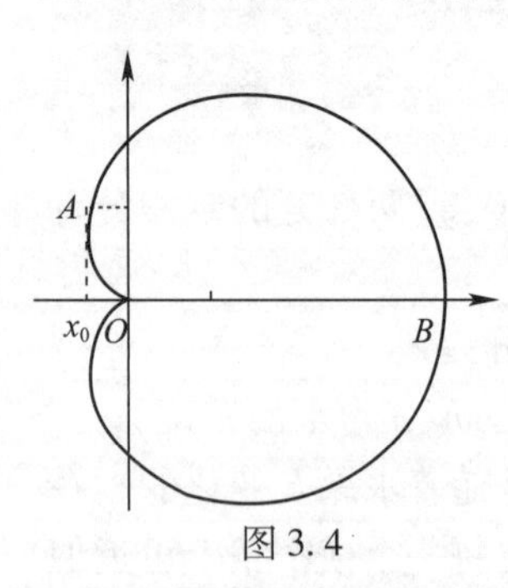

图 3.4

$$V=\pi\int_{x_0}^{2a}y_1^2(x)dx-\pi\int_{x_0}^{0}y_2{}^2(x)dx,$$

其中 $y=y_1(x)$ 表示图中的弧段 $\overset{\frown}{AB}$,$y=y_2(x)$ 表示弧段 $\overset{\frown}{AO}$. 为了简化计算,在极坐标下计算此积分. 由

$$x=r\cos\theta=a(1+\cos\theta)\cos\theta,$$
$$y=r\sin\theta=a(1+\cos\theta)\sin\theta,$$

可得

$$\int_{x_0}^{2a} y_1^2(x)\,\mathrm{d}x = -\int_{\theta_0}^{0} a^3\ (1+\cos\theta)^2 \sin^2\theta(\sin\theta+\sin2\theta)\,\mathrm{d}\theta\,,$$

$$\int_{x_0}^{0} y_2^2(x)\,\mathrm{d}x = -\int_{\theta_0}^{\pi} a^3\ (1+\cos\theta)^2 \sin^2\theta(\sin\theta+\sin2\theta)\,\mathrm{d}\theta\,,$$

故有

$$V = \pi a^3 \int_0^{\pi} (1+\cos\theta)^2 \sin^2\theta(\sin\theta+\sin2\theta)\,\mathrm{d}\theta = \frac{8}{3}\pi a^3\,.$$

这样,把直角坐标与极坐标结合起来解本题,还算是简便的.

68. 举例说明在无限区间上反常积分的应用.

分析:反常积分被看作常义积分的极限,是有其实际意义的,因而同样有广泛的应用. 举例如下:

例 将质量为 m 的物体,从地球表面铅直向上抛射至离地球表面的高度为 h 时,求克服地球引力所做的功. 如要使物体摆脱地球引力,一去不复返,克服地球引力所做的功为多少?

解 设地球的中心为原点 O,x 轴铅直向上,取物体克服地球引力从 x 到 $x+\mathrm{d}x$ 所做的功的微元 $\mathrm{d}W$,则

$$\mathrm{d}W = F(x)\,\mathrm{d}x = \frac{GmM}{x^2}\mathrm{d}x,\quad x\in[R,R+h]$$

其中 $F(x)$ 为地球与物体间的引力,G 为引力常数,M 为地球的质量. 故物体克服地球引力从地球表面到达高度 h 所做的功为

$$W = \int_R^{R+h} \frac{GmM}{x^2}\mathrm{d}x = GmM\frac{h}{R(R+h)}\,,$$

其中:R 为地球半径,又因物体在地球表面即 $x=R$ 时,$F(R)=\dfrac{GmM}{R^2}=mg$,g 为重力加速度,故有

$$W = \frac{mgRh}{R+h}.$$

要使物体摆脱地球引力,求克服地球引力所做的功 W_∞,就是令 $h\to+\infty$,即为广义积分

$$W_\infty = \int_R^{+\infty} \frac{GmM}{x^2}\mathrm{d}x = mgR\,.$$

顺便指出,这一结果在航天技术中的应用:将物体发射,使之摆脱地球引力,实际上就是发射人造卫星,发射人造卫星所需要的初速度 v_0 称为第二宇宙速度. 以这一速度发射物体就是给物体以动能$\dfrac{1}{2}mv_0^2$,这个动能转变为使物体摆脱地球引力需作的功,从而使物体成为行星,所以 v_0 可从下式得到:

$$\frac{1}{2}mv_0^2 = mgR,$$

$$v_0 = \sqrt{2gR} \approx 11.2\mathrm{km/s},$$

这里,$R=6370\mathrm{km}$,$g=9.8\mathrm{m/s^2}$.

关于第二宇宙速度,我们还将在“微分方程”一章中,用另一方法推导出来. 人类航天技术的发展,人造行星发射的成功,证明了数学理论的正确性,也说明将常义积分推广为广义积分是非常必要的.

69. 由 n 个离散量的算术平均值,推广到在区间 $[a,b]$ 上连续函数 $f(x)$ 的平均值而得到公式

$$\bar{f}=\frac{1}{b-a}\int_a^b f(x)\,\mathrm{d}x$$

是不是也有在区间 $[a,b]$ 上连续函数 $f(x)$ 的几何平均值公式?

分析:有. 由于 n 个正数才有几何平均值,故我们要求 $f(x)>0$,$f(x)$ 在 $[a,b]$ 上连续,就可以类似地导出 $f(x)$ 在 $[a,b]$ 上的几何平均值公式.

用分点 $a=x_0<x_1<x_2<\cdots<x_n=b$ 将 $[a,b]$ 作 n 等分,得 n 个数:

$$f(x_1),f(x_2),\cdots,f(x_n),$$

它们的几何平均值为 $\sqrt[n]{f(x_1)\cdot f(x_2)\cdots f(x_n)}$.

仿算术平均值推广方法,定义上式的极限为 $f(x)$ 在 $[a,b]$ 上的几何平均值,并记为 $\tilde{f}$,则有

$$\tilde{f}=\lim_{n\to\infty}\sqrt[n]{f(x_1)f(x_2)\cdots f(x_n)}.$$

下面我们用积分来表示 $\tilde{f}$.

$$\tilde{f}=\lim_{n\to\infty}\sqrt[n]{f(x_1)f(x_2)\cdots f(x_n)}=\mathrm{e}^{\frac{1}{b-a}\lim\limits_{n\to\infty}[\ln f(x_1)+\ln f(x_2)+\cdots+\ln f(x_n)]\frac{b-a}{n}}.$$

由于 $f(x)$ 在 $[a,b]$ 上取正值且连续,从而 $\ln f(x)$ 在 $[a,b]$ 上连续,所以

$$\lim_{n\to\infty}[\ln f(x_1)+\cdots+\ln f(x_n)]\frac{b-a}{n}=\int_a^b \ln f(x)\,\mathrm{d}x,$$

故有公式

$$\tilde{f}=\mathrm{e}^{\frac{1}{b-a}\int_a^b \ln f(x)\,\mathrm{d}x}$$

如果注意到不等式

$$\frac{f(x_1)+f(x_2)+\cdots+f(x_n)}{n}\geqslant\sqrt{f(x_1)f(x_2)\cdots f(x_n)}$$

和不等式求极限的性质,那么还可以由上述的结果得到下面的积分不等式

$$\ln\left[\frac{1}{b-a}\int_a^b f(x)\,\mathrm{d}x\right]\geqslant\frac{1}{b-a}\int_a^b \ln f(x)\,\mathrm{d}x$$

其中 $f(x)$ 是在 $[a,b]$ 上恒为正值的连续函数.

综上所述,从 n 个量的算术平均值到连续函数在区间上的平均值、由连续函数在区间上的平均值到连续函数在区间上几何平均值、从算术平均值与几何平均值之间的不等式到连续函数在区间上的平均值与几何平均值之间的不等式,这一连串的问题,环环紧扣,都来自由此及彼的联想. 所以我们在学习中应当勤于思考,多一点联想,这是十分有益的.

70. 怎样借助几何直观来帮助我们解决有些分析问题?

分析:我们知道,微积分学中不少概念的产生来源于实际背景,如导数与积分都有其几何

或物理意义. 不少结果也反映了某种几何关系或性质,如二阶导数的正负,反映了曲线的凹凸;积分中值定理反映出了图形的面积之间的关系. 所以有些分析问题的证明,借助于几何直观往往有助于找出解题的思路.

例　设$f''(x)\geqslant 0$,试证明不等式

$$(b-a)f\left(\frac{a+b}{2}\right)\leqslant\int_a^b f(x)\,\mathrm{d}x\leqslant(b-a)\frac{f(a)+f(b)}{2}$$

解　这个不等式如果不从它的几何意义入手,就很难证明. 如果从它的几何意义来看则很快就能找到思路. 首先由$f''(x)\geqslant 0$知曲线$y=f(x)$向上凹,如图3.5所示,弧段$\overset{\frown}{AB}$在弦$\overline{AB}$的下方,而在切线$\overline{A'B'}$的上方. 故曲边梯形的面积必在两个梯形$ADEB$与$A'DEB'$的面积之间,这就是不等式的几何意义. 有了这个几何意义的启发,就很容易得到一种纯属分析的证明方法:先证明弧段$\overset{\frown}{AB}$在弦$\overline{AB}$和切线$A'B'$之间,即要证明不等式

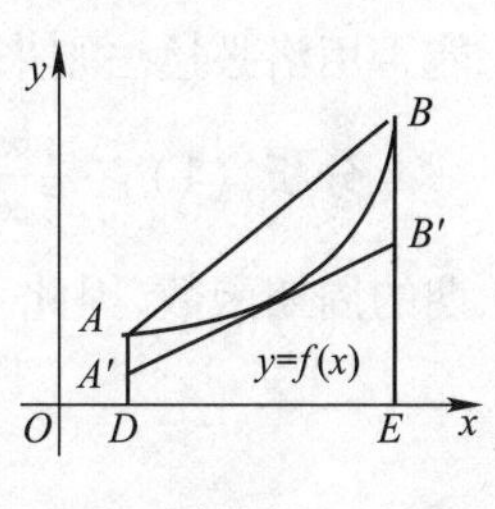

图3.5

$$f'(c)(x-c)+f(c)\leqslant f(x)\leqslant\frac{x-a}{b-a}f(b)+\frac{b-x}{b-a}f(a)\quad\left(c=\frac{a+b}{2}\right)\qquad(3.26)$$

由泰勒公式可得

$$f(x)=f(c)+f'(c)(x-c)+\frac{f''(\xi_1)}{2}(x-c)^2\geqslant f(c)+f'(c)(x-c),$$

其中$x\in[a,b]$,$c=\dfrac{a+b}{2}$,ξ_1在x与c之间,故$\xi_1\in[a,b)$. 这就是式(3.26)左边的不等式. 又

$$f(b)=f(x)+f'(x)(b-x)+\frac{f''(\xi_2)}{2}(b-x)^2\geqslant f(x)+f'(x)(b-x)$$

$$f(a)=f(x)+f'(x)(a-x)+\frac{f''(\xi_3)}{2}(a-x)^2\geqslant f(x)+f'(x)(a-x)$$

其中$x\in(a,b)$,ξ_2在x与b之间,ξ_3在a与x之间,因此

$$\frac{x-a}{b-a}f(b)+\frac{b-x}{b-a}f(a)\geqslant\left(\frac{x-a}{b-a}+\frac{b-x}{b-a}\right)f(x)=f(x).$$

这就是式(3.26)右边的不等式. 将式(3.26)各边在$[a,b]$上作积分,便得出所以证明的不等式.

这个题的证明,关键在于不等式(3.26),不运用几何直观,要想到式(3.26)是难以想象的. 从几何直观导向分析的推理,是数学思维的一种重要方法.

下列问题留给读者自己去解决:

设$y=f(x)$与$x=g(y)$是互逆的连续非负函数,且分别在$x=0$,$y=0$时等于0.

(1) 证明不等式

$$xy\leqslant\int_0^x f(t)\,\mathrm{d}t+\int_0^y g(t)\,\mathrm{d}t\ ;$$

(2) 从(1)中的不等式导出下列不等式

$$xy\leqslant\frac{1}{p}x^p+\frac{1}{q}y^q$$

其中，$x,y\geqslant 0,p>0,q>0$，且$\dfrac{1}{p}+\dfrac{1}{q}=1$；

（3）在上述两个不等式中，等号有什么几何意义？

71. 极限

（1）$\lim\limits_{x\to+\infty}\dfrac{\int_0^x|\sin t|\mathrm{d}t}{x}$；　　（2）$\lim\limits_{x\to 0}\dfrac{\int_0^x(1+\sin 2t)^{\frac{1}{t}}\mathrm{d}t}{x}$

能否用洛必达法则来求？应怎样求？

分析：（1）它是$\dfrac{\infty}{\infty}$型未定式，因为当$x\to+\infty$时，$\int_0^x|\sin t|\mathrm{d}t\to+\infty$．由于$|\sin t|$是以$\pi$为周期的周期函数，因此

$$\int_{k\pi}^{(k+1)\pi}|\sin t|\mathrm{d}t=\int_0^{\pi}|\sin t|\mathrm{d}t=2$$

其中k为任一正整数．对于任意正数x，总存在$n\in\mathbf{N}$，使得$n\pi\leqslant x\leqslant(n+1)\pi$，从而有

$$2n=\int_0^{n\pi}|\sin t|\mathrm{d}t\leqslant\int_0^x|\sin t|\mathrm{d}t\leqslant\int_0^{(n+1)\pi}|\sin t|\mathrm{d}t=2(n+1).\tag{3.27}$$

当$x\to+\infty$时，$n\to+\infty$．由式(3.27)知，$\int_0^x|\sin t|\mathrm{d}t\to+\infty$．

但这极限不能用洛必达法则求，因为分子的导数与分母的导数之比的极限$\lim\limits_{x\to+\infty}|\sin x|$不存在．我们可以利用式(3.27)求出其极限．由于

$$\frac{2n}{(n+1)\pi}\leqslant\frac{\int_0^x|\sin t|\mathrm{d}t}{x}\leqslant\frac{2(n+1)}{n\pi}$$

当$x\to+\infty$时，$n\to+\infty$．由夹逼准则知

$$\lim_{x\to+\infty}\frac{\int_0^x|\sin t|\mathrm{d}t}{x}=\frac{2}{\pi}.$$

（2）能否用洛必达法则求首先要看分子中的积分是否存在？因为被积函数在$t=0$处无定义．如果存在，当$x\to 0$时是否趋向于0？由于

$$\lim_{t\to 0}(1+\sin 2t)^{\frac{1}{t}}=\lim_{t\to 0}\mathrm{e}^{\frac{1}{t}\ln(1+\sin 2t)}=\mathrm{e}^{\lim\limits_{t\to 0}\frac{\ln(1+\sin 2t)}{t}}=\mathrm{e}^{\lim\limits_{t\to 0}\frac{2t}{t}}=\mathrm{e}^2.$$

因此，$t=0$是$(1+\sin 2t)^{\frac{1}{t}}$的第一类间断点．如果定义

$$f(x)=\begin{cases}(1+\sin 2x)^{\frac{1}{x}}, & x\neq 0\\ \mathrm{e}^2, & x=0\end{cases}$$

那么$f(x)$在$x=0$处连续，且积分$\int_0^x(1+\sin 2t)^{\frac{1}{t}}\mathrm{d}t=\int_0^x f(t)\mathrm{d}t$存在．因为$f(x)$在$[-1,1]$上连续，则有$|f(x)|\leqslant M$，其中$M$为$f(x)$在$[-1,1]$上的最大值．于是

$$\left|\int_0^x(1+\sin 2t)^{\frac{1}{t}}\mathrm{d}t\right|=\left|\int_0^x f(t)\mathrm{d}t\right|=|xf(\xi)|\leqslant M|x|,\xi\in[-1,1].$$

即当 $x\to0$ 时，$\int_0^x(1+\sin2t)^{\frac{1}{t}}\mathrm{d}t\to0$. 因此，本题(2)所设极限为$\frac{0}{0}$型未定式，由洛必达法则可得

$$\lim_{x\to0}\frac{\int_0^x(1+\sin2t)^{\frac{1}{t}}\mathrm{d}t}{x}=\lim_{x\to0}(1+\sin2x)^{\frac{1}{x}}=\lim_{x\to0}\left[(1+\sin2x)^{\frac{1}{\sin2x}}\right]^{\frac{\sin2x}{x}}=\mathrm{e}^2.$$

三、是非辨析

1. 初等函数在其定义区间上一定存在原函数.

【解析】正确. 提示：初等函数的原函数在其定义区间上一定存在原函数，但原函数未必一定都是初等函数.

2. 设 $f(x)$ 具有一阶连续导数，则有 $\mathrm{d}\left[\int\mathrm{d}f(x)\right]=f(x)\mathrm{d}x$.

【解析】错误. 提示：$\mathrm{d}\left[\int\mathrm{d}f(x)\right]=f'(x)\mathrm{d}x$.

3. 若 $F(x)$ 是连续函数 $f(x)$ 的一个原函数，则 $\frac{\mathrm{d}}{\mathrm{d}x}\int f(t)\mathrm{d}t=F'(x)$.

【解析】错误. 提示：$\frac{\mathrm{d}}{\mathrm{d}x}\int f(t)\mathrm{d}t=\frac{\mathrm{d}}{\mathrm{d}x}(F(t)+C)=0$.

4. 若 $F(x)$ 是连续函数 $f(x)$ 的一个原函数，则 $\frac{\mathrm{d}}{\mathrm{d}x}\int f(t)\mathrm{d}t=\frac{\mathrm{d}}{\mathrm{d}x}\int f(x)\mathrm{d}x$.

【解析】错误. 提示：$\frac{\mathrm{d}}{\mathrm{d}x}\int f(t)\mathrm{d}t=0$，$\frac{\mathrm{d}}{\mathrm{d}x}\int f(x)\mathrm{d}x=f(x)$.

5. 若 $f'(x)=g'(x)$，则 $f(x)=g(x)$.

【解析】错误. 提示：若 $f'(x)=g'(x)$，则 $f(x)=g(x)+C$(常数).

6. 设 $f(x)$ 是连续的偶函数，则其原函数 $F(x)$ 一定是偶函数.

【解析】错误. 提示：例如 $f(x)=\cos x$ 是连续的偶函数，但其原函数 $F(x)=\sin x+C$ 不是偶函数.

7. 若 $f(x)$ 是以 l 为周期的连续函数，则其原函数 $F(x)$ 一定是周期函数.

【解析】错误. 提示：例如：$f(x)=\sin x+1$ 是以 2π 为周期的连续函数，但其原函数 $F(x)=-\cos x+x+C$ 不是周期函数.

8. 初等函数的原函数都是初等函数.

【解析】错误. 提示：初等函数的原函数未必都是初等函数，例如$\frac{\sin x}{x}$，e^{-x^2}，$\frac{1}{\ln x}$等，虽然是初等函数，但它们的原函数就都不是初等函数.

9. 函数 $f(x)=\begin{cases}-\sin x, & x\geqslant0\\ x, & x<0\end{cases}$ 的不定积分是 $F(x)=\begin{cases}\cos x+C, & x\geqslant0\\ \frac{x^2}{2}+C, & x<0\end{cases}$.

【解析】错误. 提示：忽视了原函数的连续性，由于 $\lim\limits_{x\to0^+}F(x)=\lim\limits_{x\to0^+}(\cos x+C)=1+C$，$\lim\limits_{x\to0^-}F(x)=\lim\limits_{x\to0^-}\left(\frac{x^2}{2}+C\right)=C$，所以 $F(x)$ 在 $x=0$ 处不连续. 正确的解法是：设 $F(x)=$

$\begin{cases}\cos x + C_1, & x \geqslant 0 \\ \dfrac{x^2}{2} + C_2, & x < 0\end{cases}$,则 $F_+(0) = 1 + C_1, F_-(0) = C_2$,由 $F_+(0) = F_-(0)$ 得

$1 + C_1 = C_2$,故

$$F(x) = \begin{cases}\cos x + C, & x \geqslant 0 \\ \dfrac{x^2}{2} + 1 + C, & x < 0\end{cases}.$$

10. $\dfrac{x^2}{x^2-1}$可以化成$\dfrac{A}{x-1}+\dfrac{B}{x+1}$的形式.

【解析】错误.提示:$\dfrac{x^2}{x^2-1}$是假分式,需要先化为多项式和真分式的和,$\dfrac{x^2}{x^2-1}=1+\dfrac{1}{x^2-1}$,

而$\dfrac{1}{x^2-1}=\dfrac{1}{(x-1)(x+1)}=\dfrac{A}{x-1}+\dfrac{B}{x+1}$.

11. $\dfrac{x^2+2}{x(x^2-1)}$可以化成$\dfrac{A}{x}+\dfrac{B}{x-1}+\dfrac{C}{x+1}$的形式.

【解析】正确.

12. $\dfrac{x^2+2}{x(x^2+1)}$可以化成$\dfrac{A}{x}+\dfrac{Bx+C}{x^2+1}$的形式.

【解析】正确.

13. 函数$f(x)$在$[a,b]$上有原函数,则$f(x)$在$[a,b]$上可积.

【解析】错误.提示:如 $F(x)=\begin{cases}x^2\sin\dfrac{1}{x^2}, & x\neq 0 \\ 0, & x=0\end{cases}$,则

$f(x)=F'(x)=\begin{cases}2x\sin\dfrac{1}{x^2}-\cos\dfrac{1}{x^2}, & x\neq 0 \\ 0, & x=0\end{cases}$,即$f(x)$在$[-1,1]$上有原函数$F(x)$,但是$f(x)$在$[-1,1]$上不可积.因为$x=0$是$f(x)$的振荡间断点.

14. 若$f(x)$在$[-1,1]$上可积,则$f(x)$在$[-1,1]$上一定有原函数.

【解析】错误.提示:$\operatorname{sgn}(x)=\begin{cases}1, & x>0 \\ 0, & x=0 \\ -1, & x<0\end{cases}$在$[-1,1]$上可积,但是不存在原函数.因为

$F(x) = \int_{-1}^{x}\operatorname{sgn}t\,\mathrm{d}t = |x|-1$ 在 $x=0$ 处不可导.

15. 区间I上的连续函数$f(x)$的一切原函数都能用$F(x) = \int_a^x f(t)\,\mathrm{d}t\ (a,x\in I)$给出.

【解析】错误.提示:因$f(x)=0$,则$F(x)=C$,但是$F(x) = \int_a^x 0\mathrm{d}t = C - C = 0$.

16. 函数$y=f(x)$在$[a,b]$上连续,则由$y=f(x)$,x轴,$x=a$,$x=b$围成的封闭图形的面积为$\int_a^b f(x)\,\mathrm{d}x$.

【解析】错误.提示:对于任意在$[a,b]$上连续的函数$y=f(x)$,当$f(x)<0$时,则由

$y=f(x)$，x 轴，$x=a$，$x=b$ 围成的封闭图形的面积为 $-\int_a^b f(x)\mathrm{d}x$. 事实上，函数 $y=f(x)$ 在 $[a,b]$ 上连续，则由 $y=f(x)$，x 轴，$x=a$，$x=b$ 围成的封闭图形的面积为 $\int_a^b |f(x)|\mathrm{d}x$.

17. 若 $\int_a^b f(x)\mathrm{d}x \geqslant 0$，则 $\forall x\in[a,b]$，$f(x)\geqslant 0$.

【解析】错误. 提示：$\int_{-2}^4 x\mathrm{d}x = 6 > 0$，但是函数 $y=x$ 在 $[-2,0)$ 上都小于 0.

18. 函数 $y=f(x)$ 为连续函数，k 是任意常数，则 $\int kf(x)\mathrm{d}x = k\int f(x)\mathrm{d}x$.

【解析】错误. 提示：当 $k=0$ 时，$\int 0f(x)\mathrm{d}x = \int 0\mathrm{d}x = C$（任意常数），而 $0\int f(x)\mathrm{d}x = 0$.

19. 计算 $\int_0^x \frac{\mathrm{d}x}{1+\sin^2 x}$ 时，可以通过变量代换 $t=\tan x$ 转化.

【解析】错误. 提示：$t=\tan x$ 在 $x=\frac{\pi}{2}$ 处不连续，故所做的变量代换不正确.

20. 计算 $\int_0^3 x\sqrt[3]{1-x^2}\,\mathrm{d}x$ 时，可以通过变量代换 $x=\sin t$ 转化.

【解析】错误. 提示：由于当 $x=3$ 时，不存在 t，使得 $\sin t=3$，故所做代换不正确.

21. 计算 $\int_0^1 \sqrt{1-x^2}\,\mathrm{d}x$ 时，可以通过变量代换 $x=\sin t$ 转化.

【解析】正确.

22. 由于 $f(-x)=-f(x)$，则 $\int_{-\infty}^{+\infty} f(x)\mathrm{d}x = 0$.

【解析】错误. 提示：例如 $\int_0^{+\infty}\frac{x}{\sqrt{x^2+1}}\mathrm{d}x$ 发散，$\int_{-\infty}^0\frac{x}{\sqrt{x^2+1}}\mathrm{d}x$ 发散，故 $\int_{-\infty}^{+\infty}\frac{x}{\sqrt{x^2+1}}\mathrm{d}x$ 发散. 这说明了定积分“偶倍奇零”的性质不适用于反常积分.

23. 平面上一个面积为无穷大的图形绕 x 轴旋转一周形成的旋转体的体积为无穷大.

【解析】错误. 提示：函数 $y=\frac{1}{x}$ 由直线 $x=1$ 和 x 轴围成的图形的面积为

$$\int_1^{\infty}\frac{1}{x}\mathrm{d}x = \lim_{b\to\infty}(\ln b-\ln 1) = \infty.$$

但是该图形绕 x 轴旋转形成的旋转体的体积为

$$\pi\int_1^{\infty}\left(\frac{1}{x}\right)^2\mathrm{d}x = -\pi\lim_{b\to\infty}\left(\frac{1}{b}-1\right) = \pi.$$

24. 函数 $y=f(x)$ 在 $[a,b]$ 上有定义，$\int_a^b |f(x)|\mathrm{d}x$ 存在，则 $\int_a^b f(x)\mathrm{d}x$ 存在.

【解析】错误. 提示：$f(x)=\begin{cases}1, & x\in\mathbf{Q}\\ -1, & x\notin\mathbf{Q}\end{cases}$，$|f(x)|=1$，则 $\int_a^b f(x)\mathrm{d}x = b-a$，但 $\int_a^b f(x)\mathrm{d}x$ 不存在.

25. 若 $\int_a^b f(x)\mathrm{d}x$ 和 $\int_a^b g(x)\mathrm{d}x$ 不存在，则 $\int_a^b [f(x)+g(x)]\mathrm{d}x$ 也不存在.

【解析】错误. 提示：$f(x)=\begin{cases}1, & x\in\mathbf{Q}\\ -1, & x\notin\mathbf{Q}\end{cases}$，$g(x)=\begin{cases}-1, & x\in\mathbf{Q}\\ 1, & x\notin\mathbf{Q}\end{cases}$，则积分 $\int_a^b f(x)\mathrm{d}x$ 和

$\int_a^b g(x)\mathrm{d}x$ 都不存在,但 $f(x)+g(x)=0$, $\int_a^b [f(x)+g(x)]\mathrm{d}x=0$.

26. 若 $\lim\limits_{x\to\infty} f(x)=0$,则 $\int_a^{\infty} f(x)\mathrm{d}x$ 收敛.

【解析】错误. 提示:$\lim\limits_{x\to+\infty} f(x)=0$,但 $\int_1^{+\infty}\frac{1}{x}\mathrm{d}x=\lim\limits_{b\to+\infty}\ln b=+\infty$ 发散.

27. 若 $\int_a^{\infty} f(x)\mathrm{d}x$ 发散,则函数 $y=f(x)$ 无界.

【解析】错误. 提示:k 是不为 0 的常数, $\int_a^{+\infty} k\mathrm{d}x$ 发散,但常函数 $y=k$ 有界.

28. 若对于 $\forall x\in\mathbf{R}$, $y=f(x)$ 连续非负,且 $\sum\limits_{n=1}^{+\infty} f(n)$ 为有限值,则 $\int_1^{+\infty} f(x)\mathrm{d}x$ 收敛.

【解析】错误. 提示:$y=|\sin(\pi x)|$ 在 $\mathbf{R}$ 上连续非负,且 $\sum\limits_{n=1}^{+\infty}|\sin(n\pi)|=0$,但是 $\int_1^{+\infty}|\sin(\pi x)|\mathrm{d}x$ 发散.

29. 若 $\int_a^{+\infty} f(x)\mathrm{d}x$ 和 $\int_a^{+\infty} g(x)\mathrm{d}x$ 都发散,则 $\int_a^{+\infty}[f(x)+g(x)]\mathrm{d}x$ 也发散.

【解析】错误. 提示:例如反常积分 $\int_1^{+\infty}\frac{1}{x}\mathrm{d}x$ 和 $\int_1^{+\infty}\left(-\frac{1}{x}\right)\mathrm{d}x$ 都发散,但是反常积分 $\int_1^{+\infty}\left(\frac{1}{x}-\frac{1}{x}\right)\mathrm{d}x=\int_1^{+\infty}0\mathrm{d}x$ 收敛,且和为 0.

还可参考一例,反常积分 $\int_1^{+\infty}\frac{1}{x}\mathrm{d}x$ 和 $\int_1^{+\infty}\frac{1-x}{x^2}\mathrm{d}x$ 都发散,但是反常积分 $\int_1^{+\infty}\left(\frac{1}{x}+\frac{1-x}{x^2}\right)\mathrm{d}x=\int_1^{+\infty}\frac{1}{x^2}\mathrm{d}x$ 收敛,且和为 1.

30. 若函数 $y=f(x)$ 连续, $\int_a^{+\infty} f(x)\mathrm{d}x$ 收敛,则 $\lim\limits_{x\to+\infty} f(x)=0$.

【解析】错误. 提示:用图形的面积来说明. 对于任意自然数 n,可以构造面积为 $\frac{1}{n^2}$ 的三角形,则所有图形的总面积为 $\sum\limits_{n=1}^{+\infty}\frac{1}{n^2}$,令函数 $y=f(x)$ 为如图 3.6 的曲线所示,则 $y=f(x)$ 连续且非负,但是 $\lim\limits_{x\to+\infty} f(x)$ 不存在.

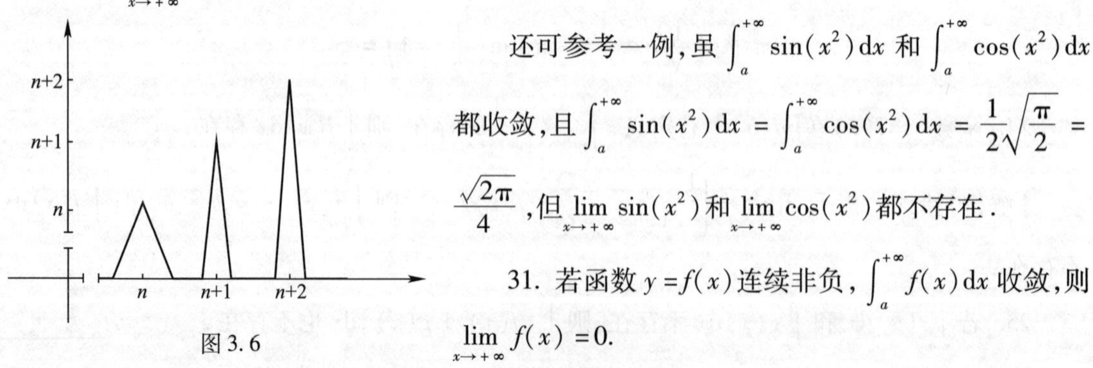

图 3.6

还可参考一例,虽 $\int_a^{+\infty}\sin(x^2)\mathrm{d}x$ 和 $\int_a^{+\infty}\cos(x^2)\mathrm{d}x$ 都收敛,且 $\int_a^{+\infty}\sin(x^2)\mathrm{d}x=\int_a^{+\infty}\cos(x^2)\mathrm{d}x=\frac{1}{2}\sqrt{\frac{\pi}{2}}=\frac{\sqrt{2\pi}}{4}$,但 $\lim\limits_{x\to+\infty}\sin(x^2)$ 和 $\lim\limits_{x\to+\infty}\cos(x^2)$ 都不存在.

31. 若函数 $y=f(x)$ 连续非负, $\int_a^{+\infty} f(x)\mathrm{d}x$ 收敛,则 $\lim\limits_{x\to+\infty} f(x)=0$.

【解析】错误. 提示:由第 30 题可知此结论也是错误的.

32. 函数 $y=f(x)$ 在 $[0,+\infty)$ 内连续且无界,则 $\int_0^{+\infty} f(x)\,dx$ 发散.

【解析】错误. 提示:由 30 题可知此结论也是错误的. 还可参考一例,虽然函数 $y=x\sin x^4$ 在 $[0,+\infty)$ 内连续且无界,但是 $\int_0^{+\infty} x\sin x^4 dx \overset{t=x^2}{=} \frac{1}{2}\int_0^{+\infty} \sin t^2 dt$ 收敛. 或者为:虽然函数 $y=x\cos x^4$ 在 $[0,+\infty)$ 内连续且无界,但是 $\int_0^{+\infty} x\cos x^4 dx \overset{t=x^2}{=} \frac{1}{2}\int_0^{+\infty} \cos t^2 dt$ 收敛.

33. 函数 $y=f(x)$ 在 $[1,+\infty)$ 上连续,且 $\int_1^{+\infty} f(x)\,dx$ 收敛,则 $\int_1^{+\infty} |f(x)|\,dx$ 也收敛.

【解析】错误. 提示:函数 $y=\frac{\sin x}{x}$ 在 $[1,+\infty)$ 上连续, $\int_1^{+\infty} \frac{\sin x}{x}dx$ 收敛,但 $\int_1^{+\infty} \left|\frac{\sin x}{x}\right| dx$ 发散.

34. 若 $\int_a^{+\infty} f(x)\,dx$ 收敛,函数 $y=g(x)$ 有界,则 $\int_a^{+\infty} f(x)g(x)\,dx$ 收敛.

【解析】错误. 提示: $\int_0^{+\infty} \frac{\sin x}{x}dx$ 收敛, $g(x)=\sin x$ 有界,但是 $\int_0^{+\infty} \frac{\sin^2 x}{x}dx$ 发散.

35. 若 $F(x)$ 是连续函数 $f(x)$ 的一个原函数,则 $\int_0^x F'(x)\,dx = F(x)$.

【解析】错误. 提示: $\int_0^x F'(x)\,dx = F(x) - F(0)$.

36. $\frac{d}{dx}\left(\int_0^{x^2} \sqrt{t+1}\,dt\right) = \sqrt{x^2+1}$.

【解析】错误. 提示:应该等于 $2x\sqrt{x^2+1}$.

37. $\int_0^{x^2} \frac{d\sqrt{t+1}}{dt}dt = \sqrt{x^2+1}$.

【解析】错误. 提示:应该等于 $\sqrt{x^2+1}-1$.

38. $\int_{-1}^1 \frac{dx}{x} = \ln|x|\,|_{-1}^1 = 0$.

【解析】错误. 提示:因为 $\frac{1}{x}$ 在 $x=0$ 处不连续,不能直接用牛顿–莱布尼茨公式.

39. $\int_{-1}^1 d\left(\arctan\frac{1}{x}\right) = \arctan\frac{1}{x}\,|_{-1}^1 = \frac{\pi}{4} - \left(-\frac{\pi}{4}\right) = \frac{\pi}{2}$.

【解析】错误. 提示:原因与上题一样,因为 $\frac{d}{dx}\left(\arctan\frac{1}{x}\right)$ 在 $[-1,1]$ 上不连续,不能直接用牛顿–莱布尼茨公式.

40. 由于 $f(x)=e^{|x|}$ 在 $[-1,1]$ 上连续,又当 $x\neq 0$ 时, $F(x)=\begin{cases} e^x, & x\geq 0 \\ -e^{-x}, & x<0 \end{cases}$ 可导,且 $F'(x)=f(x)=e^{|x|}$,故 $\int_{-1}^1 e^{|x|}dx = F(x)\,|_{-1}^1 = e+e=2e$.

【解析】错误. 提示: $F(x)$ 在 $x=0$ 处虽有定义,但在 $x=0$ 处不可导,故在 $[-1,1]$ 上 $F(x)$ 不是 $f(x)=e^{|x|}$ 的原函数,因此不能用牛顿–莱布尼茨公式.

可以验证 $G(x)=\begin{cases} e^x, & x\geq 0 \\ 2-e^{-x}, & x<0 \end{cases}$ 才是 $f(x)=e^{|x|}$ 在 $[-1,1]$ 上的一个原函数. 此时

$$\int_{-1}^{1} e^{|x|}dx = G(x)\Big|_{-1}^{1} = e - (2 - e) = 2(e - 1).$$

需注意的是,此题也可利用对称性, $\int_{-1}^{1} e^{|x|}dx = 2\int_0^1 e^x dx = 2e^x\Big|_0^1 = 2(e-1)$.

41. $\int_0^{2\pi}\sqrt{1-\cos^2 x}\,dx = \int_0^{2\pi}\sin x dx = -\cos x\Big|_0^{2\pi} = 0$.

【解析】错误. 提示: 因为 $\sqrt{1-\cos^2 x} = |\sin x|$,应该分区间进行积分.

42. 设函数 f 与 g 在区间 $[a,b]$ 上可积,且 $\int_a^b f(x)dx = \int_a^b g(x)dx$,则 $f(x)\equiv g(x)$.

【解析】错误. 提示:不一定,例如 $f(x)=\begin{cases}1, & 0\leqslant x\leqslant 1\\ -1, & 1<x\leqslant 2\end{cases}$, $g(x)=\begin{cases}-1, & 0\leqslant x\leqslant 1\\ 1, & 1<x\leqslant 2\end{cases}$,则积分 $\int_0^2 f(x)dx = \int_0^2 g(x)dx = 0$,但 $f(x)\neq g(x)$.

43. 若函数 f 与 g 可积,且在任意一个区间 $[a,b]$ 上有 $\int_a^b f(x)dx = \int_a^b g(x)dx$,则 $f(x)\equiv g(x)$.

【解析】错误. 提示: 不一定,例如 $f(x)=\begin{cases}1, & x\neq 1\\ 0, & x=1\end{cases}$, $g(x)=1$,则任意区间 $[a,b]$ 上, $\int_a^b f(x)dx = \int_a^b g(x)dx = b-a$,但 $f(x)\neq g(x)$.

44. 两条抛物线 $x=y^2$ 和 $y=x^2$ 所围成的平面图形的面积为 $\int_0^1(\sqrt{x}-x^2)dx$.

【解析】正确.

45. 由抛物线 $x=y^2$ 和 $y=x^2$ 所围成的平面图形绕 x 轴旋转一周所得旋转体的体积为 $\pi\int_0^1(\sqrt{x}-x^2)^2dx$.

【解析】错误. 提示:选择 x 作为积分变量,体积元素应为 $[(\sqrt{x})^2-(x^2)^2]dx$,故旋转体体积的求解表达式为 $\pi\int_0^1[(\sqrt{x})^2-(x^2)^2]dx$.

四、真题实战

(一) 填空题

1. 计算 $\int_e^{+\infty}\frac{dx}{x\ln^2 x}=$ ____________.

2. 计算 $\int_{-\frac{\pi}{2}}^{\frac{\pi}{2}}\left(\frac{\sin x}{1+\cos x}+|x|\right)dx=$ ____________.

3. 设函数 $f(x)$ 具有 2 阶连续导数,若曲线 $y=f(x)$ 过点 $(0,0)$ 且与曲线 $y=2^x$ 在点 $(1,2)$ 处相切,则 $\int_0^1 xf''(x)dx=$ ____________.

4. 若函数 $f(x)$ 满足 $f''(x)+af'(x)+f(x)=0(a>0)$, $f(0)=m$, $f'(0)=n$,则 $\int_0^{+\infty}f(x)dx=$ ____________.

（二）选择题

1. 设$f(x)$为连续函数，$F(t)=\int_1^t \mathrm{d}y\int_y^t f(x)\,\mathrm{d}x$，则$F'(2)$等于（　　）.

（A）$2f(2)$　　（B）$f(2)$　　（C）$-f(2)$　　（D）0

2. 设$F(x)$是连续函数$f(x)$的一个原函数，则必有（　　）.

（A）$F(x)$是偶函数$\Leftrightarrow f(x)$是奇函数

（B）$F(x)$是奇函数$\Leftrightarrow f(x)$是偶函数

（C）$F(x)$是周期函数$\Leftrightarrow f(x)$是周期函数

（D）$F(x)$是单调函数$\Leftrightarrow f(x)$是单调函数

3. 如图3.7，连续函数$y=f(x)$在区间$[-3,-2]$，$[2,3]$上的图形分别是直径为1的上、下半圆周，在区间$[-2,0]$，$[0,2]$上的图形分别是直径为2的下、上半圆周，设$F(x)=\int_0^x f(t)\,\mathrm{d}t$，则下列结论正确的是（　　）.

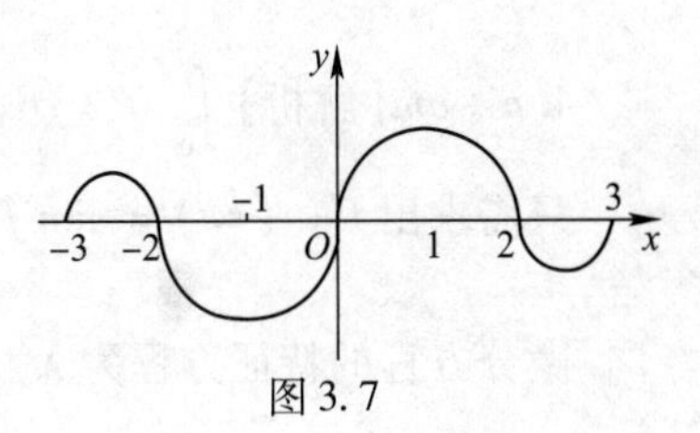

图3.7

（A）$F(3)=-\frac{3}{4}F(-2)$　　（B）$F(3)=\frac{5}{4}F(2)$

（C）$F(3)=\frac{3}{4}F(2)$　　（D）$F(3)=-\frac{5}{4}F(-2)$

4. 若反常积分$\int_0^{+\infty}\frac{1}{x^a(1+x)^b}\mathrm{d}x$收敛，则（　　）.

（A）$a<1$且$b>1$　　（B）$a>1$且$b>1$

（C）$a<1$且$a+b>1$　　（D）$a>1$且$a+b>1$

5. 设$M=\int_{-\frac{\pi}{2}}^{\frac{\pi}{2}}\frac{(1+x)^2}{1+x^2}\mathrm{d}x$，$N=\int_{-\frac{\pi}{2}}^{\frac{\pi}{2}}\frac{1+x}{\mathrm{e}^x}\mathrm{d}x$，$K=\int_{-\frac{\pi}{2}}^{\frac{\pi}{2}}(1+\sqrt{\cos x})\,\mathrm{d}x$，则（　　）

（A）$M>N>K$　　（B）$M>K>N$　　（C）$K>M>N$　　（D）$K>N>M$

（三）求解和证明下列各题

1. 过坐标原点作曲线$y=\ln x$的切线，该切线与曲线$y=\ln x$及x轴围成平面图形D. 求D的面积A和D绕直线$x=\mathrm{e}$旋转一周所得旋转体的体积V.

2. 某建筑工程打地基时，需用汽锤将桩打进土层. 汽锤每次击打，都将克服土层对桩的阻力而做功. 设土层对桩的阻力的大小与桩被打进地下的深度成正比（比例系数为k，$k>0$）. 汽锤第一次击打将桩打进地下am. 根据设计方案，要求汽锤每次击打桩时所做的功与前一次击打时所做的功之比为常数$r(0<r<1)$. 问

（1）汽锤击打桩3次后，可将桩打进地下多深？

（2）若击打次数不限，汽锤至多能将桩打进地下多深？

3. 求$\lim\limits_{n\to\infty}\sum\limits_{k=1}^{n}\frac{k}{n^2}\ln\left(1+\frac{k}{n}\right)$.

4. 求不定积分$\int \mathrm{e}^{2x}\arctan\sqrt{\mathrm{e}^x-1}\,\mathrm{d}x$.

5. 求曲线$y=\mathrm{e}^{-x}\sin x\ (x\geqslant 0)$与$x$轴之间图形的面积.

（四）参考答案

（一）填空题

1. 1【解析】原式 $\int_{e}^{+\infty}\frac{d\ln x}{\ln^2 x}=-\frac{1}{\ln x}\Big|_{e}^{+\infty}=1.$

2. $\frac{\pi^2}{4}$【解析】$\int_{-\frac{\pi}{2}}^{\frac{\pi}{2}}\left(\frac{\sin x}{1+\cos x}+|x|\right)dx=2\int_0^{\frac{\pi}{2}}x dx=\frac{\pi^2}{4}.$

3. $2(\ln 2-1)$【解析】$\int_0^1 xf''(x)dx=\int_0^1 x df'(x)=xf'(x)\big|_0^1-\int_0^1 f'(x)dx=2(\ln 2-1).$

4. $n+am$【解析】$\int_0^{+\infty}f(x)dx=-\int_0^{+\infty}[f''(x)+af'(x)]dx=-f'(x)\big|_0^{+\infty}-af'(x)\big|_0^{+\infty}$

只需求出 $f'(+\infty)=\lim\limits_{x\to+\infty}f'(x)$ 及 $f(+\infty)=\lim\limits_{x\to+\infty}f(x)$ 即可.

微分方程的特征方程为 $\lambda^2+a\lambda+1=0$，则有 $\lambda_{1,2}=\frac{-a\pm\sqrt{a^2-4}}{2}$.

当 $a>2$ 时，λ_1,λ_2 为两负实根，$f(x)=C_1e^{\lambda_1}+C_2e^{\lambda_2}$

当 $a=2$ 时，$\lambda_1=\lambda_2=-1$，$f(x)=(C_1+C_2x)e^{-x}$

当 $0<a<2$ 时，$\lambda_{1,2}=\left(C_1\cos\frac{\sqrt{4-a^2}}{2}x+C_2\sin\frac{\sqrt{4-a^2}}{2}x\right)e^{-\frac{a}{2}x}$

不论如上哪种情况，均有 $f(+\infty)=\lim\limits_{x\to+\infty}f(x)=0$，$f'(+\infty)=\lim\limits_{x\to+\infty}f'(x)=0$. 因而

$$\int_0^{+\infty}f(x)dx=-f'(x)\big|_0^{+\infty}-af'(x)\big|_0^{+\infty}=f'(0)+af(0)=n+am$$

（二）选择题

1. B【解析】交换积分次序，得

$$F(t)=\int_1^t dy\int_y^t f(x)dx=\int_1^t\left[\int_1^x f(x)dy\right]dx=\int_1^t f(x)(x-1)dx$$

于是，$F'(t)=f(t)(t-1)$，从而有 $F'(2)=f(2)$，故应选(B).

2. A【解析】任一原函数可表示为 $F(x)=\int_0^x f(t)dt+C$，且 $F'(x)=f(x)$.

当 $F(x)$ 为偶函数时，有 $F(-x)=F(x)$，于是 $F'(-x)\cdot(-1)=F'(x)$，即 $-f(-x)=f(x)$，也即 $f(-x)=-f(x)$，可见 $f(x)$ 为奇函数；反过来，若 $f(x)$ 为奇函数，则 $\int_0^x f(t)dt$ 为偶函数，从而 $F(x)=\int_0^x f(t)dt+C$ 为偶函数，可见(A)为正确选项.

3. C【解析】根据定积分的几何意义，$F(-2)=\int_0^{-2}f(t)dt=-\int_{-2}^0 f(t)dt=-\left(-\frac{4\pi}{2}\right)=2\pi$，$F(2)=\int_0^2 f(t)dt=2\pi$，而 $F(3)=\int_0^3 f(t)dt=2\pi-\frac{\pi}{2}=\frac{3\pi}{2}=\frac{3}{4}F(2)$，所以选(C).

4. C【解析】$\int_0^{+\infty}\frac{1}{x^a(1+x)^b}dx=\int_0^1\frac{1}{x^a(1+x)^b}dx+\int_1^{+\infty}\frac{1}{x^a(1+x)^b}dx$，

由于$\lim\limits_{x\to0^+}\dfrac{\dfrac{1}{x^a(1+x)^b}}{\dfrac{1}{x^a}}=1$,则当 $a<1$ 时,$\int_0^1\dfrac{1}{x^a(1+x)^b}dx$ 收敛;

又$\lim\limits_{x\to\infty}\dfrac{\dfrac{1}{x^a(1+x)^b}}{\dfrac{1}{x^{a+b}}}=\lim\limits_{x\to\infty}\dfrac{1}{\left(1+\dfrac{1}{x}\right)^b}=1$,则当 $a+b>1$ 时,$\int_1^{+\infty}\dfrac{1}{x^a(1+x)^b}dx$ 收敛,

所以,当 $a<1$ 且 $a+b>1$ 时,$\int_0^{+\infty}\dfrac{1}{x^a(1+x)^b}dx$ 收敛. 故应选(C).

5. C【解析】$M=\int_{-\frac{\pi}{2}}^{\frac{\pi}{2}}\dfrac{(1+x)^2}{1+x^2}dx=\pi$,由不等式 $e^x>1+x(x\neq0)$ 可知 $N=\int_{-\frac{\pi}{2}}^{\frac{\pi}{2}}\dfrac{1+x}{e^x}dx<\pi$. $K=\int_{-\frac{\pi}{2}}^{\frac{\pi}{2}}(1+\sqrt{\cos x})dx>\pi$. 故选(C).

Ⅲ. 求解和证明下列各题

1.【解析】(1) 如图 3.8 所示,设切点的横坐标为 x_0,则曲线 $y=\ln x$ 在点$(x_0,\ln x_0)$处的切线方程为

$$y=\ln x_0+\frac{1}{x_0}(x-x_0).$$

由该切线过原点知 $\ln x_0-1=0$,从而 $x_0=e$ 所以该切线的方程为 $y=\dfrac{1}{e}x$. 因此平面图形 D 的面积

$$A=\int_0^1(e^y-ey)dy=\frac{1}{2}e-1.$$

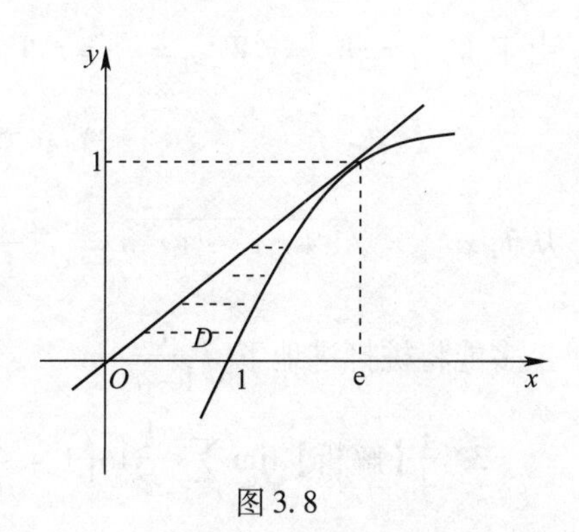

图 3.8

(2) 切线 $y=\dfrac{1}{e}x$ 与 x 轴及直线 $x=e$ 所围成的三角形绕直线 $x=e$ 旋转所得的圆锥体积为 $V_1=\dfrac{1}{3}\pi e^2$.

同时,曲线 $y=\ln x$ 与 x 轴及直线 $x=e$ 所围成的图形绕直线 $x=e$ 旋转所得旋转体的体积为

$$V_2=\int_0^1\pi(e-e^y)^2dy.$$

因此所求旋转体的体积为

$$V=V_1-V_2=\frac{1}{3}\pi e^2-\int_0^1\pi(e-e^y)^2dy=\frac{\pi}{6}(5e^2-12e+3).$$

2.【解析】(1) 设第 n 次击打后,桩被打进地下 x_n,第 n 次击打时,汽锤所做的功为 $W_n(n=1,2,\cdots)$. 由题设,当桩被打进地下的深度为 x 时,土层对桩的阻力的人小为 kx,所以

$$W_1=\int_0^{x_1}kxdx=\frac{k}{2}x_1^2=\frac{k}{2}a^2,$$

$$W_2 = \int_{x_1}^{x_2} kx\mathrm{d}x = \frac{k}{2}(x_2^2 - x_1^2) = \frac{k}{2}(x_2^2 - a^2).$$

由 $W_2 = rW_1$ 可得 $x_2^2 - a^2 = ra^2$,即 $x_2^2 = (1+r)a^2$.

$$W_3 = \int_{x_2}^{x_3} kx\mathrm{d}x = \frac{k}{2}(x_3^2 - x_2^2) = \frac{k}{2}[x_3^2 - (1+r)a^2].$$

由 $W_3 = rW_2 = r^2W_1$ 可得 $x_3^2 - (1+r)a^2 = r^2a^2$,从而 $x_3 = \sqrt{1+r+r^2}\,a$,即汽锤击打 3 次后,可将桩打进地下 $\sqrt{1+r+r^2}\,a$m.

(2) 由归纳法,设 $x_n = \sqrt{1+r+r^2+\cdots+r^{n-1}}\,a$,则

$$W_{n+1} = \int_{x_n}^{x_{n+1}} kx\mathrm{d}x = \frac{k}{2}(x_{n+1}^2 - x_n^2)$$

$$= \frac{k}{2}[x_{n+1}^2 - (1+r+\cdots+r^{n-1})a^2].$$

由于 $W_{n+1} = rW_n = r^2W_{n-1} = \cdots = r^nW_1$,故得

$$x_{n+1}^2 - (1+r+\cdots+r^{n-1})a^2 = r^na^2,$$

从而 $x_{n+1} = \sqrt{1+r+\cdots+r^n}\,a = \sqrt{\frac{1-r^{n+1}}{1-r}}\,a$. 于是 $\lim\limits_{n\to\infty} x_{n+1} = \sqrt{\frac{1}{1-r}}\,a$,即若击打次数不限,汽锤至多能将桩打进地下 $\sqrt{\frac{1}{1-r}}\,a$m.

3. $\frac{1}{4}$【解析】$\lim\limits_{n\to\infty}\sum\limits_{k=1}^{n}\frac{k}{n^2}\ln\left(1+\frac{k}{n}\right) = \int_0^1 x\ln(1+x)\mathrm{d}x = \frac{1}{2}\int_0^1 \ln(1+x)\mathrm{d}x^2$

$$= \frac{1}{2}\left\{[x^2\ln(1+x)]\Big|_0^1 - \int_0^1 \frac{x^2-1+1}{1+x}\mathrm{d}x\right\} = \frac{1}{4}$$

4.【解析】令 $\sqrt{\mathrm{e}^x - 1} = t$,则

$$\int \mathrm{e}^{2x}\arctan\sqrt{\mathrm{e}^x-1}\,\mathrm{d}x = \int (1+t^2)^2\frac{2t}{1+t^2}\arctan t\mathrm{d}t$$

$$= (1+t^2)^2\frac{2t}{1+t^2}\arctan t - \frac{1}{2}\left(t+\frac{1}{3}t^3\right) + C$$

$$= [1+(\sqrt{\mathrm{e}^x-1})^2]^2\frac{2\sqrt{\mathrm{e}^x-1}}{1+(\sqrt{\mathrm{e}^x-1})^2}\arctan(\sqrt{\mathrm{e}^x-1}) -$$

$$\frac{1}{2}\left[\sqrt{\mathrm{e}^x-1} + \frac{1}{3}(\sqrt{\mathrm{e}^x-1})^3\right] + C$$

5. $\frac{\mathrm{e}^\pi+1}{2(\mathrm{e}^\pi-1)}$【解析】所求面积为

$$S = \int_0^{+\infty} |\mathrm{e}^{-x}\sin x|\mathrm{d}x = \int_0^{+\infty}\mathrm{e}^{-x}|\sin x|\mathrm{d}x = \sum_{n=0}^{\infty}\int_{n\pi}^{(n+1)\pi}\mathrm{e}^{-x}|\sin x|\mathrm{d}x$$

又 $\int e^{-x}\sin x dx = -\frac{e^{-x}}{2}(\cos x + \sin x) + C$,则

$$\int_{n\pi}^{(n+1)\pi} e^{-x}|\sin x| dx = (-1)^n \int_{n\pi}^{(n+1)\pi} e^{-x}\sin x dx = (-1)^{n+1}\frac{e^{-x}}{2}(\cos x + \sin x)\Big|_{n\pi}^{(n+1)\pi}$$

$$= \frac{1}{2}[e^{-(n+1)\pi} + e^{-(n+1)\pi}] = \frac{1 + e^{-\pi}}{2}e^{-n\pi}$$

则有

$$S = \frac{1 + e^{-\pi}}{2}\sum_{n=0}^{\infty} e^{-n\pi} = \frac{e^{\pi} + 1}{2(e^{\pi} - 1)}.$$

第四章　微 分 方 程

一、学习要求

1. 了解微分方程及其阶、解、通解、初始条件和特解等概念.

2. 掌握变量可分离的微分方程及一阶线性微分方程的解法,会解齐次微分方程.

3. 会用降阶法解下列形式的微分方程：$y''=f(x)$、$y''=f(x,y')$和$y''=f(y,y')$.

4. 理解二阶线性微分方程解的性质及解的结构定理.

5. 掌握二阶常系数齐次线性微分方程的解法,并会解某些高于二阶的常系数齐次线性微分方程.

6. 会解自由项为多项式、指数函数、正弦函数、余弦函数以及它们的和与积的二阶常系数非齐次线性微分方程.

7. 会用微分方程解决一些简单的应用问题.

二、概念强化

(一) 微分方程的基本概念

1. 什么叫微分方程的解、通解和特解？通解和特解之间有什么关系？

分析:设微分方程为

$$F(x,y,y',\cdots,y^{(n)})=0 \tag{4.1}$$

如果函数$y=\varphi(x)$在区间I上有直到n阶的导数,且对任意的$x\in I$,等式

$$F(x,\varphi(x),\varphi'(x),\cdots,\varphi^{(n)}(x))\equiv 0$$

恒成立,那么函数$y=\varphi(x)$就称为微分方程式(4.1)的解.

$y=\varphi(x)$称为微分方程的显式解。如果由函数方程$\Phi(x,y)=0$所确定的隐函数$y=\varphi(x)$是微分方程的解,则$\Phi(x,y)=0$是微分方程的隐式解.

如果n阶微分方程式(4.1)的解$y=\varphi(x,C_1,C_2,\cdots,C_n)$包含了$n$个独立的任意常数$C_1$,$C_2,\cdots,C_n$(微分方程的解中含有任意常数,且任意常数的个数与微分方程的阶数相同,这些常数之间是线性无关的),则称它为方程式(4.1)的通解。通解中的任意常数确定以后所得到的解,就称为微分方程的特解.

通解和特解之间有如下关系：

当通解$y=\varphi(x,C_1,C_2,\cdots,C_n)$中的任意常数$C_1,C_2,\cdots,C_n$,由初始条件

$$y(x_0)=y_0,y'(x_0)=y_0',\cdots,y^{(n-1)}(x_0)=y_0^{(n-1)}$$

(其中$x_0,y_0,y_0',\cdots,y_0^{(n-1)}$是给定的常数)确定之后,就得到特解。特别对于一阶微分方程,从

几何上看,通解对应于积分曲线族,而特解对应积分曲线族中的一条积分曲线。值得注意的是,微分方程的阶数,通解中任意常数的个数以及初始条件个数三者必须是相等的.

2. 什么是齐次函数与齐次方程?怎样求解齐次方程?

分析:如果函数$f(x,y)$满足恒等式:$f(tx,ty)=t^n f(x,y)$,则称$f(x,y)$是n次齐次函数.当$n=0$时,$f(tx,ty)=f(x,y)$,称为零次齐次函数,简称齐次函数.

对于一阶微分方程$y'=f(x,y)$,若$f(x,y)$是齐次函数,则称该一阶微分方程为齐次方程.如$y'=\varphi\left(\frac{y}{x}\right)$,或$\frac{dx}{dy}=\varphi\left(\frac{x}{y}\right)$.

对于齐次方程求解,令$u=\frac{y}{x}\left(\text{或 } v=\frac{x}{y}\right)$,再把$y=ux$(或$x=vy$)代入原方程,化为对$u$和$x$(或$v$和$y$)分离变量的微分方程,求出通解后,再代回$u$(或$v$)即可.

3. 齐次方程的齐次与齐次线性微分方程的"齐次"的含义是否一样?

分析:不一样.齐次方程$y'=f(x,y)$的齐次是指$f(x,y)$是齐次函数,而齐次线性微分方程的齐次是线性微分方程右端的自由项为零.如对一阶齐次线性微分方程$y'+P(x)y=0$的齐次含义是指方程右端的自由项$Q(x)\equiv 0$.

4. 微分方程的通解是否包含所有的特解?

分析:不一定.如$y=C$为微分方程$(x+y)y'=0$的通解,$y=-x$是它的特解,但显然通解$y=C$不包含$y=-x$.再如微分方程$(y')^2-4y=0$有通解$y=(x+C)^2$,但不包含解$y=0$.

但是,最高阶导数系数为1的线性微分方程的通解包含所有的解.下面以二阶线性微分方程

$$y''+P(x)y'+Q(x)y=R(x) \tag{4.2}$$

为例进行证明.微分方程式(4.2)所对应的齐次线性微分方程为

$$y''+P(x)y'+Q(x)y=0 \tag{4.3}$$

设y_1和y_2为方程式(4.3)的两个线性无关的解,则方程式(4.3)的通解为

$$y=C_1y_1+C_2y_2,$$

其中C_1和C_2为任意常数.并且有

$$y_1''+P(x)y_1'+Q(x)y_1=0, \tag{4.4}$$

和

$$y_2''+P(x)y_2'+Q(x)y_2=0 \tag{4.5}$$

设y_3为方程式(4.3)的解,下面证明存在不全为零的常数k_{31}和k_{32},使

$$y_3=k_{31}y_1+k_{32}y_2$$

满足

$$y_3''+P(x)y_3'+Q(x)y_3=0 \tag{4.6}$$

$(4.4)\times y_2-(4.5)\times y_1$得

$$(y_1''y_2-y_1y_2'')+P(x)(y_1'y_2-y_1y_2')=0 \tag{4.7}$$

令$\omega=y_1'y_2-y_1y_2'$,式(4.7)即变为

$$\frac{d\omega}{dx}+P(x)\omega=0 \tag{4.8}$$

解方程式(4.8),得到 $\omega = C_{12}\mathrm{e}^{-\int P(x)\mathrm{d}x}$,$C_{12}\neq 0$ 即

$$y_1'y_2 - y_1y_2' = C_{12}\mathrm{e}^{-\int P(x)\mathrm{d}x} \tag{4.9}$$

同时,由于 y_1 和 y_2 线性无关,即 $\frac{y_1}{y_2}\neq k$(k 为常数),进而有 $\left(\frac{y_1}{y_2}\right)' = \frac{y_1'y_2 - y_1y_2'}{y_2^2}\neq 0$,即 $y_1'y_2 - y_1y_2'\neq 0$.

同理可得

$$y_3'y_2 - y_3y_2' = C_{32}\mathrm{e}^{-\int P(x)\mathrm{d}x}, \tag{4.10}$$

$$y_3'y_1 - y_3y_1' = C_{31}\mathrm{e}^{-\int P(x)\mathrm{d}x}. \tag{4.11}$$

由(4.10)$\times y_1$-(4.11)$\times y_2$,可求出

$$y_3 = \frac{C_{32}y_1 - C_{31}y_2}{y_1'y_2 - y_1y_2'}\mathrm{e}^{-\int P(x)\mathrm{d}x}. \tag{4.12}$$

由式(4.9)可得

$$y_3 = \frac{C_{32}}{C_{12}}y_1 - \frac{C_{31}}{C_{12}}y_2.$$

也就是说,方程式(4.3)的任何解都可由 y_1 和 y_2 线性表示,即包含在通解中.

设非齐次微分方程式(4.2)的通解为

$$y = Y + y^*,$$

其中 Y 为方程式(4.3)的通解,y^* 为式(4.2)的特解. 设 y^{**} 为方程(4.2)的一个特解,则 $y^{**}-y^*$ 为方程式(4.3)的特解,即 $y^{**}-y^* = k_1y_1 + k_2y_2$. 因此 $y^{**} = k_1y_1 + k_2y_2 + y^*$,即 y^{**} 包含在方程式(4.2)的通解中.

综上所述,二阶线性微分方程式(4.2)的通解包含所有特解.

(二) 一阶微分方程

5. 可分离变量微分方程求解中是否会丢解?

分析:在可分离变量微分方程的求解中可能需要对微分方程变形,而在微分方程的变形中可能会给微分方程的两边除一个因子,通常要求这个因子非零,这样就有可能在微分方程的求解过程中丢掉了因子为零的解.

如对微分方程 $(x-4)y^4\mathrm{d}x - x^3(y^2-3)\mathrm{d}y = 0$,容易看出 $x=0$ 与 $y=0$ 都是原微分方程的解.

用 x^3y^4 除微分方程的两边得到

$$\frac{x-4}{x^3}\mathrm{d}x - \frac{y^2-2}{y^4}\mathrm{d}y = 0,$$

积分得通解

$$-\frac{1}{x} + \frac{1}{x^2} + \frac{1}{y} - \frac{1}{y^3} = C,$$

其中 C 为任意常数.

显然在求通解过程中由于除的因式 x^3 和 y^4 中假定 $x\neq 0$,$y\neq 0$,而丢掉了特解 $x=0$ 与

$y=0$. 一般地对于微分方程变形中的除因子 $p(x,y)$,那么在微分方程求解之后,还需要判断是否存在实常数 x_0 或 y_0 使方程 $p(x,y)=0$ 成立. 如果有,则 $x=x_0$ 或 $y=y_0$ 也是微分方程的解.

6. 下列微分方程的求解过程是否正确?

对于微分方程 $y'-2xy=4x$ 分离变量得

$$\frac{\mathrm{d}y}{y+2}=2x\mathrm{d}x,$$

两边积分得 $\ln(y+2)=x^2$,即 $y=\mathrm{e}^{x^2}-2$,从而该微分方程的通解为 $y=\mathrm{e}^{x^2}+C$.

分析:错误. 产生错误的原因,一是把微分方程求解中的任意常数与不定积分的任意常数看作一样,即在求解的最后补上任意常数这是不对的. 微分方程求解中任意常数的书写必须根据题意随时加写. 二是在分离变量积分中,对数函数缺少了绝对值符号.

正确的解法为:分离变量得

$$\frac{\mathrm{d}y}{y+2}=2x\mathrm{d}x,$$

两边积分得 $\ln|y+2|=x^2+C$,即通解为:$y=C\mathrm{e}^{x^2}-2$.

7. 如何选取常微分方程中的自变量和函数变量?

分析:常微分方程反映的是两个变量之间的函数关系的等式,根据隐函数的存在定理,方程中的两个变量中,自变量和因变量是相对的. 由于$\frac{\mathrm{d}y}{\mathrm{d}x}$可以理解为两个微分 $\mathrm{d}y$ 与 $\mathrm{d}x$ 的商,因而自变量既可以选取 x,也可以选取 y,选取的原则在于方便微分方程的求解.

例如,微分方程

$$\frac{y}{y'}-x=\sqrt{x^2+y^2},$$

可以化为

$$\frac{\mathrm{d}x}{\mathrm{d}y}=\frac{x}{y}+\sqrt{\left(\frac{x}{y}\right)^2+1},$$

令 $\nu=\frac{x}{y}$,则 $x=\nu y,\frac{\mathrm{d}x}{\mathrm{d}y}=\nu+y\frac{\mathrm{d}\nu}{\mathrm{d}y}$,代入上式,得

$$y\frac{\mathrm{d}\nu}{\mathrm{d}y}=\sqrt{\nu^2+1},$$

分离变量并积分得:$\nu+\sqrt{\nu^2+1}=\frac{y}{C}$,代入 $\nu=\frac{x}{y}$并化简得到

$$s=\frac{1}{2}\left(\frac{y^2}{C}-C\right).$$

再如:$\frac{\mathrm{d}y}{\mathrm{d}x}=\frac{1}{x+y}$. 若以 y 为自变量和 x 为函数变量,则原方程变为一阶线性微分方程

$$\frac{\mathrm{d}x}{\mathrm{d}y}=x+y,$$

容易求出其通解为:$x=C_1\mathrm{e}^y-y-1$. 但是,若选 x 为自变量和 y 为函数变量,求解过程就相对复杂一些.

8. 积分方程如何化为微分方程求解？

分析：对于积分方程通常通过对方程求导数化为微分方程求解．例如，求一连续可导函数 $f(x)$ 使其满足下列方程

$$f(x) = \sin x - \int_0^x f(x-t)\,\mathrm{d}t \tag{4.13}$$

经过变量代换 $x-t=u$ 得到

$$f(x) = \sin x - \int_0^x f(u)\,\mathrm{d}u \tag{4.14}$$

方程式(4.14)两边关于变量 x 求导，有

$$f'(x)+f(x)=\cos x \tag{4.15}$$

从积分方程式(4.13)容易看出 $f(0)=0$.

解一阶线性微分方程式(4.15)可得

$$f(x)=C\mathrm{e}^{-x}+\frac{1}{2}(\cos x+\sin x).$$

再由 $f(0)=0$，解得 $C=-\frac{1}{2}$. 故有

$$f(x)=\frac{1}{2}(\cos x+\sin x-\mathrm{e}^{-x}).$$

需要注意的是：积分方程可能隐含着微分方程的初值条件．

9. 一阶线性微分方程初值问题的特解是否可以用定积分表示？

分析：一阶线性微分方程的初值问题 $\begin{cases} y'+P(x)y=Q(x) \\ y\big|_{x=x_0}=y_0 \end{cases}$ 的解，依据初始条件 $y\big|_{x=x_0}=y_0$ 和通解公式 $y=\mathrm{e}^{-\int P(x)\mathrm{d}x}\left[\int Q(x)\mathrm{e}^{\int P(x)\mathrm{d}x}\mathrm{d}x+C\right]$，构造解

$$y=\mathrm{e}^{-\int_{x_0}^{x}P(x)\mathrm{d}x}\left[\int_{x_0}^{x}Q(t)\mathrm{e}^{\int_{x_0}^{t}P(u)\mathrm{d}u}\mathrm{d}t+y_0\right],$$

则

$$y'=-P(x)\mathrm{e}^{-\int_{x_0}^{x}P(x)\mathrm{d}x}\left[\int_{x_0}^{x}Q(t)\mathrm{e}^{\int_{x_0}^{t}P(u)\mathrm{d}u}\mathrm{d}t+y_0\right]+Q(x).$$

化简可得 $y'+P(x)y=Q(x)$.

因此，一阶线性微分方程的满足初值的特解可以用积分上限函数给出

$$y=\mathrm{e}^{-\int_{x_0}^{x}P(x)\mathrm{d}x}\left[\int_{x_0}^{x}Q(x)\mathrm{e}^{\int_{x_0}^{x}P(x)\mathrm{d}x}\mathrm{d}x+y_0\right].$$

10. 如何判断一个微分方程是不是全微分方程？怎样通过全微分方程求解一阶微分方程？

分析：通常用满足平面积分与路径无关的 4 个等价条件来验证微分方程是否为全微分方程，当满足条件时，该方程就是全微分方程．对于全微分方程的求解就是求出全微分的原函数 $u(x,y)$，然后令 $u(x,y)=C$. 求 $u(x,y)$ 有多种方法．

(1) 凑全微分法：$P\mathrm{d}x+Q\mathrm{d}y=\mathrm{d}u$；

(2) 公式法：$u = \int_{(x_0,y_0)}^{(x,y)} P\mathrm{d}x + Q\mathrm{d}y$；

(3) 偏积分法.

在一阶微分方程中,一些不是全微分方程的方程可以通过对方程两边乘以一个因式变成全微分方程,这个因式就叫积分因子.

例如微分方程 $y\mathrm{d}x - x\mathrm{d}y = 0$,可以通过乘以$\frac{1}{x^2},\frac{1}{y^2},\frac{1}{xy},\frac{1}{x^2+y^2},\frac{1}{x^2-y^2}$化成不同的全微分方程来求解. 对于一些比较复杂的微分方程,也可以采用分组凑全微分的办法,寻求各组公共的积分因子化为全微分方程. 寻找积分因子的基础是掌握一些常用的微分公式.

(三) 解的结构

11. 如何判断微分方程的两个解是否线性相关?

分析:设 y_1, y_2 为某微分方程的两个解,根据线性相关的定义,若$\frac{y_1}{y_2} = k$ 或$\frac{y_2}{y_1} = k$(k 为常数),则 y_1 和 y_2 线性相关,否则线性无关.

事实上,对于可微函数 y_1 和 y_2,若 $y_1' y_2 - y_1 y_2' = 0$,则 y_1 和 y_2 线性相关,否则线性无关.

12. 已知 y_1 和 y_2 是微分方程的两个解,则 $y = C_1 y_1 + C_2 y_2$ 也是微分方程的解吗?

分析:不一定. 该结论对于齐次线性微分方程成立(证明略),但对于非线性微分方程不成立.

例如:$y_1 = -\frac{1}{2}\ln 2x + 2$ 和 $y_2 = -\frac{1}{2}\ln(2x+1)$是非线性二阶齐次微分方程 $y'' - 2y'^2 = 0$ 的线性无关的特解,但是 $y = C_1 y_1 + C_2 y_2$,代入方程有

$$
\begin{aligned}
y'' - 2y'^2 &= C_1 y_1'' + C_2 y_2'' - 2(C_1 y_1' + C_1 y_2')^2 \\
&= \frac{C_1}{2x^2} + \frac{2C_2}{(2x+1)^2} - 2\left[-\frac{C_1}{2x} - \frac{C_2}{2x+1}\right]^2 = -\frac{2C_1 C_2}{x(2x+1)} \neq 0.
\end{aligned}
$$

即 $y = C_1 y_1 + C_2 y_2$ 不是微分方程 $y'' - 2y'^2 = 0$ 的解.

对于非齐次线性微分方程也不成立. 证明如下:

设 y_1 和 y_2 是微分方程 $y^{(n)} + P_{n-1}(x)y^{(n-1)} + \cdots + P_1(x)y' + P_0(x)y = f(x)$的两个解,而把 $y = C_1 y_1 + C_2 y_2$ 代入该方程,有

$$
\begin{aligned}
&[C_1 y_1^{(n)} + C_2 y_2^{(n)}] + P_{n-1}(x)[C_1 y_1^{(n-1)} + C_2 y_2^{(n-1)}] + \cdots + \\
&\qquad P_1(x)[C_1 y_1' + C_2 y_2'] + P_0(x)[C_1 y_1 + C_2 y_2] \\
&\qquad = (C_1 + C_2) f(x)
\end{aligned}
$$

显然,$y = C_1 y_1 + C_2 y_2$ 不是方程 $y^{(n)} + P_{n-1}(x)y^{(n-1)} + \cdots + P_1(x)y' + P_0(x)y = f(x)$的解.

13. 由 n 阶线性微分方程的 n 个解可以写出这个微分方程的通解吗?

分析:一般来说,不一定. 但是对于 n 阶齐次线性微分方程,由 n 个线性无关的解可以写出这个微分方程及其通解. 由线性微分方程解的性质知,若 $y_1, y_2, \cdots, y_n$ 是 n 阶齐次线性微分方程

$$
y^{(n)} + P_{n-1}(x)y^{(n-1)} + P_1(x)y' + P_0(x)y = 0 \tag{4.16}
$$

的 n 个线性无关的解,则

$$y = C_1y_1 + C_2y_2 + \cdots + C_ny_n$$

是微分方程式(4.16)的通解.

对于 n 阶非齐次线性微分方程,则由 $n+1$ 个线性无关的解可以写出这个微分方程及其通解. 由线性微分方程解的性质知,若 $y_1, y_2, \cdots, y_n, y_{n+1}$ 是 n 阶非齐次线性微分方程:

$$y^{(n)} + P_{n-1}(x)y^{(n-1)} + P_1(x)y' + P_0(x)y = f(x) \tag{4.17}$$

的 $n+1$ 个线性无关的解,则 $y_1 - y_{n+1}, y_2 - y_{n+1}, \cdots, y_n - y_{n+1}$ 是对应的齐次微分方程式(4.16)的 n 个线性无关的解. 所以 $y = C_1(y_1 - y_{n+1}) + C_2(y_2 - y_{n+1}) + \cdots + C_n(y_n - y_{n+1}) + y_1$ 是微分方程式(4.17)的通解.

14. 已知一个 n 阶微分方程的 n 个线性无关的解,能否写出该微分方程?

分析:一般来说,由微分方程的解很难写出微分方程,但对于一个 n 阶线性齐次微分方程来说,如果已知其 n 个线性无关解,则可以得到微分方程.

设 $y_1, y_2, \cdots, y_n$ 是一个 n 阶线性齐次微分方程的 n 个线性无关解,则根据线性微分方程解的结构,其通解为

$$y = C_1y_1 + C_2y_2 + \cdots + C_ny_n, \tag{4.18}$$

其中:$C_1, C_2, \cdots, C_n$ 为任意常数.

对方程式(4.18)依次求 n 阶导数,并联立为方程组:

$$\begin{cases} y' = C_1y_1' + C_2y_2' + \cdots + C_ny', \\ y'' = C_1y_1'' + C_2y_2'' + \cdots + C_ny''', \\ \qquad\vdots \\ y^{(n)} = C_1y_1^{(n)} + C_2y_2^{(n)} + \cdots + C_ny_n^{(n)}. \end{cases} \tag{4.19}$$

由方程组(4.19)中求出 $C_1, C_2, \cdots, C_n$,再代入方程式(4.18)便得到所求的微分方程.

例如,已知一个四阶线性齐次微分方程的四个线性无关解为

$$y_1 = \mathrm{e}^x, y_2 = x\mathrm{e}^x, y_3 = \cos 2x \text{ 和 } y_4 = 3\sin 2x,$$

求该微分方程及其通解.

设该四阶线性齐次微分方程的通解为

$$y = C_1\mathrm{e}^x + C_2x\mathrm{e}^x + C_3\cos 2x + 3C_4\sin 2x, \tag{4.20}$$

分别求一阶、二阶、三阶和四阶导数得

$$\begin{cases} y' = C_1\mathrm{e}^x + C_2(x+1)\mathrm{e}^x + C_3(-2\sin 2x) + C_4(6\cos 2x), \\ y'' = C_1\mathrm{e}^x + C_2(x+2)\mathrm{e}^x + C_3(-4\cos 2x) + C_4(-12\sin 2x), \\ y''' = C_1\mathrm{e}^x + C_2(x+3)\mathrm{e}^x + C_3(8\sin 2x) + C_4(-24\cos 2x), \\ y^{(4)} = C_1\mathrm{e}^x + C_2(x+4)\mathrm{e}^x + C_3(16\cos 2x) + C_4(48\sin 2x). \end{cases} \tag{4.21}$$

解方程组(4.21)得

$$C_1 = \frac{1}{25\mathrm{e}^x}[-(5x+7)(y^{(4)} + 4y'') + (5x+12)(y''' + 4y')],$$

$$C_2 = \frac{1}{5\mathrm{e}^x}[y^{(4)} - y''' + 4y'' - 4y'],$$

$$C_3=\frac{-2y^{(4)}+7y'''-8y''+3y'}{50}\sin 2x+\frac{3y^{(4)}+2y'''-13y''+8y'}{100}\cos 2x,$$

$$C_4=\frac{2y^{(4)}-7y'''+8y''-3y'}{150}\cos 2x+\frac{3y^{(4)}+2y'''-13y''+8y'}{300}\sin 2x,$$

代入式(4.20)并整理得所求微分方程

$$y^{(4)}-2y'''+5y''-8y'+4y=0. \tag{4.22}$$

另外,若已知所求微分方程为四阶常系数线性齐次微分方程,则可以通过分析四个线性无关解得到对应的特征方程.比较 y_1 和 y_2,它们对应的特征根为二重根 $r_{1,2}=1$;y_3 和 y_4 对应的特征根为一对共轭复根 $r_{3,4}=\pm 2\mathrm{i}$. 因此,该微分方程的特征方程为

$$(r-1)^2(r^2+4)=0 \tag{4.23}$$

式(4.23)展开得:$r^4-2r^3+5r^2-8r+4=0$. 即对应的微分方程如式(4.22).

由此可以看出,对于常系数线性齐次微分方程通过分析特解构造特征方程要比求解线性方程组的方法简单多了.

(四) 二阶微分方程

15. 求解二阶可降阶微分方程初值问题需注意哪些问题?

分析:对于二阶可降阶微分方程首先分清该微分方程式是哪种类型:

(1) 对于 $y''=f(x,y')$,令 $p=y'$,$y''=p'$;

(2) 对于 $y''=f(y,y')$,令 $p=y'$,$y''=\dfrac{\mathrm{d}p}{\mathrm{d}x}=\dfrac{\mathrm{d}p}{\mathrm{d}y}\cdot\dfrac{\mathrm{d}y}{\mathrm{d}x}=p\cdot\dfrac{\mathrm{d}p}{\mathrm{d}y}$;

(3) 对于 $y''=f(y')$来说无论当作哪个类型都可以.一般看作第一个类型相对简单一些,但是也有例外,例如 $y''=\mathrm{e}^{-(y')^2}$,则令 $p=y'$,$y''=p\cdot\dfrac{\mathrm{d}p}{\mathrm{d}y}$ 要简单一些.

求解二阶可降阶微分方程初值问题时可以根据初值条件确定常数也可使求解过程简化,同时在遇到开方时,可以根据初值条件确定正负号.例如:求解初值问题

$$\begin{cases}y''-\mathrm{e}^{2y}=0,\\ y|_{x=0}=0,y'|_{x=0}=1.\end{cases}$$

令 $y'=p(y)$,则 $y''=p\dfrac{\mathrm{d}p}{\mathrm{d}y}$,代入方程得 $p\mathrm{d}p=\mathrm{e}^{2y}\mathrm{d}y$,积分得

$$\frac{1}{2}p^2=\frac{1}{2}\mathrm{e}^{2y}+C_1.$$

利用初始条件得:$C_1=0$. 又由 $p|_{y=0}=y'|_{x=0}=1>0$,则$\dfrac{\mathrm{d}y}{\mathrm{d}x}=p=\mathrm{e}^y$(取正号).

方程两边积分得,$-\mathrm{e}^{-y}=x+C_2$. 由 $y|_{x=0}=0$,则 $C_2=-1$. 因此该初值问题的解为

$$1-\mathrm{e}^{-y}=x.$$

16. 二阶方程

$$y''=1+(y')^2$$

属哪一类可降阶方程?作何种代换解法简便,试进行分析比较.

分析:解法一　此方程属 $y''=f(x,y')$ 型,方程中不显含 y,故可令 $y'=p(x)$,则 $y''=p'$,代入方程式得

$$p'=1+p^2$$

可分离变量,得

$$\arctan p=x+C_1$$

即 $y'=\tan(x+C_1)$,故有

$$y=\int\tan(x+C_1)\mathrm{d}x=-\ln\cos(x+C_1)+C_2$$

解法二　此方程属于 $y''=f(y,y')$ 型,且方程表达式中不显含 x,故可令 $y'=p(y)$,则 $y''=p\dfrac{\mathrm{d}p}{\mathrm{d}y}$,代入方程式,得

$$p\frac{\mathrm{d}p}{\mathrm{d}y}=1+p^2\Rightarrow\frac{2p}{1+p^2}\mathrm{d}p=2\mathrm{d}y$$

两边积分,得

$$1+p^2=C_1\mathrm{e}^{2y}$$

进一步得

$$y'=p=\pm\sqrt{C_1\mathrm{e}^{2y}-1}$$

两边积分,得

$$\int\frac{\mathrm{d}y}{\sqrt{C_1\mathrm{e}^{2y}-1}}=\pm\int\mathrm{d}x\Rightarrow\arccos\frac{\mathrm{e}^{-y}}{\sqrt{C_1}}=\pm x+C_2$$

整理得

$$\mathrm{e}^{-y}=\sqrt{C_1}\cos(\pm x+C_2)$$

故通解为

$$y=-\ln\cos(\pm x+C_2)-\ln\sqrt{C_1}=-\ln\cos(\pm x+C_2)+C,$$

其中 $C=-\ln\sqrt{C_1}$.

由此可见,解法一简便易行. 一般地,如果可降阶方程既属于 $y''=f(x,y')$ 型,又属于 $y''=f(y,y')$ 型,可视为 $y''=f(x,y')$ 型,设 $y'=p(x)$ 解之较简便.

17. 已知二阶线性齐次微分方程的一个非零解,如何求出它的通解.

分析:已知二阶线性齐次微分方程

$$y''+P(x)y'+Q(x)y=0 \tag{4.24}$$

的一个非零解 y_1,设另外一个线性无关的特解为 $y_2=u(x)y_1(x)$,将 y_2 代入式(4.24)得:

$$y_1u''(x)+[2y_1'+P(x)y_1]u'(x)+[y_1''+P(x)y_1'+Q(x)y_1]u(x)=0$$

整理得

$$y_1u''(x)+[2y_1'+P(x)y_1]u'(x)=0 \tag{4.25}$$

由式(4.25)得:$u'(x)=v=\dfrac{1}{y_1^2}\mathrm{e}^{-\int P(x)\mathrm{d}x}$,即 $u(x)=\displaystyle\int\frac{1}{y_1^2}\mathrm{e}^{-\int P(x)\mathrm{d}x}\mathrm{d}x$. 则有 $y_2=y_1\displaystyle\int\frac{1}{y_1^2}\mathrm{e}^{-\int P(x)\mathrm{d}x}\mathrm{d}x$

(刘维尔公式). 故微分方程式(4.24)的通解为

$$y = \left[C_1 + C_2 \int \frac{1}{y_1^2} e^{-\int P(x)dx} dx \right] y_1 .$$

例如　求微分方程 $y'' + \frac{x}{1-x} y' - \frac{1}{1-x} y = 0$ 的通解.

解　因为 $1 + \frac{x}{1-x} - \frac{1}{1-x} = 0$,对应齐次方程的一特解为:$y_1 = e^x$.

由刘维尔公式得另外一个线性无关的特解为:$y_2 = e^x \int \frac{1}{e^{2x}} e^{-\int \frac{x}{1-x}dx} dx = x$,则该方程的通解为:$Y = C_1 x + C_2 e^x$.

18. 当 λ 不是方程 $r^2 + pr + q = 0$ 的根时,方程 $y'' + py' + qy = 2x^2 e^{\lambda x}$ 的特解可取为 $y^* = Ax^2 e^{\lambda x}$ 吗?

分析:不能.

对于二阶常系数非齐次线性微分方程 $y'' + py' + qy = f(x)$ 中的自由项 $f(x)$ 虽然只出现二次项,但是说明其特解的形式是一个二次多项式.

因而当 λ 不是 $r^2 + pr + q = 0$ 的根时,方程 $y'' + py' + qy = 2x^2 e^{\lambda x}$ 的特解应设为

$$y_1^* = (Ax^2 + Bx + C) e^{\lambda x}.$$

19. 二阶齐次线性微分方程如何求其通解?

分析:二阶常系数齐次线性微分方程 $y'' + py' + qy = 0$ 的通解问题可以通过求其特征方程 $r^2 + pr + q = 0$ 来解决.

(1) 当特征根为两个相异的实根,即 $r_1 \neq r_2$ 时,通解为

$$y = C_1 e^{r_1 x} + C_2 e^{r_2 x}$$

(2) 当特征根为重根,即 $r_1 = r_2 = -\frac{p}{2}$ 时,通解为

$$y = (C_1 + C_2 x) e^{r_1 x}$$

(3) 当特征根为一对共轭复根,即 $r_{1,2} = \alpha \pm i\beta$,通解为

$$y = e^{\alpha x} (C_1 \cos\beta x + C_2 \sin\beta x)$$

二阶非常系数齐次微分方程 $y'' + P(x) y' + Q(x) y = 0$ 的通解可以通过观察出一个特解 y_1,然后通过刘维尔公式再得到另一个线性无关的解

$$y_2 = y_1 \int \frac{1}{y_1^2} e^{-\int P(x)dx} dx .$$

因而对于微分方程 $y'' + P(x)y' + Q(x)y = 0$ 的关键是观察出一个特解. 例如

若 $P(x) + xQ(x) = 0$,则 $y = x$ 为一个特解;

若 $1 + P(x) + Q(x) = 0$,则 $y = e^x$ 为一个特解;

若 $1 - P(x) + Q(x) = 0$,则 $y = e^{-x}$ 为一个特解.

三、是非辨析

1. 微分方程都存在通解.

【解析】错误. 例如方程 $y'^2+1=0$ 和 $|y'|+|y|+4=0$ 都不存在实函数解,而方程

$$y'^2+y^2=0$$

只有解 $y=0$. 我们知道,如果微分方程的解中含有任意常数的个数与它的阶数相同,那么这个解称为通解. 以上方程,有的没有实函数解,有的有解,但解中不含任意常数,所以上述方程都不存在通解.

2. 若 $y_1,y_2,\cdots,y_n$ 为 n 阶线性微分方程

$$y^{(n)}+p_1y^{(n-1)}+\cdots+p_{n-1}y'+p_ny=0$$

的 n 个特解,则 $y=C_1y_1+C_2y_2+\cdots+C_ny_n$ 为所给方程的解,其中 $C_1,C_2,\cdots,C_n$ 为任意的常数.

【解析】错误. 例如 $y_1=\sin^2x,y_2=\cos^2x,y_3=1$ 为微分方程

$$y'''+4y'=0$$

的 3 个特解,但是

$$y=C_1\sin^2x+C_2\cos^2x+C_3$$

不是 $y'''+4y'=0$ 的通解,因为

$$\sin^2x+\cos^2x=1$$

因此 $y=C_1\sin^2x+C_2\cos^2x+C_3$ 实际上只含有两个任意常数,即

$$y=(C_1+C_3)\sin^2x+(C_2+C_3)\cos^2x=\overline{C}_1\sin^2x+\overline{C}_2\cos^2x$$

正确的命题是:

若 $y_1,y_2,\cdots,y_n$ 为 n 阶线性微分方程

$$y^{(n)}+p_1y^{(n-1)}+\cdots+p_{n-1}y'+p_ny=0$$

的 n 个线性无关的特解,则

$$y=C_1y_1+C_2y_2+\cdots+C_ny_n$$

为所给微分方程的通解,其中 $C_1,C_2,\cdots,C_n$ 为任意的常数.

3. 若 y_1,y_2,y_3 为二阶线性微分方程

$$y''+p_1y'+p_2y=f(x)$$

的 3 个特解,则 $y=C_1(y_2-y_1)+C_2(y_3-y_2)+y_1$ 必为所给微分方程的通解.

【解析】错误. 对于线性微分方程

$$y''+p_1y'+p_2y=f(x) \tag{4.26}$$

及其对应的齐次线性微分方程

$$y''+p_1y'+p_2y=0 \tag{4.27}$$

有下列性质:

(1) 若 y_1,y_2 为式(4.27)的两个特解,则 $k_1y_1+k_2y_2$ 也是式(4.27)的解.

(2) 若 y_1, y_2 为式(4.27)的两个线性无关的特解,则 $y = C_1y_1 + C_2y_2$ 为式(4.27)的通解,其中 C_1, C_2 为任意常数.

(3) 若 y_1^*, y_2^* 为式(4.26)的两个特解,则 $y_2^* - y_1^*$ 必为式(4.27)的特解.

(4) 若 y_1 为式(4.27)的特解,y^* 为式(4.26)的特解,则 $y_1 + y^*$ 必为式(4.26)的特解;

(5) 若 Y 为式(4.27)的通解,y^* 为式(4.26)的特解,则 $y = Y + y^*$ 必为式(4.26)的通解.

上述5个性质是求解线性微分式(4.26)和式(4.27)的解的基本依据.

由题设及上述性质可知,当 y_1, y_2, y_3 为式(4.26)的3个特解时,$y_2 - y_1$ 与 $y_3 - y_2$ 必为式(4.27)的解,进而知 $C_1(y_2 - y_1) + C_2(y_3 - y_2)$ 也为式(4.27)的解,从而知

$$y = C_1(y_2 - y_1) + C_2(y_3 - y_2) + y_1$$

必为式(4.26)的解. 但是仅当 $y_2 - y_1$ 与 $y_3 - y_2$ 线性无关时,才能保证 $y = C_1(y_2 - y_1) + C_2(y_3 - y_2) + y_1$ 为式(4.26)的通解.

例如,$y_1 = e^{2x} - \frac{1}{2}, y_2 = 2e^{2x} - \frac{1}{2}, y_3 = 3e^{2x} - \frac{1}{2}$为微分方程 $y'' - y' - 2y = 1$ 的3个特解,但是 $y = C_1(y_2 - y_1) + C_2(y_3 - y_2) + y_1 = (C_1 + C_2)e^{2x} - \frac{1}{2}$为所给方程的解,不是其通解.

4. 方程$\frac{dy}{dx} = \frac{1}{x + y^2}$不是一阶非齐次线性微分方程,因此不能用其通解公式求解.

【解析】错误. 我们知道方程 $y' + P(x)y = Q(x)$ 称为一阶线性微分方程. 所谓"线性"是指方程中未知函数 y 及其导数 y' 都是一次的.

方程$\frac{dy}{dx} = \frac{1}{x + y^2}$,虽然不是 y 的线性微分方程,但取 x 为未知函数,方程可改写为

$$\frac{dx}{dy} = x + y^2 \text{ 或} \frac{dx}{dy} + (-1)x = y^2$$

则该方程关于未知函数 x 及其导数$\frac{dx}{dy}$是一次的,故是线性方程,记 $P(y) = -1, Q(y) = y^2$,则可利用一阶非齐次线性微分方程的通解公式

$$x = e^{-\int P(y)dy}\left(\int Q(y)e^{\int P(y)dy}dy + C\right)$$

来求其通解.

5. 下面问题的解法正确吗?

(1) 设函数 y_1, y_2, y_3 为非齐次线性微分方程 $y'' + P(x)y' + Q(x)y = f(x)$ 的特解,而且$\frac{y_2 - y_1}{y_3 - y_1} \neq$常数. 求证:$y = (1 - C_1 - C_2)y_1 + C_1y_2 + C_2y_3$ 是该微分方程的通解,其中 C_1, C_2 为任意常数.

证明 把 y, y', y''代入方程的左端,于是

$$\begin{aligned}
\text{左端} &= (1 - C_1 - C_2)y_1'' + C_1y_2'' + C_3y_3'' + P(x)[(1 - C_1 - C_2)y_1' + C_1y_2' + C_3y_3'] + \\
&\quad Q(x)[(1 - C_1 - C_2)y_1 + C_1y_2 + C_3y_3] \\
&= (1 - C_1 - C_2)[y_1'' + P(x)y_1' + Q(x)y_1] + C_1[y_2'' + P(x)y_2' + Q(x)y_2] + \\
&\quad C_2[y_3'' + P(x)y_3' + Q(x)y_3] \\
&= (1 - C_1 - C_2)f(x) + C_1f(x) + C_2f(x) = f(x) = \text{右端}
\end{aligned}$$

所以 y 是该方程的解. 又由于 y 的表达式中含有两个任意常数 C_1, C_2,因此 $y = (1 - C_1 - C_2)y_1 + C_1y_2 + C_2y_3$ 是方程的通解.

(2) $y_1=2x, y_2=(x+1)^2$ 均是方程 $(3x^3+x)y''+2y'-6xy=4-12x^2$ 的特解,求方程的通解.

因为 $\frac{y_1}{y_2}=\frac{2x}{(x+1)^2}\neq$ 常数,所以 y_1 与 y_2 线性无关,于是方程的通解为

$$y=C_1y_1+C_2y_2+y_1$$

【解析】(1)上述证明是错误的. 错在了最后一步,即错误地套用了齐次微分方程通解结构定理,没有说明解中的任意常数 C_1,C_2 是独立的. 正确的证明如下:

因为 y_1,y_2,y_3 是方程的 3 个特解,所以 y_2-y_1, y_3-y_1 是对应的齐次线性微分方程 $y''+P(x)y'+Q(x)y=0$的解.

又 $\frac{y_2-y_1}{y_3-y_1}\neq$ 常数,则 y_2-y_1 与 y_3-y_1 线性无关. 对应的齐次微分方程的通解为

$$y=C_1(y_2-y_1)+C_2(y_3-y_1)$$

故原方程的通解为: $y=(1-C_1-C_2)y_1+C_1y_2+C_2y_3$,其中 C_1,C_2 为任意常数.

(2) 错误. 错误的原因在于把非齐次线性微分方程的解当作齐次线性微分方程的解.

正确的解法:

因为 y_1,y_2 是非齐次方程的两个特解,则 $y_2-y_1=x^2+1$ 是对应的齐次微分方程的一个特解. 令另外一个与其线性无关的特解为

$$\begin{aligned} y_3 &= (x^2+1)\int\frac{1}{(1+x^2)^2}\mathrm{e}^{-\int\frac{2}{x(3x^2+1)}\mathrm{d}x} = (x^2+1)\int\frac{1}{(1+x^2)^2}\cdot\frac{3x^2+1}{x^2}\mathrm{d}x \\ &= (x^2+1)\left[-\frac{1}{x(1+x^2)}\right]=-\frac{1}{x} \end{aligned}$$

故原微分方程的通解为

$$y=C_1(x^2+1)+\frac{C_2}{x}+2x$$

其中 C_1,C_2 为任意常数.

6. 函数 $y_1=(x-1)^2$ 和 $y_2=(x+1)^2$ 都是微分方程

$$(x^2-1)y''-2xy'+2y=0 \text{ 和 } 2yy''-(y')^2=0$$

的解,则这两个解的叠加 $y=C_1(x-1)^2+C_2(x+1)^2$ 也是上述两个微分方程的解,其中 C_1, C_2 为任意常数.

【解析】错误. 本题两个微分方程的本质差异是:前一个方程是线性齐次微分方程,后一个方程不是线性微分方程. 解的叠加原理只适用于线性齐次微分方程,换句话说,解的叠加原理是线性齐次微分方程所独有的解的性质,非线性方程不具有此性质. 因此两个解的叠加满足前一个方程的解而不满足后一个方程的解. 进一步,我们知道 y_1 和 y_2 这两个解是线性无关的,所以叠加的解 $y=C_1(x-1)^2+C_2(x+1)^2$ 还是第一个微分方程的通解.

7. 当 $\lambda+\omega\mathrm{i}$ 不是 $r^2+pr+q=0$ 的根时,方程 $y''+py'+qy=\mathrm{e}^{\lambda x}\cos\omega x$ 的特解可取为 $y_2=A\mathrm{e}^{\lambda x}\cos\omega x$?

【解析】错误. 对于二阶常系数非齐次线性微分方程 $y''+py'+qy=f(x)$ 中的自由项 $f(x)$ 只出现余弦(或正弦)项情形,可看成正弦(或余弦)项前的多项式为零,其特解形式应设为

$$y_2^* = e^{\lambda x}(A\cos\omega x + B\sin\omega x).$$

8. 因为微分方程 $y''+y=\sin 2x$ 和 $y''+2y'+y=\sin 2x$ 的非齐次项都为 $\sin 2x$，因此它们的特解都可设为 $y^* = A\sin 2x$ 的形式.

【解析】错误.（1）对于前一个微分方程，通过观察可知，方程左端只有未知函数和未知函数的二阶导数，将 $y^* = A\sin 2x$ 和 $y''^* = -4A\sin 2x$ 代入方程，只要 A 选择适当，就能使得两边恒为等式，也就是说 $y^* = A\sin 2x$ 能够成为前一个方程的特解。通过简单计算，得 $(-4+1)A\sin 2x = \sin 2x$，解得 $A=-\frac{1}{3}$. 所以前一个微分方程的特解为

$$y^* = -\frac{1}{3}\sin 2x$$

一般地，对于方程 $y''+ay=B\sin mx$，当 $a-m^2\neq 0$ 时，可设 $y^*=A\sin mx$ 为其特解，并可求得 $A=\frac{a}{a-m^2}$；当 $a-m^2=0$ 时，不能设 $y^*=A\sin mx$ 为其特解，这时可采用常规的方法.

（2）后一个方程中含有奇数阶导数项"$2y'$"，所以从对于常系数齐次线性微分方程的特征方程 $r^2+2r+1=0$ 出发，可知 $r=-1$，又 $\lambda=0,\omega=2$，所以其特解形式为

$$y^* = A\cos 2x + B\sin 2x$$

利用待定系数法，求得 $A=-\frac{4}{25}, B=-\frac{3}{25}$，从而求得后一方程的一个特解为

$$y^* = -\frac{1}{25}(4\cos 2x + 3\sin 2x)$$

四、真题实战

（一）填空题

1. 微分方程 $xy'+y(\ln x-\ln y)=0$ 满足 $y(1)=e^3$ 的特解为________.
2. 微分方程 $y''+2y'+3y=0$ 的通解为 $y=$________.
3. 微分方程 $2yy'-y^2-2=0$ 满足条件 $y(0)=1$ 的特解 $y=$________.
4. 微分方程 $y'+y\tan x=\cos x$ 的通解为 $y=$________.
5. 微分方程 $y''-2y'+2y=e^x$ 的通解为________.

（二）选择题

1. 设线性无关的函数 y_1、y_2、y_3 都是二阶非齐次线性方程 $y''+p(x)y'+q(x)y=f(x)$ 的解，C_1、C_2 是任意常数，则该非齐次方程的通解是（　　）

(A) $C_1y_1+C_2y_2+y_3$　　(B) $C_1y_1+C_2y_2-(C_1+C_2)y_3$

(C) $C_1y_1+C_2y_2-(1-C_1-C_2)y_3$　　(D) $C_1y_1+C_2y_2+(1-C_1-C_2)y_3$

2. 若连续函数 $f(x)$ 满足关系式 $f(x)=\int_0^{2x} f\left(\frac{t}{2}\right)dt+\ln 2$，则 $f(x)$ 等于（　　）

(A) $e^x\ln 2$　　(B) $e^{2x}\ln 2$

(C) $e^x+\ln 2$　　(D) $e^{2x}+\ln 2$

3. 设 $y=\frac{1}{2}e^{2x}+\left(x-\frac{1}{3}\right)e^x$ 是二阶常系数非齐次线性微分方程 $y''+ay'+by=ce^x$ 的一个特解,则(　　)

(A) $a=-3,b=2,c=-1$　　(B) $a=3,b=2,c=-1$

(C) $a=-3,b=2,c=1$　　(D) $a=3,b=2,c=1$

4. 若 $y=(1+x^2)^2-\sqrt{1+x^2}$, $y=(1+x^2)^2+\sqrt{1+x^2}$ 是微分方程 $y'+p(x)y=q(x)$ 的两个解,则 $q(x)=$(　　)

(A) $3x(1+x^2)$　　(B) $-3x(1+x^2)$

(C) $\frac{x}{1+x^2}$　　(D) $-\frac{x}{1+x^2}$

(三) 求解和证明下列各题

1. 求微分方程 $y'''+6y''+(9+a^2)y'=1$ 的通解,其中常数 $a>0$.

2. 设函数 $y=y(x)$ 满足微分方程 $y''-3y'+2y=2e^x$,其图形在点(0,1)处的切线与曲线 $y=x^2-x-1$ 在该点处的切线重合,求函数 $y=y(x)$.

3. 设 $f(x)=\sin x-\int_0^x(x-t)f(t)\mathrm{d}t$,其中 f 为连续函数,求 $f(x)$.

4. 求微分方程 $y''+4y'+4y=e^{-2x}$ 的通解.

5. 在上半平面求一条向上凹的曲线,其上任一点 $P(x,y)$ 处的曲率等于此曲线在该点的法线段 PQ 长度的倒数(Q 是法线与 x 轴的交点),且曲线在点(1,1)处的切线与 x 轴平行.

6. 设函数 $f(u)$ 具有二阶连续导数,$z=f(e^x\cos y)$ 满足

$$\frac{\partial^2 z}{\partial x^2}+\frac{\partial^2 z}{\partial y^2}=(4z+e^x\cos y)e^{2x}.$$

若 $f(0)=0, f'(0)=0$,求 $f(u)$ 的表达式.

7. 设函数 $f(x)$ 在定义域 I 上的导数大于零,若对任意的 $x_0\in I$,由线 $y=f(x)$ 在点 $(x_0,f(x_0))$ 处的切线与直线 $x=x_0$ 及 x 轴所围成区域的面积恒为4,且 $f(0)=2$,求 $f(x)$ 的表达式.

8. 设函数 $y(x)$ 满足方程 $y''+2y'+ky=0$,其中 $0<k<1$.

(Ⅰ) 证明:反常积分 $\int_0^{+\infty}y(x)\mathrm{d}x$ 收敛;

(Ⅱ) 若 $y(0)=1, y'(0)=1$,求 $\int_0^{+\infty}y(x)\mathrm{d}x$ 的值.

9. 已知微分方程 $y'+y=f(x)$,其中 $f(x)$ 是 $\mathbf{R}$ 上的连续函数.

(Ⅰ) 若 $f(x)=x$,求方程的通解;

(Ⅱ) 若 $f(x)$ 是周期为 T 的函数,证明:微分方程存在唯一的以 T 为周期的解.

10. 设函数 $y(x)$ 是微分方程 $y'+xy=e^{-\frac{x^2}{2}}$ 满足条件 $y(0)=0$ 的特解.

(1) 求 $y(x)$;

(2) 求曲线 $y=y(x)$ 的凹凸区间及拐点.

11. 求微分方程 $y''+2y'-3y=e^{-3x}$ 的通解.

12. 求微分方程 $x^2y'+xy=y^2$,满足初始条件 $y|_{x=1}=1$ 的特解. 求微分方程 $x^2y'+xy=y^2$,

满足初始条件$y|_{x=1}=1$的特解.

13. 设$f(x)$具有二阶连续导数,$f(0)=0,f'(0)=1$,且

$$[xy(x+y)-f(x)y]dx+[f'(x)+x^2y]dy=0$$

为一全微分方程,求$f(x)$及此全微分方程的通解.

14. 设对任意$x>0$,曲线$y=f(x)$上点$(x,f(x))$处的切线在y轴上的截距等于$\frac{1}{x}\int_0^x f(t)dt$,求$f(x)$的一般表达式.

(四)参考答案

(一)填空题

1. $y=xe^{2x+1}(x>0)$

【解析】 $xy'+y(\ln x-\ln y)=0$变形为$y'=\frac{y}{x}\ln\frac{y}{x}$.

令$u=\frac{y}{x}$,则$y=xu,y'=u+xu'$,代入原方程$u+xu'=u\ln u$,即$u'=\frac{u(\ln u-1)}{x}$,分离变量得$\frac{du}{u(\ln u-1)}=\frac{dx}{x}$,两边积分可得$\ln|\ln u-1|=\ln x+\ln C_1$,即$\ln u-1=Cx$. 故$\ln\frac{y}{x}-1=Cx$. 代入初值条件$y(1)=e^3$,可得$C=2$,即$\ln\frac{y}{x}-1=2x$. 综上可得,微分方程的特解为$y=xe^{2x+1}(x>0)$.

2. $e^{-x}(c_1\cos\sqrt{2}x+c_2\sin\sqrt{2}x)$

【解析】 对应齐次线性微分方程的特征方程为$\lambda^2+2\lambda+3=0$,解得$\lambda_{1,2}=-1+\sqrt{2}i$,故通解为$e^{-x}(c_1\cos\sqrt{2}x+c_2\sin\sqrt{2}x)$.

3. $y=\sqrt{3e^x-2}$

【解析】方程变形为$\frac{2y}{2+y^2}dy=dx$,有$\ln(2+y^2)=x+C$,由$y(0)=1$得$C=\ln 3$,求得特解为$y=\sqrt{3e^x-2}$.

4. $y=x\cos x+C\cos x$

【解析】这是标准形式的一阶非齐次线性微分方程,由于$e^{\int\tan x dx}=\frac{1}{|\cos x|}$,方程两边同乘以$\frac{1}{\cos x}$可得$\left(\frac{1}{\cos x}y\right)'=1$,两边积分得$\frac{1}{\cos x}y=x+C$. 故通解为$y=x\cos x+C\cos x$,$C$为任意常数.

5. $y=e^x(C_1\cos x+C_2\sin x+1)$

【解析】解微分方程$y''-2y'+2y=e^x$所对应的齐次微分方程的特征方程为$r^2-2r+2=0$,解之得$r_{1,2}=1\pm i$. 故对应齐次微分方程的解为

$$y=e^x(C_1\cos x+C_2\sin x)$$

由于非齐次项$e^{\lambda x}$,$\lambda=1$不是特征根,设所给非齐次方程的特解为$y^*(x)=ae^x$,代入$y''-2y'+2y=e^x$得$a=1$(也不难直接看出$y^*(x)=e^x$),故所求通解为

$$y=e^x(C_1\cos x+C_2\sin x)+e^x=e^x(C_1\cos x+C_2\sin x+1)$$

（二）选择题

1. D【解析】由二阶常系数非齐次微分方程解的结构定理可知，y_1-y_3，y_2-y_3 为方程对应齐次线性微分方程的特解，所以方程 $y''+p(x)y'+q(x)y=f(x)$ 的通解为

$$y=C_1(y_1-y_3)+C_2(y_2-y_3)+y_3,$$

即 $y=C_1y_1+C_2y_2+(1-C_1-C_2)y_3$，故应选 D.

2. B【解析】令 $u=\frac{t}{2}$，则 $t=2u$，$\mathrm{d}t=2\mathrm{d}u$，所以

$$f(x)=\int_0^{2x}f\left(\frac{t}{2}\right)\mathrm{d}t+\ln2=\int_0^x2f(u)\mathrm{d}u+\ln2,$$

两边对 x 求导得 $f'(x)=2f(x)$，这是一个变量可分离的微分方程，即 $\frac{\mathrm{d}[f(x)]}{f(x)}=2\mathrm{d}x$. 解之得 $f(x)=C\mathrm{e}^{2x}$，其中 C 是常数.

又因为 $f(0)=\int_0^0 2f(u)\mathrm{d}u+\ln2=\ln2$，代入 $f(x)=C\mathrm{e}^{2x}$，得 $f(0)=C\mathrm{e}^0=\ln2$，得 $C=\ln2$，即 $f(x)=\mathrm{e}^{2x}\ln2$.

3. A【解析】由题意可知，$\frac{1}{2}\mathrm{e}^{2x}$、$-\frac{1}{3}\mathrm{e}^x$ 为二阶常系数齐次微分方程 $y''+ay'+by=0$ 的解，所以 2，1 为特征方程 $r^2+ar+b=0$ 的根，从而 $a=-(1+2)=-3$，$b=1\times2=2$，从而原方程变为 $y''-3y'+2y=c\mathrm{e}^x$，再将特解 $y=x\mathrm{e}^x$ 代入得 $c=-1$. 故选(A).

4. A【解析】因 $y_1-y_2=-2\sqrt{1+x^2}$ 是一阶齐次微分方程 $y'+p(x)y=q(x)$ 的解，代入得，$-2\frac{x}{\sqrt{1+x^2}}+p(x)(-2\sqrt{1+x^2})=0$，所以 $p(x)=-\frac{x}{1+x^2}$，根据解的性质得 $\frac{y_1+y_2}{2}$ 是 $y'+p(x)y=f(x)$ 的解，所以有 $q(x)=3x(1+x^2)$.

（三）求解和证明下列各题

1.【解析】对应齐次线性微分方程的特征方程为 $\lambda^3+6\lambda^2+(9+a^2)\lambda=0$，求解得根为 $\lambda_1=0$，$\lambda_{2,3}=-3\pm a\mathrm{i}$，故对应齐次线性微分方程的通解为

$$\bar{y}=C_1+\mathrm{e}^{-3x}(C_2\cos ax+C_3\sin ax).$$

设非齐次方程的特解为 $y^*=Ax$，代入原方程得 $A=\frac{1}{9+a^2}$. 故所求微分方程的通解为

$$y=C_1+\mathrm{e}^{-3x}(C_2\cos ax+C_3\sin ax)+\frac{x}{9+a^2}.$$

2.【解析】对应齐次线性微分方程的特征方程为 $\lambda^2-3\lambda+2=0$，得 $\lambda_1=1$，$\lambda_2=2$，则对应齐次线性微分方程的通解为 $\bar{y}=C_1\mathrm{e}^x+C_2\mathrm{e}^{2x}$.

可设原方程的特解为 $y^*=Ax\mathrm{e}^x$，带入原微分方程中解得 $A=-2$，故原方程的通解为 $y=C_1\mathrm{e}^x+C_2\mathrm{e}^{2x}-2x\mathrm{e}^x$，其中 C_1，C_2 为任意常数.

所求函数对应的曲线在点(0,1)处的切线与曲线 $y=x^2-x+1$ 在该点的切线重合，有 $y(0)=1$，$y'(0)=-1$，得 $C_1=1$，$C_2=0$，故所求的函数为 $y=(1-2x)\mathrm{e}^x$.

3.【解析】先将原式进行等价变换，再求导，试着发现其中的规律，

$$f(x)=\sin x-\int_0^x(x-t)f(t)\mathrm{d}t=\sin x-x\int_0^x f(t)\mathrm{d}t+\int_0^x tf(t)\mathrm{d}t,$$

所给方程是含有未知函数及其积分的方程，两边求导，得

$$f'(x) = \cos x - \int_0^x f(t)\mathrm{d}t - xf(x) + xf(x) = \cos x - \int_0^x f(t)\mathrm{d}t,$$

再求导，得 $f''(x) = -\sin x - f(x)$，即 $f''(x) + f(x) = -\sin x$.

这是个简单的二阶常系数非齐次线性微分方程，对应的齐次方程的特征方程为 $r^2+1=0$，此特征方程的根为 $r=\pm\mathrm{i}$，而右边的 $\sin x$ 可看作 $\mathrm{e}^{\alpha x}\sin\beta x$，$\alpha\pm\mathrm{i}\beta=\pm\mathrm{i}$ 为特征根，因此非齐次方程有特解 $Y=xa\sin x+xb\cos x$. 代入方程并比较系数，得 $a=0$，$b=\frac{1}{2}$，故 $Y=\frac{x}{2}\cos x$，所以

$$f(x) = c_1\cos x + c_2\sin x + \frac{x}{2}\cos x,$$

又因为 $f(0)=0$，$f'(0)=1$，所以 $c_1=0$，$c_2=\frac{1}{2}$，即 $f(x)=\frac{1}{2}\sin x+\frac{x}{2}\cos x$.

4.【解析】对应的齐次线性微分方程的特征方程 $r^2+4r+4=(r+2)^2=0$ 有二重根 $r_1=r_2=-2$，而非齐次项 $\mathrm{e}^{\alpha x}$，$\alpha=2$ 为二重特征根，因而非齐次方程有如下形式的特解 $Y=x^2a\mathrm{e}^{-2x}$，代入原微分方程中可解得 $a=\frac{1}{2}$. 故所求通解为 $y=(C_1+C_2x)\mathrm{e}^{-2x}+\frac{1}{2}x^2\mathrm{e}^{-2x}$，其中 C_1，C_2 为任意常数.

5.【解析】曲线 $y=y(x)$ 在点 $P(x,y)$ 处的法线方程为

$$Y-y=-\frac{1}{y'}(X-x)\ (\text{当 } y'\neq 0 \text{ 时}),$$

它与 x 轴的交点是 $Q(x+yy',0)$，从而

$$|PQ|=\sqrt{(yy')^2+y^2}=y\,(1+y'^2)^{\frac{1}{2}}.$$

当 $y'=0$ 时，有 $Q(x,0)$，$|PQ|=y$，上式仍然成立. 因此，根据题意得微分方程

$$\frac{y''}{(1+y'^2)^{\frac{3}{2}}}=\frac{1}{y\,(1+y'^2)^{\frac{1}{2}}},$$

即 $yy''=1+y'^2$. 这是可降阶的高阶微分方程，且当 $x=1$ 时，$y=1$，$y'=0$.

令 $y'=P(y)$，则 $y''=P\frac{\mathrm{d}P}{\mathrm{d}y}$，二阶方程降为一阶方程 $yP\frac{\mathrm{d}P}{\mathrm{d}y}=1+P^2$，即 $\frac{P\mathrm{d}P}{1+P^2}=\frac{\mathrm{d}y}{y}$. 即 $y=C\sqrt{1+P^2}$，C 为常数. 因为当 $x=1$ 时，$y=1$，$P=y'=0$，所以 $C=1$，即

$$y=\sqrt{1+P^2}=\sqrt{1+y'^2},$$

所以 $y'=\pm\sqrt{y^2-1}$. 分离变量得 $\frac{\mathrm{d}y}{\sqrt{y^2-1}}=\pm\mathrm{d}x$.

令 $y=\sec t$，并积分，则上式左端变为

$$\int\frac{\mathrm{d}y}{\sqrt{y^2-1}}=\int\frac{\sec t\tan t\mathrm{d}t}{\tan t}=\ln|\sec t+\tan t|+C$$

$$=\ln\left|\sec t+\sqrt{\sec^2 t-1}\right|+C=\ln\left|y+\sqrt{y^2-1}\right|+C.$$

因曲线在上半平面，所以 $y+\sqrt{y^2-1}>0$，即 $\ln(y+\sqrt{y^2-1})=C\pm x$. 故 $y+\sqrt{y^2-1}=C\mathrm{e}^{\pm x}$.

当 $x=1$ 时，$y=1$，当 x 前取正时，$C=\mathrm{e}^{-1}$，$y+\sqrt{y^2-1}=\mathrm{e}^{x-1}$，

$$y-\sqrt{y^2-1}=\frac{y-\sqrt{y^2-1}}{(y+\sqrt{y^2-1})(y-\sqrt{y^2-1})}=\frac{1}{y+\sqrt{y^2-1}}=\frac{1}{e^{x-1}}=e^{1-x};$$

当 x 前取负时，$C=e, y+\sqrt{y^2-1}=e^{-x+1}$，

$$y-\sqrt{y^2-1}=\frac{y-\sqrt{y^2-1}}{(y+\sqrt{y^2-1})(y-\sqrt{y^2-1})}=\frac{1}{y+\sqrt{y^2-1}}=\frac{1}{e^{1-x}}=e^{x-1};$$

故有 $y=\frac{1}{2}(e^{(x-1)}+e^{-(x-1)})$.

6.【解析】由 $z=f(e^x\cos y)$ 得

$$\frac{\partial z}{\partial x}=f'(e^x\cos y)\cdot e^x\cos y, \frac{\partial z}{\partial y}=f'(e^x\cos y)\cdot(-e^x\sin y),$$

$$\frac{\partial^2 z}{\partial x^2}=f''(e^x\cos y)\cdot e^x\cos y\cdot e^x\cos y+f'(e^x\cos y)\cdot e^x\cos y$$

$$=f''(e^x\cos y)\cdot e^{2x}\cos^2 y+f'(e^x\cos y)\cdot e^x\cos y$$

$$\frac{\partial^2 z}{\partial y^2}=f''(e^x\cos y)\cdot(-e^x\sin y)\cdot(-e^x\sin y)+f'(e^x\cos y)\cdot(-e^x\cos y)$$

$$=f''(e^x\cos y)\cdot e^{2x}\sin^2 y-f'(e^x\cos y)\cdot e^x\cos y,$$

因 $\frac{\partial^2 z}{\partial x^2}+\frac{\partial^2 z}{\partial y^2}=(4z+e^x\cos y)e^{2x}$，代入，得

$$f''(e^x\cos y)\cdot e^{2x}=[4f(e^x\cos y)+e^x\cos y]e^{2x}$$

即 $f''(e^x\cos y)-4f(e^x\cos y)=e^x\cos y$，令 $e^x\cos y=u$，得 $f''(u)-4f(u)=u$，特征方程 $\lambda^2-4=0$，$\lambda=\pm 2$，即对应齐次线性微分方程的通解为 $\bar{y}=C_1e^{2u}+C_2e^{-2u}$.

设特解 $y^*=au+b$，代入方程得 $a=-\frac{1}{4}, b=0$，特解 $y^*=-\frac{1}{4}u$，则原方程通解为 $y=f(u)=C_1e^{2u}+C_2e^{-2u}-\frac{1}{4}u$，由 $f(0)=0, f'(0)=0$，得 $C_1=\frac{1}{16}, C_2=-\frac{1}{16}$，则特解为 $y=f(u)=\frac{1}{16}e^{2u}-\frac{1}{16}e^{-2u}-\frac{1}{4}u$.

7.【解析】设 $f(x)$ 在点 $(x_0, f(x_0))$ 处的切线方程为：$y-f(x_0)=f'(x_0)(x-x_0)$，令 $y=0$，得到 $x=-\frac{f(x_0)}{f'(x_0)}+x_0$，故由题意，$\frac{1}{2}f(x_0)\cdot(x_0-x)=4$，即有 $\frac{1}{2}f(x_0)\cdot\frac{f(x_0)}{f'(x_0)}=4$，可以转化为一阶微分方程，即 $y'=\frac{y^2}{8}$，可分离变量得到通解为：$\frac{1}{y}=-\frac{1}{8}x+C$，已知 $y(0)=2$，得到 $C=\frac{1}{2}$，因此 $\frac{1}{y}=-\frac{1}{8}x+\frac{1}{2}$；即得 $f(x)=\frac{8}{-x+4}$.

8.【解析】(1) $y''+2y'+ky=0$ 的特征方程为 $r^2+2r+k=0$，特征根为 $r_1=-1-\sqrt{1-k}$，$r_2=-1+\sqrt{1-k}$，均小于零，故 $y(x)=C_1e^{r_1x}+C_2e^{r_2x}$. 而

$$\int_0^{+\infty}y(x)\,dx=C_1\frac{1}{r_1}e^{r_1x}\Big|_0^{+\infty}+\frac{1}{r_2}C_2e^{r_2x}\Big|_0^{+\infty}=-\left(C_1\frac{1}{r_1}+\frac{1}{r_2}C_2\right),$$

故 $\int_0^{+\infty} y(x)\mathrm{d}x$ 收敛.

(2) $y(0)=1, y'(0)=1$,得 $\begin{cases} C_1+C_2=1 \\ r_1C_1+r_2C_2=1 \end{cases}$,解得 $\begin{cases} C_1=\dfrac{1-r_2}{r_1-r_2}=\dfrac{\sqrt{1-k}-2}{2\sqrt{1-k}} \\ C_2=\dfrac{1-r_1}{r_2-r_1}=\dfrac{\sqrt{1-k}+2}{2\sqrt{1-k}} \end{cases}$,因此,

$\int_0^{+\infty} y(x)\mathrm{d}x=-\left(C_1\dfrac{1}{r_1}+\dfrac{1}{r_2}C_2\right)=\dfrac{3}{k}$.

9.【解析】(Ⅰ)若 $f(x)=x$,则方程化为 $y'+y=x$,其通解为

$$y=\mathrm{e}^{-\int f(x)\mathrm{d}x}\left(C+\int x\mathrm{e}^{-\int \mathrm{d}x}\mathrm{d}x\right)=\mathrm{e}^{x}\left(C+\int x\mathrm{e}^{x}\mathrm{d}x\right)=C\mathrm{e}^{-x}+x-1.$$

(Ⅱ)设 $y(x)$ 为微分方程的任意解,则 $y'(x+T)+y(x+T)=f(x+T)$. 而 $f(x)$ 周期为 T,有 $f(x+T)=f(x)$. 又 $\mathrm{e}^x[y(x+T)-y(x)]=C$. 取 $C=0$,得 $y(x+T)-y(x)=0$,$y(x)$ 为唯一以 T 为周期的解.

10.【解析】(1)由一阶线性微分方程的通解公式知

$$y=\mathrm{e}^{-\int x\mathrm{d}x}\left(\int \mathrm{e}^{-\frac{x^2}{2}}\cdot\mathrm{e}^{-\int x\mathrm{d}x}\mathrm{d}x+C\right)=\mathrm{e}^{-\frac{x^2}{2}}(x+C),$$

由 $y(0)=0$ 知,$C=0$,故 $y(x)=x\mathrm{e}^{-\frac{x^2}{2}}$.

(2)由 $y(x)=x\mathrm{e}^{-\frac{x^2}{2}}$ 知 $y'=(1-x^2)\mathrm{e}^{-\frac{x^2}{2}}$,$\mathrm{e}^{-\frac{x^2}{2}}y''=(x^3-3x)\mathrm{e}^{-\frac{x^2}{2}}=x(x^2-3)\mathrm{e}^{-\frac{x^2}{2}}$.

令 $y''=x(x^2-3)\mathrm{e}^{-\frac{x^2}{2}}=0$ 得 $x_1=0, x_2=-\sqrt{3}, x_3=\sqrt{3}$.

当 $x<-\sqrt{3}$ 或 $0<x<\sqrt{3}$ 时,$y''(x)<0$;

当 $-\sqrt{3}<x<0$ 或 $x>\sqrt{3}$ 时,$y''(x)>0$.

所以,曲线 $y=y(x)$ 的凹区间为 $(-\sqrt{3},0)$ 和 $(\sqrt{3},+\infty)$;凸区间为 $(-\infty,-\sqrt{3})$ 和 $(0,\sqrt{3})$. 拐点为 $(-\sqrt{3},-\sqrt{3}\mathrm{e}^{-\frac{3}{2}})$,$(0,0)$,$(\sqrt{3},\sqrt{3}\mathrm{e}^{-\frac{3}{2}})$.

11.【解析】所给方程为常系数的二阶线性非齐次方程,所对应的齐次方程的特征方程 $r^2+2r-3=(r-1)(r+3)=0$ 有两个根为 $r_1=1, r_2=-3$,而非齐次项 $\mathrm{e}^{\alpha x}$,$\alpha=-3=r_2$ 为单特征根,因而非齐次方程有如下形式的特解 $Y=x\cdot a\mathrm{e}^{-3x}$,代入方程可得 $a=-\dfrac{1}{4}$,故所求通解为 $y=C_1\mathrm{e}^x+C_2\mathrm{e}^{-3x}-\dfrac{x}{4}\mathrm{e}^{-3x}$,其中 C_1, C_2 为任意常数.

12.【解析】所给微分方程为伯努利方程,方程两边除以 y^2 得 $x^2y^{-2}y'+xy^{-1}=1$,即有 $-x^2(y^{-1})'+xy^{-1}=1$.

令 $y^{-1}=z$,则方程化为 $-x^2z'+xz=1$,即 $z'-\dfrac{1}{x}z=-\dfrac{1}{x^2}$,即 $\left(\dfrac{z}{x}\right)'=-\dfrac{1}{x^3}$,积分得 $\dfrac{z}{x}=\dfrac{1}{2}x^{-2}+C$.

由 $y^{-1}=z$ 得 $\dfrac{1}{xy}=\dfrac{1}{2}x^{-2}+C$,即 $y=\dfrac{2x}{1+2Cx^2}$,将初始条件 $y|_{x=1}=1$ 代入计算可得 $C=\dfrac{1}{2}$,所以所求方程的特解是 $y=\dfrac{2x}{1+x^2}$.

13.【解析】由全微分方程的条件,有

$$\frac{\partial}{\partial y}[xy(x+y)-f(x)y]=\frac{\partial}{\partial x}[f'(x)+x^2y],$$

即 $x^2+2xy-f(x)=f''(x)+2xy$,亦即 $f''(x)+f(x)=x^2$.

因而是初值问题 $\begin{cases}y''+y=x^2,\\ y|_{x=0}=0,y'|_{x=0}=1,\end{cases}$ 的解,此方程为常系数二阶线性非齐次方程,对应的齐次方程的特征方程为 $r^2+1=0$ 的根为 $r_{1,2}=\pm \mathrm{i}$,原方程右端 $x^2=\mathrm{e}^{0x}\cdot x^2$ 中的 $\lambda=0$,不同于两个特征根,所以方程有特解形如 $Y=Ax^2+Bx+C$. 代入方程可求得 $A=1,B=0,C=2$,则特解为 $Y=x^2-2$.

由题给 $f(0)=0,f'(0)=1$,解得 $f(x)=2\cos x+\sin x+x^2-2$. 将 $f(x)$ 的解析式代入原方程,则有

$$[xy^2+2y-(2\cos x+\sin x)y]\mathrm{d}x+[x^2y+2x-2\sin x+\cos x]\mathrm{d}y=0.$$

先用凑微分法求左端微分式的原函数:

$$\left(\frac{1}{2}y^2\mathrm{d}x^2+\frac{1}{2}x^2\mathrm{d}y^2\right)+2(y\mathrm{d}x+x\mathrm{d}y)-y\mathrm{d}(2\sin x-\cos x)-(2\sin x-\cos x)\mathrm{d}y=0,$$

$$\mathrm{d}\left(\frac{1}{2}x^2y^2+2xy+y(\cos x-2\sin x)\right)=0.$$

其通解为$\frac{1}{2}x^2y^2+2xy+y(\cos x-2\sin x)=C$,其中 C 为任意常数.

14.【解析】曲线 $y=f(x)$ 上点 $(x,f(x))$ 处的切线方程为

$$Y-f(x)=f'(x)(X-x).$$

令 $X=0$ 得 y 轴上的截距 $Y=f(x)-f'(x)x$. 由题意得

$$\frac{1}{x}\int_0^x f(t)\mathrm{d}t=f(x)-f'(x)x.$$

为消去积分,两边乘以 x,得

$$\int_0^x f(t)\mathrm{d}t=xf(x)-f'(x)x^2, \qquad (*)$$

将恒等式两边对 x 求导,得

$$f(x)=f(x)+xf'(x)-2xf'(x)-x^2f''(x),$$

即 $xf''(x)+f'(x)=0$. 在$(*)$式中令 $x=0$ 得 $0=0$ 自然成立. 故不必再加附加条件. 就是说 $f(x)$ 是微分方程 $xy''+y'=0$ 的通解. 下面求解微分方程 $xy''+y'=0$. 因 $(xy')'=0$,则 $xy'=C_1$,因为 $x>0$,所以 $y'=\frac{C_1}{x}$,两边积分得 $y=f(x)=C_1\ln x+C_2$.

第五章　向量代数与空间解析几何

一、学习要求

1. 理解空间直角坐标系,理解向量的概念及其表示.

2. 掌握向量的运算(线性运算、数量积、向量积、混合积),了解两个向量垂直、平行的条件.

3. 理解单位向量、方向数、方向余弦、向量的坐标表达式,掌握用坐标表达式进行向量运算的方法.

4. 掌握平面方程和直线方程及其求法.

5. 会求平面与平面、平面与直线、直线与直线之间的夹角,并会利用平面、直线的相互关系(平行、垂直、相交等)解决有关问题.

6. 会求点到直线以及点到平面的距离.

7. 了解曲面方程和空间曲线方程的概念.

8. 了解常用二次曲面的方程及其图形,会求以坐标轴为旋转轴的旋转曲面及母线平行于坐标轴的柱面方程.

9. 了解空间曲线的参数方程和一般方程,了解空间曲线在坐标平面上的投影,并会求其方程.

二、概念强化

(一) 向量的基本运算

1. 如果 $\boldsymbol{a}$ 和 $\boldsymbol{b}$ 都是非零向量,则 $\boldsymbol{a}$ 和 $\boldsymbol{b}$ 具有怎样的关系时,下列各式才能成立?

(1) $|\boldsymbol{a}+\boldsymbol{b}|=|\boldsymbol{a}-\boldsymbol{b}|$;　　(2) $|\boldsymbol{a}+\boldsymbol{b}|<|\boldsymbol{a}-\boldsymbol{b}|$;　　(3) $|\boldsymbol{a}|+|\boldsymbol{b}|=|\boldsymbol{a}-\boldsymbol{b}|$.

分析:(1) 以 $\boldsymbol{a}$ 和 $\boldsymbol{b}$ 为邻边,构成平行四边形,容易知道 $\boldsymbol{a}+\boldsymbol{b}$ 与 $\boldsymbol{a}-\boldsymbol{b}$ 是平行四边形的两条对角线,如图 5.1(a)所示. 当 $|\boldsymbol{a}+\boldsymbol{b}|=|\boldsymbol{a}-\boldsymbol{b}|$,即平行四边形的两条对角线相等时,该平行四边形一定是矩形,因此 $\boldsymbol{a}$ 和 $\boldsymbol{b}$ 垂直.

(2) 与(1)同理,当$(\widehat{\boldsymbol{a},\boldsymbol{b}})>90°$时,(2)式才成立,如图 5.1(b)所示.

(3) 由三角形法则知,一般有 $|\boldsymbol{a}|+|\boldsymbol{b}|>|\boldsymbol{a}-\boldsymbol{b}|$;当且仅当$(\widehat{\boldsymbol{a},\boldsymbol{b}})=180°$时,(3)式才成立,如图 5.1(c)所示

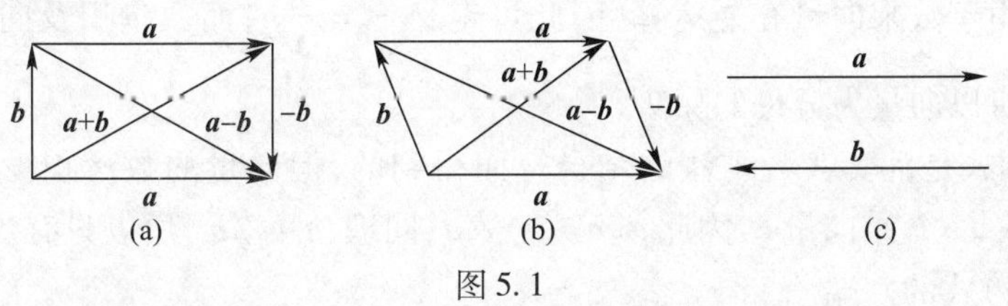

图 5.1

2. 下列向量等式的几何意义是什么？

(1) $\boldsymbol{a}+\boldsymbol{b}+\boldsymbol{c}=0$；　(2) $\boldsymbol{c}=\lambda\boldsymbol{a}+\mu\boldsymbol{b}$；　(3) $\boldsymbol{h}=\boldsymbol{b}-(\mathrm{Prj}_a\boldsymbol{b})\boldsymbol{a}^0$.

分析:(1) 表示把 $\boldsymbol{a}$、$\boldsymbol{b}$、$\boldsymbol{c}$ 三个向量首尾相连时,第一个向量的起点与第三个向量的终点重合．于是:或者三向量共线,或者三向量为边构成一个三角形．

(2) 表示向量 $\boldsymbol{c}$ 能由向量 $\boldsymbol{a}$ 与向量 $\boldsymbol{b}$ 经线性运算得到,因此 $\boldsymbol{c}$ 平行于 $\boldsymbol{a}$、$\boldsymbol{b}$ 所决定的平面,即 $\boldsymbol{a}$、$\boldsymbol{b}$、$\boldsymbol{c}$ 三个向量共面．

(3) $\boldsymbol{h}$ 表示以 $\boldsymbol{a}$、$\boldsymbol{b}$ 为边的三角形中与 $\boldsymbol{a}$ 垂直的高向量(图 5.2),其中 $\boldsymbol{d}=(\mathrm{Prj}_a\boldsymbol{b})\boldsymbol{a}^0$ 称为 $\boldsymbol{b}$ 在 $\boldsymbol{a}$ 上的投影向量．

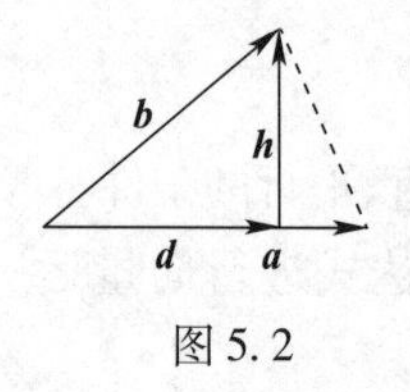

图 5.2

3 个向量 $\boldsymbol{a}$、$\boldsymbol{b}$、$\boldsymbol{c}$ 共面的充分必要条件常用如下两种：

(ⅰ) 当 $\boldsymbol{a}$、$\boldsymbol{b}$ 不共线时,$\boldsymbol{c}=\lambda\boldsymbol{a}+\mu\boldsymbol{b}$；

(ⅱ) $(\boldsymbol{a}\times\boldsymbol{b})\cdot\boldsymbol{c}=0$,即 $\begin{vmatrix} a_x & a_y & a_z \\ b_x & b_y & b_z \\ c_x & c_y & c_z \end{vmatrix}=0$.

3. 若 $\boldsymbol{a}$ 和 $\boldsymbol{b}$ 都是单位向量,那么 $\boldsymbol{a}\times\boldsymbol{b}$ 是单位向量吗？

分析:不一定．因为 $\boldsymbol{a}\times\boldsymbol{b}$ 是一个向量,只有当 $|\boldsymbol{a}\times\boldsymbol{b}|=1$ 时,它才是单位向量,但 $|\boldsymbol{a}\times\boldsymbol{b}|=|\boldsymbol{a}||\boldsymbol{b}|\sin\theta$($\theta$ 为 $\boldsymbol{a}$ 和 $\boldsymbol{b}$ 的夹角),只有当 $\boldsymbol{a}\perp\boldsymbol{b}$ 即 $\sin\theta=1$ 时,$\boldsymbol{a}\times\boldsymbol{b}$ 才是单位向量．

4. 下列各式是否正确？

(1) $\boldsymbol{a}\cdot\boldsymbol{a}\cdot\boldsymbol{a}=\boldsymbol{a}^3$；　(2) 当 $\boldsymbol{a}\neq 0$ 时,$\boldsymbol{a}/\boldsymbol{a}=1$；

(3) $\boldsymbol{a}(\boldsymbol{a}\cdot\boldsymbol{b})=\boldsymbol{a}^2\boldsymbol{b}$；　(4) $(\boldsymbol{a}\cdot\boldsymbol{b})^2=\boldsymbol{a}^2\cdot\boldsymbol{b}^2$；

(5) $(\boldsymbol{a}+\boldsymbol{b})\times(\boldsymbol{a}+\boldsymbol{b})=\boldsymbol{a}\times\boldsymbol{a}+2\boldsymbol{a}\times\boldsymbol{b}+\boldsymbol{b}\times\boldsymbol{b}=2\boldsymbol{a}\times\boldsymbol{b}$；

(6) $(\boldsymbol{a}+\boldsymbol{b})\times(\boldsymbol{a}-\boldsymbol{b})=\boldsymbol{a}\times\boldsymbol{a}-\boldsymbol{b}\times\boldsymbol{b}=0$

(7) 若 $\boldsymbol{a}\neq 0$,且 $\boldsymbol{a}\cdot\boldsymbol{b}=\boldsymbol{a}\cdot\boldsymbol{c}$,则 $\boldsymbol{b}=\boldsymbol{c}$；

(8) 若 $\boldsymbol{a}\neq 0$,且 $\boldsymbol{a}\times\boldsymbol{b}=\boldsymbol{a}\times\boldsymbol{c}$,则 $\boldsymbol{b}=\boldsymbol{c}$；

分析:以上各式都是错误的．这些错误都是由于把实数的运算法则搬入向量运算所产生的．数学中在某个集合规定了某些运算,便形成了某个代数系统,各个代数系统有其自身的运算法则,一定要注意,决不能把一个代数系统的运算法则随意搬用到另一个代数系统中去．由于我们习惯于实数运算法则,因此要特别注意不要把实数运算法则随意地用到别的代数系统中去．

(1) 式两端都是没有意义的,我们没有 3 个向量的数量积,也没有 $\boldsymbol{a}^3$ 的定义．向量的乘法有 3 种,即数乘向量、数量积、向量积,分别记作 $\lambda\boldsymbol{a}$、$\boldsymbol{a}\cdot\boldsymbol{b}$ 及 $\boldsymbol{a}\times\boldsymbol{b}$. 两个实数的乘积记作 $\lambda\mu=\lambda\cdot\mu=\lambda\times\mu$,即 3 种乘积记号是表达同一个乘积概念,但用于向量则不一样．我们规定了 $\boldsymbol{a}\cdot\boldsymbol{a}=\boldsymbol{a}^2$,但没有 $\boldsymbol{a}^3$ 或 $\boldsymbol{a}^4$ 的定义．

(2) 式左端也是没有意义的,因为我们没有规定过向量的除法．除法总是作为乘法的逆运算来定义的,由于数乘向量有逆运算,因此可定义 $\dfrac{\boldsymbol{a}}{\lambda}=\dfrac{1}{\lambda}\boldsymbol{a}$；而数量积及向量积都没有逆运算,因此不可能有以向量为分母的除法．

(3)、(4) 两式是乱套实数乘法的结合律而得到的,但向量的数量积没有结合律．事实上,$\boldsymbol{a}(\boldsymbol{a}\cdot\boldsymbol{b})$是数 $\boldsymbol{a}\cdot\boldsymbol{b}$ 乘向量 $\boldsymbol{a}$,因此 $\boldsymbol{a}(\boldsymbol{a}\cdot\boldsymbol{b})\parallel\boldsymbol{a}$；同理,$\boldsymbol{a}^2\boldsymbol{b}\parallel\boldsymbol{b}$. 所以只有当 $\boldsymbol{a}\parallel\boldsymbol{b}$ 时,(3) 式才能成立．而(4)式的左端

$$(\boldsymbol{a}\cdot\boldsymbol{b})^2=[\,|\boldsymbol{a}|\,|\boldsymbol{b}|\cos(\widehat{\boldsymbol{a},\boldsymbol{b}})\,]^2=\boldsymbol{a}^2\boldsymbol{b}^2\cos^2(\widehat{\boldsymbol{a},\boldsymbol{b}})$$

可见也只有当 $\boldsymbol{a}/\!/\boldsymbol{b}$ 时,(4)式才能成立.

(5)、(6) 两式是套用实数的二项和平方公式及平方差公式而得. 由于向量积虽满足分配律,但不满足交换律,因此这些公式对向量积都是不成立的. 事实上,由于向量与自身的向量积为零向量,故 $(\boldsymbol{a}+\boldsymbol{b})\times(\boldsymbol{a}+\boldsymbol{b})=\boldsymbol{0}$. 而

$$(\boldsymbol{a}+\boldsymbol{b})\times(\boldsymbol{a}-\boldsymbol{b})=\boldsymbol{a}\times\boldsymbol{a}-\boldsymbol{a}\times\boldsymbol{b}+\boldsymbol{b}\times\boldsymbol{a}-\boldsymbol{b}\times\boldsymbol{b}=2\boldsymbol{b}\times\boldsymbol{a}.$$

(7) 因为 $\boldsymbol{a}\cdot\boldsymbol{b}=\boldsymbol{a}\cdot\boldsymbol{c}$,即 $\boldsymbol{a}\cdot(\boldsymbol{b}-\boldsymbol{c})=0$,其充要条件为 $\boldsymbol{a}\perp(\boldsymbol{b}-\boldsymbol{c})$,并不能推出 $\boldsymbol{b}=\boldsymbol{c}$. 例如 $\boldsymbol{a}=\boldsymbol{i},\boldsymbol{b}=\boldsymbol{j},\boldsymbol{c}=\boldsymbol{k}$,则 $\boldsymbol{a}\cdot\boldsymbol{b}=\boldsymbol{a}\cdot\boldsymbol{c}=0$,但 $\boldsymbol{b}\neq\boldsymbol{c}$.

(8) 因为 $\boldsymbol{a}\times\boldsymbol{b}=\boldsymbol{a}\times\boldsymbol{c}$,即 $\boldsymbol{a}\times(\boldsymbol{b}-\boldsymbol{c})=0$,其充要条件为 $\boldsymbol{a}/\!/(\boldsymbol{b}-\boldsymbol{c})$,也不能推出 $\boldsymbol{b}=\boldsymbol{c}$. 例如 $\boldsymbol{a}=\boldsymbol{i},\boldsymbol{b}=2\boldsymbol{i}+\boldsymbol{j},\boldsymbol{c}=\boldsymbol{j}$,则 $\boldsymbol{a}\times\boldsymbol{b}=\boldsymbol{a}\times\boldsymbol{c}=\boldsymbol{k}$,但 $\boldsymbol{b}\neq\boldsymbol{c}$.

5. 如果一个向量与三个坐标轴正向的夹角相等,那么该向量的三个方向角是否均为 $\frac{\pi}{3}$?

分析:不是. 因为任一向量的 3 个方向角 α、β、γ 应满足

$$\cos^2\alpha+\cos^2\beta+\cos^2\gamma=1,$$

当 $\alpha=\beta=\gamma$ 时,有 $\cos\alpha=\cos\beta=\cos\gamma=\pm\frac{\sqrt{3}}{3}$,即

$$\alpha=\beta=\gamma=\arccos\left(\pm\frac{\sqrt{3}}{3}\right)\neq\frac{\pi}{3}.$$

而由于 $\cos^2\frac{\pi}{3}+\cos^2\frac{\pi}{3}+\cos^2\frac{\pi}{3}=\frac{3}{4}\neq1$,因此 3 个方向角均为 $\frac{\pi}{3}$ 的向量是不存在的.

6. 设单位向量 $\boldsymbol{e}$ 与坐标面 yoz、zox 的夹角依次为 A、B,那么 $\boldsymbol{e}$ 与坐标面 xoy 的夹角 C 能确定吗? 单位向量 $\boldsymbol{e}$ 能确定吗?

分析:向量 $\boldsymbol{e}$ 的方向角 α、β、γ 与 $\boldsymbol{e}$ 和三个坐标面的夹角 A、B、C 的关系是

$$A=\left|\frac{\pi}{2}-\alpha\right|,\quad B=\left|\frac{\pi}{2}-\beta\right|,\quad C=\left|\frac{\pi}{2}-\gamma\right|,$$

从而 $\cos\alpha=\pm\sin A,\cos\beta=\pm\sin B,\cos\gamma=\pm\sin C.$

由 $\cos^2\alpha+\cos^2\beta+\cos^2\gamma=1$,即得 $\sin^2A+\sin^2B+\sin^2C=1.$

于是 $\sin C=\sqrt{1-\sin^2A-\sin^2B}$,所以 $C=\arcsin\sqrt{1-\sin^2A-\sin^2B}.$

而 $\boldsymbol{e}=(\pm\sin A,\pm\sin B,\pm\sin C).$

总之,已知 A 和 B,可唯一确定夹角 C;而单位向量 $\boldsymbol{e}$ 可能有 8 个解.

在求向量 $\boldsymbol{e}$ 时,常会漏解,其原因在于对下述问题注意不够,这就是:向量与向量的夹角在 $[0,\pi]$ 中取值,而向量与直线、向量与平面、直线与直线、直线与平面、平面与平面的夹角通常都是在 $\left[0,\frac{\pi}{2}\right]$ 中取值. 例如方向角 α、β、γ 在 $[0,\pi]$ 中取值,而向量与坐标面的夹角 A、B、C 在 $\left[0,\frac{\pi}{2}\right]$ 中取值.

由于对各种夹角的取值范围不注意,就会导致下述错误:例如当向量 $\boldsymbol{n}$ 为平面 Π 的法向量时,认为一个向量 $\boldsymbol{r}$ 与法线的夹角就是 $\boldsymbol{r}$ 与法向量 $\boldsymbol{n}$ 的夹角. 其实,向量 $\boldsymbol{r}$ 与法线的夹角应为

$$\varphi=\min\{(\widehat{\boldsymbol{r},\boldsymbol{n}}),(\widehat{\boldsymbol{r},-\boldsymbol{n}})=\min\{(\widehat{\boldsymbol{r},\boldsymbol{n}}),\pi-(\widehat{\boldsymbol{r},\boldsymbol{n}})\},$$

而 $\boldsymbol{r}$ 与平面$\prod$的夹角为

$$\phi=\frac{\pi}{2}-\varphi=\left|\frac{\pi}{2}-(\widehat{\boldsymbol{r},\boldsymbol{n}})\right|.$$

所以$(\widehat{\boldsymbol{r},\boldsymbol{n}})=\varphi=\frac{\pi}{2}-\phi$ 或$(\widehat{\boldsymbol{r},\boldsymbol{n}})=\pi-\varphi=\frac{\pi}{2}+\phi.$

如果已知 φ 或 ϕ,要求$(\widehat{\boldsymbol{r},\boldsymbol{n}})$,那么上述两式都是解.

(二)平面与曲面

7. 为什么向量能成为解析几何的有力工具?

分析:第一,我们在建立直角坐标系的时候,从本质上说是先有向量的坐标,再有点的坐标. 因为在建立数轴时,先要引进有向线段的值这一概念,有向线段就是向量,有向线段的值就是向量的坐标. 从这个意义上来说,向量的概念也是解析几何中最基本的概念.

第二,由于空间任意一点 M 与该点的向径 $\boldsymbol{r}(M)$ 一一对应,点 M 与向径 $\boldsymbol{r}(M)$ 的坐标是相同的,因此,空间图形(曲线或曲面)的方程也可以写成向量的形式. 例如曲线

$$\begin{cases}x=\varphi(t),\\ y=\phi(t), & \alpha\leqslant t\leqslant\beta\\ z=\omega(t)\end{cases}$$

可写作
$$\boldsymbol{r}=\boldsymbol{r}(t)=(\varphi(t),\phi(t),\omega(t)),\alpha\leqslant t\leqslant\beta$$

这里 $\boldsymbol{r}(t)$ 称为向量函数,一个向量函数也就是 3 个有序的数量函数. 对向量函数进行运算,也就是对 3 个数量函数同时进行运算.

又如平面 $Ax+By+Cz+D=0$,可写作

$$(A,B,C)\cdot(x,y,z)+D=0,\text{即 } \boldsymbol{n}\cdot\boldsymbol{r}+D=0.$$

球面$(x-x_0)^2+(y-y_0)^2+(z-z_0)^2=R^2$,可写作

$$|(x,y,z)-(x_0,y_0,z_0)|=R,\text{即}|\boldsymbol{r}-\boldsymbol{r}_0|=R.$$

当然,数量的方程未必能方便地写成向量方程,不过当它能写成较简单的向量方程时(如直线方程、平面方程),对向量方程进行讨论往往比较方便,因为对一个向量的运算蕴涵着对 3 个数量的运算. 例如

例 1 已知点 $A(x_1,y_1,z_1)$、$B(x_2,y_2,z_2)$、$C(x_3,y_3,z_3)$,求$\triangle ABC$ 的重心.

解 如图 5.3 所示,记重心为 G,$BD=DC$,$AG=\frac{2}{3}AD$. 于是

$$\overrightarrow{AG}=\frac{2}{3}\overrightarrow{AD}=\frac{2}{3}(\overrightarrow{AB}+\overrightarrow{BD})=\frac{2}{3}\overrightarrow{AB}+\frac{1}{3}\overrightarrow{BC}.$$

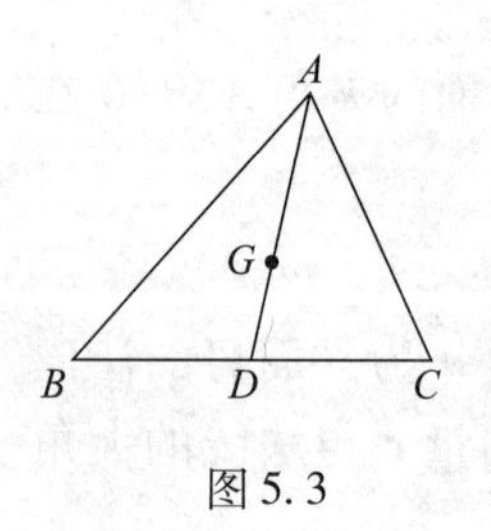

图 5.3

记 A、B、C、G 的向径依次为 $\boldsymbol{r}_1$、$\boldsymbol{r}_2$、$\boldsymbol{r}_3$、$\boldsymbol{r}_4$,由$\overrightarrow{AG}=\overrightarrow{OG}-\overrightarrow{OA}=\boldsymbol{r}_4-\boldsymbol{r}_1$,$\overrightarrow{AB}=\boldsymbol{r}_2-\boldsymbol{r}_1$,$\overrightarrow{BC}=\boldsymbol{r}_3-\boldsymbol{r}_2$ 代入上式,即得

$$\boldsymbol{r}_4-\boldsymbol{r}_1=\frac{2}{3}(\boldsymbol{r}_2-\boldsymbol{r}_1)+\frac{1}{3}(\boldsymbol{r}_3-\boldsymbol{r}_2),$$

于是

$$\boldsymbol{r}_4 = \frac{1}{3}(\boldsymbol{r}_1 + \boldsymbol{r}_2 + \boldsymbol{r}_3),$$

$$= \frac{1}{3}(x_1 + x_2 + x_3, y_1 + y_2 + y_3, z_1 + z_2 + z_3)$$

即重心为 $G\left(\frac{1}{3}(x_1 + x_2 + x_3), \frac{1}{3}(y_1 + y_2 + y_3), \frac{1}{3}(z_1 + z_2 + z_3)\right)$.

第三,曲线或曲面作为满足某种几何特性的点的集合,如果这种几何特性能用向量来表示,那么也就可得出该曲线或曲面的向量方程,然后用向量的坐标代入,即得坐标的方程．教材上建立平面的点法式方程和直线的点向式方程时,就是这样做的．下面再举一例．

例 2　求顶点在原点、中心轴为 z 轴、母线与 z 轴的夹角为$\frac{\pi}{4}$的圆锥面的方程．

解　设圆锥面上任一点 $M(x,y,z)$,其向径为 $\boldsymbol{r}$. 因 $\boldsymbol{r}$ 与 z 轴的夹角为($\boldsymbol{r}$ 与 $\boldsymbol{k}$ 的夹角)为$\frac{\pi}{4}$或$\frac{3\pi}{4}$,所以$|\boldsymbol{r}\cdot\boldsymbol{k}| = |\boldsymbol{r}||\boldsymbol{k}|\cos\frac{\pi}{4}$.

以 $\boldsymbol{r} = (x,y,z)$,$\boldsymbol{k} = (0,0,1)$代入,即得$|z| = \frac{\sqrt{2}}{2}\sqrt{x^2 + y^2 + z^2}$.
这就是圆锥面的方程．化简后即为 $x^2 + y^2 - z^2 = 0$.

8. 怎样确定一个向量?

分析:确定向量通常有两种方法．其一是依据向量具有大小和方向的特性,分别求出它的大小(模) $|\boldsymbol{a}|$和方向 $\boldsymbol{a}^0$(或求出方向余弦或方向角),即可确定 $\boldsymbol{a} = |\boldsymbol{a}|\boldsymbol{a}^0$;其二是分别求出向量 $\boldsymbol{a}$ 的 3 个坐标 a_x, a_y, a_z,即可写出 $\boldsymbol{a} = (a_x, a_y, a_z)$.

在有可能分别求出$|\boldsymbol{a}|$和 $\boldsymbol{a}^0$ 时,用第一种方法常比较简便．

例 1　设 $\boldsymbol{a} = (1,1,0)$,$\boldsymbol{b} = (2,0,2)$,向量 $\boldsymbol{v}$ 与 $\boldsymbol{a},\boldsymbol{b}$ 共面,且 $\mathrm{Prj}_a\boldsymbol{v} = \mathrm{Prj}_b\boldsymbol{v} = 3$,求 $\boldsymbol{v}$.

解法一　设 $\boldsymbol{v} = (x,y,z)$,按 $\boldsymbol{v},\boldsymbol{a},\boldsymbol{b}$ 三向量共面,有

$$\begin{vmatrix} x & y & z \\ 1 & 1 & 0 \\ 2 & 0 & 2 \end{vmatrix} = 0,$$

即

$$2x - 2y - 2z = 0 \text{ 或 } x - y - z = 0; \tag{1}$$

按 $\mathrm{Prj}_a\boldsymbol{v} = 3$,有$\frac{1}{|\boldsymbol{a}|}\boldsymbol{a}\cdot\boldsymbol{v} = 3$,即

$$\frac{1}{\sqrt{2}}(x + y) = 3 \text{ 或 } x + y = 3\sqrt{2}; \tag{2}$$

按 $\mathrm{Prj}_a\boldsymbol{v} = 3$,有$\frac{1}{|\boldsymbol{a}|}\boldsymbol{a}\cdot\boldsymbol{v} = 3$,即

$$\frac{1}{2\sqrt{2}}(2x + 2z) = 3 \text{ 或 } x + z = 3\sqrt{2}; \tag{3}$$

(1)、(2)、(3)三式联立,解得 $x=2\sqrt{2}, y=z=\sqrt{2}$,于是 $\boldsymbol{v}=\sqrt{2}(2,1,1)$.

解法二　因 $\boldsymbol{v}$ 与 $\boldsymbol{a},\boldsymbol{b}$ 共面,故可设 $\boldsymbol{v}=\lambda\boldsymbol{a}+\mu\boldsymbol{b}$.

按 $\mathrm{Prj}_a\boldsymbol{v}=3$,有 $\boldsymbol{a}^0\cdot\boldsymbol{v}=3$,即 $\lambda\boldsymbol{a}\cdot\boldsymbol{a}^0+\mu\boldsymbol{b}\cdot\boldsymbol{a}^0=3$,而 $\boldsymbol{a}^0=\frac{1}{\sqrt{2}}(1,1,0)$,于是有

$$\lambda\sqrt{2}+\mu\sqrt{2}=3, \text{即 } \lambda+\mu=\frac{3}{\sqrt{2}} \tag{4}$$

按 $\mathrm{Prj}_b\boldsymbol{v}=3$,有 $(\lambda\boldsymbol{a}+\mu\boldsymbol{b})\cdot\boldsymbol{b}^0=3$,而 $\boldsymbol{b}^0=\frac{1}{\sqrt{2}}(1,0,1)$,于是有

$$\frac{1}{\sqrt{2}}\lambda+2\sqrt{2}\mu=3, \text{即 } \lambda+4\mu=3\sqrt{2} \tag{5}$$

(4)、(5)两式联立,解得 $\lambda=\sqrt{2}, \mu=\frac{\sqrt{2}}{2}$. 于是

$$\boldsymbol{v}=\lambda\boldsymbol{a}+\mu\boldsymbol{b}=\sqrt{2}(1,1,0)+\frac{\sqrt{2}}{2}(2,0,2)=\sqrt{2}(2,1,1).$$

解法三　由 $\boldsymbol{v}$ 在 $\boldsymbol{a},\boldsymbol{b}$ 上的投影相等且为正,知 $\boldsymbol{v}$ 与 $\boldsymbol{a},\boldsymbol{b}$ 的夹角相等且为锐角,又因 $\boldsymbol{v}$ 与 $\boldsymbol{a}$, $\boldsymbol{b}$ 共面,知 $\boldsymbol{v}$ 的方向即是 $\angle AOB$ 的分角线方向,如图 5.4 所示. 而 $\boldsymbol{a}^0+\boldsymbol{b}^0$ 的方向即是分角线方向,因此 $\boldsymbol{v}$ 与 $\boldsymbol{a}^0+\boldsymbol{b}^0$ 平行,于是可设 $\boldsymbol{v}=\lambda(\boldsymbol{a}^0+\boldsymbol{b}^0)$.

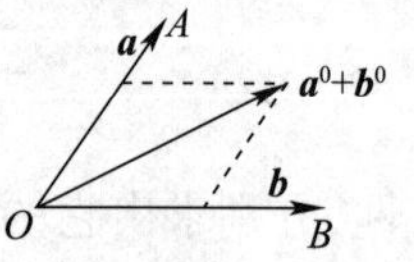

图 5.4

由 $\boldsymbol{a}^0+\boldsymbol{b}^0=\frac{1}{\sqrt{2}}(2,1,1)$,有 $\boldsymbol{v}=\frac{\lambda}{\sqrt{2}}(2,1,1)$,所以

$$\mathrm{Prj}_a\boldsymbol{v}=\frac{1}{|\boldsymbol{a}|}\boldsymbol{v}\cdot\boldsymbol{a}=\frac{1}{\sqrt{2}}\cdot\frac{\lambda}{\sqrt{2}}\cdot 3=\frac{3}{2}\lambda,$$

按题设 $\mathrm{Prj}_a\boldsymbol{v}=3$,即 $\frac{3}{2}\lambda=3$,得 $\lambda=2$. 于是 $\boldsymbol{v}=2(\boldsymbol{a}^0+\boldsymbol{b}^0)=\sqrt{2}(2,1,1)$.

解法四　由 $\boldsymbol{v}$ 与 $\boldsymbol{a}^0+\boldsymbol{b}^0$ 同向,即有

$$\boldsymbol{v}^0=(\boldsymbol{a}^0+\boldsymbol{b}^0)^0=\left(\frac{1}{\sqrt{2}}(2,1,1)\right)^0=(2,1,1)^0=\frac{1}{\sqrt{6}}(2,1,1).$$

$$\mathrm{Prj}_a\boldsymbol{v}=\boldsymbol{v}\cdot\boldsymbol{a}^0=|\boldsymbol{v}|\boldsymbol{v}^0\cdot\boldsymbol{a}^0=\frac{\sqrt{3}}{2}|\boldsymbol{v}|,$$

按 $\mathrm{Prj}_a\boldsymbol{v}=3$,即 $\frac{\sqrt{3}}{2}|\boldsymbol{v}|=3$,得 $|\boldsymbol{v}|=2\sqrt{3}$. 于是 $\boldsymbol{v}=|\boldsymbol{v}|\boldsymbol{v}^0=\sqrt{2}(2,1,1)$.

9. 向量的数量积和向量积在几何上有什么用途?

分析:(1) 数量积.

(ⅰ) 求向量的模: $|\boldsymbol{a}|=\sqrt{\boldsymbol{a}\cdot\boldsymbol{a}}$;

(ⅱ) 求两向量的夹角:当 $\boldsymbol{a}\neq 0, \boldsymbol{b}\neq 0$ 时, $(\widehat{\boldsymbol{a},\boldsymbol{b}})=\arccos\frac{\boldsymbol{a}\cdot\boldsymbol{b}}{|\boldsymbol{a}||\boldsymbol{b}|}$;

(ⅲ) 求一个向量在另一个向量上的投影: $\mathrm{Prj}_a\boldsymbol{b}=\frac{\boldsymbol{a}\cdot\boldsymbol{b}}{|\boldsymbol{a}|}$.

特别地,向量 $\boldsymbol{a}$ 在直角坐标系中的坐标

$$a_x = \mathrm{Prj}_x \boldsymbol{a} = \boldsymbol{a} \cdot \boldsymbol{i}, a_y = \mathrm{Prj}_y \boldsymbol{a} = \boldsymbol{a} \cdot \boldsymbol{j}, a_z = \mathrm{Prj}_z \boldsymbol{a} = \boldsymbol{a} \cdot \boldsymbol{k};$$

(ⅳ) 两向量 $\boldsymbol{a}$ 与 $\boldsymbol{b}$ 垂直的充要条件是 $\boldsymbol{a} \cdot \boldsymbol{b} = 0$ 或 $a_x b_x + a_y b_y + a_z b_z = 0$.

(2) 向量积.

(ⅰ) 求与两个非共线向量 $\boldsymbol{a}$、$\boldsymbol{b}$ 同时垂直的向量 $\boldsymbol{n}$,可取

$$\boldsymbol{n} = \lambda \boldsymbol{a} \times \boldsymbol{b}$$

其中 λ 是某个非零的数(通常在不考虑向量的模的大小时可取 $\lambda = 1$);

(ⅱ) 求以向量 $\boldsymbol{a}$、$\boldsymbol{b}$ 为邻边的平行四边形的面积:

$$S = |\boldsymbol{a} \times \boldsymbol{b}|$$

(ⅲ) 已知三点 A、B 和 C,则 C 到 A 和 B 所在直线的距离

$$d = \frac{|\overrightarrow{AB} \times \overrightarrow{AC}|}{|\overrightarrow{AB}|};$$

(ⅳ) 向量 $\boldsymbol{a}$ 与 $\boldsymbol{b}$ 平行的充要条件是 $\boldsymbol{a} \times \boldsymbol{b} = 0$.

10. 一般二次方程

$$Ax^2 + By^2 + Cz^2 + Dxy + Eyz + Fzx + Gx + hy + Iz + J = 0,$$

当二次项系数不全为零时必定表示二次曲面吗?

分析:不一定. 二次曲面是指以二次曲线为准线的柱面、椭圆、锥面、椭球面、单叶双曲面、双叶双曲面、椭圆抛物面及双曲抛物面等诸多曲面,例如下列各二次方程均不表示二次曲面:

(1) $x^2 + 4y^2 + 9z^2 + 4xy + 12yz + 6zx - 4x - 8y - 12z + 3 = 0$

可化为 $(x + 2y + 3z - 3)(x + 2y + 3z - 1) = 0$,

故知它表示两个平行平面 $x + 2y + 3z - 3 = 0$ 及 $x + 2y + 3z - 1 = 0$.

(2) $x^2 + y^2 + z^2 - xy - yz - zx = 0$

可化为 $(x - y)^2 + (y - z)^2 + (z - x)^2 = 0$,

故知它表示一条直线 $x = y = z$.

(3) $x^2 + y^2 + 4z^2 - 2x - 4y - 8z + 9 = 0$

可化为 $(x - 1)^2 + (y - 2)^2 + 4(z - 1)^2 = 0$,故知它表示一个点 $(1,2,1)$.

(4) $x^2 + y^2 + z^2 + 1 = 0$

在实数范围内无解,即无图像.

由上可知,二次方程在某些情况下,可能表示平面,直线,点,甚至无图像. 这与平面解析几何中二元二次方程不一定都表示二次曲线的情形类似.

11. 柱面、二次锥面、旋转曲面、投影柱面、投影曲线的方程各有什么特征?

分析:在空间解析几何中,曲面一般用三元方程 $F(x,y,z) = 0$ 表示,若其中缺少某个字母,例如 $F(x,y) = 0$,则表示母线平行于 z 轴的柱面. 要注意,不要把它与此柱面的准线方程—xoy 平面上的曲线

$$\begin{cases} F(x,y) = 0 \\ z = 0 \end{cases} \quad 或 \quad F(x,y) = 0(z = 0)$$

相混淆.

二次锥面的特征是 $F(x,y,z)$ 关于 x,y,z 的二次齐式,即只含有它们的二次项,而不含一次项及常数项.

yoz 平面上的曲线 $F(y,z)=0(x=0)$ 绕 z 轴旋转所成的旋转曲面的方程是

$$F(\pm\sqrt{x^2+y^2},z)=0$$

其特征是保留 z 照写,而将 y 改写成 $\pm\sqrt{x^2+y^2}$,其他情况类似.

由空间曲线 C 的面交式方程消去某个字母(例如 z),得到 $\Phi(x,y)=0$,便是 C 向 xoy 平面投影的投影柱面的方程,其母线平行于 z 轴(或者说柱面垂直于 xoy 平面),其余类似.

将上述投影柱面的方程 $\Phi(x,y)=0$ 与 xOy 平面的方程 $z=0$ 联立,便得到交线的方程,此即空间曲线 C 在 xOy 平面上投影曲线的方程. 其余类似.

12. 曲面有参数方程吗?

分析:曲面也有参数方程. 曲线的参数方程通常是单参数的方程,而曲面的参数方程通常是形如

$$\begin{cases}x=\varphi(s,t),\\ y=\phi(s,t),\\ z=\omega(s,t).\end{cases}\quad \begin{matrix}\alpha\leqslant s\leqslant\beta,\\ \gamma\leqslant t\leqslant\delta\end{matrix}$$

的双参数的方程. 例如球面 $x^2+y^2+z^2=R^2$ 有参数方程

$$\begin{cases}x=R\sin\phi\cos\theta,\\ y=R\sin\phi\sin\theta,\\ z=R\cos\phi.\end{cases}\quad \begin{matrix}0\leqslant\theta<2\pi,\\ 0\leqslant\phi\leqslant\pi\end{matrix}$$

这里 θ 相当于经度,$\dfrac{\pi}{2}-\phi$ 相当于纬度,如图 5.5 所示.

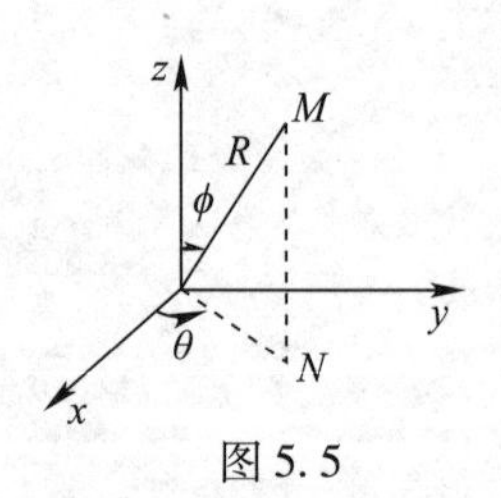

图 5.5

有些单参数的方程,如$\begin{cases}x=\varphi(t)\\ y=\phi(t)\end{cases}$,$(\alpha\leqslant t\leqslant\beta)$,在 xOy 面上表示曲线,而在空间则表示母线平行于 z 轴的柱面. 它表示柱面时,也可写作

$$\begin{cases}x=\varphi(t),\\ y=\phi(t),\\ z=s.\end{cases}\quad \begin{matrix}\alpha\leqslant t\leqslant\beta,\\ -\infty<s<+\infty\end{matrix}$$

也就是双参数形式的方程.

此外,含单参数的方程组$\begin{cases}F(x,y,z,t)=0\\ G(x,y,z,t)=0\end{cases}$,$(\alpha\leqslant t\leqslant\beta)$也是曲面的一种参数方程. 我们可以这样去理解这种方程:当 t 变化时,它表示一族曲线,也就是说,把曲面看成一族曲线. 这种把曲面看成一族曲线的观点,是我们想象曲面形状的一种重要思想方法,请看下例.

例　求直线 $L:\dfrac{x-1}{0}=\dfrac{y}{1}=\dfrac{z-1}{2}$绕 z 轴旋转所得旋转曲面的方程.

解　把 L 写成参数方程

$$x=1,y=t,z=1+2t,\qquad(-\infty<t<+\infty)$$

固定一个 t,即得 L 上一点 $M(1,t,1+2t)$,点 M 到 z 轴的距离为 $d=\sqrt{1+t^2}$,点 M 绕 z 轴旋转得一空间圆周$\begin{cases}x^2+y^2=1+t^2,\\ z=1+2t.\end{cases}$

令 t 在 $(-\infty,+\infty)$ 内变化,即知上式就是所求旋转曲面的参数方程:

$$\begin{cases} x^2+y^2=1+t^2, \\ z=1+2t. \end{cases} \quad -\infty < t < +\infty$$

并且可以从空间圆周的变化去想象旋转曲面的形状,如图5.6所示.

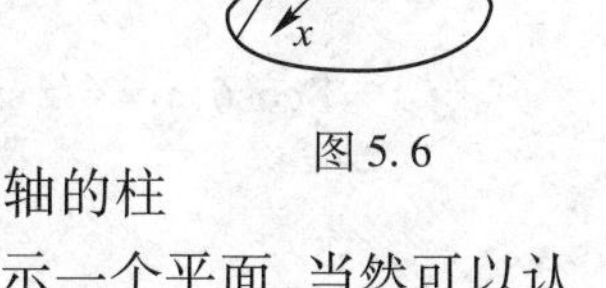

图5.6

从上列方程中消去 t,即得它的一般方程 $x^2+y^2-\left(\frac{z-1}{2}\right)^2=1$. 可知所求旋转曲面为单叶双曲面.

13. 柱面方程是否一定为不完全的三元方程?

分析:不一定. 一般地,不完全三元方程可表示母线平行于坐标轴的柱面. 而柱面的母线不一定平行于坐标轴. 例如,方程 $x+y+z=0$ 表示一个平面,当然可以认为是一个柱面,但它是三元完全方程.

14. 怎样研究空间曲面的图形?

分析:通常利用**截痕法**研究空间曲面图形的形状. 即用各坐标平面或一系列平行于各坐标平面的平面去截该平面,考察所得截面或截线的形状,然后综合考虑或想象曲面的形状,并绘出图形来.

或者,由几个方程表示的曲面,则可以想象各方程所表示曲面的形状,将它们综合考虑拼装起来,这种方法叫作**组合法**.

15. 方程组 $\begin{cases} F(x,y,z)=0 \\ G(x,y,z)=0 \end{cases}$ 一定表示空间曲线吗?

分析:不一定. 只有当 $F(x,y,z)=0$ 和 $G(x,y,z)=0$ 都表示曲面,且这两曲面相交时,才表示空间曲线. 例如,方程组 $\begin{cases} x^2+y^2+z^2=0 \\ z=x^2+y^2+1 \end{cases}$,其中 $x^2+y^2+z^2=0$ 仅表示点 $(0,0,0)$,而 $z=x^2+y^2+1$ 是不过原点的旋转抛物面,所以这个方程组不表示任何几何图形.

(三)直线与曲线

16. 如何实现空间曲线的不同形式的方程间的转化?

分析:一般来说,空间曲线有两种形式:

一般式(面交式) $$\begin{cases} F(x,y,z)=0, \\ G(x,y,z)=0. \end{cases}$$

参数式 $$\begin{cases} x=x(t), \\ y=y(t), \\ z=z(t). \end{cases}$$

两种形式在解题时各有简便之处,为了使用方便,需要先将曲线方程转化为题目中需要的形式.

(i)一般式转化为参数式:可以将3个变量 x,y,z 中的任意一个变量作为参数 t,代入 $F(x,y,z)=0$ 和 $G(x,y,z)=0$ 中,解出另外两个变量关于 t 的表达式即可;也可以引入其他参变量表示 x,y,z(一般从柱面方程中较易引入新的参变量). 例如曲线

$$\begin{cases} x^2+y^2+z^2=64 & (1) \\ y+z=0 & (2) \end{cases},$$

令 $z=t$，则由方程(2)得 $y=-t$，代入方程(1)可得 $x=\pm\sqrt{64-2t^2}$，所以参数方程为

$$\begin{cases}x=\pm\sqrt{64-2t^2}\\y=-t\\z=t\end{cases};$$

另外，也可将 $y=-z$ 代入方程(1)，得到柱面 $\frac{x^2}{64}+\frac{y^2}{32}=1$.

令 $x=8\cos\theta, y=4\sqrt{2}\sin\theta(0\leqslant\theta\leqslant 2\pi)$，则 $z=-4\sqrt{2}\sin\theta$，得曲线的参数方程

$$\begin{cases}x=8\cos\theta\\y=4\sqrt{2}\sin\theta\\z=-4\sqrt{2}\sin\theta\end{cases}.$$

(ⅱ)参数式转化为一般式：将方程组中任意两个方程联立，消去参数 t，得到的是含有该曲线的柱面方程，求出两个这样的柱面，再将两柱面方程联立，即为曲线的面交式方程．例如曲线

$$\begin{cases}x=t+1 & (1)\\y=t^2 & (2)\\z=2t+1 & (3)\end{cases},$$

将方程(1)、(2)联立消去参数 t，得到柱面 $2x-z-1=0$；再将方程(1)、(3)联立消去参数 t，得到柱面 $y=(x-1)^2$；所以该曲线的一般式方程为

$$\begin{cases}2x-z-1=0\\y=(x-1)^2\end{cases}.$$

17. 曲面在某坐标面上的投影，就是曲面的边界曲线在该坐标面上的投影曲线所围成的区域．这样说对吗？

分析：这一说法是有条件的，条件是：曲面在该坐标面上的投影为单层投影．

那么什么是单层投影呢？我们规定当曲面上的点与曲面在某坐标面上投影区域内的点一一对应，或者说曲面上不同的点在该坐标面上的投影点不同时，称此曲面在该坐标面上的投影为单层投影，称此曲面对该坐标面为单层投影曲面．

反之，若曲面上有不同的点在某坐标面上的投影点相同，则曲面在该坐标面上的投影为非单层投影或者为不完全单层投影．若曲面上总是两个(或两个以上的)点在某坐标面上的投影为同一点，则称此曲面在该坐标面上的投影为双层(或多层)投影，也称此曲面对该坐标面为双层(或多层)投影曲面．双层(或多层)投影曲面可以分解为两个(或多个)单层投影曲面．

要注意所谓投影曲面是单层或多层，总是对同一个坐标面而言的．一个曲面对某个坐标面投影是单层的，对另一个坐标面投影可以是多层的．例如

例 1　旋转抛物面 $z=x^2+y^2$ 被平面 $z=1$ 所截下的部分，记作 Σ，如图 5.7(a)所示．

曲面 Σ 对 xOy 面为单层投影曲面，其边界曲线 $\begin{cases}x^2+y^2=1\\z=1\end{cases}$ 在 xOy 面上的投影曲线是

$$\begin{cases}x^2+y^2=1\\z=0\end{cases}.$$

所以 Σ 在 xOy 面上的投影为曲线$\begin{cases}x^2+y^2=1\\z=0\end{cases}$所围成的区域$\begin{cases}x^2+y^2\leqslant 1\\z=0\end{cases}$.

但 Σ 在 zOx 面上的投影则非单层投影. 此时边界曲线在 zOx 面上的投影曲线为直线段 $y=0,z=1(-1\leqslant x\leqslant 1)$,显然不能围成 Σ 在 zOx 面上的投影区域.

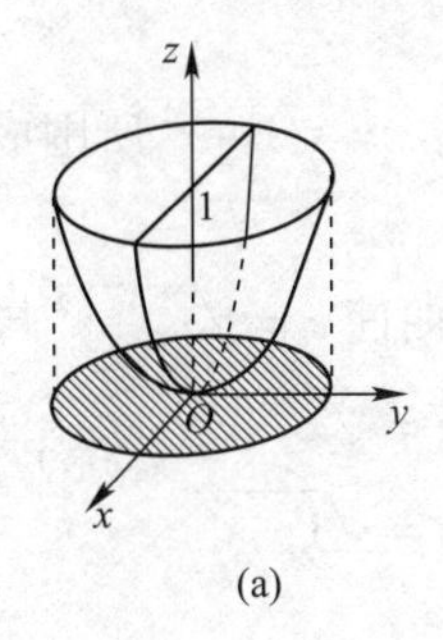

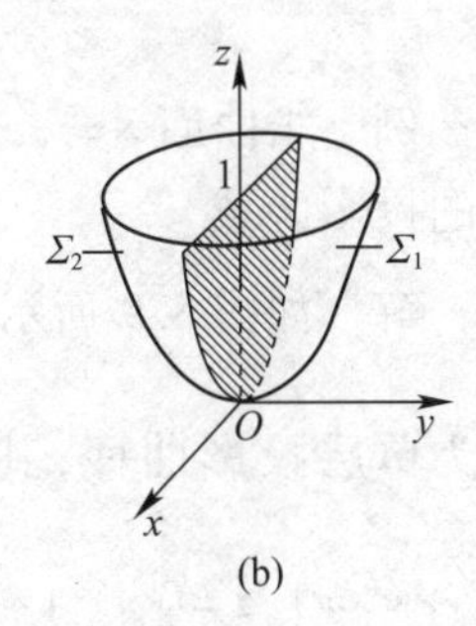

图 5.7

为求 Σ 在 zOx 面上的投影区域,须将 Σ 分解为对 zOx 面的单层投影曲面. 这种分解相当于从方程 $z=x^2+y^2$ 中解出 y,得两个对 zOx 面的单层投影曲面

$$\Sigma_1:\begin{cases}y=\sqrt{z-x^2},\\0\leqslant z\leqslant 1\end{cases}\quad 和\quad \Sigma_2:\begin{cases}y=-\sqrt{z-x^2},\\0\leqslant z\leqslant 1.\end{cases}$$

由对称性知 Σ_1 和 Σ_2 在 zOx 面上的投影区域相同,故任何一个单层曲面的投影区域都是 Σ 的投影区域,这就是在 zOx 面上由直线 $z=1$ 与曲线$z=x^2$所围成的区域. 如图 5.7(b)所示. 类似可得 Σ 在 yOz 面上的投影,也是双层投影.

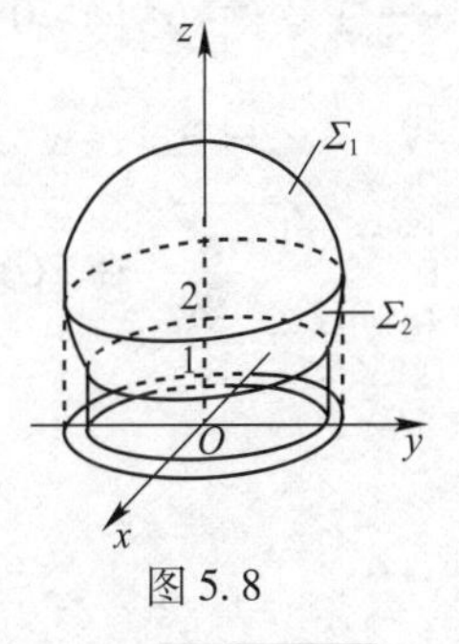

图 5.8

例2　曲面 Σ 为球面 $x^2+y^2+(z-2)^2=4$ 被平面 $z=1$ 所截得的上面部分(图 5.8).

Σ 的边界曲线为 $z=1,x^2+y^2=3$,它在 xOy 面上的投影为 $z=0$, $x^2+y^2=3$. 此投影曲线在 xOy 面上所围成的区域 $x^2+y^2\leqslant 3$ 显然不是 Σ 的投影区域. 为求 Σ 的投影区域,将 Σ 分解成两个单层投影曲面 $\Sigma_1:z=2+\sqrt{4-x^2-y^2}$ 和 $\Sigma_2:z=2-\sqrt{4-x^2-y^2}$($z\geqslant 1$,即 $x^2+y^2\geqslant 3$).

Σ_1 的边界曲线 $z=2,x^2+y^2=4$ 在 xOy 面上的投影为 $z=0,x^2+y^2=4$,故 Σ_1 在 xOy 面上的投影区域为

$$x^2+y^2\leqslant 4.$$

Σ_2 的边界曲线为 $z=2,x^2+y^2=4$ 和 $z=1,x^2+y^2=3$,

它在 xOy 面上的投影为 $z=0,x^2+y^2=4$ 和 $z=0,x^2+y^2=3$. 所以 Σ_2 在 xOy 面上的投影为圆环 $3\leqslant x^2+y^2\leqslant 4$.

总之,Σ 在 xOy 面上的投影区域为 $x^2+y^2\leqslant 4$. 其中 $x^2+y^2\leqslant 3$ 部分为单层投影,$3\leqslant x^2+y^2\leqslant 4$ 部分为双层投影.

18. 如何求立体在坐标面上的投影区域?

分析:解析几何中,要求能够根据围成立体的曲面方程作出立体在坐标面上的投影示意图,并能用不等式表示投影区域. 这对于重积分中积分定限具有重要意义.

在向某坐标面投影时,把立体看作由某些(对该坐标面)单层投影曲面以及母线垂直该坐标面的柱面所围成. 所以,只要求出这些单层投影曲面的边界曲线(这些曲面的交线)在该坐标面上的投影曲线,即可得出立体的投影区域. 当然,如能先作出立体图形,则更有利于求投影区域.

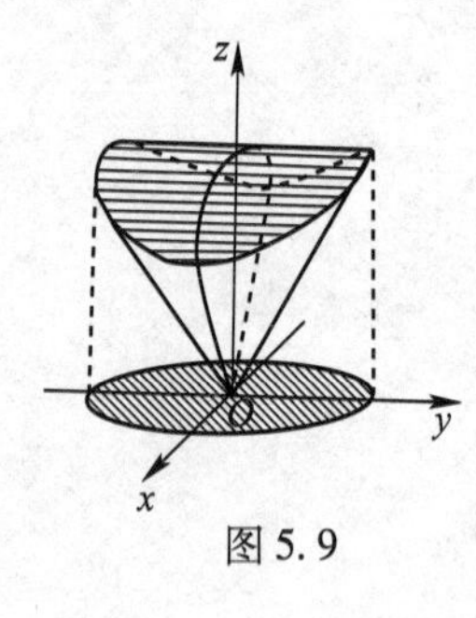

图 5.9

例 求曲面 $z=\sqrt{x^2+y^2}$ 与 $z=\sqrt{1-x^2}$ 所围成的立体在 3 个坐标面上的投影区域.

解 如图 5.9 所示,显然,曲面 $z=\sqrt{x^2+y^2}$ 与 $z=\sqrt{1-x^2}$ 对 xOy 面均为单层投影曲面,其交线 $\begin{cases} z=\sqrt{x^2+y^2} \\ z=\sqrt{1-x^2} \end{cases}$ 在 xOy 面上的投影曲线为: $2x^2+y^2=1, z=0$,

故立体在 xOy 面上的投影区域为 $2x^2+y^2\leqslant 1$,即

$$\begin{cases} -\sqrt{1-2x^2}\leqslant y\leqslant \sqrt{1-2x^2}, \\ -\dfrac{1}{\sqrt{2}}\leqslant x\leqslant \dfrac{1}{\sqrt{2}}; \end{cases} \quad 或 \quad \begin{cases} -\dfrac{1}{\sqrt{2}}\sqrt{1-y^2}\leqslant x\leqslant \dfrac{1}{\sqrt{2}}\sqrt{1-y^2}, \\ -1\leqslant y\leqslant 1. \end{cases}$$

对 xOz 面而言,立体由母线垂直于 xOz 面的柱面 $z=\sqrt{1-x^2}$ 与两个单层投影曲面 $y=\pm\sqrt{z^2-x^2}\,(z\geqslant 0)$ 围成. 两单层投影曲面的交线为 $\begin{cases} z^2-x^2=0 \\ y=0 \end{cases} (z\geqslant 0)$,即 xOz 面上的两直线 $z=x$ 与 $z=-x\,(z\geqslant 0)$. 而柱面与两单层投影曲面的交线在 xOz 面上的投影曲线就是 $\begin{cases} z=\sqrt{1-x^2} \\ y=0 \end{cases}$. 在 xOz 面上作出投影曲线的图形,如图 5.10(a)所示. 投影曲线所围区域

$$\begin{cases} -x\leqslant z\leqslant \sqrt{1-x^2}, \\ -\dfrac{1}{\sqrt{2}}\leqslant x\leqslant 0 \end{cases} \quad 和 \quad \begin{cases} x\leqslant z\leqslant \sqrt{1-x^2}, \\ 0\leqslant x\leqslant \dfrac{1}{\sqrt{2}}; \end{cases}$$

的并集便是立体在 xOz 面上的投影区域.

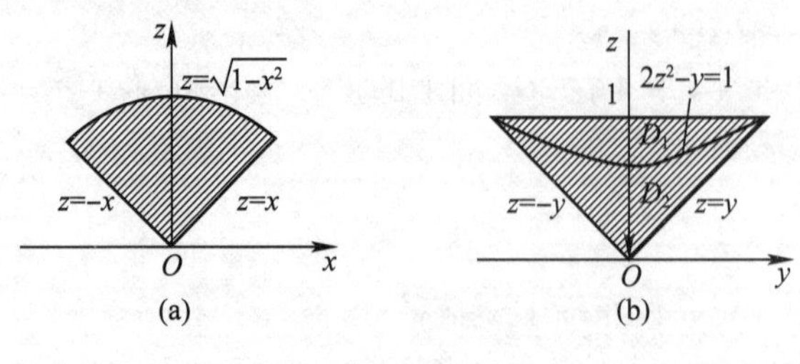

图 5.10

对 yOz 面而言,立体由 4 个单层曲面 $x=\pm\sqrt{z^2-y^2}$ 与 $x=\pm\sqrt{1-z^2}\,(z\geqslant 0)$ 所围成. 其交线在 yOz 面上的投影为 yOz 面上的曲线 $z=\pm y$、$z=1$ 及 $2z^2-y^2=1\,(z>0)$,如图 5.10(b)所

示. 其投影区域由 D_1、D_2 两部分构成,其中

$$D_1:\begin{cases}\frac{1}{\sqrt{2}}\sqrt{1+y^2}\leqslant z\leqslant 1,\\ -1\leqslant y\leqslant 1;\end{cases}$$

$$D_2:\begin{cases}-y\leqslant z\leqslant \frac{1}{\sqrt{2}}\sqrt{1+y^2}\\ -1\leqslant y\leqslant 0\end{cases}\cup\begin{cases}y\leqslant z\leqslant \frac{1}{\sqrt{2}}\sqrt{1+y^2},\\ 0\leqslant y\leqslant 1.\end{cases}$$

yOz 面上的曲线 $z=\frac{1}{\sqrt{2}}\sqrt{1+y^2}$ 为 D_1 与 D_2 的分界线,而立体也被柱面 $z=\frac{1}{\sqrt{2}}\sqrt{1+y^2}$ 分成对应的两部分,每部分立体由两个单层投影曲面与柱面围成. 这种划分在重积分中有着重要的应用.

19. 在解平面和直线问题时,一般应如何进行? 在求解过程中又有些什么办法?

分析:在解平面和直线问题时,应该首先把它们在空间的位置关系弄清楚;在求解过程中,确定平面的法向量和直线的方向向量是关键,要把几何关系转化为向量之间的运算关系;而在求平面的法向量或直线的方向向量时,应尽量通过所给条件并借助向量的运算特别是向量的乘积运算而获得.

例如,要求过点 $A(1,1,1)$ 的一直线,该直线与已知两条直线

$$L_1:\frac{x-1}{1}=\frac{y-2}{4}=\frac{z-5}{2}\quad 和\quad L_2:\frac{x}{2}=\frac{y-1}{3}=\frac{z-6}{1}$$

同时垂直.

首先确定直线的方向向量,由直线与直线垂直的条件可知所求直线方程的方向向量 $\boldsymbol{s}$ 为两条已知直线方向向量的向量积,即

$$\boldsymbol{s}=\boldsymbol{s}_1\times\boldsymbol{s}_2=\begin{vmatrix}\boldsymbol{i}&\boldsymbol{j}&\boldsymbol{k}\\1&4&2\\2&3&1\end{vmatrix}=-2\boldsymbol{i}+3\boldsymbol{j}-5\boldsymbol{k},$$

由此可得直线方程为:$\frac{x-1}{-2}=\frac{y-1}{3}=\frac{z-1}{-5}$.

另外,在求直线方程时,为使问题容易求解,有时会先求该直线所在的平面方程. 比如,求过点 A,且与已知直线 L 垂直的直线方程. 虽然满足这样条件的直线有无穷多条,但它们是在同一个平面上,即过点 A 且垂直于直线 L 的平面方程,而这个平面方程是容易求得的(平面的法向量可取直线 L 的方向向量),由此先确定这个平面方程再结合具体题目中的其他条件求解.

如果要求的平面是通过一条已知的定直线 L 的,则可设过 L 的平面束方程,再结合具体题目中的其他条件求解.

20. 平面的参数式方程如何导出?

分析:我们已经知道,曲面的参数式方程有两个参数. 平面是特殊的一次曲面,它的参数方程也有两个未知参数.

设 $M_i(x_i,y_i,z_i)(i=1,2,3)$ 为平面 π 上不共线的 3 点(图 5.3). M 是 π 上任意一点,$\boldsymbol{r}_i$、$\boldsymbol{r}$ 分别是它们的向径. 由于 4 点共面,于是 π 上三向量共面,有

$$\overrightarrow{M_1M} = \lambda\overrightarrow{M_1M_2} + \mu\overrightarrow{M_1M_3}$$

用向径表示，则为

$$\boldsymbol{r} = \boldsymbol{r}_1 + \lambda(\boldsymbol{r}_2 - \boldsymbol{r}_1) + \mu(\boldsymbol{r}_3 - \boldsymbol{r}_1)$$

这就是平面的向量式参数方程，其中 λ,μ 是两个参数．写成坐标式参数方程，则为

$$\begin{cases} x = x_1 + \lambda(x_2 - x_1) + \mu(x_3 - x_1) \\ y = y_1 + \lambda(y_2 - y_1) + \mu(y_3 - y_1) \\ z = z_1 + \lambda(z_2 - z_1) + \mu(z_3 - z_1) \end{cases}$$

注：由向量式参数方程或坐标式参数方程利用混合积为零（三向量共面）消去两参数，又可以导出平面的三点式方程（略）．

21. 设有直线 $L_1:\begin{cases} x = 2t \\ y = -3 + 3t \\ z = 4t \end{cases}$和 $L_2:\begin{cases} x = 1 + t \\ y = -2 + t \\ z = 2 + 2t \end{cases}$，如果 L_1 和 L_2 相交，那么其交点 (x,y,z) 既在 L_1 上，又在 L_2 上，因此

$$\begin{cases} 2t = 1 + t \\ -3 + 3t = -2 + t \\ 4t = 2 + 2t \end{cases} \qquad (1)$$

从这个方程组的第一个方程得 $t = 1$，从第二个方程得 $t = \frac{1}{2}$，从第三个方程得 $t = 1$，因此该方程组是矛盾方程组，故两直线不相交．这个结论对吗？

分析：这个结论是错误的．

因为 L_1 的方向向量 $\boldsymbol{s}_1 = (2,3,4)$ 与 L_2 的方向向量 $\boldsymbol{s}_2 = (1,1,2)$ 的对应坐标不成比例，且

$$\begin{vmatrix} x_2 - x_1 & y_2 - y_1 & z_2 - z_1 \\ m_1 & n_1 & p_1 \\ m_2 & n_2 & p_2 \end{vmatrix} = \begin{vmatrix} 1-0 & -2-(-3) & 2-0 \\ 2 & 3 & 4 \\ 1 & 1 & 2 \end{vmatrix} = 0,$$

故 L_1 与 L_2 满足相交的充要条件，所以这两直线是相交的．

设 L_1 与 L_2 的交点为 M_0，因为 M_0 是 L_1 上的点，由 L_1 的参数方程，它对应于参数 $t = t_1$；M_0 又是 L_2 上的点，由 L_2 的参数方程，它对应于参数 $t = t_2$．所以，这里的 t_1 与 t_2 是未必相等的，在问题的解中，误认为 $t_1 = t_2$ 而得出方程组（1）为矛盾方程组，因此断定 L_1 与 L_2 不相交，当然就错了．其实 L_1 与 L_2 是相交的，交点为 $(0,-3,0)$，它对应于 L_1 的参数 $t = 0$，L_2 的参数 $t = -1$．

22. 平面束方程有何用途？

分析：由于平面 π_1 和 π_2 所决定的平面束中任意一个平面 π 都通过平面 π_1 和 π_2 的交线 L，且通过平面 π_1 和 π_2 的交线 L 的任何平面 π 必为由 π_1 和 π_2 所决定的平面束中的一个平面．在有关直线与平面的许多问题中，为了确定平面 π，我们可以先写出它所属的平面束方程，然后根据 π 所满足的条件，求出平面束方程中待定参数 λ 之值，于是平面 π 就被确定了，从而为解决这类问题提供了一个有效的途径和方法．下面举例说明．

例　求过原点并含直线 $L:\begin{cases} x = 3 - t \\ y = 1 + 2t \\ z = t \end{cases}$的平面方程．

解　首先将直线 L 的方程转化为一般式为$\begin{cases}x=3-z\\y=1+2z\end{cases}$，则过直线 L 的平面束的方程为

$$(x-3+z)+\lambda(1-y+2z)=0 \qquad (1)$$

因为所求平面经过原点(0,0,0)，所以(0,0,0)满足方程(1)，代入(1)解得 $\lambda=3$，所以所求平面为

$$x-3y+7z=0.$$

23. 在利用平面束方程来求通过

$$\text{直线 } L:\begin{cases}x-2y-z+3=0\\x+y-z-1=0\end{cases} \text{ 且与平面 } \pi: x-2y-z=0$$

垂直的平面方程时，设所求平面的方程为

$$(x-2y-z+3)+\lambda(x+y-z-1)=0.$$

即

$$(1+\lambda)x+(\lambda-2)y-(1+\lambda)z+(3-\lambda)=0.$$

由于所求平面与已知平面 π 垂直，即得

$$(1+\lambda)x-2(\lambda-2)y+(1+\lambda)=0.$$

即 $6=0$，得到矛盾方程，即 λ 无解．是否由此断定所求平面不存在呢？

分析：这个平面一定存在，即在过 L 的平面中一定存在一个平面与已知平面垂直．这里得出 λ 无解，是因为没有考虑平面束不包含一个平面：$x+y-z-1=0$. 可以验证此平面就是要求的平面．实际上平面束方程为

$$A_1x+B_1y+C_1z+D_1+\lambda(A_2x+B_2y+C_2z+D_2)=0,$$

并不包含平面 $A_2x+B_2y+C_2z+D_2=0$，只有平面束方程

$$\mu(A_1x+B_1y+C_1z+D_1)+\lambda(A_2x+B_2y+C_2z+D_2)=0(\mu,\lambda \text{ 为任意实数})$$

才包含通过直线$\begin{cases}A_1x+B_1y+C_1z+D_1=0\\A_2x+B_2y+C_2z+D_2=0\end{cases}$的所有平面．

24. 同一直线是否可有不同形式的对称式方程？下列 3 个方程是否表示同一直线？

$$\frac{x-1}{1}=\frac{y-2}{2}=\frac{z-3}{2},\quad \frac{x-2}{1}=\frac{y-3}{1}=\frac{z-5}{2},\quad \frac{x-1}{2}=\frac{y-2}{4}=\frac{z-3}{4}.$$

分析：同一直线可以有不同形式的对称式方程．因为直线的对称式方程完全取决于直线上一点的坐标和直线的方向向量，当取直线上不同的点时，直线的对称式方程在形式上就不一样．

方程$\frac{x-1}{1}=\frac{y-2}{2}=\frac{z-3}{2}$与$\frac{x-1}{2}=\frac{y-2}{4}=\frac{z-3}{4}$表示同一直线，

方程$\frac{x-1}{1}=\frac{y-2}{2}=\frac{z-3}{2}$与$\frac{x-2}{1}=\frac{y-3}{1}=\frac{z-5}{2}$表示不同的直线

25. 求直线与平面的交点，用什么方法比较简便？

分析：若直线方程由一般式给出，要求它与平面的交点，需解三元一次方程组，计算量较大．比较简便的方法是：先将直线的面交式方程化为对称式方程（由向量积求方向向量；取 $z=0$ 解

出 x、y,求得直线上一点的坐标),再化为参数式方程,并代入所给平面方程,求出交点的参数值t_0,最后将 t_0 代回直线参数式方程,即得交点坐标(x_0,y_0,z_0).

26. 如何求点到空间直线的距离?

分析:平面上点到直线及空间内点到平面都有距离公式:

$$d_1=\frac{|Ax_0+By_0+C|}{\sqrt{A^2+B^2}};\quad d_2=\frac{|Ax_0+By_0+Cz_0+D|}{\sqrt{A^2+B^2+C^2}}.$$

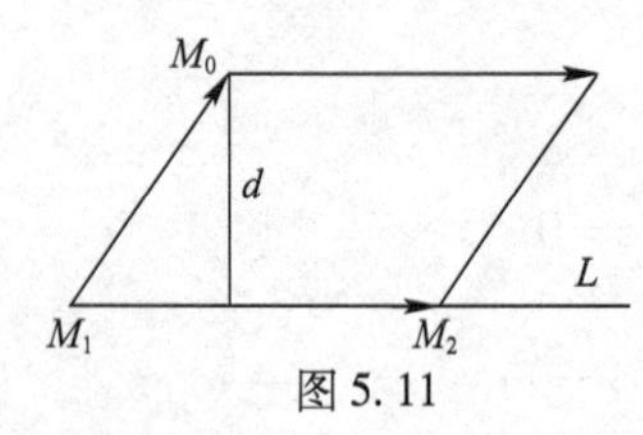

图 5.11

空间内点到直线也有距离公式.下面简便地导出此公式.如图 5.11 所示.设点 M_0 与直线 L 为已知,在 L 上任取两点 M_1,M_2(这是容易得到的,例如在一般式 L 中,令 $z_1=0$,$z_2=1$,可解得 M_1,M_2 的坐标;其他形式的直线方程则更容易),连接 M_1M_0,则由向量积的几何意义,有

$$d\cdot|M_1M_2|=|M_1M_0\times M_1M_2|\Rightarrow d=\frac{|M_1M_0\times M_1M_2|}{|M_1M_2|}.$$

27. 怎样求异面直线之间的距离?

分析:我们通过例子来说明.

例 求异面直线 $L_1:\dfrac{x+1}{0}=\dfrac{y-1}{1}=\dfrac{z-2}{3}$与 $L_2:\dfrac{x-1}{1}=\dfrac{y}{2}=\dfrac{z+1}{2}$之间的距离.

分析 解题前要充分了解已知条件,从给出的方程可知:L_1 过点 $M_1(-1,1,2)$,方向向量为 $\boldsymbol{s}_1=(0,1,3)$,L_2 过点 $M_2(1,0,-1)$,方向向量为 $\boldsymbol{s}_2=(1,2,2)$.

要求异面直线之间的距离,即要求公垂线上两垂足间的距离,因此认清公垂线的方向向量是解题的关键.由于公垂线与 L_1、L_2 都垂直,故它的方向向量为 $\boldsymbol{n}=\boldsymbol{s}_1\times\boldsymbol{s}_2$.然后采取不同的分析思路,结合相应的图形,可得各种不同的解法.

解法一 过 L_1 作平行于 $\boldsymbol{n}$ 的平面 Π_1,求出 Π_1 与 L_2 的交点 O_2(O_2 即是公垂线与 L_2 的交点);过 L_2 作平行于 $\boldsymbol{n}$ 的平面 Π_2,求出 Π_2 与 L_1 的交点 O_1.于是所求距离为 $d=|O_1O_2|$.

这种解法的思路简单,但计算繁琐(这里从略).

解法二 过 L_1 作平行于 L_2 的平面 Π,如图 5.12 所示,所求距离即为 L_2 上的点 M_2 到 Π 的距离.

由于 $\boldsymbol{n}$ 为 Π 的法向量,计算

$$\boldsymbol{n}=\boldsymbol{s}_1\times\boldsymbol{s}_2=\begin{vmatrix}\boldsymbol{i}&\boldsymbol{j}&\boldsymbol{k}\\0&1&3\\1&2&2\end{vmatrix}=(-4,3,-1),$$

于是 Π 的方程为 $-4(x+1)+3(y-1)-(z-2)=0$,即 $4x-3y+z+5=0$,$M_2(1,0,-1)$到 Π 的距离即为所求距离

$$d=\frac{|4-1+5|}{\sqrt{4^2+(-3)^2+1^2}}=\frac{4}{13}\sqrt{26}.$$

上面求平面 Π 的方程时,也可不求法向量 $\boldsymbol{n}$,直接写出 Π 的方程为

$$\begin{vmatrix}x+1&y-1&z-2\\0&1&3\\1&2&2\end{vmatrix}=0,$$

即 $-4(x+1)+3(y-1)-(z-2)=0$.

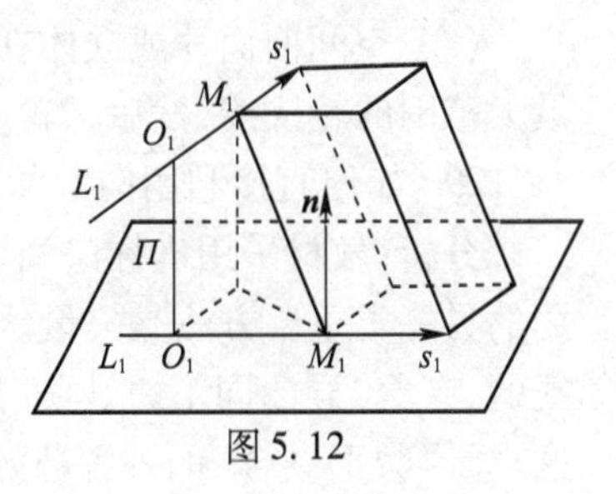

图 5.12

解法三　如图 5.12 所示,所求距离为

$$d=\left|\mathrm{Prj}_n\,\overrightarrow{M_1M_2}\right|=\frac{1}{|\boldsymbol{n}|}\left|\boldsymbol{n}\cdot\overrightarrow{M_1M_2}\right|$$

由 $\boldsymbol{n}=(-4,3,-1)$ 知,

$|\boldsymbol{n}|=\sqrt{26}$, $\overrightarrow{M_1M_2}=(2,-1,-3)$, $\boldsymbol{n}\cdot\overrightarrow{M_1M_2}=-8-3+3=-8$,

于是

$$d=\frac{1}{\sqrt{26}}|-8|=\frac{4}{13}\sqrt{26}.$$

解法四　设以向量 $\boldsymbol{s}_1,\boldsymbol{s}_2,\overrightarrow{M_1M_2}$ 为棱的平行六面体体积为 V,以 $\boldsymbol{s}_1,\boldsymbol{s}_2$ 为边的平行四边形面积为 A,如图 5.12 所示,则所求距离为 $d=V/A$.

由

$$(\boldsymbol{s}_1\times\boldsymbol{s}_2)\cdot\overrightarrow{M_1M_2}=\begin{vmatrix}0&1&3\\1&2&2\\2&-1&-3\end{vmatrix}=-8,$$

得

$$V=\left|(\boldsymbol{s}_1\times\boldsymbol{s}_2)\cdot\overrightarrow{M_1M_2}\right|=8.$$

而

$$A=|\boldsymbol{s}_1\times\boldsymbol{s}_2|=\sqrt{26},$$

即得

$$d=V/A=\frac{8}{\sqrt{26}}=\frac{4}{13}\sqrt{26}.$$

解法四与解法三分析问题的方法不同,但解法四所用公式

$$d=\frac{1}{|\boldsymbol{s}_1\times\boldsymbol{s}_2|}\left|(\boldsymbol{s}_1\times\boldsymbol{s}_2)\cdot\overrightarrow{M_1M_2}\right|=\frac{1}{|\boldsymbol{n}|}\left|\boldsymbol{n}\cdot\overrightarrow{M_1M_2}\right|$$

与解法三的公式是一样的.

28. 如何绘制空间图形?

分析:(1) 掌握常见曲面及平面图形的画法. 例如,母线平行于坐标轴的柱面,旋转轴为坐标轴的旋转曲面的画法比较有规律,应重点掌握.

对平面 $\pi: Ax+By+Cz+D=0$,当 A,B,C,D 均不为零时,化为截距式,易作图;当 $D=0$ 而 A、B、C 均不为零时,平面过原点,易找出平面上另外两点,作一个顶点在原点的三角形,就表示平面. 当 A、B、C 中有一个或两个为零时,平面从平行于某坐标轴可转化为母线平行于坐标轴的柱面作图.

(2) 通过确定平面与平面交线上两点,做出直线;通过分析想象曲面与曲面,曲面与平面的交线形状,确定出曲线上几个关键点而描绘出空间曲线图形.

(3) 曲面或平面所围的空间立体须分析、想象立体形状,画出有关曲面及曲面之间的交线,最后综合做出图形.

(4) 空间曲面片或立体在某坐标平面内的投影区域的画法:首先要找出立体或曲面片上最大范围的轮廓线,然后求轮廓线在坐标平面内的投影曲线,投影曲线所围区域即所求.

29. 如何直接利用向量的运算研究几何问题?

分析:教材采用坐标法(代数方法)较多,读者也比较熟悉. 研究向量代数和解析几何常用的另一类重要方法是矢量法(几何方法),通过向量运算进行研究和表示结果是很方便和简捷的,有着“异曲同工之妙”. 有时还将坐标法和矢量法结合起来使用,可大为简化解题过程,这也是“数形结合”的一种巧妙运用.

有关空间的点、线、面及其位置关系,常见的有如下 20 多种类型,下面写得比较简略,用矢算法较多,读者可自行验算或绘草图验证之. 其中,平面 F_i 的方程记为 $F_i(x,y,z)=0$,其法向量为 $\boldsymbol{n}_i$,过点 A_i 的直线记为 L_i,其方向向量为 $\boldsymbol{s}_i$ 或 (m_i,n_i,p_i);点 $A_i(x_i,y_i,z_i)$ 的向径记为 $\boldsymbol{r}_i(i=0,1,\cdots)$.

(1) 欲求与距离有关的问题或轨迹问题,常用距离公式、定比分点公式或点面距离公式:

$$|\boldsymbol{r}\cdot\boldsymbol{n}^0-p|=0(p\text{ 为法线长}).$$

(2) 有关面积或体积的问题,常用公式:

$$\Delta A_1A_2A_3\text{ 面积}=|\overrightarrow{A_1A_2}\times\overrightarrow{A_1A_3}|/2;$$

四面体 $A_1A_2A_3A_4$ 体积 $=|[\overrightarrow{A_1A_2}\,\overrightarrow{A_1A_3}\,\overrightarrow{A_1A_4}]|/6$;

三点共线$\Leftrightarrow\overrightarrow{A_1A_2}\times\overrightarrow{A_1A_3}=0$;

四点共面$\Leftrightarrow[\overrightarrow{A_1A_2}\ \overrightarrow{A_1A_3}\,\overrightarrow{A_1A_4}]=0$.

(3) 欲求“线线”“面面”“线面”间的夹角,皆可归结为方向向量、法向量的夹角,并采用相应公式计算之. 其中,线面夹角为 $\boldsymbol{n}$ 与 $\boldsymbol{s}$ 夹角的余角.

(4) 求过点 A_0 与直线 L_1 之平面,用向量共面解之,为

$$[\boldsymbol{r}-\boldsymbol{r}_0,\boldsymbol{r}_1-\boldsymbol{r}_0,\boldsymbol{s}]=0;$$

若 L_1 由一般式(面交式)$F_1=0$ 和 $F_2=0$ 给出,则用平面束方程解之:

$$F_1+\lambda F_2=0,\lambda=-F_1(x_0,y_0,z_0)/F_2(x_0,y_0,z_0).$$

(5) 求过点 A_0 且平行于平面 F 之平面.

设平面 F 的法向量 $\boldsymbol{n}=(A,B,C)$,易知所求平面为

$$(\boldsymbol{r}-\boldsymbol{r}_0)\cdot\boldsymbol{n}=0\text{ 或 }A(x-x_0)+B(y-y_0)+C(z-z_0)=0.$$

(6) 求过点 A_0 且垂直于直线 L 之平面.

若 L 由点向式给出,所求平面的法向量即为 L 之方向向量,可由点法式求解;若 L 由一般式 $F_1=0$ 和 $F_2=0$ 给出,则所求平面为

$$[\boldsymbol{r}-\boldsymbol{r}_0\boldsymbol{n}_1\boldsymbol{n}_2]=0.$$

(7) 求过点 A_0 且平行于直线 L_1,L_2 之平面.

求出 $L_i(i=1,2)$之方向向量 $\boldsymbol{s}_i$,所求平面为

$$[\boldsymbol{r}-\boldsymbol{r}_0\boldsymbol{s}_1\boldsymbol{s}_2]=0.$$

(8) 求过两点 A_1,A_2 且垂直于平面 F 之平面.

由三向量共面,知所求平面为

$$[\boldsymbol{r}-\boldsymbol{r}_1\boldsymbol{r}_2-\boldsymbol{r}_1\boldsymbol{n}]=0.$$

(9) 求过两点 A_1,A_2 且平行于直线 L 之平面：

$$[\boldsymbol{r}-\boldsymbol{r}_1\boldsymbol{r}_2-\boldsymbol{r}_1\boldsymbol{s}]=0.$$

(10) 求过直线 L_1 且平行于直线 L_2 之平面：

若 L_1,L_2 由点向式给出，则为 $[\boldsymbol{r}-\boldsymbol{r}_1\boldsymbol{s}_1\boldsymbol{s}_2]=0$；

若 L_1 由一般式 $F_1=0$ 和 $F_2=0$ 给出，则用平面束方程：$F_1+\lambda F_2=0$，λ 由条件 $(\boldsymbol{n}_1+\lambda\boldsymbol{n}_2)\cdot\boldsymbol{s}_2=0$ 确定.

(11) 求过直线 L_0 且垂直于平面 F 之平面.

若 L_0 由一般式给出，解法类似上题；

若 L_0 由点向式给出，则所求平面方程为：$[\boldsymbol{r}-\boldsymbol{r}_0\boldsymbol{s}\boldsymbol{n}]=0.$

(12) 直线 L_1 与 L_2 共面的充要条件：

$$[\boldsymbol{r}_1-\boldsymbol{r}_2\boldsymbol{s}_1\boldsymbol{s}_2]=0$$

这时 L_1 和 L_2 的方程是由点向式给出的.

(13) 直线 L 与平面 F 重合、相交、垂直与平行之条件，可由计算 $\boldsymbol{s}$ 与 $\boldsymbol{n}$ 的夹角来确定（见第(3)点），或由解方程组求得交点的个数来确定.

(14) 直线 L_1 与 L_2 的平行、垂直与夹角，可归结为它们的方向向量 $\boldsymbol{s}_i(i=1,2)$ 间相同的问题：

$$\boldsymbol{s}_1\times\boldsymbol{s}_2=0;\quad \boldsymbol{s}_1\cdot\boldsymbol{s}_2=0;\quad \cos\varphi=\frac{|\boldsymbol{s}_1\cdot\boldsymbol{s}_2|}{|\boldsymbol{s}_1|\cdot|\boldsymbol{s}_2|}.$$

(15) 平面 F_1 与 F_2 的平行、垂直与夹角，也可归结为它们的法向量 $\boldsymbol{n}_i(i=1,2)$ 间相同的问题：

$$\boldsymbol{n}_1\times\boldsymbol{n}_2=0;\quad \boldsymbol{n}_1\cdot\boldsymbol{n}_2=0;\quad \cos\varphi=\frac{|\boldsymbol{n}_1\cdot\boldsymbol{n}_2|}{|\boldsymbol{n}_1|\cdot|\boldsymbol{n}_2|}.$$

(16) 求平行平面 $F_i=Ax+By+Cz+D_i(i=1,2)$ 之间的距离，为在 F_1 上任取一点 $A_1(x_1,y_1,z_1)$ 到 F_2 的距离：

$$d=|F_2(x_1,y_1,z_1)|/\sqrt{A^2+B^2+C^2}=|D_2-D_1|/\sqrt{A^2+B^2+C^2}.$$

(17) 两平行直线 $L_i(i=1,2)$ 之间的距离，可考察两向量 $\boldsymbol{r}_2-\boldsymbol{r}_1$ 与 $\boldsymbol{s}$ 所成平行四边形的面积，易知所求距离：

$$d=|(\boldsymbol{r}_2-\boldsymbol{r}_1)\times\boldsymbol{s}|/|\boldsymbol{s}|.$$

(18) 求异面直线 L_1 与 L_2 的公垂线方程与公垂线长（异面直线间的距离）.

不妨设 $L_i(i=1,2)$ 的方程由点向式给出，如图 5.13 所示，公垂线 L 所在直线的方程由如下面交式方程确定：

$$\begin{cases}[\overrightarrow{PA_1}\quad \boldsymbol{s}_1\quad \boldsymbol{n}]=0,\\ [\overrightarrow{PA_2}\quad \boldsymbol{s}_2\quad \boldsymbol{n}]=0,\end{cases}$$

式中：$\boldsymbol{n}=\boldsymbol{s}_1\times\boldsymbol{s}_2$，而图 5.13 中 $L_2/\!/\pi$，$L_1\subset\pi$.

由于图 5.13 中平面 π 的方程可由三向量共面确定：$[\boldsymbol{r}-\boldsymbol{r}_1\boldsymbol{s}_1\boldsymbol{s}_2]=0$（$\boldsymbol{r}$ 为 π 上任一点的向径），于是点 A_2 到 π 之距离即为所求公垂线长：

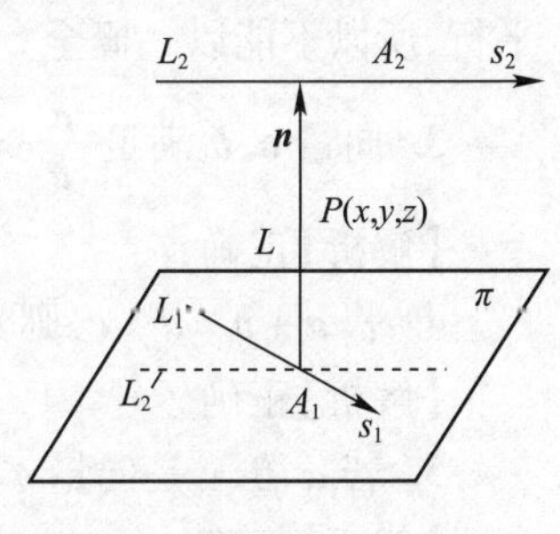

图 5.13

$$d=|[\boldsymbol{s}_1\boldsymbol{s}_2\boldsymbol{r}_2-\boldsymbol{r}_1]|/|\boldsymbol{s}_1\times\boldsymbol{s}_2|=|\overrightarrow{A_1A_2}\times\boldsymbol{n}^0|.$$

这可由平行六面体之“体积 = 底面积 × 高”导出 .

(19) 求点 A_0 到平面 F 的垂线、垂足与距离 d.

① 所求垂线的参数式方程为 $\boldsymbol{r}=\boldsymbol{r}_0+t\boldsymbol{n}$.

② 设 $\boldsymbol{r}_1$ 是垂足的向径,则

$$F(x_0,y_0,z_0)=\boldsymbol{r}_0\cdot\boldsymbol{n}+D=(\boldsymbol{r}_0-\boldsymbol{r}_1)\cdot\boldsymbol{n}+(\boldsymbol{r}_1\cdot\boldsymbol{n}+D)=(\boldsymbol{r}_0-\boldsymbol{r}_1)\cdot\boldsymbol{n},$$

代入 $\boldsymbol{r}_1-\boldsymbol{r}_0=t\boldsymbol{n}$,可决定参数 $t=-F(x_0,y_0,z_0)/\boldsymbol{n}^2$,从而

$$\boldsymbol{r}_1=\boldsymbol{r}_0-F(x_0,y_0,z_0)\boldsymbol{n}/\boldsymbol{n}^2.$$

③ 由 $|F(x_0,y_0,z_0)|=|\boldsymbol{r}_0-\boldsymbol{r}_1|\cdot|\boldsymbol{n}|$,故

$$d=|\boldsymbol{r}_0-\boldsymbol{r}_1|=|F(x_0,y_0,z_0)|/|\boldsymbol{n}|,$$

或直接套公式求 d.

(20) 求点 A_0 至直线 L 的垂线、垂足与距离 d.

① 不妨设 L 由点向式给出 . 由第(4)点知,过 A_0 及 L 的平面为

$$[\boldsymbol{r}-\boldsymbol{r}_0\boldsymbol{r}_1-\boldsymbol{r}_0\boldsymbol{s}]=0.$$

记其法向量为 $\boldsymbol{n}$,则垂线的方向向量 $\boldsymbol{s}_1=\boldsymbol{n}\times\boldsymbol{s}$,垂线方程为

$$\boldsymbol{r}=\boldsymbol{r}_0+t\boldsymbol{s}_1(t\text{ 为参数}).$$

② 设垂足的向径为 $\boldsymbol{r}_2$,则 $\boldsymbol{r}_2-\boldsymbol{r}_1=t\boldsymbol{s}$,从而

$$t\boldsymbol{s}^2=[(\boldsymbol{r}_2-\boldsymbol{r}_0)+(\boldsymbol{r}_0-\boldsymbol{r}_1)]\cdot\boldsymbol{s},$$

由 $(\boldsymbol{r}_2-\boldsymbol{r}_0)\cdot\boldsymbol{s}=0$,可确定 $t=(\boldsymbol{r}_0-\boldsymbol{r}_1)\cdot\boldsymbol{s}/\boldsymbol{s}^2$,于是

$$\boldsymbol{r}_2=\boldsymbol{r}_1+[(\boldsymbol{r}_0-\boldsymbol{r}_1)\cdot\boldsymbol{s}/\boldsymbol{s}^2]\boldsymbol{s}.$$

③ $d=\dfrac{|\overrightarrow{A_0A_1}\times\boldsymbol{s}|}{|\boldsymbol{s}|}$.

三、是非辨析

1. 任何向量都有确定的方向 .

【解析】错误 . 向量 $\boldsymbol{0}$ 的方向是任意的 .

2. 任两个向量 $\boldsymbol{a},\boldsymbol{b}$,一定有 $|\boldsymbol{a}+\boldsymbol{b}|\geqslant|\boldsymbol{a}-\boldsymbol{b}|$.

【解析】错误 . 两向量 $\boldsymbol{a}$ 与 $\boldsymbol{b}$ 的关系多种多样,它们可以交成锐角、直角或钝角,也可以是平行,所以不能以一概全 .

3. 向量 $\boldsymbol{a},\boldsymbol{b}$ 满足 $\dfrac{\boldsymbol{a}}{|\boldsymbol{a}|}=\dfrac{\boldsymbol{b}}{|\boldsymbol{b}|}$,则 $\boldsymbol{a},\boldsymbol{b}$ 同向 .

【解析】正确 .

4. 若 $\boldsymbol{a}+\boldsymbol{b}=\boldsymbol{a}+\boldsymbol{c}$,则 $\boldsymbol{b}=\boldsymbol{c}$.

【解析】正确 .

5. 若 α、β、γ 是向量 $\boldsymbol{a}$ 的方向角,则 $(\cos\alpha,\cos\beta,\cos\gamma)$ 是单位向量 .

【解析】正确 .

6. 若非零向量 $\boldsymbol{a}=(a_x,a_y,a_z)$,则平行于向量 $\boldsymbol{a}$ 的单位向量为$\left(\frac{a_x}{|\boldsymbol{a}|},\frac{a_y}{|\boldsymbol{a}|},\frac{a_z}{|\boldsymbol{a}|}\right)$.

【解析】错误. 应该为 $\pm\left(\frac{a_x}{|\boldsymbol{a}|},\frac{a_y}{|\boldsymbol{a}|},\frac{a_z}{|\boldsymbol{a}|}\right)$.

7. 与非零向量 $\boldsymbol{a},\boldsymbol{b}$ 同时垂直的单位向量为$\frac{\boldsymbol{a}\times\boldsymbol{b}}{|\boldsymbol{a}\times\boldsymbol{b}|}$.

【解析】错误. 应该为 $\pm\frac{\boldsymbol{a}\times\boldsymbol{b}}{|\boldsymbol{a}\times\boldsymbol{b}|}$.

8. 若一向量在另一向量上的投影为零,则此两向量垂直.

【解析】正确.

9. 若 $\boldsymbol{a}\cdot\boldsymbol{b}=\boldsymbol{a}\cdot\boldsymbol{c}$ 或 $\boldsymbol{a}\times\boldsymbol{b}=\boldsymbol{a}\times\boldsymbol{c}$,且 $\boldsymbol{a}\neq 0$,则 $\boldsymbol{b}=\boldsymbol{c}$.

【解析】错误. $\boldsymbol{a}\cdot\boldsymbol{b}=\boldsymbol{a}\cdot\boldsymbol{c}\Rightarrow\boldsymbol{a}\perp(\boldsymbol{b}-\boldsymbol{c})$,$\boldsymbol{a}\times\boldsymbol{b}=\boldsymbol{a}\times\boldsymbol{c}\Rightarrow\boldsymbol{a}/\!/(\boldsymbol{b}-\boldsymbol{c})$.

10. 对任意向量 $\boldsymbol{a},\boldsymbol{b}$,都有$(\boldsymbol{a}+\boldsymbol{b})\times(\boldsymbol{a}-\boldsymbol{b})=-2\boldsymbol{a}\times\boldsymbol{b}$.

【解析】正确.

11. 若 $\boldsymbol{a}\cdot\boldsymbol{b}=0$,则向量 $\boldsymbol{a}=\boldsymbol{0}$ 或 $\boldsymbol{b}=\boldsymbol{0}$.

【解析】错误. 当 $\boldsymbol{a}\perp\boldsymbol{b}$ 时,$\boldsymbol{a}\neq\boldsymbol{0}$ 且 $\boldsymbol{b}\neq\boldsymbol{0}$, $\boldsymbol{a}\cdot\boldsymbol{b}=|\boldsymbol{a}|\cdot|\boldsymbol{b}|\cos(\widehat{\boldsymbol{a},\boldsymbol{b}})=|\boldsymbol{a}|\cdot|\boldsymbol{b}|\cos\frac{\pi}{2}=0$.

12. 对任意向量 $\boldsymbol{a},\boldsymbol{b}$,都有 $\boldsymbol{a}(\boldsymbol{a}\cdot\boldsymbol{b})=|\boldsymbol{a}|^2\cdot|\boldsymbol{b}|$.

【解析】错误. 当两个非零向量 $\boldsymbol{a}\perp\boldsymbol{b}$ 时,$\boldsymbol{a}(\boldsymbol{a}\cdot\boldsymbol{b})=\boldsymbol{0}$,而$|\boldsymbol{a}|^2\cdot|\boldsymbol{b}|>0$.

13. 对任意向量 $\boldsymbol{a},\boldsymbol{b}$,都有$(\boldsymbol{a}\cdot\boldsymbol{b})^2=|\boldsymbol{a}|^2\cdot|\boldsymbol{b}|^2$.

【解析】错误. 当两个非零向量 $\boldsymbol{a}\perp\boldsymbol{b}$ 时,$(\boldsymbol{a}\cdot\boldsymbol{b})=0$,而$|\boldsymbol{a}|^2\cdot|\boldsymbol{b}|^2>0$.

14. 如果 $\boldsymbol{u},\boldsymbol{v}$ 是单位向量,那么它们的夹角 θ 满足 $\cos\theta=\boldsymbol{u}\cdot\boldsymbol{v}$.

【解析】正确. 由 $\boldsymbol{u}\cdot\boldsymbol{v}=|\boldsymbol{u}||\boldsymbol{v}|\cos\theta$ 可知.

15. 两个单位向量的向量积是一个单位向量.

【解析】错误. $|\boldsymbol{a}^\circ\times\boldsymbol{b}^\circ|=\sin(\widehat{\boldsymbol{a},\boldsymbol{b}})$,当 $\boldsymbol{a}^\circ$、$\boldsymbol{b}^\circ$不垂直时,两个单位向量的向量积的模小于1.

16. 如果 $\boldsymbol{u}+\boldsymbol{v}$ 与 $\boldsymbol{u}-\boldsymbol{v}$ 垂直,那么$|\boldsymbol{u}|=|\boldsymbol{v}|$.

【解析】正确. $\boldsymbol{u}+\boldsymbol{v}$ 与 $\boldsymbol{u}-\boldsymbol{v}$ 垂直,则$(\boldsymbol{u}+\boldsymbol{v})\cdot(\boldsymbol{u}-\boldsymbol{v})=|\boldsymbol{u}|^2-|\boldsymbol{v}|^2=0$,故正确.

17. 设 $\boldsymbol{a}$ 与坐标面 yOz,zOx,xOy 的夹角分别为 u,v,w,且$\sin^2u+\sin^2v+\sin^2w=1$,则 $\boldsymbol{a}^\circ=\sin u\boldsymbol{i}+\sin v\boldsymbol{j}+\sin w\boldsymbol{k}$.

【解析】正确. 设向量 $\boldsymbol{a}$ 与3个坐标轴 Ox,Oy,Oz 的夹角分别为 α,β,γ,则有

$$\alpha=\frac{\pi}{2}-u,\cos\alpha=\cos\left(\frac{\pi}{2}-u\right)=\sin u;$$

$$\beta=\frac{\pi}{2}-v,\cos\beta=\cos\left(\frac{\pi}{2}-v\right)=\sin v;$$

$$\gamma=\frac{\pi}{2}-w,\cos\gamma=\cos\left(\frac{\pi}{2}-w\right)=\sin w.$$

由$\sin^2u+\sin^2v+\sin^2w=1$ 可知,$\cos^2\alpha+\cos^2\beta+\cos^2\gamma=1$,而$(\cos\alpha,\cos\beta,\cos\gamma)$是 $\boldsymbol{a}$ 的单位向量,则知 $\boldsymbol{a}^\circ=\sin u\boldsymbol{i}+\sin v\boldsymbol{j}+\sin w\boldsymbol{k}$.

18. 设 $\boldsymbol{a}$ 是与 3 个坐标轴正向夹角相等的向量,则其方向角都是$\frac{\pi}{3}$.

【解析】错误. 因向量 $\boldsymbol{a}$ 的方向角 α,β,γ 满足$\cos^2\alpha+\cos^2\beta+\cos^2\gamma=1$,而当 $\alpha=\beta=\gamma$ 时,$\cos^2\alpha=\frac{1}{3}$,即 $\cos\alpha=\pm\frac{\sqrt{3}}{3}$或 $\alpha=\arccos\left(\pm\frac{\sqrt{3}}{3}\right)\neq\frac{\pi}{3}$.

19. 如果 $\boldsymbol{u}=a\boldsymbol{i}+b\boldsymbol{j}+c\boldsymbol{k}$ 是一个单位向量,那么 a,b,c 是 $\boldsymbol{u}$ 的方向余弦.

【解析】正确. 向量 $\boldsymbol{u}$ 的方向余弦分别是$\frac{a}{|\boldsymbol{u}|}=a,\frac{b}{|\boldsymbol{u}|}=b,\frac{c}{|\boldsymbol{u}|}=c$,故正确.

20. 由 $2\boldsymbol{i}$, $2\boldsymbol{j}$, $\boldsymbol{i}\times\boldsymbol{j}$ 确定的平行六面体的体积为 4.

【解析】正确. 该平行六面体的体积为 $V=|(2\boldsymbol{i}\times2\boldsymbol{j})\cdot(\boldsymbol{i}\times\boldsymbol{j})|=|4\boldsymbol{k}\cdot\boldsymbol{k}|=4$.

21. 同一条直线的方向向量是唯一的.

【解析】错误. 直线上任意两点形成的向量都是直线的方向向量,因而不唯一.

22. 垂直于同一条直线的两直线平行.

【解析】错误. 例如 x 轴和 y 轴都垂直于 z 轴,但是 x 轴垂直于 y 轴.

23. 垂直于同一平面的两平面平行.

【解析】错误. 例如 xOy 平面和 yOz 平面都垂直于 zOx 平面,但是 xOy 平面垂直于 yOz 平面.

24. 平行于同一平面的两直线平行.

【解析】错误. 直线$\begin{cases}x=1\\y=0\end{cases}$和直线$\begin{cases}x=1\\z=0\end{cases}$都平行于 yOz 平面,但是直线$\begin{cases}x=1\\y=0\end{cases}$垂直于直线$\begin{cases}x=1\\z=0\end{cases}$.

25. 平行于同一条直线的两平面平行.

【解析】错误. xOy 平面和 yOz 平面都平行于直线$\begin{cases}x=1\\z=1\end{cases}$,但是 xOy 平面垂直于 yOz 平面.

26. 平面 $\Pi_1:3x-2y+4z=12$ 与平面 $\Pi_2:3x-2y+4z=-12$ 相互平行且相距 24 个单位.

【解析】错误. 两平面的法向量相等,故两平面平行,但因为平面与坐标面不平行,不能用常数项的差的绝对值表示二者距离. 通常的做法是在其中一个平面上取一点,该点到另一个平面的距离即为两平面的距离. 例如取点$(4,0,0)\in\Pi_1$,则两平面距离为

$$d=\frac{|3\times4-2\times0+4\times0+12|}{\sqrt{3^2+(-2)^2+4^2}}=\frac{24}{\sqrt{29}}.$$

27. 向量$(1,-2,3)$与平面 $2x-4y+6z=5$ 平行.

【解析】错误. 平面的法向量$(2,-4,6)$,与已知向量$(1,-2,3)$对应坐标成比例,故二者平行,法向量$(2,-4,6)$与平面垂直,故向量$(1,-2,3)$与平面也垂直.

28. 平面 $\Pi_1:A_1x+B_1y+C_1z+D_1=0$ 与平面 $\Pi_2:A_2x+B_2y+C_2z+D_2=0$ 是同一个平面,则$(A_1,B_1,C_1)=(A_2,B_2,C_2)$.

【解析】错误. 平面的法向量不唯一. 应该是(A_1,B_1,C_1)平行于(A_2,B_2,C_2).

29. 方程组$\begin{cases}F(x,y,z)=0\\G(x,y,z)=0\end{cases}$一定表示空间曲线.

【解析】错误. 不一定,只有当 $F(x,y,z)=0$, $G(x,y,z)=0$ 为曲面方程且它们所表示的

曲面相交时，方程组才表示空间曲线．如 $x^2+y^2+z=1$ 与 $x^2+y^2+z=4$ 所表示的是以原点为球心，半径分别为1和2的两个球面，它们不相交，因此不表示空间曲线．

30. 方程 $x^2+y^2=1$ 表示一个圆．

【解析】错误．$\{(x,y,z)\mid x^2+y^2=1, z\in\mathbf{R}\}$ 表示一个圆柱面，$\{(x,y,0)\mid x^2+y^2=1\}$ 表示 xOy 平面上圆心在原点，半径为1的圆．

31. 过直线 $\begin{cases}A_1x+B_1y+C_1z+D_1=0\\A_2x+B_2y+C_2z+D_2=0\end{cases}$ 的平面束 $A_1x+B_1y+C_1z+D_1+\lambda(A_2x+B_2y+C_2z+D_2)=0$ 包括过这条直线的所有平面．

【解析】错误．例如 $A_1x+B_1y+C_1z+D_1+\lambda(A_2x+B_2y+C_2z+D_2)=0$ 在 $\lambda=0$ 时为平面 $\Pi_1: A_1x+B_1y+C_1z+D_1=0$，但无论 λ 取什么值都不会变成平面．

$\Pi_2: A_2x+B_2y+C_2z+D_2=0$，只有当法向量 (A_1,B_1,C_1) 平行于法向量 (A_2,B_2,C_2) 时，才包含平面 $\Pi_2: A_2x+B_2y+C_2z+D_2$.

32. 方程 $y=x^2$ 在三维空间里的图形是抛物面．

【解析】错误．方程 $y=x^2$ 在二维空间是抛物线，在三维空间里，是以 $\begin{cases}y=x^2\\z=0\end{cases}$ 为准线，以平行于 z 轴的直线为母线的抛物柱面．

33. 有界曲面 Σ 的边界曲线在坐标平面上的投影曲线围成的区域就是 Σ 在该坐标平面上的投影．

【解析】错误．曲面 Σ 是球面 $x^2+y^2+(z-1)^2=1$ 被平面 $z=\dfrac{1}{2}$ 切割下的部分 $\left(z\geqslant\dfrac{1}{2}\right)$，其边界曲线为 $\begin{cases}x^2+y^2+(z-1)^2=1\\z=\dfrac{1}{2}\end{cases}$ 在 xOy 平面上的投影围成的区域为

$$D_1=\left\{(x,y)\mid x^2+y^2\leqslant\frac{3}{4}\right\},$$

但 Σ 在 xOy 平面上的投影区域为 $D_2=\{(x,y)\mid x^2+y^2\leqslant 1\}$，显然 $D_1\subset D_2$.

四、真题实战

（一）填空题

1. 曲面 $z=x^2+y^2$ 与平面 $2x+4y-z=0$ 平行的切平面的方程是__________.

2. 曲线 $y=\dfrac{x^2}{2x+1}$ 的斜渐近线方程为__________.

3. 点 $(2,1,0)$ 到平面 $3x+4y+5z=0$ 的距离 $d=$__________.

4. 曲面 $A(x,y,z)=(x+y+z)\boldsymbol{i}+xy\boldsymbol{j}+z\boldsymbol{k}$ 在点 $(1,0,1)$ 处的切平面方程为__________.

（二）选择题

1. 设有3个不同平面的方程 $a_{i1}x+a_{i2}y+a_{i3}z=b_i$，$i=1,2,3$，它们所组成的线性方程组的系数矩阵与增广矩阵的秩都为2，则这3个平面可能的位置关系为（　　）.

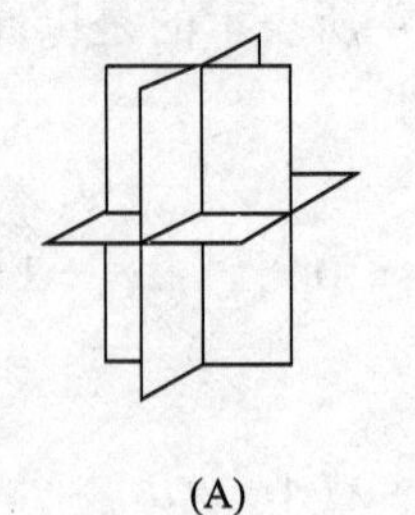

(A)

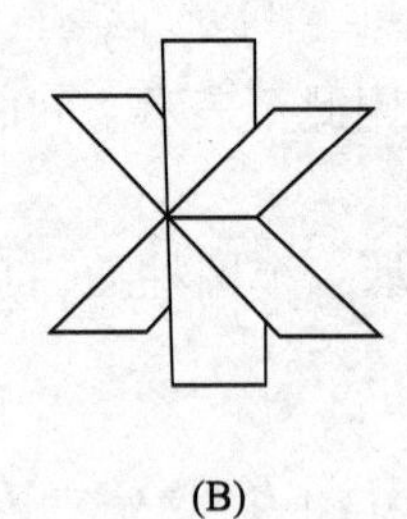

(B)

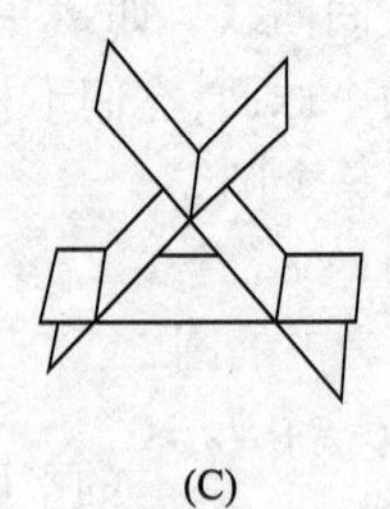

(C)

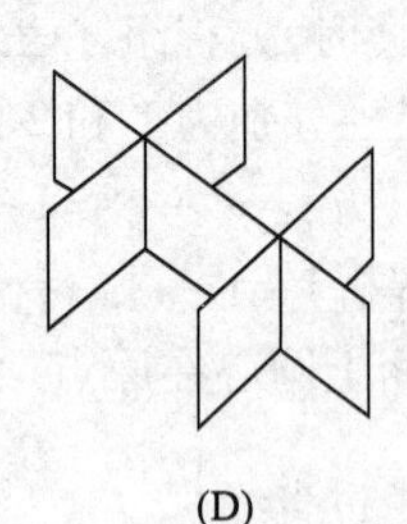

(D)

2. 过点(1,0,0),(0,1,0),且与曲面 $z=x^2+y^2$ 相切的平面为(　　).

(A) $z=0$ 与 $x+y-z=1$　　　　(B) $z=0$ 与 $2x+2y-z=2$

(C) $x=y$ 与 $x+y-z=1$　　　　(D) $x=y$ 与 $2x+2y-z=2$

(三) 求解和证明下列各题

设薄片型物体 S 是圆锥面 $z=\sqrt{x^2+y^2}$ 被柱面 $z^2=2x$ 割下的有限部分,其上任一点的密度为 $\mu=9\sqrt{x^2+y^2+z^2}$. 记圆锥面与柱面的交线为 C.

(1) 求 C 在 xOy 平面上的投影曲线的方程;

(2) 求 S 的质量 M.

(四) 答案解析

(一) 填空题

1. $2x+4y-z=5$

【解析】令 $F(x,y,z)=z-x^2-y^2$,则

$$F'_x=-2x,F'_y=-2y,F'_z=1.$$

设切点坐标为 (x_0,y_0,z_0),则切平面的法向量为 $\{-2x_0,-2y_0,1\}$,其与已知平面 $2x+4y-z=0$ 平行,因此有

$$\frac{-2x_0}{2}=\frac{-2y_0}{4}=\frac{1}{-1},$$

可解得 $x_0=1,y_0=2$,相应地有 $z_0=x_0^2+y_0^2=5$.
故所求的切平面方程为

$$2(x-1)+4(y-2)-(z-5)=0,\text{即 } 2x+4y-z=5.$$

2. $y=\frac{1}{2}x-\frac{1}{4}$

【解析】因为 $a=\lim\limits_{x\to\infty}\frac{f(x)}{x}=\lim\limits_{x\to\infty}\frac{x^2}{2x^2+x}=\frac{1}{2}$,

$$b=\lim_{x\to\infty}[f(x)-ax]=\lim_{x\to\infty}\frac{-x}{2(2x+1)}=-\frac{1}{4},$$

于是所求斜渐近线方程为 $y=\frac{1}{2}x-\frac{1}{4}$.

3. $\sqrt{2}$

【解析】利用点到直线距离公式 $d=\dfrac{|Ax_0+By_0+Cz_0+D|}{\sqrt{A^2+B^2+C^2}}$进行计算,其中$(x_0,y_0,z_0)$为点的坐标,$Ax_0+By_0+Cz_0+D$ 为平面方程,

$$d=\frac{|3\times2+4\times1+5\times0|}{\sqrt{3^2+4^2+5^2}}=\sqrt{2}.$$

4. $2x-y-z-1=0$

【解析】由于 $z=x^2(1-\sin y)+y^2(1-\sin x)$,则

$$z_x'=2x(1-\sin y)+y^2\cos x, z_x'(1,0)=2,$$

$$z_y'=-x^2\cos y+2y(1-\sin x), z_y'(1,0)=-1,$$

所以曲面在点$(1,0,1)$处的法向量为 $n=\{2,-1,-1\}$. 故切平面方程为 $2x-y-z-1=0$.

(二) 选择题

1. (B)

【解析】因为 $r(A)=r(\overline{A})=2<3$,说明方程组有无穷多解,所以 3 个平面有公共交点且不唯一,因此应选(B).

(A) 表示方程组有唯一解,其充要条件是 $r(A)=r(\overline{A})=3$.

(C) 中 3 个平面没有公共交点,即方程组无解,又因 3 个平面中任两个都不平行,故 $r(A)=2$和 $r(\overline{A})=3$,且 A 中任两个平行向量都线性无关.

类似地,(D)中有两个平面平行,故 $r(A)=2$, $r(\overline{A})=3$,且 A 中有两个平行向量共线.

2. (B)

【解析】显然平面 $z=0$ 与曲面 $z=x^2+y^2$ 相切,且过$(1,0,0)$,$(0,1,0)$. 排除(C)、(D).

曲面 $z=x^2+y^2$ 的法向量为$\{2x,2y,-1\}$,而方程组

$$\begin{cases}\dfrac{2x}{1}=\dfrac{2y}{1}=\dfrac{-1}{-1}\\ x+y-z=1\\ z=x^2+y^2\end{cases}$$

无解,排除(A). 选(B).

(三) 求解和证明下列各题

(1) $\begin{cases}x^2+y^2=2x\\ z=0\end{cases}$;　　(2) 64.

【解析】(1) 由题设条件知,C 的方程为$\begin{cases}z=\sqrt{x^2+y^2}\\ z^2=2x\end{cases}\Rightarrow x^2+y^2=2x$,

则 C 在 xOy 平面的方程为$\begin{cases}x^2+y^2=2x\\ z=0\end{cases}$.

(2) $m=\iint\limits_{S}\mu(x,y,z)\mathrm{d}S=\iint\limits_{S}9\sqrt{x^2+y^2+z^2}\mathrm{d}S=\iint\limits_{D:x^2+y^2\leqslant 2x}9\sqrt{2}\sqrt{x^2+y^2}\sqrt{2}\mathrm{d}x\mathrm{d}y$

$=18\int_{-\frac{\pi}{2}}^{\frac{\pi}{2}}\mathrm{d}\theta\int_0^{2\cos\theta}r^2\mathrm{d}r=64$.

第六章　多元函数微分学

一、学习要求

1. 理解多元函数的概念,理解二元函数的几何意义.

2. 了解二元函数的极限与连续的概念以及有界闭区域上连续函数的性质.

3. 理解多元函数偏导数和全微分的概念,会求全微分,了解全微分存在的必要条件和充分条件,了解全微分形式的不变性.

4. 理解方向导数与梯度的概念,并掌握其计算方法.

5. 掌握多元复合函数一阶、二阶偏导数的求法.

6. 了解隐函数存在定理,会求多元隐函数的偏导数.

7. 了解空间曲线的切线和法平面及曲面的切平面和法线的概念,会求它们的方程.

8. 了解二元函数的二阶泰勒公式.

9. 理解多元函数极值和条件极值的概念,掌握多元函数极值存在的必要条件,了解二元函数极值存在的充分条件,会求二元函数的极值,会用拉格朗日乘数法求条件极值,会求简单多元函数的最大值和最小值,并会解决一些简单的应用问题.

二、概念强化

(一) 多元函数基本概念

1. 一元函数与多元函数的概念有何异同?

分析:不同之处在于自变量在不同空间取值.

一元函数 $y=f(x)$ 的自变量在一维空间(x 轴)取值;二元函数 $z=f(x,y)$ 的自变量在二维空间(xOy 坐标面)取值,n 元函数 $u=f(x_1,x_2,\cdots,x_n)$ 的自变量在 n 维空间取值. 即一元函数的定义域是数轴上的点集;二元函数的定义域是平面上的点集;n 元函数的定义域是 n 维空间的点集.

从几何角度看:一元函数的图像是二维空间的曲线(平面曲线);二元函数的图像是三维空间的曲面;三元及三元以上的多元函数无直观的几何意义.

它们之间的共性如下:

(1) 自变量在什么范围内(定义域上)取值;

(2) 因变量按怎样的规律(对应法则)被确定;

(3) 值域 $R_f=\{u\,|\,u=f(P),P\in\mathbf{R}^n\}$.

这实际上是函数定义中不可缺少的三要素.

2. 如何画出二元函数的定义域?

分析:二元函数 $z=f(x,y)$ 的定义域一般是 xOy 坐标面上的平面区域或平面点集,通常可用二元不等式组表示.

画定义域时,可先在 xOy 坐标面上分别画出各不等式所表示的区域,这些区域的公共部分即所求的定义域. 例如,画不等式 $\varphi(x,y)>0$ 的步骤如下:

首先,画出曲线 $\varphi(x,y)=0$,该曲线将平面分成两部分,其中一部分满足 $\varphi(x,y)>0$,另一部分满足 $\varphi(x,y)<0$.

其次,在区域中任取一点 (x_0,y_0),若 $\varphi(x_0,y_0)>0$,则该点所在部分满足 $\varphi(x,y)>0$.

3. 点的矩形邻域与点的圆形邻域是否等价?

分析:它们是等价的,因为点 $P_0(x_0,y_0)$ 的矩形邻域是指点集:

$$\{(x,y)\mid |x-x_0|<\delta_1,|y-y_0|<\delta_2\},$$

而点 $P_0(x_0,y_0)$ 的圆形邻域是指点集:

$$\{(x,y)\mid \sqrt{(x-x_0)^2+(y-y_0)^2}<\delta\}.$$

两种描述点的邻域可以相互转化,由矩形域:$|x-x_0|<\delta_1,|y-y_0|<\delta_2$,若取 $\delta=\min(\delta_1,\delta_2)$,就有圆形域:

$$\sqrt{(x-x_0)^2+(y-y_0)^2}<\delta,$$

反之,由圆形域 $\sqrt{(x-x_0)^2+(y-y_0)^2}<\delta$,若取 $\delta_1=\delta_2=\delta/\sqrt{2}$,就有矩形邻域:

$$|x-x_0|<\delta_1,|y-y_0|<\delta_2.$$

4. 在二元函数极限的"$\varepsilon-\delta$"定义中能否将 $0<\sqrt{(x-x_0)^2+(y-y_0)^2}<\delta$ 不等式改写成 $0<|x-x_0|<\delta,0<|y-y_0|<\delta$?

分析:不可以. 因为不等式 $0<\sqrt{(x-x_0)^2+(y-y_0)^2}<\delta$ 表示 xOy 坐标面上点 (x_0,y_0) 的一个去心 δ 邻域,而不等式 $0<|x-x_0|<\delta$ 与 $0<|y-y_0|<\delta$ 不仅把点 (x_0,y_0) 除外,而且还把直线 $x=x_0$ 和 $y=y_0$ 上的点也都除去了,所以不能改写成 $0<|x-x_0|<\delta,0<|y-y_0|<\delta$.

5. 二元函数对称性如何定义?

分析:设二元函数 $f(x,y)$ 的定义域关于 y 轴对称,

若 $f(-x,y)=f(x,y)$,则称函数 $f(x,y)$ 为关于变量 x 的偶函数,其图像是对称于 yOz 坐标面的空间曲面;

若 $f(-x,y)=-f(x,y)$,则称函数 $f(x,y)$ 为关于变量 x 的奇函数,其图像是对称于 y 轴的空间曲面.

对于二元以上的多元函数也有类似的对称性概念. 具有对称性的函数,只要研究其对称的部分,便知其整体. 因此,在多元函数的研究和计算中,利用对称性可使问题简化.

(二) 多元函数极限与连续

6. 如何理解二重极限定义?

分析:现行的教科书有 3 种不同的二重极限定义描述:

定义 1 设函数 $z=f(x,y)$ 在点 $P_0(x_0,y_0)$ 的某个去心邻域内有定义,如果对于任意给定的正数 ε,总存在一个正数 δ,使得对于适合不等式

$$0<\sqrt{(x-x_0)^2+(y-y_0)^2}<\delta$$

的一切点 $P(x,y)$,所对应的函数值 $f(x,y)$ 都满足不等式 $|f(x,y)-A|<\varepsilon$,那么常数 A 就称为

函数 $z=f(x,y)$ 当 $(x,y)\to(x_0,y_0)$ 时的极限.

定义 2 设函数 $z=f(x,y)$ 在点 $P_0(x_0,y_0)$ 的某个去心邻域内有定义,如果函数在点 P_0 的任一邻域中除 P_0 外,尚有不属于函数定义域 D 的点,但又总有异于 P_0 的属于 D 的点,那么只要对 D 内满足不等式

$$0<|PP_0|<\delta$$

的一切点 P,有不等式 $|f(P)-A|<\varepsilon$ 成立,那么称常数 A 为函数 $f(P)$ 当 $P\to P_0$ 时的极限.

定义 3 设函数 $z=f(x,y)$ 的定义域为 D,点 $P_0(x_0,y_0)$ 是 D 的聚点. 如果对于任意给定的正数 ε,总存在正数 δ,使得对于满足不等式

$$0<|PP_0|=\sqrt{(x-x_0)^2+(y-y_0)^2}<\delta$$

的一切点 $P(x,y)\in D$,都有

$$|f(x,y)-A|<\varepsilon$$

成立,那么称常数 A 为函数 $z=f(x,y)$ 当 $(x,y)\to(x_0,y_0)$ 时的极限.

定义 1 是一元函数极限的直接推广,要求函数在 P_0 的去心邻域 $\mathring{U}(P_0)$ 内每一点都要有定义,并且对于 $\mathring{U}(P_0)$ 中每一点,都满足不等式 $|f(x,y)-A|<\varepsilon$,要求太强,使用范围窄!

定义 2 要求函数定义在一个集合 $A\subseteq\mathbf{R}^2$ 上,允许在 P_0 的任一去心邻域内有使函数无定义的点,并且仅要求在去心邻域 $\mathring{U}(P_0,\delta)$ 内使函数有定义的点满足 $|f(x,y)-A|<\varepsilon$. 要求弱,适用范围宽!

定义 3 和定义 2 本质上是一样的,但是定义 3 要事先导入"聚点"的概念,为的是使极限定义叙述得方便.

上述 3 种定义的主要差异在于对二元函数的前提假设不尽相同. 定义 1 和定义 2 的主要差异是,前者要求 $f(x,y)$ 在点 $P_0(x_0,y_0)$ 的某去心邻域内有定义,而后者允许 $f(x,y)$ 在点 $P_0(x_0,y_0)$ 的任一邻域内可以有使 $f(x,y)$ 无定义的点. 相应地,定义 1 要求 P_0 去心邻域内的点都适合 $|f(P)-A|<\varepsilon$,可见,定义 1 对函数 $f(x,y)$ 的要求高,因而使一些极限无法讨论,限制了极限的应用. 举例说明:

例 1 设

$$f(x,y)=\begin{cases}\dfrac{\sin(xy)}{xy}, & xy\neq0,\\ 1, & x^2+y^2=0,\end{cases}$$

求 $\lim\limits_{(x,y)\to(0,0)}f(x,y)$.

按定义 1,此极限无意义,但可按定义 2 求得

$$\lim_{(x,y)\to(0,0)}f(x,y)=\lim_{(x,y)\to(0,0)}\frac{\sin(xy)}{xy}=1=f(0,0).$$

不但二重极限存在,而且 $f(x,y)$ 在点 $(0,0)$ 连续.

例 2 求"十字架"函数 $f(x,y)=1$,$D(f)=\{(x,y)\mid xy=0\}$ 当 $(x,y)\to(0,0)$ 时的极限.

易见,按定义 1,此极限无意义,但按定义 2,$\lim\limits_{(x,y)\to(0,0)}f(x,y)=1$,且 $f(x,y)$ 在 $(0,0)$ 连续.

例 3 求 $\lim\limits_{(x,y)\to(0,0)}\dfrac{\sin(xy)}{x}$.

依定义 1，此极限无意义，依定义 2、定义 3 可以不考虑 y 轴上（$x=0$）的点，通常可见到一种错误解法：

$$\lim_{(x,y)\to(0,0)} \frac{\sin(xy)}{x} = \lim_{(x,y)\to(0,0)} \frac{\sin(xy)}{xy} \cdot y = 0.$$

第一个等号左端极限允许不考虑 y 轴上（$x=0$）的点，但却未允许不考虑 x 轴上（$y=0$）的点；而右端极限却允许不考虑 y 轴上的点，因此等式右边等于 0 不能导出等式左边也等于 0.

正确方法：用定义 2，因为

$$0 \leqslant \left|\frac{\sin xy}{x}\right| \leqslant \left|\frac{xy}{x}\right| = |y|, \text{且} \lim_{(x,y)\to(0,0)} 0 = 0,\ \lim_{(x,y)\to(0,0)} |y| = 0,$$

由二元函数二重极限存在的夹逼准则，则有

$$\lim_{(x,y)\to(0,0)} \frac{\sin xy}{x} = 0$$

需要注意的是，对多数院校的学生，用定义 1 来定义重极限就够了. 为了使该定义能用于定义域 $D(f)$ 是闭域时讨论函数在边界点上的极限，可将定义 1 扩充如下：

若 $\forall \varepsilon > 0, \exists \delta > 0$，使得当 $P(x,y) \in \mathring{U}(P_0,\delta) \cap D(f)$ 时，恒有

$$|f(x,y) - A| < \varepsilon,$$

则称常数 A 为当 $P(x,y) \to P_0(x_0,y_0)$ 时二元函数 $f(x,y)$ 的极限.

按定义 1，若 $\lim\limits_{(x,y)\to(x_0,y_0)} f(x,y) = A$，$\lim\limits_{(x,y)\to(x_0,y_0)} g(x,y) = B$，则必有

$$\lim_{(x,y)\to(x_0,y_0)} [f(x,y) + g(x,y)] = A + B.$$

但依定义 3，若 $\lim\limits_{(x,y)\to(x_0,y_0)} f(x,y) = A$，$\lim\limits_{(x,y)\to(x_0,y_0)} g(x,y) = B$，则未必有

$$\lim_{(x,y)\to(x_0,y_0)} [f(x,y) + g(x,y)] = A + B.$$

例如，$\lim\limits_{(x,y)\to(0,0)} \dfrac{\sin(xy)}{\sqrt{xy}} = 0\ (xy > 0)$，$\lim\limits_{(x,y)\to(0,0)} \dfrac{\sin(xy)}{\sqrt{-xy}} = 0\ (xy < 0)$. 但 $\sin xy \cdot \left(\dfrac{1}{\sqrt{xy}} + \dfrac{1}{\sqrt{-xy}}\right)$ 在整个 xOy 平面上处处无定义，即 $\lim\limits_{(x,y)\to(0,0)} \sin xy \cdot \left(\dfrac{1}{\sqrt{xy}} + \dfrac{1}{\sqrt{-xy}}\right)$ 无意义即不存在.

因此，此时加法运算性质改述为：

若 $\lim\limits_{(x,y)\to(x_0,y_0)} f(x,y) = A$，$\lim\limits_{(x,y)\to(x_0,y_0)} g(x,y) = B$，且点 $P_0(x_0,y_0)$ 仍是函数 $f(x,y) + g(x,y)$ 的定义域的聚点，则有 $\lim\limits_{(x,y)\to(x_0,y_0)} [f(x,y) + g(x,y)] = A + B$.

7. 二重极限中当动点 (x,y) 沿着任一直线趋近于点 $(0,0)$ 时，函数 $f(x,y)$ 的极限存在且都等于 A，能否说函数 $f(x,y)$ 当 $(x,y)\to(0,0)$ 时二重极限也等于 A？

分析：不能，例如函数

$$f(x,y) = \frac{x^2 y}{x^4 + y^2},\quad x^4 + y^2 \neq 0$$

当动点 (x,y) 沿着 y 轴趋近于点 $(0,0)$ 时，有 $\lim\limits_{\substack{(x,y)\to(0,0)\\ x=0}} f(x,y) = 0$. 且当动点 (x,y) 沿着任意一条直线 $y = kx$（k 为任意实数）趋近于点 $(0,0)$ 时，都有

$$\lim_{\substack{(x,y)\to(0,0)\\y=kx}} f(x,y)=\lim_{x\to0}\frac{kx^3}{x^4+k^2x^2}=\lim_{x\to0}\frac{kx}{x^2+k^2}=0.$$

但是,当动点(x,y)沿抛物线$y=x^2$趋近于点$(0,0)$时,有

$$\lim_{\substack{(x,y)\to(0,0)\\y=x^2}} f(x,y)=\lim_{x\to0}\frac{x^4}{x^4+x^4}=\frac{1}{2}.$$

所以,当$(x,y)\to(0,0)$时,函数$f(x,y)=\frac{x^2y}{x^4+y^2}$的二重极限不存在.

其实,根据二重极限的定义,在点$P_0(x_0,y_0)$的δ去心邻域内动点(x,y)趋向于(x_0,y_0)的方式是任意的.尽管动点(x,y)沿着任一直线无限趋近于点(x_0,y_0)时,$f(x,y)$的极限存在且都等于A,但毕竟只是沿着直线趋近,从而无法肯定$f(x,y)$当$(x,y)\to(x_0,y_0)$时的二重极限是否存在,更不能说二重极限是A了.

8. 能否用极坐标变换求二重极限?

即:如果作极坐标变换$x=x_0+\rho\cos\varphi, y=y_0+\rho\sin\varphi$,且对每一个$\varphi$值都有

$$\lim_{\rho\to0}f(x_0+\rho\cos\varphi,y_0+\rho\sin\varphi)=A,$$

式中:A是与φ无关的常数,问是否必有

$$\lim_{(x,y)\to(x_0,y_0)} f(x,y)=A.$$

分析:通常无此结论.

事实上,对每一个固定的φ值,极限$\lim\limits_{\rho\to0}f(x_0+\rho\cos\varphi,y_0+\rho\sin\varphi)=A$相当于动点$P(x,y)$沿射线趋于点$P_0(x_0,y_0)$,由二重极限的定义,不能断言$\lim\limits_{(x,y)\to(x_0,y_0)} f(x,y)=A$.

例如,函数$f(x,y)=\frac{x^2y}{x^4+y^2}$,有

$$f(\rho\cos\varphi,\rho\sin\varphi)=\frac{\rho^3\cos^2\varphi\sin\varphi}{\rho^4\cos^4\varphi+\rho^2\sin^2\varphi}=\frac{\rho\cos^2\varphi\sin\varphi}{\rho^2\cos^4\varphi+\sin^2\varphi}.$$

由上式可得

(1) 当$\varphi=0$或$\varphi=\pi$时,$\lim\limits_{\rho\to0}f(\rho\cos\varphi,\rho\sin\varphi)=0$;

(2) 当$\varphi\neq0$且$\varphi\neq\pi$时,

$$\lim_{\rho\to0}f(\rho\cos\varphi,\rho\sin\varphi)=\lim_{\rho\to0}\frac{\rho\cos^2\varphi\sin\varphi}{\rho^2\cos^4\varphi+\sin^2\varphi}=0.$$

但$\lim\limits_{\substack{(x,y)\to(0,0)\\y=x^2}} f(x,y)=\lim\limits_{x\to0}\frac{x^4}{x^4+x^4}=\frac{1}{2}$,因此$\lim\limits_{(x,y)\to(0,0)}\frac{x^2y}{x^4+y^2}$不存在.

9. 求二重极限有哪些常用的方法?

分析:不同于一元函数的极限的求法,只有左、右两个单侧极限,二重极限的求法要复杂得多,常用有以下方法:

(1) 利用连续的定义以及初等函数的连续性.即如果$P_0(x_0,y_0)$是$f(x,y)$的连续点,那么便有$\lim\limits_{(x,y)\to(x_0,y_0)} f(x,y)=f(x_0,y_0)$;

(2) 利用重极限的性质(如四则运算法则,有界函数与无穷小乘积仍是无穷小,夹逼准则等);

(3) 换元法:作适当变量代换,化二元函数的极限为一元函数的极限;

(4) 观察法:先沿特殊方向求极限,再用二重极限定义去验证;

(5) 消去零因子法:利用分子(分母)有理化等技巧,消去分子分母中极限为零的因子,再进行计算;

举例说明:

例 1 求 $\lim\limits_{(x,y)\to(0,1)}\dfrac{2-xy}{x^2+y^2}$.

解 因$\dfrac{2-xy}{x^2+y^2}$是二元初等函数,(0,1)是连续点,故 $\lim\limits_{(x,y)\to(0,1)}\dfrac{2-xy}{x^2+y^2}=\left.\dfrac{2-xy}{x^2+y^2}\right|_{(0,1)}=2$.

例 2 求 $\lim\limits_{(x,y)\to(0,0)}\dfrac{xy}{\sqrt{x^2+y^2}}$.

解法一 当 $x\to 0, y\to 0$ 时,分子分母同趋于 0,可以观测估计极限为 0.

先用定义来验证:由于$|xy|\leqslant\dfrac{x^2+y^2}{2}$,故有

$$\left|\frac{xy}{\sqrt{x^2+y^2}}\right|\leqslant\frac{1}{2}\sqrt{x^2+y^2}\ (x^2+y^2\neq 0),$$

对于任意给定的正数 ε,取 $\delta=2\varepsilon$,则当 $0<\sqrt{x^2+y^2}<\delta$ 时,就有

$$\left|\frac{xy}{\sqrt{x^2+y^2}}\right|\leqslant\varepsilon,$$

所以 $\lim\limits_{(x,y)\to(0,0)}\dfrac{xy}{\sqrt{x^2+y^2}}=0$.

解法二 因$\left|\dfrac{y}{\sqrt{x^2+y^2}}\right|\leqslant 1$,而 $\lim\limits_{(x,y)\to(0,0)}x=0$,由有界函数乘以无穷小函数之积仍为无穷小函数得, $\lim\limits_{(x,y)\to(0,0)}\dfrac{xy}{\sqrt{x^2+y^2}}=0$.

例 3 求 $\lim\limits_{(x,y)\to(0,0)}\dfrac{xy}{2-\sqrt{xy+4}}$.

解 当$(x,y)\to(0,0)$时,分子分母同趋于 0,通过分子分母乘以 $2+\sqrt{xy+4}$,可以消去极限为 0 的因子 xy,故有

$$\lim_{(x,y)\to(0,0)}\frac{xy}{2-\sqrt{xy+4}}=\lim_{(x,y)\to(0,0)}\frac{xy(2+\sqrt{xy+4})}{2^2-(xy+4)}=\lim_{(x,y)\to(0,0)}\left[-(2+\sqrt{xy+4})\right]=-4.$$

例 4 求 $\lim\limits_{(x,y)\to(0,0)}\dfrac{e^{x^2+y^2}-1}{\sqrt{x^2+y^2+1}-1}$.

解 令 $t=x^2+y^2$,则当$(x,y)\to(0,0)$时,$t\to 0$,故有

$$\lim_{(x,y)\to(0,0)}\frac{e^{x^2+y^2}-1}{\sqrt{x^2+y^2+1}-1}=\lim_{t\to 0}\frac{e^t-1}{\sqrt{t+1}-1}=\lim_{t\to 0}\frac{t}{\frac{1}{2}t}=\lim_{t\to 0}2=2.$$

10. 判定二重极限不存在有哪些常用的方法?

分析:由二重极限的定义知,二重极限若要存在,必须要求动点 $P(x,y)$ 以任意的方式趋向

于 $P_0(x_0,y_0)$ 时,$f(x,y)$ 有相同的极限,因此判定二重极限不存在常用方法有以下 3 种:

(1) 选取一种特殊的 $P\to P_0$ 的方式,记 $P\in C$,其中 C 为在二元函数 $f(x,y)$ 的定义域内以 P_0 为聚点的一个点集,若按此方式极限不存在,则二重极限一定不存在.

(2) 找出两种方式:$P\in C_1, P\in C_2$,使

$$\lim_{P\to P_0} f(x,y)=A_1,(P\in C_1),\lim_{P\to P_0} f(x,y)=A_2,(P\in C_2),$$

且 $A_1\neq A_2$,则二重极限一定不存在.

(3) 两个二次极限存在且不相等,则二重极限一定不存在.

例 1　讨论二重极限 $\lim\limits_{(x,y)\to(0,0)}\dfrac{1-\cos(x^2+y^2)}{(x^2+y^2)x^2y^2}$.

解　因 $\lim\limits_{\substack{(x,y)\to(0,0)\\ y=x}}\dfrac{1-\cos(x^2+y^2)}{(x^2+y^2)x^2y^2}=\lim\limits_{x\to0}\dfrac{1-\cos 2x^2}{2x^6}=\lim\limits_{x\to0}\dfrac{2\sin^2x^2}{2x^6}=\lim\limits_{x\to0}\dfrac{1}{x^2}$ 不存在. 故原极限不存在.

例 2　讨论二重极限 $\lim\limits_{(x,y)\to(0,0)}(x+y)\cdot\dfrac{y+(x+y)^2}{y-(x+y)^2}$.

解　由于 $\lim\limits_{\substack{(x,y)\to(0,0)\\ y=x}}(x+y)\cdot\dfrac{y+(x+y)^2}{y-(x+y)^2}=\lim\limits_{x\to0}2x\cdot\dfrac{1+4x}{1-4x}=0$,

$$\lim_{\substack{(x,y)\to(0,0)\\ y=x^2}}(x+y)\cdot\frac{y+(x+y)^2}{y-(x+y)^2}=\lim_{x\to0}\frac{-(1+x)(2+2x+x^2)}{2+x}=-1,$$

故原二重极限不存在.

例 3　讨论二重极限 $\lim\limits_{(x,y)\to(0,0)}\dfrac{x^2(1+x^2)-y^2(1+y^2)}{x^2+y^2}$.

解　由于 $\lim\limits_{x\to0}\lim\limits_{y\to0}\dfrac{x^2(1+x^2)-y^2(1+y^2)}{x^2+y^2}=\lim\limits_{x\to0}(1+x^2)=1$,

$$\lim_{y\to0}\lim_{x\to0}\frac{x^2(1+x^2)-y^2(1+y^2)}{x^2+y^2}=\lim_{x\to0}[-(1+y^2)]=-1,$$

故原二重极限不存在.

11. 二重极限与二次极限的关系.

分析:(1) 二次极限的定义.

首先阐明 $\lim\limits_{y\to y_0}\lim\limits_{x\to x_0}f(x,y)$ 的涵义. 设在有同一纵坐标 y_0(含于 $f(x,y)$ 的定义域)的集合上讨论函数 $f(x,y)$,可得到单变量 x 的函数 $f(x,y_0)$,如果 $\lim\limits_{x\to x_0}f(x,y_0)$ 存在,则此极限就称为 $f(x,y)$ 关于变量 x 在点 (x_0,y_0) 处的极限.

设 Y 表示使 $f(x,y)$ 关于变量 x 在点 (x_0,y) 有极限存在的所有 y 值的集合,于是对每一个 $y\in Y$,有一确定的数 $\lim\limits_{x\to x_0}f(x,y)$ 与之对应,因此这极限是定义在集合 Y 上的变量 y 的函数:

$$F(y)=\lim_{x\to x_0}f(x,y)$$

这个函数 $F(y)$ 称为 $f(x,y)$ 关于 x 在 x_0 处的极限函数. 如果上述极限函数存在,且 $F(y)$ 在 y_0 处的极限也存在,则称 $\lim\limits_{y\to y_0}F(y)=\lim\limits_{y\to y_0}\lim\limits_{x\to x_0}f(x,y)$ 为关于变量 x 和 y 在 (x_0,y_0) 处的累次极限. 同理,称 $\lim\limits_{x\to x_0}\lim\limits_{y\to y_0}f(x,y)$ 为关于变量 y 和 x 在 (x_0,y_0) 处的二次极限.

从定义不难发现，二次极限本质上属于一元函数极限的范畴，是连续两次求一元函数的极限，即可理解为先把函数的一个变量看作不变，对另一变量求极限，再将所得到的结果对第一个变量求极限.

从几何直观看，二次极限$\lim\limits_{y\to y_0}\lim\limits_{x\to x_0}f(x,y)$是动点$P(x,y)$（对于每个$y$）先沿平行于$x$轴方向趋向于$P_1(x_0,y)$，如果极限存在，它是$y$的函数$F(y)=\lim\limits_{x\to x_0}f(x,y)$，然后再让$P_1$沿平行于$y$轴的方向趋向于$P_0$时，考察极限函数$F(y)$的变化趋势. 而二重极限$\lim\limits_{(x,y)\to(x_0,y_0)}f(x,y)$反映的是在点$(x_0,y_0)$的充分小邻域内，动点$P(x,y)$以任意方式趋向于定点$P_0$时，函数$f(x,y)$的变化趋势，因此它们之间是有本质上的差异，如图 6.1 所示.

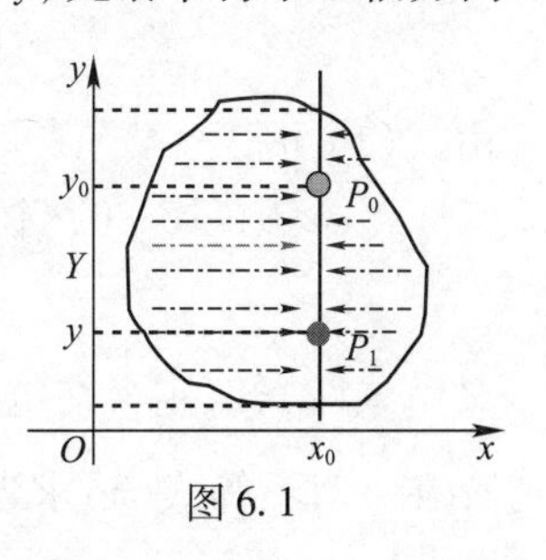

图 6.1

（2）二重极限与二次极限的关系.

一般来说，从其中一种极限的存在并不能断定另一种极限是否也存在.

ⅰ）二重极限存在，二次极限不一定存在.

例如，函数$f(x,y)=x\sin\dfrac{1}{y}+y\sin\dfrac{1}{x}\ (xy\neq 0)$，因为

$$\left|x\sin\frac{1}{y}+y\sin\frac{1}{x}\right|\leqslant|x|+|y|\leqslant 2\sqrt{x^2+y^2},$$

即$\forall\ \varepsilon>0$，$\exists\ \delta=\dfrac{\varepsilon}{2}$，当$\sqrt{x^2+y^2}<\delta$时，就有

$$|f(x,y)-0|<\varepsilon,$$

故有$\lim\limits_{(x,y)\to(0,0)}f(x,y)=0.$

但是，由于$\lim\limits_{x\to 0}x\sin\dfrac{1}{y}=0$，而$\lim\limits_{x\to 0}y\sin\dfrac{1}{x}$不存在，于是极限$\lim\limits_{x\to 0}\left(x\sin\dfrac{1}{y}+y\sin\dfrac{1}{x}\right)$不存在，从而二次极限$\lim\limits_{y\to 0}\lim\limits_{x\to 0}\left(x\sin\dfrac{1}{y}+y\sin\dfrac{1}{x}\right)$不存在，同理，$\lim\limits_{x\to 0}\lim\limits_{y\to 0}\left(x\sin\dfrac{1}{y}+y\sin\dfrac{1}{x}\right)$也不存在.

ⅱ）两个二次极限都存在，二重极限不一定存在.

例如，函数$f(x,y)=\dfrac{xy}{x^2+y^2}\ (x^2+y^2\neq 0)$，有

$$\lim_{y\to 0}\lim_{x\to 0}f(x,y)=\lim_{x\to 0}\lim_{y\to 0}f(x,y)=0.$$

但$\lim\limits_{\substack{(x,y)\to(0,0)\\ y=kx}}\dfrac{xy}{x^2+y^2}=\lim\limits_{x\to 0}\dfrac{kx^2}{(1+k^2)x^2}=\dfrac{k}{1+k^2}$，其值因$k$而异，故此二重极限不存在.

ⅲ）二重极限与二次极限都存在，则三者相等.

例如，如果函数$f(x,y)$是点(x_0,y_0)邻域内的任意一个连续函数，则$f(x,y)$关于变量x或y也是连续的，即

$$\lim_{(x,y)\to(x_0,y_0)}f(x,y)=f(x_0,y_0);$$

$$\lim_{y\to y_0}\lim_{x\to x_0}f(x,y)=\lim_{y\to y_0}f(x_0,y)=f(x_0,y_0);$$

$$\lim_{x\to x_0}\lim_{y\to y_0}f(x,y)=\lim_{x\to x_0}f(x,y_0)=f(x_0,y_0).$$

在上述条件下，如果函数的二重极限与二次极限都是存在的，那么这些极限也都相等．

证明：设

$$\lim_{(x,y)\to(x_0,y_0)} f(x,y)=A; \tag{1}$$

$$\lim_{y\to y_0}\lim_{x\to x_0} f(x,y)=B;\lim_{x\to x_0}\lim_{y\to y_0} f(x,y)=C. \tag{2}$$

由式(1)可得

$\forall \varepsilon>0,\exists\delta>0$，当$(x,y)$满足$|x-x_0|<\delta,|y-y_0|<\delta$，且$(x,y)\neq(x_0,y_0)$时，恒有

$$|f(x,y)-A|<\varepsilon. \tag{3}$$

又由式(2)知，定义在包含y_0的充分小邻域内的某一集合上的极限函数$F(y)=\lim\limits_{x\to x_0}f(x,y)$也存在．对不等式(3)求当$x\to x_0$时的极限，对满足不等式$0<|y-y_0|<\delta$的$y$，有

$$\lim_{x\to x_0}|f(x,y)-A|=|F(y)-A|\leqslant\varepsilon.$$

再对左式求当$y\to y_0$时的极限，得$|B-A|\leqslant\varepsilon$，故有$A=B$．同理可证$A=C$．

12．如果一元函数$f(x_0,y)$在点y_0处连续，$f(x,y_0)$在点x_0处连续，那么二元函数$f(x,y)$在点(x_0,y_0)处是否连续？

分析：不一定，关键需注意的是二元函数连续性的定义是建立在二重极限定义的基础上，因此每个变量连续只相当于一种特定方式的极限存在（对x连续，相当于$y=y_0,x\to x_0$），它不能代替$(x,y)\to(x_0,y_0)$在任意方式下极限都存在．因此上述说法不成立．举例说明：

考虑函数$f(x,y)=\begin{cases}\dfrac{xy}{x^2+y^2}, & x^2+y^2\neq0\\ 0, & x^2+y^2=0\end{cases}$在点$(0,0)$处，当$f(x,y)$在$x=0$处有增量$\Delta x$时，

$$\lim_{\Delta x\to0}[f(0+\Delta x,0)-f(0,0)]=\lim_{\Delta x\to0}\frac{(0+\Delta x)\cdot0}{(0+\Delta x)^2+0^2}=0.$$

从而可知函数$f(x,y)$在点$(0,0)$处对变量x是连续的．同样，函数$f(x,y)$在点$(0,0)$处对变量y也是连续的．但因

$$\lim_{\substack{(x,y)\to(0,0)\\ y=kx}}\frac{xy}{x^2+y^2}=\lim_{x\to0}\frac{kx^2}{(1+k^2)x^2}=\frac{k}{1+k^2},$$

其值因k而异，即极限不存在，于是二重极限不存在，从而函数$f(x,y)$在点$(0,0)$处不连续．

（三）多元函数的导数与微分

13．在计算多元函数的偏导数（如$f'_x(x_0,y_0)$）时，有没有简便的方法？

分析：可将$y=y_0$先代入到函数$f(x,y)$中，再对x进行求导计算．因为偏导数的定义就是这样定义的，若记$\phi(x)=f(x,y_0)$，则

$$\phi'(x_0)=\lim_{\Delta x\to0}\frac{\phi(x_0+\Delta x)-\phi(x_0)}{\Delta x}=\lim_{\Delta x\to0}\frac{f(x_0+\Delta x,y_0)-f(x_0,y_0)}{\Delta x}=f'_x(x_0,y_0)$$

而且若$\phi'(x_0)$不存在，则$f'_x(x_0,y_0)$也不存在．这种计算方法在计算多元函数偏导数时往往很简便．

例如，设二元函数$f(x,y)=x^2y^2+(y-1)\arcsin\sqrt{\dfrac{x}{y}}$，利用以上结果计算偏导数$f'_x(1,1)$．

由于$f(x,1)=x^2$，则$f'_x(1,1)=2x\big|_{x=1}=2$.

14. 下列计算过程错在哪里？

设$f(x,y)=\begin{cases}\dfrac{xy}{x^2+y^2}, & x^2+y^2\neq 0\\ 1, & x^2+y^2=0\end{cases}$，按偏导数的定义，容易推得$f'_x(0,0)$和$f'_y(0,0)$均不存在．但如果先将$y=0$代入$f(x,y)$，得$f(x,0)=0$，可得$f'_x(0,0)=\dfrac{\mathrm{d}f(x,0)}{\mathrm{d}x}\bigg|_{x=0}=0$.

分析：$f'_x(0,0)$不存在的结论是对的，但在求$f(x,0)$时出错了，事实上$f(x,0)=\begin{cases}0, x\neq 0\\ 1, x=0\end{cases}$，该函数作为$x$的一元函数在$x=0$处不连续，所以$f'_x(0,0)$不存在．

15. 能否将二元函数的偏导数记号$\dfrac{\partial z}{\partial x}$视为商或分数？

分析：不能．一元函数的导数$\dfrac{\mathrm{d}y}{\mathrm{d}x}$可视为函数的微分$\mathrm{d}y$与自变量的微分$\mathrm{d}x$之商，但二元函数偏导数$\dfrac{\partial z}{\partial x}$的分子、分母没有独立意义，它仅是个整体符号，不能看成∂z与∂x的商．例如，已知理想气体的状态方程为$PV=RT$（R为常量），有$\dfrac{\partial P}{\partial V}\cdot\dfrac{\partial V}{\partial T}\cdot\dfrac{\partial T}{\partial P}=-1$.

16. 如何利用轮换对称性求二元函数的偏导数？

分析：若在$f(x,y)$的表达式中将x与y互换，表达式不变，则称函数$f(x,y)$对x,y具有轮换对称性．对具有轮换对称性的函数$f(x,y)$求偏导数时，只需求出$f'_x(x,y)$（或$f'_y(x,y)$）然后将$f'_x(x,y)$（或$f'_y(x,y)$）表达式中的x与y互换便可得到$f'_y(x,y)$（或$f'_x(x,y)$）.

例如，函数$f(x,y)=x^2\arctan\dfrac{y}{x}+y^2\arctan\dfrac{x}{y}$满足轮换对称性，并且

$$f'_x(x,y)=2x\arctan\frac{y}{x}+\frac{y(y^2-x^2)}{x^2+y^2},$$

将上式中x与y互换便得

$$f'_y(x,y)=2y\arctan\frac{x}{y}+\frac{x(x^2-y^2)}{x^2+y^2}.$$

17. 混合偏导数$f''_{xy}(x,y)$与$f''_{yx}(x,y)$是否一定相等？如果不成立，那么在满足什么条件下两个混合偏导数一定相等？

分析：一般不成立．例如函数$f(x,y)=\begin{cases}xy\dfrac{x^2-y^2}{x^2+y^2}, & x^2+y^2\neq 0\\ 0, & x^2+y^2=0\end{cases}$在点$(0,0)$处有

$$f'_x(0,0)=f'_y(0,0)=0.$$

当$x^2+y^2\neq 0$时，有

$$f'_x(x,y)=y\frac{x^2-y^2}{x^2+y^2}+\frac{4y^3x^2}{(x^2+y^2)^2};$$

$$f'_y(x,y)=x\frac{x^2-y^2}{x^2+y^2}-\frac{4x^3y^2}{(x^2+y^2)^2};$$

$$f''_{xy}(x,y)=\frac{(x^2-y^2)(x^4+10x^2y^2+y^4)}{(x^2+y^2)^3};$$

$$f''_{yx}(x,y)=\frac{(x^2-y^2)(x^4+10x^2y^2+y^4)}{(x^2+y^2)^3},$$

可见,在 $x^2+y^2\neq0$ 时,$f''_{xy}(x,y)=f''_{yx}(x,y)$.

但当 $x^2+y^2=0$ 时,

$$f''_{xy}(0,0)=\lim_{y\to0}\frac{f'_x(0,y)-f'_x(0,0)}{y}=-1,\ f''_{yx}(0,0)=\lim_{x\to0}\frac{f'_y(x,0)-f'_y(0,0)}{x}=1,$$

可见此时 $f''_{xy}(x,y)\neq f''_{yx}(x,y)$.

但在下述条件下,混合偏导数一定相等,即混合偏导数与求导次序无关.

定理1 如果在点(x,y)的邻域内二元函数$f(x,y)$的混合偏导数$f''_{xy}(x,y)$与$f''_{yx}(x,y)$都存在,且它们在点(x,y)处连续,那么必有 $f''_{xy}(x,y)=f''_{yx}(x,y)$.(定理的条件仅是充分条件)

定理1中的条件还可以减弱:

定理2 如果在点(x,y)的邻域内二元函数$f(x,y)$的偏导数$f'_x(x,y)$、$f'_y(x,y)$及混合偏导数$f''_{xy}(x,y)$都存在,且$f''_{xy}(x,y)$在点(x,y)处连续,那么$f''_{yx}(x,y)$也存在,且必有$f''_{xy}(x,y)=f''_{yx}(x,y)$.

18. 二元函数可导性与连续性之间的关系.

分析:对于一元函数来说,可导必连续.但对于二元函数来说,连续与可导(偏导数存在简称为可导)之间没有必然联系,即连续未必可导,可导也未必连续.

例如二元函数$f(x,y)=\sqrt{x^2+y^2}$在点$(0,0)$处连续,但在点$(0,0)$处对 x 和 y 的偏导数都不存在.

再例如二元函数$f(x,y)=\begin{cases}\dfrac{xy}{x^2+y^2}, & x^2+y^2\neq0\\0, & x^2+y^2=0\end{cases}$,在点$(0,0)$处有

$$f'_x(0,0)=\lim_{\Delta x\to0}\frac{f(0+\Delta x,0)-f(0,0)}{\Delta x}=\lim_{\Delta x\to0}\frac{0-0}{\Delta x}=0,$$

同理$f'_y(0,0)=0$,即函数$f(x,y)$在点$(0,0)$处两个偏导数都存在且都为0. 但易知二重极限 $\lim\limits_{(x,y)\to(0,0)}f(x,y)=\lim\limits_{(x,y)\to(0,0)}\dfrac{xy}{x^2+y^2}$不存在,故函数$f(x,y)$在点$(0,0)$处不连续.

进一步思考,若$f(x,y)$在点(x_0,y_0)关于 x 的偏导数$f'_x(x_0,y_0)$存在,只能得到一元函数$z=f(x,y_0)$在点 $x=x_0$ 处连续;同样由$f'_y(x_0,y_0)$存在,只能得到一元函数 $z=f(x_0,y)$ 在点$y=y_0$处连续.

事实上,偏导数$f'_x(x_0,y_0)$和$f'_y(x_0,y_0)$的存在,反映了$f(x,y)$沿平行于 x 轴与平行于 y 轴两个特殊方向在(x_0,y_0)处的变化率,只能保证动点 $M(x,y)$ 沿 x 轴与沿 y 轴方向趋向于点(x_0,y_0)时函数值$f(x,y)$都趋向于$f(x_0,y_0)$,但这并不能保证动点 $M(x,y)$ 以任意方式趋向点(x_0,y_0)时$f(x,y)$都趋向于$f(x_0,y_0)$. 因此二元函数在一点的两个偏导数存在时,函数$f(x,y)$未必在该点处连续.

19. 二元函数可微分与偏导数存在、连续的关系.

分析:(1) 对一元函数而言,可微与可导互为充要条件,但对于二元函数此结论不成立.

可微分的必要条件是偏导数存在,所以二元函数在某点偏导数不存在,则函数在该点一定

不可微分.

可微分的充分条件是偏导数存在且连续,值得注意的是此条件可以减弱,即偏导数存在但不连续,全微分也可能存在.

例如,二元函数$f(x,y)=\begin{cases}(x^2+y^2)\sin\dfrac{1}{x^2+y^2}, & x^2+y^2\neq 0\\ 0, & x^2+y^2=0\end{cases}$,有

$$f'_x(0,0)=\lim_{x\to 0}\frac{f(x,0)-f(0,0)}{x}=\lim_{x\to 0}x\sin\frac{1}{x^2}=0,$$

同理可得,$f'_y(0,0)=0$.

当$x^2+y^2\neq 0$时,

$$f'_x(x,y)=2x\sin\frac{1}{x^2+y^2}-\frac{2x}{x^2+y^2}\cos\frac{1}{x^2+y^2},$$

$$f'_y(x,y)=2y\sin\frac{1}{x^2+y^2}-\frac{2y}{x^2+y^2}\cos\frac{1}{x^2+y^2},$$

但$\lim\limits_{\substack{(x,y)\to(0,0)\\ y=0}}f'_x(x,y)=\lim\limits_{x\to 0}\left(2x\sin\dfrac{1}{x^2}-\dfrac{2}{x}\cos\dfrac{1}{x^2}\right)$不存在,即偏导数$f'_x(x,y)$在$(0,0)$点处不连续,同理$f'_y(x,y)$在$(0,0)$点处也不连续. 但是

$$\lim_{\rho\to 0}\frac{\Delta z-[f'_x(0,0)\Delta x+f'_y(0,0)\Delta y]}{\rho}=\lim_{\rho\to 0}\frac{\rho^2\sin\frac{1}{\rho^2}}{\rho}=\lim_{\rho\to 0}\rho\sin\frac{1}{\rho^2}=0,$$

因此$f(x,y)$在点$(0,0)$可微分.

(2) 二元函数可微分必连续,但连续未必可微分.

例如, 函数$f(x,y)=\begin{cases}\dfrac{xy}{\sqrt{x^2+y^2}}, & x^2+y^2\neq 0\\ 0, & x^2+y^2=0\end{cases}$在点$(0,0)$连续,因为当$x^2+y^2\neq 0$时,有

$$0\leqslant\left|\frac{xy}{\sqrt{x^2+y^2}}\right|\leqslant|y|,$$

故有$\lim\limits_{(x,y)\to(0,0)}f(x,y)=0=f(0,0)$.

又$f(x,y)$在点$(0,0)$处偏导数存在,且$f'_x(0,0)=f'_y(0,0)=0$,但$f(x,y)$在点$(0,0)$处不可微分,因为

$$\lim_{(\Delta x,\Delta y)\to(0,0)}\frac{\Delta z-[f'_x(0,0)\Delta x+f'_y(0,0)\Delta y]}{\sqrt{(\Delta x)^2+(\Delta y)^2}}=\lim_{(\Delta x,\Delta y)\to(0,0)}\frac{\frac{\Delta x\cdot\Delta y}{\sqrt{(\Delta x)^2+(\Delta y)^2}}}{\sqrt{(\Delta x)^2+(\Delta y)^2}}$$

$$=\lim_{(\Delta x,\Delta y)\to(0,0)}\frac{\Delta x\cdot\Delta y}{(\Delta x)^2+(\Delta y)^2},$$

易知上述二重极限不存在. 也就是说,二元函数$f(x,y)$在点$(0,0)$处连续且偏导数存在,但是不可微分.

进一步理解,如果$f'_x(x,y)$与$f'_y(x,y)$在点(x_0,y_0)连续,那么函数$f(x,y)$在该点必可微分. 但

其逆命题不成立．即两个偏导数存在且都连续是原二元函数可微分的充分非必要条件．

可用图 6.2 所示框架表示上述联系：

一元函数$f(x)$在点x_0处：

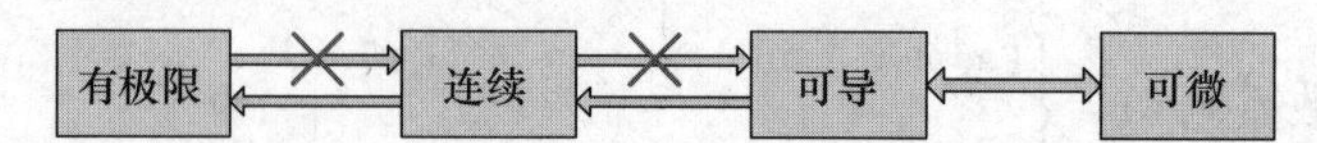

二元函数$f(x,y)$在点(x_0,y_0)处：

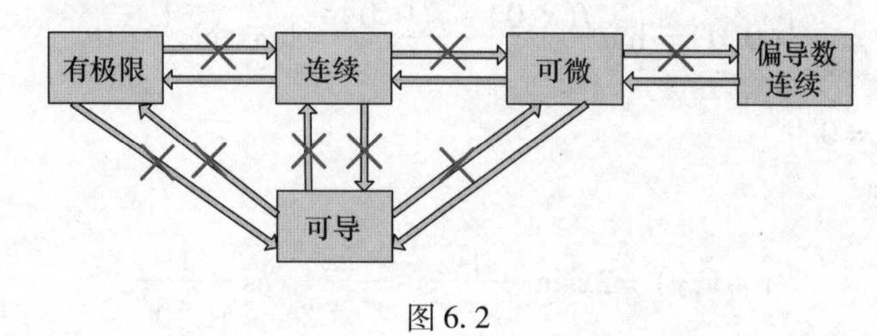

图 6.2

20. 若在区域D内恒有$f'_y(x,y)=0$，能否断言函数$f(x,y)$在D内的函数值与y无关？

分析：不能，例如函数

$$f(x,y)=\begin{cases}x^2, & y>0,\\ x^3, & y<0,\\ 0, & (x,y)=(0,0)\end{cases}$$

容易验证函数$f(x,y)$在其定义域D上均有$f'_y(x,y)=0$. 但$f(x,y)$的值与y有关，如$f(-1,1)=(-1)^2=1$，而$f(-1,-1)=(-1)^3=-1$.

21. 在有界凸域D上偏导数恒为零的条件．

分析：在一元函数中，如果$f(x)$在闭区间$[a,b]$上连续，在开区间(a,b)内可导，那么在(a,b)内$f'(x)\equiv 0$的充分必要条件是$f(x)$在$[a,b]$上为常数．由于多元函数的偏导数不止一个，因而相似的结论有几种情况（下面以二元函数为例进行说明）：

设$z=f(x,y)$在闭有界凸域D（若连接区域D内任意两点的线段全属于区域D，那么D称为凸区域）上连续，在D内偏导数存在，则有如下结论：

（1）在D内$\frac{\partial z}{\partial x}\equiv 0\left(或\frac{\partial z}{\partial y}\equiv 0\right)$充分必要条件是：在$D$上$f(x,y)$不显含$x$（或$y$），即$z=f(x,y)$仅是$y$（或$x$）的函数$z=\varphi(y)$（或$z=\varphi(x)$）．

（2）在D内$\frac{\partial z}{\partial x}\equiv 0$及$\frac{\partial z}{\partial y}\equiv 0$的充分必要条件是：在$D$上$f(x,y)$恒为常数．

22. 有人认为求出函数$z=f(x,y)$的两个偏导数$f'_x(x,y)$和$f'_y(x,y)$后，则$f'_x(x,y)\,dx+f'_y(x,y)\,dy$就是函数$f(x,y)$的全微分，对吗？

分析：不对．求出两个偏导数，仅说明函数$z=f(x,y)$的偏导数都存在，而偏导数存在是函数$f(x,y)$可微分的必要条件而非充分条件，因此不能保证表达式$f'_x(x,y)\,dx+f'_y(x,y)\,dy$是函数$f(x,y)$的全微分．

事实上，表达式$f'_x(x,y)\,dx+f'_y(x,y)\,dy$是函数$f(x,y)$的全微分当且仅当

$$\lim_{(\Delta x,\Delta y)\to(0,0)}\frac{\Delta z-[f'_x(x,y)\Delta x+f'_y(x,y)\Delta y]}{\sqrt{(\Delta x)^2+(\Delta y)^2}}=0,$$

而$f'_x(x,y)$和$f'_y(x,y)$都存在并不能保证这一结果成立.

例如,函数$f(x,y)=\begin{cases}\dfrac{xy}{\sqrt{x^2+y^2}}, & x^2+y^2\neq 0\\ 0, & x^2+y^2=0\end{cases}$在$(0,0)$点两个偏导数都存在但不可微分.

23. 如何判定函数$f(x,y)$在点(x_0,y_0)处的可微性?

分析:常用两种方法:

(1) 根据可微分的充分条件,考察函数$f(x,y)$的两个偏导数$f'_x(x,y)$和$f'_y(x,y)$,若它们都在点(x_0,y_0)连续,则$f(x,y)$在点(x_0,y_0)处可微分.

(2) 利用可微分的定义来判断,分两步:

第一步,首先考查二元函数$f(x,y)$在点(x_0,y_0)处的两个偏导数$f'_x(x_0,y_0)$和$f'_y(x_0,y_0)$是否都存在,如果至少有一个不存在,则可断定$f(x,y)$在点(x_0,y_0)不可微分;如果这两个偏导数都存在,则此时还不能断定$f(x,y)$在点(x_0,y_0)处的可微性,还需要进行下一步;

第二步,计算$f(x,y)$在点(x_0,y_0)处的全增量$\Delta z=f(x_0+\Delta x,y_0+\Delta y)-f(x_0,y_0)$;

第三步,验证二重极限

$$\lim_{(\Delta x,\Delta y)\to(0,0)}\frac{\Delta z-[f'_x(x_0,y_0)\Delta x+f'_y(x_0,y_0)\Delta y]}{\sqrt{(\Delta x)^2+(\Delta y)^2}}$$

是否为零,如果该二重极限为零,则二元函数$f(x,y)$在点(x_0,y_0)处可微分;否则不可微分.

24. 如何理解二元函数的全微分的几何意义?

分析:二元函数$z=f(x,y)$在(x_0,y_0)处的全微分$\mathrm{d}z=f'_x(x_0,y_0)\mathrm{d}x+f'_y(x_0,y_0)\mathrm{d}y$的几何意义是曲面$z=f(x,y)$在点$(x_0,y_0)$处的切平面当$x_0$有增量$\Delta x$,$y_0$有增量$\Delta y$时,切平面竖坐标的增量.

当$|\Delta x|$,$|\Delta y|$很小时,它与曲面竖坐标增量Δz之差$\Delta z-\mathrm{d}z$是$\rho=\sqrt{(\Delta x)^2+(\Delta y)^2}$的高阶无穷小. 因而常用全微分$\mathrm{d}z$近似代替函数增量$\Delta z$,在几何上就是在切点附近用切平面近似代替曲面,体现了以切代曲的数学思想方法.

(四) 多元函数的求导法则

25. 怎样正确掌握多元复合函数的求导法则,在使用求导法则时需注意什么?

分析:多元复合函数求导法则的关键是弄清函数的复合结构,哪些是中间变量,哪些是自变量,通常用结构图(链式图)来表示函数与经过中间变量通向自变量的各条路径. 计算口诀为:"**分段用乘,分叉用加,单路全导,叉路偏导**."对于不同复合结构的多元函数,其具体运算法则举例如下:

例1 设$u=f(R\cos t,R\sin t,vt)$,其中R,v为常数,求$\dfrac{\mathrm{d}u}{\mathrm{d}t}$.

解 令$x=R\cos t$,$y=R\sin t$,$z=vt$,

则$u=f(x,y,z)$是有3个中间变量x,y,z和1个自变量t的复合函数,其复合结构的链式图如图6.3所示,因此u只是一个自变量t的函数,于是

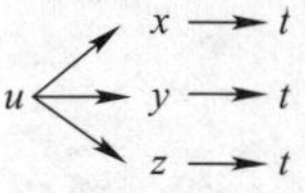

$$\frac{\mathrm{d}u}{\mathrm{d}t}=\frac{\partial u}{\partial x}\cdot\frac{\mathrm{d}x}{\mathrm{d}t}+\frac{\partial u}{\partial y}\cdot\frac{\mathrm{d}y}{\mathrm{d}t}+\frac{\partial u}{\partial z}\cdot\frac{\mathrm{d}z}{\mathrm{d}t}=f'_1\cdot(-R\sin t)+f'_2\cdot R\cos t+f'_3\cdot v$$

u → x → t
u → y → t
u → z → t

图6.3

例2 设$z=f(\sin x,\cos y,\ln\sqrt{x^2+y^2})$,求$\dfrac{\partial z}{\partial x}$,$\dfrac{\partial z}{\partial y}$.

解　令 $u=\sin x, v=\cos y, w=\ln\sqrt{x^2+y^2}$，则 $z=f(u,v,w)$ 是 3 个中间变量 u,v,w 和 2 个自变量 x,y 的复合函数，其复合结构的链式图如图 6.4 所示，于是

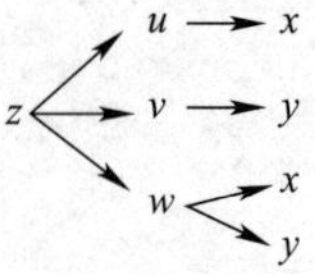

$$\frac{\partial z}{\partial x}=\frac{\partial z}{\partial u}\cdot\frac{\mathrm{d}u}{\mathrm{d}x}+\frac{\partial z}{\partial w}\cdot\frac{\partial w}{\partial x}=f_1'\cdot\cos x+f_3'\cdot\frac{x}{x^2+y^2};$$

$$\frac{\partial z}{\partial y}=\frac{\partial z}{\partial v}\cdot\frac{\mathrm{d}v}{\mathrm{d}y}+\frac{\partial z}{\partial w}\cdot\frac{\partial w}{\partial y}=f_2'\cdot(-\sin y)+f_3'\cdot\frac{y}{x^2+y^2}$$

$$=-f_2'\cdot\sin y+f_3'\cdot\frac{y}{x^2+y^2}.$$

$z\to u\to x$；$z\to v\to y$；$z\to w\to x, y$

图 6.4

例 3　设 $z=f(x,y,z)$，$u=\varphi(x,y)$，求 $\frac{\partial z}{\partial x},\frac{\partial z}{\partial y}$.

解　函数 $z=f(x,y,u)$ 可看作是有 3 个中间变量 x,y,u，2 个自变量 x,y 的复合函数，其链式图如图 6.5 所示，于是

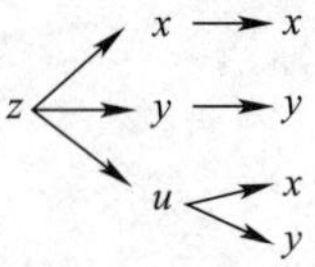

$$\frac{\partial z}{\partial x}=\frac{\partial z}{\partial x}\cdot\frac{\mathrm{d}x}{\mathrm{d}x}+\frac{\partial z}{\partial y}\cdot\frac{\mathrm{d}y}{\mathrm{d}x}+\frac{\partial z}{\partial u}\cdot\frac{\partial u}{\partial x}=\frac{\partial z}{\partial x}\cdot 1+\frac{\partial z}{\partial y}\cdot 0+\frac{\partial z}{\partial u}\cdot\frac{\partial u}{\partial x}$$

$z\to x\to x$；$z\to y\to y$；$z\to u\to x, y$

图 6.5

即
$$\frac{\partial z}{\partial x}=\frac{\partial z}{\partial x}+\frac{\partial z}{\partial u}\cdot\frac{\partial u}{\partial x}\tag{1}$$

同理
$$\frac{\partial z}{\partial y}=\frac{\partial z}{\partial y}+\frac{\partial z}{\partial u}\cdot\frac{\partial u}{\partial y}\tag{2}$$

公式(1)中两侧均有 $\frac{\partial z}{\partial x}$，形式完全一样，但是含义却不同，可以这样理解.

首先分析函数的复合结构，可知 x,y 作为中间变量，具有双重身份：

等式左端的 $\frac{\partial z}{\partial x}$ 是函数 z 对自变量 x 的偏导数，即是二元函数 $z=f[x,y,\varphi(x,y)]$ 关于自变量 x 的偏导数；

而右端的 $\frac{\partial z}{\partial x}$ 则是三元函数 $z=f[x,y,u]$ 关于中间变量 x 的偏导数，其中尽管 u 是 x 的函数，也当作与 x,y 同等地位的中间变量来处理，从链式图上看很清楚这点. 因此公式(1)两侧的 $\frac{\partial z}{\partial x}$，虽然形式相同，但本质是不同的. 左边是函数 z 对自变量 x 的偏导数（$\Delta y=0$ 时的偏导数），右边是函数 z 对中间变量 x 的偏导数（$\Delta y=\Delta u=0$ 时的偏导数）. 两个 x，一主一从，身份不同，为了避免混淆起见，这时把公式右边的 z 用函数符号 f 代替，

改成：
$$\frac{\partial z}{\partial x}=\frac{\partial f}{\partial x}+\frac{\partial f}{\partial u}\cdot\frac{\partial u}{\partial x},$$

类似可得到：
$$\frac{\partial z}{\partial y}=\frac{\partial f}{\partial y}+\frac{\partial f}{\partial u}\cdot\frac{\partial u}{\partial y}.$$

26. 如何计算多元幂指函数的偏导数.

设 $z=f(x,y)^{g(x,y)}$，其中 $f(x,y)>0$ 且 $f(x,y)\neq 1$，计算 $\frac{\partial z}{\partial x}$ 和 $\frac{\partial z}{\partial y}$.

分析：对于多元幂指函数的偏导数计算问题，一般可采用以下两种方法：

方法一　首先将 $z=f(x,y)^{g(x,y)}$ 变形为 $z=\mathrm{e}^{g(x,y)\ln f(x,y)}$，然后按照二元函数偏导数计算的四则运算法则可得

$$\frac{\partial z}{\partial x}=\frac{\partial(\mathrm{e}^{g(x,y)\ln f(x,y)})}{\partial x}=\mathrm{e}^{g(x,y)\ln f(x,y)}\left[g_x(x,y)\ln f(x,y)+\frac{g(x,y)}{f(x,y)}f_x(x,y)\right];$$

$$\frac{\partial z}{\partial y}=\frac{\partial(\mathrm{e}^{g(x,y)\ln f(x,y)})}{\partial y}=\mathrm{e}^{g(x,y)\ln f(x,y)}\left[g_y(x,y)\ln f(x,y)+\frac{g(x,y)}{f(x,y)}f_y(x,y)\right].$$

方法二　对数求导法．等式 $z=f(x,y)^{g(x,y)}$ 两边取对数得

$$\ln z=g(x,y)\ln f(x,y).$$

上式两边同时对 x 求偏导数得

$$\frac{1}{z}\ \frac{\partial z}{\partial x}=g_x(x,y)\ln f(x,y)+\frac{g(x,y)}{f(x,y)}f_x(x,y),$$

解得

$$\frac{\partial z}{\partial x}=\mathrm{e}^{g(x,y)\ln f(x,y)}\left[g_x(x,y)\ln f(x,y)+\frac{g(x,y)}{f(x,y)}f_x(x,y)\right];$$

同理可得

$$\frac{\partial z}{\partial y}=\mathrm{e}^{g(x,y)\ln f(x,y)}\left[g_y(x,y)\ln f(x,y)+\frac{g(x,y)}{f(x,y)}f_y(x,y)\right].$$

事实上,对数求导法对于表达式为多个函数相乘或相除的多元复合函数的偏导数问题也适用．

例　已知函数 $z=\sqrt{\frac{x+y}{x-y}}$,计算$\frac{\partial z}{\partial x}$和$\frac{\partial z}{\partial y}$.

解　等式 $z=\sqrt{\frac{x+y}{x-y}}$两边取对数得

$$\ln z=\frac{1}{2}[\ln|x+y|-\ln|x-y|].$$

上式两边同时对 x 求偏导数

$$\frac{1}{z}\ \frac{\partial z}{\partial x}=\frac{1}{2}\left(\frac{1}{x+y}-\frac{1}{x-y}\right).$$

解得

$$\frac{\partial z}{\partial x}=\frac{-y}{x^2-y^2}\sqrt{\frac{x+y}{x-y}}.$$

同理可得

$$\frac{\partial z}{\partial y}=\frac{x}{x^2-y^2}\sqrt{\frac{x+y}{x-y}}.$$

27. 设函数 $z=f(x,y)=\begin{cases}\frac{x|y|}{\sqrt{x^2+y^2}}, & x^2+y^2\neq 0\\ 0, & x^2+y^2=0\end{cases}$,又 $x=t,y=t$,求$\left.\frac{\mathrm{d}z}{\mathrm{d}t}\right|_{t=0}$. 下述两种求法结果不一样,这是为什么?

解法一　显然$f_x'(0,0)=0,f_y'(0,0)=0$,由复合函数的求导法则可得

$$\left.\frac{\mathrm{d}z}{\mathrm{d}t}\right|_{t=0}=f_x'(0,0)\cdot\left.\frac{\mathrm{d}x}{\mathrm{d}t}\right|_{t=0}+f_y'(0,0)\cdot\left.\frac{\mathrm{d}y}{\mathrm{d}t}\right|_{t=0}=0.$$

解法二　把 $x=t,y=t$ 直接代入 $f(x,y)$ 中，$z=f(t,t)=\frac{t}{\sqrt{2}}$，于是$\left.\frac{\mathrm{d}z}{\mathrm{d}t}\right|_{t=0}=\frac{1}{\sqrt{2}}$.

分析：在使用复合函数求导法则时，定理成立的条件是需要验证的，两解法结果之不同的原因在于：

解法一在使用多元函数求导公式时，它成立的条件是函数的偏导数在该点处要连续，又 $x=x(t),y=y(t)$ 在 $t=0$ 处可导．但这里偏导数 $f'_x(x,y)$ 与 $f'_y(x,y)$ 在 $(0,0)$ 处并不连续，因此导致错误的结论．解法二是正确的．

28. 一阶全微分形式不变性在多元函数微分学中有什么作用？

分析：一阶全微分形式不变性是指在两种不同的前提下，函数的全微分的形式是一样的，具体来说：

设函数 $z=f(x,y),x=x(s,t),y=y(s,t)$ 都具有连续的偏导数．

(1) 若视 x,y 为自变量时，有　$\mathrm{d}z=f'_x(x,y)\mathrm{d}x+f'_y(x,y)\mathrm{d}y$.

(2) 当 $x=x(s,t),y=y(s,t)$ 时，有

$$\begin{aligned}\mathrm{d}z&=\frac{\partial z}{\partial s}\mathrm{d}s+\frac{\partial z}{\partial t}\mathrm{d}t=\left[f'_x(x,y)\frac{\partial x}{\partial s}+f'_y(x,y)\frac{\partial y}{\partial s}\right]\mathrm{d}s+\left[f'_x(x,y)\frac{\partial x}{\partial t}+f'_y(x,y)\frac{\partial y}{\partial t}\right]\mathrm{d}t\\&=f'_x(x,y)\left[\frac{\partial x}{\partial s}\mathrm{d}s+\frac{\partial x}{\partial t}\mathrm{d}t\right]+f'_y(x,y)\left[\frac{\partial y}{\partial s}\mathrm{d}s+\frac{\partial y}{\partial t}\mathrm{d}t\right]=f'_x(x,y)\mathrm{d}x+f'_y(x,y)\mathrm{d}y.\end{aligned}$$

从上述推导中不难得到，不论 x,y 是自变量还是中间变量，函数 $f(x)$ 的全微分形式完全一样，这一结论对二元以上函数也成立．基于上述的讨论可知，利用微分形式不变性，在逐步作微分运算的过程中，不论变量之间的关系如何复杂，都可以不必对它们进行辨认与区分，而一律作为自变量来处理，且作微分运算所得的结果对自变量的微元 $\mathrm{d}x,\mathrm{d}y,\mathrm{d}z$ 来说是线性的，从而为解题带来很多方便．

现举例如下：

(1) 隐函数求导．

例　已知 $z=z(x,y)$ 为由 $x=f(\theta,\varphi),y=g(\theta,\varphi),z=h(\theta,\varphi)$ 所确定的函数，求$\frac{\partial z}{\partial x}$.

解　因为

$$\mathrm{d}x=f'_\theta\mathrm{d}\theta+f'_\varphi\mathrm{d}\varphi \tag{1}$$

$$\mathrm{d}y=g'_\theta\mathrm{d}\theta+g'_\varphi\mathrm{d}\varphi \tag{2}$$

$$\mathrm{d}z=h'_\theta\mathrm{d}\theta+h'_\varphi\mathrm{d}\varphi \tag{3}$$

记 $J=\begin{vmatrix}f'_\theta & f'_\varphi\\ g'_\theta & g'_\varphi\end{vmatrix}$，且 $J\neq0$，由式(1)和式(2)，得

$$\mathrm{d}\theta=\frac{1}{J}(g'_\varphi\mathrm{d}x-f'_\varphi\mathrm{d}y),\qquad \mathrm{d}\varphi=\frac{1}{J}(f'_\theta\mathrm{d}y-g'_\theta\mathrm{d}x).$$

代入式(3)得

$$\mathrm{d}z=\frac{1}{J}(h'_\theta g'_\varphi-h'_\varphi g'_\theta)\mathrm{d}x+\frac{1}{J}(h'_\varphi f'_\theta-h'_\theta f'_\varphi)\mathrm{d}y.$$

故有

$$\frac{\partial z}{\partial x}=\frac{1}{J}(h'_\theta g'_\varphi-h'_\varphi g'_\theta).$$

(2) 求空间曲线的切向量．

例　设曲线 Γ 的方程为$\begin{cases}F(x,y,z)=0\\G(x,y,z)=0\end{cases}$，求它的切向量的坐标表达式．

解　由微分形式的不变性得

$$\begin{cases}F'_x\mathrm{d}x + F'_y\mathrm{d}y + F'_z\mathrm{d}z = 0\\ G'_x\mathrm{d}x + G'_y\mathrm{d}y + G'_z\mathrm{d}z = 0\end{cases}$$

记 $\boldsymbol{n}_1 = (F'_x, F'_y, F'_z)$，$\boldsymbol{n}_2 = (G'_x, G'_y, G'_z)$，取 $\boldsymbol{n} = \boldsymbol{n}_1 \times \boldsymbol{n}_2$ 为所求曲线的切向量，其坐标表达式为

$$(F'_yG'_z - F'_zG'_y, F'_zG'_x - F'_xG'_z, F'_xG'_z - F'_yG'_x).$$

(3) 求目标函数的极值.

以三元函数 $u = f(x,y,z)$ 为例说明：

① 无条件极值.

$u = f(x,y,z)$ 在点 $M_0(x_0,y_0,z_0)$ 处取得极值的必要条件是

$$\begin{cases}f'_x(x_0,y_0,z_0) = 0\\ f'_y(x_0,y_0,z_0) = 0\\ f'_z(x_0,y_0,z_0) = 0\end{cases} \tag{1}$$

② 约束条件下的极值.

函数 $u = f(x,y,z)$ 在条件 $\varphi(x,y,z) = 0$ 的约束下，在点 $M_1(x_1,y_1,z_1)$ 取得条件极值的必要条件是

$$\frac{f'_x(x_1,y_1,z_1)}{\varphi'_x(x_1,y_1,z_1)} = \frac{f'_y(x_1,y_1,z_1)}{\varphi'_y(x_1,y_1,z_1)} = \frac{f'_z(x_1,y_1,z_1)}{\varphi'_z(x_1,y_1,z_1)} = -\lambda. \tag{2}$$

不难发现，式(1)中的3个偏导数在点 M_0 处都等于0，但是点 M_0 的坐标未必能满足约束条件 $\varphi(x_0,y_0,z_0) = 0$，即 $\varphi(M_0)$ 未必是0.

在约束条件下，$\varphi(M_1) = 0$，但 $f'_x(M_1)$，$f'_y(M_1)$，$f'_z(M_1)$ 未必都等于0.

一般地，M_0 与 M_1 并不是同一个点，在这个意义下，必要条件(1)和(2)是不同的. 然而，在微分的意义下，由式(1)可得

$$\mathrm{d}u\big|_{(M_0)} = f'_x(M_0)\mathrm{d}x + f'_y(M_0)\mathrm{d}y + f'_z(M_0)\mathrm{d}z = 0.$$

而在约束条件情况中，设 $\varphi'_z(M_1) \neq 0$，则由约束条件 $\varphi(x,y,z) = 0$，两边微分得

$$\varphi'_x\mathrm{d}x + \varphi'_y\mathrm{d}y + \varphi'_z\mathrm{d}z = 0,$$

于是

$$\mathrm{d}z\big|_{(M_1)} = -\frac{\varphi'_x(M_1)}{\varphi'_z(M_1)}\mathrm{d}x - \frac{\varphi'_y(M_1)}{\varphi'_z(M_1)}\mathrm{d}y.$$

所以在 M_1 处

$$\begin{aligned}\mathrm{d}u\big|_{(M_1)} &= f'_x(M_1)\mathrm{d}x + f'_y(M_1)\mathrm{d}y + f'_z(M_1)\mathrm{d}z\\ &= f'_x(M_1)\mathrm{d}x + f'_y(M_1)\mathrm{d}y + f'_z(M_1)\left[-\frac{\varphi'_x(M_1)}{\varphi'_z(M_1)}\mathrm{d}x - \frac{\varphi'_y(M_1)}{\varphi'_z(M_1)}\mathrm{d}y\right]\\ &= \left(f'_x - \frac{f'_z}{\varphi'_z}\cdot\varphi'_x\right)\Bigg|_{(M_1)}\mathrm{d}x + \left(f'_y - \frac{f'_z}{\varphi'_z}\cdot\varphi'_y\right)\Bigg|_{(M_1)}\mathrm{d}y = 0\text{（由式(2)可得）}.\end{aligned}$$

故不论是条件极值，还是无条件极值，$\mathrm{d}u = 0$ 都可作为求极值的必要条件.

例　在椭圆$\begin{cases}z=x^2+y^2\\x+y+z=4\end{cases}$上找出到原点的距离的平方 u 取得最大值和最小值的点，并求出最值．

解　由题意知，即为求 $u=x^2+y^2+z^2$ 在约束条件$\begin{cases}z=x^2+y^2\\x+y+z=4\end{cases}$下的条件极值．

令 $\mathrm{d}u=0$，并将约束条件微分，得

$$\begin{cases}2x\mathrm{d}x+2y\mathrm{d}y+2z\mathrm{d}z=0\\2x\mathrm{d}x+2y\mathrm{d}y-\mathrm{d}z=0\\\mathrm{d}x+\mathrm{d}y+\mathrm{d}z=0\end{cases}$$

因 $\mathrm{d}x,\mathrm{d}y,\mathrm{d}z$ 不全为 0，故上述方程组有非零解，从而系数行列式为 0. 即

$$\begin{vmatrix}2x & 2y & 2z\\2x & 2y & -1\\1 & 1 & 1\end{vmatrix}=0$$

展开得

$$2\cdot(2z+1)\cdot(x-y)=0.$$

因 $z\geqslant0$，故 $x=y$，代入约束条件，得

$$\begin{cases}z=2x^2\\2x+z=4\end{cases}$$

解出 $M_1=(1,1,2)$，$M_2=(-2,-2,8)$，经检验，u 在点 M_1 处取得最小值为 6，在点 M_2 取得最大值为 72.

29. 抽象多元复合函数在求二阶偏导数时应注意什么？

分析：以 $z=f(u,v)$，$u=u(x,y)$，$v=v(x,y)$ 型的复合函数为例讨论，假设 $f(u,v)$ 具有二阶连续偏导数，$u(x,y)$ 与 $v(x,y)$ 均二阶可导．

用多元函数求导法则及二阶偏导数定义，得

$$\frac{\partial z}{\partial x}=f'_u(u,v)\frac{\partial u}{\partial x}+f'_v(u,v)\frac{\partial v}{\partial x}$$

$$\frac{\partial^2 z}{\partial x^2}=\frac{\partial}{\partial x}\left[f'_u(u,v)\cdot\frac{\partial u}{\partial x}+f'_v(u,v)\cdot\frac{\partial v}{\partial x}\right]$$

$$=\left[\frac{\partial}{\partial x}f'_u(u,v)\right]\frac{\partial u}{\partial x}+f'_u(u,v)\cdot\frac{\partial^2 u}{\partial x^2}+\left[\frac{\partial}{\partial x}f'_v(u,v)\right]\frac{\partial v}{\partial x}+f'_v(u,v)\frac{\partial^2 v}{\partial x^2}$$

下面讨论如何求$\frac{\partial}{\partial x}f'_u(u,v)$与$\frac{\partial}{\partial x}f'_v(u,v)$.

这先要弄清楚一阶偏导数 $f'_u(u,v)$ 和 $f'_v(u,v)$ 的结构，并与自变量 x,y 的关系．显然它们仍是一个复合函数，且其复合结构完全与原来的 $f(u,v)$ 一样，即仍是以 u,v 为中间变量，以 x，y 为自变量．因此求它们关于 x 或 y 的导数必须用复合函数求导法则，于是

$$\frac{\partial}{\partial x}f'_u(u,v)=f''_{uu}(u,v)\frac{\partial u}{\partial x}+f''_{uv}(u,v)\frac{\partial v}{\partial x},$$

同理

$$\frac{\partial}{\partial x}f'_v(u,v)=f''_{vu}(u,v)\frac{\partial u}{\partial x}+f''_{vv}(u,v)\frac{\partial v}{\partial x}.$$

由于$f(u,v)$具有二阶连续偏导数,因此$f''_{uv}(u,v)=f''_{vu}(u,v)$. 故有

$$\frac{\partial^2 z}{\partial x^2}=f''_{uu}\left(\frac{\partial u}{\partial x}\right)^2+2f''_{uv}\cdot\frac{\partial u}{\partial x}\cdot\frac{\partial v}{\partial x}+f''_{vv}\left(\frac{\partial v}{\partial x}\right)^2+f'_u\frac{\partial^2 u}{\partial x^2}+f'_v\frac{\partial^2 v}{\partial x^2}.$$

抽象的多元函数的二阶偏导数的计算是一个很容易出错的问题,又不易记公式,只能靠对函数结构的正确判断,以及对一阶基本求导法则的正确运用,来获得正确的结果.

例　设$z=f[x^2-y,\varphi(xy)]$,其中$f(u,v)$具有二阶连续的偏导数,$\varphi(u)$二阶可导,求$\frac{\partial^2 z}{\partial x\partial y}$.

解:这里z是有两个中间变量,两个自变量的复合函数,按复合函数求导法则,有

$$\frac{\partial z}{\partial x}=f'_1\cdot 2x+f'_2\cdot\varphi'\cdot y;$$

$$\begin{aligned}\frac{\partial^2 z}{\partial x\partial y}&=2x\cdot\frac{\partial f'_1}{\partial y}+f'_2\cdot(\varphi'+xy\cdot\varphi'')+y\cdot\varphi'\cdot\frac{\partial f'_2}{\partial y}\\&=2x[f''_{11}\cdot(-1)+f''_{12}\cdot\varphi'\cdot x]+f'_2\cdot(\varphi'+xy\varphi'')+y\varphi'[f''_{21}\cdot(-1)+f''_{22}\cdot\varphi'\cdot x]\\&=f'_2\cdot(\varphi'+xy\varphi'')-2xf''_{11}+(2x^2-y)\varphi'\cdot f''_{12}+xy(\varphi')^2f''_{22}.\end{aligned}$$

30. 方程组确定的隐函数(包括反函数)如何求偏导数?

分析:求解这类问题最关键的一点是分析题设的条件,分析清楚有几个隐函数,是几元的,以及哪些是因变量,哪些是自变量. 为方便起见,设下面所给的问题都满足隐函数存在定理中的一切条件.

(1) 方程组$\begin{cases}F(x,y,z)=0\\G(x,y,z)=0\end{cases}$,两个方程包含$x,y,z$三个变量. 它能确定两个一元隐函数. 究竟谁是自变量?可以是x,也可以是y或z,这要看题设的要求而定.

(2) 方程组$\begin{cases}f(x,y,v)=0\\g(x,y,u)=0\\h(z,u,v)=0\end{cases}$,三个方程包含有$x,y,z,u$及$v$五个变量,三个方程可以确定三个二元隐函数. 如果取x,y为自变量,那么z,u,v就都是x,y的函数.

(3) 方程组$\begin{cases}x=r\cos\theta\\y=r\sin\theta\end{cases}$,这是含有四个变量两个方程的方程组,它可以确定两个二元的隐函数. 如果把r、θ作为因变量,x、y作为自变量,那么隐函数$\begin{cases}r=r(x,y)\\\theta=\theta(x,y)\end{cases}$也就是函数组的反函数.

例　设$y=g(x,z)$,而z是由方程$f(x-z,xy)=0$所确定的x,y的函数,求$\frac{dz}{dx}$.

解法一　这里变量x、y、z之间的关系虽然不以方程组形式表示,但仍然可以看作包含三个变量的两个方程的方程组. 它能确定两个一元函数.

依题意是求$\frac{dz}{dx}$,表明z是一个因变量,x是一个自变量,那么还有一个变量y必定是因变量,也即$z=z(x)$,$y=y(x)$.

把方程$y=g(x,z)$和$f(x-z,xy)=0$两边对x求导,得

$$\begin{cases} \dfrac{dy}{dx} = g_1' + g_2' \cdot \dfrac{dz}{dx} \\ f_1' \cdot \left(1 - \dfrac{dz}{dx}\right) + f_2' \cdot \left(y + x\dfrac{dy}{dx}\right) = 0 \end{cases}$$

解得

$$\frac{dz}{dx} = \frac{f_1' + yf_2' + xf_2'g_1'}{f_1' - xf_2'g_2'}.$$

解法二　题中给定的变量之间的关系比较复杂，可以利用全微分形式不变性，把所有变量都看成自变量先求全微分，再按题意求出所有的导数．

对上述方程 $y = g(x,z)$ 和 $f(x-z,xy) = 0$ 两边求全微分，有

$$\begin{cases} dy = g_1'dx + g_2'dz \\ f_1' \cdot (dx - dz) + f_2' \cdot (ydx + xdy) = 0 \end{cases}$$

由上两式消去 dy，得

$$(f_1' + yf_2' + xg_1'f_2')dx + (xg_2'f_2' - f_1')dz = 0.$$

故有

$$\frac{dz}{dx} = \frac{f_1' + yf_2' + xf_2'g_1'}{f_1' - xf_2'g_2'}.$$

从中可以看到，用全微分形式不变性方法计算最大的优点是，可以不必预先区分变量是什么性质，运算也比较简便，并且同时可得到所有一阶偏导数，所以它是求由方程组确定的隐函数的偏导数常用的方法．

31. 求隐函数的二阶偏导数用什么方法较简便？

分析：以 $F(x,y,z) = 0$ 所确定的隐函数 $z = z(x,y)$ 为例进行讨论（式中 $F(x,y,z)$ 具有二阶连续偏导数），常用的方法有两种．

方法一　先求出一阶偏导数，再对 x 求导．

$$\frac{\partial z}{\partial x} = -\frac{F_x'}{F_z'};$$

$$\frac{\partial^2 z}{\partial x^2} = \frac{\partial}{\partial x}\left(-\frac{F_x'}{F_z'}\right) = -\frac{F_z' \cdot \left(F_{xx}'' + F_{xz}'' \cdot \dfrac{\partial z}{\partial x}\right) - F_x' \cdot \left(F_{zx}'' + F_{zz}'' \cdot \dfrac{\partial z}{\partial x}\right)}{(F_z')^2}$$

$$= -\frac{1}{(F_z')^3}[F_{xx}'' \cdot (F_z')^2 - 2F_{xz}'' \cdot F_x' \cdot F_z' + F_{zz}'' \cdot (F_x')^2].$$

类似地可计算$\dfrac{\partial^2 z}{\partial x \partial y}$及$\dfrac{\partial^2 z}{\partial y^2}$.

方法二　直接对原方程连续求导两次．由

$$F_x' + F_z' \cdot \frac{\partial z}{\partial x} = 0$$

两边再对 x 求导得

$$F_{xx}'' + 2F_{xz}'' \cdot \frac{\partial z}{\partial x} + F_{zz}''\left(\frac{\partial z}{\partial x}\right)^2 + F_z' \cdot \frac{\partial^2 z}{\partial x^2} = 0. \tag{1}$$

解得 $$\frac{\partial^2 z}{\partial x^2}=-\frac{1}{(F_z')^3}[F_{xx}''\cdot(F_z')^2-2F_{xz}''\cdot F_x'\cdot F_z'+F_{zz}''\cdot(F_x')^2].$$

一般情况下,方法二较为简便,因为避免商的求导运算,尤其是求指定点处的二阶偏导数时,无需解出一阶偏导数,立即可将具体的数值代入式(1)计算二阶偏导数,使运算大大简化.

(五) 方向导数与多元函数极值

32. 关于方向导数的几个问题的理解?

分析:(1) 方向导数的定义.

定义 设 $z=f(x,y)$ 在 $P_0(x_0,y_0)$ 的某邻域内有定义,

$$\left.\frac{\partial f}{\partial l}\right|_{(x_0,y_0)}=\lim_{t\to0^+}\frac{f(x_0+t\cos\alpha,y_0+t\cos\beta)-f(x_0,y_0)}{t}.$$

(2) 方向导数与偏导数的关系.

命题1 若 $f(x,y)$ 在 $P_0(x_0,y_0)$ 沿任意方向 l 的方向导数都存在,但 $f(x,y)$ 在 $P_0(x_0,y_0)$ 的偏导数未必存在.

例如,函数 $f(x,y)=\sqrt{x^2+y^2}$ 在 $(0,0)$ 沿任意方向 l 的方向导数都存在且为 1,但 $f(x,y)=\sqrt{x^2+y^2}$ 在 $(0,0)$ 处的偏导数都不存在.

值得注意的是,若 f 在 P_0 处沿各坐标轴正向和负向的方向导数都存在,不能保证 f 在 P_0 处的偏导数都存在.

命题2 若 $f(x,y)$ 在 $P_0(x_0,y_0)$ 的两个偏导数都存在,但 $f(x,y)$ 在 $P_0(x_0,y_0)$ 沿任意方向 l 的方向导数未必都存在.

例如,函数 $f(x)=\begin{cases}0, & xy\neq0,\\ 1, & xy=0\end{cases}$ 在 $(0,0)$ 的两个偏导数 $f_x(0,0)=f_y(0,0)=0$,并且 $f(x,y)$ 在 $(0,0)$ 处沿 x 轴与 y 轴正向(或负向)的方向导数存在且等于 0,但

沿 $\boldsymbol{e}_l=(\cos\alpha,\cos\beta)$ $(\cos\alpha\neq0,\cos\beta\neq0)$ 方向的方向导数不存在,因为极限

$$\lim_{t\to0^+}\frac{f(t\cos\alpha,t\cos\beta)-f(0,0)}{t}=\lim_{t\to0^+}\frac{0-1}{t}=\lim_{t\to0^+}\left(-\frac{1}{t}\right)$$

不存在.

事实上,二元函数 $f(x,y)$ 在 $P_0(x_0,y_0)$ 沿任意方向 l 的方向导数都存在和在该点两个偏导数都存在没有必然的联系.

命题3 偏导数 $f_x(x_0,y_0)$ 存在的充分必要条件为 $\left.\frac{\partial f}{\partial \boldsymbol{i}}\right|_{(x_0,y_0)}$ 和 $\left.\frac{\partial f}{\partial(-\boldsymbol{i})}\right|_{(x_0,y_0)}$ 都存在,且 $\left.\frac{\partial f}{\partial \boldsymbol{i}}\right|_{(x_0,y_0)}+\left.\frac{\partial f}{\partial(-\boldsymbol{i})}\right|_{(x_0,y_0)}=0$,此时有

$$\left.\frac{\partial f}{\partial \boldsymbol{i}}\right|_{(x_0,y_0)}=f_x(x_0,y_0),\quad \left.\frac{\partial f}{\partial(-\boldsymbol{i})}\right|_{(x_0,y_0)}=-f_x(x_0,y_0).$$

事实上,取 $\boldsymbol{e}_l=\boldsymbol{i}=(1,0)$,则

$$\left.\frac{\partial f}{\partial l}\right|_{(x_0,y_0)}=\lim_{t\to0^+}\frac{f(x_0+t,y_0)-f(x_0,y_0)}{t}=f_x(x_0,y_0),$$

取 $\boldsymbol{e}_l=-\boldsymbol{i}=(-1,0)$,则

$$\left.\frac{\partial f}{\partial l}\right|_{(x_0,y_0)}=\lim_{t\to0^+}\frac{f(x_0-t,y_0)-f(x_0,y_0)}{t}=-\lim_{t\to0^+}\frac{f(x_0-t,y_0)-f(x_0,y_0)}{-t}=-f_x(x_0,y_0).$$

同理可得,偏导数 $f_y(x_0,y_0)$ 存在的充分必要条件为 $\left.\frac{\partial f}{\partial \boldsymbol{j}}\right|_{(x_0,y_0)}$ 和 $\left.\frac{\partial f}{\partial(-\boldsymbol{j})}\right|_{(x_0,y_0)}$ 都存在,且 $\left.\frac{\partial f}{\partial \boldsymbol{j}}\right|_{(x_0,y_0)}+\left.\frac{\partial f}{\partial(-\boldsymbol{j})}\right|_{(x_0,y_0)}=0$,此时有

$$\left.\frac{\partial f}{\partial \boldsymbol{j}}\right|_{(x_0,y_0)}=f_y(x_0,y_0),\left.\frac{\partial f}{\partial(-\boldsymbol{j})}\right|_{(x_0,y_0)}=-f_y(x_0,y_0).$$

(3) 方向导数与连续的关系.

命题 4 若二元函数 $f(x,y)$ 在 $P_0(x_0,y_0)$ 沿任意方向 $\boldsymbol{l}$ 的方向导数都存在,则 $f(x,y)$ 在 $P_0(x_0,y_0)$ 未必连续.

例如,函数 $f(x,y)=\begin{cases}\dfrac{xy^2}{x^2+y^4}, & x^2+y^2\neq0\\ 0, & x^2+y^2=0\end{cases}$ 在(0,0)处,由定义知函数沿任意方向 l 的方向导数都存在,但 $f(x,y)$ 在(0,0)处不连续,因为二重极限 $\lim\limits_{(x,y)\to(0,0)}\dfrac{xy^2}{x^2+y^4}$ 不存在.

命题 5 若二元函数 $f(x,y)$ 在 $P_0(x_0,y_0)$ 连续,则 $f(x,y)$ 在 $P_0(x_0,y_0)$ 沿任意方向 l 的方向导数未必都存在.

例如,函数 $f(x,y)=\begin{cases}\dfrac{xy}{(x^2+y^2)^{\frac{2}{3}}}, & x^2+y^2\neq0\\ 0, & x^2+y^2=0\end{cases}$ 在点(0,0)连续,但 $f(x,y)$ 在(0,0)沿方向 $\boldsymbol{l}=\left(\cos\dfrac{\pi}{4},\cos\dfrac{\pi}{4}\right)$ 的方向导数不存在.

事实上,$f(x,y)$ 在 $P_0(x_0,y_0)$ 沿任意方向 l 的方向导数都存在与在该点连续没有必然的联系.

(4) 方向导数与可微分的关系.

定理 3 若 $f(x,y)$ 在 $P_0(x_0,y_0)$ 处可微分,则 $f(x,y)$ 在 P_0 处沿任意方向的方向导数均存在,且

$$\left.\frac{\partial f}{\partial l}\right|_{(x_0,y_0)}=f_x(x_0,y_0)\cos\alpha+f_y(x_0,y_0)\cos\beta$$

需要注意的是,该定理的逆命题不成立. 反例如下:

$$f(x,y)=\begin{cases}\dfrac{2xy^2}{x^2+y^4}, & (x,y)\neq(0,0),\\ 0, & (x,y)=(0,0).\end{cases}$$

由偏导数定义不难求出 $f'_x(0,0)=f'_y(0,0)=0$;由方向导数定义可以验证 $f(x,y)$ 在(0,0)点处沿任意方向 $\boldsymbol{e}_l=(\cos\alpha,\cos\beta)$ 的方向导数都存在且为零,则等式

$$\left.\frac{\partial f}{\partial l}\right|_{(0,0)}=f'_x(0,0)\cos\alpha+f'_y(0,0)\cos\beta$$

成立. 但 $f(x,y)$ 在(0,0)点不可微,这是由于 $f(x,y)$ 在 $x_0=0$ 点处不连续. 因为

$$\lim_{\substack{(x,y)\to(0,0)\\x=y^2}} f(x,y)=\lim_{y\to 0}\frac{2y^4}{y^4+y^4}=1\neq f(0,0).$$

事实上,方向导数的存在仅能保证当点(x,y)沿任一射线方向趋于P_0时$f(x,y)$趋向$f(x_0,y_0)$,所以不能保证$f(x,y)$在(x_0,y_0)处连续,因而不能保证$f(x,y)$在P_0处可微分.

(5) 方向导数与偏导数连续的关系.

若$f(x,y)$的两个偏导数$f_x(x,y)$和$f_y(x,y)$在$P_0(x_0,y_0)$处都连续,则$f(x,y)$在P_0处沿任意方向的方向导数均存在,且

$$\left.\frac{\partial f}{\partial l}\right|_{(x_0,y_0)}=f_x(x_0,y_0)\cos\alpha+f_y(x_0,y_0)\cos\beta.$$

这是因为若偏导数$f_x(x,y)$和$f_y(x,y)$在$P_0(x_0,y_0)$处都连续,则二元函数$f(x,y)$在点P_0处可微分,再由定理3可得上述结论.

33. 方向导数与梯度的关系

分析:若二元函数$f(x,y)$在点$P_0(x_0,y_0)$可微分,则$f(x,y)$在P_0处沿任意方向的方向导数均存在,且称向量$f_x(x_0,y_0)\boldsymbol{i}+f_y(x_0,y_0)\boldsymbol{j}$为$f(x,y)$在点$P_0(x_0,y_0)$的梯度,记作

$$\mathbf{grad}f(x_0,y_0)=f_x(x_0,y_0)\boldsymbol{i}+f_y(x_0,y_0)\boldsymbol{j}$$

事实上,$f(x,y)$在点$P_0(x_0,y_0)$沿梯度$\mathbf{grad}f(x_0,y_0)$方向的方向导数最大,最大值为$|\mathbf{grad}f(x_0,y_0)|$,也就是说沿梯度方向增加最快;$f(x,y)$在点$P_0(x_0,y_0)$沿负梯度$-\mathbf{grad}f(x_0,y_0)$方向的方向导数最小,最小值为$-|\mathbf{grad}f(x_0,y_0)|$,也就是说沿负梯度方向减少最快.

值得注意的是,$f(x,y)$在点$P_0(x_0,y_0)$沿任意方向的方向导数的最大值和最小值之和为0,并且方向导数取得最大值和最小值的方向正好相反.

34. 关于多元函数的等值线(面)及其应用的理解.

分析:(1) 等值线(面)的概念.

二元函数$z=f(x,y)$的等值线(或水平线)是xOy平面上由方程:

$$f(x,y)=c(c\text{ 为常数})$$

所表示的平面曲线;或xOy平面上使函数$z=f(x,y)$取相同函数值c的点(x,y)所构成的集合,一般情况下是一条平面曲线.当c取不同值时,$f(x,y)$的不同等值线构成一平面曲线族.

将函数$z=f(x,y)$的等值线族$f(x,y)=c$中不同等值线提升(或降低)到相应的高度c,就能得到该函数的大致图像.因此,等值线是用图形表示二元函数的一种方法.

(2) 等值线(面)的应用.

(1) 地图学中用等高线表示地形的高低及陡峭程度;气象学中用等温线表示各地温度的高低及温度变化的快慢情况;电学中用等位线表示电场中各处电位的高低及电位变化的快慢情况.

(2) 用等值线(面)说明梯度的几何意义(图6.6).

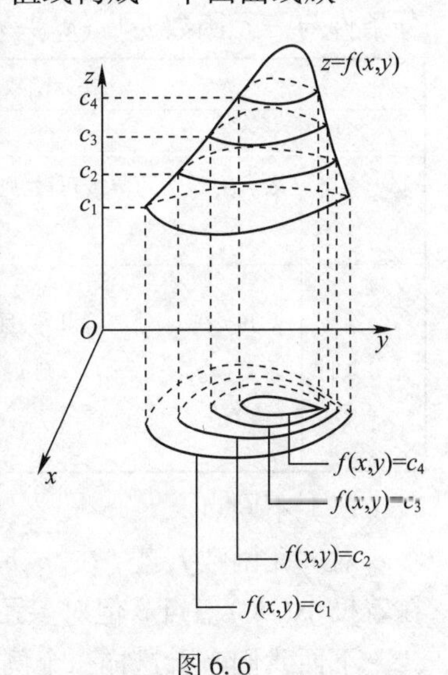

图6.6

设函数$u=F(x,y,z)$在$P_0(x_0,y_0,z_0)$处可微,则该函数在P_0处的梯度

$$\nabla u|_{P_0}=(F_x(P_0),F_y(P_0),F_z(P_0))$$

是该函数的等值面$F(x,y,z)=c$在点P_0处的一个法向量.

事实上,等值面 $F(x,y,z)=0$ 在 P_0 处的切平面和法线方程分别为

$$F_x(x_0,y_0,z_0)(x-x_0)+F_y(x_0,y_0,z_0)(y-y_0)+F_z(x_0,y_0,z_0)(z-z_0)=0,$$

$$\frac{x-x_0}{F_x(x_0,y_0,z_0)}=\frac{y-y_0}{F_y(x_0,y_0,z_0)}=\frac{z-z_0}{F_z(x_0,y_0,z_0)},$$

所以它的法向量为

$$\boldsymbol{n}\big|_{P_0}=(F_x(P_0),F_y(P_0),F_z(P_0))=\nabla u\big|_{P_0}.$$

由此,函数 $u=F(x,y,z)$ 在 P_0 处沿梯度方向(等值面的法线方向)的变化最剧烈.

例如,在点电荷产生的静电场中,由于电位梯度 $\nabla u=-\boldsymbol{E}$,所以电力线与等位面垂直,方向与等位面法向量相反,电位沿电位梯度的反方向增加最快.

(3) 用等值线对拉格朗日乘数法进行几何解释(以二元函数的约束极值问题为例).

求函数 $z=f(x,y)$ 在约束条件 $\varphi(x,y)=0$ 下的极大值.

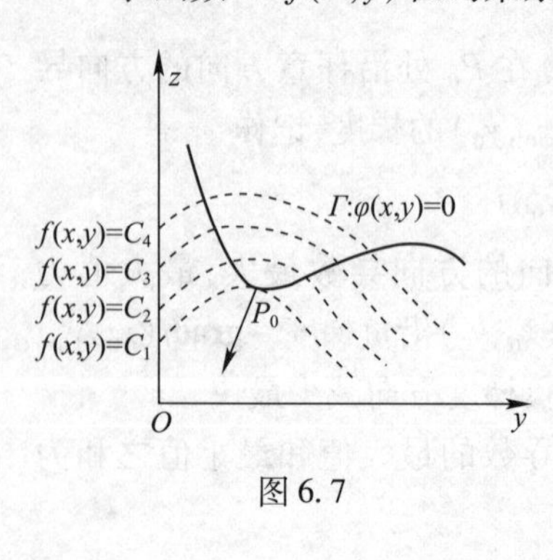

图 6.7

在几何上就是在约束曲线 $\Gamma:\varphi(x,y)=0$ 上求一点 $P_0(x_0,y_0)$,使 $f(x,y)$ 在 P_0 处取极大值

$\Rightarrow$所求点 $P_0\in\Gamma$(即 $\varphi(x_0,y_0)=0$),并且 P_0 也应在使 $f(x,y)$ 取得极大值的等值线 $f(x,y)=c$ 上.

$\Rightarrow P_0$ 是 Γ 与此等值线的切点(图 6.7).

$\Rightarrow\Gamma$ 与此等值线有共同的法线.

$\Rightarrow\nabla f(x_0,y_0)\,/\!/\,\nabla\varphi(x_0,y_0)$.

即存在一个数 $-\lambda_0\in\mathbf{R}$,使 $\nabla f(x_0,y_0)=-\lambda_0\nabla\varphi(x_0,y_0)$ 或 $\nabla f(x_0,y_0)+\lambda_0\nabla\varphi(x_0,y_0)=0$. 即有

$$\begin{cases}f_x(x_0,y_0)+\lambda_0\varphi_x(x_0,y_0)=0,\\ f_y(x_0,y_0)+\lambda_0\varphi_y(x_0,y_0)=0,\end{cases}\quad 且\quad \varphi(x_0,y_0)=0.$$

35. 多元函数极值问题与一元函数极值问题的比较.

分析:(1) 类似点.

多元函数(以二元为例)$f:\cup(x_0,y_0)\subset\mathbf{R}^2\to\mathbf{R}$ 在 $P_0(x_0,y_0)$ 处取得极值的必要条件和充分条件与一元函数 $f:\cup(x_0)\to\mathbf{R}$ 在 x_0 处取得极值的相应条件类似(相同):

	一元函数	多元函数
必要条件	若 f 在 x_0 处可导或可微,则 $f'(x_0)=0$	若 f 在 (x_0,y_0) 处偏导数存在,则 $f_x(x_0,y_0)=f_y(x_0,y_0)=0$ (或若 f 在 (x_0,y_0) 处可微分,则 $\nabla f(x_0,y_0)=\mathbf{0}$)
充分条件	已知 f 在 x_0 处二阶可导,且 $f'(x_0)=0$, 若 $f''(x_0)>0(<0)$,则 f 在点 x_0 处取极小(大)值	已知 $f\in C^{(2)}(\cup(x_0,y_0))$,$f_x(x_0,y_0)=f_y(x_0,y_0)=0$, 若 $AC-B^2>0$ 且 $A>0(A<0)$,则 f 取极小(大)值(或 $f\in C^{(2)}(U(x_0,y_0))$,$\nabla f(x_0,y_0)=0$. 若 $H_f(x_0,y_0)$ 正(负)定,则 f 在 (x_0,y_0) 处取极小(大)值

(2) 不同点.

对一元函数 f,若 f 在 $[a,b]$ 上可导,且有有限个驻点,则它的两个极大(小)值点之间必存在着极小(大)值点. 但对多元函数不一定成立.

下面我们来看这样一个例题,二元函数 $z=f(x,y)=3x^2+3y^2-x^3$,$D:x^2+y^2\leqslant 16$. 令

$$\begin{cases}\dfrac{\partial z}{\partial x}=6x-3x^2=0\\ \dfrac{\partial z}{\partial y}=6y=0\end{cases},$$

解得 $x_1=0,x_2=2,y=0$. 即得两个驻点 $M_1(0,0),M_2(2,0)$. 又

$$\frac{\partial^2 z}{\partial x^2}=6-6x,\frac{\partial^2 z}{\partial x\partial y}=0,\frac{\partial^2 z}{\partial y^2}=6.$$

易判断 $M_1(0,0)$ 是唯一的极小值点,而 $M_2(2,0)$ 不是极值点. 但在 D 上,$f(x,y)$ 的最值均在边界上取得,最大值为 $f(-4,0)=112$,最小值为 $f(4,0)=-16$,故 $f(0,0)=0$ 不是 $f(x,y)$ 在 D 上的最小值.

值得注意的是,解多元函数极值时的应用题时,常看到如下说法:

"根据问题的实际意义,存在最小值,M_0 是唯一的极小值点,故必是所求的最小值点."

由以上的例子可以看出,在多元函数中这一说法并不正确. 而应该着重说明:

"$f(x,y)$ 在 D 内存在最大(小)值,而且 $f(x,y)$ 在 D 内只有唯一的极值点",这样才可以断定极大(小)值点就是最大(小)值点.

36. 是否只有可微函数才有极值?

分析: 不是,在函数的不可微点或偏导数不存在的点处也可能取得极值.

如 $f(x,y)=\sqrt{x^2+y^2}$ 在点 $(0,0)$ 处偏导数不存在,从而不可微,但点 $(0,0)$ 却是此函数的极小值.

37. 多元函数极值的两个具体问题

问题 1　我们知道,二元函数 $z=f(x,y)$ 在点 $P_0(x_0,y_0)$ 处取得极值,则一元函数 $\phi(x)=f(x,y_0)$ 与 $\psi(y)=f(x_0,y)$ 在该点必取得极值. 问反之是否成立?

分析: 不一定. 反例: $f(x,y)=x^2-3xy+2y^2$. 易见 $\phi(x)=f(x,0)=x^2$ 在 $x=0$ 取极小值,$\psi(y)=f(0,y)=2y^2$ 在 $y=0$ 取极小值,但 $f(x,y)$ 在 $(0,0)$ 处不取极小值.

事实上,任取 $\delta>0$,令 $|t|=\delta$,若 δ 充分小,则点 $\left(\frac{3}{4}t,\frac{1}{2}t\right)\in\cup(0,\delta)$,且

$$f\left(\frac{3}{4}t,\frac{1}{2}t\right)=\frac{9}{16}t^2-\frac{9}{8}t^2+\frac{1}{2}t^2=-\frac{1}{16}t^2<0=f(0,0),$$

故 $f(0,0)=0$ 不是 $z=f(x,y)$ 的极小值.

原因: 一元函数 $\phi(x)=f(x,y_0)$ 在 x_0 处与 $\psi(y)=f(x_0,y)$ 在 y_0 处取极小值仅表示 $f(x,y)$ 沿直线 $y=y_0$ 与 $x=x_0$ 在 $P(x_0,y_0)$ 处取极小值,不能说明 f 在 P_0 的邻域内取极小值.

问题 2　若二元函数 $z=f(x,y)$ 在 $P_0(x_0,y_0)$ 点处取极小值,则当动点 (x,y) 在过 $P_0(x_0,y_0)$ 的任一直线 L 上变动时,函数 $z=f(x,y)$ 必在 (x_0,y_0) 处取极小值;反之能否断定 $z=f(x,y)$ 在 P_0 处取极小值.

分析: 不能断定. 反例: $f(x,y)=2x^2-3xy^2+y^4$ 有唯一驻点 $(0,0)$,且 $f(0,0)=0$. 由于

$$f(x,y)=(2x-y^2)(x-y^2),$$

所以在区域 $(\Omega)=\left\{(x,y)\,\middle|\,\frac{1}{2}y^2<x<y^2\right\}$ 内,$f(x,y)<0$;在 (Ω) 外,$f(x,y)>0$(图 6.8). 故在 $(0,0)$ 点的任一去心邻域 $\mathring{\cup}((0,0),\delta)$ 内总

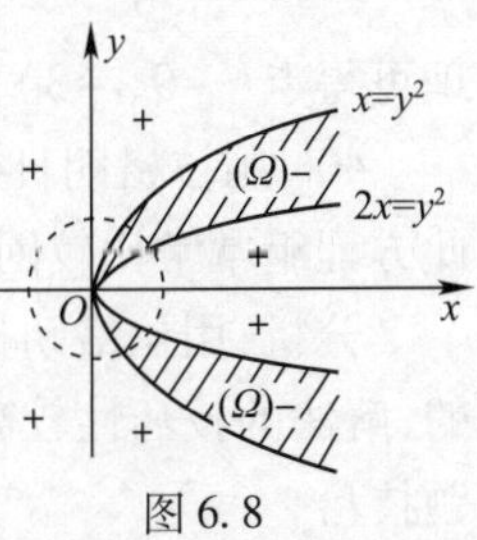

图 6.8

有使$f(x,y)<0$的点,$(0,0)$不是f的极小点.

另一方面,任取过原点$(0,0)$的直线$x=\lambda t, y=\mu t$,代入$f(x,y)$,记

$$\phi(t)=f(\lambda t,\mu t)=(2\lambda t-\mu^2t^2)(\lambda t-\mu^2t^2)=2\lambda^2t^2-3\lambda\mu^2t^3+\mu^4t^4,$$

则$\phi'(t)=4\lambda^2t-9\lambda\mu^2t^2+4\mu^4t^3, \phi''(t)=4\lambda^2-18\lambda\mu^2t+12\mu^4t^2$.

易见,$\phi'(0)=0, \phi''(0)=4\lambda^2$. 故对所有$\lambda\neq 0$及任何$x_0$,当$t=0$时,$\phi(t)$取极小值;对$\lambda=0,\mu\neq 0, \phi(t)=\mu^4t^4$也在$t=0$时取极小值. 所以当$(x,y)$在通过原点$(0,0)$的任一直线上变动时,$f(x,y)$都在$(0,0)$取极小值.

38. 如何求二元连续函数在有界闭区域上的最大(小)值?

分析:在有界闭区域上连续的二元函数的最大(小)值求法如下:

(1) 求出开区域内的可能最值点(包括驻点、不可导点,即偏导数至少有一个不存在的点);

(2) 求出边界上的可能最值点(实为条件极值问题);

(3) 比较上述各点的函数值,其中最大(小)者即函数在该区域上的最大(小)值.

39. 如何求隐函数的极值?

分析:若要求方程$F(x,y,z)=0$所确定的隐函数$z=z(x,y)$的极值,首先由等式$F(x,y,z)=0$两端分别对x和y求偏导,并令$\begin{cases}\dfrac{\partial z}{\partial x}=0\\ \dfrac{\partial z}{\partial y}=0\end{cases}$,求出驻点,然后对驻点作进一步判定.

例 设$z=z(x,y)$是由方程$x^2-6xy+10y^2-2yz-z^2+18=0$确定的隐函数,求$z=z(x,y)$的极值点和极值.

解 方程两端分别对x和y求偏导数,得

$$\begin{cases}2x-6y-2y\dfrac{\partial z}{\partial x}-2z\dfrac{\partial z}{\partial x}=0\\ -6x+20y-2z-2y\dfrac{\partial z}{\partial y}-2z\dfrac{\partial z}{\partial y}=0\end{cases}\tag{1}$$

令$\begin{cases}\dfrac{\partial z}{\partial x}=0\\ \dfrac{\partial z}{\partial y}=0\end{cases}$,求得$\begin{cases}x=3y\\ z=y\end{cases}$,代入原方程解得$\begin{cases}x=9\\ y=3\\ z=3\end{cases}$或$\begin{cases}x=-9\\ y=-3\\ z=-3\end{cases}$.

对方程组(1)继续求导,得

$$A=\left.\frac{\partial^2 z}{\partial x^2}\right|_{(9,3,3)}=\frac{1}{6}, B=\left.\frac{\partial^2 z}{\partial x\partial y}\right|_{(9,3,3)}=-\frac{1}{2}, C=\left.\frac{\partial^2 z}{\partial y^2}\right|_{(9,3,3)}=\frac{5}{3},$$

故$AC-B^2=\dfrac{1}{36}>0$,又$A=\dfrac{1}{6}>0$,从而点$(9,3)$是$z(x,y)$的极小值点,极小值为$z(9,3)=3$. 同理可得点$(-9,-3)$是$f(x)$的极大值点,极大值为$z(-9,-3)=-3$.

40. 用拉格朗日乘数法求条件极值问题,一般都会转化为求解一个多变量的方程组,但解此方程组常常比较困难,有什么较好的方法?

分析:用拉格朗日乘数法求条件极值,依极值的必要条件得到的方程组一般都是非线性的,解法的技巧性较高,需视具体的方程组的特征采用特殊的处理方法. 以下例说明常用的解题技巧.

例　求函数 $u=xyz$ 在约束条件 $\frac{1}{x}+\frac{1}{y}+\frac{1}{z}=\frac{1}{a}(x>0,y>0,z>0,a>0)$ 下的极值.

解　构造拉格朗日函数

$$L(x,y,z)=xyz+\lambda\left(\frac{1}{x}+\frac{1}{y}+\frac{1}{z}-\frac{1}{a}\right).$$

令

$$\begin{cases} L_x'=yz-\dfrac{\lambda}{x^2}=0 & (1) \\ L_y'=xz-\dfrac{\lambda}{y^2}=0 & (2) \\ L_z'=xy-\dfrac{\lambda}{z^2}=0 & (3) \\ \dfrac{1}{x}+\dfrac{1}{y}+\dfrac{1}{z}-\dfrac{1}{a}=0 & (4) \end{cases}$$

下面仅就解此方程组的方法进行讨论,不具体求出极值.

方法一　注意到前三个方程的第一项是 x,y,z 三个变量中两个的乘积,如果各方程乘以相应缺少的那个变量,那么就都成为 xyz,再消项. 即

$$(1)\times x,\ xyz-\frac{\lambda}{x}=0 \qquad (5)$$

$$(2)\times y,\ xyz-\frac{\lambda}{y}=0 \qquad (6)$$

$$(3)\times z,\ xyz-\frac{\lambda}{z}=0 \qquad (7)$$

(5)+(6)+(7)得

$$3xyz-\lambda\left(\frac{1}{x}+\frac{1}{y}+\frac{1}{z}\right)=0 \qquad (8)$$

把(4)代入(8)式,得

$$xyz=\frac{\lambda}{3a}.$$

再把它分别代入(5)、(6)、(7)式便得

$$x=y=z=3a.$$

方法二　把式(1)和式(2)改为:$yz=\frac{\lambda}{x^2}$ 和 $xz=\frac{\lambda}{y^2}$,因 x,y,z 都不等于0,两式相除,立即消去 λ 及 z 得到 $y=x$,同理可得,$y=z$,从而代入(4),便得 $x=y=z=3a$.

方法三　先解出 λ,把式(4)代入式(8),得

$$\lambda=3axyz$$

再把 λ 分别代入式(1)、(2)、(3)便得 $x=y=z=3a$.

方法四　由于这个问题的特殊性,从目标函数的构成及约束条件看,三个变量 x,y,z 呈轮换对称,由此必然有 $x=y=z$,再代入约束条件就得 $x=y=z=3a$.

41. 如何利用多元函数条件极值证明函数不等式?

分析:以三元函数为例做一介绍,要证明 $f(x,y,z)\geqslant g(x,y,z)$,可任取常数 c,然后解条件

极值问题

$$\begin{cases}\min f(x,y,z)\\ g(x,y,z)=c\end{cases},$$

如果得到条件极值 $\min f(x,y,z)\geqslant c$,就说明当 $g(x,y,z)=c$ 时,$f(x,y,z)\geqslant c$. 由于常数 c 是任意选取的,于是就有 $f(x,y,z)\geqslant g(x,y,z)$. 对于二元函数类似可得,请读者自己研究.

例 设 $x,y>0$,证明:$\frac{1}{2}(x^n+y^n)\geqslant\left(\frac{x+y}{2}\right)^n$.

解 考虑条件极值

$$\begin{cases}\min \frac{1}{2}(x^n+y^n)\\ x+y=c\end{cases},(c>0)$$

通过计算可得条件最小值点为 $x_0=y_0=\frac{c}{2}$,条件最小值为 $\left(\frac{c}{2}\right)^n=\left(\frac{x+y}{2}\right)^n$,由此得到所要证明的不等式. 事实上,对于此问题也可以利用一元函数的凹凸性来证明,请读者灵活选取方法来解决问题.

三、是非辨析

1. 在平面 $\boldsymbol{R}^2$ 中,点列 $\left(\left(1+\frac{1}{n}\right)^n,\frac{n-2021}{n^2+3}\right)$ 的极限为点 $(\mathrm{e},0)$.

【解析】正确. 这是因为 $\lim\limits_{n\to\infty}\left(1+\frac{1}{n}\right)^n=\mathrm{e}$, $\lim\limits_{n\to\infty}\frac{n-2021}{n^2+3}=0$.

2. 平面点集 $D=\{(x,y)\mid x\in\mathbf{Q},y\in\mathbf{Q}\}$ 不是闭集.

【解析】正确. 根据实数的稠密性,任意两个有理数之间至少有一个无理数,任意两个无理数之间至少有一个有理数,平面点集 $D=\{(x,y)\mid x\in\mathbf{Q},y\in\mathbf{Q}\}$ 既不是开集也不是闭集.

3. 平面点集 $E=\{(x,y)\mid x=y,0\leqslant x\leqslant 1\}$ 是 xOy 坐标面内的闭集.

【解析】正确. 这是因为点集 E 的边界 $\partial E=E$,也就是说 E 中的点都是边界点,由闭集的定义可知,E 是闭集.

4. 在 $(x,y)\to(x_0,y_0)$ 过程中,二元函数 $f(x,y)$ 为无穷小函数的充分必要条件是 $|f(x,y)|$ 为无穷小函数,即 $\lim\limits_{(x,y)\to(x_0,y_0)}f(x,y)=0\Leftrightarrow\lim\limits_{(x,y)\to(x_0,y_0)}|f(x,y)|=0$.

【解析】正确. 这是因为在利用"$\varepsilon-\delta$"定义证明过程中,$|f(x,y)-0|=\big||f(x,y)|-0\big|$. 这个结论的价值在于要证明某个二元函数为无穷小函数,可以证明它的绝对值也为无穷小函数,而它的绝对值一定会大于等于零的,只需要它的绝对值小于等于某个正无穷小函数即可,这一步可以通过不等式放缩来完成,最后利用多元函数重极限的夹逼准则即证. 例如要证明 $\lim\limits_{(x,y)\to(0,0)}\frac{xy}{\sqrt{x^2+y^2}}=0$,可以等价于证明 $\lim\limits_{(x,y)\to(0,0)}\frac{|xy|}{\sqrt{x^2+y^2}}=0$,此时可进行不等式放缩,具体如下:$0\leqslant\frac{|xy|}{\sqrt{x^2+y^2}}\leqslant\frac{\frac{1}{2}(x^2+y^2)}{\sqrt{x^2+y^2}}=\frac{1}{2}\sqrt{x^2+y^2}$,同时有 $\lim\limits_{(x,y)\to(0,0)}\frac{1}{2}\sqrt{x^2+y^2}=0$.

5. 在求解二重极限 $\lim\limits_{(x,y)\to(0,0)}\dfrac{x^3-xy^2}{x^2+y^2}$中,有学生采用下列做法完成并认为是正确的.

令 $x=\rho\cos\theta, y=\rho\sin\theta$,则有

$$\lim_{(x,y)\to(0,0)}\frac{x^3-xy^2}{x^2+y^2}=\lim_{\rho\to0}\frac{\rho^3\cos^3\theta-\rho^3\cos\theta\sin^2\theta}{\rho^2}=\lim_{\rho\to0}(\rho\cos^3\theta-\rho\cos\theta\sin^2\theta)=0-0=0$$

【解析】以上的求解方法是错误的,但答案是正确的. 若二重极限 $\lim\limits_{(x,y)\to(x_0,y_0)}f(x,y)$存在,则要求动点$(x,y)$以任意方式、任何方向趋于定点$(x_0,y_0)$. 而上面的求解方法仅仅说明了动点$(x,y)$沿着从原点引出的射线趋于点$(0,0)$时二元函数的极限为0. 这并不能保证所求的二重极限也为0. 此题正确的求解方法如下:

因为 $\lim\limits_{(x,y)\to(0,0)}x=0$,且二元函数$\dfrac{x^2-y^2}{x^2+y^2}$有界,由无穷小函数与有界函数乘积仍为无穷小函数得,$\lim\limits_{(x,y)\to(0,0)}\dfrac{x^3-xy^2}{x^2+y^2}=0$.

6. 在求解二重极限 $\lim\limits_{(x,y)\to(0,0)}\dfrac{xy^2}{x^2+y^2}$中,有学生采用下列做法完成并认为是正确的.

因为$0\leqslant\dfrac{|xy^2|}{x^2+y^2}\leqslant\dfrac{|xy^2|}{2|xy|}=\dfrac{|y|}{2}$,且 $\lim\limits_{(x,y)\to(0,0)}\dfrac{|y|}{2}=0$,由多元函数重极限存在的夹逼准则得 $\lim\limits_{(x,y)\to(0,0)}\dfrac{|xy^2|}{x^2+y^2}=0$,进而 $\lim\limits_{(x,y)\to(0,0)}\dfrac{xy^2}{x^2+y^2}=0$.

【解析】以上的求解方法是错误的,但答案是正确的. 在利用多元函数重极限存在的夹逼准则方法对二元函数进行不等式放缩时,往往要求变分子而不能变分母,这是因为变分母可能会使得函数的定义域发生改变而引起错误. 以上述的求解来说明,在$\dfrac{|xy^2|}{x^2+y^2}\leqslant\dfrac{|xy^2|}{2|xy|}$放缩过程中,二元函数的定义域从“$x\neq0$ 或 $y\neq0$”变为了“$x\neq0$ 且 $y\neq0$”,从而减少了趋近路径的方式. 此题正确的求解方法如下:

因为 $\lim\limits_{(x,y)\to(0,0)}x=0$,且二元函数$\dfrac{y^2}{x^2+y^2}$有界,由无穷小函数与有界函数乘积仍为无穷小函数得,$\lim\limits_{(x,y)\to(0,0)}\dfrac{xy^2}{x^2+y^2}=0$.

7. 设 $f(x,y)=\dfrac{1}{xy}$, $r=\sqrt{x^2+y^2}$, $D_1=\left\{(x,y)\,|\,x\in\mathbf{R},y\in\mathbf{R},\dfrac{x}{k}\leqslant y\leqslant kx,k>1\right\}$, $D_2=\{(x,y)\,|\,x>0,y>0\}$,则极限$\lim\limits_{\substack{r\to+\infty\\(x,y)\in D_1}}f(x,y)$存在,而极限$\lim\limits_{\substack{r\to+\infty\\(x,y)\in D_2}}f(x,y)$不存在.

【解析】正确. 具体理由如下:

对于极限$\lim\limits_{\substack{r\to+\infty\\(x,y)\in D_1}}f(x,y)$而言,因为$\dfrac{1}{kx^2}\leqslant\dfrac{1}{xy}\leqslant\dfrac{k}{x^2}$,且$\lim\limits_{\substack{r\to+\infty\\(x,y)\in D_1}}\dfrac{1}{kx^2}=0$, $\lim\limits_{\substack{r\to+\infty\\(x,y)\in D_1}}\dfrac{k}{x^2}=0$,由多元函数重极限存在的夹逼准则得,$\lim\limits_{\substack{r\to+\infty\\(x,y)\in D_1}}f(x,y)=\lim\limits_{\substack{r\to+\infty\\(x,y)\in D_1}}\dfrac{1}{xy}=0$.

对于极限$\lim\limits_{\substack{r\to+\infty\\(x,y)\in D_2}}f(x,y)$而言,因为$\lim\limits_{\substack{r\to+\infty\\xy=1}}f(x,y)=\lim\limits_{\substack{r\to+\infty\\xy=1}}\dfrac{1}{xy}=\dfrac{1}{1}=1$, $\lim\limits_{\substack{r\to+\infty\\xy=2}}f(x,y)=\lim\limits_{\substack{r\to+\infty\\xy=2}}\dfrac{1}{xy}=\dfrac{1}{2}$,

所以 $\lim\limits_{\substack{r\to+\infty \\ (x,y)\in D_2}} f(x,y)$ 不存在.

8. 在求解二重极限 $\lim\limits_{(x,y)\to(0,0)}\frac{\sin(xy)}{x}$ 问题中,有学生利用下列方法求解并认为是正确的.

$$\lim_{(x,y)\to(0,0)}\frac{\sin(xy)}{x}=\lim_{(x,y)\to(0,0)}\frac{\sin(xy)}{xy}\cdot y=\lim_{(x,y)\to(0,0)}\frac{\sin(xy)}{xy}\cdot\lim_{(x,y)\to(0,0)}y=1\times 0=0.$$

【解析】求解方法错误,但求解答案正确.上述求解过程中,第一步"$\lim\limits_{(x,y)\to(0,0)}\frac{\sin(xy)}{x}=\lim\limits_{(x,y)\to(0,0)}\frac{\sin(xy)}{xy}\cdot y$"是不正确的,这是因为等号左端极限需不考虑 y 轴($x=0$)上的点,但可考虑 x 轴($y=0$)上的非零点;而右端极限既不考虑 y 轴上的点也不考虑 x 轴上的点,也就是说,当动点 (x,y) 趋于定点 $(0,0)$ 时,趋近路径和趋近方式进行了约束,因此等式右边等于 0 不能导出等式左边也等于0. 本问题正确的求解方法是利用多元函数重极限存在的夹逼准则来求解.因为

$$0\leqslant\left|\frac{\sin xy}{x}\right|\leqslant\left|\frac{xy}{x}\right|=|y|,\text{且}\lim_{(x,y)\to(0,0)}0=0,\quad\lim_{(x,y)\to(0,0)}|y|=0,$$

由多元函数重极限存在的夹逼准则得,$\lim\limits_{(x,y)\to(0,0)}\frac{\sin xy}{x}=0.$

9. 当 $(x,y)\to(0,0)$ 时,二元函数 $\sin(xy)$ 和 xy 是等价无穷小,因此 $\lim\limits_{(x,y)\to(0,0)}\frac{\sin(xy)}{xy}=1.$

【解析】错误.当 $(x,y)\to(0,0)$ 时,二元函数 $\sin(xy)$ 和 xy 都是无穷小函数,但是这两个二元无穷小函数并不是等价的,这是因为在趋近过程中二元函数的函数值是不能为零的,而在 $(x,y)\to(0,0)$ 中,$\sin(xy)$ 和 xy 都会在某些点处的取值为零.需要注意的是,二重极限 $\lim\limits_{(x,y)\to(0,0)}\frac{\sin(xy)}{xy}=1$ 是正确的,可用变量代换 $t=xy$ 和重要极限公式求解完成.

10. 已知二元函数 $f(x,y)=\begin{cases}\frac{xy^2}{x^2+y^4}, & x^2+y^2\neq 0\\ 0, & x^2+y^2=0\end{cases}$,则当动点 (x,y) 沿过点 $(0,0)$ 的每一条射线 $x=t\cos\alpha,y=t\sin\alpha(0<t<+\infty)$ 趋于点 $(0,0)$ 时,$f(x,y)$ 的极限为 $f(0,0)$,即 $\lim\limits_{t\to 0^+}f(t\cos\alpha,t\sin\alpha)=f(0,0)$,但 $f(x,y)$ 在点 $(0,0)$ 处不连续.

【解析】正确.这是因为

$$\lim_{t\to0^+}f(t\cos\alpha,t\sin\alpha)=\lim_{t\to0^+}\frac{t\cos\alpha\cdot t^2\sin^2\alpha}{(t\cos\alpha)^2+(t\sin\alpha)^4}=\lim_{t\to0^+}\frac{t\cos\alpha\sin^2\alpha}{(\cos\alpha)^2+t^2(\sin\alpha)^4}=0=f(0,0),$$

但 $\lim\limits_{\substack{(x,y)\to(0,0)\\ x=ky^2}}f(x,y)=\lim\limits_{\substack{(x,y)\to(0,0)\\ x=ky^2}}\frac{xy^2}{x^2+y^4}=\lim\limits_{y\to0}\frac{k}{k^2+1}=\frac{k}{k^2+1}$ 与 k 有关,这说明了二重极限 $\lim\limits_{(x,y)\to(0,0)}f(x,y)$ 不存在,因此 $f(x,y)$ 在点 $(0,0)$ 处不连续.

11. 若二次极限 $\lim\limits_{x\to x_0}\lim\limits_{y\to y_0}f(x,y)$ 和 $\lim\limits_{y\to y_0}\lim\limits_{x\to x_0}f(x,y)$ 存在,则二重极限 $\lim\limits_{(x,y)\to(x_0,y_0)}f(x,y)$ 必存在。

【解析】错误.若二次极限 $\lim\limits_{x\to x_0}\lim\limits_{y\to y_0}f(x,y)$ 和 $\lim\limits_{y\to y_0}\lim\limits_{x\to x_0}f(x,y)$ 存在,则二重极限 $\lim\limits_{(x,y)\to(x_0,y_0)}f(x,y)$ 未必存在.例如,$\lim\limits_{x\to0}\lim\limits_{y\to0}\frac{xy}{x^2+y^2}=\lim\limits_{y\to0}\lim\limits_{x\to0}\frac{xy}{x^2+y^2}=0$,但二重极限 $\lim\limits_{(x,y)\to(0,0)}\frac{xy}{x^2+y^2}$ 不存在.

12. 若$\lim\limits_{x \to x_0}\lim\limits_{y \to y_0} f(x,y)$存在,则$\lim\limits_{y \to y_0}\lim\limits_{x \to x_0} f(x,y)$存在.

【解析】错误. 若$\lim\limits_{x \to x_0}\lim\limits_{y \to y_0} f(x,y)$存在,则$\lim\limits_{y \to y_0}\lim\limits_{x \to x_0} f(x,y)$未必存在. 例如$\lim\limits_{x \to 0}\lim\limits_{y \to 0}\left(y\sin\dfrac{1}{x}\right)=0$,但$\lim\limits_{y \to 0}\lim\limits_{x \to 0}\left(y\sin\dfrac{1}{x}\right)$不存在。同理,若$\lim\limits_{y \to y_0}\lim\limits_{x \to x_0} f(x,y)$存在,则$\lim\limits_{x \to x_0}\lim\limits_{y \to y_0} f(x,y)$未必存在. 也就是说,$\lim\limits_{x \to x_0}\lim\limits_{y \to y_0} f(x,y)$存在和$\lim\limits_{y \to y_0}\lim\limits_{x \to x_0} f(x,y)$存在没有必然的联系.

事实上,二重极限与二次极限中平面上的点$P(x,y)$趋向于点$P_0(x_0,y_0)$的方式不同,从其中一种极限的存在并不能断定另一种极限的存在,但当二重极限和二次极限都存在时,则三个极限是相等的.

13. 多元初等函数在定义域内处处连续.

【解析】错误. 例如二元初等函数$z=\sqrt{\sin x-1}\sqrt{\sin y-1}$的定义域是孤立的点集$\left\{\left(2k\pi+\dfrac{\pi}{2},2n\pi+\dfrac{\pi}{2}\right)\mid k,n\in\mathbf{Z}\right\}$,在这些点处都不连续.

14. 多元初等函数在闭区域上有最大值和最小值.

【解析】错误. 例如二元初等函数$f(x,y)=xy$在闭区域$\mathbf{R}^2$上没有最大值和最小值。正确的表达应该是"多元初等函数在有界闭区域上有最大值和最小值",这是因为若多元初等函数在有界闭区域上有定义则必定是连续的.

15. 多元初等函数在有界区域内有最大值和最小值.

【解析】错误. 例如$f(x,y)=x^2-y^2$在有界区域$\{(x,y)\mid 0<x<1,0<y<1\}$内没有最大值和最小值. 因为区域$\{(x,y)\mid 0<x<1,0<y<1\}$虽然有界,但是为开区域,正确的表达应该是"多元初等函数在有界闭区域上有最大值和最小值".

16. 对于讨论二元函数$f(x,y)=\begin{cases}\dfrac{xy}{x^2+y^2}, & x^2+y^2\neq 0\\ 0, & x^2+y^2=0\end{cases}$在点(0,0)处偏导数是否存在问题,有学生采用下列做法完成并认为是正确的.

因为$f_x(0,0)=\lim\limits_{\Delta x \to 0}\dfrac{f(\Delta x,0)-f(0,0)}{\Delta x}=\lim\limits_{\Delta x \to 0}\dfrac{0-0}{\Delta x}=\lim\limits_{\Delta x \to 0}0=0$,则$f(x,y)$在点(0,0)处对$x$的偏导数存在且为0.

【解析】以上的求解方法是错误的,但答案是正确的. 这是因为在讨论偏导数是否存在问题中,我们并不知道偏导数是否存在,有可能存在也有可能不存在. 此时就不能直接写出等式$f_x(0,0)=\lim\limits_{\Delta x \to 0}\dfrac{f(\Delta x,0)-f(0,0)}{\Delta x}$,这个等式意味着$f(x,y)$在点(0,0)处对$x$的偏导数是存在的. 正确的求解方法是把$f_x(0,0)$写到最后面,具体为

$$\lim_{\Delta x \to 0}\frac{f(\Delta x,0)-f(0,0)}{\Delta x}=\lim_{\Delta x \to 0}\frac{0-0}{\Delta x}=\lim_{\Delta x \to 0}0=0=f_x(0,0).$$

值得注意的是,若极限$\lim\limits_{\Delta x \to 0}\dfrac{f(\Delta x,0)-f(0,0)}{\Delta x}$不存在,则$f_x(0,0)$这个符号就不用出现了. 事实上,如果要求解$f(x,y)$在点(0,0)处对$x$的偏导数,则通常意味着偏导数是存在的,上述求解方法和过程都是正确的.

17. 二元函数$f(x,y)=\begin{cases} y\sin\dfrac{1}{x^2+y^2}, & x^2+y^2\neq 0 \\ 0, & x^2+y^2=0 \end{cases}$在点$(0,0)$处对$x$的偏导数存在,而对$y$的偏导数不存在.

【解析】正确. 利用偏导数的定义易得,具体如下

因为$\lim\limits_{\Delta x\to 0}\dfrac{f(\Delta x,0)-f(0,0)}{\Delta x}=\lim\limits_{\Delta x\to 0}\dfrac{0-0}{\Delta x}=\lim\limits_{\Delta x\to 0}0=0=f_x(0,0)$,则$f(x,y)$在点$(0,0)$处对$x$的偏导数存在且为0. 又$\lim\limits_{\Delta y\to 0}\dfrac{f(0,\Delta y)-f(0,0)}{\Delta y}=\lim\limits_{\Delta y\to 0}\dfrac{\Delta y\sin\dfrac{1}{(\Delta y)^2}-0}{\Delta y}=\lim\limits_{\Delta y\to 0}\sin\dfrac{1}{(\Delta y)^2}$不存在,则$f(x,y)$在点$(0,0)$处对$y$的偏导数不存在.

18. 若二元函数$f(x,y)$在点(x_0,y_0)两个偏导数都存在且相等,则$f(x,y)$在点(x_0,y_0)连续.

【解析】错误. 二元函数在一点处的两个偏导数都存在且相等并不能保证它在该点处连续. 事实上,二元函数的偏导数存在性与连续性无关,这与一元函数是不一样的. 例如二元函数$f(x,y)=\begin{cases} \dfrac{xy}{x^2+y^2}, & x^2+y^2\neq 0 \\ 0, & x^2+y^2=0 \end{cases}$在点$(0,0)$处两个偏导数都存在且都为0,但是不连续的,这是因为二重极限$\lim\limits_{(x,y)\to(0,0)}\dfrac{xy}{x^2+y^2}$不存在.

19. 若偏导数$f_x(x_0,y_0)$存在,则一元函数$g(x)=f(x,y_0)$在点x_0连续.

【解析】正确. 若偏导数$f_x(x_0,y_0)$存在,则极限$\lim\limits_{\Delta x\to 0}\dfrac{f(x_0+\Delta x,y_0)-f(x_0,y_0)}{\Delta x}$存在,这个极限也就是一元函数$g(x)=f(x,y_0)$在点$x_0$处的导数,也就是说,偏导数$f_x(x_0,y_0)$存在使得一元函数$g(x)=f(x,y_0)$在点$x_0$可导,进而在点$x_0$处连续. 同理,偏导数$f_y(x_0,y_0)$存在使得一元函数$h(x)=f(x_0,y)$在点$y_0$可导,进而在点$y_0$处也连续.

20. 若$\lim\limits_{(x,y)\to(a,a)}f(x,y)=A$,则$\lim\limits_{x\to a}f(x,x)=A$.

【解析】正确. 若$\lim\limits_{(x,y)\to(a,a)}f(x,y)=A$,则意味着动点$(x,y)$以任意方式任意途径趋于定点$(a,a)$时,函数值$f(x,y)$趋于常数$A$. 若动点$(x,y)$沿直线$y=x$定点$(a,a)$时,函数值$f(x,y)$也趋于常数$A$,即有$\lim\limits_{\substack{x\to a\\ y=x}}f(x,y)=A=\lim\limits_{x\to a}f(x,x)$. 故上述结论成立.

21. 若函数$z=f(x,y)$的二阶混合偏导数$\dfrac{\partial^2 z}{\partial x\partial y}$和$\dfrac{\partial^2 z}{\partial y\partial x}$存在,则$\dfrac{\partial^2 z}{\partial x\partial y}=\dfrac{\partial^2 z}{\partial y\partial x}$.

【解析】错误. 例如二元函数$z=f(x,y)=\begin{cases} xy\dfrac{x^2-y^2}{x^2+y^2}, & x^2+y^2\neq 0 \\ 0, & x^2+y^2=0 \end{cases}$,计算可得

$$f_x(x,y)=\begin{cases} y\dfrac{x^4+4x^2y^2-y^4}{(x^2+y^2)^2}, & x^2+y^2\neq 0 \\ 0, & x^2+y^2=0 \end{cases},$$

$$f_y(x,y)=\begin{cases} x\dfrac{x^4-4x^2y^2-y^4}{(x^2+y^2)^2}, & x^2+y^2\neq 0 \\ 0, & x^2+y^2=0 \end{cases},$$

且

$$f_{xy}(0,0)=\lim_{\Delta y\to 0}\frac{f_x(0,\Delta y)-f_x(0,0)}{\Delta y}=\lim_{\Delta y\to 0}\frac{-\Delta y}{\Delta y}=-1,$$

$$f_{yx}(0,0)=\lim_{\Delta x\to 0}\frac{f_y(\Delta x,0)-f_y(0,0)}{\Delta x}=\lim_{\Delta x\to 0}\frac{\Delta x}{\Delta x}=1,$$

显然有 $f_{xy}(0,0)\neq f_{yx}(0,0)$.

事实上,高阶混合偏导数连续时与对变量的求导顺序无关.

22. 若二元函数 $f(x,y)$ 在点 (x_0,y_0) 两个偏导数都存在且都为零,则 $f(x,y)$ 在点 (x_0,y_0) 可微分.

【解析】错误. 二元函数在一点处的两个偏导数都存在且相等(即使都为零)并不能保证它在该点处可微分. 这与一元函数是不一样的(一元函数可导性和可微性是等价的). 例如二元函数 $f(x,y)=\begin{cases}\dfrac{xy}{x^2+y^2}, & x^2+y^2\neq 0\\ 0, & x^2+y^2=0\end{cases}$ 在点 $(0,0)$ 处两个偏导数都存在且都为0,但在该点处不连续 $\left(\text{这是因为二重极限}\lim\limits_{(x,y)\to(0,0)}\dfrac{xy}{x^2+y^2}\text{不存在}\right)$,进而在该点处也是不可微分的. 事实上,二元函数在一点处的偏导数都存在是在该点处可微分的必要非充分条件.

23. 设二元函数 $f(x,y)=g(x)h(y)$,$g(x)$ 和 $h(y)$ 均为一元连续函数,则 $f(x,y)$ 在整个 xOy 面上连续.

【解析】正确. 不妨设点 (x_0,y_0) 为 xOy 面任一点,因为 $g(x)$ 和 $h(y)$ 均为一元连续函数,则有 $\lim\limits_{(x,y)\to(x_0,y_0)}g(x)=\lim\limits_{x\to x_0}g(x)=g(x_0)$, $\lim\limits_{(x,y)\to(x_0,y_0)}h(y)=\lim\limits_{y\to y_0}h(y)=h(y_0)$,由极限的四则运算法则可得

$$\lim_{(x,y)\to(x_0,y_0)}f(x,y)=\lim_{(x,y)\to(x_0,y_0)}g(x)\lim_{(x,y)\to(x_0,y_0)}h(y)=g(x_0)h(y_0)=f(x_0,y_0),$$

即 $f(x,y)$ 在点 (x_0,y_0) 连续. 由 (x_0,y_0) 任意性,$f(x,y)$ 在整个 xOy 面上连续.

24. 设二元函数 $f(x,y)=g(x)h(y)$,$g(x)$ 和 $h(y)$ 均具有二阶导数,则

$$\frac{\partial^2 f(x,y)}{\partial x^2}+\frac{\partial^2 f(x,y)}{\partial y^2}=g''(x)h(y)+g(x)h''(y).$$

【解析】正确. 这是因为

$$\begin{aligned}\frac{\partial^2 f(x,y)}{\partial x^2}+\frac{\partial^2 f(x,y)}{\partial y^2}&=\frac{\partial^2(g(x)h(y))}{\partial x^2}+\frac{\partial^2(g(x)h(y))}{\partial y^2}\\&=h(y)\frac{\mathrm{d}^2(g(x))}{\mathrm{d}x^2}+g(x)\frac{\mathrm{d}^2(h(y))}{\mathrm{d}y^2}=g''(x)h(y)+g(x)h''(y).\end{aligned}$$

25. 二元函数 $z=\dfrac{1}{2a\sqrt{\pi t}}\mathrm{e}^{-\frac{(x-a)^2}{4a^2t}}$ 满足方程 $\dfrac{\partial z}{\partial t}=a^2\dfrac{\partial^2 z}{\partial x^2}$.

【解析】正确. 这是因为

$$\frac{\partial z}{\partial t}=-\frac{1}{4a\sqrt{\pi t^3}}\mathrm{e}^{-\frac{(x-a)^2}{4a^2t}}+\frac{1}{2a\sqrt{\pi t}}\mathrm{e}^{-\frac{(x-a)^2}{4a^2t}}\cdot\frac{(x-a)^2}{4a^2t^2}=\frac{z}{t}\left[-\frac{1}{2}+\frac{(x-a)^2}{4a^2t}\right],$$

$$\frac{\partial z}{\partial x}=\frac{1}{2a\sqrt{\pi t}}\mathrm{e}^{-\frac{(x-a)^2}{4a^2t}}\cdot\left[-\frac{2(x-a)}{4a^2t}\right]=-\frac{z(x-a)}{2a^2t},$$

$$\frac{\partial^2 z}{\partial x^2}=-\frac{\partial z}{\partial x}\frac{(x-a)}{2a^2t}-z\frac{1}{2a^2t}=z\frac{(x-a)}{2a^2t}\frac{(x-a)}{2a^2t}-z\frac{1}{2a^2t}=z\frac{(x-a)^2-2a^2t}{4a^4t^2},$$

则有 $a^2\frac{\partial^2 z}{\partial x^2}=z\frac{(x-a)^2-2a^2t}{4a^2t^2}=\frac{z}{t}\left[-\frac{1}{2}+\frac{(x-a)^2}{4a^2t}\right]=\frac{\partial z}{\partial t}$,故上述结论成立.

26. 如果二元函数$f(x,y)$满足方程$A\frac{\partial^2 f}{\partial x^2}+2B\frac{\partial^2 f}{\partial x\partial y}+C\frac{\partial^2 f}{\partial y^2}=0$,其中$A$、$B$、$C$都是常数,且$f(x,y)$具有三阶连续偏导数,那么偏导函数$\frac{\partial f}{\partial x}$和$\frac{\partial f}{\partial y}$也都满足这个方程.

【解析】正确. 理由如下:记$u=\frac{\partial f}{\partial x}$,则$\frac{\partial u}{\partial x}=\frac{\partial^2 f}{\partial x^2},\frac{\partial u}{\partial y}=\frac{\partial^2 f}{\partial x\partial y}$,进而

$$\frac{\partial^2 u}{\partial x^2}=\frac{\partial^3 f}{\partial x^3},\frac{\partial^2 u}{\partial x\partial y}=\frac{\partial^3 f}{\partial x^2\partial y},\frac{\partial^2 u}{\partial y^2}=\frac{\partial^2 f}{\partial x\partial y^2},$$

因此

$$\begin{aligned}A\frac{\partial^2 u}{\partial x^2}+2B\frac{\partial^2 u}{\partial x\partial y}+C\frac{\partial^2 u}{\partial y^2}&=A\frac{\partial^3 f}{\partial x^3}+2B\frac{\partial^3 f}{\partial x^2\partial y}+C\frac{\partial^3 f}{\partial x\partial y^2}\\&=\frac{\partial}{\partial x}(A\frac{\partial^2 f}{\partial x^2}+2B\frac{\partial^2 f}{\partial x\partial y}+C\frac{\partial^2 f}{\partial y^2})=\frac{\partial(0)}{\partial x}=0.\end{aligned}$$

故$\frac{\partial f}{\partial x}$满足上述方程. 同理,$\frac{\partial f}{\partial y}$也满足上述方程.

27. 关于问题:设$y=f(x,t)$,t而是由方程$F(x,y,t)=0$所确定的x、y的函数,求$\frac{\mathrm{d}y}{\mathrm{d}x}$. 有学生采用下列做法完成并认为是正确的.

由$y=f(x,t)$可得,$\frac{\mathrm{d}y}{\mathrm{d}x}=f_1'+f_2'\frac{\partial t}{\partial x}$. 又由$F(x,y,t)=0$可得,$\frac{\partial t}{\partial x}=-\frac{F_1'}{F_3'}$. 代入得,$\frac{\mathrm{d}y}{\mathrm{d}x}=f_1'+f_2'\left(-\frac{F_1'}{F_3'}\right)=\frac{f_1'F_3'-f_2'F_1'}{F_3'}$.

【解析】以上的求解方法是错误的,关键是没有分析清楚函数的关系. 事实上,这是一个三个未知量、两个方程的隐函数求导问题,首先需要联立建立方程组,由隐函数存在定理可以确定两个一元隐函数. 从$\frac{\mathrm{d}y}{\mathrm{d}x}$可得,$x$为自变量,而$y$和$t$都是关于$x$的一元函数. 此问题正确的求解方法为:首先联立得到方程组$\begin{cases}y=f(x,t),\\F(x,y,t)=0\end{cases}$,两个方程的两边分别对$x$求导得,

$$\begin{cases}\frac{\mathrm{d}y}{\mathrm{d}x}=f_1'+f_2'\frac{\mathrm{d}t}{\mathrm{d}x},\\F_1'+F_2'\frac{\mathrm{d}y}{\mathrm{d}x}+F_3'\frac{\mathrm{d}t}{\mathrm{d}x}=0\end{cases},解得\frac{\mathrm{d}y}{\mathrm{d}x}=\frac{(f_1'-f_2')F_1'}{F'_3+F_2'f_2'}.$$

值得注意的是,若不想判定哪个变量是自变量哪个变量是因变量,则可利用微分法来求解,请读者自行学习.

28. 螺旋线$\boldsymbol{r}=(a\cos\theta,a\sin\theta,k\theta)(a>0,k>0)$上任一点的切线与$Oz$轴交成定角.

【解析】正确. 设螺旋线$\boldsymbol{r}=(a\cos\theta,a\sin\theta,k\theta)$上某一点所对应的参数为$\theta_0$,则在该点处的切向量为$(-a\sin\theta_0,a\cos\theta_0,k)$. 因为$k>0$,所以在该点处的切线与$Oz$轴的夹角等于切向量

$(-a\sin\theta_0, a\cos\theta_0, k)$与单位向量$(0,0,1)$的夹角$\varphi$. 由两向量的数量积可得,$\varphi=\arccos\dfrac{(-a\sin\theta_0, a\cos\theta_0, k)\cdot(0,0,1)}{|(-a\sin\theta_0, a\cos\theta_0, k)|}=\arccos\dfrac{k}{\sqrt{a^2+k^2}}$,易得夹角$\varphi$的大小与参数$\theta$无关,故结论成立.

29. 二元函数$f(x,y)=(xy)^{\frac{1}{3}}$在$(0,0)$处只有沿两个坐标轴的正、负方向的方向导数才存在,沿其他方向的方向导数都不存在.

【解析】正确. 考虑极限

$$\lim_{t\to0^+}\frac{f(0+t\cos\theta, 0+t\sin\theta)-f(0,0)}{t}=\lim_{t\to0^+}\frac{(\cos\theta\sin\theta)^{\frac{1}{3}}}{t^{\frac{1}{3}}},$$

当$\theta=0$、$\dfrac{\pi}{2}$、π、$\dfrac{3\pi}{2}$时,上极限存在且都等于0. 这说明$f(x,y)=(xy)^{\frac{1}{3}}$在$(0,0)$处沿两个坐标轴的正、负方向的方向导数都存在且为0. 当$\theta\neq0$、$\dfrac{\pi}{2}$、π、$\dfrac{3\pi}{2}$时,上极限必不存在. 这说明$f(x,y)=(xy)^{\frac{1}{3}}$在$(0,0)$处沿除了两个坐标轴的正、负方向的其他方向的方向导数都不存在. 故上述结论正确.

30. 若二元函数$f(x,y)$在点(x_0,y_0)处的偏导数$f_x(x_0,y_0)$、$f_y(x_0,y_0)$存在,则它在该点处沿任意方向$\boldsymbol{e}_l=(\cos\alpha,\sin\alpha)$的方向导数$\left.\dfrac{\partial f}{\partial \boldsymbol{e}_l}\right|_{(x_0,y_0)}$一定存在,且有

$$\left.\frac{\partial f}{\partial \boldsymbol{e}_l}\right|_{(x_0,y_0)}=f_x(x_0,y_0)\cos\alpha+f_y(x_0,y_0)\sin\alpha.$$

【解析】错误. 例如$f(x,y)=\begin{cases}\dfrac{xy}{x^2+y^2}, & (x,y)\neq(0,0)\\ 0, & (x,y)=(0,0)\end{cases}$在点$(0,0)$有$f_x(0,0)=f_y(0,0)=0$,但它在$(0,0)$点沿方向$\boldsymbol{e}_l=(\cos\alpha,\sin\alpha)$的方向导数为

$$\left.\frac{\partial f}{\partial \boldsymbol{e}_l}\right|_{(0,0)}=\lim_{t\to0^+}\frac{f(t\cos\alpha, t\sin\alpha)-0}{t}=\lim_{t\to0^+}\frac{\dfrac{t^2\cos\alpha\sin\alpha}{t^2\cos^2\alpha+t^2\sin^2\alpha}-0}{t}=\lim_{t\to0^+}\frac{\sin2\alpha}{2t},$$

易得当$\alpha\neq0,\dfrac{\pi}{2},\pi,\dfrac{3\pi}{2}$时,$\left.\dfrac{\partial f}{\partial \boldsymbol{e}_l}\right|_{(0,0)}$不存在. 即二元函数在一点处偏导数都存在,那么在该点沿任意方向的方向导数不一定存在,只有二元函数在一点可微分时,它在该点处沿任意方向的方向导数才都存在并可以这样计算.

31. 二元函数$z=3x^2+5y^2$的等高线是椭圆周.

【解析】正确. 令$z=z_0>0$,则有$3x^2+5y^2=z_0$,说明了等高线就是处在平面$z=z_0$上的一个封闭的椭圆周.

32. 若二元函数$f(x,y)$和$g(x,y)$具有相同的梯度,则它们具有相同的函数表达式.

【解析】错误. 若二元函数$f(x,y)$和$g(x,y)$具有相同的梯度,则$f(x,y)$和$g(x,y)$的表达式不一定相同,一般情形下它们相差一个常数.

33. 若二元函数$f(x,y)$在点(x_0,y_0)两个偏导数都存在且都为0,则函数$z=f(x,y)$在点(x_0,y_0)有一个水平的切平面.

【解析】错误. 二元函数$f(x,y)$在点(x_0,y_0)两个偏导数都存在且都为0,并不能保证

$f(x,y)$在点(x_0,y_0)处可微分,这也说明了切平面不一定存在. 事实上,只有在可微分条件下才存在切平面. 如果增加条件"$f(x,y)$在点(x_0,y_0)可微分",那么结论就成立了. 例如二元函数

$$f(x,y)=\begin{cases}\dfrac{xy}{x^2+y^2}, & x^2+y^2\neq 0\\ 0, & x^2+y^2=0\end{cases}$$

在点$(0,0)$处两个偏导数都存在且都为0,但是不连续的,进而在该点处也不存在切平面.

34. 二元函数$f(x,y)$的梯度与$z=f(x,y)$的曲面图形垂直.

【解析】错误. 这是因为二元函数$f(x,y)$的梯度是一个二维向量值函数,而$z=f(x,y)$的曲面是三维空间的一张曲面,维数不一致. 事实上,$f(x,y)$的梯度与平面上$z_0=f(x,y)$(z_0为一常数)所对应的曲线在某一确定点处的切线或切向量是垂直的,这也是梯度的几何意义.

35. 若$f_x(x_0,y_0)=f_y(x_0,y_0)=0$,则二元函数$f(x,y)$在点$(x_0,y_0)$取得极值.

【解析】错误. 二元函数在一点处的两个偏导数都为零,并不能保证在该点处取得极值. 例如二元函数$f(x,y)=xy$在点$(0,0)$处的两个偏导数都为零,但在$(0,0)$处不取得极值. 值得注意的是,二元函数在一点处取得极值和两个偏导数都为零没有必然的联系,但是在可微分的条件下,二元函数在一点处取得极值是两个偏导数都为零的充分非必要条件.

36. 若二元函数$f(x,y)=e^x\sin y$为在给定平面内点(x,y)处的温度,则热导仪将从原点出发沿着方向$\boldsymbol{j}$或$(0,-1)$运动.

【解析】错误. 由梯度的意义可得,热导仪将从原点出发将沿着负梯度的方向运动. 因为$\mathbf{grad}\,f(x,y)=(e^x\sin y,e^x\cos y)$,即$-\mathbf{grad}\,f(0,0)=(0,-1)$. 事实上,热导仪的运动轨迹应该是一条平面曲线(该曲线方程是可以通过微分方程有关知识求解出),而仅仅在原点处它应沿着方向$(0,-1)$运动,也就是说在其他点处并不是沿着方向$(0,-1)$运动.

37. 二元函数$f(x,y)=\sqrt[3]{x^4+y^2}$在点$(0,0)$处取得最小值.

【解析】正确. 这是因为$f(0,0)=0$,而$f(x,y)$在非零点处的函数值均大于0,由最值的定义,$f(x,y)$在点$(0,0)$处取得最小值.

38. 二元函数$f(x,y)=\sqrt[3]{x^4+y}$既没有最小值也没有最大值.

【解析】正确. 因为$f(x,y)=\sqrt[3]{x^4+y}$和二元可微函数$g(x,y)=x^4+y$有相同的最值性态,现考虑$g(x,y)=x^4+y$的最值问题,注意到$\dfrac{\partial g(x,y)}{\partial y}=1$,即$g(x,y)=x^4+y$没有驻点,进而也没有最值点和极值点,故$f(x,y)=\sqrt[3]{x^4+y}$也没有最值点和极值点.

39. 若二元函数$f(x,y)$在有界闭区域D上连续,则$f(x,y)$在D上存在最大值.

【解析】正确. 这是因为二元连续函数在有界闭区域上存在最大值和最小值(最值定理).

40. 二元函数$f(x,y)$在平面开区域D的一内点(x_0,y_0)处取得最值,则$f(x,y)$在点(x_0,y_0)处的梯度为零向量.

【解析】错误. 这是因为即使$f(x,y)$在内点(x_0,y_0)处取得最值,那么在该点处的偏导数未必存在,进而在该点处未必可微分并且未必存在梯度. 例如$f(x,y)=\sqrt{x^2+y^2}$在点$(0,0)$处取得最小值,但是在点$(0,0)$处偏导数不存在且不可微分,进而在点$(0,0)$处的梯度不存在. 事实上,如果增加条件"$f(x,y)$在点(x_0,y_0)处可微分",那么上述结论便成立.

41. 二元函数$f(x,y)=\sin(xy)$在平面开区域$\{(x,y)\mid x^2+y^2<1\}$内没有最大值.

【解析】正确. 因为$2|xy|\leqslant x^2+y^2<1$,即$|xy|<\dfrac{1}{2}$,令$\dfrac{\partial f(x,y)}{\partial x}=y\cos(xy)=0$,$\dfrac{\partial f(x,y)}{\partial y}=x\cos(xy)=0$,解得唯一解$x=y=0$,易知$f(x,y)=\sin(xy)$在唯一驻点$(0,0)$处不取得极值,也不取得最值. 即$f(x,y)=\sin(xy)$在开区域$\{(x,y)\mid x^2+y^2<1\}$内既没有最大值也没有最小值.

四、真题实战

(一) 选择题

1. 设函数$f(x,y)$在点$(0,0)$处可微,$f(0,0)=0$,$\boldsymbol{n}=\left(\dfrac{\partial f}{\partial x},\dfrac{\partial f}{\partial y},-1\right)\bigg|_{(0,0)}$,非零向量$\boldsymbol{d}$与$\boldsymbol{n}$垂直,则(　　).

(A) $\lim\limits_{(x,y)\to(0,0)}\dfrac{|\boldsymbol{n}\cdot(x,y,f(x,y))|}{\sqrt{x^2+y^2}}=0$存在

(B) $\lim\limits_{(x,y)\to(0,0)}\dfrac{|\boldsymbol{n}\times(x,y,f(x,y))|}{\sqrt{x^2+y^2}}=0$存在

(C) $\lim\limits_{(x,y)\to(0,0)}\dfrac{|\boldsymbol{d}\cdot(x,y,f(x,y))|}{\sqrt{x^2+y^2}}=0$存在

(D) $\lim\limits_{(x,y)\to(0,0)}\dfrac{|\boldsymbol{d}\times(x,y,f(x,y))|}{\sqrt{x^2+y^2}}=0$存在

2. 过点$(1,0,0)$,$(0,1,0)$,且与曲面$z=x^2+y^2$相切的平面为(　　).

(A) $z=0$与$x+y-z=1$　　(B) $z=0$与$2x+2y-z=2$

(C) $x=y$与$x+y-z=1$　　(D) $x=y$与$2x+2y-z=2$

3. 曲面$x^2+\cos(xy)+yz+x=0$在点$(0,1,-1)$处的切平面方程为(　　).

(A) $x-y+z=-2$　　(B) $x+y+z=0$

(C) $x-2y+z=-3$　　(D) $x-y-z=0$

4. 如果$f(x,y)$在$(0,0)$处连续,那么下列命题正确的是(　　).

(A) 若极限$\lim\limits_{\substack{x\to0\\y\to0}}\dfrac{f(x,y)}{|x|+|y|}$存在,则$f(x,y)$在$(0,0)$处可微

(B) 若极限$\lim\limits_{\substack{x\to0\\y\to0}}\dfrac{f(x,y)}{x^2+y^2}$存在,则$f(x,y)$在$(0,0)$处可微

(C) 若$f(x,y)$在$(0,0)$处可微,则极限$\lim\limits_{\substack{x\to0\\y\to0}}\dfrac{f(x,y)}{|x|+|y|}$存在

(D) 若$f(x,y)$在$(0,0)$处可微,则极限$\lim\limits_{\substack{x\to0\\y\to0}}\dfrac{f(x,y)}{x^2+y^2}$存在

5. 设函数$f(x)$具有二阶连续导数,且$f(x)>0$,$f'(0)=0$,则函数$z=f(x)\ln f(y)$在点$(0,0)$处取得极小值的一个充分条件是(　　).

(A) $f(0)>1$, $f''(0)>0$　　(B) $f(0)>1$, $f''(0)<0$

(C) $f(0)<1$, $f''(0)>0$　　(D) $f(0)<1$, $f''(0)<0$

6. 函数$f(x,y,z)=x^2y+z^2$,在点$(1,2,0)$处沿向量$\boldsymbol{u}=(1,2,2)$的方向导数为(　　).

(A) 12　　(B) 6　　(C) 4　　(D) 2

(二) 填空题

1. 设函数$f(x,y)=\int_0^{xy}\mathrm{e}^{xt^2}\mathrm{d}t$,则$\left.\frac{\partial^2 f}{\partial x\partial y}\right|_{(1,1)}=$______.

2. 设函数$f(u)$可导,$z=f(\sin y-\sin x)+xy$,则$\frac{1}{\cos x}\cdot\frac{\partial z}{\partial x}+\frac{1}{\cos y}\cdot\frac{\partial z}{\partial y}=$______.

3. 设函数$f(u,v)$可微,$z=z(x,y)$由方程$(x+1)z-y^2=x^2f(x-z,y)$确定,则$\mathrm{d}z|_{(0,1)}=$______.

4. 若函数$z=z(x,y)$由方程$\mathrm{e}^z+xyz+x+\cos x=2$确定,则$\mathrm{d}z|_{(0,1)}=$______.

5. 曲面$z=x^2(1-\sin y)+y^2(1-\sin x)$在点$(1,0,1)$处的切平面方程为______.

6. 求$\left.\mathbf{grad}\left(xy+\frac{z}{y}\right)\right|_{(2,1,1)}=$______.

7. 设函数$F(x,y)=\int_0^{xy}\frac{\sin t}{1+t^2}\mathrm{d}t$,则$\left.\frac{\partial^2 F}{\partial x^2}\right|_{\substack{x=0\\y=2}}=$______.

(三) 求解和证明下列各题

1. 求函数$f(x,y)=x^3+8y^3-xy$的最大值.

2. 设a,b为实数,函数$z=2+ax^2+by^2$在点$(3,4)$处的方向导数中,沿方向$\boldsymbol{l}=-3\boldsymbol{i}-4\boldsymbol{j}$的方向导数最大,最大值为10.

(ⅰ) 求a,b;

(ⅱ) 求曲面$z=2+ax^2+by^2(z\geqslant0)$的面积.

3. 将长为2m的铁丝分成3段,依次围成圆、正方形与正方形,3个图形的面积之和是否存在最小值?若存在,则求出最小值.

4. 已知函数$f(x,y)=x+y+xy$,曲线$C:x^2+y^2+xy=3$,求$f(x,y)$在曲线C上的最大方向导数.

5. 设函数$f(u)$具有二阶连续导数,$z=f(\mathrm{e}^x\cos y)$满足

$$\frac{\partial^2 z}{\partial x^2}+\frac{\partial^2 z}{\partial y^2}=4(z+\mathrm{e}^x\cos y)\mathrm{e}^{2x}$$

若$f(0)=0,f'(0)=0$,求$f(u)$的表达式.

6. 求函数$f(x,y)=\left(y+\frac{x^3}{3}\right)\mathrm{e}^{x+y}$的极值.

7. 求$f(x,y)=x\mathrm{e}-\frac{x^2+y^2}{2}$的极值.

8. 设$z=f(xy,yg(x))$,其中函数f具有二阶连续偏导数,函数$g(x)$可导,且在$x=1$处取得极值$g(1)=1$,求$\left.\frac{\partial^2 z}{\partial x\partial y}\right|_{x=1,y=1}$.

9. 设函数$f(u,v)$具有二阶连续偏导数,$y=f(\mathrm{e}^x,\cos x)$,求$\left.\frac{\mathrm{d}y}{\mathrm{d}x}\right|_{x=0},\left.\frac{\mathrm{d}^2y}{\mathrm{d}x^2}\right|_{x=0}$.

（四）参考答案

（一）选择题

1.（A）

【解析】函数$f(x,y)$在点$(0,0)$处可微，$f(0,0)=0$，则有$\lim\limits_{\substack{x\to0\\y\to0}}\dfrac{f(x,y)-f(0,0)-f_x'(0,0)x-f_y'(0,0)y}{\sqrt{x^2+y^2}}=\lim\limits_{\substack{x\to0\\y\to0}}\dfrac{f(x,y)-f_x'(0,0)x-f_y'(0,0)y}{\sqrt{x^2+y^2}}=0$，

由于$\boldsymbol{n}\cdot(x,y,f(x,y))=f_x'(0,0)x+f_y'(0,0)y-f(x,y)$，故二重极限$\lim\limits_{(x,y)\to(0,0)}\dfrac{|\boldsymbol{n}\cdot(x,y,f(x,y))|}{\sqrt{x^2+y^2}}=0$存在.

2.（B）

【解析】设所求的切平面与已知曲面$z=x^2+y^2$相切的切点坐标为$(x_0,y_0,x_0^2+y_0^2)$，则曲面$z=x^2+y^2$在该切点处的法向量为$(2x_0,2y_0,-1)$，又该法向量与向量$(1,-1,0)$垂直，则有$2x_0-2y_0=0$，即$x_0=y_0$，此时切点坐标为$(x_0,x_0,2x_0^2)$，法向量为$(2x_0,2x_0,-1)$，又此法向量与向量$(x_0-1,x_0,2x_0^2)$垂直，则有$(2x_0,2x_0,-1)\cdot(x_0-1,x_0,2x_0^2)=0$，解得$x_0=0$或$x_0=1$，此时切点坐标为$(0,0,0)$或$(1,1,2)$，故切平面为$z=0$与$2x+2y-z=2$.

3.（A）

【解析】法向量$\boldsymbol{n}=(F_x,F_y,F_z)=(2x-y\sin(xy)+1,-x\sin(xy)+z,y)$，$\boldsymbol{n}\big|_{(0,1,-1)}=(1,-1,1)$，切平面的方程是$1(x-0)-1(y-1)+1(z+1)=0$，即$x-y+z=-2$.

4.（B）

【解析】由$f(x,y)$在$(0,0)$连续可知，如果$\lim\limits_{\substack{x\to0\\y\to0}}\dfrac{f(x,y)}{x^2+y^2}$存在，则必有$f(0,0)=\lim\limits_{\substack{x\to0\\y\to0}}f(x,y)=0$，

此时，$\lim\limits_{\substack{x\to0\\y\to0}}\dfrac{f(x,y)}{x^2+y^2}$就可以写成$\lim\limits_{\substack{\Delta x\to0\\\Delta y\to0}}\dfrac{f(\Delta x,\Delta y)-f(0,0)}{(\Delta x)^2+(\Delta y)^2}$，即二重极限$\lim\limits_{\substack{\Delta x\to0\\\Delta y\to0}}\dfrac{f(\Delta x,\Delta y)-f(0,0)}{(\Delta x)^2+(\Delta y)^2}$存在.

又二重极限$\lim\limits_{\substack{\Delta x\to0\\\Delta y\to0}}\sqrt{(\Delta x)^2+(\Delta y)^2}=0$，则由极限四则运算法则可得$\lim\limits_{\substack{\Delta x\to0\\\Delta y\to0}}\dfrac{f(\Delta x,\Delta y)-f(0,0)}{\sqrt{(\Delta x)^2+(\Delta y)^2}}=0$，

即有

$$f(\Delta x,\Delta y)-f(0,0)=0\Delta x+0\Delta y+o(\sqrt{(\Delta x)^2+(\Delta y)^2}),$$

由可微分的定义得，$f(x,y)$在点$(0,0)$可微分.

5.（A）

【考点分析】本题考查二元函数取极值的条件，直接套用二元函数取极值的充分条件即可.

【解析】由$z=f(x)\ln f(y)$可得，$z_x'=f'(x)\ln f(y)$，$z_y'=\dfrac{f(x)}{f(y)}f'(y)$，$z_{xy}''=\dfrac{f'(x)}{f(y)}f'(y)$，$z_{xx}''=f''(x)\ln f(y)$，$z_{yy}''=f(x)\dfrac{f''(y)f(y)-(f'(y))^2}{f^2(y)}$，即有$z_{xy}''\Big|_{\substack{x=0\\y=0}}=\dfrac{f'(0)}{f(0)}f'(0)=0$，$z_{xx}''\Big|_{\substack{x=0\\y=0}}=f''(0)\ln f(0)$，$z_{yy}''\Big|_{\substack{x=0\\y=0}}=f(0)\dfrac{f''(0)f(0)-(f'(0))^2}{f^2(0)}=f''(0)$.

要使得函数 $z=f(x)\ln f(y)$ 在点(0,0)处取得极小值,仅需

$$f''(0)\ln f(0)>0, f''(0)\ln f(0)\cdot f''(0)>0,$$

故有 $f(0)>1, f''(0)>0$.

6. (D)

【解析】因为 $\mathbf{grad}\, f=(2xy,x^2,2z)$, $\mathbf{grad}\, f|_{(1,2,0)}=(4,1,0)$,即有

$$\frac{\partial f}{\partial \boldsymbol{u}}=\mathbf{grad}\, f\cdot\frac{\boldsymbol{u}}{|\boldsymbol{u}|}=(4,1,0)\cdot\left(\frac{1}{3},\frac{2}{3},\frac{2}{3}\right)=2.$$

(二) 填空题

1. 4e

【解析】因为 $\frac{\partial f}{\partial y}=\mathrm{e}^{x(xy)^2}\cdot x$, $\frac{\partial^2 f}{\partial y\partial x}=\mathrm{e}^{x(xy)^2}\cdot x=3x^3\mathrm{e}^{x^3y^2}+\mathrm{e}^{x^3y^2}$,故有 $\frac{\partial^2 f}{\partial x\partial y}\Big|_{(1,1)}=4\mathrm{e}$.

2. $\frac{y}{\cos x}+\frac{x}{\cos y}$

【解析】因为 $\frac{\partial z}{\partial x}=f'(\sin y-\sin x)\cdot(-\cos x)+y$, $\frac{\partial z}{\partial y}=f'(\sin y-\sin x)\cdot\cos y+x$,则 $\frac{1}{\cos x}\cdot\frac{\partial z}{\partial x}+\frac{1}{\cos y}\cdot\frac{\partial z}{\partial y}=\frac{y}{\cos x}+\frac{x}{\cos y}$.

3. $-\mathrm{d}x+2\mathrm{d}y$

【解析】等式 $(x+1)z-y^2=x^2f(x-z,y)$ 两边分别关于 x,y 求导得

$$z+(x+1)z'_x-0=2xf(x-z,y)+x^2f'_1(x-z,y)(1-z'_x),$$

$$(x+1)z'_y-2y=x^2[f'_1(x-z,y)(-z'_y)+f'_2(x-z,y)],$$

将 $x=0,y=1,z=1$ 代入计算可得, $\mathrm{d}z|_{(0,1)}=-\mathrm{d}x+2\mathrm{d}y$.

4. $-\mathrm{d}x$

【解析】令 $F(x,y,z)=\mathrm{e}^z+xyz+x+\cos x-2$,则

$$F'_x(x,y,z)=yz+1-\sin x, F'_y=xz, F'_z(x,y,z)=\mathrm{e}^z+xy$$

又当 $x=0,y=1$ 时 $\mathrm{e}^z=1$,即 $z=0$. 故有

$$\frac{\partial z}{\partial x}\Big|_{(0,1)}=-\frac{F'_x(0,1,0)}{F'_z(0,1,0)}=-1, \frac{\partial z}{\partial y}\Big|_{(0,1)}=-\frac{F'_y(0,1,0)}{F'_z(0,1,0)}=0,$$

因而 $\mathrm{d}z|_{(0,1)}=-\mathrm{d}x$.

5. $2x-y-z-1=0$

【解析】令 $F(x,y,z)=x^2(1-\sin y)+y^2(1-\sin x)-z$,则

$$F'_x(x,y,z)=2x(1-\sin y)+y^2(-\cos x),$$

$$F'_y(x,y,z)=x^2(-\cos y)+2y(1-\sin x), F'_z(x,y,z)=-1,$$

于是 $F'_x(x,y,z)|_{(1,0,1)}=2$, $F'_y(x,y,z)|_{(1,0,1)}=-1$,故切平面方程为 $2(x-1)+(-1)(y-0)+(-1)(z-1)=0$,化简得 $2x-y-z-1=0$.

6. (1,1,1)

【解析】$\mathbf{grad}\left(xy+\frac{z}{y}\right)\Big|_{(2,1,1)}=\left(y,x-\frac{z}{y^2},\frac{1}{y}\right)\Big|_{(2,1,1)}=(1,1,1)$

7. 4

【解析】$\frac{\partial F}{\partial x}=\frac{y\sin xy}{1+x^2y^2},\frac{\partial^2 F}{\partial^2 x}=\frac{y^2\cos xy(1+x^2y^2)-2xy^3\sin xy}{(1+x^2y^2)^2}$. 故有$\left.\frac{\partial^2 F}{\partial x^2}\right|_{\substack{x=0\\y=2}}=4$.

（三）求解和证明下列各题

1. $-\frac{1}{216}$

【解析】令$\begin{cases}\frac{\partial f}{\partial x}=3x^2-y=0\\ \frac{\partial f}{\partial y}=24y^2-x=0\end{cases}$得出$\begin{cases}x=0\\y=0\end{cases}$或$\begin{cases}x=\frac{1}{6}\\ y=\frac{1}{12}\end{cases}$,又

$$\frac{\partial^2 f}{\partial x^2}=6x=A,\frac{\partial^2 f}{\partial x\partial y}=-1=B,\frac{\partial^2 f}{\partial y^2}=48y=C.$$

当 $x=0,y=0$ 时,$AC-B^2<0$;

当 $x=\frac{1}{6},y=\frac{1}{12}$时, $A=1,B=-1,C=4,AC-B^2>0$;

故有$f\left(\frac{1}{6},\frac{1}{12}\right)=\left(\frac{1}{6}\right)^3+8\left(\frac{1}{12}\right)^3-6\cdot\frac{1}{12}=-\frac{1}{216}$.

2.（i） $a=b=-1$;　　　　（ii） $\frac{13}{3}\pi$.

【解析】(i)$\mathbf{grad}\, z=(2ax,2by)$,$\mathbf{grad}\, z|_{(3,4)}=(6a,8b)$,由题设可得,$\frac{6a}{-3}=\frac{8b}{-4}$,即$a=b$,又

$|\mathbf{grad}\, z|=\sqrt{(6a)^2+(8b)^2}=10$,故有 $a=b=-1$.

$$\text{(ii) } S=\iint\limits_{x^2+y^2\leqslant 2}\sqrt{1+\left(\frac{\partial z}{\partial x}\right)^2+\left(\frac{\partial z}{\partial y}\right)^2}\mathrm{d}x\mathrm{d}y=\iint\limits_{x^2+y^2\leqslant 2}\sqrt{1+(-2x)^2+(-2y)^2}\mathrm{d}x\mathrm{d}y$$

$$=\iint\limits_{x^2+y^2\leqslant 2}\sqrt{1+4x^2+4y^2}\mathrm{d}x\mathrm{d}y=\int_0^{2\pi}\mathrm{d}\theta\int_0^{\sqrt{2}}\sqrt{1+4\rho^2}\rho\mathrm{d}\rho$$

$$=2\pi\cdot\frac{1}{12}(1+4\rho^2)^{\frac{3}{2}}\Big|_0^{\sqrt{2}}=\frac{13}{3}\pi.$$

3. 存在最小值,最小值为$\frac{3\pi+12+9\sqrt{3}}{(\sqrt{3}\pi+4\sqrt{3}+9)^2}$.

【解析】设分成的3段分别为 x,y,z,则有 $x+y+z=2$,且 $x>0,y>0,z>0$,圆的面积为

$S_1=\frac{x^2}{4\pi}$,正方形的面积为 $S_2=\frac{y^2}{16}$,正三角形的面积为 $S_3=\frac{\sqrt{3}z^2}{36}$,总面积为

$$S=\frac{x^2}{4\pi}+\frac{y^2}{16}+\frac{\sqrt{3}z^2}{36}\text{（目标函数）}.$$

则问题转化为在条件 $x+y+z=2(x>0,y>0,z>0)$下,求三元函数 S 的最小值. 令

$$L=\frac{x^2}{4\pi}+\frac{y^2}{16}+\frac{\sqrt{3}z^2}{36}+\lambda(x+y+z-2).$$

则有$\begin{cases}\dfrac{\partial L}{\partial x}=\dfrac{x}{2\pi}+\lambda=0,\\ \dfrac{\partial L}{\partial y}=\dfrac{y}{8}+\lambda=0,\\ \dfrac{\partial L}{\partial z}=\dfrac{\sqrt{3}z}{18}+\lambda=0,\\ x+y+z-2=0\end{cases}$,解得唯一条件极值点为$\begin{cases}x=\dfrac{2\sqrt{3}\pi}{\sqrt{3}\pi+4\sqrt{3}+9},\\ y=\dfrac{8\sqrt{3}}{\sqrt{3}\pi+4\sqrt{3}+9},\\ z=\dfrac{18}{\sqrt{3}\pi+4\sqrt{3}+9}\end{cases}$进而在该点的函数值即为最小值,最小值为$\dfrac{3\pi+12+9\sqrt{3}}{(\sqrt{3}\pi+4\sqrt{3}+9)^2}$.

4. 3

【解析】因为$f(x,y)$沿着梯度方向的方向导数最大,且最大值为梯度的模。因为

$$f_x'(x,y)=1+y,f_y'(x,y)=1+x,$$

即

$$\mathbf{grad}\,f(x,y)=(1+y,1+x),$$

模为$\sqrt{(1+y)^2+(1+x)^2}$,此问题转化为对函数$g(x,y)=\sqrt{(1+y)^2+(1+x)^2}$在约束条件$C:x^2+y^2+xy=3$下的最大值．即为条件极值问题．为了计算简单,可以转化为对$\mathrm{d}(x,y)=(1+y)^2+(1+x)^2$在约束条件$C:x^2+y^2+xy=3$下的最大值．

构造拉格朗日函数$F(x,y,\lambda)=(1+y)^2+(1+x)^2+\lambda(x^2+y^2+xy-3)$,则有

$$\begin{cases}F_x'=2(1+x)+\lambda(2x+y)=0\\ F_y'=2(1+y)+\lambda(2y+x)=0,\\ F_\lambda'=x^2+y^2+xy-3=0\end{cases}$$

解得4个驻点为

$$M_1(1,1),M_2(-1,-1),M_3(2,-1),M_4(-1,2).$$

又$d(M_1)=8,d(M_2)=0,d(M_3)=9,d(M_4)=9$,故最大值为$\sqrt{9}=3$.

5. $f(u)=\dfrac{1}{16}\mathrm{e}^{2u}-\dfrac{1}{16}\mathrm{e}^{-2u}-\dfrac{1}{4}u$

【解析】因为$\dfrac{\partial z}{\partial x}=f'\cdot\mathrm{e}^x\cdot\cos y,\dfrac{\partial^2 z}{\partial x^2}=f''\cdot\mathrm{e}^{2x}\cdot\cos^2 y+f'\cdot\mathrm{e}^x\cdot\cos y,\dfrac{\partial z}{\partial y}=-f'\cdot\mathrm{e}^x\cdot\sin y$,$\dfrac{\partial^2 z}{\partial y^2}=f''\cdot\mathrm{e}^{2x}\cdot\sin^2 y-f'\mathrm{e}^x\cos y$,则有$\dfrac{\partial^2 z}{\partial x^2}+\dfrac{\partial^2 z}{\partial y^2}=f''\cdot\mathrm{e}^{2x}$,又$\dfrac{\partial^2 z}{\partial x^2}+\dfrac{\partial^2 z}{\partial y^2}=(4z+\mathrm{e}^x\cos y)\mathrm{e}^{2x}$,即

$$f''(\mathrm{e}^x\cdot\cos y)=4z+\mathrm{e}^x\cos y=4f(\mathrm{e}^x\cdot\cos y)+\mathrm{e}^x\cos y.$$

令$t=\mathrm{e}^x\cdot\cos y$,则有$f''(t)=4f(t)+t$,即$y''(x)-4y=x$. 易得此微分方程所对应的齐次线性微分方程的通解为$Y(x)=C_1\mathrm{e}^{2x}+C_2\mathrm{e}^{-2x}$. 令此微分方程的特解为$y^*(x)=ax+b$,代入原微分方程得$y^*(x)=-\dfrac{1}{4}x$,则上述微分方程的通解为

$$y=Y(x)+y^*(x)=C_1\mathrm{e}^{2x}+C_2\mathrm{e}^{-2x}-\frac{1}{4}x,$$

又

$$y(0)=0=C_1+C_2,y'(0)=0=C_1-C_2-\frac{1}{4},$$

解得

$$C_1=\frac{1}{16},C_2=-\frac{1}{16},$$

即

$$y=\frac{1}{16}e^{2x}-\frac{1}{16}e^{-2x}-\frac{1}{4}x.$$

故有$f(u)=\frac{1}{16}e^{2u}-\frac{1}{16}e^{-2u}-\frac{1}{4}u.$

6. 极小值为$-e^{-\frac{1}{3}}$

【解析】先求驻点,令$\begin{cases}f_x=\left(x^2+y+\frac{1}{3}x^3\right)e^{x+y}=0\\f_y=\left(1+y+\frac{1}{3}x^3\right)e^{x+y}=0\end{cases}$,解得$\begin{cases}x=-1\\y=-\frac{2}{3}\end{cases}$或$\begin{cases}x=1\\y=-\frac{4}{3}\end{cases}$. 为了判断这两个驻点是否为极值点,求二阶导数$\begin{cases}f_{xx}=\left(2x+2x^2+y+\frac{1}{3}x^3\right)e^{x+y}\\f_{xy}=\left(x^2+1+y+\frac{1}{3}x^3\right)e^{x+y}\\f_{yy}=\left(2+y+\frac{1}{3}x^3\right)e^{x+y}\end{cases}$.

在点$\left(-1,-\frac{2}{3}\right)$处,$A=f_{xx}\left(-1,-\frac{2}{3}\right)=-e^{-\frac{5}{3}}$,$B=f_{xy}\left(-1,-\frac{2}{3}\right)=-e^{-\frac{5}{3}}$,$C=f_{yy}\left(-1,-\frac{2}{3}\right)=-e^{-\frac{5}{3}}$. 因为$A<0,AC-B^2<0$,所以$\left(-1,-\frac{2}{3}\right)$不是极值点.

类似地,在点$\left(1,-\frac{4}{3}\right)$处,$A=f_{xx}\left(1,-\frac{4}{3}\right)=3e^{-\frac{1}{3}}$,$B=f_{xy}\left(1,-\frac{4}{3}\right)=e^{-\frac{1}{3}}$,$C=f_{yy}\left(1,-\frac{4}{3}\right)=e^{-\frac{1}{3}}$,因为$A>0$,$AC-B^2=2e^{-\frac{2}{3}}>0$,所以$\left(1,-\frac{4}{3}\right)$是极小值点,极小值为$f\left(1,-\frac{4}{3}\right)=\left(-\frac{4}{3}+\frac{1}{3}\right)e^{-\frac{1}{3}}=-e^{-\frac{1}{3}}$.

7. 极大值为$\frac{1}{2}e^2$

【解析】先求函数的驻点. 令$f'_x(x,y)=e-x=0$,$f'_y(x,y)=-y=0$,解得驻点为$(e,0)$,又$A=f''_{xx}(e,0)=-1$,$B=f''_{xy}(e,0)=0$,$C=f''_{yy}(e,0)=-1$,则$AC-B^2>0,A<0$,故$f(x,y)$在点$(e,0)$处取得极大值$f(e,0)-\frac{1}{2}e^2$.

8. $f''_{11}(1,1)+f''_{12}(1,1)$

【解析】因$\frac{\partial z}{\partial x}=f'_1(xy,yg(x))y+f'_2(xy,yg(x))yg'(x)$,且

$$\frac{\partial^2 z}{\partial x\partial y}=f''_{11}(xy,yg(x))xy+f''_{12}(xy,yg(x))yg(x)+f'_1(xy,yg(x))x+$$

$$f''_{21}(xy,yg(x))xyg'(x)+f''_{22}(xy,yg(x))yg(x)g'(x)+f'_2(xy,yg(x))g'(x).$$

由于 $g(x)$ 在 $x=1$ 处取得极值 $g(1)=1$，可知 $g'(1)=0$. 故有

$$\left.\frac{\partial^2 z}{\partial x\partial y}\right|_{x=1,y=1}=f''_{11}(1,g(1))+f''_{12}(1,g(1))g(1)+f'_1(1,g(1))+$$

$$f''_{21}(1,g(1))g'(1)+f''_{22}(1,g(1))g(1)g'(1)+f'_2(1,g(1))g'(1)$$

$$=f''_{11}(1,1)+f''_{12}(1,1).$$

9. $\left.\frac{\mathrm{d}y}{\mathrm{d}x}\right|_{x=0}=f'_1(1,1)$，$\left.\frac{\mathrm{d}^2y}{\mathrm{d}x^2}\right|_{x=0}=f''_{11}(1,1)+f'_1(1,1)-f'_2(1,1)$

【解析】令 $x=0$ 可得，$y(0)=f(1,1)$. 因为

$$\left.\frac{\mathrm{d}y}{\mathrm{d}x}\right|_{x=0}=(f'_1\mathrm{e}^x+f'_2(-\sin x))\big|_{x=0}=f'_1(1,1)\cdot 1+f'_2(1,1)\cdot 0=f'_1(1,1),$$

$$\frac{\mathrm{d}^2y}{\mathrm{d}x^2}=f''_{11}\mathrm{e}^{2x}+f''_{12}\mathrm{e}^x(-\sin x)+f''_{21}\mathrm{e}^x(-\sin x)+f''_{22}\sin^2 x+f'_1\mathrm{e}^x-f'_2\cos x,$$

$$\left.\frac{\mathrm{d}^2y}{\mathrm{d}x^2}\right|_{x=0}=f''_{11}(1,1)+f'_1(1,1)-f'_2(1,1),$$

故有 $\left.\frac{\mathrm{d}y}{\mathrm{d}x}\right|_{x=0}=f'_1(1,1)$，$\left.\frac{\mathrm{d}^2y}{\mathrm{d}x^2}\right|_{x=0}=f''_{11}(1,1)+f'_1(1,1)-f'_2(1,1)$.

第七章　多元函数积分学

一、学习要求

1. 理解二重积分、三重积分的概念，了解重积分的性质，了解二重积分的中值定理．

2. 掌握二重积分的计算方法（直角坐标、极坐标），会计算三重积分（直角坐标、柱面坐标、球面坐标）．

3. 理解两类曲线积分的概念，了解两类曲线积分的性质及两类曲线积分的关系．

4. 掌握计算两类曲线积分的方法．

5. 掌握格林公式并会运用平面曲线积分与路径无关的条件，会求二元函数全微分的原函数．

6. 了解两类曲面积分的概念、性质及两类曲面积分的关系，掌握计算两类曲面积分的方法，掌握用高斯公式计算曲面积分的方法，并会用斯托克斯公式计算曲线积分．

7. 了解散度与旋度的概念，并会计算．

8. 会用重积分、曲线积分及曲面积分求一些几何量与物理量（平面图形的面积、体积、曲面面积、弧长、质量、质心、形心、转动惯量、引力、功及流量等）．

二、概念强化

（一）二重积分

1. 怎样理解二重积分定义中的两个“任意”？

分析：二重积分定义中两个“任意”是指区域 D 任意分割、点 (ξ_i,η_i) 任意选取．

在一元函数定积分定义中的分割对象是区间，分割方式只有一种，即在区间内插入一些分点，分割的任意性体现在这些分点的自由选择上．二重积分中的分割则不同，它的对象是平面上的有界闭区域，分割方式多种多样，比如有直线网格的分割，曲线网格的分割和直线与曲线相结合网格的分割等．

在讨论二重积分的计算时，我们将利用二重积分中分割的任意性，根据需要选择适当的分割方式，在相应的小区域 $\Delta\sigma_i$ 上，根据需要选择适当的点 (ξ_i,η_i)．无疑，在二重积分存在（只需 $f(x,y)$ 连续）的前提下，利用两个“任意性”，可以采用便于计算二重积分的特殊的分割和取点方式．

2. 在二重积分定义中，关于分割精细程度的描述，为什么要求 $\Delta\sigma_i(i=1,2,\cdots,n)$ 直径的最大值趋于零，可不可以改为要求 $\Delta\sigma_i(i=1,2,\cdots,n)$ 中面积最大值趋于零呢？

分析：所谓精细的分割，是指分割后每个小区域内任意两点的距离很小，这样，$f(x_i,y_i)\Delta\sigma_i$ 在小区域上才能接近于实际值．在直线上，小区间的长度很短就保证其内任意两点的距离很小，而在平面上，小区域的面积很小不能保证其内任意两点的距离很小．比如非常窄的长条面积虽小,但两端的点的距离却不一定小,甚至可能非常大,所以小区域面积趋于零,不能保证小区域内任意两点的距离很小．只有当各小区域的直径中的最大值趋于零,才能满足各小区域内任意两点的距离趋于零的要求．因此,不能用各小区域中面积的最大值趋于零来刻画分割精细．

3. 二重积分 $\iint\limits_D f(x,y)\,\mathrm{d}\sigma$ 在几何上表示以平面闭区域 D 为底、以 $z=f(x,y)$ 为曲顶的柱体的体积 V,这种说法正确吗?

分析:不正确．

(1) 当 $f(x,y)>0$ 时,$\iint\limits_D f(x,y)\,\mathrm{d}\sigma$ 在几何上表示以平面闭区域 D 为底,以 $z=f(x,y)$ 为曲顶的柱体的体积,即 $V=\iint\limits_D f(x,y)\,\mathrm{d}\sigma$;

(2) 当 $f(x,y)<0$ 时,$\iint\limits_D f(x,y)\,\mathrm{d}\sigma$ 在几何上表示以 $z=f(x,y)$ 为曲顶的柱体的体积的负值,即 $V=-\iint\limits_D f(x,y)\,\mathrm{d}\sigma$;

(3) 当 $f(x,y)$ 在 D 上有正有负时,$\iint\limits_D f(x,y)\,\mathrm{d}\sigma$ 在几何上表示以 $z=f(x,y)$ 为曲顶的各个曲顶柱体体积的代数和．

总而言之,在几何上以平面闭区域 D 为底、以 $z=f(x,y)$ 为曲顶的柱体的体积可表示为 $V=\iint\limits_D |f(x,y)|\,\mathrm{d}\sigma$.

4. 二重积分计算中如何确定二次积分的上、下限?

分析:(1) 直角坐标系。

① 如图7.1(a)所示,先对 y 积分后对 x 积分时,过任一点 $x\in[a,b]$(a 为最左端,b 为最右端)作平行于 y 轴的直线,自下而上穿入 D 的边界线 $\varphi_1(x)$,$y=\varphi_1(x)$ 取为下限,穿出 D 的边界线 $\varphi_2(x)$,$y=\varphi_2(x)$ 取为上限,此时

$$\iint\limits_D f(x,y)\,\mathrm{d}x\mathrm{d}y=\int_a^b \mathrm{d}x\int_{\varphi_1(x)}^{\varphi_2(x)} f(x,y)\,\mathrm{d}y$$

② 如图7.1(b)所示,若先对 x 积分,则过任一点 $y\in[c,d]$(c 为最低点,d 为最高点)作平行于 x 轴直线,自左到右穿入 D 的边界线 $\varphi_1(y)$,$x=\varphi_1(y)$ 取为下限,穿出 D 的边界线 $\varphi_2(y)$,$x=\varphi_2(y)$ 取为上限,此时

$$\iint\limits_D f(x,y)\,\mathrm{d}x\mathrm{d}y=\int_c^d \mathrm{d}y\int_{\varphi_1(y)}^{\varphi_2(y)} f(x,y)\,\mathrm{d}x$$

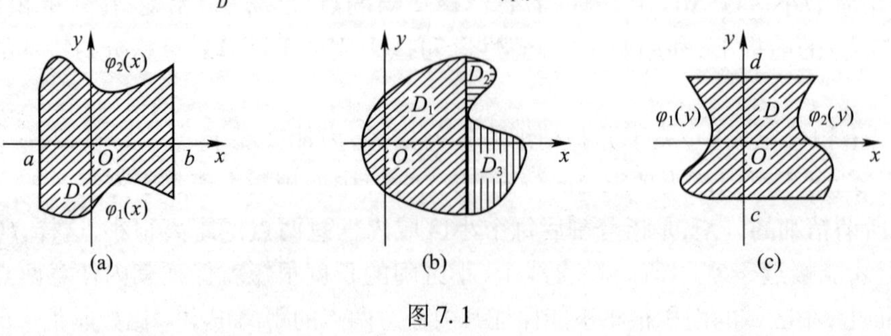

(a)　(b)　(c)

图7.1

③ 如 D 需分片(此时平行于 x 轴或 y 轴的直线与 D 的边界线的交点多于两个),则将 D 分成若干个简单区域,利用积分区域的可加性,按上述方法确定每一部分的上、下限. 例如 D 为如图 7.1(c)所示的区域时,有

$$\iint_D f(x,y)\,\mathrm{d}\sigma = \iint_{D_1} f(x,y)\,\mathrm{d}\sigma + \iint_{D_2} f(x,y)\,\mathrm{d}\sigma + \iint_{D_3} f(x,y)\,\mathrm{d}\sigma$$

(2) 极坐标系。

过极点 O 作任一极角 $\theta(\theta \in [\alpha,\beta])$ 的射线,该射线穿入 D 的边界线 $r_1(\theta)$,穿入点 $r=r_1(\theta)$ 为积分下限,穿出 D 的边界线 $r_2(\theta)$,穿出点 $r=r_2(\theta)$ 为积分上限,即有

$$\iint_D f(x,y)\,\mathrm{d}\sigma = \int_\alpha^\beta \mathrm{d}\theta \int_{r_1(\theta)}^{r_2(\theta)} f(r\cos\theta, r\sin\theta)\,r\mathrm{d}r$$

一般可归纳为如下几种情形:

① 如果极点在积分区域 D 的外部,如图 7.2(a)所示:D:$\alpha \leqslant \theta \leqslant \beta, r_1(\theta) \leqslant r \leqslant r_2(\theta)$,则有

$$\iint_D f(x,y)\,\mathrm{d}x\mathrm{d}y = \int_\alpha^\beta \mathrm{d}\theta \int_{r_1(\theta)}^{r_2(\theta)} f(r\cos\theta, r\sin\theta)\,r\mathrm{d}r$$

② 如果极点在积分区域 D 的内部,如图 7.2(b)所示:D:$0 \leqslant \theta \leqslant 2\pi, 0 \leqslant r \leqslant r(\theta)$,则有

$$\iint_D f(x,y)\,\mathrm{d}x\mathrm{d}y = \int_0^{2\pi} \mathrm{d}\theta \int_0^{r(\theta)} f(r\cos\theta, r\sin\theta)\,r\mathrm{d}r$$

③ 如果极点在积分区域 D 的边界上,如图 7.2(c)所示:D:$\alpha \leqslant \theta \leqslant \beta, 0 \leqslant r \leqslant r(\theta)$($\alpha$、$\beta$ 是边界在极点的切线的极角),则有

$$\iint_D f(x,y)\,\mathrm{d}x\mathrm{d}y = \int_\alpha^\beta \mathrm{d}\theta \int_0^{r(\theta)} f(r\cos\theta, r\sin\theta)\,r\mathrm{d}r$$

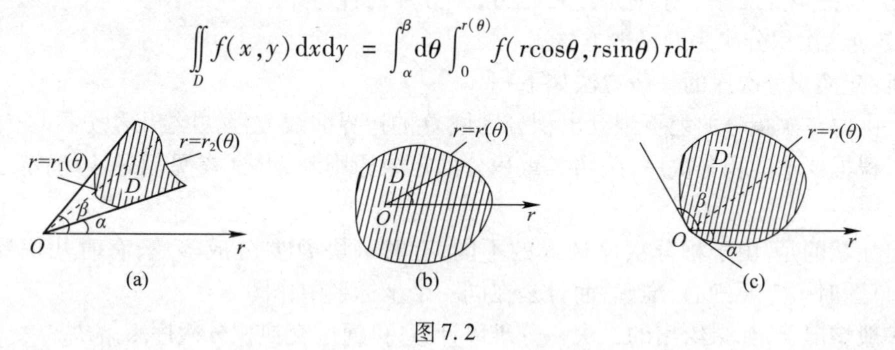

图 7.2

切记:不论是直角坐标系还是极坐标系,将二重积分化为二次积分后,外层积分的上、下限一定都是常数.

5. 将二重积分化为二次积分后,二次积分的上限是否可以小于下限?为什么?

分析:不可以. 对于定积分,子区间 Δx_i 可正可负,故定积分上限可以大于也可以小于下限;而二重积分中,$\Delta\sigma_i$ 既表示第 i 个小区域,又表示该子区域的面积,只能为正. 所以在化为二次积分时,其上限一定大于下限.

6. 二重积分的计算中如何选择适当的坐标系?

分析:根据被积函数 $f(x,y)$ 的特点与积分区域 D 的形状来选择合适的坐标系. 若当①积分区域 D 为圆域、扇域、环域时,②被积函数 $f(x,y)$ 呈现出 $f(x^2+y^2)$、$f(\sqrt{x^2+y^2})$、$f\left(\frac{y}{x}\right)$、$f\left(\frac{x}{y}\right)$ 等形式时,则一般选择极坐标系,否则选择直角坐标系为宜.

7. 二重积分计算中怎样选择适当的积分次序?

分析:化二重积分为二次积分需同时考虑积分区域和被积函数的特点.

(1) 若被积函数$f(x,y)$对任意固定的x(或y)、$f(x,y)$作为y(或x)的函数易于求原函数,则先对y(或x)积分.

(2) 尽量避免对积分区域D的“分片”.

需要注意的是,有些区域D不需要分片,但积分难求,甚至积不出来,因此在选择积分次序时要兼顾(1)和(2).

例 计算$\iint\limits_D x^2 e^{-y^2}\,dxdy$,其中积分区域$D$是由直线$x=0$,$y=1$及$y=x$所围成的三角形区域.

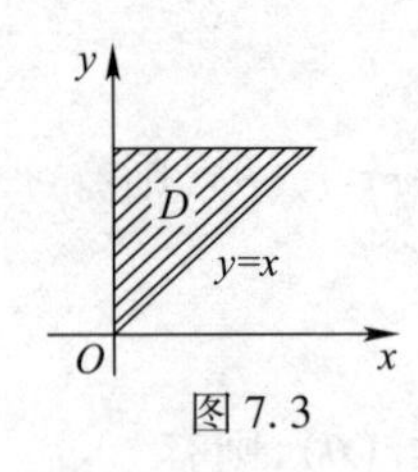

图 7.3

解 如图 7.3 所示,从区域D的形状来看,两种积分次序似乎都适宜,但从被积函数来看,如果采用先对y后对x的积分次序,即

$$\iint\limits_D x^2 e^{-y^2}\,dxdy = \int_0^1 dx\int_x^1 x^2 e^{-y^2}\,dy$$

而$\int_x^1 x^2 e^{-y^2}\,dy$不能积分,但若先对$x$后对$y$积分,即

$$\iint\limits_D x^2 e^{-y^2}\,dxdy = \int_0^1 dy\int_0^y x^2 e^{-y^2}\,dx$$

积分就可以计算.

因此,选择积分次序的原则是:**“可积分,少分片,易计算”**.

8. 交换二次积分次序的一般方法.

分析:交换积分次序的一般方法如下:

(1) 由原二次积分的上下限列出积分区域D的边界曲线方程,并绘出积分区域D.

(2) 根据要求的积分次序,按照二重积分的定限原则和方法(参见问题4)确定二次积分的上下限.

需要注意的是,由于积分次序选择的不同,有时一块D要分成多块,有时几块要合成一块,绘制草图时一定要细心、准确,而且是在同一个坐标系中作图.

在一般情况下,如果给出的二次积分难以计算,可通过交换积分次序来解决.

例 证明$\int_0^a dy\int_0^y f(x)g'(y)\,dx = \int_0^a f(x)[g(a)-g(x)]\,dx$.

分析:注意到等式左端难以直接计算,若变换为先对y积分,因$f(x)g'(y)$的原函数是$f(x)g(y)$,则可以计算.

证明:根据题意,积分区域D如图 7.4 所示,交换积分次序得

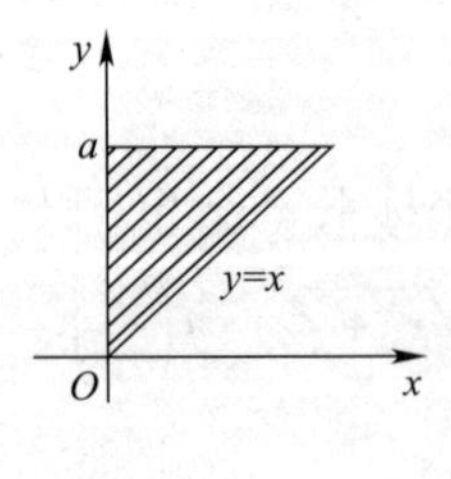

图 7.4

$$\begin{aligned}\text{左边} &= \int_0^a dy\int_0^y f(x)g'(y)\,dx = \iint\limits_D f(x)g'(y)\,dxdy \\ &= \int_0^a dx\int_x^a f(x)g'(y)\,dy = \int_0^a f(x)\,dx\int_x^a g'(y)\,dy \\ &= \int_0^a f(x)[g(a)-g(x)]\,dx = \text{右边}.\end{aligned}$$

9. 将二重积分 $\iint\limits_{D} f(x,y)\,\mathrm{d}x\mathrm{d}y$ 化为极坐标下的二重积分时应注意什么？

分析：应注意以下两点：

（1）换被积函数 $f(x,y)$ 为 $f(\rho\cos\theta,\rho\sin\theta)$，复合后即为 ρ 和 θ 的二元函数．

（2）换面积元素 $\mathrm{d}\sigma=\mathrm{d}x\mathrm{d}y$ 为 $\rho\mathrm{d}\rho\mathrm{d}\theta$，勿忘掉 ρ.

10. 如何利用对称性计算二重积分？

分析：若二重积分 $I=\iint\limits_{D} f(x,y)\,\mathrm{d}x\mathrm{d}y$ 同时满足：

（1）积分区域 D 是对称的；

（2）被积函数 $f(x,y)$ 在区域 D 上具有奇偶性．则可以利用对称性来简化计算二重积分．归纳起来主要有以下几种情形：

① 若 D 关于 y 轴对称．

a 当 $f(-x,y)=-f(x,y)$ 时，$I=0$；

b 当 $f(-x,y)=f(x,y)$ 时，$I=2\iint\limits_{D_1} f(x,y)\,\mathrm{d}x\mathrm{d}y$，其中 $D_1=\{(x,y)\mid(x,y)\in D,x\geqslant0\}$.

② 若 D 关于 x 轴对称．

a 当 $f(x,-y)=-f(x,y)$ 时，$I=0$；

b 当 $f(x,-y)=f(x,y)$ 时，$I=2\iint\limits_{D_2} f(x,y)\,\mathrm{d}x\mathrm{d}y$，其中 $D_2=\{(x,y)\mid(x,y)\in D,y\geqslant0\}$.

③ 若 D 关于原点对称．

a 当 $f(-x,-y)=-f(x,y)$ 时，$I=0$；

b 当 $f(-x,-y)=f(x,y)$ 时，$I=2\iint\limits_{D_1} f(x,y)\,\mathrm{d}x\mathrm{d}y=2\iint\limits_{D_2} f(x,y)\,\mathrm{d}x\mathrm{d}y$，其中 D_1，D_2 如①、②中定义．

例　计算 $I=\iint\limits_{D}(x^2+xy\mathrm{e}^{x^2+y^2})\,\mathrm{d}x\mathrm{d}y$，其中

（1）D 为圆域 $x^2+y^2\leqslant1$；

（2）D 由直线 $y=x$，$y=-1$，$x=1$ 围成．

解　(1) 积分区域 D 如图 7.5 所示，因为 D 关于 y 轴对称，而被积函数中，x^2 是关于变量 x 的偶函数，$xy\mathrm{e}^{x^2+y^2}$ 是关于 x 的奇函数，利用对称性可得

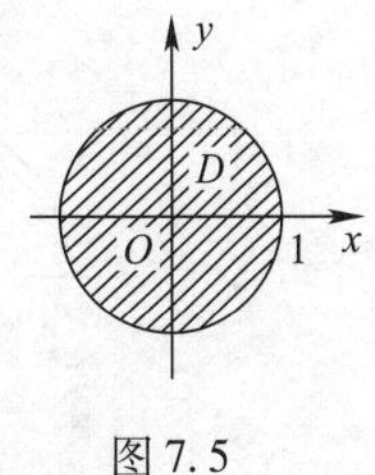

图 7.5

$$
\begin{aligned}
I&=\iint\limits_{D} x^2\,\mathrm{d}x\mathrm{d}y+\iint\limits_{D} xy\mathrm{e}^{x^2+y^2}\,\mathrm{d}x\mathrm{d}y\\
&=2\iint\limits_{D_1} x^2\,\mathrm{d}x\mathrm{d}y+0\ (\text{其中 } D_1:0\leqslant x\leqslant\sqrt{1-y^2})\\
&=2\int_{-\frac{\pi}{2}}^{\frac{\pi}{2}}\mathrm{d}\theta\int_0^1 r^3\cos^2\theta\,\mathrm{d}r=\frac{\pi}{4}.
\end{aligned}
$$

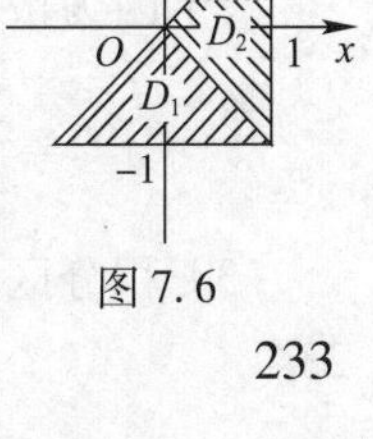

图 7.6

（2）积分区域 D 如图 7.6 所示，虽然 D 从整体上不具有对称性，但添加辅助线 $y=-x$，将 D 分为 D_1、D_2 两部分，则 D_1 关于 y 轴对称，D_2 关于 x 轴对称．利用对称性可得

$$I = \iint_D x^2 \mathrm{d}x\mathrm{d}y + \iint_{D_1} xy\mathrm{e}^{x^2+y^2}\mathrm{d}x\mathrm{d}y + \iint_{D_2} xy\mathrm{e}^{x^2+y^2}\mathrm{d}x\mathrm{d}y$$

$$= \int_{-1}^{1} x^2 \mathrm{d}x \int_{-1}^{x} \mathrm{d}y + 0 + 0 = \frac{2}{3}.$$

11. 判断下列各式是否成立,并加以说明.

(1) $\iint_D \sqrt{1-x^2-y^2}\mathrm{d}x\mathrm{d}y = 4\iint_{D_1}\sqrt{1-x^2-y^2}\mathrm{d}x\mathrm{d}y$,其中 $D:x^2+y^2\leqslant 1, D_1:x^2+y^2\leqslant 1, x\geqslant 0, y\geqslant 0$;

(2) $\iint_D x^2y^3\mathrm{d}x\mathrm{d}y = 0$,其中 $D: |x|+|y|\leqslant 1$;

(3) $\iint_D (x+y)\mathrm{d}x\mathrm{d}y = \iint_D x\mathrm{d}x\mathrm{d}y$,其中 $D:(x-a)^2+y^2\leqslant a^2$;

(4) $\iint_D f(x,y)\mathrm{d}x\mathrm{d}y = 4\int_0^{\frac{\pi}{2}}\mathrm{d}\theta\int_1^2 f(r\cos\theta, r\sin\theta)r\mathrm{d}r$,其中 $D:1\leqslant x^2+y^2\leqslant 4$.

分析:(1) 成立.区域 D 关于 x 轴及 y 轴都对称,被积函数 $\sqrt{1-x^2-y^2}$ 关于 x、y 都是偶函数,故等式成立.

(2) 成立.区域 D 关于 x 轴对称,被积函数 x^2y^3 是关于 y 的奇函数,故积分值为0.

(3) 成立.此二重积分初看无法使用对称性,虽然积分区域 D 关于 x 轴对称,但被积函数 $x+y$ 关于 x、y 均为非奇非偶函数,但若将原式左边变形为 $\iint_D x\mathrm{d}x\mathrm{d}y + \iint_D y\mathrm{d}x\mathrm{d}y$,则可利用对称性得 $\iint_D y\mathrm{d}x\mathrm{d}y = 0$.需要注意的是积分区域 D 关于 y 轴不对称,因此 $\iint_D x\mathrm{d}x\mathrm{d}y$ 不能用对称性计算.

(4) 不成立.由于 $f(x,y)$ 是一个抽象函数,因而无法考察它的奇偶性,因此上式不成立.这是初学者经常犯的一个错误,要牢记对称性需兼顾积分区域和被积函数两个条件.

12. 当重积分的被积函数相同、积分区域的形状也相同时,其积分结果是否也相同?

分析:一般而言是不同的,这只需举例说明即可.例如计算 $I = \iint_D xy^2\mathrm{d}x\mathrm{d}y$,其中 D 分别是如图7.7所示半径均为 R 的半圆.

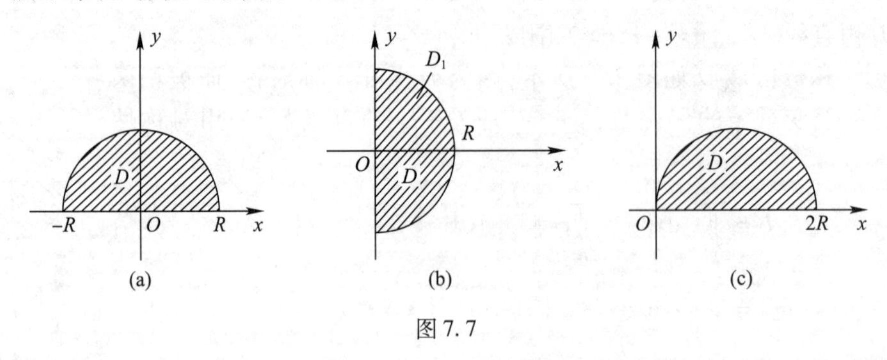

图7.7

(1) 因为被积函数 $f(x,y)=xy^2$ 是关于 x 的奇函数,积分区域关于 y 轴对称,所以 $I_1=0$.

(2) 因为被积函数 $f(x,y)=xy^2$ 是关于 y 的偶函数,积分区域关于 x 轴对称,即有

$$I_2 = 2\iint_{D_1} xy^2\mathrm{d}x\mathrm{d}y = 2\int_0^{\frac{\pi}{2}}\mathrm{d}\theta\int_0^R r^4\cos\theta\sin^2\theta\mathrm{d}r = \frac{2}{15}R^5$$

(3) 积分区域关于 x、y 轴均无对称性,直接计算得

$$I_3 = \int_0^{\frac{\pi}{2}} \mathrm{d}\theta \int_0^{2R\cos\theta} r^4 \cos\theta \sin^2\theta \mathrm{d}r = \frac{1}{8}\pi R^5$$

13. 怎样计算被积函数含有绝对值符号的二重积分?

分析:若被积函数含有绝对值符号,需要先去掉绝对值. 其步骤为:首先看能否利用对称性去掉绝对值符号,若不能,则按绝对值的含义将积分区域划分为若干个子区域,使被积函数在每个子区域上为一个不含绝对值的表达式,然后利用积分对区域的可加性,来分块计算,最后把结果相加.

例 1 计算 $\iint\limits_D |y| \mathrm{d}x\mathrm{d}y$,其中 $D: |x| + |y| \leqslant 1$.

解 积分区域 D 如图 7.8 所示,D 同时关于 x 轴和 y 轴对称,而被积函数 $|y|$ 是关于 x 和 y 的偶函数,设 D_1 是 D 在第一象限的部分,则

$$\text{原式} = 4\iint\limits_{D_1} y \mathrm{d}x\mathrm{d}y = 4\int_0^1 \mathrm{d}x \int_0^{1-x} y\mathrm{d}y = 4\int_0^1 \frac{(1-x)^2}{2}\mathrm{d}x = \frac{1}{6}$$

例 2 计算 $\iint\limits_D |y - x^2| \mathrm{d}x\mathrm{d}y$,其中 $D: -1 \leqslant x \leqslant 1, 0 \leqslant y \leqslant 1$.

解 积分区域 D 如图 7.9 所示,$y - x^2 = 0$ 将 D 分成两部分 $D_1: y > x^2$,$D_2: y < x^2$,故有

$$\begin{aligned}\text{原式} &= \iint\limits_{D_1} (y - x^2)\mathrm{d}x\mathrm{d}y + \iint\limits_{D_2} (x^2 - y)\mathrm{d}x\mathrm{d}y \\ &= \int_{-1}^1 \mathrm{d}x \int_{x^2}^1 (y - x^2)\mathrm{d}y + \int_{-1}^1 \mathrm{d}x \int_0^{x^2} (x^2 - y)\mathrm{d}y = \frac{11}{15}.\end{aligned}$$

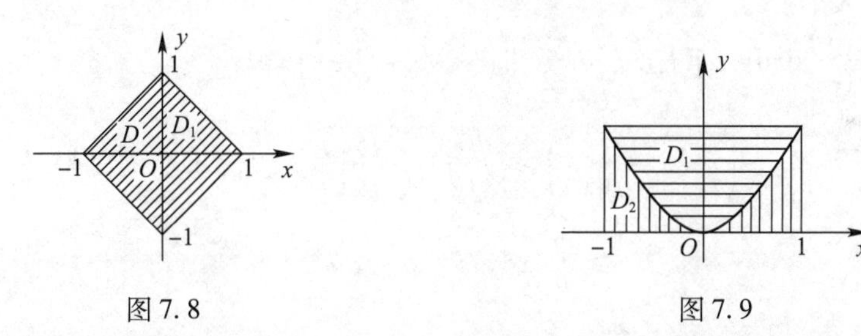

图 7.8 图 7.9

14. 怎样由含有未知函数 $f(x,y)$ 和被积函数为 $f(x,y)$ 的二重积分的方程中求出 $f(x,y)$?

分析:对这种问题,只要能求出方程中的二重积分,则可由方程中解出未知函数 $f(x,y)$. 解决方法是,由于二重积分是一个数,因此可将给定方程两端在该二重积分的积分区域上再作二重积分,就可建立起该二重积分的方程,从而求出这个 $f(x,y)$.

例 设函数 $f(x,y)$ 在区域 $D = \{(x,y) \mid x^2 + y^2 \leqslant y, x \geqslant 0\}$ 上连续,且满足方程

$$f(x,y) = \sqrt{1 - x^2 - y^2} - \frac{8}{\pi}\iint\limits_D f(x,y)\mathrm{d}x\mathrm{d}y,$$

试求函数 $f(x,y)$ 的表达式.

解 记 $I = \iint\limits_D f(x,y)\mathrm{d}x\mathrm{d}y$,因为 I 为常数,方程两边同时在区域 D 上作二重积分,得

$$I = \iint\limits_D \sqrt{1 - x^2 - y^2}\mathrm{d}x\mathrm{d}y - \frac{8I}{\pi}\iint\limits_D \mathrm{d}x\mathrm{d}y.$$

由于 $\iint\limits_D \sqrt{1-x^2-y^2}\,dxdy = \int_0^{\frac{\pi}{2}} d\varphi \int_0^{\sin\varphi} \sqrt{1-\rho^2}\rho d\rho = \frac{1}{3}\left(\frac{\pi}{2}-\frac{2}{3}\right)$，和 $\iint\limits_D dxdy = \frac{\pi}{8}$，即有 $I=\frac{1}{3}\left(\frac{\pi}{2}-\frac{2}{3}\right)-I$，于是 $I=\frac{1}{6}\left(\frac{\pi}{2}-\frac{2}{3}\right)$，代入原方程可得

$$f(x,y)=\sqrt{1-x^2-y^2}-\frac{4}{3\pi}\left(\frac{\pi}{2}-\frac{2}{3}\right).$$

15. 怎样利用二重积分证明定积分不等式?

分析：二重积分是通过化为二次积分来计算的，反过来，两个定积分的乘积又可化为矩形域上二重积分：

$$\int_a^b f(x)\,dx \int_c^d g(x)\,dx = \int_a^b f(x)\,dx \int_c^d g(y)\,dy = \iint\limits_D f(x)g(y)\,dxdy,$$

式中：D 为矩形域 $a\leqslant x\leqslant b, c\leqslant y\leqslant d$. 利用上述转换，可将有些定积分不等式的证明问题化为二重积分不等式的证明．例如

设 $f(x)$ 是一正值连续函数，$a<b$，证明不等式：

$$\int_a^b f(x)\,dx \cdot \int_a^b \frac{1}{f(x)}dx \geqslant (b-a)^2.$$

证明　设矩形域 $D: a\leqslant x\leqslant b, a\leqslant y\leqslant b$，$I=\int_a^b f(x)\,dx \cdot \int_a^b \frac{1}{f(x)}dx$，由定积分的性质得

$$I=\int_a^b f(x)\,dx \cdot \int_a^b \frac{1}{f(x)}dx = \int_a^b f(x)\,dx \cdot \int_a^b \frac{1}{f(y)}dy = \iint\limits_D \frac{f(x)}{f(y)}dxdy,$$

同理可得，$I=\iint\limits_D \frac{f(y)}{f(x)}dxdy$，于是，$I=\frac{1}{2}\iint\limits_D\left(\frac{f(x)}{f(y)}+\frac{f(y)}{f(x)}\right)dxdy$.

利用平均值不等式：$\frac{1}{2}\left(\frac{f(x)}{f(y)}+\frac{f(y)}{f(x)}\right)\geqslant\sqrt{\frac{f(x)}{f(y)}\cdot\frac{f(y)}{f(x)}}=1$，代入上式可得

$$I\geqslant\iint\limits_D dxdy=(b-a)^2.$$

(二) 三重积分

16. 如何用“先二后一”法计算三重积分?

分析：将三重积分 $\iiint\limits_\Omega f(x,y,z)\,dv$ 化为三次积分时，先求关于某两个变量的二重积分，再求关于另一个变量的单积分的方法，称为“先重后单”或“先二后一”法．如

$$\iiint\limits_\Omega f(x,y,z)\,dv = \int_{c_1}^{c_2} dz \iint\limits_{D(z)} f(x,y,z)\,dxdy$$

这里是用平行于坐标面(如 xOy)的平面去切积分区域 Ω(简称切片)得到截面，一般为另一变量的函数(如 $D(z)$)，把此变量(如 z)暂时当作常量，对另外两个变量(如 x,y)在截面域(如 $D(z)$)上计算二重积分．完成二重积分后，便得到定积分(关于 z)的被积函数．

一般地，若被积函数与 x,y 无关(或与 x,z 无关，或与 y,z 无关)，或 $\iint\limits_{D(z)} f(x,y,z)\,dxdy$ (或

$\iint\limits_{D(y)} f(x,y,z)\,\mathrm{d}x\mathrm{d}z$，或 $\iint\limits_{D(x)} f(x,y,z)\,\mathrm{d}y\mathrm{d}z$ ）易于计算时，用此方法比较方便．例如：

$$\iiint\limits_{x^2+y^2+z^2\leqslant 1} \mathrm{e}^{|z|}\mathrm{d}v = \int_{-1}^{1}\mathrm{d}z \iint\limits_{x^2+y^2\leqslant 1-z^2} \mathrm{e}^{|z|}\mathrm{d}x\mathrm{d}y = \int_{-1}^{1}\mathrm{e}^{|z|}\mathrm{d}z \iint\limits_{x^2+y^2\leqslant 1-z^2} \mathrm{d}x\mathrm{d}y$$

$$= 2\int_0^1 \mathrm{e}^z \cdot \pi(1-z^2)\,\mathrm{d}z = 2\pi.$$

17. 三重积分化为三次积分需要注意的问题是什么？

分析：（1）不论在哪种坐标系下，三重积分化为三次积分后，最外层的积分限一定是常数，中层的积分限一定是外层积分变量的函数或常数，最里层的积分限是外层和中层积分变量的函数或常数．

（2）在柱面坐标系和球面坐标系下，一定要注意把被积函数里的 x,y,z 换为相应坐标系下的 ρ,θ,z 和 r,θ,φ，其中 $\rho=\sqrt{x^2+y^2}$，$r=\sqrt{x^2+y^2+z^2}$．

（3）相应的体积元素勿忘．

直角：$\mathrm{d}v=\mathrm{d}x\mathrm{d}y\mathrm{d}z$；　柱面：$\mathrm{d}v=\rho\mathrm{d}\rho\mathrm{d}\theta\mathrm{d}z$；　球面：$\mathrm{d}v=r^2\sin\varphi\mathrm{d}r\mathrm{d}\theta\mathrm{d}\varphi$．

18. 计算三重积分时，哪些情况适合用柱面坐标？怎样在柱面坐标系下化三重积分为三次积分？

分析：（1）柱面坐标系是由平面上的极坐标系与过极点垂直于平面的坐标轴组成．柱面坐标系下的三重积分的计算与用极坐标计算二重积分相类似，当积分域被垂直于某个坐标轴的平面所截，截面是圆域时，往往采用柱面坐标．一般来讲，在下述情况下用柱面坐标比较简便：

① 当积分区域 Ω 是圆柱、圆锥或旋转抛物面围成之立体或它们的一部分；

② 被积函数形如 $f(x^2+y^2,z)$、$f(\sqrt{x^2+y^2},z)$、$f\left(\dfrac{x}{y},z\right)$ 或 $f\left(\dfrac{y}{x},z\right)$．

（2）在柱面坐标系下化三重积分为三次积分时，仍然采用直角坐标系下的"先一后二"法或"先二后一"法的思想，只需要把二重积分用极坐标系计算即可．

例　计算 $\iiint\limits_{\Omega}(x^2+y^2+z)\,\mathrm{d}x\mathrm{d}y\mathrm{d}z$，其中 Ω 为平面曲线 $\begin{cases} y^2=2z \\ x=0 \end{cases}$ 绕 z 轴旋转所形成的旋转抛物面与平面 $z=2$ 围成的区域．

解　曲线 $\begin{cases} y^2=2z \\ x=0 \end{cases}$ 绕 z 轴旋转得旋转曲面 $2z=x^2+y^2$，区域 Ω 可表示为 $\dfrac{x^2+y^2}{2}\leqslant z\leqslant 2$，如图 7.10所示，且 Ω 在 xOy 平面上的投影为圆域 $x^2+y^2\leqslant 4$，被积函数中含 x^2+y^2，故选用柱面坐标．

方法一："先一后二"法

$$\iiint\limits_{\Omega}(x^2+y^2+z)\,\mathrm{d}x\mathrm{d}y\mathrm{d}z = \iiint\limits_{\Omega}(r^2+z)\,r\mathrm{d}r\mathrm{d}\theta\mathrm{d}z$$

$$= \int_0^{2\pi}\mathrm{d}\theta\int_0^2 r\mathrm{d}r\int_{\frac{r^2}{2}}^{2}(r^2+z)\,\mathrm{d}z$$

$$= 2\pi\int_0^2 r\left(2r^2+2-\frac{5}{8}r^2\right)\mathrm{d}r = \frac{32}{3}\pi.$$

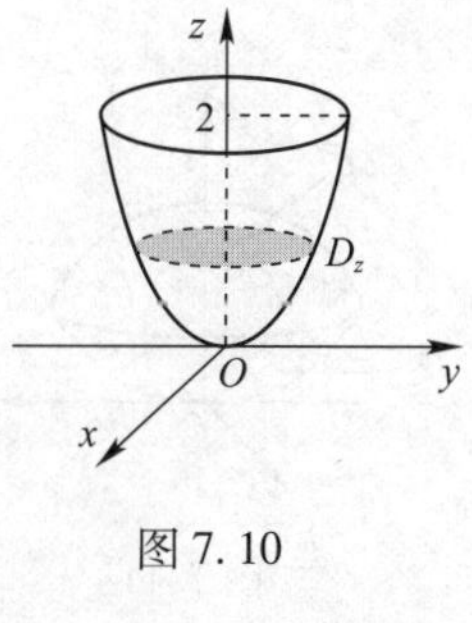

图 7.10

方法二:"先二后一"法

$$\iiint_{\Omega}(x^2+y^2+z)\mathrm{d}x\mathrm{d}y\mathrm{d}z = \int_0^2 \mathrm{d}z \iint_{D_z}(r^2+z)r\mathrm{d}r\mathrm{d}\theta$$

$$= \int_0^2 \mathrm{d}z \int_0^{2\pi}\mathrm{d}\theta \int_0^{\sqrt{2z}}(r^2+z)r\mathrm{d}r = 2\pi\int_0^2\left(\frac{1}{4}r^4+\frac{1}{2}r^2 z\right)\Big|_0^{\sqrt{2z}}\mathrm{d}z = \frac{32}{3}\pi.$$

19. 计算三重积分时,哪些情况适合用球面坐标?在球面坐标系下化三重积分为三次积分时,怎样确定三次积分中各积分的上、下限?

分析:(1)当积分区域是球体、球壳或它们的一部分;被积函数形如 $f(x^2+y^2+z^2)$ 或 $f(\sqrt{x^2+y^2+z^2})$ 时,用球面坐标较好.

在球面坐标系下,有计算公式:

$$\iiint_{\Omega} f(x,y,z)\mathrm{d}x\mathrm{d}y\mathrm{d}z = \int_{\theta_1}^{\theta_2}\mathrm{d}\theta\int_{\varphi_1(\theta)}^{\varphi_2(\theta)}\mathrm{d}\varphi\int_{r_1(\theta,\varphi)}^{r_2(\theta,\varphi)} f(r\cos\theta\sin\varphi, r\sin\theta\sin\varphi, r\cos\varphi)\cdot r^2\sin\varphi\mathrm{d}r.$$

(2)确定上式右端各积分上、下限的方法如下:

① 关于 θ 的限:将积分域 Ω 投影到 xOy 平面上,得到域 D_1,就 D_1 平面按极坐标确定 θ 角的变化范围,得 $\theta_1 \leqslant \theta \leqslant \theta_2$,这里的 θ_1、θ_2 分别为对 θ 积分时的下限和上限. 如果原点在区域 D_1 内,则 $\theta_1=0,\theta_2=2\pi$.

②关于 φ 的限:对固定的 $\theta\in(\theta_1,\theta_2)$,过 z 轴有一半平面,它与 Ω 相交的区域设为 D_2,将 D_2 按极坐标确定 φ 角的取值范围,得 $\varphi_1(\theta)\leqslant\varphi\leqslant\varphi_2(\theta)$,$(0\leqslant\varphi_1<\varphi_2\leqslant\pi)$,其中 $\varphi_1(\theta)$ 与 $\varphi_2(\theta)$ 分别是对 φ 积分时的下限与上限,应当注意的是这时 D_2 中任一点 P 的极坐标是 (r,φ),φ 是 z 轴正向转至 $\overrightarrow{OP}$ 的角. 如果原点在 Ω 内,则 $\varphi_1=0,\varphi_2=\pi$.

一般在比较简单的情况下可以直接通过观察法,确定积分区域与 z 轴正向的夹角范围,即 φ 的上下限.

③ 关于 r 的限:对固定的 $\theta\in(\theta_1,\theta_2)$ 和 $\varphi\in(\varphi_1(\theta),\varphi_2(\theta))$,从原点出发作射线,从 $r=r_1(\theta,\varphi)$ 穿进区域 Ω,从 $r=r_2(\theta,\varphi)$ 穿出 Ω,那么 r_1 与 r_2 就分别是对 r 积分时的下限与上限. 如果原点在 Ω 内,那么积分的下限为零,射线穿出 Ω 时的 $r=r(\theta,\varphi)$ 为积分的上限.

球坐标系下三重积分的定限比较复杂,如果遇到区域 Ω 稍复杂些,定限会更加困难. 所以,在一般的教材中用球面坐标计算三重积分的积分域,多半限于球面、圆锥面等所围成区域.

例　计算三重积分 $I=\iiint_{\Omega} z^2\mathrm{d}x\mathrm{d}y\mathrm{d}z$,其中 Ω 是由两球面 $x^2+y^2+z^2\leqslant R^2$ 和 $x^2+y^2+z^2\leqslant 2Rz$ 围成.

解　两球面的交线为 $\begin{cases} x^2+y^2=\dfrac{3}{4}R^2 \\ z=\dfrac{R}{2} \end{cases}$,根据球面坐标,$\Omega$ 由 $r=R$ 及 $r=2R\cos\varphi$ 围成,在两球面的交线上 $\cos\varphi=\dfrac{1}{2},\varphi=\dfrac{\pi}{3}$. 锥面 $\varphi=\dfrac{\pi}{3}$ 将 Ω 分成 Ω_1 和 Ω_2 两部分,如图 7.11 所示,其中:

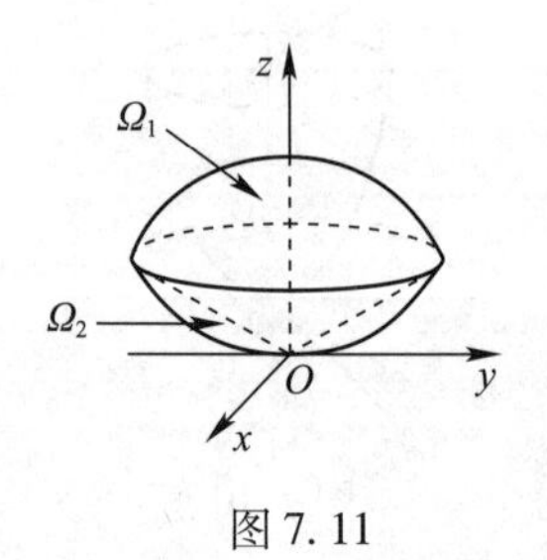

图 7.11

$$\Omega_1: 0\leqslant r\leqslant R, 0\leqslant\varphi\leqslant\frac{\pi}{3}, 0\leqslant\theta\leqslant 2\pi,$$

$$\Omega_2: 0\leqslant r\leqslant 2R\cos\varphi, \frac{\pi}{3}\leqslant\varphi\leqslant\frac{\pi}{2}, 0\leqslant\theta\leqslant 2\pi.$$

故有

$$I = \iiint_{\Omega_1} r^4\cos^2\varphi\sin\varphi\mathrm{d}r\mathrm{d}\varphi\mathrm{d}\theta + \iiint_{\Omega_2} r^4\cos^2\varphi\sin\varphi\mathrm{d}r\mathrm{d}\varphi\mathrm{d}\theta$$

$$= \int_0^{2\pi}\mathrm{d}\theta\int_0^{\frac{\pi}{3}}\cos^2\varphi\sin\varphi\mathrm{d}\varphi\int_0^R r^4\mathrm{d}r + \int_0^{2\pi}\mathrm{d}\theta\int_{\frac{\pi}{3}}^{\frac{\pi}{2}}\cos^2\varphi\sin\varphi\mathrm{d}\varphi\int_0^{2R\cos\varphi} r^4\mathrm{d}r$$

$$= 2\pi\cdot\frac{1}{3}\left(1-\frac{1}{8}\right)\frac{R^5}{5} + \pi R^5\cdot\frac{64}{5}\int_{\frac{\pi}{3}}^{\frac{\pi}{2}}\cos^7\varphi\sin\varphi\mathrm{d}\varphi = \frac{7\pi R^5}{60} + \frac{8\pi R^5}{5}\cdot\left(\frac{1}{2}\right)^8 = \frac{59\pi R^5}{480}.$$

20. 怎样利用对称性简化三重积分的计算?

分析:与二重积分类似,对于三重积分 $I = \iiint_{\Omega} f(x,y,z)\mathrm{d}v$,若 Ω 关于某一个坐标面(如 xOy 平面)对称,则要看被积函数 $f(x,y,z)$ 关于另一个变量(此时看 z)是否具有奇偶性. 即当 Ω 关于 xOy 坐标面对称时:

(1) 若 $f(x,y,-z) = -f(x,y,z)$ 时, $I=0$;

(2) 若 $f(x,y,-z) = f(x,y,z)$ 时, $I = 2\iiint_{\Omega_1} f(x,y,z)\mathrm{d}v$,其中 Ω_1 是对称两部分中的一部分.

其他情形可类似给出,需要注意的是,这里也要积分区域和被积函数两方面同时具备条件时,才可用对称性简化计算.

例 计算 $\iiint_{\Omega}[z^2 + z\sin(x+y)]\mathrm{d}v$,其中 Ω: $z^2 \geqslant x^2+y^2$, $x^2+y^2+z^2 \leqslant R^2$.

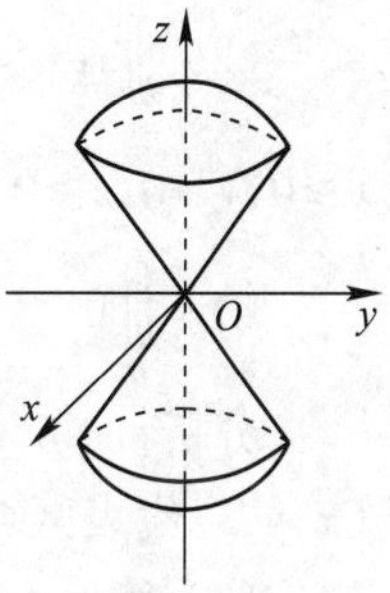

解 由于 $z \geqslant \sqrt{x^2+y^2}$ 与 $z \leqslant -\sqrt{x^2+y^2}$,显然积分域 Ω 关于 xOy 坐标面对称,如图 7.12 所示. 因为

$$\iiint_{\Omega}[z^2 + z\sin(x+y)]\mathrm{d}v = \iiint_{\Omega} z^2\mathrm{d}v + \iiint_{\Omega} z\sin(x+y)\mathrm{d}v,$$

被积函数 z^2 关于 z 是偶函数,则所求三重积分等于域 Ω_1 上三重积分的 2 倍,其中 Ω_1 为 $z \geqslant \sqrt{x^2+y^2}$, $x^2+y^2+z^2 \leqslant R^2$;被积函数 $z\sin(x+y)$ 关于 z 是奇函数,故积分为 0. 注意到积分域由球面和锥面所围成,所以利用球面坐标系计算三重积分,具体过程如下:

图 7.12

$$\iiint_{\Omega}[z^2 + z\sin(x+y)]\mathrm{d}v = 2\iiint_{\Omega_1} z^2\mathrm{d}v + 0$$

$$= 2\int_0^{2\pi}\mathrm{d}\theta\int_0^{\frac{\pi}{4}}\mathrm{d}\varphi\int_0^R r^2\cos^2\varphi\cdot r^2\sin\varphi\mathrm{d}r$$

$$= 4\pi\int_0^{\frac{\pi}{4}}\cos^2\varphi\sin\varphi\mathrm{d}\varphi\int_0^R r^4\mathrm{d}r = \frac{4\pi}{15}\left(1-\frac{\sqrt{2}}{4}\right)R^5$$

21. 什么是积分区域的轮换对称性,怎样利用轮换对称性简化计算?

分析:如果积分区域的表达式中的所有字母按图 7.13 的顺序变换后,原式不变,就称积分区域满足轮换对称性. 例如 $x^2+y^2+z^2 \leqslant 1$,由 $x+y+z=1$ 与三坐标面围成的区域就满足该性质.

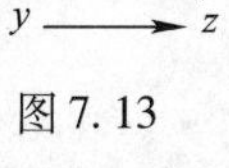

图 7.13

如果积分区域具有轮换对称性,那么显然有如下结论:

(1) $\iiint\limits_{\Omega} f(x)\mathrm{d}v = \iiint\limits_{\Omega} f(y)\mathrm{d}v = \iiint\limits_{\Omega} f(z)\mathrm{d}v$;

(2) $\iiint\limits_{\Omega} f(x,y)\mathrm{d}v = \iiint\limits_{\Omega} f(y,z)\mathrm{d}v = \iiint\limits_{\Omega} f(z,x)\mathrm{d}v$;

(3) $\iiint\limits_{\Omega} f(x,y,z)\mathrm{d}v = \iiint\limits_{\Omega} f(y,z,x)\mathrm{d}v = \iiint\limits_{\Omega} f(z,x,y)\mathrm{d}v$;

利用该性质,我们可以简化某些重积分,举例说明.

例　求 $\iiint\limits_{\Omega}(x^2+my^2+nz^2)\mathrm{d}x\mathrm{d}y\mathrm{d}z$,其中 Ω 是球体 $x^2+y^2+z^2\leqslant a^2$,m,n 是常数.

解　由轮换对称性,

$$\text{原式} = (1+m+n)\iiint\limits_{\Omega} z^2\mathrm{d}x\mathrm{d}y\mathrm{d}z = (1+m+n)\int_{-a}^{a} z^2\mathrm{d}z\iint\limits_{D_z}\mathrm{d}x\mathrm{d}y$$

$$= 2(1+m+n)\int_0^a z^2\pi(a^2-z^2)\mathrm{d}z = \frac{4}{15}\pi(1+m+n)a^5.$$

22. 下列等式是否成立,为什么?

(1) $\iiint\limits_{\Omega}(x^2+y^2+z^2)\mathrm{d}v = a^2\int_0^{2\pi}\mathrm{d}\theta\int_0^{\pi}\sin\varphi\mathrm{d}\varphi\int_0^a r^2\mathrm{d}r = \frac{4}{3}\pi a^5$,其中 Ω:$x^2+y^2+z^2\leqslant a^2$.

(2) $\iiint\limits_{\Omega} x\mathrm{d}v = 4\iiint\limits_{\Omega_1} x\mathrm{d}v$,$\iiint\limits_{\Omega} z\mathrm{d}v = 4\iiint\limits_{\Omega_1} z\mathrm{d}v$,其中 Ω:$x^2+y^2+z^2\leqslant R^2,z\geqslant 0$,$\Omega_1$:$x^2+y^2+z^2\leqslant R^2$,$x\geqslant 0,y\geqslant 0,z\geqslant 0$.

(3) $\iiint\limits_{\Omega}(x+y+z)\mathrm{d}x\mathrm{d}y\mathrm{d}z = 3\iiint\limits_{\Omega} x\mathrm{d}x\mathrm{d}y\mathrm{d}z$,其中 Ω:$x+y+z\leqslant 1;x\geqslant 0,y\geqslant 0,z\geqslant 0$.

分析:(1) 不成立. 错误的原因在于将被积函数 $x^2+y^2+z^2$ 用 a^2 替代. 事实上,点 (x,y,z) 代表区域 Ω 内的任意点,因此不满足方程 $x^2+y^2+z^2=a^2$.

(2) 第一个等式不成立. 因被积函数 x 是关于 x 的奇函数,积分域 Ω 关于 yOz 面对称,因此积分值应为0. 第二个等式由对称性知成立.

(3) 成立. 这里用了轮换对称性 $\iiint\limits_{\Omega} x\mathrm{d}x\mathrm{d}y\mathrm{d}z = \iiint\limits_{\Omega} y\mathrm{d}x\mathrm{d}y\mathrm{d}z = \iiint\limits_{\Omega} z\mathrm{d}x\mathrm{d}y\mathrm{d}z$.

(三) 重积分的应用

23. 如何利用“微元法”将实际问题转化为重积分?

分析:重积分应用中的“微元法”与定积分应用中的“微元法”在本质上是一样的,为了方便说明,我们先看两个实例:

例1　设有一质量非均匀的细棒,长为 l. 在距离其一端为 x 的点处线密度为 $f(x)$,$x\in[0,l]$,求细棒的质量 m.

解　用“微元法”在 $[0,l]$ 内任取一小段 $(x,x+\mathrm{d}x)$,当 $\mathrm{d}x$ 很小时,细棒的质量微元为

$$\mathrm{d}m = f(x)\mathrm{d}x, \tag{1}$$

故有

$$m = \int_0^l f(x)\mathrm{d}x. \tag{2}$$

例2　设有一质量非均匀分布的立体,它占有空间区域 Ω. 在其内任一点 $P(x,y,z)$ 处的密度为 $f(x,y,z)$,求其质量 m.

解　在 Ω 内取包含 P 点在内的小立方体 $\mathrm{d}v$,当 $\mathrm{d}v$ 的直径很小时,得 Ω 的质量微元为

$$\mathrm{d}m = f(x,y,z)\,\mathrm{d}v, \tag{3}$$

式中:$P(x,y,z)$ 是 Ω 内任一点;$\mathrm{d}v$ 同时表示小立方体的体积. 故

$$m = \iiint_{\Omega} f(x,y,z)\,\mathrm{d}v. \tag{4}$$

如果我们将式(1)和式(3)中的点 x 和点 $P(x,y,z)$ 都记为 P,那么被积函数可以合写为 $f(P)$;又把式(1)中的 $\mathrm{d}x$ 和式(3)中的 $\mathrm{d}v$ 都记作 $\mathrm{d}\omega$,则式(1)、式(3)可为统一形式

$$\mathrm{d}m = f(P)\,\mathrm{d}\omega, \tag{5}$$

这时,把式(2)、式(4)中的积分域 $[0,l]$ 和 Ω 都记作 Ω,则这两个积分式可统一记为

$$\int_{\Omega} f(P)\,\mathrm{d}\omega. \tag{6}$$

式中:$\mathrm{d}\omega$ 统称为积分域的微元(或称积分域的元素). 因为从处理方法上都是在积分域内任意取一点 P 及含 P 点的一个小领域,当此领域的直径很小时,在此领域内将非均匀变化视为均匀变化(视 $f(P)$ 在 $\mathrm{d}\omega$ 内不变),便得到式(5)所表示的微元,然后在 Ω 上积分便得到式(6).

式(6)作为统一的积分式也反映出定积分与重积分(还可以是曲线积分和曲面积分)的共同本质,因此在应用数学及工程技术书籍中,式(6)被广泛地采用. 当研究的问题是一维空间的情形,即 P 是一维空间的点时,式(6)就是定积分;当 P 是二维空间的点时,它是二重积分;P 是三维空间的点时,它是三重积分;P 是曲线上的点时,它是曲线积分.

然而,定积分与多元函数的"微分法"也有很大区别. 如在例1中,$f(x)$ 在 $[0,l]$ 上连续,则式(1)就是量 $m(x)$ 的微分;而例2的 $\mathrm{d}m = f(x,y,z)\,\mathrm{d}v$,不能说它是 m 的微分,因为是某个区域的函数,而不是点 (x,y,z) 的函数. 所以 $\mathrm{d}m$ 与一般多元函数的全微分完全不同. 式(3)中的 $\mathrm{d}v$ 作为体积微元,不是简单地要求它的体积 $\mathrm{d}v \to 0$,而是要求它的直径 $\lambda \to 0$,即要求体积元素 $\mathrm{d}v$ 趋向于点 P. 而定积分中小区间的长 $\mathrm{d}x$ 与直径是一回事. 故只要求 $\mathrm{d}x \to 0$ 即可.

24. 怎样计算由两个空间曲面所围成的空间的立体的体积?

分析:有两种方法解决上述问题,具体如下:

方法一　利用二重积分

$$V = \iint_{D} f_1(x,y)\,\mathrm{d}\sigma - \iint_{D} f_2(x,y)\,\mathrm{d}\sigma = \iint_{D} [f_1(x,y) - f_2(x,y)]\,\mathrm{d}\sigma.$$

式中:D 为两空间曲面的交线在 xOy 面上的投影所围成的区域,$f_1(x,y)$,$f_2(x,y)$ 分别为两曲面的方程,且 $f_1(x,y) > f_2(x,y)$,此方法的实质是利用二重积分的几何意义,所求立体体积转化为两个曲顶柱体的体积之差.

方法二　利用三重积分

$$V = \iiint_{\Omega} \mathrm{d}v$$

式中:Ω 为两空间曲面所围成的空间区域.

例　求由 $y^2 = \frac{1}{2}x, z = 0, \frac{x}{4} + \frac{y}{2} + z = 1$ 所围成的空间立体的体积.

分析:空间立体 Ω 由柱面 $y^2=\frac{1}{2}x$,xOy 坐标面及平面 $\frac{x}{4}+\frac{y}{2}+z=1$ 所围成. 平面 $\frac{x}{4}+\frac{y}{2}+z=1$ 的 3 个坐标轴的截距都为正,因此可知 Ω 在 xOy 坐标面上方,这样不需要画出 Ω 的立体图形,便知 Ω 应满足 $0\leqslant z\leqslant 1-\frac{x}{4}-\frac{y}{2}$. 只需画出 Ω 在 xOy 坐标面上的投影区域 D:由 $y^2=\frac{1}{2}x$ 与 $\frac{x}{4}+\frac{y}{2}=1$ 围成,如图 7.14 所示.

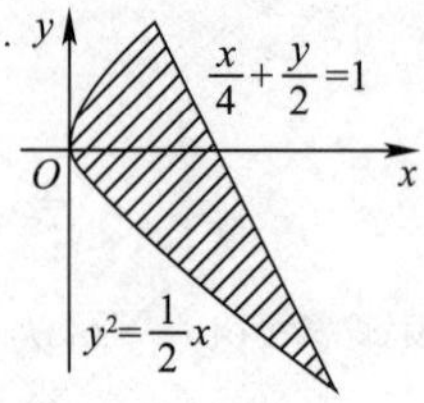

图 7.14

解　由方程组 $\begin{cases} y^2=\frac{1}{2}x \\ \frac{x}{4}+\frac{y}{2}=1 \end{cases}$ 得 $\begin{cases} x=8 \\ y=-2 \end{cases}$,$\begin{cases} x=2 \\ y=1 \end{cases}$. 于是有:

方法一　$V=\iint\limits_D\left[\left(1-\frac{x}{4}-\frac{y}{2}\right)-0\right]\mathrm{d}x\mathrm{d}y$

$$=\int_{-2}^{1}\mathrm{d}y\int_{2y^2}^{4-2y}\left(1-\frac{x}{4}-\frac{y}{2}\right)\mathrm{d}x=\int_{-2}^{1}\left(\frac{1}{2}y^4+y^3-\frac{3}{2}y^2-2y+2\right)\mathrm{d}y=\frac{81}{20}.$$

方法二　$V=\iiint\limits_\Omega \mathrm{d}v=\iint\limits_D\mathrm{d}x\mathrm{d}y\int_0^{1-\frac{x}{4}-\frac{y}{2}}\mathrm{d}z=\int_{-2}^{1}\mathrm{d}y\int_{2y^2}^{4-2y}\mathrm{d}x\int_0^{1-\frac{x}{4}-\frac{y}{2}}\mathrm{d}z$

$$=\int_{-2}^{1}\mathrm{d}y\int_{2y^2}^{4-2y}\left(1-\frac{x}{4}-\frac{y}{2}\right)\mathrm{d}x=\frac{81}{20}.$$

注　本题是利用分析而免去画立体图,只需要画出投影区域便可确定出积分限,从而简化作图,这种解题思想值得注意.

25. 如何利用重心公式简化重积分的计算?

分析:对于密度均匀的平面薄片,其重心计算公式为

$$\bar{x}=\frac{1}{A}\iint\limits_D x\mathrm{d}\sigma,\qquad \bar{y}=\frac{1}{A}\iint\limits_D y\mathrm{d}\sigma.$$

式中:$A=\iint\limits_D\mathrm{d}\sigma$ 为闭区域的面积. 那么

$$\iint\limits_D x\mathrm{d}\sigma=\bar{x}\cdot A,\qquad \iint\limits_D y\mathrm{d}\sigma=\bar{y}\cdot A. \tag{7}$$

对于某些二重积分,如果在计算中需要求 $\iint\limits_D x\mathrm{d}\sigma$ 或 $\iint\limits_D y\mathrm{d}\sigma$,而积分区域的重心坐标和区域的面积易于计算时,就可利用式(7)来简化计算.

例　计算 $\iint\limits_D(5x+3y)\mathrm{d}x\mathrm{d}y$,其中 D 是由曲线 $x^2+y^2+2x-4y-4=0$ 围成的区域.

解　因为

$$\iint\limits_D(5x+3y)\mathrm{d}x\mathrm{d}y=5\iint\limits_D x\mathrm{d}x\mathrm{d}y+3\iint\limits_D y\mathrm{d}x\mathrm{d}y,$$

注意到积分区域是圆域 $(x+1)^2+(y-2)^2\leqslant 3^2$,其重心坐标为 $(-1,2)$,即 $\bar{x}=-1$,$\bar{y}=2$,面积为 $A=9\pi$,故有

$$\text{原式}=5\cdot\bar{x}A+3\cdot\bar{y}A=[5\cdot(-1)+3\cdot 2]A=9\pi.$$

对于三重积分,也有类似的结论,在此不再赘述.

(四) 曲线积分

26. 试述 $\lim\limits_{\lambda\to 0}\sum\limits_{i=1}^{n} f(\xi_i,\eta_i)\cdot\Delta s_i$ 中每个符号的意义?当 $f(x,y)>0$ 时,它的几何意义是什么?

分析:将 xOy 平面上的一条弧线 $\overset{\frown}{AB}$ 任意分成 n 个子弧段,用 Δs_i 表示第 i 段 $\overset{\frown}{M_{i-1}M_i}$ 之长度;$f(\xi_i,\eta_i)$ 表示在子弧段 $\overset{\frown}{M_{i-1}M_i}$ 上任取一点 $P(\xi_i,\eta_i)$ 处的函数值;$\lambda\to 0$ 表示所有弧段中最长的弧段长度趋于0,原式表示和数的极限.当极限存在时,其极限值就是从 A 点到 B 点对弧长的曲线积分 $\int_{\overset{\frown}{AB}} f(x,y)\mathrm{d}s$.

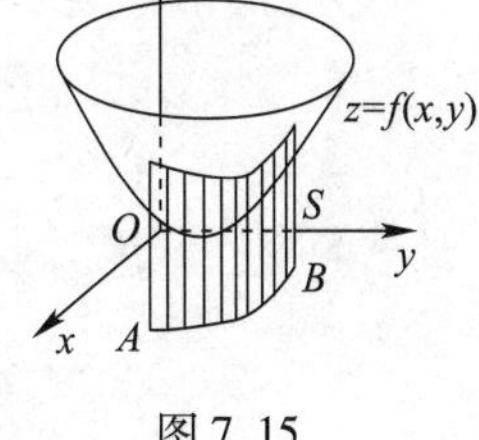

图 7.15

$f(x,y)>0$ 表示曲面在 xOy 平面的上方,原式的几何意义是以 $\overset{\frown}{AB}$ 为准线,以垂直于 xOy 平面的直线为母线,以 $f(x,y)$ 为上边界的柱面面积 S(图7.15).特别当 $f(x,y)=1$ 时,这个极限值在数值上表示曲线 $\overset{\frown}{AB}$ 的长度.

27. 对弧长的曲线积分和对坐标的曲线积分有何区别和联系?

分析:对弧长的曲线积分(或第一类曲线积分)是从求曲线质量、重心等问题提炼出来的,因此它求的是数量.这反映在定义中,是考虑函数值 $f(\xi_i,\eta_i)$ 与弧长 Δs_i 乘积的和数极限问题,因此它仅与被积函数、积分路径有关,而与积分路线的方向无关.

对坐标的曲线积分(或第二类曲线积分)是从求变力沿曲线运动所做的功等问题中引出来的,所以就需要弄清楚质点是从曲线的哪一端向另一端移动,所求量实际上与移动方向有关.这反映在定义中,积分和是以函数值(如 $P(\xi_i,\eta_i)$)与 $\overrightarrow{M_{i-1}M_i}$ 在各坐标轴上的投影(如 Δx_i)相乘的,而 $\overrightarrow{M_{i-1}M_i}$ 在任一轴上的投影是与方向有关的.因此,对坐标的曲线积分不仅与被积函数、积分路线有关,而且与积分路径的方向有关.

以上是两类积分的本质区别,但两者也有密切的联系,这种联系体现在公式

$$\int_{\overset{\frown}{AB}} P\mathrm{d}x+Q\mathrm{d}y=\int_{\overset{\frown}{AB}}(P\cos\alpha+Q\cos\beta)\mathrm{d}s$$

之中,式中 $\cos\alpha$、$\cos\beta$ 为曲线弧 $\overset{\frown}{AB}$ 在点 (x,y) 处切线的方向余弦.

对于空间曲线也有类似情况:

$$\int_{\overset{\frown}{AB}} P\mathrm{d}x+Q\mathrm{d}y+R\mathrm{d}z=\int_{\overset{\frown}{AB}}(P\cos\alpha+Q\cos\beta+R\cos\gamma)\mathrm{d}s$$

式中:$\cos\alpha$、$\cos\beta$ 及 $\cos\gamma$ 为空间曲线 L 在点 (x,y,z) 处切线的方向余弦.

28. 定积分与两类曲线积分都只有一个积分号,它们有什么联系和区别?

分析:联系主要表现在3个方面:一是它们定义的结构形式和研究方法相同,都是特定的积分和式的极限.二是两类曲线积分都是定积分的推广.例如,当 L 是平行于 x 轴且相距为 y_0 的线段 $\overline{AB}$(它在 x 轴上的投影为 $[a,b]$)时,这时两类曲线积分

$$\int_{\overline{AB}} f(x,y)\mathrm{d}s=\int_a^b f(x,y_0)\mathrm{d}x;$$

$$\int_{\overline{AB}} P(x,y)\,\mathrm{d}x = \int_a^b P(x,y_0)\,\mathrm{d}x$$

便都是定积分了,可见定积分是曲线积分的特例,定积分的积分弧段有特殊的位置——x 轴(或 y 轴)上的区间．三是两类曲线积分的计算公式都是化为计算定积分．此外,它们还有一些相同的性质．

区别表现在:被积函数与积分弧段不一样,定积分的被积函数是一元函数,两类曲线积分的被积函数一般而言是多元函数;定积分的积分弧段是 x 轴上的区间,而两类曲线积分的积分弧段是平面或空间内的任意曲线 L,被积函数要在 L 上有定义或连续．

29. 两类平面曲线积分的计算公式是如何表示的？应注意哪些问题？

分析:第一类曲线积分公式:

$$\int_L f(x,y)\,\mathrm{d}s \overset{L:\begin{cases}x=x(t)\\ y=y(t)\end{cases}}{\underset{\alpha\leqslant t\leqslant\beta}{=}} \int_\alpha^\beta f(x(t),y(t))\cdot\sqrt{x'^2(t)+y'^2(t)}\,\mathrm{d}t$$

$$\overset{L:y=y(x)}{\underset{x_1\leqslant x\leqslant x_2}{=}} \int_{x_1}^{x_2} f(x,y(x))\cdot\sqrt{1+y'^2(x)}\,\mathrm{d}x \overset{L:x=x(y)}{\underset{y_1\leqslant y\leqslant y_2}{=}} \int_{y_1}^{y_2} f(x(y),y)\cdot\sqrt{1+x'^2(y)}\,\mathrm{d}y.$$

第二类曲线积分公式:

$$\int_L P\mathrm{d}x+Q\mathrm{d}y \overset{L:\begin{cases}x=\varphi(t)\\ y=\phi(t)\end{cases}}{\underset{\alpha(\text{始点}),\beta(\text{终点})}{=}} \int_\alpha^\beta P(\varphi(t),\phi(t))\cdot\varphi'(t)\,\mathrm{d}t+Q(\varphi(t),\phi(t))\cdot\phi'(t)\,\mathrm{d}t$$

$$\overset{L:y=y(x)}{\underset{x_1(\text{始点}),x_2(\text{终点})}{=}} \int_{x_1}^{x_2} P(x,y(x))\,\mathrm{d}x+Q(x,y(x))y'(x)\,\mathrm{d}x$$

$$\overset{L:x=x(y)}{\underset{y_1(\text{始点}),y_2(\text{终点})}{=}} \int_{y_1}^{y_2} P(x(y),y)x'(y)\,\mathrm{d}y+Q(x(y),y)\,\mathrm{d}y.$$

以上公式需注意:

(1) 上述公式的要点是:

一"定":定积分限(包括下限和上限).

二"代":将积分曲线的参数表达式代入被积函数．

三"换元":将 $\mathrm{d}s$ 换成 $\sqrt{x'^2(t)+y'^2(t)}\,\mathrm{d}t$;$\mathrm{d}x$ 换成 $x'(t)\mathrm{d}t$,$\mathrm{d}y$ 换成 $y'(t)\mathrm{d}t$ 等．

(2) 第一类曲线积分与方向无关,化为定积分时下限一定小于上限．

(3) 第二类曲线积分与方向有关,化为定积分时下限为起点对应的变量值,上限为终点对应的变量值．

30. 计算 $I=\int_L |y|\,\mathrm{d}s$,其中 L 是从点 $A(0,1)$ 到 $B'\left(\frac{1}{2},-\frac{\sqrt{3}}{2}\right)$ 的单位圆弧．下面方法是否正确？请加以说明．

解　根据题意,取 L 的方程为 $y=\sqrt{1-x^2}$,则有

$$I=\int_L |y|\,\mathrm{d}s=\int_0^1\sqrt{1-x^2}\cdot\frac{\mathrm{d}x}{\sqrt{1-x^2}}=1$$

分析:不正确．计算带绝对值符号的积分首先要去掉绝对值符号;其次,上式只计算了在$\widehat{AB}$弧段上的积分,而整个积分弧段为$L=\widehat{AB}+\widehat{BB'}$,如图7.16所示．正确解法如下:

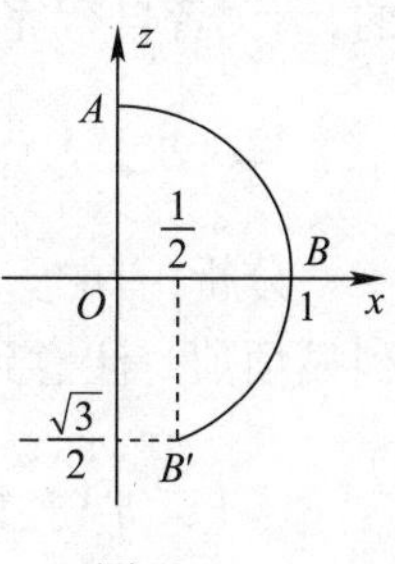

图7.16

方法一　利用直角坐标计算,取y为参数,则L的方程为

$$x=\sqrt{1-y^2},\quad -\frac{\sqrt{3}}{2}\leqslant y\leqslant 1,$$

且$\mathrm{d}s=\dfrac{\mathrm{d}y}{\sqrt{1-y^2}}$,故有

$$\begin{aligned}I&=\int_L|y|\mathrm{d}s=\int_{\widehat{AB}}|y|\mathrm{d}s+\int_{\widehat{BB'}}|y|\mathrm{d}s\\&=\int_0^1 y\cdot\frac{\mathrm{d}y}{\sqrt{1-y^2}}+\int_{-\frac{\sqrt{3}}{2}}^0(-y)\cdot\frac{\mathrm{d}y}{\sqrt{1-y^2}}=\frac{3}{2}.\end{aligned}$$

方法二　利用参数方程计算

记$L:\begin{cases}x=\cos t\\y=\sin t\end{cases},-\dfrac{\pi}{3}\leqslant t\leqslant\dfrac{\pi}{2}$,则$\mathrm{d}s=\mathrm{d}t$,即有

$$I=\int_L|y|\mathrm{d}s=\int_{\widehat{AB}}|y|\mathrm{d}s+\int_{\widehat{BB'}}|y|\mathrm{d}s=\int_0^{\frac{\pi}{2}}\sin t\mathrm{d}t+\int_{-\frac{\pi}{3}}^0(-\sin t)\mathrm{d}t=\frac{3}{2}.$$

31. 在曲线(曲面)积分中,为什么可将积分曲线(积分曲面)的方程代入被积函数?

分析:按照定义,曲线(曲面)积分的被积函数中的动点是在积分曲线(曲面)上变动,而曲线(曲面)是有方程的,因而被积函数中的动点的坐标满足积分曲线(曲面)方程,因此可将积分曲线(曲面)的方程代入积分的被积函数中去．但需注意的是,重积分并无这样的性质．

例1　设曲线$L:\dfrac{x^2}{3}+\dfrac{y^2}{4}=1$的周长为$a$,计算$I=\oint_L(2xy+3x^2+4y^2)\mathrm{d}s$．

解　首先利用对称性知$\oint_L 2xy\mathrm{d}s=0$,其次,由曲线方程知被积函数中

$$3x^2+4y^2=12\left(\frac{x^2}{3}+\frac{y^2}{4}\right)=12.$$

故有$I=\oint_L(3x^2+4y^2)\mathrm{d}s=12\oint_L\mathrm{d}s=12a$．

例2　计算$I=\iint_\Sigma\dfrac{x}{(x^2+y^2+z^2)^{\frac{3}{2}}}\mathrm{d}y\mathrm{d}z$,其中$\Sigma:z=-\sqrt{R^2-x^2-y^2}$,其侧向取下侧．

解　首先将Σ的方程代入被积函数的分母,得

$$I=\frac{1}{R^3}\iint_\Sigma x\mathrm{d}y\mathrm{d}z$$

这就使得积分变得很简单,直接计算即可,得$I=\dfrac{2}{3}\pi$.

值得注意的是,上例中如果不先做代换,而直接补面$z=0(x^2+y^2\leqslant R^2)$,其侧向取上侧,构成封闭曲面沿外侧的第二类曲面积分,再用高斯公式来计算的做法是错误的,因为在平面$z=0$上,被积函数有奇点$O(0,0,0)$.

但若先将被积函数中的$(x^2+y^2+z^2)^{-\frac{3}{2}}$换成$R^{-3}$,再补面利用高斯公式来计算,则是正确

的，请读者自行完成．

32. 对于 $I=\oint_L(x+2y+z^2)\mathrm{d}s$，其中 $L:\begin{cases}x^2+y^2+z^2=1\\x+y+z=0\end{cases}$，有简便的计算方法吗？

分析：有的．这道题如果直接利用 L 的参数方程，将积分转化为参变量的定积分来计算会稍显烦琐．注意到积分曲线 L 具有轮换对称性，利用这一性质可得

$$I=\oint_L(x+y+z)\mathrm{d}s+\frac{1}{3}\oint_L(x^2+y^2+z^2)\mathrm{d}s=\oint_L 0\mathrm{d}s+\frac{1}{3}\oint_L 1\mathrm{d}s=\frac{1}{3}\cdot 2\pi=\frac{2\pi}{3}$$

33. 格林公式成立的条件和意义分别是什么？

分析：格林公式 $\oint_L P\mathrm{d}x+Q\mathrm{d}y=\iint\limits_D\left(\frac{\partial Q}{\partial x}-\frac{\partial P}{\partial y}\right)\mathrm{d}x\mathrm{d}y$ 成立的条件有

① L 是封闭的．

② P,Q 在 D 上具有一阶连续偏导数．

③ L 取 D 的边界曲线的正向．

此公式建立了平面区域 D 上的二重积分与其边界上的曲线积分之间的关系，也就是把内部问题转化成了边界问题——这是十分深刻的数学思想．根据此关系，在某些场合下，可用二重积分来计算曲线积分，在另一些场合下，又可以用曲线积分来计算二重积分．

格林公式的另一重要的用途是用于推导平面曲线积分与路径无关的条件．在物理、力学中往往要问在什么条件下场力所做的功与路径无关，反映在数学上就是曲线积分与积分路径无关的问题．

34. 应用格林公式时必须要注意什么？

分析：应用格林公式时必须要注意以下几点：

(1) P,Q 是否在 D 上具有一阶连续偏导数，否则会出现错误的结论．

例　设 L 是圆：$x^2+y^2=1$，逆时针方向，求曲线积分 $\oint_L\frac{x\mathrm{d}y-y\mathrm{d}x}{x^2+y^2}$．

有人使用格林公式求解：

$$\oint_L\frac{x\mathrm{d}y-y\mathrm{d}x}{x^2+y^2}=\iint\limits_D\left[\frac{\partial}{\partial x}\left(\frac{x}{x^2+y^2}\right)-\frac{\partial}{\partial y}\left(\frac{-y}{x^2+y^2}\right)\right]\mathrm{d}x\mathrm{d}y$$

$$=\iint\limits_D\left[\frac{y^2-x^2}{(x^2+y^2)^2}-\frac{y^2-x^2}{(x^2+y^2)^2}\right]\mathrm{d}x\mathrm{d}y=0.$$

有人化为定积分计算：由于 $L:\begin{cases}x=\cos t,\\y=\sin t,\end{cases}$ t 由 0 到 2π，故有

$$\oint_L\frac{x\mathrm{d}y-y\mathrm{d}x}{x^2+y^2}=\oint_L x\mathrm{d}y-y\mathrm{d}x=\int_0^{2\pi}[\cos^2 t-\sin t(-\sin t)]\mathrm{d}t=\int_0^{2\pi}\mathrm{d}t=2\pi.$$

事实上，第一种解法是错误的．因为函数 $P(x,y)=\frac{-y}{x^2+y^2}$ 及 $Q(x,y)=\frac{x}{x^2+y^2}$ 都在 D 内 $(0,0)$ 点处不连续，从而偏导数 $\frac{\partial Q}{\partial x}$ 与 $\frac{\partial P}{\partial y}$ 也在 $(0,0)$ 点不连续，故不能使用格林公式．

一般来讲，若 P,Q 在 D 内有奇点（偏导数不存在的点），则可以采用下述方法之一创造条件后使用格林公式：

① 用积分曲线段的方程简化被积函数，使简化后的被积函数在 D 内具有连续的一阶偏导数.

② 在 D 内作一闭曲线 L_1 将奇点"挖掉"，然后在 L 和 L_1 所围复连通域 D_1 上用格林公式. L_1 的方向应当与 L 的方向相协调，L_1 与 L 共同构成复连通域 D_1 的正向(负向)边界. 另外，应当根据被积函数的形式来作曲线 L_1，原则上使沿 L_1 的积分简单.

例 计算 $I = \oint_L \frac{x\mathrm{d}y - y\mathrm{d}x}{x^2 + 4y^2}$，其中 $L: x^2 + y^2 = 16$，取顺时针方向.

分析：被积函数在 L 内部有奇点(0,0)，应当作一封闭曲线 L_1 将奇点挖掉. 考虑到 L 为顺时针方向，故取 L_1 为逆时针方向. 又被积函数分母为 $x^2 + 4y^2$，故 $L_1: x^2 + 4y^2 = 4$，取逆时针方向，即 $L_1: \begin{cases} x = 2\cos t, \\ y = \sin t, \end{cases}$ t 由 0 到 2π.

解 L 和 L_1 构成复连通域 D 的负向边界，如图 7.17 所示，故

$$
\begin{aligned}
I &= \oint_L = \oint_{L+L_1} - \oint_{L_1} = -\oint_{-(L+L_1)} - \oint_{L_1} \\
&= -\iint_D \left[\frac{\partial}{\partial x}\left(\frac{x}{x^2 + 4y^2}\right) - \frac{\partial}{\partial y}\left(\frac{-y}{x^2 + 4y^2}\right)\right]\mathrm{d}x\mathrm{d}y - \\
&\quad \int_0^{2\pi} \frac{2\cos^2 t - \sin t(-2\sin t)}{4}\mathrm{d}t \\
&= -\iint_D 0\mathrm{d}x\mathrm{d}y - \frac{1}{2}\int_0^{2\pi}\mathrm{d}t = -\pi
\end{aligned}
$$

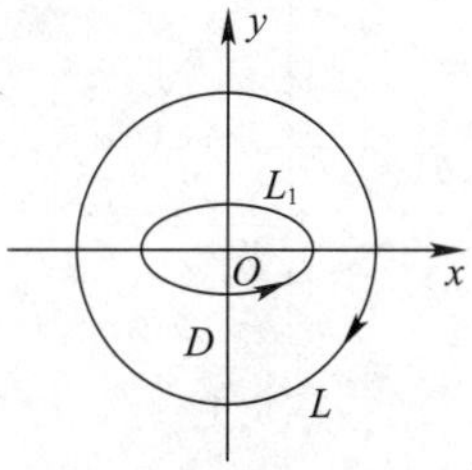

图 7.17

(2) 必须是沿"封闭"曲线 L 的积分才可用格林公式. 若 L 不是封闭曲线，则应添加曲线段 L_1，使 L 和 L_1 构成封闭曲线，于是 $\int_L = \left(\int_L + \int_{L_1}\right) - \int_{L_1} = \oint_{L+L_1} - \int_{L_1}$，接着便可以对积分 $\oint_{L+L_1}$ 使用格林公式了. L_1 的选取应遵循简单原则：使曲线积分 $\int_{L_1}$ 化为定积分后计算简单. 一般都选择坐标轴上的一段或与坐标轴平行的直线段或折线段.

(3) 必须注意 L 与 D 的关系：L 是 D 的正向边界曲线. 若 L 是 D 的负向边界，则 $-L$ 是 D 的正向边界，于是有

$$
\oint_L P\mathrm{d}x + Q\mathrm{d}y = -\oint_{-L} P\mathrm{d}x + Q\mathrm{d}y = -\iint_D \left(\frac{\partial Q}{\partial x} - \frac{\partial P}{\partial y}\right)\mathrm{d}x\mathrm{d}y
$$

(4) 格林公式可用于复连通区域，只要满足格林公式的条件即可.

35. 设 $f(t)\ (t \in \mathbf{R})$ 为连续函数，L 为正方形 $D: 0 \leqslant x \leqslant a, 0 \leqslant y \leqslant a$ 边界曲线的正向，则

$$
I = \oint_L f(x)\mathrm{d}y + f(y)\mathrm{d}x = \iint_D [f'(x) - f'(y)]\mathrm{d}x\mathrm{d}y = 0.
$$

上述解法对吗？

分析：不对，错误出现在盲目地使用了格林公式. 题目只告诉了函数 $f(t)$ 的连续性，并没有说明它们是否可导，更不能保证 $f(t)$ 在 D 上导函数的连续性，所以不能用格林公式. 事实上，这道题目直接计算并不困难.

显然，L 由 4 条直线段组成，分别记作 L_1、L_2、L_3、L_4，如图 7.18 所示，则

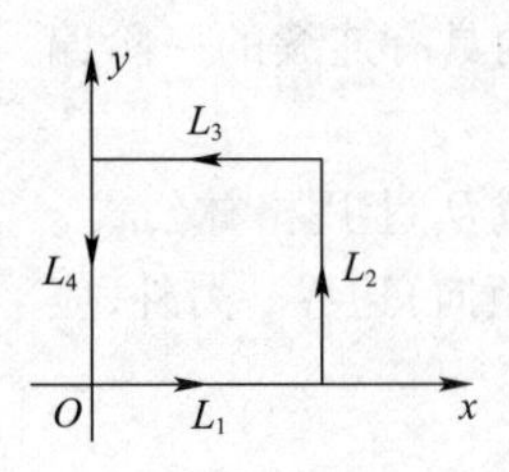

图 7.18

$$I=\int_{L_1}f(x)\mathrm{d}y+f(y)\mathrm{d}x+\int_{L_2}f(x)\mathrm{d}y+f(y)\mathrm{d}x+$$

$$\int_{L_3}f(x)\mathrm{d}y+f(y)\mathrm{d}x+\int_{L_4}f(x)\mathrm{d}y+f(y)\mathrm{d}x$$

$$=\int_0^a f(0)\mathrm{d}x+\int_0^a f(a)\mathrm{d}y+\int_a^0 f(a)\mathrm{d}x+\int_a^0 f(0)\mathrm{d}y=0.$$

36. 在平面区域 D 上满足条件$\frac{\partial P}{\partial y}=\frac{\partial Q}{\partial x}$的曲线积分$\int_L P\mathrm{d}x+Q\mathrm{d}y$一定与路径无关吗?

分析:不一定．若 D 是单连通区域,则是一定的．但对于非单连通区域,即便满足$\frac{\partial P}{\partial y}=\frac{\partial Q}{\partial x}$,曲线积分$\int_L P\mathrm{d}x+Q\mathrm{d}y$也不一定与路径无关.

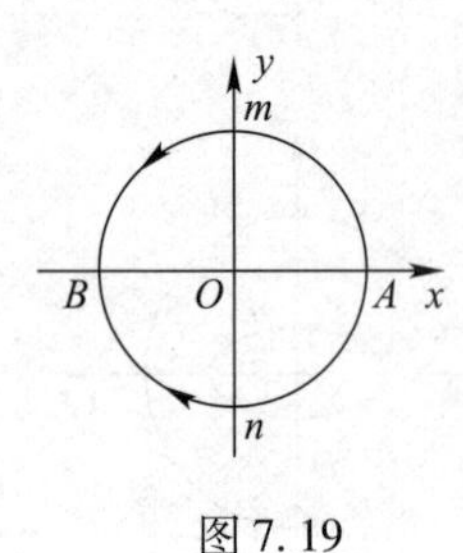

图 7.19

例如,$\int_L\frac{y\mathrm{d}x-x\mathrm{d}y}{x^2+y^2}$显然除(0,0)外,满足$\frac{\partial P}{\partial y}=\frac{\partial Q}{\partial x}=\frac{x^2-y^2}{(x^2+y^2)^2}$. 下面取如图 7.19 所示两种不同的积分路径讨论.

(1) 选取从 $A(1,0)$沿上半圆周到 $B(-1,0)$,则有

$$\int_{\widehat{AmB}}\frac{y}{x^2+y^2}\mathrm{d}x-\frac{x}{x^2+y^2}\mathrm{d}y$$

$$\overset{\substack{x=\cos t\\ y=\sin t}}{\underset{0<t<\pi}{=}}\int_0^\pi \sin t\mathrm{d}(\cos t)-\cos t\mathrm{d}(\sin t)=-\int_0^\pi\mathrm{d}t=-\pi.$$

(2) 选取从 $A(1,0)$沿下半圆周到 $B(-1,0)$,同理可得

$$\int_{\widehat{AnB}}\frac{y}{x^2+y^2}\mathrm{d}x-\frac{x}{x^2+y^2}\mathrm{d}y=\pi.$$

结果不相等,即曲线积分与路径有关．原因何在呢?由积分与路径无关的定理知:D 是单连通闭区域,P,Q 在 D 上具有一阶连续偏导数．而此题中 P,Q 在除原点的 xOy 平面上连续,虽满足条件$\frac{\partial P}{\partial y}=\frac{\partial Q}{\partial x}$,但图 7.19 中区域不是单连通区域,因此不能保证平面第二类曲线积分与路径无关.

37. 怎样计算与路径无关的平面第二类曲线积分?

分析:通常有以下两种方法:

(1) 沿特殊路径求曲线积分．一种常用的方法是沿与坐标轴平行的有向折线的路径求线积分.

(2) 采用原函数法．设被积表达式 $P\mathrm{d}x+Q\mathrm{d}y$ 有原函数 $u(x,y)$,即 $u(x,y)$ 为满足$\mathrm{d}u=P\mathrm{d}x+Q\mathrm{d}y$的任一可微分二元函数,则有

$$\int_{(x_0,y_0)}^{(x_1,y_1)}P\mathrm{d}x+Q\mathrm{d}y=u(x_1,y_1)-u(x_0,y_0).$$

例　计算与路径无关的曲线积分:

$$I=\int_{(0,0)}^{(1,1)}\frac{2x(1-\mathrm{e}^y)}{(1+x^2)^2}\mathrm{d}x+\frac{\mathrm{e}^y}{1+x^2}\mathrm{d}y.$$

解法一(折线积分):如图 7.20 所示,沿有向折线$\overrightarrow{OA}\cup\overrightarrow{AB}$来求,其中点 A 为$(1,0)$,点 B 为$(1,1)$,注意$\overrightarrow{OA}$的方程为$\begin{cases}x=x\\y=0\end{cases}$,$(0\leqslant x\leqslant 1)$,$\overrightarrow{AB}$的方程为$\begin{cases}x=1\\y=y\end{cases}$,$(0\leqslant y\leqslant 1)$,于是得

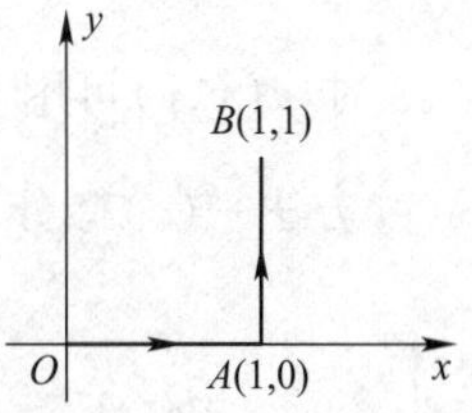

$$I=\int_{\overrightarrow{OA}}\frac{2x(1-e^y)}{(1+x^2)^2}dx+\int_{\overrightarrow{AB}}\frac{e^y}{1+x^2}dy$$

$$=\int_0^1\frac{2x(1-e^0)}{(1+x^2)^2}dx+\int_0^1\frac{e^y}{2}dy=\frac{1}{2}(e-1)$$

图 7.20

解法二(原函数法):由于被积表达式

$$Pdx+Qdy=\frac{2x(1-e^y)}{(1+x^2)^2}dx+\frac{e^y}{1+x^2}dy=(e^y-1)d\frac{1}{1+x^2}+\frac{1}{1+x^2}d(e^y-1)=d\frac{e^y-1}{1+x^2},$$

故 $Pdx+Qdy$ 有原函数 $u(x,y)=\dfrac{e^y-1}{1+x^2}$,于是得

$$I=\left.\frac{e^y-1}{1+x^2}\right|_{(0,0)}^{(1,1)}=\frac{1}{2}(e-1).$$

38. 何谓表达式 $Pdx+Qdy$ 的原函数?怎样求原函数?

分析:若表达式 $Pdx+Qdy$ 是某个二元函数 $u(x,y)$ 的全微分,则称 $u(x,y)$ 为此表达式的原函数.

当$\dfrac{\partial P}{\partial y}=\dfrac{\partial Q}{\partial x}$时,$Pdx+Qdy$ 有原函数.

求原函数通常有 3 种方法:

(1) 凑全微分法.

(2) 曲线积分法.设 $Pdx+Qdy=du$,这时曲线积分与路径无关,原函数 $u(x,y)$ 可由曲线积分 $\int_{(x_0,y_0)}^{(x,y)}Pdx+Qdy$ 求得,其中(x_0,y_0)为域 D 的一定点,求 $Pdx+Qdy$ 的原函数称为全微分求积.

由于曲线积分与路径无关,通常采用特殊路径求积分,一般选取平行于坐标轴的折线段求原函数 $u(x,y)$:

$$u(x,y)=\int_{x_0}^{x}P(x,y_0)dx+\int_{y_0}^{y}Q(x,y)dy+C,$$

或

$$u(x,y)=\int_{y_0}^{y}Q(x_0,y)dy+\int_{x_0}^{x}P(x,y)dx+C$$

(3) 不定积分法.

例 设$\dfrac{xdx+ydy}{\sqrt{x^2+y^2}}$,验证它是某个二元函数 $u(x,y)$ 的全微分并求出 $u(x,y)$.

解 设 $P(x,y)=\dfrac{x}{\sqrt{x^2+y^2}}$,$Q(x,y)=\dfrac{y}{\sqrt{x^2+y^2}}$,则

$$\frac{\partial P}{\partial y}=\frac{\partial}{\partial y}\left(\frac{x}{\sqrt{x^2+y^2}}\right)=-\frac{xy}{(x^2+y^2)^{3/2}},\quad \frac{\partial Q}{\partial x}=\frac{\partial}{\partial x}\left(\frac{y}{\sqrt{x^2+y^2}}\right)=-\frac{xy}{(x^2+y^2)^{3/2}},$$

于是当 $x^2+y^2\neq 0$ 时，$\frac{\partial P}{\partial y}=\frac{\partial Q}{\partial x}$，故当 $x^2+y^2\neq 0$ 时，$\frac{x\mathrm{d}x+y\mathrm{d}y}{\sqrt{x^2+y^2}}$为某个二元函数 $u(x,y)$ 的全微分.

求 $u(x,y)$ 可用下述方法：

方法一（全微分法）：因$\frac{x\mathrm{d}x+y\mathrm{d}y}{\sqrt{x^2+y^2}}=\frac{1}{2}\frac{\mathrm{d}(x^2+y^2)}{\sqrt{x^2+y^2}}=\mathrm{d}\sqrt{x^2+y^2}$，

故

$$u(x,y)=\sqrt{x^2+y^2}+C.$$

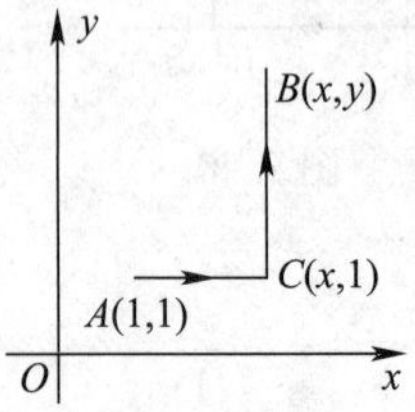

方法二（曲线积分法）：取积分路径如图 7.21 所示，则

$$u(x,y)=\int_{(1,1)}^{(x,y)}\frac{x\mathrm{d}x+y\mathrm{d}y}{\sqrt{x^2+y^2}}$$

$$=\int_1^x\frac{x\mathrm{d}x}{\sqrt{x^2+1}}+\int_1^y\frac{y\mathrm{d}y}{\sqrt{x^2+y^2}}+C_1=\sqrt{x^2+y^2}+C.$$

图 7.21

方法三（不定积分法）：设 $\mathrm{d}u=\frac{x\mathrm{d}x+y\mathrm{d}y}{\sqrt{x^2+y^2}}$，则$\frac{\partial u}{\partial x}=\frac{x}{\sqrt{x^2+y^2}}$，$\frac{\partial u}{\partial y}=\frac{y}{\sqrt{x^2+y^2}}$，故

$$u(x,y)=\int\frac{\partial u}{\partial x}\mathrm{d}x=\int\frac{x\mathrm{d}x}{\sqrt{x^2+y^2}}=\sqrt{x^2+y^2}+\varphi(y).$$

这里 $\varphi(y)$ 为待定函数，由于

$$\frac{y}{\sqrt{x^2+y^2}}=\frac{\partial u}{\partial y}=\frac{\partial}{\partial y}\left(\sqrt{x^2+y^2}+\varphi(y)\right)=\frac{y}{\sqrt{x^2+y^2}}+\varphi'(y),$$

则有 $\varphi'(y)=0$，即 $\varphi(y)=C$. 故有 $u(x,y)=\sqrt{x^2+y^2}+C$.

（四）曲面积分

39. 如何计算对面积的曲面积分？

分析：计算对面积的曲面积分，主要是首先化为二重积分然后再进行运算.

若 Σ 方程由 $z=z(x,y)$ 给出，则

$$\iint_{\Sigma}f(x,y,z)\,\mathrm{d}S=\iint_{D_{xy}}f(x,y,z(x,y))\cdot\sqrt{1+\left(\frac{\partial z}{\partial x}\right)^2+\left(\frac{\partial z}{\partial y}\right)^2}\,\mathrm{d}x\mathrm{d}y$$

具体步骤如下：

（1）将被积函数中的变量 z 代以曲面 Σ 的函数 $z(x,y)$，如果被积函数中不出现 z，就不必代换.

（2）将曲面面积元素 $\mathrm{d}S$ 换为$\sqrt{1+\left(\frac{\partial z}{\partial x}\right)^2+\left(\frac{\partial z}{\partial y}\right)^2}\,\mathrm{d}x\mathrm{d}y$，切记任何时候都要这样做，不过当 Σ 为平面且与坐标面 xOy 平行（或重合）时，$\sqrt{1+\left(\frac{\partial z}{\partial x}\right)^2+\left(\frac{\partial z}{\partial y}\right)^2}=1$.

（3）将曲面 Σ 投影到 xOy 平面上，此时要求其方程有形如 $z=z(x,y)$ 的表达式，得投影区域 D_{xy}.

上述步骤可概括为

"一代、二换、三投影，曲面积分化为二重积分".

40. 将对面积的曲面积分转化为投影区域上的二重积分时,积分域怎样向坐标面投影?应注意哪些问题?

分析:积分域向哪个坐标面投影,主要取决于积分曲面的方程. 要保证向某坐标面投影时,曲面的方程可以写成显式、单值函数,换句话说,曲面上的点与投影区域上的点要保持一一对应.

例1 计算 $I = \iint\limits_{\Sigma} \frac{\mathrm{d}S}{x^2+y^2+z^2}$,其中 Σ 为界于 $z=0$ 和 $z=h$ 两平行面之间的圆柱面 $x^2+y^2=a^2$.

有人说,Σ 在 xOy 面上的投影是圆周,面积为零,所以 $I=0$. 这说法对吗?

此说法不正确,按第一类曲面积分一般计算方法,若要投影到 xOy 平面上,曲面方程必须可以写成 $z=z(x,y)$ 的表达式,而本题中圆柱面的方程不能表达成 $z=z(x,y)$ 的形式,因此计算这个积分把 Σ 向 xOy 面投影是得不到结果的. 说圆柱面在 xOy 面上的投影是圆周,面积为零,这句话是对的,但由此肯定积分值为零是错误的.

正确的做法是:选取圆柱面 Σ 在 yOz 面或 zOx 面上的投影,如果投影到 yOz 面上,那么得投影区域为:D_{yz}: $-a\leqslant y\leqslant a, 0\leqslant z\leqslant h$,圆柱面方程可表示成 $x=\pm\sqrt{a^2-y^2}$,从而有

$$\mathrm{d}S = \frac{a}{\sqrt{a^2-y^2}}\mathrm{d}y\mathrm{d}z.$$

又因对称性,只要在 Σ 上 $x\geqslant 0$ 的那部分曲面 Σ_1 上积分值乘以 2 倍即可,故有

$$I = 2\iint\limits_{\Sigma_1} \frac{\mathrm{d}S}{x^2+y^2+z^2} = 2\iint\limits_{D_{yz}} \frac{a\mathrm{d}y\mathrm{d}z}{(a^2+z^2)\sqrt{a^2-y^2}} = 2\pi\arctan\frac{h}{a}.$$

所以向坐标面投影时,一定要注意:

(1) 曲面在坐标面上的投影区域的面积不能为0.

(2) $z=z(x,y)$ 必须为单值函数,若曲面 Σ 可表为单值函数 $x=x(y,z)$ 或 $y=y(x,z)$,也可得相应的曲面积分化为二重积分的公式. 否则,就要对积分区域分片.

(3) 注意到被积函数是定义在积分曲面上的,可以先利用曲面方程简化被积函数后再计算.

例2 计算 $\iint\limits_{\Sigma} \frac{1}{x^2+y^2}\mathrm{d}S$,其中 Σ 为界于 $z=0$ 和 $z=h$ 两平行面之间的圆柱面 $x^2+y^2=a^2$.

解法一:$\iint\limits_{\Sigma} \frac{1}{x^2+y^2}\mathrm{d}S = \frac{1}{a^2}\iint\limits_{\Sigma}\mathrm{d}S = \frac{1}{a^2}\cdot(2\pi a\cdot h) = \frac{2\pi h}{a}$,

式中:$\iint\limits_{\Sigma}\mathrm{d}S$ 表示曲面的面积;圆柱侧面面积为 $2\pi a\cdot h$.

解法二:利用对称性可得

$$\iint\limits_{\Sigma} \frac{1}{x^2+y^2}\mathrm{d}S = 4\iint\limits_{D_{xz}} \frac{1}{a^2}\sqrt{1+y_x^2+y_z^2}\,\mathrm{d}z\mathrm{d}x = \frac{4}{a^2}\int_0^h \mathrm{d}z\int_0^a \frac{a}{\sqrt{a^2-x^2}}\mathrm{d}x = \frac{2\pi h}{a}.$$

41. 如何选择适当的微元计算对面积的曲面积分?

分析:通过取不同的微元,除了把对面积的曲面积分转化为二重积分以外,还可以转化为其他类型的积分.

(1) 转化为定积分. 如果被积函数为一元函数,比如 $f(z)$,则可以考虑将曲面元化为积分

元 $dS=h(z)dz$,假设积分曲面夹在两平面 $z=a$ 和 $z=b$ 之间,那么

$$\iint_{\Sigma} f(z)\mathrm{d}S = \int_a^b f(z)h(z)\mathrm{d}z.$$

例 计算 $I=\iint_{\Sigma}\frac{\mathrm{d}S}{x^2+y^2+z^2}$,其中 Σ 为界于 $z=0$ 和 $z=h$ 两平行面之间的圆柱面 $x^2+y^2=a^2$.

解 若将 Σ 分为前后(或左右)两片,则计算较烦琐.

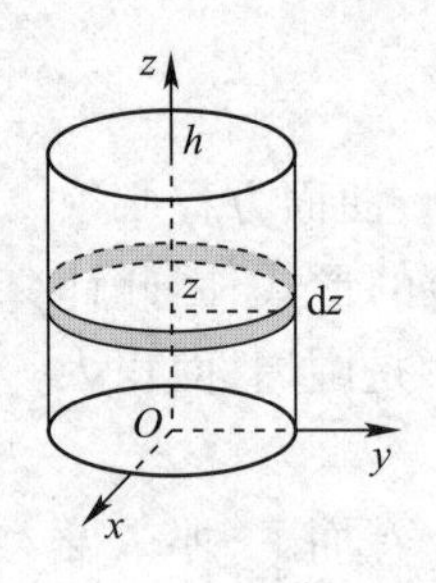

图 7.22

注意到被积函数为$\frac{1}{x^2+y^2+z^2}$,若将积分曲面 $x^2+y^2=a^2$ 代入,则为 z 的一元函数$\frac{1}{a^2+z^2}$,取微元 $\mathrm{d}S=2\pi a\mathrm{d}z$,如图 7.22 所示,则

$$I=\iint_{\Sigma}\frac{\mathrm{d}S}{x^2+y^2+z^2}=\int_0^h\frac{2\pi a\mathrm{d}z}{a^2+z^2}=2\pi\arctan\frac{h}{a}.$$

(2) 转化为曲线积分. 如果被积函数是二元函数,比如 $f(x,y)$,而积分曲面向 xOy 面的投影是一条平面曲线,则可以考虑将曲面元化为弧微元 $\mathrm{d}S=h(x,y)\mathrm{d}s$,那么

$$\iint_{\Sigma} f(x,y)\mathrm{d}S = \int_L f(x,y)h(x,y)\mathrm{d}s.$$

例 求椭圆柱面$\frac{x^2}{5}+\frac{y^2}{9}=1$ 位于 xOy 面上方及平面 $z=y$ 下方的那部分柱面 Σ 的侧面积 S.

解 如图 7.23 所示,将 Σ 向 xOy 面投影,得投影曲线 $L:\frac{x^2}{5}+\frac{y^2}{9}=1(y\geqslant 0)$,取面积微元 $\mathrm{d}S=z\mathrm{d}s$,那么

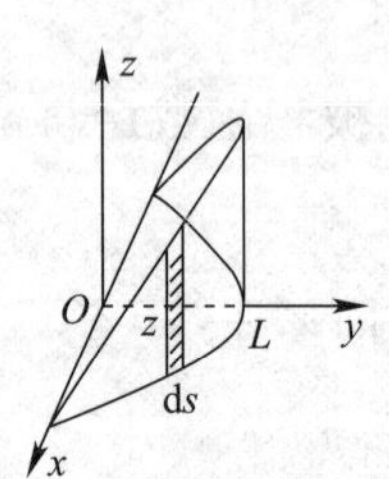

图 7.23

$$S=\iint_{\Sigma}\mathrm{d}S=\int_L z\mathrm{d}s=\int_L y\mathrm{d}s.$$

将投影曲线用参数方程表示

$$L: x=\sqrt{5}\cos t,\quad y=3\sin t(0\leqslant t\leqslant\pi),$$

则有

$$原式=\int_0^{\pi}3\sin t\sqrt{5\sin^2 t+9\cos^2 t}\,\mathrm{d}t=-3\int_0^{\pi}\sqrt{5+4\cos^2 t}\,\mathrm{d}\cos t=9+\frac{15}{4}\ln 5.$$

(3) 利用球面坐标系计算. 如果积分曲面是球面 $x^2+y^2+z^2=R^2$ 或球面的一部分,则可转化到球面坐标系下计算,此时曲面微元为 $\mathrm{d}S=R^2\sin\phi\mathrm{d}\theta\mathrm{d}\phi$.

例 计算 $I=\iint_{\Sigma}\frac{\mathrm{d}S}{\lambda-z}(\lambda>R)$, $\Sigma: x^2+y^2+z^2=R^2$.

解 取球面坐标系,则 $\Sigma: z=R\cos\varphi$, $\mathrm{d}S=R^2\sin\varphi\mathrm{d}\theta\mathrm{d}\varphi$,故有

$$I=\iint_{\Sigma}\frac{\mathrm{d}S}{\lambda-z}=\int_0^{2\pi}\mathrm{d}\theta\int_0^{\pi}\frac{R^2\sin\varphi}{\lambda-R\cos\varphi}\mathrm{d}\varphi=2\pi R\int_0^{\pi}\frac{\mathrm{d}(\lambda-R\cos\varphi)}{\lambda-R\cos\varphi}=2\pi R\ln\frac{\lambda+R}{\lambda-R}.$$

由此可见,对面积的曲面积分的计算方法也是灵活多变的,读者要善于思考,选择简便易

算的方法来做.

42. 对于对面积的曲面积分,有哪些常用的计算技巧?

分析:(1) 利用轮换对称性简化计算.

例1 求 $I=\oiint\limits_{\Sigma}3x^2\mathrm{d}S$,其中 Σ 是球面 $x^2+y^2+z^2=a^2$.

解 由轮换对称性有 $\oiint\limits_{\Sigma}x^2\mathrm{d}S=\oiint\limits_{\Sigma}y^2\mathrm{d}S=\oiint\limits_{\Sigma}z^2\mathrm{d}S$,故

$$I=\oiint\limits_{\Sigma}(x^2+y^2+z^2)\mathrm{d}S=a^2\oiint\limits_{\Sigma}\mathrm{d}S=4\pi a^4.$$

例2 求 $I=\iint\limits_{\Sigma}(x+2y+z)\mathrm{d}S$,其中 Σ 是球面 $x^2+y^2+z^2=a^2$ 在第一卦限的部分.

解 注意到 $\iint\limits_{\Sigma}x\mathrm{d}S=\iint\limits_{\Sigma}y\mathrm{d}S=\iint\limits_{\Sigma}z\mathrm{d}S$,$\mathrm{d}S=\dfrac{a}{\sqrt{a^2-x^2-y^2}}\mathrm{d}x\mathrm{d}y$,故有

$$I=4\iint\limits_{\Sigma}z\mathrm{d}S=4\iint\limits_{D_{xy}}\sqrt{a^2-x^2-y^2}\cdot\frac{a}{\sqrt{a^2-x^2-y^2}}\mathrm{d}x\mathrm{d}y=4a\cdot\frac{1}{4}\pi a^2=\pi a^3$$

(2) 利用对称性或重心公式计算.

例3 求 $I=\oiint\limits_{\Sigma}[(x+y)^2+z^2+2yz]\mathrm{d}S$,其中 Σ 是球面 $x^2+y^2+z^2=2x+2z$.

解
$$\begin{aligned}I&=\oiint\limits_{\Sigma}[(x^2+y^2+z^2)+2xy+2yz]\mathrm{d}S\\&=2\oiint\limits_{\Sigma}(x+z)\mathrm{d}S+2\oiint\limits_{\Sigma}(xy+yz)\mathrm{d}S\\&=2\oiint\limits_{\Sigma}x\mathrm{d}S+2\oiint\limits_{\Sigma}z\mathrm{d}S+2\oiint\limits_{\Sigma}xy\mathrm{d}S+2\oiint\limits_{\Sigma}yz\mathrm{d}S\end{aligned}$$

对于积分 $\oiint\limits_{\Sigma}x\mathrm{d}S$,由于积分曲面 Σ 为球面:$(x-1)^2+y^2+(z-1)^2=2$,利用重心公式 $\bar{x}=\dfrac{\oiint\limits_{\Sigma}x\mathrm{d}S}{A}$ (A 为曲面 Σ 的面积)可得

$$\oiint\limits_{\Sigma}x\mathrm{d}S=\bar{x}\cdot A=1\cdot 4\pi(\sqrt{2})^2=8\pi,$$

同理可得,$\oiint\limits_{\Sigma}z\mathrm{d}S=8\pi$;

对于积分 $\oiint\limits_{\Sigma}xy\mathrm{d}S$,因为被积函数 xy 是关于 y 的奇函数,而积分区域关于 xOz 坐标面对称,所以 $\oiint\limits_{\Sigma}xy\mathrm{d}S=0$,同理可得 $\oiint\limits_{\Sigma}yz\mathrm{d}S=0$. 故有

$$I=2\cdot 8\pi+2\cdot 8\pi+0+0=32\pi.$$

(3) 选择适当的微元计算.

43. 对面积的曲面积分与对坐标的曲面积分有何区别和联系?

分析:对面积的曲面积分(第一类曲面积分)是从求曲面质量等问题中抽象出来的,因此

它求的是数量,这反映在定义

$$\iint_{\Sigma} f(x,y,z)\,\mathrm{d}S = \lim_{\lambda\to 0}\sum_{i=1}^{n} f(\xi_i,\eta_i,\zeta_i)\cdot\Delta S_i$$

中,积分和是函数值$f(\xi_i,\eta_i,\zeta_i)$与曲面微元 ΔS_i 相乘,因此,对面积的曲面积分只与被积函数、积分曲面有关,而与曲面方向无关,即

$$\iint_{\Sigma} f(x,y,z)\,\mathrm{d}S = \iint_{-\Sigma} f(x,y,z)\,\mathrm{d}S.$$

对坐标的曲面积分(亦称第二类曲面积分)是从求通过曲面的流量、电通量等问题抽象出来的,与曲面的方向密切相关. 反映在其定义中,是函数值(如 $P(\xi_i,\eta_i,\zeta_i)$)与曲面 ΔS_i 的投影(如 $\Delta\sigma_{i,xy}$)的乘积的和式极限,而投影是有正负号的,所以对坐标的曲面积分不仅与被积函数、积分曲面有关,还与曲面的方向有关. 例如,设曲面 Σ 由 $z=z(x,y)$ 给出,当积分取在 Σ 的上侧时,曲面的法方向 $\boldsymbol{n}$ 与 z 轴正向的夹角小于$\frac{\pi}{2}$,曲面 Σ 的面积元素 $\mathrm{d}S$ 在 xOy 平面上的投影 $\mathrm{d}x\mathrm{d}y$ 为正,这时有计算公式:

$$\iint_{\Sigma} f(x,y,z)\,\mathrm{d}x\mathrm{d}y = \iint_{D_{xy}} f(x,y,z(x,y))\,\mathrm{d}x\mathrm{d}y.$$

当积分取在曲面 Σ 的下侧时,曲面 Σ 的法方向 $\boldsymbol{n}$ 与 z 轴正向的夹角大于$\frac{\pi}{2}$,$\mathrm{d}S$ 在 xOy 平面上的投影为负,这时有计算公式

$$\iint_{\Sigma} f(x,y,z)\,\mathrm{d}x\mathrm{d}y = -\iint_{D_{xy}} f(x,y,z(x,y))\,\mathrm{d}x\mathrm{d}y$$

在计算对坐标的曲面积分时,一定要注意符号的选取. 投影到其他坐标面上的计算也有类似的公式,读者可自行导出.

两类曲面积分也存在着密切的联系:

$$\iint_{\Sigma} P(x,y,z)\,\mathrm{d}y\mathrm{d}z + Q(x,y,z)\,\mathrm{d}z\mathrm{d}x + R(x,y,z)\,\mathrm{d}x\mathrm{d}y$$

$$= \iint_{\Sigma} (P(x,y,z)\cos\alpha + Q(x,y,z)\cos\beta + R(x,y,z)\cos\gamma)\,\mathrm{d}S$$

44. 二重积分与两类曲面积分都有双重积分号,它们有什么联系和区别?

分析:联系表现在以下 3 个方面:一是它们定义的结构形式和研究的方法相同,都是特定的积分和式的极限;二是两类曲面积分都是二重积分的推广,例如,当 Σ 是平行于 xOy 坐标面且相距为 z_0 的平面区域时(它在 xOy 面上的投影为 D_{xy}),这时两类曲面积分

$$\iint_{\Sigma} f(x,y,z)\,\mathrm{d}S = \iint_{D_{xy}} f(x,y,z_0)\,\mathrm{d}x\mathrm{d}y\ ;$$

$$\iint_{\Sigma} R(x,y,z)\,\mathrm{d}x\mathrm{d}y = \iint_{D_{xy}} R(x,y,z_0)\,\mathrm{d}x\mathrm{d}y$$

便都是二重积分了,可见二重积分是曲面积分的特例,二重积分的积分曲面是坐标平面上的一块平面区域;三是两类曲面积分的计算公式都是化为二重积分来计算. 此外,它们还有一些相同的性质.

它们的区别表现在:被积函数与积分区域不一样．二重积分的被积函数是二元函数,积分区域是坐标面上的平面区域;而两类曲面积分的被积函数一般而言是三元函数,积分区域一般是空间中任意曲面 Σ,被积函数在 Σ 上有定义或连续．

45. 对坐标的曲面积分的计算步骤．

分析:对坐标的曲面积分是通过转化为二重积分来计算的．转化为二重积分的公式为

$$\iint\limits_{\substack{\Sigma \\ [z=z(x,y)]}} R(x,y,z)\,dxdy = \pm\iint\limits_{D_{xy}} R[x,y,z(x,y)]\,dxdy,$$

$$\iint\limits_{\substack{\Sigma \\ [x=x(y,z)]}} P(x,y,z)\,dydz = \pm\iint\limits_{D_{yz}} P[x(y,z),y,z]\,dydz,$$

$$\iint\limits_{\substack{\Sigma \\ [y=y(x,z)]}} Q(x,y,z)\,dzdx = \pm\iint\limits_{D_{zx}} Q[x,y(x,z),z]\,dzdx.$$

式中:D_{xy},D_{yz},D_{zx} 是 Σ 曲面分别在 xOy,yOz,xOz 坐标面上的投影区域．计算对坐标(或称为第二类)曲面积分的具体步骤如下:

(1) 将积分曲面 Σ 的方程表示为面积元素中没有的那个变量的二元显函数(如 $z=z(x,y)$,然后将被积函数 $f(x,y,z)$ 中该变量(如 z)用 Σ 的显函数代替(如 $z(x,y)$),化为二元函数,其面积元素为 $dxdy$,则 Σ 可表示为 $z=z(x,y)$．

(2) 将曲面 Σ 投影到与面积元素(如 $dxdy$)中两个变量同名的坐标面(如 xOy 面)上;

(3) 由曲面 Σ 的方向确定二重积分的正、负,一般地,曲面 Σ 取上侧、前侧及右侧时为正,取下侧、后侧及左侧时为负．

这样,便将对坐标的曲面积分转化为二重积分．上述步骤可概括为:

“一投、二代、三定号,曲面积分化为二重积分．”

注:① 积分曲面 Σ 必须表示为单值函数,若 Σ 为多值函数,可将其分成几片,使每片均为单值函数,然后分别在各小片上积分．

② 若 Σ 是封闭曲面,或添加曲面后可成为封闭曲面,则优先考虑能否利用高斯公式以简化运算．但最后必须减去添加曲面上对坐标的曲面积分．

46. 考察 $\iint\limits_{\Sigma} f(x,y)\,dxdy$ 与 $\iint\limits_{D_{xy}} f(x,y)\,dxdy$ 的区别与联系．

分析:二者区别为: $\iint\limits_{\Sigma} f(x,y)\,dxdy$ 表示第二类(对坐标的)曲面积分,与曲面 Σ 的方向有关;

$\iint\limits_{D_{xy}} f(x,y)\,dxdy$ 表示二重积分,与方向无关,D_{xy} 为 xOy 平面上的区域;前者的 $dxdy$ 是有向曲面元素 dS 在 xOy 平面上的投影(可正可负),后者的 $dxdy$ 是 xOy 平面上的面积元素(只取正值)．

它们之间的联系: $\iint\limits_{\Sigma} f(x,y)\,dxdy = \pm\iint\limits_{D_{xy}} f(x,y)\,dxdy$ (正负号由 Σ 的侧向决定)．

二重积分本身是特殊的曲面积分,同时也是曲面积分的基础．因为曲面积分的计算也主要是先化为二重积分,然后化为定积分．

47. 下列等式是否成立？请说明理由.

设 Σ 是下半球面 $x^2+y^2+z^2=a^2, z\leqslant 0$,取下侧,则有

(1) $\iint\limits_{\Sigma} z\mathrm{d}S = \iint\limits_{D_{xy}} \sqrt{a^2-x^2-y^2} \cdot \dfrac{a\mathrm{d}x\mathrm{d}y}{\sqrt{a^2-x^2-y^2}}$;

(2) $\iint\limits_{\Sigma} z\mathrm{d}x\mathrm{d}y = \iint\limits_{D_{xy}} (-\sqrt{a^2-x^2-y^2})\mathrm{d}x\mathrm{d}y$,

式中 $D_{xy}: x^2+y^2\leqslant a^2$ 为 Σ 在 xOy 面上的投影区域.

分析:上述做法都不成立.

(1) 错在“二代”. 被积函数应代为下半球面的方程 $z=-\sqrt{a^2-x^2-y^2}$,正确解法为

$$\iint\limits_{\Sigma} z\mathrm{d}S = -\iint\limits_{D_{xy}} (-\sqrt{a^2-x^2-y^2}) \cdot \frac{a\mathrm{d}x\mathrm{d}y}{\sqrt{a^2-x^2-y^2}}.$$

(2) 错在“三定号”. Σ 法线朝下,即取下侧,化为二重积分应取负号. 正确解法为

$$\iint\limits_{\Sigma} z\mathrm{d}S = -\iint\limits_{D_{xy}} (-\sqrt{a^2-x^2-y^2})\mathrm{d}x\mathrm{d}y = \iint\limits_{D_{xy}} \sqrt{a^2-x^2-y^2}\mathrm{d}x\mathrm{d}y.$$

48. 设 Σ 是球面 $x^2+y^2+z^2=a^2$ 的外侧,投影区域 $D_{xy}: x^2+y^2\leqslant a^2$,下列曲面积分等式是否成立?

(1) $\iint\limits_{\Sigma} x^2y^2z\mathrm{d}S = \iint\limits_{D_{xy}} x^2y^2z\mathrm{d}x\mathrm{d}y$;

(2) $\iint\limits_{\Sigma} (x^2+y^2)\mathrm{d}x\mathrm{d}y = \iint\limits_{D_{xy}} (x^2+y^2)\mathrm{d}x\mathrm{d}y$;

(3) $\iint\limits_{\Sigma} x^2y^2z\mathrm{d}x\mathrm{d}y = \iint\limits_{D_{xy}} x^2y^2\sqrt{a^2-x^2-y^2}\mathrm{d}x\mathrm{d}y$.

分析:(1) 不正确. 对面积的曲面积分,应“一代二换三投影”,原式没有被代,曲面元素也没有被换,正确的做法为

$$\iint\limits_{\Sigma} x^2y^2z\mathrm{d}S = \iint\limits_{D_{xy}} x^2y^2\sqrt{a^2-x^2-y^2} \cdot \sqrt{1+\left(\frac{\partial z_1}{\partial x}\right)^2+\left(\frac{\partial z_1}{\partial y}\right)^2}\mathrm{d}x\mathrm{d}y +$$

$$\iint\limits_{D_{xy}} x^2y^2(-\sqrt{a^2-x^2-y^2}) \cdot \sqrt{1+\left(\frac{\partial z_2}{\partial x}\right)^2+\left(\frac{\partial z_2}{\partial y}\right)^2}\mathrm{d}x\mathrm{d}y.$$

式中:$z_1=\sqrt{a^2-x^2-y^2}, z_2=-\sqrt{a^2-x^2-y^2}$.

(2) 不正确. 原式中对坐标的曲面积分,没有定曲面的方向,应改为

$$\iint\limits_{\Sigma} (x^2+y^2)\mathrm{d}x\mathrm{d}y = \iint\limits_{D_{xy}} (x^2+y^2)\mathrm{d}x\mathrm{d}y + \iint\limits_{D_{xy}} (x^2+y^2)(-\mathrm{d}x\mathrm{d}y).$$

(3) 不正确. 对坐标的曲面积分,应“一投二代三定向”,右式没有考虑 Σ 有上、下两侧且定向,正确的做法为

$$\iint\limits_{\Sigma} x^2y^2z\mathrm{d}x\mathrm{d}y = \iint\limits_{D_{xy}} x^2y^2\sqrt{a^2-x^2-y^2}\mathrm{d}x\mathrm{d}y + \iint\limits_{D_{xy}} x^2y^2(-\sqrt{a^2-x^2-y^2})(-\mathrm{d}x\mathrm{d}y).$$

49. 高斯公式及斯托克斯公式的意义是什么？应用时应注意哪些条件？

分析:(1) 高斯公式．$\oiint\limits_{\Sigma} P\mathrm{d}y\mathrm{d}z + Q\mathrm{d}z\mathrm{d}x + R\mathrm{d}x\mathrm{d}y = \iiint\limits_{\Omega}\left(\frac{\partial P}{\partial x} + \frac{\partial Q}{\partial y} + \frac{\partial R}{\partial z}\right)\mathrm{d}x\mathrm{d}y\mathrm{d}z$ 与格林公式类似,它实际上也是把内部问题转化为边界问题,即建立了三重积分与其边界曲面上的曲面积分之间的关系,根据此式,在某些场合下,用三重积分来计算曲面积分是比较方便的．在物理场论里面,它是流体力学,电磁学的重要理论基础。

应用高斯公式时必须要注意:

① Σ 是封闭的;

② P,Q,R 在 Ω 上具有一阶连续的偏导数;

③ Σ 取 Ω 的整个边界曲面的外侧．

特别需要指出的是:与格林公式类似,在运用上述公式计算不封闭的曲面积分时,需要添加曲面使其成为封闭曲面．而在所补的曲面上,曲面积分要容易求得,然后利用高斯公式计算重积分,最后减去所添曲面上的积分值,往往使计算大大简化．

(2) 斯托克斯公式．

$$\oint_{\Gamma} P\mathrm{d}x + Q\mathrm{d}y + R\mathrm{d}z = \iint\limits_{\Sigma}\left(\frac{\partial R}{\partial y} - \frac{\partial Q}{\partial z}\right)\mathrm{d}y\mathrm{d}z + \left(\frac{\partial P}{\partial z} - \frac{\partial R}{\partial x}\right)\mathrm{d}x\mathrm{d}z + \left(\frac{\partial Q}{\partial x} - \frac{\partial P}{\partial y}\right)\mathrm{d}x\mathrm{d}y.$$

此公式建立了曲面 Σ 上的曲面积分与其边界 Γ 上的曲线积分之间的联系,根据此式,在某些场合下,用曲面积分来计算曲线积分时比较方便．

使用该公式时,需要注意曲面 Σ 的侧与其边界曲线 Γ 的方向成右手系．

50. 设 Σ 是球面 $x^2 + y^2 + z^2 = a^2$ 的外侧,求 $I = \iint\limits_{\Sigma} z\mathrm{d}x\mathrm{d}y$．下述方法是否正确？如果不正确,请写出正确解法．

因为积分曲面 Σ 关于 xOy 面对称,且被积函数是关于 z 的奇函数,所以 $I=0$.

分析:不正确．因为本题是第二类曲面积分,不能应用这样的对称性．正确解法如下．

解法一　利用高斯公式．$I = \iiint\limits_{\Omega}(0 + 0 + 1)\mathrm{d}x\mathrm{d}y\mathrm{d}z = \frac{4}{3}\pi a^3$．

解法二　化为二重积分计算．设 Σ 在 xOy 平面上方的部分为 Σ_1:$z = \sqrt{a^2 - x^2 - y^2}$,取上侧,下半部分为 Σ_2:$z = -\sqrt{a^2 - x^2 - y^2}$,取下侧,则有

$$I = \iint\limits_{\Sigma_1} z\mathrm{d}x\mathrm{d}y + \iint\limits_{\Sigma_2} z\mathrm{d}x\mathrm{d}y = \iint\limits_{D_{xy}}\sqrt{a^2 - x^2 - y^2}\,\mathrm{d}x\mathrm{d}y - \iint\limits_{D_{xy}}\left(-\sqrt{a^2 - x^2 - y^2}\right)\mathrm{d}x\mathrm{d}y$$

$$= 2\iint\limits_{D_{xy}}\sqrt{a^2 - x^2 - y^2}\,\mathrm{d}x\mathrm{d}y = 2\int_0^{2\pi}\mathrm{d}\theta\int_0^a\sqrt{a^2 - r^2}\,r\mathrm{d}r = \frac{4}{3}\pi a^3.$$

由此可见,利用高斯公式使得计算更加简单．

51. 计算积分 $\oiint\limits_{\Sigma} x^3\mathrm{d}y\mathrm{d}z + y^3\mathrm{d}z\mathrm{d}x + z^3\mathrm{d}x\mathrm{d}y$,其中 Σ 为球面 $x^2 + y^2 + z^2 = a^2$ 的外侧．下述计算是否正确？

解　原式 $= 3\iiint\limits_{\Omega}(x^2 + y^2 + z^2)\mathrm{d}x\mathrm{d}y\mathrm{d}z = 3\iiint\limits_{\Omega} a^2\mathrm{d}x\mathrm{d}y\mathrm{d}z = 4\pi R^5$．

分析:不正确．在上述计算中,第一步利用了高斯公式转化为三重积分,这是对的;错误出现

在第二步——对三重积分的计算,被积函数 $x^2+y^2+z^2$ 不能用 a^2 来代换. 这是因为三重积分是在整个球面所围成的空间立体 $x^2+y^2+z^2\leqslant a^2$ 上进行积分的,也就是说除了在 $x^2+y^2+z^2=a^2$ 上积分,还要在 $x^2+y^2+z^2<a^2$ 内积分,所以 $x^2+y^2+z^2\neq a^2$,故不能用 a^2 来代换. 这也是初学者对于重积分和线面积分的计算中最容易混淆的地方. 正确的解法为

$$\text{原式} = 3\iiint\limits_{\Omega}(x^2+y^2+z^2)\,\mathrm{d}x\mathrm{d}y\mathrm{d}z = 3\int_0^{2\pi}\mathrm{d}\theta\int_0^{\pi}\sin\varphi\mathrm{d}\varphi\int_0^a r^2\cdot r^2\mathrm{d}r = \frac{12}{5}\pi a^5.$$

52. 设 $f(t)$、$g(t)$、$h(t)$ $(t\in\mathbf{R})$ 为连续函数,Σ 为长方体 Ω:$0\leqslant x\leqslant a,0\leqslant y\leqslant b,0\leqslant z\leqslant c$ 表面的外侧,则

$$\begin{aligned}\oiint\limits_{\Sigma} f(x)\mathrm{d}y\mathrm{d}z+g(y)\mathrm{d}z\mathrm{d}x+h(z)\mathrm{d}x\mathrm{d}y &= \iiint\limits_{\Omega}[f'(x)+g'(y)+h'(z)]\mathrm{d}x\mathrm{d}y\mathrm{d}z\\ &= abc\left[\frac{f(b)-f(0)}{a}+\frac{g(b)-g(0)}{b}+\frac{h(c)-h(0)}{c}\right].\end{aligned}$$

上述解法对吗?

分析:不正确. 错误出现在第一个等号,题目只告诉了 $f(t)$、$g(t)$、$h(t)$ 的连续性,并没有说明它们是否可导,更不能保证其导函数在 Ω 上的连续性,所以不能用高斯公式. 事实上,这道题目直接计算并不困难.

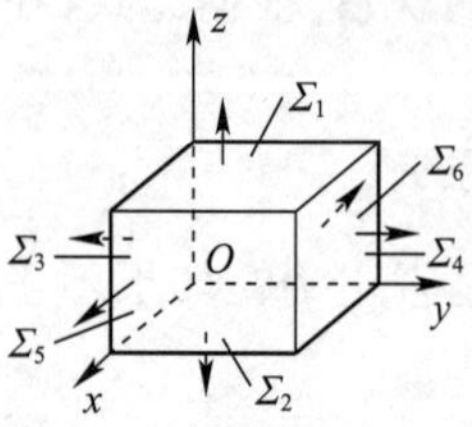

解 显然 Σ 由 6 个面围成,如图 7.24 所示,所以

图 7.24

$$\begin{aligned}&\oiint\limits_{\Sigma} f(x)\mathrm{d}y\mathrm{d}z+g(y)\mathrm{d}z\mathrm{d}x+h(z)\mathrm{d}x\mathrm{d}y\\ &= \iint\limits_{\Sigma_5} f(x)\mathrm{d}y\mathrm{d}z+\iint\limits_{\Sigma_6} f(x)\mathrm{d}y\mathrm{d}z+\iint\limits_{\Sigma_3} g(y)\mathrm{d}z\mathrm{d}x+\\ &\quad \iint\limits_{\Sigma_4} g(y)\mathrm{d}z\mathrm{d}x+\iint\limits_{\Sigma_1} h(z)\mathrm{d}x\mathrm{d}y+\iint\limits_{\Sigma_2} h(z)\mathrm{d}x\mathrm{d}y\end{aligned}$$

$$\begin{aligned}&= f(a)\iint\limits_{D_{yz}}\mathrm{d}y\mathrm{d}z-f(0)\iint\limits_{D_{yz}}\mathrm{d}y\mathrm{d}z+g(b)\iint\limits_{D_{zx}}\mathrm{d}z\mathrm{d}x-g(0)\iint\limits_{D_{zx}}\mathrm{d}z\mathrm{d}x+h(c)\iint\limits_{D_{xy}}\mathrm{d}x\mathrm{d}y-h(0)\iint\limits_{D_{xy}}\mathrm{d}x\mathrm{d}y\\ &= abc\left[\frac{f(b)-f(0)}{a}+\frac{g(b)-g(0)}{b}+\frac{h(c)-h(0)}{c}\right].\end{aligned}$$

53. 能否利用对称性计算曲线(面)积分?

分析:第一类曲线(面)积分与方向(侧)无关,故如果条件具备的话,可以利用对称性来化简计算.

第二类曲线(面)积分与方向(侧)有关,所以在考虑它们的对称性时,既要考虑被积函数与曲线(面)的对称性,还要考虑曲线(面)的方向(侧),因此在计算第二类曲线(面)积分时,直接利用对称性就比较困难,最好先把它转化为定(重)积分,然后再考虑对称性,这样可避免很多不必要的麻烦.

注意:利用对称性计算第一类曲线(面)积分的方法类似重积分的对称性解决方法,以平面曲线积分为例:

设 L 对称于 x(或 y)轴,若 $f(x,y)$ 是关于 y(或 x)的奇函数,则 $\int_L f(x,y)\mathrm{d}s=0$;若 $f(x,y)$ 是关于 y(或 x)的偶函数,则 $\int_L f(x,y)\mathrm{d}s=2\int_{L_1}f(x,y)\mathrm{d}s$ (L_1 是 L 位于对称轴一侧的部分).

54. 对于对坐标的曲面积分,有哪些常用的计算技巧?

分析:(1) 利用轮换对称性计算.

例 计算 $\oiint\limits_{\Sigma}(x+y)\mathrm{d}y\mathrm{d}z+(y+z)\mathrm{d}z\mathrm{d}x+(z+x)\mathrm{d}x\mathrm{d}y$,其中 Σ 是以原点为中心,边长为 a 的正立方体的整个表面的外侧.

解 如图 7.25 所示,显然积分曲面具有轮换对称性,所以

$$\begin{aligned}\text{原式}&=3\oiint\limits_{\Sigma}(z+x)\mathrm{d}x\mathrm{d}y\\&=3\left[\oiint\limits_{\Sigma_1}(z+x)\mathrm{d}x\mathrm{d}y+\oiint\limits_{\Sigma_2}(z+x)\mathrm{d}x\mathrm{d}y\right]\\&=3\left[\oiint\limits_{D_{xy}}\left(\frac{a}{2}+x\right)\mathrm{d}x\mathrm{d}y-\oiint\limits_{D_{xy}}\left(-\frac{a}{2}+x\right)\mathrm{d}x\mathrm{d}y\right]=3a\oiint\limits_{D_{xy}}\mathrm{d}x\mathrm{d}y=3a^3.\end{aligned}$$

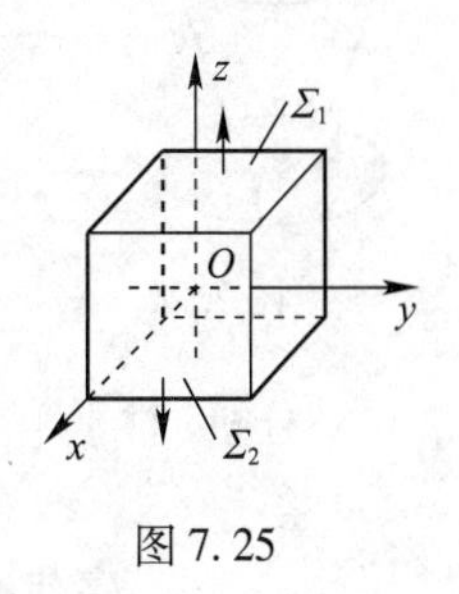

图 7.25

(2) 利用高斯公式计算. 对组合曲面积分常考虑用高斯公式,具体示例前面已有例举,不再赘述.

(3) 利用两类曲面积分之间的联系. 第二类曲面积分转化为第一类曲面积分计算也是一种计算方法,但一般是指特殊的积分曲面(如平面),法向量的方向余弦为常数,方向余弦与被积函数乘积的代数和能进行化简.

例 计算第二类曲面积分

$$I=\iint\limits_{\Sigma}[f(x,y,z)+x]\mathrm{d}y\mathrm{d}z+[2f(x,y,z)+y]\mathrm{d}z\mathrm{d}x+[f(x,y,z)+z]\mathrm{d}x\mathrm{d}y.$$

式中:$f(x,y,z)$ 为连续函数,Σ 为平面 $x-y+z=1$ 在第四卦限的上侧.

解 如图 7.26 所示,因为 $\boldsymbol{n}=(1,-1,1)$,$\cos\alpha=\cos\gamma=\frac{1}{\sqrt{3}}$,$\cos\beta=-\frac{1}{\sqrt{3}}$,由两类曲面积分之间的联系,

$$\begin{aligned}I&=\iint\limits_{\Sigma}\{[f(x,y,z)+x]\cos\alpha+[2f(x,y,z)+y]\cos\beta+\\&\quad[f(x,y,z)+z]\cos\gamma\}\mathrm{d}S\\&=\frac{1}{\sqrt{3}}\iint\limits_{\Sigma}(x-y+z)\mathrm{d}S=\frac{1}{\sqrt{3}}\iint\limits_{\Sigma}\mathrm{d}S=\frac{1}{\sqrt{3}}\cdot\frac{\sqrt{3}}{2}=\frac{1}{2}.\end{aligned}$$

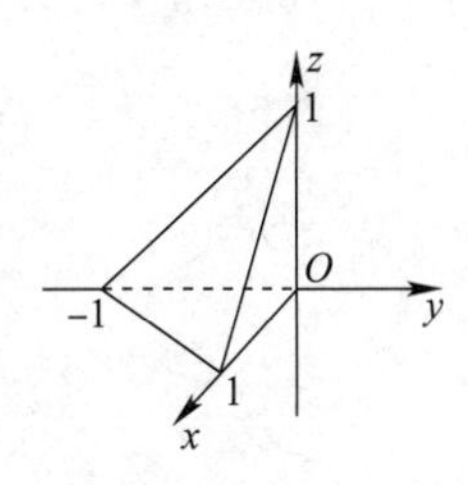

图 7.26

(4) 利用"合一投影法". 根据

$$\cos\alpha\mathrm{d}S=\mathrm{d}y\mathrm{d}z,\cos\beta\mathrm{d}S=\mathrm{d}z\mathrm{d}x,\cos\gamma\mathrm{d}S=\mathrm{d}x\mathrm{d}y,$$

可以将对不同坐标的曲面积分转化为对相同坐标的曲面积分. 就以上例来说明.

解 设 $P=f(x,y,z)+x$, $Q=2f(x,y,z)+y$, $R=f(x,y,z)+z$, Σ 在 xOy 面上的投影 D_{xy}:$0\leqslant x\leqslant 1$, $x-1\leqslant y\leqslant 0$,则

$$\begin{aligned}I&=\iint\limits_{\Sigma}\left\{[f(x,y,z)+x]\frac{\cos\alpha}{\cos\gamma}+[2f(x,y,z)+y]\frac{\cos\beta}{\cos\gamma}+[f(x,y,z)+z]\right\}\mathrm{d}x\mathrm{d}y\\&=\iint\limits_{\Sigma}(x-y+z)\mathrm{d}x\mathrm{d}y=\iint\limits_{\Sigma}\mathrm{d}x\mathrm{d}y=\iint\limits_{D_{xy}}\mathrm{d}x\mathrm{d}y=\frac{1}{2}.\end{aligned}$$

55. 计算 $\iint\limits_{\Sigma} x\mathrm{d}y\mathrm{d}z + y\mathrm{d}z\mathrm{d}x + z\mathrm{d}x\mathrm{d}y$，其中 Σ 是部分旋转抛物面 $z=\dfrac{x^2+y^2}{2}(z\leqslant 2)$ 的上侧．

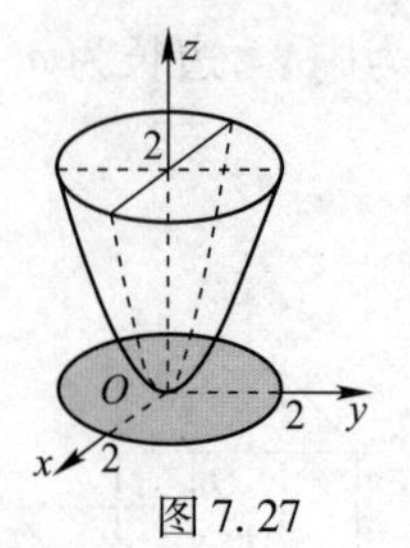

图 7.27

错解：如图 7.27 所示，根据被积表达式的轮换对称，

$$\iint\limits_{\Sigma} x\mathrm{d}y\mathrm{d}z = \iint\limits_{\Sigma} y\mathrm{d}z\mathrm{d}x = \iint\limits_{\Sigma} z\mathrm{d}x\mathrm{d}y.$$

$$\text{原式} = 3\iint\limits_{\Sigma} z\mathrm{d}x\mathrm{d}y = 3\iint\limits_{D_{xy}} \frac{x^2+y^2}{2}\mathrm{d}x\mathrm{d}y$$

$$= \frac{3}{2}\int_0^{2\pi}\mathrm{d}\theta\int_0^2 r^2\cdot r\mathrm{d}r = 12\pi.$$

分析：对于第二类曲面积分有类似重积分的对称性．这里所谓的对称性是指：

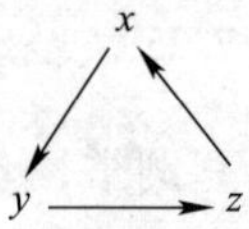

(1) 被积表达式满足轮换对称性（被积表达式中的所有字母按图 7.28 的顺序代换后，原式不变）；

(2) 积分曲面及其侧具有对称性（各坐标面上的投影区域均相同，且配给的符号相同）．

图 7.28

若 $I = \iint\limits_{\Sigma} P(x,y,z)\mathrm{d}y\mathrm{d}z + Q(x,y,z)\mathrm{d}z\mathrm{d}x + R(x,y,z)\mathrm{d}x\mathrm{d}y$ 满足上述对称性，则

$$I = 3\iint\limits_{\Sigma} P(x,y,z)\mathrm{d}y\mathrm{d}z\ \left(\text{或}\ 3\iint\limits_{\Sigma} Q(x,y,z)\mathrm{d}z\mathrm{d}x,\ 3\iint\limits_{\Sigma} R(x,y,z)\mathrm{d}x\mathrm{d}y\right).$$

本题中虽然被积表达式满足轮换对称性，但积分曲面不满足对称性，Σ 在 xOy 面的投影区域为：$D_{xy}: x^2+y^2\leqslant 4$，而 Σ 在 yOz，zOx 面的投影区域分别为

$$D_{yz}: y^2\leqslant 2z\leqslant 4,\ -2\leqslant y\leqslant 2;\ D_{zx}: x^2\leqslant 2z\leqslant 4,\ -2\leqslant x\leqslant 2.$$

因此仅有 $\iint\limits_{\Sigma} x\mathrm{d}y\mathrm{d}z = \iint\limits_{\Sigma} y\mathrm{d}z\mathrm{d}x$ 成立，故上述做法不对．正确的解法是：

方法一　将 Σ 分成 Σ_1，Σ_2 两部分，则

$$\Sigma_1: x=\sqrt{2z-y^2},\text{取后侧；}\quad \Sigma_2: x=-\sqrt{2z-y^2},\text{取前侧}.$$

于是

$$\iint\limits_{\Sigma} x\mathrm{d}y\mathrm{d}z = -\iint\limits_{D_{yz}}\sqrt{2z-y^2}\,\mathrm{d}y\mathrm{d}z + \iint\limits_{D_{yz}}\left(-\sqrt{2z-y^2}\right)\mathrm{d}y\mathrm{d}z$$

$$= -2\int_{-2}^{2}\mathrm{d}y\int_{\frac{y^2}{2}}^{2}\sqrt{2z-y^2}\,\mathrm{d}z = -\frac{4}{3}\int_0^2(4-y^2)^{\frac{3}{2}}\mathrm{d}y = -4\pi.$$

由对称性可得：$\iint\limits_{\Sigma} y\mathrm{d}z\mathrm{d}x = -4\pi$，又

$$\iint\limits_{\Sigma} z\mathrm{d}x\mathrm{d}y = \iint\limits_{D_{xy}}\frac{x^2+y^2}{2}\mathrm{d}x\mathrm{d}y = \frac{1}{2}\int_0^{2\pi}\mathrm{d}\theta\int_0^2 r^2\cdot r\mathrm{d}r = 4\pi.$$

故有

$$\iint\limits_{\Sigma} x\mathrm{d}y\mathrm{d}z + y\mathrm{d}z\mathrm{d}x + z\mathrm{d}x\mathrm{d}y = -4\pi.$$

方法二　补平面 $\Sigma_1: z=2(x^2+y^2\leqslant 4)$，取下侧，与 $z=\dfrac{x^2+y^2}{2}$ 围成封闭曲面内侧的曲面积

分,利用高斯公式可得

$$\oiint\limits_{\Sigma+\Sigma_1} x\mathrm{d}y\mathrm{d}z + y\mathrm{d}z\mathrm{d}x + z\mathrm{d}x\mathrm{d}y = -3\iiint\limits_{\Omega}\mathrm{d}x\mathrm{d}y\mathrm{d}z = -3\int_0^{2\pi}\mathrm{d}\theta\int_0^2 r\mathrm{d}r\int_{\frac{r^2}{2}}^2\mathrm{d}z = -12\pi.$$

Σ_1 方程为 $z=2(x^2+y^2\leqslant 4)$ 且取下侧,因而有

$$\iint\limits_{\Sigma_1} x\mathrm{d}y\mathrm{d}z + y\mathrm{d}z\mathrm{d}x + z\mathrm{d}x\mathrm{d}y = -\iint\limits_{D_{xy}} 2\mathrm{d}x\mathrm{d}y = -2\pi\cdot 2^2 = -8\pi.$$

故有

$$\begin{aligned}\text{原式} &= \oiint\limits_{\Sigma+\Sigma_1} x\mathrm{d}y\mathrm{d}z + y\mathrm{d}z\mathrm{d}x + z\mathrm{d}x\mathrm{d}y - \iint\limits_{\Sigma_1} x\mathrm{d}y\mathrm{d}z + y\mathrm{d}z\mathrm{d}x + z\mathrm{d}x\mathrm{d}y \\ &= -12\pi - (-8\pi) = -4\pi.\end{aligned}$$

56. 为什么说,在多元函数积分学中,最重要、最基本的是二重积分?

分析:多元函数积分学包括二重积分,三重积分,第一类曲线、曲面积分和第二类曲线与曲面积分. 这部分内容的概念众多,联系紧密,是高等数学的重点内容,其中的二重积分最基本也最重要,因为无论是从概念还是计算的角度讲,二重积分都是多元函数积分其他内容的基础,简要概述如下:

(1) 二重积分是三重积分的基础.

从概念上讲,在建立起二重积分的概念以后,三重积分概念的建立是十分自然的推广. 只需将二维改成三维,无需引入新的概念. 从计算而言,它的计算,上连三重积分的计算,下连定积分的计算. 所以它是联系三重积分与定积分的中心环节,是三重积分计算的基础. 三重积分要化为三次积分来计算,无论是采用“先单后重”还是“先重后单”,都要通过二重积分,可见二重积分对三重积分计算的重要性. 而且还知,三重积分在柱面坐标和球面坐标系中的计算实质上就是二重积分在极坐标系下的计算.

(2) 平面曲线积分计算的一条重要途径是通过二重积分来计算.

格林公式不仅揭示了二重积分与平面曲线积分之间理论上的联系,同时给出了通过二重积分来计算平面曲线积分的一个重要公式. 在不少场合,线积分化为二重积分来计算往往会感到方便.

(3) 二重积分是曲面积分的基础.

二重积分本身是特殊的曲面积分,同时也是曲面积分的基础,因为曲面积分的计算也主要是先化为二重积分,然后化为定积分.

综上所述,可见二重积分是整个多元函数积分学中最基本的内容,是学习多元积分学其他积分的重要基础,因而也最为重要,所以,应深入理解二重积分的概念并熟练掌握其计算方法. 这样就抓住了这部分内容的重点,并可为学习其余内容奠定良好的基础.

(五) 场论初步

57. 什么是场? 研究场有什么意义?

分析:在空间某个区域上的各点,如果都对应着某个物理量的一个确定的数量值或向量值,就称这空间域确定了该物理量的一个场. 如果这个物理量是数量,就称这个场为数量场. 如果是向量,就称为向量场. 例如,温度场、电位场是数量场,速度场、力场是向量场. 从数学的角度来讲,场就是关于空间点 $M(x,y,z)$ 与时间 t 的四元函数 $u=u(x,y,z,t)$,当 u 不随时间

发生改变时,称该场为稳定场.

在稳定的数量场 $u=u(M)$ 中,具有相同物理量 u 的点的集合,也就是使 $u(M)$ 取相同数值 C:$u(M)=C$ 的各点 M 构成空间的某个曲面或平面上的某条曲线,我们称此曲面为等值面,称此曲线为等值线. 例如温度场中的等温面,地形图上的等高线. 通过等值面或等值线可以比较直观地了解物理量在场中的分布情况. 例如从地形图的等高线可以了解到该地区地势的高低及在各个方向上地势的陡峭程度.

类似地,在向量场 $\boldsymbol{A}=\boldsymbol{A}(M)$ 中,可用向量线和向量面来直观地表示向量的分布情况.

我们通过场的研究来剖析某个物理量在空间某个部分的分布情况和变化规律.

58. 如何理解通量与散度?

分析:设有向量场 $\boldsymbol{A}(M)$、有向曲面 $\boldsymbol{\Sigma}$,称 $\boldsymbol{A}(M)$ 沿曲面 $\boldsymbol{\Sigma}$ 某侧的曲面积分

$$\boldsymbol{\Phi}=\iint_{\Sigma}\boldsymbol{A}\cdot\mathrm{d}\boldsymbol{S}$$

为向量场 $\boldsymbol{A}(M)$ 向该侧穿过曲面 $\boldsymbol{\Sigma}$ 的通量.

通量是从某些物理量的计算中抽象出来的一个数学概念,例如流速场中的流量,电场中的电通量,磁场中的磁通量等,就是对应向量场中的通量.

向量场 $\boldsymbol{A}(M)$ 在点 M 处的散度是一个数量,它表示 M 点处通量对体积的变化率. 从散度的定义式

$$\mathrm{div}\boldsymbol{A}=\lim_{\Delta\Omega\to M}\frac{\Delta\boldsymbol{\Phi}}{\Delta V}=\lim_{\Delta\Omega\to M}\frac{\iint_{\Sigma}\boldsymbol{A}\cdot\mathrm{d}\boldsymbol{S}}{\Delta V}$$

可以看出,$|\mathrm{div}\boldsymbol{A}|$ 表示了 M 点处散发通量或吸收通量的强度.

59. 如何理解向量场的环量与旋度?

分析:设有向量场 $\boldsymbol{A}(M)$,l 为场中一有向封闭曲线,称沿 l 的曲线积分

$$\boldsymbol{\Gamma}=\oint_{l}\boldsymbol{A}\cdot\mathrm{d}\boldsymbol{r}$$

为向量场 $\boldsymbol{A}(M)$ 按曲线积分所取方向沿曲线 l 的环量.

环量具有一定的物理意义. 例如,在磁场 $\boldsymbol{H}(M)$ 中,环量 $\oint_{l}\boldsymbol{H}\cdot\mathrm{d}\boldsymbol{r}$ 表示通过磁场中以 l 为边界的一块曲面 Σ 的总的电流强度.

环量对面积的变化率 $\boldsymbol{\mu}_n=\lim\limits_{\Delta S\to M}\frac{\Delta\boldsymbol{\Gamma}}{\Delta S}=\lim\limits_{\Delta S\to M}\frac{\oint_{l}\boldsymbol{A}\cdot\mathrm{d}\boldsymbol{r}}{\Delta S}$ 称为向量场 $\boldsymbol{A}(M)$ 在点 M 处沿方向 $\boldsymbol{n}$ 的环量面密度,其中 ΔS 是过 M 点的微小曲面,$\boldsymbol{n}$ 是 M 点处的法向量,Δl 是曲面 ΔS 的边界曲线,其正向与 $\boldsymbol{n}$ 成右手系.

向量场 $\boldsymbol{A}(M)$ 中在 M 点处的旋度是这样一个向量,它的方向是 M 点处环量面密度取最大值的方向,它的大小等于该点处环量面密度的最大值. 在直角坐标系中,旋度有如下的计算公式:

$$\mathrm{rot}\boldsymbol{A}=\begin{vmatrix}\boldsymbol{i}&\boldsymbol{j}&\boldsymbol{k}\\ \frac{\partial}{\partial x}&\frac{\partial}{\partial y}&\frac{\partial}{\partial z}\\ A_x&A_y&A_z\end{vmatrix}.$$

60. 将梯度、散度、旋度这 3 个概念作一比较.

分析:"梯度"这一名称只是对数量场才有意义,且它是一个向量,它是数量场不均匀性的度量,梯度的模越大,则数量场越不均匀.

函数在某点的梯度是这样一个向量,它的方向与函数在该点取得最大方向导数的方向一致,而它的模等于函数在该点的方向导数的最大值.

"散度"这一名称只对向量场才有意义,且它是一个数量,它刻画了从流量场中的每一个点发散出来的流体质量的大小.

"旋度"这一名称只对向量场才有意义,且它是一个向量,它刻画了向量场的涡旋运动.

三、是非辨析

1. 二重积分 $\iint\limits_D f(x,y)\mathrm{d}\sigma$ 在几何上表示以曲面 $z=f(x,y)$ 为曲顶的曲顶柱体的体积.

【解析】错误. 例如, $\iint\limits_{x^2+y^2\leqslant 1} xy\mathrm{d}\sigma = 0$,结果并不是曲顶柱体的体积,而是曲顶柱体体积的代数和.

2. 设有一母线平行于 z 轴的柱体,它在 xOy 坐标面上的投影区域为 D_{xy},并且底部和顶部分别由曲面 $z=f_1(x,y)$ 和 $z=f_2(x,y)$ 构成,则此柱体的体积可用二重积分

$$\iint\limits_{D_{xy}}[f_2(x,y)-f_1(x,y)]\mathrm{d}x\mathrm{d}y$$

来表示.

【解析】正确. 由二重积分的几何意义,该柱体体积可由两个曲顶柱体的体积之差来表示. 值得注意的是,若不确定 $z=f_1(x,y)$ 和 $z=f_2(x,y)$ 大小关系的话,可以用 $\iint\limits_{D_{xy}}|f_2(x,y)-f_1(x,y)|\mathrm{d}x\mathrm{d}y$ 来表示柱体的体积.

3. 若在平面闭区域 D 上恒有 $\iint\limits_D f(x,y)\mathrm{d}\sigma = 0$,则至少存在一点 $(\xi,\eta)\in D$,使得 $f(\xi,\eta)=0$.

【解析】错误. 例如,取 $D=\{(x,y)\mid x^2+y^2\leqslant 1\}$, $f(x,y)=\begin{cases}\dfrac{xy}{x^2+y^2}, & xy\neq 0\\ 2, & xy=0\end{cases}$,显然有 $\iint\limits_D f(x,y)\mathrm{d}\sigma = 0$,但是对于任意的点 $(x,y)\in D$, $f(x,y)\neq 0$. 事实上,二重积分的中值定理成立的条件是二元函数 $z=f(x,y)$ 在有界闭区域 D 上连续.

4. 若在平面闭区域 D 上 $f(x,y)\geqslant 0$,且 $\iint\limits_D f(x,y)\mathrm{d}\sigma = 0$,则对于任意的点 $(x,y)\in D$,必有 $f(x,y)=0$.

【解析】错误. 例如, $D=\{(x,y)\mid x^2+y^2\leqslant 1\}$, $f(x,y)=\begin{cases}0, & xy\neq 0\\ 2, & xy=0\end{cases}$,显然有 $\iint\limits_D f(x,y)\mathrm{d}\sigma = 0$,但是当 $xy=0$ 时, $f(0,y)=f(x,0)=2>0$. 事实上,以上结论成立的充分条件是 $z=f(x,y)$ 在平面闭区域 D 上连续, $f(x,y)\geqslant 0$,且 $\iint\limits_D f(x,y)\mathrm{d}\sigma = 0$,则对于任意的点 $(x,y)\in D$,必有 $f(x,y)=0$.

5. 若积分区域 D 是由直线 $x=a, x=b(a<b)$ 和曲线 $y=\varphi_1(x), y=\varphi_2(x)$ 围成的封闭区域,则有 $\iint\limits_D f(x,y)\mathrm{d}\sigma = \int_a^b \mathrm{d}x \int_{\varphi_1(x)}^{\varphi_2(x)} f(x,y)\mathrm{d}y$.

【解析】错误. 例如 D 是由直线 $x=0, x=\dfrac{\pi}{2}$ 和曲线 $\varphi_1(x)=\cos x, \varphi_2(x)=\sin x$ 所围成的平面闭区域, $\iint\limits_D f(x,y)\mathrm{d}\sigma \neq \int_0^{\frac{\pi}{2}} \mathrm{d}x \int_{\cos x}^{\sin x} f(x,y)\mathrm{d}y$. 这是因为当 $0\leqslant x<\dfrac{\pi}{4}$ 时, $\sin x<\cos x$; 当 $\dfrac{\pi}{4}<x<\dfrac{\pi}{2}$,时, $\cos x<\sin x$,故有

$$\iint\limits_D f(x,y)\mathrm{d}\sigma = \int_0^{\frac{\pi}{4}} \mathrm{d}x \int_{\sin x}^{\cos x} f(x,y)\mathrm{d}y + \int_0^{\frac{\pi}{2}} \mathrm{d}x \int_{\cos x}^{\sin x} f(x,y)\mathrm{d}y$$

值得注意的是,当二重积分化为二次积分计算时,要求二次积分的下限一定要小于上限,因为 $\mathrm{d}\sigma$ 表示面积,一定为正.

6. 若 $D=\{(r,\theta)\mid 0\leqslant\theta\leqslant 2\pi, 0\leqslant a\leqslant r\leqslant b\}$,则

$$\iint\limits_D f(x,y)\mathrm{d}\sigma = 4\int_0^{\frac{\pi}{2}} \mathrm{d}\theta \int_a^b f(r\cos\theta, r\sin\theta) r\mathrm{d}r.$$

【解析】错误. 例如, $D=\{(r,\theta)\mid 0\leqslant\theta\leqslant 2\pi, 1\leqslant r\leqslant 2\}$, $\iint\limits_D xy\mathrm{d}\sigma = 0$,但有

$$4\int_0^{\frac{\pi}{2}} \mathrm{d}\theta \int_1^2 r^3\cos\theta\sin\theta\mathrm{d}r = 2\int_0^{\frac{\pi}{2}} \sin 2\theta\mathrm{d}\theta \int_1^2 r^3\mathrm{d}r = \frac{15}{2}.$$

由于 $f(x,y)$ 是一个抽象函数,无法确定它的奇偶性,因此不能用对称性来计算. 在简便计算二重积分时不仅要考察积分区域的对称性,而且要考察被积函数的奇偶性. 这两者缺一不可.

7. 若空间区域 Ω 由曲面 $\Sigma_1: z=\varphi_1(x,y)$ 和 $\Sigma_2: z=\varphi_2(x,y)$ 围成,且曲面 Σ_1 在曲面 Σ_2 的下方, Ω 在 xOy 平面上的投影为 D_{xy},则 $\iiint\limits_\Omega f(x,y,z)\mathrm{d}v = \iint\limits_{D_{xy}} \left[\int_{\varphi_1(x,y)}^{\varphi_2(x,y)} f(x,y)\mathrm{d}z\right]\mathrm{d}x\mathrm{d}y$.

【解析】错误. 例如 $\iiint\limits_\Omega f(x,y,z)\mathrm{d}v$,其中 Ω 是由曲面 $\Sigma_1: z=\dfrac{\sqrt{x^2+y^2}}{2}$ 和 $\Sigma_2: x^2+y^2+(z-1)^2=1$ 围成的空间有界闭区域(包含 z 轴的部分), Ω 在 xOy 平面上的投影为 $D_{xy}: x^2+y^2\leqslant 1$,但是 $\iiint\limits_\Omega f(x,y,z)\mathrm{d}v \neq \iint\limits_{x^2+y^2\leqslant 1} \left[\int_{\frac{\sqrt{x^2+y^2}}{2}}^{1+\sqrt{x^2+y^2}} f(x,y,z)\mathrm{d}z\right]\mathrm{d}x\mathrm{d}y$,因为 D_{xy} 分为两个部分

$$D_1=\left\{(x,y)\mid x^2+y^2\leqslant\frac{4}{25}\right\} \text{和 } D_2=\left\{(x,y)\mid \frac{4}{25}\leqslant x^2+y^2\leqslant 1\right\},$$

Ω 表示为 $\Omega_1\cup\Omega_2$,其中

$$\Omega_1=\left\{(x,y,z)\mid \frac{\sqrt{x^2+y^2}}{2}\leqslant z\leqslant 1+\sqrt{x^2+y^2}, (x,y)\in D_1\right\},$$

$$\Omega_2=\{(x,y,z)\mid 1-\sqrt{x^2+y^2}\leqslant z\leqslant 1+\sqrt{x^2+y^2}, (x,y)\in D_2\},$$

因此

$$\iiint_{\Omega} f(x,y,z)\,\mathrm{d}v = \iint_{D_1}\left[\int_{\frac{\sqrt{x^2+y^2}}{2}}^{1+\sqrt{x^2+y^2}} f(x,y,z)\,\mathrm{d}z\right]\mathrm{d}x\mathrm{d}y + \iint_{D_2}\left[\int_{1-\sqrt{x^2+y^2}}^{1+\sqrt{x^2+y^2}} f(x,y,z)\,\mathrm{d}z\right]\mathrm{d}x\mathrm{d}y.$$

8. 设 $D_{xy}=\{(x,y)\mid x^2+y^2\leqslant r^2\}(r>0)$，在计算二重积分 $\iint\limits_{D_{xy}}(x^2+y^2)\,\mathrm{d}x\mathrm{d}y$ 问题中，有学生采用下列做法完成并认为是正确的.

$$\iint_{D_{xy}}(x^2+y^2)\,\mathrm{d}x\mathrm{d}y = \iint_{D_{xy}} r^2\,\mathrm{d}x\mathrm{d}y = r^2\iint_{D_{xy}}\mathrm{d}x\mathrm{d}y = r^2\cdot D_{xy}\text{ 的面积} = r^2\cdot\pi r^2 = \pi r^4.$$

【解析】以上求解方法是错误的，求解答案也是错误的. 错误的原因在于被积函数 x^2+y^2 不能用 r^2 代替，这是因为在 D_{xy} 上 $x^2+y^2\leqslant r^2$，如果错误代替使得被积函数变大，则进而求解结果比真实结果也要大（从下面正确的结果来看确实如此）. 本问题正确的求解方法是利用极坐标化为极坐标系下的二重积分，具体过程为

$$\iint_{D_{xy}}(x^2+y^2)\,\mathrm{d}x\mathrm{d}y = \iint_{D_{xy}}\rho^3\,\mathrm{d}\rho\mathrm{d}\theta = \int_0^{2\pi}\mathrm{d}\theta\int_0^r\rho^3\,\mathrm{d}\rho = 2\pi\cdot\frac{r^4}{4} = \frac{\pi r^4}{2}$$

9. 设 $D_{xy}=\{(x,y)\mid x^2+y^2\leqslant a^2,\text{且 } x^2+y^2\geqslant ax\}(a>0)$，在计算二重积分 $\iint\limits_{D_{xy}}\sqrt{x^2+y^2}\,\mathrm{d}x\mathrm{d}y$ 问题中，有学生采用下列做法完成并认为是正确的.

$$\begin{aligned}\iint_{D_{xy}}\sqrt{x^2+y^2}\,\mathrm{d}x\mathrm{d}y &= \iint_{x^2+y^2\leqslant a^2}\sqrt{x^2+y^2}\,\mathrm{d}x\mathrm{d}y - \iint_{x^2+y^2\leqslant ax}\sqrt{x^2+y^2}\,\mathrm{d}x\mathrm{d}y\\ &= \int_0^{2\pi}\mathrm{d}\theta\int_0^a\rho^2\,\mathrm{d}\rho - \int_{-\frac{\pi}{2}}^{\frac{\pi}{2}}\mathrm{d}\theta\int_0^{a\cos\theta}\rho^2\,\mathrm{d}\rho = \frac{2(3\pi-2)a^3}{9}.\end{aligned}$$

【解析】以上求解方法是正确的，求解答案也是正确的. 对于此问题，首先利用二重积分的积分区域的可加性，同时注意到被积函数 $f(x,y)=\sqrt{x^2+y^2}$ 在整个 xOy 平面上有定义并且是连续的，然后将直角坐标系二重积分化为极坐标系二重积分便捷计算.

10. 若一元函数 $f(x)$ 在闭区间 $[a,b]$ 上连续，则有 $\int_a^b\mathrm{d}y\int_a^b f(x)f(y)\,\mathrm{d}x = \left[\int_a^b f(x)\,\mathrm{d}x\right]^2$.

【解析】结论正确，这是因为 $\int_a^b f(y)\,\mathrm{d}y = \int_a^b f(x)\,\mathrm{d}x$.

11. 若 $f(x,y)$ 为二元连续函数，则有 $\int_0^1\mathrm{d}x\int_0^x f(x,y)\,\mathrm{d}y = \int_0^1\mathrm{d}y\int_0^y f(x,y)\,\mathrm{d}x$.

【解析】结论错误. 从上等式左边的二次积分可得积分区域为

$$D=\{(x,y)\mid 0\leqslant x\leqslant 1,0\leqslant y\leqslant x\},$$

看成 Y 型区域可表示为

$$D=\{(x,y)\mid 0\leqslant y\leqslant 1,y\leqslant x\leqslant 1\},$$

因此有 $\int_0^1\mathrm{d}x\int_0^x f(x,y)\,\mathrm{d}y = \int_0^1\mathrm{d}y\int_y^1 f(x,y)\,\mathrm{d}x$.

12. 二次积分 $\int_0^2\mathrm{d}x\int_{-1}^1\sin(x^3y^3)\,\mathrm{d}y = \int_0^2\mathrm{d}y\int_{-1}^1\sin(x^3y^3)\,\mathrm{d}x = 0$.

【解析】结论正确. 这是因为

$$\int_0^2\mathrm{d}x\int_{-1}^1\sin(x^3y^3)\,\mathrm{d}y = \int_0^2 0\,\mathrm{d}x = 0,\int_0^2\mathrm{d}y\int_{-1}^1\sin(x^3y^3)\,\mathrm{d}x = \int_0^2 0\,\mathrm{d}y = 0.$$

13. 若积分区域 $D=\{(x,y)\mid -1\leqslant x\leqslant 1,-1\leqslant y\leqslant 1\}$，$D_1=\{(x,y)\mid 0\leqslant x\leqslant 1,0\leqslant y\leqslant 1\}$，则有

$$\iint\limits_D e^{x^2+2y^2}\mathrm{d}x\mathrm{d}y=4\iint\limits_{D_1}e^{x^2+2y^2}\mathrm{d}x\mathrm{d}y.$$

【解析】结论正确．记 $D_2=\{(x,y)\mid -1\leqslant x\leqslant 1,0\leqslant y\leqslant 1\}$，利用被积函数的奇偶性和积分区域的对称性可得，$\iint\limits_D e^{x^2+2y^2}\mathrm{d}x\mathrm{d}y=2\iint\limits_{D_2}e^{x^2+2y^2}\mathrm{d}x\mathrm{d}y=4\iint\limits_{D_1}e^{x^2+2y^2}\mathrm{d}x\mathrm{d}y$．

14. 设二元连续函数 $f(x,y)$ 在平面有界闭区域 D 上非负，且在点 (x_0,y_0) 处的函数值 $f(x_0,y_0)>0$，若点 (x_0,y_0) 是 D 的一个内点，则二重积分 $\iint\limits_D f(x,y)\mathrm{d}x\mathrm{d}y>0$．

【解析】结论正确．由连续函数保号性可得，在 D 内存在一个点 (x_0,y_0) 的邻域 U，使得当 $x\in U$ 时恒有 $f(x,y)>0$. 又 $f(x,y)$ 在 D 上非负，故有

$$\iint\limits_D f(x,y)\mathrm{d}x\mathrm{d}y>\iint\limits_U f(x,y)\mathrm{d}x\mathrm{d}y=f(\xi,\eta)\cdot U\text{的面积}>0,\text{其中}(\xi,\eta)\in U.$$

15. 若 D 为有界闭区域，且 $\iint\limits_D f(x,y)\mathrm{d}x\mathrm{d}y\geqslant\iint\limits_D g(x,y)\mathrm{d}x\mathrm{d}y$，则必有 $f(x,y)\geqslant g(x,y)$，$(x,y)\in D$.

【解析】结论错误．$\iint\limits_D f(x,y)\mathrm{d}x\mathrm{d}y\geqslant\iint\limits_D g(x,y)\mathrm{d}x\mathrm{d}y$ 并不能保证在 D 上每一点 (x,y) 处都有 $f(x,y)\geqslant g(x,y)$，现举反例说明．取

$$D=\{(x,y)\mid -1\leqslant x\leqslant 1,-1\leqslant y\leqslant 1\},$$
$$D_1=\{(x,y)\mid -1\leqslant x\leqslant 1,0\leqslant y\leqslant 1\},$$
$$D_2=\{(x,y)\mid -1\leqslant x\leqslant 1,-1\leqslant y<0\},$$
$$f(x,y)\equiv 1,(x,y)\in D,$$
$$g(x,y)=\begin{cases}2,(x,y)\in D_1,\\ -2,(x,y)\in D_2\end{cases},$$

则有

$$\iint\limits_D f(x,y)\mathrm{d}x\mathrm{d}y=D\text{的面积}=4,$$

$$\iint\limits_D g(x,y)\mathrm{d}x\mathrm{d}y=\iint\limits_{D_1}g(x,y)\mathrm{d}x\mathrm{d}y+\iint\limits_{D_2}g(x,y)\mathrm{d}x\mathrm{d}y=4+(-4)=0,$$

且 $\iint\limits_D f(x,y)\mathrm{d}x\mathrm{d}y>\iint\limits_D g(x,y)\mathrm{d}x\mathrm{d}y$，但在 D 上 $f(x,y)\geqslant g(x,y)$ 不成立．事实上，反例的选取是灵活多变的，请读者自行研究．值得注意的是，在二重积分存在的条件下上述命题的逆命题是成立的，也就是说若在有界闭区域 D 上 $f(x,y)\geqslant g(x,y)$，则必有

$$\iint\limits_D f(x,y)\mathrm{d}x\mathrm{d}y\geqslant\iint\limits_D g(x,y)\mathrm{d}x\mathrm{d}y.$$

16. 若一平面薄片在每一点的密度均为常数 ρ，则该薄片的质心坐标与常数 ρ 无关．

【解析】正确．这是因为当平面薄片的密度均为一正常数时，它的质心坐标也就是它的形

心坐标，进而质心的坐标与密度的大小无关．

17. 若平面薄片 $D=\{(x,y)\,|0\leqslant x\leqslant 1,0\leqslant y\leqslant 1\}$ 的密度函数为 $\phi(x,y)=\dfrac{y^2}{1+x^2}$，不用计算便可得到平面薄片质心的横坐标 $\bar{x}<\dfrac{1}{2}$，竖坐标 $\bar{y}>\dfrac{1}{2}$．

【解析】结论正确．基于平面薄片所处的正方形区域和密度函数 $\phi(x,y)=\dfrac{y^2}{1+x^2}$ 表达式的特征，质心横坐标 $\bar{x}$ 是由 $\dfrac{1}{1+x^2}$ 决定的，质心纵坐标 $\bar{y}$ 是由 y^2 决定的．事实上，当 x 从 0 增加到 1 时，函数 $\dfrac{1}{1+x^2}$ 从 1 凸性减少到 $\dfrac{1}{2}$，因此 $\bar{x}<\dfrac{1}{2}$；当 y 从 0 增加到 1 时，函数 y^2 从 0 凹性增加到 1，因此 $\bar{y}>\dfrac{1}{2}$．值得注意的是，如果按照质心坐标的求解公式，可以求解得 $\bar{x}=\dfrac{2\ln 2}{\pi}<\dfrac{1}{2}$，$\bar{y}=\dfrac{3}{4}>\dfrac{1}{2}$，请读者自己完成．

18. 将三重积分化为三次积分，一共有 8 种积分顺序．

【解析】错误．一共有 6(3!) 种积分顺序．

19. 若 $\Omega=\{(x,y,z)\,|1\leqslant x^2+y^2+z^2\leqslant 16\}$，则 $\iiint\limits_{\Omega}\mathrm{d}v=84\pi$．

【解析】上述结果是正确的．这是因为

$$\iiint\limits_{\Omega}\mathrm{d}v=\Omega\text{的体积}=\frac{4}{3}\pi 4^3-\frac{4}{3}\pi 1^3=84\pi.$$

20. 直角坐标下三重积分化为柱面坐标下三重积分为

$$\iiint\limits_{\Omega}f(x,y,z)\,\mathrm{d}x\mathrm{d}y\mathrm{d}z=\iiint\limits_{\Omega}f(\rho\cos\theta,\rho\sin\theta,z)\,\mathrm{d}z\mathrm{d}\rho\mathrm{d}\theta.$$

【解析】结论错误．这是初学者在使用柱面坐标计算三重积分时容易犯的错误，把柱面坐标下的体积元素 $\rho\mathrm{d}z\mathrm{d}\rho\mathrm{d}\theta$ 错误写成 $\mathrm{d}z\mathrm{d}\rho\mathrm{d}\theta$．

21. 直角坐标下三重积分化为球面坐标下三重积分为

$$\iiint\limits_{\Omega}f(x,y,z)\,\mathrm{d}x\mathrm{d}y\mathrm{d}z=\iiint\limits_{\Omega}f(r\sin\varphi\cos\theta,r\sin\varphi\sin\theta,r\cos\varphi)\,r\sin\varphi\mathrm{d}r\mathrm{d}\varphi\mathrm{d}\theta.$$

【解析】结论错误．这是初学者在使用球面坐标计算三重积分时容易犯的错误，把球面坐标下的体积元素 $r^2\sin\varphi\mathrm{d}r\mathrm{d}\varphi\mathrm{d}\theta$ 错误写成 $r\sin\varphi\mathrm{d}r\mathrm{d}\varphi\mathrm{d}\theta$．

22. 设 $V=\{(x,y,z)\,|x^2+y^2+z^2\leqslant R^2\}\,(R>0)$，在计算 $\iiint\limits_{V}(x^2+y^2+z^2)\,\mathrm{d}x\mathrm{d}y\mathrm{d}z$ 问题中，有学生采用下列做法完成并认为是正确的．

$$\begin{aligned}\iiint\limits_{V}(x^2+y^2+z^2)\,\mathrm{d}x\mathrm{d}y\mathrm{d}z&=\iiint\limits_{V}R^2\,\mathrm{d}x\mathrm{d}y\mathrm{d}z=R^2\iiint\limits_{V}\mathrm{d}x\mathrm{d}y\mathrm{d}z\\&=R^2\cdot V\text{的体积}=R^2\cdot\frac{4}{3}\pi R^3=\frac{4}{3}\pi R^5.\end{aligned}$$

【解析】上述求解方法是错误的，求解答案也是错误的．错误的原因在于被积函数 $x^2+y^2+z^2$ 不能用 R^2 代替，这是因为在 V 上 $x^2+y^2+z^2\leqslant R^2$，错误代替使得求解结果比真实结果要大．本问

题正确的求解方法是利用球面坐标化为球面坐标下的三重积分,具体过程为

$$\iiint_V (x^2+y^2+z^2)\mathrm{d}x\mathrm{d}y\mathrm{d}z = \iiint_V r^2 r^2 \sin\varphi \mathrm{d}\theta\mathrm{d}\varphi\mathrm{d}r$$

$$= \int_0^{2\pi}\mathrm{d}\theta\int_0^{\pi}\sin\varphi\mathrm{d}\varphi\int_0^R r^4\mathrm{d}r = 2\pi\times 2\times\frac{R^5}{5} = \frac{4\pi R^5}{5}.$$

23. 若一个半径为 1 的竖直圆柱体的顶部被一个与圆柱底面成 30°的空间平面所切割,则所产生的斜面块的面积是$\frac{2\sqrt{3}}{3}\pi$.

【解析】结论正确. 不妨假设圆柱体的方程为 $x^2+y^2=1$,现有一个过点(0,0,0)且与坐标面 xOy 成 30°的空间平面与该圆柱体斜交所得斜面块是一个椭圆面,容易可得该椭圆面的短半轴长度为 1,长半轴长度为$\frac{1}{\cos 30°}=\frac{1}{\frac{\sqrt{3}}{2}}=\frac{2\sqrt{3}}{3}$,因此该椭圆面的面积为$\frac{2\sqrt{3}}{3}\pi$. 事实上,此椭圆面的面积也可以通过二重积分来表示进而得到,请读者自行求解.

24. 半径为 r、高为 h 的圆柱体的体积可以用三次积分 $\int_0^{2\pi}\mathrm{d}\theta\int_0^r\rho\mathrm{d}\rho\int_0^h\mathrm{d}z$ 来表示.

【解析】结论正确. 不妨假设此圆柱体所占的空间立体为

$$\Omega=\{(x,y,z)\mid x^2+y^2\leqslant r^2, 0\leqslant z\leqslant h\},$$

由三重积分的几何意义可得,此圆柱体的体积为

$$V=\iiint_\Omega \mathrm{d}x\mathrm{d}y\mathrm{d}z=\iiint_\Omega \rho\mathrm{d}\rho\mathrm{d}\theta\mathrm{d}z=\int_0^{2\pi}\mathrm{d}\theta\int_0^r\rho\mathrm{d}\rho\int_0^h\mathrm{d}z.$$

25. 若 $|f_x(x,y)|\leqslant 2$ 和 $|f_y(x,y)|\leqslant 2$,则由二元连续函数 $z=f(x,y)(0\leqslant x\leqslant 1, 0\leqslant y\leqslant 1)$ 所确定的空间曲面的面积大约是 3.

【解析】错误. 这是因为此空间曲面的面积介于 1 和 3 之间,而表达为大约是 3 是错误的. 具体如下:记 $D=\{(x,y)\mid 0\leqslant x\leqslant 1, 0\leqslant y\leqslant 1\}$,由二重积分的应用可得,空间曲面的面积大小可由 $A=\iint_D\sqrt{1+f_x^2+f_y^2}\mathrm{d}x\mathrm{d}y$ 来表达,易知被积函数 $\sqrt{1+f_x^2+f_y^2}$ 的取值在闭区间[1,3]范围之内,又平面区域 D 的面积大小为 1,由二重积分的估值定理可得,该空间曲面的面积介于 1 和 3 之间.

26. 旋转抛物面 $z=x^2+y^2+1$ 上任一点处的切平面与曲面 $z=x^2+y^2$ 所围成的空间立体的体积为一正常数.

【解析】结论正确. 不妨假设点(x_0,y_0,z_0)是抛物面 $z=x^2+y^2+1$ 上任一点,则有 $z_0=x_0^2+y_0^2+1$,且抛物面在点(x_0,y_0,z_0)处的切平面方程为 $z=2x_0x+2y_0y+1-x_0^2-y_0^2$,进而此切平面与曲面 $z=x^2+y^2$ 所围成的空间立体的体积为

$$V=\iiint_\Omega \mathrm{d}x\mathrm{d}y\mathrm{d}z=\iint_{(x-x_0)^2+(y-y_0)^2\leqslant 1}\mathrm{d}x\mathrm{d}y\int_{x^2+y^2}^{2x_0x+2y_0y+1-x_0^2-y_0^2}\mathrm{d}z$$

$$=\iint_{(x-x_0)^2+(y-y_0)^2\leqslant 1}[1-(x-x_0)^2-(y-y_0)^2]\mathrm{d}x\mathrm{d}y=\int_0^{2\pi}\mathrm{d}\theta\int_0^1(1-\rho^2)\rho\mathrm{d}\rho=\pi.$$

可以发现,所得空间立体体积的大小与点(x_0,y_0,z_0)无关.

27. 设 L 是曲线 $y=\varphi(x)$ 上一段从点 $M_0(a,b)$ 到 $M_1(c,d)$ 的光滑曲线段,则有

$$\int_L f(x,y)\mathrm{d}s = \int_a^c f(x,\varphi(x))\sqrt{1+\varphi'^2(x)}\,\mathrm{d}x.$$

【解析】结论错误. 对弧长的曲线积分化为定积分计算时,积分下限一定要小于上限. 例如 L 是曲线 $y=x^2$ 上从点 $M_0(1,1)$ 到 $M_1(0,0)$ 的一段弧,故 $\int_L xy\mathrm{d}s = \int_0^1 x^3\sqrt{1+4x^2}\,\mathrm{d}x$.

28. 设平面曲线 $L=\{(x,y)\mid x^2+y^2=r^2\}(r>0)$,在计算第一类曲线积分 $\int_L \frac{1}{x^2+y^2}\mathrm{d}s$ 问题中,有学生采用下列做法完成并认为是正确的.

$$\int_L \frac{1}{x^2+y^2}\mathrm{d}s = \int_L \frac{1}{r^2}\mathrm{d}s = \frac{1}{r^2}\int_L \mathrm{d}s = \frac{1}{r^2}\cdot L\text{ 的弧长} = \frac{1}{r^2}\cdot 2\pi r = \frac{2\pi}{r}.$$

【解析】以上求解方法是正确的. 这是因为在积分弧段 L 上恒有 $x^2+y^2=r^2$,因此被积函数中如果含有表达式 x^2+y^2,都可以用 r^2 来代替,这种方法在计算曲线积分的相关问题中经常使用,可以大大减少计算工作量.

29. 已知平面光滑曲线段 L 的极坐标方程为 $\rho=\rho(\theta)(\alpha\leqslant\theta\leqslant\beta)$,且 $f(x,y)$ 在 L 上连续,则有 $\int_L f(x,y)\mathrm{d}s = \int_\alpha^\beta f[\rho(\theta)\cos\theta,\rho(\theta)\sin\theta]\sqrt{\rho^2(\theta)+\rho'^2(\theta)}\,\mathrm{d}\theta$.

【解析】结论正确. 第一类曲线积分的计算方法是化为定积分,同时要求定积分的下限小于上限,弧长元素 $\mathrm{d}s=\sqrt{\rho^2(\theta)+\rho'^2(\theta)}\,\mathrm{d}\theta$. 事实上,如果问题中积分弧段的方程为极坐标方程,那么就可以利用上述结论来求解第一类曲线积分.

30. 平面上一条光滑曲线弧段,绕此平面上一条与该弧段无交点的直线旋转一周而成的旋转曲面的面积,等于该弧段的长度与该弧段的形心旋转一周时所形成的圆周的周长的乘积.

【解析】建立坐标系使得旋转轴为 x 轴,记光滑曲线弧段为 L,弧长长度为 l,且形心坐标为 $(\bar{x},\bar{y})$,不失一般性设 $\bar{y}>0$. 由形心计算公式,得

$$\bar{y} = \frac{\int_L y\mathrm{d}s}{\int_L \mathrm{d}s} = \frac{\int_L y\mathrm{d}s}{l}.$$

因为形心 $(\bar{x},\bar{y})$ 绕 x 轴旋转一周所得空间圆周的周长为 $2\pi\bar{y}$,此时

$$l\cdot 2\pi\bar{y} = 2\pi l\frac{\int_L y\mathrm{d}s}{l} = 2\pi\int_L y\mathrm{d}s,$$

等式右端恰好为光滑曲线弧段 L 绕 x 轴旋转一周而成的旋转曲面的面积.

31. 设平面有向封闭曲线 $L=\{(x,y)\mid x^2+y^2=r^2\}(r>0)$ 且取逆时针,在计算第二类曲线积分 $\int_L \frac{x\mathrm{d}y-y\mathrm{d}x}{x^2+y^2}$ 问题中,有学生采用下列做法完成并认为是正确的.

$$\int_L \frac{x\mathrm{d}y-y\mathrm{d}x}{x^2+y^2} = \int_L \frac{x\mathrm{d}y-y\mathrm{d}x}{r^2} = \frac{1}{r^2}\int_L x\mathrm{d}y-y\mathrm{d}x$$

$$= \frac{1}{r^2}\cdot L\text{ 所围成平面区域的面积的 2 倍} = \frac{1}{r^2}\cdot 2\pi r^2 = 2\pi.$$

【解析】以上求解方法是正确的．这是因为在积分弧段 L 上恒有 $x^2+y^2=r^2$，因此被积函数中如果含有表达式 x^2+y^2，都可以用 r^2 来代替，这与积分弧段 L 的方向无关．事实上，这种方法在计算两类曲线积分的相关问题中经常使用，可以大大减少计算工作量．需要注意的是，上述第二类曲线积分不能直接用格林公式来求解，这是因为两个被积函数在积分弧段 L 所围成的圆面上不满足偏导数连续的条件．若想用格林公式来求解，必须挖掉奇点在复连通区域上使用格林公式，这样就大大增加了计算量．

32. 设 L 是平面有界闭区域 D 的正向封闭边界曲线，则有

$$\oint_L P(x,y)\mathrm{d}x+Q(x,y)\mathrm{d}y=\iint_D\left(\frac{\partial Q}{\partial x}-\frac{\partial P}{\partial y}\right)\mathrm{d}x\mathrm{d}y.$$

【解析】结论错误．这是因为格林公式要求被积函数 $P(x,y)$ 和 $Q(x,y)$ 在闭区域 D 上具有一阶连续偏导数，不然格林公式就未必成立了．例如曲线积分 $\oint_L\frac{x\mathrm{d}y-y\mathrm{d}x}{x^2+4y^2}$，其中 $L:x^2+4y^2=1$ 且取逆时针方向，D 是 L 所围成的区域．令 $P(x,y)=\frac{-y}{x^2+4y^2}$，$Q(x,y)=\frac{x}{x^2+4y^2}$，则有 $\frac{\partial Q}{\partial x}=\frac{4y^2-2x^2}{(x^2+4y^2)^2}=\frac{\partial P}{\partial y}$，错误地直接利用格林公式二重积分便等于0，而正确的解法是

$$\oint_L\frac{x\mathrm{d}y-y\mathrm{d}x}{x^2+4y^2}=\int_0^{2\pi}\left(\frac{1}{2}\cos^2 t-\frac{1}{2}\sin t(-\sin t)\right)\mathrm{d}t=\frac{1}{2}\int_0^{2\pi}\mathrm{d}t=\pi.$$

产生错误的原因是 $\frac{\partial Q}{\partial x}$，$\frac{\partial P}{\partial y}$ 在点 $(0,0)$ 不存在．因此，使用格林公式计算第二类曲线积分时一定要求 $P(x,y)$，$Q(x,y)$ 在 D 内一阶偏导数连续．

33. 若在平面区域 D 内恒有 $\frac{\partial Q(x,y)}{\partial x}=\frac{\partial P(x,y)}{\partial y}$，则曲线积分 $\oint_L P(x,y)\mathrm{d}x+Q(x,y)\mathrm{d}y$ 在 D 内与路径无关．

【解析】结论错误．例如，$\int_L\frac{x\mathrm{d}y-y\mathrm{d}x}{x^2+y^2}$，除了 $(0,0)$ 外都有

$$\frac{\partial Q(x,y)}{\partial x}=\frac{\partial P(x,y)}{\partial y}=\frac{x^2-y^2}{(x^2+y^2)^2},$$

（1）对于从 $A(1,0)$ 沿曲线 $L_1:y=\sqrt{1-x^2}$ 到 $B(-1,0)$，令 $\begin{cases}x=\cos t\\ y=\sin t\end{cases}$，$t:0\to\pi$，则有

$$\int_{L_1}\frac{x\mathrm{d}y-y\mathrm{d}x}{x^2+y^2}=\int_0^{\pi}(\sin^2 t+\cos^2 t)\mathrm{d}t=\pi.$$

（2）对于从 $A(1,0)$ 沿曲线 $L_2:y=-\sqrt{1-x^2}$ 到 $B(-1,0)$，令 $\begin{cases}x=\cos t\\ y=\sin t\end{cases}$，$t:2\pi\to\pi$，则有

$$\int_{L_2}\frac{x\mathrm{d}y-y\mathrm{d}x}{x^2+y^2}=\int_{2\pi}^{\pi}(\sin^2 t+\cos^2 t)\mathrm{d}t=-\pi.$$

易知两条路径的积分结果不同，即曲线积分与路径有关．事实上，曲线积分与路径无关的定理的条件是：D 是单连通区域，$P(x,y)$，$Q(x,y)$ 在 D 内一阶偏导数连续，且

$$\frac{\partial Q(x,y)}{\partial x}=\frac{\partial P(x,y)}{\partial y}.$$

本题中,$\frac{\partial Q(x,y)}{\partial x}$,$\frac{\partial P(x,y)}{\partial y}$在原点不存在,即 D 是复连通区域时不满足积分与路径无关的条件.

34. 若 $P(x,y)$,$Q(x,y)$连续,则 $P(x,y)\mathrm{d}x+Q(x,y)\mathrm{d}y$ 一定是某个二元可微函数 $u(x,y)$ 的全微分.

【解析】结论错误. 例如 xy 是二元连续函数,但是 $xy\mathrm{d}x+xy\mathrm{d}y$ 不是一个二元可微函数的全微分,即不存在 $u(x,y)$,使得$\frac{\partial u}{\partial x}=\frac{\partial u}{\partial y}=xy$. 这是因为,由 $\frac{\partial u}{\partial x}=xy$ 得 $u(x,y)=\frac{1}{2}x^2y+\varphi(y)$,其中 $\varphi(y)$是 y 的一元函数. 但

$$\frac{\partial u}{\partial y}=\frac{\partial}{\partial y}\left(\frac{1}{2}x^2y+\varphi(y)\right)=\frac{1}{2}x^2+\varphi'(y)\neq xy.$$

事实上,二元原函数存在定理的条件是 $P(x,y)$,$Q(x,y)$有一阶偏导数连续,且

$$\frac{\partial Q(x,y)}{\partial x}=\frac{\partial P(x,y)}{\partial y},$$

在本题中$\frac{\partial}{\partial y}(xy)=x\neq\frac{\partial}{\partial x}(xy)=y$,因而不存在二元原函数. 也就是说,$P(x,y)$,$Q(x,y)$连续并不能保证 $P(x,y)\mathrm{d}x+Q(x,y)\mathrm{d}y$ 是某个二元可微函数 $u(x,y)$的全微分.

35. 若$\oint_L P(x,y)\mathrm{d}x+Q(x,y)\mathrm{d}y=0$,则在 L 围成的区域 D 内有$\frac{\partial P}{\partial y}=\frac{\partial Q}{\partial x}$.

【解析】结论错误. 例如 L:$x^2+y^2=R^2$ 取逆时针方向,则$\oint_L x^2\mathrm{d}y+y^2\mathrm{d}x=0$,但是$\frac{\partial P}{\partial y}=2y$,$\frac{\partial Q}{\partial x}=2x$. 事实上,若在开区域 G 内 $P(x,y)$,$Q(x,y)$有一阶连续偏导数,且对 G 内的任意闭曲线 L 有$\oint_L P(x,y)\mathrm{d}x+Q(x,y)\mathrm{d}y=0$,则在 G 内恒有$\frac{\partial P}{\partial y}=\frac{\partial Q}{\partial x}$.

36. 对于积分$\iint_\Sigma f(x,y,z)\mathrm{d}x\mathrm{d}y$,积分曲面 $\Sigma=\Sigma_1+\Sigma_2$,Σ_1、Σ_2 关于 xOy 坐标面对称,若 $f(x,y,-z)=-f(x,y,z)$,则$\iint_\Sigma f(x,y,z)\mathrm{d}x\mathrm{d}y=0$;若 $f(x,y,-z)=f(x,y,z)$,则$\iint_\Sigma f(x,y,z)\mathrm{d}x\mathrm{d}y=2\iint_{\Sigma_1}f(x,y,z)\mathrm{d}x\mathrm{d}y$.

【解析】结论错误. 第二类曲面积分并没有和第一类曲面积分一致的奇偶对称性简化计算方法,这是因为第二类曲面积分的积分曲面是有侧向的(上、下、右、左、前、后). 例如,Σ:$x^2+y^2+z^2=1$取外侧,则$\iint_\Sigma z\mathrm{d}x\mathrm{d}y=2\iint_{\Sigma_1}z\mathrm{d}x\mathrm{d}y$,而$\iint_\Sigma z^2\mathrm{d}x\mathrm{d}y=0$,其中

$$\Sigma_1:z=\sqrt{1-x^2-y^2}\text{取上侧},\Sigma_2:z=-\sqrt{1-x^2-y^2}\text{取下侧}.$$

事实上,积分曲面 $\Sigma=\Sigma_1+\Sigma_2$,在 xOy 坐标面上的投影为 D_{xy},Σ_1、Σ_2 关于 xOy 坐标面对称,$\Sigma_1:z=\varphi_1(x,y)$在 xOy 坐标面上面且取上侧,而 $\Sigma_2:z=\varphi_2(x,y)=-\varphi_1(x,y)$在 xOy 平面下面且取下侧,则

$$\iint_{\Sigma} f(x,y,z)\,\mathrm{d}x\mathrm{d}y = \iint_{\Sigma_1} f(x,y,z)\,\mathrm{d}x\mathrm{d}y + \iint_{\Sigma_2} f(x,y,z)\,\mathrm{d}x\mathrm{d}y$$

$$= \iint_{D_{xy}} f(x,y,\varphi_1(x,y))\,\mathrm{d}x\mathrm{d}y - \iint_{D_{xy}} f(x,y,\varphi_2(x,y))\,\mathrm{d}x\mathrm{d}y$$

$$= \iint_{D_{xy}} f(x,y,\varphi_1(x,y))\,\mathrm{d}x\mathrm{d}y - \iint_{D_{xy}} f(x,y,-\varphi_1(x,y))\,\mathrm{d}x\mathrm{d}y.$$

当$\forall(x,y)\in D_{xy}$时,若$f(x,y,-z)=f(x,y,z)$,则

$$\iint_{\Sigma} f(x,y,z)\,\mathrm{d}x\mathrm{d}y = \iint_{D_{xy}} f(x,y,\varphi_1(x,y))\,\mathrm{d}x\mathrm{d}y - \iint_{D_{xy}} f(x,y,\varphi_1(x,y))\,\mathrm{d}x\mathrm{d}y = 0;$$

若$f(x,y,-z)=-f(x,y,z)$,则

$$\iint_{\Sigma} f(x,y,z)\,\mathrm{d}x\mathrm{d}y = \iint_{D_{xy}} f(x,y,\varphi_1(x,y))\,\mathrm{d}x\mathrm{d}y + \iint_{D_{xy}} f(x,y,\varphi_1(x,y))\,\mathrm{d}x\mathrm{d}y$$

$$= 2\iint_{D_{xy}} f(x,y,\varphi_1(x,y))\,\mathrm{d}x\mathrm{d}y.$$

37. $\iint_{\Sigma} f(x,y,z)\,\mathrm{d}x\mathrm{d}y = \iint_{D_{xy}} f(x,y,\varphi(x,y))\,\mathrm{d}x\mathrm{d}y$,其中$D_{xy}$是有向曲面$\Sigma: z=\varphi(x,y)$在$xOy$坐标面上的投影.

【解析】结论错误. 例如设Σ是$x+y+z=1$被3个坐标面所截第一卦限部分的下侧,其在xOy平面上投影为$D_{xy}=\{(x,y)\mid 0\leqslant x\leqslant 1, 0\leqslant y\leqslant 1-x\}$,则有

$$\iint_{\Sigma} z\,\mathrm{d}x\mathrm{d}y = -\iint_{D_{xy}} (1-x-y)\,\mathrm{d}x\mathrm{d}y.$$

一般地,$\iint_{\Sigma} f(x,y,z)\,\mathrm{d}x\mathrm{d}y = \pm\iint_{D_{xy}} f(x,y,\varphi(x,y))\,\mathrm{d}x\mathrm{d}y$,当$\Sigma$为上侧取正号,为下侧取负号.

38. 若$\oiint_{\Sigma} P(x,y,z)\,\mathrm{d}y\mathrm{d}z + Q(x,y,z)\,\mathrm{d}z\mathrm{d}x + R(x,y,z)\,\mathrm{d}x\mathrm{d}y = 0$,则在$\Sigma$围成的闭区域$\Omega$内既无源也无汇,即对$\forall(x,y,z)\in\Omega$,有$\dfrac{\partial P}{\partial x}+\dfrac{\partial Q}{\partial y}+\dfrac{\partial R}{\partial z}=0$.

【解析】结论错误. 例如$\Sigma: x^2+y^2+z^2=R^2$取外侧,则

$$\oiint_{\Sigma} x^2\,\mathrm{d}y\mathrm{d}z + y^2\,\mathrm{d}z\mathrm{d}x + z^2\,\mathrm{d}x\mathrm{d}y = 0,$$

但是$\dfrac{\partial P}{\partial x}+\dfrac{\partial Q}{\partial y}+\dfrac{\partial R}{\partial z}=2(x+y+z)$在球域$\Omega$内,既有大于0的点,又有小于0的点,既有源又有汇,流入量正好与流出量相互抵消.

事实上,对于开区域G内,$P(x,y,z)$,$Q(x,y,z)$,$R(x,y,z)$具有一阶连续偏导数,且对G内的任意闭曲面Σ有$\oiint_{\Sigma} P(x,y,z)\,\mathrm{d}y\mathrm{d}z + Q(x,y,z)\,\mathrm{d}z\mathrm{d}x + R(x,y,z)\,\mathrm{d}x\mathrm{d}y = 0$,则在$G$内,既无源也无汇.

39. 一个向量场的散度是另一个向量场.

【解析】错误. 这是因为一个向量场的散度是一个多元函数或者数量场,不是向量场. 例如

向量场 $\boldsymbol{A}=(P(x,y,z),Q(x,y,z),R(x,y,z))$，$\nabla=\left(\frac{\partial}{\partial x},\frac{\partial}{\partial y},\frac{\partial}{\partial z}\right)$，则 $\mathrm{div}\boldsymbol{A}=\nabla\cdot\boldsymbol{A}=\frac{\partial P}{\partial x}+\frac{\partial Q}{\partial y}+\frac{\partial R}{\partial z}$ 是一个数量场．

40. 大学一年级的学生会对 $\mathbf{curl}(\mathbf{grad}\,f(x,y))$ 和 $\mathbf{grad}(\mathbf{curl}\boldsymbol{F}(x,y))$ 感兴趣．

【解析】错误．这是因为梯度是存在旋度的，但旋度是不存在梯度的，也就是说 $\mathbf{grad}(\mathbf{curl}\boldsymbol{F}(x,y))$ 符号表达没有意义．

41. 若 $f(x,y,z)$ 具有连续的二阶偏导数，则 $\mathbf{curl}(\mathbf{grad}\,f(x,y,z))=\mathbf{0}$.

【解析】结论正确．这是因为 $\mathbf{grad}\,f(x,y,z)=(f_x(x,y),f_y(x,y),f_z(x,y))$，即有

$$\mathbf{curl}(\mathbf{grad}f(x,y,z))=\begin{vmatrix}\boldsymbol{i} & \boldsymbol{j} & \boldsymbol{k}\\ \frac{\partial}{\partial x} & \frac{\partial}{\partial y} & \frac{\partial}{\partial z}\\ f_x(x,y) & f_y(x,y) & f_z(x,y)\end{vmatrix}$$

$$=f_{zy}(x,y)\boldsymbol{i}+f_{xz}(x,y)\boldsymbol{j}+f_{yx}(x,y)\boldsymbol{k}-f_{xy}(x,y)\boldsymbol{k}-f_{zx}(x,y)\boldsymbol{j}-f_{yz}(x,y)\boldsymbol{i}=\mathbf{0}.$$

42. 一个保守力场在一个闭合回路移动一个物体所做的功等于零．

【解析】结论正确．我们知道，保守力所做的功与路径无关，只与该质点运动的起点和终点位置有关．因此，保守力场在一个闭合回路移动一个物体所做的功等于零．

43. 若 $\int_C \boldsymbol{F}(r)\cdot\mathrm{d}\boldsymbol{r}=0$ 对于平面有界闭区域 D 内的每一个封闭光滑曲线 C 都成立，则在 D 内存在一个二元可微函数 $f(x,y)$，使得 $\nabla f(x,y)=\boldsymbol{F}(r)$ 成立．

【解析】结论正确．若 $\int_C \boldsymbol{F}(r)\cdot\mathrm{d}\boldsymbol{r}=0$ 对于平面有界闭区域 D 内的每一个封闭光滑曲线 C 都成立，那么说明曲线积分 $\int_L \boldsymbol{F}(r)\cdot\mathrm{d}\boldsymbol{r}$ 在 D 内与路径无关．由格林定理可得，在 D 内存在一个二元可微函数 $f(x,y)$，使得 $\nabla f(x,y)=\boldsymbol{F}(r)$.

44. 格林公式对于平面复连通区域也是适用的．

【解析】正确．这是因为格林公式对于平面单连通区域和平面复连通区域都是适用的．

45. 定积分可以看成第一类曲线积分的特殊情形．

【解析】正确．当平面积分弧段 L 为 x 轴上区间段 $[a,b]$ 时，则有

$$\int_L f(x,y)\,\mathrm{d}s=\int_L f(x,0)\,\mathrm{d}s=\int_a^b f(x,0)\,\mathrm{d}x.$$

46. 二重积分可以看成第一类曲面积分的特殊情形．

【解析】正确．当积分曲面 Σ 为 xOy 坐标面上有界闭区域 D 时，则有

$$\iint_\Sigma f(x,y,z)\,\mathrm{d}S=\iint_D f(x,y,0)\,\mathrm{d}S=\iint_D f(x,y,0)\,\mathrm{d}x\mathrm{d}y.$$

47. 一个有向面总有两个侧面．

【解析】错误．举反例，例如莫比乌斯带只有一个侧向．

48. 如果 Σ 是一个具有外侧法向量 $\boldsymbol{n}$ 的封闭曲面，$\boldsymbol{F}$ 是常向量场，那么 $\iint_\Sigma(\boldsymbol{F}\cdot\boldsymbol{n})\,\mathrm{d}S=0$.

【解析】正确．取 $\boldsymbol{F}=(a,b,c)$，记 Σ 所围成的空间闭区域为 Ω，由高斯公式得

$$\iint\limits_{\Sigma}(\boldsymbol{F}\cdot\boldsymbol{n})\mathrm{d}S = \iiint\limits_{\Omega}\left(\frac{\partial a}{\partial x}+\frac{\partial b}{\partial y}+\frac{\partial c}{\partial z}\right)\mathrm{d}v = \iiint\limits_{\Omega}0\mathrm{d}v = 0.$$

49. 场$\boldsymbol{F}(x,y,z)=(2x+2y)\boldsymbol{i}+2x\boldsymbol{j}+yz^2\boldsymbol{k}$是保守场.

【解析】错误. 记$P=(2x+2y)$,$Q=2x$,$R=yz^2$,虽$\frac{\partial P}{\partial y}=2=\frac{\partial Q}{\partial x}$,$\frac{\partial R}{\partial x}=0=\frac{\partial P}{\partial z}$,但

$$\frac{\partial Q}{\partial z}=0\neq\frac{\partial R}{\partial y}=z^2.$$

事实上,当$\frac{\partial P}{\partial y}=\frac{\partial Q}{\partial x},\frac{\partial R}{\partial x}=\frac{\partial P}{\partial z},\frac{\partial Q}{\partial z}=\frac{\partial R}{\partial y}$同时成立时才能说明场$\boldsymbol{F}(x,y,z)=P\boldsymbol{i}+Q\boldsymbol{j}+R\boldsymbol{k}$是保守场.

50. 如果向量$\boldsymbol{F}=P(x,y)\boldsymbol{i}+Q(x,y)\boldsymbol{j}$在开区域$D$内$\frac{\partial P}{\partial y}=\frac{\partial Q}{\partial x}$,那么$\boldsymbol{F}$是保守的.

【解析】结论错误. 例如,开区域

$$D=\{(x,y)\mid x\in\mathbf{R},y\in\mathbf{R},x^2+y^2\neq0\},\boldsymbol{F}=\frac{-y}{x^2+y^2}\boldsymbol{i}+\frac{x}{x^2+y^2}\boldsymbol{j},$$

对于任意的点$(x,y)\in D$,都有

$$\frac{\partial}{\partial y}\left(\frac{-y}{x^2+y^2}\right)=\frac{\partial}{\partial x}\left(\frac{x}{x^2+y^2}\right)=\frac{y^2-x^2}{(x^2+y^2)^2},$$

但是从点$A(1,0)$到点$B(-1,0)$沿$L_1:y=\sqrt{1-x^2}$和$L_2:y=\sqrt{1-x^2}$分别有

$$\int_{L_1}\frac{x\mathrm{d}y-y\mathrm{d}x}{x^2+y^2}=\int_0^{\pi}(\sin^2t+\cos^2t)\mathrm{d}t=\pi,$$

$$\int_{L_2}\frac{x\mathrm{d}y-y\mathrm{d}x}{x^2+y^2}=\int_{2\pi}^{\pi}(\sin^2t+\cos^2t)\mathrm{d}t=-\pi,$$

因为两种路径的积分结果不同,所以$\boldsymbol{F}=P(x,y)\boldsymbol{i}+Q(x,y)\boldsymbol{j}$不是保守的. 事实上,当$P(x,y)$和$Q(x,y)$在开区域$D$内偏导数连续且$\frac{\partial P}{\partial y}=\frac{\partial Q}{\partial x}$时,则$\boldsymbol{F}=P(x,y)\boldsymbol{i}+Q(x,y)\boldsymbol{j}$是保守场。

四、真题实战

(一) 选择题

1. 设函数$Q(x,y)=\frac{x}{y^2}$,如果对上半平面($y>0$)内的任意有向光滑封闭曲线C都有$\oint_C P(x,y)\mathrm{d}x+Q(x,y)\mathrm{d}y=0$,那么函数$P(x,y)$可取为(　　).

(A) $y-\frac{x^2}{y^3}$　　(B) $\frac{1}{y}-\frac{x^2}{y^3}$　　(C) $\frac{1}{x}-\frac{1}{y}$　　(D) $x-\frac{1}{y}$

2. 设D是第一象限由曲线$2xy=1$,$4xy=1$与直线$y=x$,$y=\sqrt{3}x$围成的平面区域,函数

$f(x,y)$在D上连续,则$\iint\limits_D f(x,y)\,dxdy = (\quad)$.

(A) $\int_{\frac{\pi}{4}}^{\frac{\pi}{3}} d\theta \int_{\frac{1}{2\sin 2\theta}}^{\frac{1}{\sin 2\theta}} f(r\cos\theta, r\sin\theta) r dr$　　(B) $\int_{\frac{\pi}{4}}^{\frac{\pi}{3}} d\theta \int_{\frac{1}{\sqrt{2\sin 2\theta}}}^{\frac{1}{\sqrt{\sin 2\theta}}} f(r\cos\theta, r\sin\theta) r dr$

(C) $\int_{\frac{\pi}{4}}^{\frac{\pi}{3}} d\theta \int_{\frac{1}{2\sin 2\theta}}^{\frac{1}{\sin 2\theta}} f(r\cos\theta, r\sin\theta) dr$　　(D) $\int_{\frac{\pi}{4}}^{\frac{\pi}{3}} d\theta \int_{\frac{1}{\sqrt{2\sin 2\theta}}}^{\frac{1}{\sqrt{\sin 2\theta}}} f(r\cos\theta, r\sin\theta) dr$

3. 设$f(x,y)$是连续函数,则$\int_0^1 dy \int_{-\sqrt{1-y^2}}^{1-y} f(x,y)\,dx = (\quad)$.

(A) $\int_0^1 dx \int_0^{x-1} f(x,y)\,dy + \int_{-1}^0 dx \int_0^{\sqrt{1-x^2}} f(x,y)\,dy$

(B) $\int_0^1 dx \int_0^{1-x} f(x,y)\,dy + \int_{-1}^0 dx \int_{-\sqrt{1-x^2}}^0 f(x,y)\,dy$

(C) $\int_0^{\frac{\pi}{2}} d\theta \int_0^{\frac{1}{\cos\theta+\sin\theta}} f(r\cos\theta, r\sin\theta)\,dr + \int_{\frac{\pi}{2}}^{\pi} d\theta \int_0^1 f(r\cos\theta, r\sin\theta)\,dr$

(D) $\int_0^{\frac{\pi}{2}} d\theta \int_0^{\frac{1}{\cos\theta+\sin\theta}} f(r\cos\theta, r\sin\theta) r dr + \int_{\frac{\pi}{2}}^{\pi} d\theta \int_0^1 f(r\cos\theta, r\sin\theta) r dr$

4. 设$L_1: x^2+y^2=1, L_2: x^2+y^2=2, L_3: x^2+2y^2=2, L_4: 2x^2+y^2=2$为4条逆时针方向的平面曲线,记$I_i = \oint_{L_i}\left(y+\frac{y^3}{6}\right)dx + \left(2x-\frac{x^3}{3}\right)dy\,(i=1,2,3,4)$,则$\max\{I_1, I_2, I_3, I_4\} = (\quad)$.

(A) I_1　　(B) I_2　　(C) I_3　　(D) I_4

(二) 填空题

1. 设$\boldsymbol{\Sigma}$为曲面$x^2+y^2+4z^2=4\,(z\geqslant 0)$的上侧,则$\iint\limits_{\Sigma}\sqrt{4-x^2-4z^2}\,dxdy =$________.

2. 设$\boldsymbol{F}(x,y,z) = xy\boldsymbol{i} - yz\boldsymbol{j} + zx\boldsymbol{k}$,则$\mathbf{rot}\boldsymbol{F}(1,1,0) =$________.

3. 设L为球面$x^2+y^2+z^2=1$与平面$x+y+z=0$的交线,则$\oint_L xy\,ds =$________.

4. 若曲线积分$\int_L \frac{x\,dx - ay\,dy}{x^2+y^2-1}$在区域$D=\{(x,y)\mid x^2+y^2<1\}$内与路径无关,则$a =$________.

5. 向量场$\boldsymbol{A}(x,y,z) = (x+y+z)\boldsymbol{i} + xy\boldsymbol{j} + z\boldsymbol{k}$的旋度$\mathbf{rot}\boldsymbol{A} =$________.

6. 设Ω是由平面$x+y+z=1$与3个坐标平面所围成的空间区域,则$\iiint\limits_{\Omega}(x+2y+3z)\,dxdydz =$________.

7. 设L是柱面$x^2+y^2=1$与平面$y+z=0$的交线,从z轴正向往z轴负向看去为逆时针方向,则曲线积分$\oint_L z\,dx + y\,dz =$________.

8. 设$\boldsymbol{\Sigma} = \{(x,y,z)\mid x+y+z=1, x\geqslant 0, y\geqslant 0, z\geqslant 0\}$,则$\iint\limits_{\Sigma} y^2\,dS =$________.

9. 设L是柱面方程$x^2+y^2=1$与平面$z=x+y$的交线,从z轴正向往z轴负向看去为逆时针方向,则曲线积分$\oint_L xz\,dx + x\,dy + \frac{y^2}{2}dz =$________.

（三）求解和证明下列各题

1. 计算曲线积分 $I = \int_L \frac{4x - y}{4x^2 + y^2}\mathrm{d}x + \frac{x + y}{4x^2 + y}\mathrm{d}y$，其中 L 是 $x^2 + y = 2$，方向为逆时针方向．

2. 设 Σ 为曲面 $Z = \sqrt{x^2 + y^2}\,(1 \leqslant x^2 + y^2 \leqslant 4)$ 的下侧，$f(x)$ 是连续函数，计算 $I = \iint\limits_{\Sigma} [xf(xy) + 2 - y]\mathrm{d}y\mathrm{d}z + [yf(xy) + 2y + x]\mathrm{d}z\mathrm{d}x + [2f(xy) + 2]\mathrm{d}x\mathrm{d}y$．

3. 设 Ω 是锥面 $x^2 + (y-2)^2 = (1-z)^2\,(0 \leqslant z \leqslant 1)$ 与平面 $z = 0$ 围成的锥体，求 Ω 的形心坐标．

4. 设 Σ 是曲面 $x = \sqrt{1 - 3y^2 - 3z^2}$ 的前侧，计算曲面积分

$$I = \iint\limits_{\Sigma} x\mathrm{d}y\mathrm{d}z + (y^3 + 2)\mathrm{d}z\mathrm{d}x + z^3\mathrm{d}x\mathrm{d}y.$$

5. 已知平面区域 $D = \left\{(r,\theta) \,\middle|\, 2 \leqslant r \leqslant 2(1 + \cos\theta),\ -\frac{\pi}{2} \leqslant \theta \leqslant \frac{\pi}{2}\right\}$，计算二重积分 $\iint\limits_D x\mathrm{d}x\mathrm{d}y$．

6. 设函数 $f(x,y)$ 满足 $\frac{\partial f(x,y)}{\partial x} = (2x+1)\mathrm{e}^{2x-y}$，且 $f(0,y) = y + 1$，L_t 是从点 $(0,0)$ 到点 $(1,t)$ 的光滑曲线，计算曲线积分 $I(t) = \int_{L_t} \frac{\partial f(x,y)}{\partial x}\mathrm{d}x + \frac{\partial f(x,y)}{\partial y}\mathrm{d}y$，并求 $I(t)$ 的最小值．

7. 设有界区域 Ω 由平面 $2x + y + 2z = 2$ 与 3 个坐标平面围成，Σ 为 Ω 整个表面的外侧，计算曲面积分 $I = \iint\limits_{\Sigma} (x^2 + 1)\mathrm{d}y\mathrm{d}z - 2y\mathrm{d}z\mathrm{d}x + 3z\mathrm{d}x\mathrm{d}y$．

8. 已知曲线 L 的方程为 $\begin{cases} z = \sqrt{2 - x^2 - y^2} \\ z = x \end{cases}$，起点为 $A(0,\sqrt{2},0)$，终点为 $B(0,-\sqrt{2},0)$，计算曲线积分 $I = \int_L (y + z)\mathrm{d}x + (z^2 - x^2 + y)\mathrm{d}y + (x^2 + y^2)\mathrm{d}z$．

9. 设 Σ 为曲面 $z = x^2 + y^2\,(z \leqslant 1)$ 的上侧，计算曲面积分

$$I = \iint\limits_{\Sigma} (x-1)^3\mathrm{d}y\mathrm{d}z + (y-1)^3\mathrm{d}z\mathrm{d}x + (z-1)\mathrm{d}x\mathrm{d}y.$$

10. 设直线 L 过 $A(1,0,0)$，$B(0,1,1)$ 两点将 L 绕 z 轴旋转一周得到曲面 Σ，Σ 与平面 $z=0$，$z=2$ 所围成的立体为 Ω．

(1) 求曲面 Σ 的方程；

(2) 求 Ω 的形心坐标．

11. 已知 L 是第一象限中从点 $(0,0)$ 沿圆周 $x^2 + y^2 = 2x$ 到点 $(2,0)$，再沿圆周 $x^2 + y^2 = 4$ 到点 $(0,2)$ 的曲线段，计算曲线积分 $I = \int_L 3x^2y\mathrm{d}x + (x^3 + x - 2y)\mathrm{d}y$．

12. 已知函数 $f(x,y)$ 具有二阶连续偏导数，且 $f(1,y) = 0$，$f(x,1) = 0$，

$$\iint\limits_D f(x,y)\mathrm{d}x\mathrm{d}y = a,$$

式中：$D = \{(x,y) \mid 0 \leqslant x \leqslant 1, 0 \leqslant y \leqslant 1\}$，计算二重积分 $I = \iint\limits_D xyf''_{xy}(x,y)\mathrm{d}x\mathrm{d}y$．

（四）参考答案

（一）选择题

1.（D）

【解析】因为对上半平面($y>0$)内的任意有向光滑封闭曲线C都有$\oint_C P(x,y)\mathrm{d}x+Q(x,y)\mathrm{d}y=0$，所以$\dfrac{\partial P}{\partial y}=\dfrac{\partial Q}{\partial x}=\dfrac{1}{y^2}$,又$x\in\mathbf{R}$,易得选项(D)正确.

2.（B）

【解析】先画出D的图形,如图7.29所示. 将二重积分化为极坐标系下的二次积分,则有

$$\iint_D f(x,y)\mathrm{d}x\mathrm{d}y=\int_{\frac{\pi}{4}}^{\frac{\pi}{3}}\mathrm{d}\theta\int_{\frac{1}{\sqrt{2\sin2\theta}}}^{\frac{1}{\sqrt{\sin2\theta}}}f(r\cos\theta,r\sin\theta)r\mathrm{d}r.$$

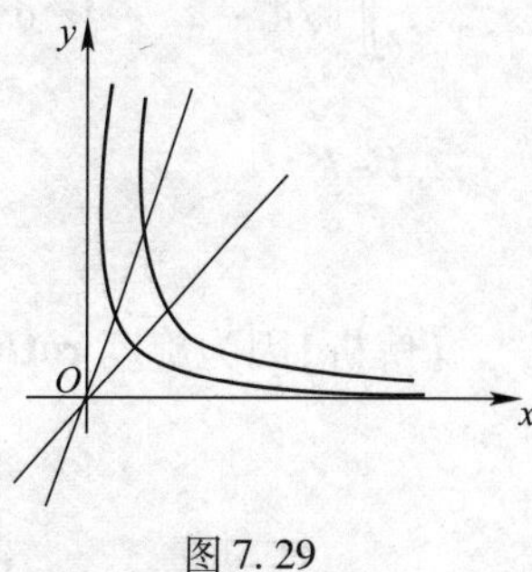

图7.29

3.（D）

【解析】积分区域为$D=\{(x,y)\mid 0\leqslant y\leqslant1,-\sqrt{1-y^2}\leqslant x\leqslant 1-y\}$,将原二次积分交换积分次序可得$\int_0^1\mathrm{d}x\int_0^{1-x}f(x,y)\mathrm{d}y+\int_{-1}^0\mathrm{d}x\int_0^{\sqrt{1-x^2}}f(x,y)\mathrm{d}y$,因此选项(A)和(B)错误. 利用极坐标计算二重积分时,面积元素为$\mathrm{d}\sigma=\mathrm{d}x\mathrm{d}y=r\mathrm{d}r\mathrm{d}\theta$.

4.（D）

【解析】由格林公式,$I_i=\iint_{D_i}\left(1-x^2-\dfrac{y^2}{2}\right)\mathrm{d}x\mathrm{d}y$. $D_1\subset D_4$,在D_4内$1-x^2-\dfrac{y^2}{2}>0$,因此$I_1<I_4$. $I_2=\iint_{D_2}\left(1-x^2-\dfrac{y^2}{2}\right)\mathrm{d}x\mathrm{d}y=\iint_{D_4}\left(1-x^2-\dfrac{y^2}{2}\right)\mathrm{d}x\mathrm{d}y+\iint_{D_2\setminus D_4}\left(1-x^2-\dfrac{y^2}{2}\right)\mathrm{d}x\mathrm{d}y$,在$D_4$外$1-x^2-\dfrac{y^2}{2}<0$,所以$I_2<I_4$.

$$I_3=\iint_{D_3}\left(1-x^2-\frac{y^2}{2}\right)\mathrm{d}x\mathrm{d}y\overset{\substack{x=\sqrt{2}r\cos\theta\\ y=r\sin\theta}}{=}\sqrt{2}\iint_{\substack{r\in[0,1]\\ \theta\in[0,2\pi]}}\left(1-2r^2\cos^2\theta-\frac{1}{2}r^2\sin^2\theta\right)r\mathrm{d}r\mathrm{d}\theta$$

$$=\sqrt{2}\pi-2\sqrt{2}\int_0^{2\pi}\cos^2\theta\mathrm{d}\theta\int_0^1r^3\mathrm{d}r-\frac{\sqrt{2}}{2}\int_0^{2\pi}\sin^2\theta\mathrm{d}\theta\int_0^1r^3\mathrm{d}r$$

$$=\sqrt{2}\pi-2\cdot4\int_0^{\pi/2}\cos^2\theta\mathrm{d}\theta\cdot\frac{\sqrt{2}}{4}-\frac{1}{2}\int_0^{\pi/2}\sin^2\theta\mathrm{d}\theta\cdot\frac{1}{4}\cdot4\sqrt{2}$$

$$=\sqrt{2}\pi-2\cdot4\cdot\frac{1!!}{2!!}\cdot\frac{\pi}{2}\cdot\frac{\sqrt{2}}{4}-\frac{1}{2}\cdot4\cdot\frac{1!!}{2!!}\cdot\frac{\pi}{2}\cdot\frac{\sqrt{2}}{4}=\sqrt{2}\pi-\frac{\sqrt{2}}{2}\pi-\frac{\sqrt{2}}{8}\pi=\frac{3}{8}\sqrt{2}\pi.$$

$$I_4=\iint_{D_3}\left(1-x^2-\frac{y^2}{2}\right)\mathrm{d}x\mathrm{d}y\overset{\substack{x=r\cos\theta\\ y=\sqrt{2}r\sin\theta}}{=}\sqrt{2}\iint_{\substack{r\in[0,1]\\ \theta\in[0,2\pi]}}(1-r^2\cos^2\theta-r^2\sin^2\theta)r\mathrm{d}r\mathrm{d}\theta$$

$$=\sqrt{2}\pi-\sqrt{2}\int_0^{2\pi}\cos^2\theta\mathrm{d}\theta\int_0^1r^3\mathrm{d}r-\sqrt{2}\int_0^{2\pi}\sin^2\theta\mathrm{d}\theta\int_0^1r^3\mathrm{d}r$$

$$= \sqrt{2}\pi - 4\sqrt{2}\int_0^{\pi/2}\cos^2\theta d\theta \cdot \frac{1}{4} - \int_0^{\pi/2}\sin^2\theta d\theta \cdot \frac{1}{4} \cdot 4\sqrt{2}$$

$$= \sqrt{2}\pi - 4 \cdot \frac{1!!}{2!!} \cdot \frac{\pi}{2} \cdot \frac{\sqrt{2}}{4} - 4 \cdot \frac{1!!}{2!!} \cdot \frac{\pi}{2} \cdot \frac{\sqrt{2}}{4} = \sqrt{2}\pi - \frac{\sqrt{2}}{4}\pi - \frac{\sqrt{2}}{4}\pi = \frac{\sqrt{2}}{2}\pi$$

故有 $I_3 < I_4$.

（二）填空题

1. $\frac{32}{3}$

【解析】记 D_{xy} 为 Σ 在 xOy 坐标面上的投影,将第二类曲面积分化为二重积分,则有

$$\iint_{\Sigma}\sqrt{4 - x^2 - 4z^2}\,dxdy = \iint_{\Sigma}\sqrt{y^2}\,dxdy = \iint_{D_{xy}}|y|\,dxdy = 4\int_0^{\frac{\pi}{2}}\sin\theta d\theta\int_0^2\rho^2 d\rho = \frac{32}{3}.$$

2. $\boldsymbol{i} - \boldsymbol{k}$

【解析】因为旋度 $\mathbf{rot}\boldsymbol{F}(x,y,z) = \begin{vmatrix} \boldsymbol{i} & \boldsymbol{j} & \boldsymbol{k} \\ \frac{\partial}{\partial x} & \frac{\partial}{\partial y} & \frac{\partial}{\partial z} \\ xy & -yz & zx \end{vmatrix} = y\boldsymbol{i} - z\boldsymbol{j} - x\boldsymbol{k}$,则有

$$\mathbf{rot}\boldsymbol{F}(1,1,0) = (y\boldsymbol{i} - z\boldsymbol{j} - x\boldsymbol{k})\big|_{(1,1,0)} = \boldsymbol{i} - \boldsymbol{k}.$$

3. $-\frac{\pi}{3}$

【解析】$\oint_L xy\,ds = \oint_L\left[\frac{1}{2} - (x^2 + y^2)\right]ds = \oint_L\left(\frac{1}{2} - \frac{2}{3}\right)ds = -\frac{1}{6} \cdot 2\pi = -\frac{\pi}{3}.$

4. $a = -1$

【解析】因为 $\frac{\partial P}{\partial y} = \frac{-2xy}{(x^2 + y^2 - 1)^2}$, $\frac{\partial Q}{\partial x} = \frac{2axy}{(x^2 + y^2 - 1)^2}$,由平面曲线积分与路径无关知,

$\frac{\partial P}{\partial y} = \frac{\partial Q}{\partial x}$,故有 $a = -1$.

5. $(0,1,y-1)$

【解析】由旋度的计算公式得,$\mathbf{rot}\boldsymbol{A} = \begin{vmatrix} \boldsymbol{i} & \boldsymbol{j} & \boldsymbol{k} \\ \frac{\partial}{\partial x} & \frac{\partial}{\partial y} & \frac{\partial}{\partial z} \\ x + y + z & xy & z \end{vmatrix} = \boldsymbol{j} + (y-1)\boldsymbol{k} = (0,1,y-1).$

6. $\frac{1}{4}$

【分析】此题考查三重积分的计算,可直接计算,也可以利用轮换对称性化简后再计算.

【解析】由轮换对称性得

$$\iiint_{\Omega}(x + 2y + 3z)\,dxdydz = 6\iiint_{\Omega}z\,dxdydz = 6\int_0^1 z\,dz\iint_{D_z}dxdy,$$

式中:D_z 为平面 $z = z$ 截空间区域 Ω 所得的截面,其面积为 $\frac{1}{2}(1 - z)^2$. 故有

$$\iiint_{\Omega}(x+2y+3z)\,dxdydz = 6\iiint_{\Omega}z\,dxdydz = 6\int_0^1 z\cdot\frac{1}{2}(1-z)^2dz = 3\int_0^1(z^3-2z^2+z)dz = \frac{1}{4}.$$

7. π

【解析】由斯托克斯公式,得

$$\oint_L z\mathrm{d}x + y\mathrm{d}z = \iint_{\Sigma}\begin{vmatrix}\cos\alpha & \cos\beta & \cos\gamma\\ \frac{\partial}{\partial x} & \frac{\partial}{\partial y} & \frac{\partial}{\partial z}\\ z & 0 & y\end{vmatrix}\mathrm{d}S = \iint_{\Sigma}\begin{vmatrix}0 & \frac{1}{\sqrt{2}} & \frac{1}{\sqrt{2}}\\ \frac{\partial}{\partial x} & \frac{\partial}{\partial y} & \frac{\partial}{\partial z}\\ z & 0 & y\end{vmatrix}\mathrm{d}S$$

$$= \iint_{\Sigma}\frac{1}{\sqrt{2}}\mathrm{d}S = \frac{1}{\sqrt{2}}\cdot\pi\sqrt{2} = \pi.$$

8. $\frac{\sqrt{3}}{12}$

【解析】由曲面积分的计算公式(化为二重积分)可得

$$\iint_{\Sigma}y^2\mathrm{d}S = \iint_{D_{xy}}y^2\sqrt{1+(-1)^2+(-1)^2}\,\mathrm{d}x\mathrm{d}y = \sqrt{3}\iint_{D_{xy}}y^2\mathrm{d}x\mathrm{d}y,$$

式中:$D_{xy}=\{(x,y)\mid x+y\leqslant 1,x\geqslant 0,y\geqslant 0\}$. 将二重积分化为二次积分,得

$$\text{原式} = \sqrt{3}\int_0^1\mathrm{d}y\int_0^{1-y}y^2\mathrm{d}x = \sqrt{3}\int_0^1 y^2(1-y)\mathrm{d}y = \frac{\sqrt{3}}{12}.$$

9. π

【考点分析】本题考查第二类曲线积分的计算。首先将曲线写成参数方程的形式,再代入相应的计算公式计算即可.

【解析】曲线 L 的参数方程为$\begin{cases}x=\cos t\\ y=\sin t\\ z=\cos t+\sin t\end{cases}$,其中 t 从 0 到 2π. 因此

$$\oint_L xz\mathrm{d}x + x\mathrm{d}y + \frac{y^2}{2}\mathrm{d}z$$

$$= \int_0^{2\pi}\left[\cos t(\cos t+\sin t)(-\sin t) + \cos t\cos t + \frac{\sin^2 t}{2}(\cos t - \sin t)\right]\mathrm{d}t$$

$$= \int_0^{2\pi}\left(-\sin t\cos^2 t - \frac{\sin^2 t\cos t}{2} + \cos^2 t - \frac{\sin^3 t}{2}\right)\mathrm{d}t$$

$$= \pi.$$

(三) 求解和证明下列各题

1. π

【解析】记 $P=\frac{4x-y}{4x^2+y^2}, Q=\frac{x+y}{4x^2+y}$,且$\frac{\partial Q}{\partial x}=\frac{\partial P}{\partial y}=\frac{-4x^2+y^2-8xy}{(4x^2+y^2)^2}$. 取充分小的正数$\xi>0$,取逆时针方向 $L_1:4x^2+y^2=\xi^2$,则

$$I=\int_L \frac{4x-y}{4x^2+y^2}dx+\frac{x+y}{4x^2+y}dy=\int_{L-L_1}\frac{4x-y}{4x^2+y^2}dx+\frac{x+y}{4x^2+y}dy+\int_{L_1}\frac{4x-y}{4x^2+y^2}dx+\frac{x+y}{4x^2+y}dy$$

$$=\int_{L_1}\frac{4x-y}{4x^2+y^2}dx+\frac{x+y}{4x^2+y}dy+$$

$$\frac{1}{\xi^2}\int_{L_1}(4x-y)dx+(x+y)dy=\frac{2}{\xi^2}\iint_D dxdy=\frac{2}{\xi^2}\pi\frac{\xi}{2}\xi=\pi.$$

2. $\frac{14\pi}{3}$

【解析】因为 $Z_x'=\frac{x}{\sqrt{x^2+y^2}}, Z_y'=\frac{y}{\sqrt{x^2+y^2}}$,则有

$$I=\iint_\Sigma [xf(xy)+2x-y]dydz+[yf(xy)+2y+x]dzdx+[zf(xy)+z]dxdy$$

$$=\iint_{D_{xy}}\{[xf(xy)+2x-y](Z_x')+[yf(xy)+2y+x](Z_y')-[zf(xy)+z]\}dxdy$$

$$=\iint_{D_{xy}}\{\sqrt{x^2+y^2}[f(xy)+2]-[\sqrt{x^2+y^2}f(xy)+\sqrt{x^2+y^2}]\}dxdy$$

$$=\iint_{D_{xy}}\sqrt{x^2+y^2}dxdy=\int_0^{2\pi}d\theta\int_1^2 r^2dr=\frac{14\pi}{3}.$$

3. $\left(0,2,\frac{1}{4}\right)$

【解析】由对称性,$\bar{x}=0,\bar{y}=2$,且

$$\bar{z}=\frac{\iiint_\Omega zdv}{\iiint_\Omega dv}=\frac{\int_0^1 zdz\iint_{D_z}dxdy}{\int_0^1 dz\iint_{D_z}dxdy}=\frac{\int_0^1 z\pi(1-z)^2dz}{\int_0^1\pi(1-z)^2dz}=\frac{\int_0^1 z(1-z)^2dz}{\int_0^1(1-z)^2dz}=\frac{\frac{1}{12}}{\frac{1}{3}}=\frac{1}{4}.$$

4. $\frac{14\pi}{45}$

【解析】令 Σ_1 为平面$\begin{cases}y^2+z^2\leqslant\frac{1}{3}\\x=0\end{cases}$,取后侧,则有

$$I=\oiint_{\Sigma+\Sigma_1}xdydz+(y^3+2)dzdx+z^3dxdy-\iint_{\Sigma_1}xdydz+(y^3+2)dzdx+z^3dxdy.$$

记 Ω 为 $\Sigma+\Sigma_1$ 所围成的空间立体,由高斯公式得

$$\oiint_{\Sigma+\Sigma_1}xdydz+(y^3+2)dzdx+z^3dxdy=\iiint_\Omega(1+3y^2+3z^2)dxdydz$$

$$=\int_0^1dx\iint_{y^2+z^2\leqslant\frac{1}{3}(1-x^2)}(1+3y^2+3z^2)dydz$$

$$=\int_0^1\left[\frac{\pi}{3}(1-x^2)+\frac{\pi}{6}(1-x^2)^2\right]dx=\frac{14\pi}{45}.$$

又在 Σ_1 上 $x=0$,则有 $\iint\limits_{\Sigma_1} x\mathrm{d}y\mathrm{d}z + (y^3+2)\mathrm{d}z\mathrm{d}x + z^3\mathrm{d}x\mathrm{d}y = 0$. 故有

$$I = \iint\limits_{\Sigma} x\mathrm{d}y\mathrm{d}z + (y^3+2)\mathrm{d}z\mathrm{d}x + z^3\mathrm{d}x\mathrm{d}y = \frac{14\pi}{45} - 0 = \frac{14\pi}{45}.$$

5. $5\pi + \dfrac{32}{3}$

【解析】$\iint\limits_D x\mathrm{d}x\mathrm{d}y = \iint\limits_D \rho^2\cos\theta\mathrm{d}\rho\mathrm{d}\theta = \int_{-\frac{\pi}{2}}^{\frac{\pi}{2}}\cos\theta\mathrm{d}\theta\int_2^{2(1+\cos\theta)}\rho^2\mathrm{d}\rho$

$$= \int_{-\frac{\pi}{2}}^{\frac{\pi}{2}}\cos\theta\frac{\rho^3}{3}\bigg|_2^{2(1+\cos\theta)}\mathrm{d}\theta = \frac{8}{3}\int_{-\frac{\pi}{2}}^{\frac{\pi}{2}}(3\cos^2\theta + 3\cos^3\theta + \cos^4\theta)\mathrm{d}\theta$$

$$= 8\int_{-\frac{\pi}{2}}^{\frac{\pi}{2}}\cos^2\theta\mathrm{d}\theta + 8\int_{-\frac{\pi}{2}}^{\frac{\pi}{2}}\cos^3\theta\mathrm{d}\theta + \frac{8}{3}\int_{-\frac{\pi}{2}}^{\frac{\pi}{2}}\cos^4\theta\mathrm{d}\theta$$

$$= 16\int_0^{\frac{\pi}{2}}\cos^2\theta\mathrm{d}\theta + 16\int_0^{\frac{\pi}{2}}\cos^3\theta\mathrm{d}\theta + \frac{16}{3}\int_0^{\frac{\pi}{2}}\cos^4\theta\mathrm{d}\theta$$

$$= 16\cdot\frac{1}{2}\cdot\frac{\pi}{2} + 16\cdot\frac{2}{3} + \frac{16}{3}\cdot\frac{3}{4}\cdot\frac{1}{2}\cdot\frac{\pi}{2} = 5\pi + \frac{32}{3}.$$

6. (1) $I(t) = t + \mathrm{e}^{2-t}$;　　　　　　(2) 最小值为 3

【解析】(1) 由 $\dfrac{\partial f(x,y)}{\partial x} = (2x+1)\mathrm{e}^{2x-y}$ 可得

$$f(x,y) = \int(2x+1)\mathrm{e}^{2x-y}\mathrm{d}x = \mathrm{e}^{-y}\left[\int 2x\mathrm{e}^{2x}\mathrm{d}x + \int\mathrm{e}^{2x}\mathrm{d}x\right]$$
$$= \mathrm{e}^{-y}x\mathrm{e}^{2x} + \varphi(y) = x\mathrm{e}^{2x-y} + \varphi(y)$$

又 $f(0,y) = y+1$,则 $\varphi(y) = y+1$,即 $f(x,y) = x\mathrm{e}^{2x-y} + y + 1$,且

$$\frac{\partial f(x,y)}{\partial y} = -x\mathrm{e}^{2x-y} + 1$$

此时,$I(t) = \int_{L_t}(2x+1)\mathrm{e}^{2x-y}\mathrm{d}x + (1 - x\mathrm{e}^{2x-y})\mathrm{d}y$. 记

$$P(x,y) = (2x+1)\mathrm{e}^{2x-y}, Q(x,y) = 1 - x\mathrm{e}^{2x-y},$$

则有 $\dfrac{\partial P(x,y)}{\partial y} = -(2x+1)\mathrm{e}^{2x-y} = \dfrac{\partial Q(x,y)}{\partial x}$,因此平面曲线积分与路径无关. 此时

$$I(t) = \int_0^1(2x+1)\mathrm{e}^{2x}\mathrm{d}x + \int_0^t(1 - \mathrm{e}^{2-y})\mathrm{d}y = \mathrm{e}^2 + t + \mathrm{e}^{2-t} - \mathrm{e}^2 = t + \mathrm{e}^{2-t}.$$

(2) 因为 $I(t) = t + \mathrm{e}^{2-t}$,则 $I'(t) = 1 - \mathrm{e}^{2-t}$,令 $I'(t) = 0$,则有唯一驻点 $t=2$,又 $I''(t) = \mathrm{e}^{2-t}$,则 $I''(2) = 1 > 0$,因此 $I(t)$ 在点 $t=2$ 取得最小值,最小值为

$$I(2) = 2 + \mathrm{e}^{2-2} = 3.$$

7. $\dfrac{1}{2}$

【解析】记 Ω 为 Σ 所围的空间立体,由高斯公式得

$$I = \iint_{\Sigma}(x^2+1)\mathrm{d}y\mathrm{d}z - 2y\mathrm{d}z\mathrm{d}x + 3z\mathrm{d}x\mathrm{d}y = \iiint_{\Omega}(2x-2+3)\mathrm{d}x\mathrm{d}y\mathrm{d}z$$

$$= \iiint_{\Omega}(2x+1)\mathrm{d}x\mathrm{d}y\mathrm{d}z = \iint_{D_{xy}}\mathrm{d}x\mathrm{d}y\int_0^{1-x-\frac{y}{2}}(2x+1)\mathrm{d}z（投影法）$$

$$= \iint_{D_{xy}}(2x+1)\left(1-x-\frac{y}{2}\right)\mathrm{d}x\mathrm{d}y = \int_0^1\mathrm{d}x\int_0^{2-2x}\left(-2x^2+x-xy+1-\frac{y}{2}\right)\mathrm{d}y = \frac{1}{2}.$$

8. $\frac{\sqrt{2}}{2}\pi$

【解析】由题意假设参数方程$\begin{cases}x=\cos\theta\\ y=\sqrt{2}\sin\theta\\ z=\cos\theta\end{cases}$，$\theta:\frac{\pi}{2}\to-\frac{\pi}{2}$，则有

$$\int_{\frac{\pi}{2}}^{-\frac{\pi}{2}}[-(\sqrt{2}\sin\theta+\cos\theta)\sin\theta+2\sin\theta\cos\theta-(1+\sin^2\theta)\sin\theta]\mathrm{d}\theta$$

$$= \int_{\frac{\pi}{2}}^{-\frac{\pi}{2}} -\sqrt{2}\sin^2\theta+\sin\theta\cos\theta-(1+\sin^2\theta)\sin\theta\mathrm{d}\theta$$

$$= 2\sqrt{2}\int_0^{\frac{\pi}{2}}\sin^2\theta\mathrm{d}\theta = \frac{\sqrt{2}}{2}\pi.$$

9. 4π

【解析】补有向面$\Sigma_1:\begin{cases}x^2+y^2\leqslant 1,\\ z=1\end{cases}$，方向向上，则由高斯公式得

$$\oiint_{\Sigma+\Sigma_1}(x-1)^3\mathrm{d}y\mathrm{d}z+(y-1)^3\mathrm{d}z\mathrm{d}x+(z-1)\mathrm{d}x\mathrm{d}y$$

$$= \iiint_{\Omega}[3(x-1)^2+3(y-1)^2+1]\mathrm{d}x\mathrm{d}y\mathrm{d}z = \iiint_{\Omega}(3x^2+6x+3+3y^2+6y+3+1)\mathrm{d}x\mathrm{d}y\mathrm{d}z$$

$$= \iiint_{\Omega}(3x^2+3y^2+7)\mathrm{d}x\mathrm{d}y\mathrm{d}z = \int_0^1\mathrm{d}z\iint_{D_z}(3x^2+3y^2+7)\mathrm{d}x\mathrm{d}y（截面法）$$

$$= \int_0^1\mathrm{d}z\iint_{D_z}(3\rho^2+7)\rho\mathrm{d}\rho\mathrm{d}\theta = \int_0^1\mathrm{d}z\int_0^{2\pi}\mathrm{d}\theta\int_0^{\sqrt{z}}(3\rho^2+7)\rho\mathrm{d}\rho = 4\pi,$$

式中：$\iiint_{\Omega}(6x+6y)\mathrm{d}x\mathrm{d}y\mathrm{d}z=0$，因为积分区域$\Omega$关于$xOz$和$yOz$均对称，且函数$6x$和$6y$分别关于$x$和$y$是奇函数．

在Σ_1上，$\iint_{\Sigma_1}(x-1)^3\mathrm{d}y\mathrm{d}z+(y-1)^3\mathrm{d}z\mathrm{d}x+(z-1)\mathrm{d}x\mathrm{d}y=0$，故有

$$原式 = \oiint_{\Sigma+\Sigma_1}(x-1)^3\mathrm{d}y\mathrm{d}z+(y-1)^3\mathrm{d}z\mathrm{d}x+(z-1)\mathrm{d}x\mathrm{d}y - \iint_{\Sigma_1}(x-1)^3\mathrm{d}y\mathrm{d}z+(y-1)^3\mathrm{d}z\mathrm{d}x+(z-1)\mathrm{d}x\mathrm{d}y$$

$$= 4\pi-0 = 4\pi.$$

10.（1）$x^2+y^2=2z^2-2z+1$；（2）$\left(0,0,\frac{7}{5}\right)$

【解析】(1) 因$\overrightarrow{AB}=(-1,1,1)$，则 L 的方程为$\frac{x-1}{-1}=\frac{y}{1}=\frac{z}{1}$. 任取一点 $M(x,y,z)\in\Sigma$，对应于 L 上的点 $M_0(x_0,y_0,z_0)$，则有 $x^2+y^2=x_0^2+y_0^2$. 由$\begin{cases}x_0=1-z,\\y_0=z\end{cases}$可得 $x^2+y^2=(1-z)^2+z^2$，故 Σ 的方程为 $x^2+y^2=2z^2-2z+1$.

(2) 由对称性可得 $\bar{x}=\bar{y}=0$，因 $\bar{z}=\frac{\iiint\limits_{\Omega}z\mathrm{d}v}{\iiint\limits_{\Omega}\mathrm{d}v}$，且

$$\iiint\limits_{\Omega}\mathrm{d}v=\int_0^2\mathrm{d}z\iint\limits_{x^2+y^2\leqslant 2z^2-2z+1}\mathrm{d}x\mathrm{d}y=\pi\int_0^2(2z^2-2z+1)\mathrm{d}z=\pi\left(\frac{16}{3}-4+2\right)=\frac{10}{3}\pi$$

$$\iiint\limits_{\Omega}z\mathrm{d}v=\int_0^2 z\mathrm{d}z\iint\limits_{x^2+y^2\leqslant 2z^2-2z+1}\mathrm{d}x\mathrm{d}y=\pi\int_0^2(2z^3-2z^2+z)\mathrm{d}z=\pi\left(8-\frac{16}{3}+2\right)=\frac{14}{3}\pi$$

即 $\bar{z}=\frac{7}{5}$，故重心坐标为$\left(0,0,\frac{7}{5}\right)$.

11. $\frac{\pi}{2}-4$

【解析】设圆 $C_1:x^2+y^2=2x$，圆 $C_2:x^2+y^2=4$，补有向直线段 $L_1:x=0$，y 从 2 到 0. 记 C_1、C_2 和 L_1 所围成的平面区域为 D，由格林公式得

$$\begin{aligned}I&=\oint_{L+L_1}3x^2y\mathrm{d}x+(x^3+x-2y)\mathrm{d}y-\int_{L_1}3x^2y\mathrm{d}x+(x^3+x-2y)\mathrm{d}y\\&=-\iint\limits_{D}(3x^2+1-3x^2)\mathrm{d}x\mathrm{d}y-\int_{L_1}(-2y)\mathrm{d}y=D\text{ 的面积}-\int_2^0(-2y)\mathrm{d}y\\&=\pi-\frac{\pi}{2}-4=\frac{\pi}{2}-4.\end{aligned}$$

12. a

【考点分析】本题考查二重积分的计算。计算中主要利用分部积分法将需要计算的积分式化为已知的积分式，出题形式较为新颖，有一定的难度.

【解析】将二重积分 $\iint\limits_{D}xyf''_{xy}(x,y)\mathrm{d}x\mathrm{d}y$ 转化为二次积分，可得

$$\iint\limits_{D}xyf''_{xy}(x,y)\mathrm{d}x\mathrm{d}y=\int_0^1\mathrm{d}y\int_0^1 xyf''_{xy}(x,y)\mathrm{d}x.$$

首先考虑 $\int_0^1 xyf''_{xy}(x,y)\mathrm{d}x$，注意这是把变量 y 看作常数的，即有

$$\int_0^1 xyf''_{xy}(x,y)\mathrm{d}x=y\int_0^1 x\mathrm{d}f'_y(x,y)=xyf'_y(x,y)\big|_0^1-\int_0^1 yf'_y(x,y)\mathrm{d}x=yf'_y(1,y)-\int_0^1 yf'_y(x,y)\mathrm{d}x$$

由 $f(1,y)=f(x,1)=0$ 易知，$f'_y(1,y)=f'_x(x,1)=0$.

即 $\int_0^1 xyf''_{xy}(x,y)\mathrm{d}x=-\int_0^1 yf'_y(x,y)\mathrm{d}x$，且

$$\iint_D xyf''_{xy}(x,y)\,dxdy = \int_0^1 dy\int_0^1 xyf''_{xy}(x,y)\,dx = -\int_0^1 dy\int_0^1 yf'_y(x,y)\,dx.$$

对该积分交换积分次序可得：$-\int_0^1 dy\int_0^1 yf'_y(x,y)\,dx = -\int_0^1 dx\int_0^1 yf'_y(x,y)\,dy$，再考虑积分 $\int_0^1 yf'_y(x,y)\,dy$，注意这里是把变量 x 看作常数的，即有

$$\int_0^1 yf'_y(x,y)\,dy = \int_0^1 y\,df(x,y) = yf(x,y)\big|_0^1 - \int_0^1 f(x,y)\,dy = -\int_0^1 f(x,y)\,dy,$$

因此

$$\iint_D xyf''_{xy}(x,y)\,dxdy = -\int_0^1 dx\int_0^1 yf'_y(x,y)\,dy = \int_0^1 dx\int_0^1 f(x,y)\,dy = \iint_D f(x,y)\,dxdy = a.$$

第八章 无穷级数

一、学习要求

1. 理解无穷级数收敛、发散及和的概念。
2. 掌握正项级数、交错级数敛散性的判断,会求简单数项级数的和。
3. 会求幂级数的收敛域、和函数。
4. 掌握函数的幂级数展开及其简单应用。
5. 了解函数的傅里叶级数展开及收敛定理。

二、概念强化

(一) 常数项级数的概念和性质

1. 能否把无穷级数看成是“无穷项相加”?

分析:不能. 级数是形式上用加号将其各项连接起来的式子,它仅是一个记号而已,它可能收敛,也可能发散. 它不一定具有通常数学定义中的存在性与唯一性;而且,什么叫作“无穷项相加”? 既没有定义,实际上也不可能. 所以,不能把级数看成是无穷项相加,它不是相加运算,也不是相加运算的结果.

但许多实际问题又提出了数列$\{u_n\}$的各项“相加”的问题,例如“刘徽割圆”问题,“一尺之锤”问题,只好借助于级数的部分和数列$\{s_n\}$ $\left(s_n=\sum\limits_{k=1}^{n}u_k\right)$的极限来研究级数及其敛散性等问题.

2. 数项级数$\sum\limits_{n=1}^{\infty}u_n$、$\sum\limits_{n=1}^{\infty}v_n$和$\sum\limits_{n=1}^{\infty}(u_n\pm v_n)$的敛散性有什么联系?

分析:事实上,级数$\sum\limits_{n=1}^{\infty}u_n$、$\sum\limits_{n=1}^{\infty}v_n$和$\sum\limits_{n=1}^{\infty}(u_n\pm v_n)$中任一级数的一般项都是其他两个级数一般项的代数和,即

$$u_n=(u_n+v_n)-v_n,\quad v_n=(u_n+v_n)-u_n.$$

由收敛级数的性质知,$\sum\limits_{n=1}^{\infty}u_n$、$\sum\limits_{n=1}^{\infty}v_n$和$\sum\limits_{n=1}^{\infty}(u_n\pm v_n)$中任意两个级数收敛时第三个级数也收敛. 由此可得以下结论:

(1) 若级数$\sum\limits_{n=1}^{\infty}u_n$和$\sum\limits_{n=1}^{\infty}v_n$都收敛,则$\sum\limits_{n=1}^{\infty}(u_n\pm v_n)$也收敛.

(2) 若级数$\sum\limits_{n=1}^{\infty}u_n$和$\sum\limits_{n=1}^{\infty}v_n$中一个收敛而另一个发散,则$\sum\limits_{n=1}^{\infty}(u_n\pm v_n)$发散.

(3) 若级数 $\sum_{n=1}^{\infty} u_n$ 和 $\sum_{n=1}^{\infty} v_n$ 都发散,则 $\sum_{n=1}^{\infty} (u_n \pm v_n)$ 可能收敛也可能发散.

3. 为什么要建立一系列无穷级数的审敛法,而不是去求和?

分析:有限项相加,总可以求出其和,即使是一亿项甚至一万亿项相加,在计算机日益发展的今天也不是太困难. 但对于无穷级数,它可能发散,无和可求,自然用不着去求和;即使它收敛,有和可求,但不一定能够导出有限形式的求和公式,例如无理数 e 和 π 就是这样. 这时,我们先研究级数的敛散性,然后按照精确度的要求,算出和 s 的近似值,只要能满足实际问题的需要即可,而不必过分地去追求 s 的准确性.

4. 数项级数的敛散性与数列的敛散性有什么联系?

分析:对于数项级数

$$u_1 + u_2 + \cdots + u_n + \cdots,$$

可以用其前 n 项和 s_n 构成的数列 $\{s_n\}$ 的敛散性来定义数项级数的敛散性;反之,对于一个数列 $\{a_n\}$,可以构造级数

$$a_1 + (a_2 - a_1) + (a_3 - a_2) + \cdots + (a_n - a_{n-1}) + \cdots, \tag{1}$$

其前 n 项的和为 a_n,根据数项级数敛散性的定义,数列 $\{a_n\}$ 与级数(1)具有相同的敛散性.

类似地,级数

$$(a_2 - a_1) + (a_3 - a_2) + \cdots + (a_n - a_{n-1}) + \cdots, \tag{2}$$

收敛的充分必要条件是数列 $\{a_n\}$ 收敛,这是因为级数(2)的前 n 项和为

$$s_n = a_{n+1} - a_1.$$

例如,对于级数 $\sum_{n=1}^{\infty} \left(\frac{1}{n+1} - \frac{1}{n}\right)$,由于 $\lim_{n\to\infty} \frac{1}{n} = 0$,故该级数收敛;对于级数

$$(\sqrt{2} - 1) + (\sqrt{3} - \sqrt{2}) + \cdots + (\sqrt{n+1} - \sqrt{n}) + \cdots,$$

由于 $\lim_{n\to\infty} \sqrt{n}$ 不存在,故该级数发散.

5. 能用级数来考察数列极限的存在性吗?

设 $a_1 > 0, a_{n+1} = \sqrt{2 + a_n}\ (n = 1, 2, \cdots)$. 问能否利用级数的敛散性证明数列 $\{a_n\}$ 的敛散性?

分析:利用级数来考察数列的敛散性是可以的,这是因为:

给出一个级数 $\sum_{n=1}^{\infty} u_n$,即有部分和数列 $s_n = \sum_{n=1}^{n} u_n$;反之,对于数列 $\{a_n\}$ 而言,我们总能构造一个以 a_n 为部分和数列的级数:

$$a_1 + (a_2 - a_1) + (a_3 - a_2) + \cdots + (a_n - a_{n-1}) + \cdots = a_1 + \sum_{n=1}^{\infty} (a_n - a_{n-1}).$$

根据级数收敛性的定义,有

$$\lim_{n\to\infty} a_n = a_1 + \sum_{n=1}^{\infty} (a_n - a_{n-1}).$$

因此,数列 $\{a_n\}$ 和级数 $a_1 + \sum_{n=1}^{\infty} (a_n - a_{n-1})$ 具有相同的敛散性. 事实上,在考察数列的敛

散性比较困难时,可考虑把问题转化为考察对应的级数的敛散性.

对于上述问题,记 $u_n = a_n - a_{n-1}$,则有

$$u_{n+1} = a_{n+1} - a_n = \sqrt{2 + a_n} - \sqrt{2 + a_{n-1}} = \frac{a_n - a_{n-1}}{\sqrt{2 + a_n} + \sqrt{2 + a_{n-1}}} = \frac{u_n}{a_{n+1} + a_n}.$$

即 $\dfrac{u_{n+1}}{u_n} = \dfrac{1}{a_{n+1} + a_n}.$

由于 $a_1 > 0, a_n > 0 (n = 2,3,\cdots)$,则当 $n \geqslant 2$ 时,有

$$\left|\frac{u_{n+1}}{u_n}\right| = \frac{1}{a_{n+1} + a_n} < \frac{1}{2\sqrt{2}}.$$

即级数 $\sum\limits_{n=1}^{\infty} u_n$ 绝对收敛,因此数列 $\{a_n\}$ 必收敛.

6. 有限项的加法运算满足结合律,那么无穷级数是否可以任意加括号呢?

分析:在级数中不能随意加括号. 考虑级数 $\sum\limits_{n=1}^{\infty} u_n$,若加括号变为

$$(u_1 + \cdots + u_{p_1}) + (u_{p_1+1} + \cdots + u_{p_2}) + \cdots + (u_{p_{k-1}+1} + \cdots + u_{p_k}) + \cdots,$$

记 $v_k = u_{p_{k-1}+1} + \cdots + u_{p_k}$,则上式即为一新级数

$$\sum_{n=1}^{\infty} v_n = v_1 + v_2 + \cdots + v_k + \cdots.$$

记 $\sum\limits_{n=1}^{\infty} u_n$ 的部分和为 $s_n = u_1 + u_2 + \cdots + u_n$,$\sum\limits_{n=1}^{\infty} v_n$ 的部分和为

$$\sigma_k = v_1 + v_2 + \cdots + v_k = s_{p_k},$$

则数列 $\{\sigma_k\}$ 为数列 $\{s_n\}$ 的子数列. 根据数列极限与子数列极限的关系,有

若 $\sum\limits_{n=1}^{\infty} u_n$ 收敛于 A,则 $\sum\limits_{n=1}^{\infty} v_n$ 收敛于 A.

其逆命题不成立,即若 $\sum\limits_{n=1}^{\infty} v_n$ 收敛于 A,$\sum\limits_{n=1}^{\infty} u_n$ 可能收敛于 A,也可能发散.

综上所述,收敛的级数加括号后所得新级数仍收敛,发散的级数加括号后所得新级数可能收敛也可能发散.

例如,交错级数 $1 - 1 + 1 - 1 + 1 - 1 + 1 - 1 + \cdots$ 发散,若两项加括号可得一新级数

$$(1 - 1) + (1 - 1) + (1 - 1) + (1 - 1) + \cdots,$$

显然上述级数收敛.

值得注意的是,若 $\sum\limits_{n=1}^{\infty} u_n$ 为正项级数,则部分和数列 $\{s_n\}$ 单调递增,此时 $\sum\limits_{n=1}^{\infty} u_n$ 和 $\sum\limits_{n=1}^{\infty} v_n$ 具有相同的敛散性. 也就是说,对于正项级数,任意加括号并不影响级数的敛散性.

7. 有限项的加法具有交换律;无穷级数是否也具有可交换性?

分析:不一定. 对于绝对收敛的级数,它具有可交换性,可以证明,交换它的项的顺序得到的新级数也收敛于原级数的和. 但是,如果不满足绝对收敛的条件,交换律是不成立的. 例如,条件收敛的级数 $\sum\limits_{n=1}^{\infty} (-1)^{n+1} \dfrac{1}{n}$,其和为 $\ln 2$. 现对其项的先后顺序作如下调整:顺次在每

一个正项后面接两个负项得一新级数：

$$1-\frac{1}{2}-\frac{1}{4}+\frac{1}{3}-\frac{1}{6}-\frac{1}{8}+\cdots+\frac{1}{2n-1}-\frac{1}{4n-2}-\frac{1}{4n}+\cdots.$$

该级数前 $3n$ 项之和：

$$\begin{aligned}s_{3n}&=\left(1-\frac{1}{2}\right)-\frac{1}{4}+\left(\frac{1}{3}-\frac{1}{6}\right)-\frac{1}{8}+\cdots+\left(\frac{1}{2n-1}-\frac{1}{4n-2}\right)-\frac{1}{4n}\\&=\frac{1}{2}\left(1-\frac{1}{2}+\frac{1}{3}-\frac{1}{4}+\cdots+\frac{1}{2n-1}-\frac{1}{2n}\right)\\&\to\frac{1}{2}\ln 2\ (n\to\infty),\end{aligned}$$

即新级数不收敛于 ln2. 因此,条件收敛的级数不具有交换律.

综上所述,我们不能将有限项加法的交换律与结合律等运算随意搬到无穷级数中来.

8. 下列做法是否正确？为什么

对于级数 $1+2+4+8+16+32+\cdots$,设其和为 s,则

$$\begin{aligned}s&=1+2+4+8+16+32+\cdots\\&=1+2(1+2+4+8+16+32+\cdots)=1+2s,\end{aligned}$$

由此得 $s=-1$.

分析:对于所给的正项级数,若收敛,其和不可能为负数,显然上述做法不正确.

事实上,因为级数的前 n 项和为

$$S_n=1+2+4+8+16+\cdots=\frac{1-2^n}{1-2}=2^n-1,$$

且 $\lim\limits_{n\to\infty}S_n=+\infty$,即原级数发散. 因此设级数和为一个确定的数是错误的.

值得注意的是,对于一个级数,首先要判别它是收敛还是发散的. 如果级数为发散级数,则按收敛的级数的性质处理会得到错误的结论.

（二）正项级数

9. 正项级数的比值审敛法和根值审敛法相比各有什么优点？

分析:虽然这两种审敛法都是基于把所研究的正项级数与等比级数比较而得到的重要方法,但是它们又有所差别. 首先我们给出一重要结论.

对于数列 $\{u_n\}$,若极限 $\lim\limits_{n\to\infty}\frac{u_{n+1}}{u_n}=\rho$,则极限 $\lim\limits_{n\to\infty}\sqrt[n]{u_n}=\rho$.

由此可知,若能用比值审敛法判定其敛散性的正项级数一定可以用根值审敛法判定. 但能用根值审敛法可以判断收敛的正项级数,则不一定能用比值审敛法判断。

当 $\lim\limits_{n\to\infty}\frac{u_{n+1}}{u_n}$ 不存在时,$\lim\limits_{n\to\infty}\sqrt[n]{u_n}$ 有可能存在. 例如级数 $\sum\limits_{n=1}^{\infty}3^{-n-(-1)^n}$,由于

$$\frac{u_{n+1}}{u_n}=3^{-1+2(-1)^n}=\begin{cases}3, & \text{当 } n \text{ 为偶数；}\\ \frac{1}{27}, & \text{当 } n \text{ 为奇数.}\end{cases}$$

因此$\lim\limits_{n\to\infty}\dfrac{u_{n+1}}{u_n}$不存在,此时比值审敛法无法使用. 但$\lim\limits_{n\to\infty}\sqrt[n]{u_n}=\dfrac{1}{3}$,由根值审敛法知,原正项级数收敛.

综上所述,比值审敛法较根值审敛法在使用上较为方便,而根值审敛法较比值审敛法在应用范围上要广一些.

此外,在比值审敛法和根值审敛法都无法使用时,可利用比较审敛法来判定正项级数的敛散性.

例 判定正项级数 $\sum\limits_{n=1}^{\infty}\dfrac{[(-1)^n+\sqrt{3}]^n}{3^n}$ 的敛散性.

解 记 $u_n=\dfrac{[(-1)^n+\sqrt{3}]^n}{3^n}$,$v_n=\left(\dfrac{1+\sqrt{3}}{3}\right)^n$,则

$$0<u_n=\frac{[(-1)^n+\sqrt{3}]^n}{3^n}\leqslant\left(\frac{1+\sqrt{3}}{3}\right)^n=v_n.$$

又$\dfrac{1+\sqrt{3}}{3}<1$,则正项级数 $\sum\limits_{n=1}^{\infty}\left(\dfrac{1+\sqrt{3}}{3}\right)^n$ 收敛. 由比较审敛法得,原级数收敛.

10. 若正项级数 $\sum\limits_{n=1}^{\infty}u_n$ 收敛,是否必有$\lim\limits_{n\to\infty}\dfrac{u_{n+1}}{u_n}<1$?

分析:不一定. 例如 $\sum\limits_{n=1}^{\infty}\dfrac{1}{n^2}$ 收敛,但有$\lim\limits_{n\to\infty}\dfrac{\dfrac{1}{(n+1)^2}}{\dfrac{1}{n^2}}=1$.

11. 设 $a_n>0$, $b_n>0$, $\dfrac{a_{n+1}}{a_n}\leqslant\dfrac{b_{n+1}}{b_n}(n=1,2,\cdots)$,且级数 $\sum\limits_{n=1}^{\infty}b_n$ 收敛,要证级数 $\sum\limits_{n=1}^{\infty}a_n$ 收敛,有人做出以下证明:

因为 $\sum\limits_{n=1}^{\infty}b_n$ 收敛,所以由比值审敛法知$\lim\limits_{n\to\infty}\dfrac{b_{n+1}}{b_n}=\rho<1$,从而$\lim\limits_{n\to\infty}\dfrac{a_{n+1}}{a_n}<1$. 由比值审敛法知,$\sum\limits_{n=1}^{\infty}a_n$ 收敛.

问上述证明方法正确吗?若不正确,请指出错误之处,并给出正确的证明.

分析:不正确. 上述证明中有两处错误.

(1) 由正项级数 $\sum\limits_{n=1}^{\infty}b_n$ 收敛并不能得到$\lim\limits_{n\to\infty}\dfrac{b_{n+1}}{b_n}=\rho<1$,因为比值审敛法是判定正项级数敛散性的充分非必要条件.

(2) 由题设$\dfrac{a_{n+1}}{a_n}\leqslant\dfrac{b_{n+1}}{b_n}$并不能保证不等式两边当 $n\to\infty$ 时极限存在.

正确的证明:由题设,有

$$\frac{a_{n+1}}{a_n}\leqslant\frac{b_{n+1}}{b_n},\frac{a_n}{a_{n-1}}\leqslant\frac{b_n}{b_{n-1}},\cdots,\frac{a_3}{a_2}\leqslant\frac{b_3}{b_2},\frac{a_2}{a_1}\leqslant\frac{b_2}{b_1},$$

把上面 n 个不等式两边分别相乘,得$\dfrac{a_{n+1}}{a_1}\leqslant\dfrac{b_{n+1}}{b_1}$,即有 $a_{n+1}\leqslant\dfrac{a_1}{b_1}b_{n+1}$. 由于 $\sum\limits_{n=1}^{\infty}b_n$ 收敛,则 $\sum\limits_{n=1}^{\infty}\dfrac{a_1}{b_1}b_n$ 收

敛,故由比较审敛法知 $\sum_{n=1}^{\infty} a_n$ 收敛.

此外,在题设条件下,若 $\sum_{n=1}^{\infty} a_n$ 发散,则 $\sum_{n=1}^{\infty} b_n$ 也发散.

12. 判别级数 $\sum_{n=1}^{\infty} \frac{1}{[3+(-1)^n]^n}$ 的敛散性,下面的做法是否正确?为什么?

因为原级数是正项级数,所以由比值审敛法,考虑 $\frac{u_{n+1}}{u_n}=\frac{[3+(-1)^n]^n}{[3+(-1)^{n+1}]^{n+1}}$,注意到,当 n 为偶数时,$\lim\limits_{n\to\infty}\frac{u_{n+1}}{u_n}=\infty$;当 n 为奇数时,$\lim\limits_{n\to\infty}\frac{u_{n+1}}{u_n}=0$. 因此 $\lim\limits_{n\to\infty}\frac{u_{n+1}}{u_n}$ 不存在,故原级数发散.

分析:上述证明方法错误. 因为比值审敛法是充分而非必要的,此审敛法并没有指出当 $\lim\limits_{n\to\infty}\frac{u_{n+1}}{u_n}$ 不存在时 $\sum_{n=1}^{\infty} u_n$ 的敛散性,只能说在此情形下不能直接使用比值审敛法.

此题可利用比较审敛法. 因为

$$\frac{1}{[3+(-1)^n]^n}\leqslant\frac{1}{[3+(-1)]^n}=\frac{1}{2^n},$$

且等比级数 $\sum_{n=1}^{\infty}\frac{1}{2^n}$ 收敛,由比较审敛法得,$\sum_{n=1}^{\infty}\frac{1}{[3+(-1)^n]^n}$ 收敛.

13. 对于正项级数 $\sum_{n=1}^{\infty} u_n$,根据一般项 u_n 的特点选择审敛法的一般原则是什么?

分析:(1) 当一般项 u_n 中含有形如 n^{α}(α 可以不是整数)因子,不含有 $n!$ 时,常用比值审敛法;

(2) 当一般项 u_n 中含有 $n!$ 或 n^n 时,常用比值审敛法;

(3) 当一般项 u_n 中含有以 n 为指数幂的因子时,常用根值审敛法.

14. 对于任意常数项级数 $\sum_{n=1}^{\infty} u_n$,若用正项级数的比值审敛法判定 $\sum_{n=1}^{\infty}|u_n|$ 发散,则 $\sum_{n=1}^{\infty} u_n$ 一定发散. 这种说法正确吗?

分析:正确. 因为如果用比值审敛法判定 $\sum_{n=1}^{\infty}|u_n|$ 发散,则必有

$$\lim_{n\to\infty}\left|\frac{u_{n+1}}{u_n}\right|=\rho>1\left(\text{或}\lim_{n\to\infty}\left|\frac{u_{n+1}}{u_n}\right|=+\infty\right).$$

由数列的定义得,存在一正整数 N,当 $n>N$ 时,有 $\left|\frac{u_{n+1}}{u_n}\right|>1$,即 $|u_{n+1}|>|u_n|$. 此时,当 $n\to\infty$ 时,$|u_n|$ 不收敛于 0,进而 u_n 也不收敛于 0. 故由级数收敛的必要条件知 $\sum_{n=1}^{\infty} u_n$ 一定发散.

15. 在判断数项级数的敛散性时,应注意哪些方面?

分析:应特别注意以下几点:

(1) 比较审敛法、比值审敛法和根值审敛法只适用于正项级数.

(2) 在运用比较审敛法时,要准确掌握推理的方向.

(3) 由 $\sum_{n=1}^{\infty} u_n$ 收敛,推不出 $\lim\limits_{n\to\infty}\frac{u_{n+1}}{u_n}=\rho<1$.

（4）对于交错级数 $\sum\limits_{n=1}^{\infty}(-1)^{n+1}u_n\ (u_n>0)$，由$\{u_n\}$不是单调数列推不出 $\sum\limits_{n=1}^{\infty}(-1)^{n+1}u_n$ 发散．但由$\{u_n\}$单调增加可推出 $\sum\limits_{n=1}^{\infty}(-1)^{n+1}u_n$ 发散，因为$\{u_n\}$不收敛．

（5）一般情形下，由 $\sum\limits_{n=1}^{\infty}|u_n|$ 发散推不出 $\sum\limits_{n=1}^{\infty}u_n$ 也发散．特别地，当 $\lim\limits_{n\to\infty}\left|\dfrac{u_{n+1}}{u_n}\right|=\rho>1$ 或 $\lim\limits_{n\to\infty}|u_n|\neq 0$ 时，由 $\sum\limits_{n=1}^{\infty}|u_n|$ 发散可推出 $\sum\limits_{n=1}^{\infty}u_n$ 也发散．

16. 若 $\lim\limits_{n\to\infty}\dfrac{u_n}{v_n}=l\neq 0$，是否级数 $\sum\limits_{n=1}^{\infty}u_n$ 和 $\sum\limits_{n=1}^{\infty}v_n$ 同时收敛或发散？设有两个级数 $\sum\limits_{n=1}^{\infty}u_n$ 和 $\sum\limits_{n=1}^{\infty}v_n$，如果 $\lim\limits_{n\to\infty}\dfrac{u_n}{v_n}=l\neq 0$，那么此两级数是否具有相同敛散性？

分析：比较审敛法只适应于正项级数，而对于一般数项级数未必成立．例如级数

$$\sum_{n=1}^{\infty}\left[\frac{(-1)^n}{\sqrt{n}}+\frac{1}{n}\right] \text{和} \sum_{n=1}^{\infty}\frac{(-1)^n}{\sqrt{n}}\text{，有}\lim_{n\to\infty}\frac{\dfrac{(-1)^n}{\sqrt{n}}+\dfrac{1}{n}}{\dfrac{(-1)^n}{\sqrt{n}}}=1.$$

我们知道，$\sum\limits_{n=1}^{\infty}\dfrac{(-1)^n}{\sqrt{n}}$ 收敛而 $\sum\limits_{n=1}^{\infty}\left[\dfrac{(-1)^n}{\sqrt{n}}+\dfrac{1}{n}\right]$ 发散．

本问题中的两个级数未指明是正项级数，因此不能断定两级数具有相同的敛散性．

17. 用比较审敛法判定正项级数敛散性时，如何选取合适的标准级数？

分析：使用比较审敛法的主要困难在于：首先要估计所考察的正项级数的敛散性，然后去寻找用于比较的标准级数以证明所作的估计是否正确．

我们知道，当 $n\to\infty$ 时，$\{u_n\}$发散或极限不为零，则原级数必发散．下面我们只讨论通项 $u_n\to 0\,(n\to\infty)$ 的情形．

极限形式的比较审敛法说明，若两个正项级数的通项当 $n\to\infty$ 时是同阶无穷小，则这两级数具有相同的敛散性．也就是说，正项级数的敛散性由通项（作为无穷小）的阶而定．

依照 $\dfrac{1}{n^p}>\dfrac{1}{n}>\dfrac{1}{n^q}>a^n\,(0<p<1,q>1,0<a<1)$ 的次序，按 p－级数的敛散性可知，当通项 $\left(\text{关于}\dfrac{1}{n}\right)$ 的阶不高于1时，级数发散；当通项的阶大于1时，级数收敛．

18. 正项级数有许多审敛法，用哪一个为好？有没有一个统一的审敛法？

分析：这不能一概而论．要针对具体的问题，进行具体的分析，选择适当的方法，类似于“对症下药”，没有统一的“万灵药方”．我们给出两个命题。

命题1　当正整数 n 充分大时，正项级数 $\sum\limits_{n=1}^{\infty}\dfrac{1}{n\sqrt[n]{n}}$ 的一般项 $u_n=\dfrac{1}{n\sqrt[n]{n}}$ 大于任何收敛的正项等比级数的对应项，而小于任何发散的正项等比级数的对应项．

证明　设 $\sum\limits_{n=1}^{\infty}ar^n\,(a>0)$ 为任一收敛的正项等比级数，则 $0\leqslant r<1$．

当 $r=0$ 时，命题显然成立．

当 $0<r<1$ 时，则 $-\ln r>0$．因 $\lim\limits_{n\to\infty}n^{\frac{1}{n}}=1$，即当 n 充分大时，有

$$-\frac{\ln a}{n}-\ln r>\ln n^{\frac{1}{n}}+\frac{1}{n}\ln n^{\frac{1}{n}}=\frac{1}{n}\ln n+\frac{1}{n^2}\ln n,$$

式中:不等式的成立与 a 的大小无关. 将不等式两边同乘以 n 得 $-\ln ar^n>\ln\left(nn^{\frac{1}{n}}\right)$,即有 $ar^n<\frac{1}{n\sqrt[n]{n}}=u_n$,故命题成立.

设 $\sum\limits_{n=1}^{\infty}bq^n(b>0)$ 为任一发散的正项等比级数,则 $q\geqslant1$.

当 $q=1$ 时,因 $\lim\limits_{n\to\infty}n^{\frac{1}{n}}=1$,即当 n 充分大时,有 $u_n=\frac{1}{n\sqrt[n]{n}}<1=b\cdot1^n$,故命题成立.

当 $q>1$ 时,则 $-\ln q<0$. 由 $\lim\limits_{n\to\infty}n^{\frac{1}{n}}=1$ 得,当 n 充分大时,有

$$-\frac{\ln b}{n}-\ln q<\frac{1}{n}\ln n+\frac{1}{n}\ln n^{\frac{1}{n}},$$

式中:不等式的成立与 b 的大小无关. 将不等式两边同乘以 n,得

$$-\ln bq^n<\ln\left(nn^{\frac{1}{n}}\right),$$

即有 $bq^n>\frac{1}{n\sqrt[n]{n}}=u_n$,故命题成立.

命题 2 任何正项等比级数都可用 p-级数作为比较标准来判定其敛散性.

证明 设 $\sum\limits_{n=1}^{\infty}ar^n(a>0)$ 为任一收敛的正项等比级数,其中 $0\leqslant r<1$.

当 $r=0$ 时,命题显然成立.

当 $0<r<1$ 时,则存在一正整数 $N>0$,当 $n>N$ 时,$\left(\frac{n}{n+1}\right)^2>r$,即

$$\frac{1}{(N+2)^2}>r\frac{1}{(N+1)^2},\frac{1}{(N+3)^2}>r\frac{1}{(N+2)^2},\cdots,\frac{1}{n^2}>r\frac{1}{(n-1)^2}.$$

进而有 $\frac{1}{n^2}>r^{n-N-1}\frac{1}{(N+1)^2}$,即当 $n>N$ 时,$aN^2r^{N+1}\frac{1}{n^2}>ar^n$. 注意到,$aN^2r^{N+1}$ 为一正常数,p-级数 $\sum\limits_{n=1}^{\infty}\frac{1}{n^2}$ 收敛,故 p-级数可作为比较标准判定任一收敛正项等比级数的收敛性.

设 $\sum\limits_{n=1}^{\infty}bq^n(b>0)$ 为任一发散的正项等比级数,则 $q\geqslant1$. 即 $q^n>\frac{1}{n+1}$,进而有 $bq^n>b\frac{1}{n+1}$. 又 $\sum\limits_{n=1}^{\infty}\frac{1}{n+1}$ 发散,故 p-级数可作为比较标准判定任一发散正项等比级数的发散性.

命题 2 说明了凡是可用等比级数作为比较标准判定敛散性的正项级数,都可用 p-级数作为比较标准来判定其敛散性.

由命题 1 和命题 2,及审敛法的证明可以看出,比值、根值、极限审敛法都以比较审敛法作为基础,如比值和根值审敛法将所讨论的级数和某一等比级数作为比较而得出的结论,这样有时会遇到这样的级数,如 $\sum\limits_{n=1}^{\infty}\frac{1}{n\sqrt[n]{n}}$,当它和收敛的正项等比级数相比时,它的项要比等比级数的相应项大,而和发散的正项等比级数相比时,它的项又比等比级数的相应项小,这也就是说

无法用等比级数作为比较标准来判定此级数的敛散性. 这也就是用比值和根值审敛法来判定此级数敛散性失效的原因,这也表明了等比级数这把“尺子”的精度不够.

下面,我们进一步给出比值审敛法和根植审敛法的关系.

命题 3 设 $a_n>0,n=1,2,\cdots$,若$\lim\limits_{n\to\infty}\dfrac{a_{n+1}}{a_n}$存在(可以为 $+\infty$),则

$$\lim_{n\to\infty}\sqrt[n]{a_n}=\lim_{n\to\infty}\frac{a_{n+1}}{a_n}.$$

命题 3 说明了在所有用比值审敛法对正项级数的敛散性问题能够得到答案的情形下,利用根值审敛法也可得到答案;但反之不成立.

对于比值和根值审敛法作两点说明:

(1) 比值和根值审敛法若有一个失效(极限值 =1),则另一个一定也失效(或极限不存在,如命题 1 中 $x=1$ 情形),所以在使用时,只要有一个审敛法失效,则不必再考虑另一个.

(2) 尽管根值审敛法强于比值审敛法,但在使用时$\lim\limits_{n\to\infty}\dfrac{a_{n+1}}{a_n}$容易求出,所以应先考虑使用比值审敛法.

事实上,若审敛法的应用范围越广,一般来说具体操作就越困难,再结合上面的讨论,为了简便有效地判定正项级数 $\sum\limits_{n=1}^{\infty}u_n$ 的敛散性,应采用以下步骤:

第一步,先判断$\lim\limits_{n\to\infty}u_n$ 是否等于 0,若不等于 0,则可判定 $\sum\limits_{n=1}^{\infty}u_n$ 发散;

第二步,使用比值审敛法,若$\lim\limits_{n\to\infty}\dfrac{u_{n+1}}{u_n}$不存在或很难求出,则使用根值审敛法;若此两种审敛法中有一个失效或$\lim\limits_{n\to\infty}u_n$ 不存在(或很难求出),则应再次考虑是否可证$\lim\limits_{n\to\infty}u_n\neq 0$(有时这两种审敛法的使用为证$\lim\limits_{n\to\infty}u_n\neq 0$ 提供一定线索);

第三步,使用极限审敛法;

第四步,使用比较审敛法;

第五步,利用部分和数列是否收敛.

值得注意的是,上面所述只是一般的解题步骤,对于较为简单的级数,不必局限于所述步骤和方法. 而对于正项级数敛散性问题,还有其他的判定方法,如积分审敛法等.

19. 什么是积分审敛法?

利用不等式

$$\int_1^{n+1}\frac{1}{x^p}\mathrm{d}x<1+\frac{1}{2^p}+\frac{1}{3^p}+\cdots+\frac{1}{n^p}<1+\int_1^{n}\frac{1}{x^p}\mathrm{d}x$$

及反常积分 $\int_1^{+\infty}\dfrac{1}{x^p}\mathrm{d}x$ 的敛散性,可以判定 p - 级数的敛散性. 问这种方法是否具有一般性呢?

分析:这种方法具有一般性,由此可得到一种正项级数的审敛法:

积分审敛法　设函数 $f(x)$ 在$[1,+\infty)$内连续、单调递减,且 $f(x)\geqslant 0$,则正项级数 $\sum\limits_{n=1}^{\infty}f(n)$ 和反常积分 $\int_1^{+\infty}f(x)\mathrm{d}x$ 同时收敛或发散.

证明　设 $A>1$,则$f(x)$在$[1,A]$上连续,即$f(x)$在$[1,A]$可积,且必存在一正整数 N,使得

$N-1<A\leqslant N$. 由定积分的性质得

$$\sum_{n=1}^{N}f(n)-f(1)\leqslant\int_{1}^{A}f(x)\,\mathrm{d}x\leqslant\sum_{n=1}^{N-1}f(n).$$

若 $\sum_{n=1}^{\infty}f(n)$ 收敛,不妨记 $S=\sum_{n=1}^{\infty}f(n)$,则有 $\int_{1}^{A}f(x)\,\mathrm{d}x\leqslant\sum_{n=1}^{N-1}f(n)\leqslant S$,即积分上限函数 $\int_{1}^{A}f(x)\,\mathrm{d}x$ 有上界. 又 $\int_{1}^{A}f(x)\,\mathrm{d}x$ 单增,由极限存在准则Ⅱ得, $\lim\limits_{A\to+\infty}\int_{1}^{A}f(x)\,\mathrm{d}x$ 存在. 故 $\int_{1}^{+\infty}f(x)\,\mathrm{d}x$ 必收敛.

若 $\int_{1}^{+\infty}f(x)\,\mathrm{d}x$ 收敛,不妨记 $W=\int_{1}^{+\infty}f(x)\,\mathrm{d}x$,则有

$$\sum_{n=1}^{N}f(n)\leqslant f(1)+\int_{1}^{A}f(x)\,\mathrm{d}x\leqslant f(1)+W,$$

即部分和数列 $\sum_{n=1}^{N}f(n)$ 有上界. 由极限存在准则Ⅱ得,正项级数 $\sum_{n=1}^{\infty}f(n)$ 必收敛.

由逆否命题可得,正项级数 $\sum_{n=1}^{\infty}f(n)$ 和 $\int_{1}^{+\infty}f(x)\,\mathrm{d}x$ 必同时发散.

顺便指出,反常积分 $\int_{1}^{+\infty}f(x)\,\mathrm{d}x$ 的积分下限可改取某个大于1的正数,此审敛法仍成立.

例　证明:p-级数 $\sum_{n=1}^{\infty}\frac{1}{n^{p}}$ 当 $p>1$ 时收敛,当 $p\leqslant1$ 时发散.

证明　由积分审敛法,p-级数 $\sum_{n=1}^{\infty}\frac{1}{n^{p}}$ 与反常积分 $\int_{1}^{+\infty}\frac{1}{x^{p}}\mathrm{d}x$ 同时收敛或发散.

由于 $\int_{1}^{+\infty}\frac{1}{x^{p}}\mathrm{d}x$ 当 $p>1$ 时收敛,当 $p\leqslant1$ 时发散,所以 $\sum_{n=1}^{\infty}\frac{1}{n^{p}}$ 当 $p>1$ 时收敛,当 $p\leqslant1$ 时发散.

(三) 交错级数

20. 以下论证错在哪里?

交错级数　$s=1-\frac{1}{2}+\frac{1}{3}-\frac{1}{4}+\frac{1}{5}-\frac{1}{6}+\frac{1}{7}-\frac{1}{8}+\frac{1}{9}-\frac{1}{10}+\frac{1}{11}-\cdots$

两端乘以2,得

$$2s=2-1+\frac{2}{3}-\frac{1}{2}+\frac{2}{5}-\frac{1}{3}+\frac{2}{7}-\frac{1}{4}+\frac{2}{9}-\frac{1}{5}+\frac{2}{11}-\cdots$$

将上式右边分母相同的项合并之后可得

$$2s=1-\frac{1}{2}+\frac{1}{3}-\frac{1}{4}+\frac{1}{5}-\frac{1}{6}+\frac{1}{7}-\frac{1}{8}+\frac{1}{9}-\frac{1}{10}+\frac{1}{11}-\cdots$$

即有 $s=2s$,得 $1=2$.

分析:问题出现在分母相同的项合并这一环节. 事实上,原级数是条件收敛,将它乘以2所得的新级数仍是条件收敛. 如果将分母相同的项合并在一起,实际上对新级数应用了交换

律和结合律,这违反了交换律不能用于条件收敛级数的原则.

21. 判断交错级数的一般程序是什么

分析:判断交错级数的一般程序为

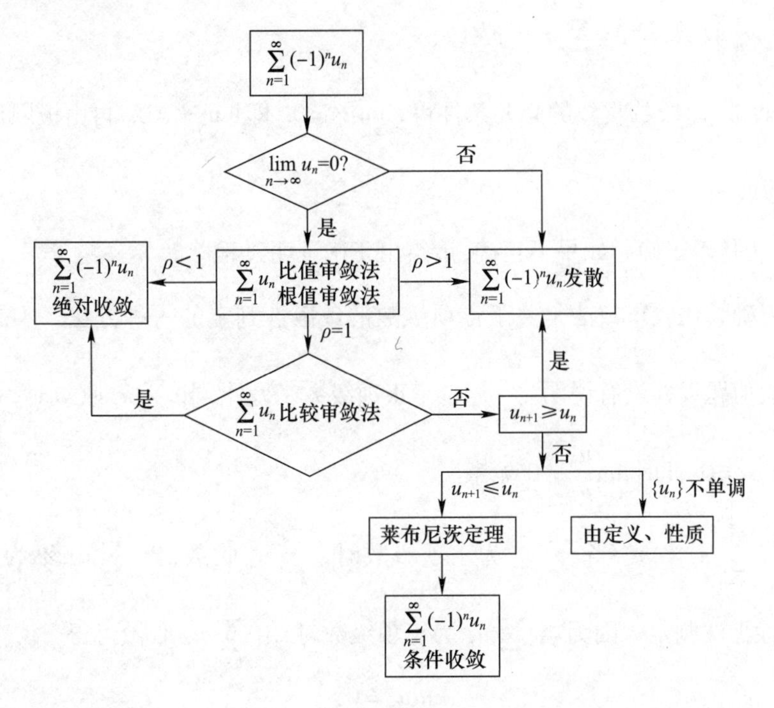

22. 对于交错级数 $\sum_{n=1}^{\infty}(-1)^{n-1}u_n$,当它满足莱布尼茨定理中的两个条件时一定收敛.若它不满足定理中的条件 $u_n\geqslant u_{n+1}$,则是否一定发散?

分析:不一定.当条件 $u_n\geqslant u_{n+1}$ 不满足时,交错级数 $\sum_{n=1}^{\infty}(-1)^{n-1}u_n$ 可能发散,也可能收敛.

例如 交错级数 $\sum_{n=1}^{\infty}\frac{(-1)^n}{\sqrt{n}+(-1)^n}$ 不满足 $u_n\geqslant u_{n+1}$,但由于

$$\frac{(-1)^n}{\sqrt{n}+(-1)^n}=\frac{(-1)^n[\sqrt{n}-(-1)^n]}{n-1}=\frac{(-1)^n\sqrt{n}}{n-1}-\frac{1}{n-1},$$

即该级数可表示为一个条件收敛级数与一个发散的调和级数之差,因此该级数发散.

又如交错级数 $\sum_{n=1}^{\infty}\frac{(-1)^n}{\sqrt{n+(-1)^n}}$ 也不满足 $u_n\geqslant u_{n+1}$,但由于数列

$$s_{2n}=\left(\frac{1}{\sqrt{3}}-\frac{1}{\sqrt{2}}\right)+\left(\frac{1}{\sqrt{5}}-\frac{1}{\sqrt{4}}\right)+\cdots+\left(\frac{1}{\sqrt{2n+1}}-\frac{1}{\sqrt{2n}}\right)$$

单调递减,且

$$s_{2n}=-\frac{1}{\sqrt{2}}+\left(\frac{1}{\sqrt{3}}-\frac{1}{\sqrt{4}}\right)+\left(\frac{1}{\sqrt{5}}-\frac{1}{\sqrt{6}}\right)+\cdots+\left(\frac{1}{\sqrt{2n-1}}-\frac{1}{\sqrt{2n}}\right)+\frac{1}{\sqrt{2n+1}}>-\frac{1}{\sqrt{2}},$$

则 $\{s_{2n}\}$ 有下界,即 $\{s_{2n}\}$ 必收敛,不妨设 $\lim_{n\to\infty}s_{2n}=s$. 又 $\lim_{n\to\infty}u_{2n+1}=0$,则

$$\lim_{n\to\infty}s_{2n+1}=\lim_{n\to\infty}(s_{2n}+u_{2n+1})=\lim_{n\to\infty}s_{2n}+\lim_{n\to\infty}u_{2n+1}=s.$$

由数列的性质可得，$\lim\limits_{n\to\infty}s_n=s$. 因此该级数收敛.

23. 若 $\sum\limits_{n=1}^{\infty}u_n$ 收敛，是否 $\sum\limits_{n=1}^{\infty}u_n^2$ 也收敛？

若 $\sum\limits_{n=1}^{\infty}u_n$ 收敛，由级数收敛的必要条件得，$\lim\limits_{n\to\infty}u_n=0$. 即 $\lim\limits_{n\to\infty}\dfrac{u_n^2}{u_n}=0$. 再由极限形式的比较审敛法得，$\sum\limits_{n=1}^{\infty}u_n^2$ 收敛.

问上述方法是否正确. 如果不正确，请给出正确证明过程.

分析：不正确. 比较审敛法是关于正项级数的敛散性判定的一种方法. 本题中 $\sum\limits_{n=1}^{\infty}u_n^2$ 虽然是正项级数，但题设并没有说明 $\sum\limits_{n=1}^{\infty}u_n$ 也是正项级数. 另外，当 $\sum\limits_{n=1}^{\infty}u_n$ 收敛时，有可能存在无穷多个 n 使得 $u_n=0$，此时 $\lim\limits_{n\to\infty}\dfrac{u_n^2}{u_n}=0$ 无意义.

事实上，若 $\sum\limits_{n=1}^{\infty}u_n$ 收敛，当 $\sum\limits_{n=1}^{\infty}u_n$ 为正项级数时，$\sum\limits_{n=1}^{\infty}u_n^2$ 收敛；当 $\sum\limits_{n=1}^{\infty}u_n$ 不为正项级数时，$\sum\limits_{n=1}^{\infty}u_n^2$ 的敛散性无法判定. 因为当 $\sum\limits_{n=1}^{\infty}u_n$ 为正项级数时，由 $\sum\limits_{n=1}^{\infty}u_n$ 收敛可得

$$\lim_{n\to\infty}u_n=0,$$

即存在一个正整数 $N>0$，当 $n>N$ 时有 $0\leqslant u_n<1$. 进而有 $u_n^2\leqslant u_n$. 由比较审敛法得，$\sum\limits_{n=1}^{\infty}u_n^2$ 收敛. 当 $\sum\limits_{n=1}^{\infty}u_n$ 不是正项级数时，$\sum\limits_{n=1}^{\infty}u_n^2$ 可能发散也可能收敛. 例如，$\sum\limits_{n=1}^{\infty}\dfrac{(-1)^n}{\sqrt{n}}$ 收敛，而 $\sum\limits_{n=1}^{\infty}\dfrac{1}{n}$ 发散；$\sum\limits_{n=1}^{\infty}\dfrac{(-1)^n}{n}$ 收敛，且 $\sum\limits_{n=1}^{\infty}\dfrac{1}{n^2}$ 也收敛.

24. 在检验交错级数 $\sum\limits_{n=1}^{\infty}(-1)^{n-1}u_n$ 是否满足莱布尼茨审敛法的条件 $u_{n+1}\leqslant u_n$ 时，常用的方法有哪些？

分析：(1) 考虑 $u_{n+1}-u_n\leqslant 0$ 或 $u_n-u_{n+1}\geqslant 0$ 是否成立；

(2) 考虑 $\dfrac{u_{n+1}}{u_n}\leqslant 1$ 或 $\dfrac{u_n}{u_{n+1}}\geqslant 1$ 是否成立；

(3) 引进一个函数 $f(x)$，使得 $u_n=f(n)$，转化为判断 $f(x)$ 的单调性，进而得出结论.

25. 绝对收敛与条件收敛的区别是什么？

分析：对于级数的敛散性有两种：收敛和发散. 而收敛级数也分为两种：绝对收敛和条件收敛. 它们的区别主要有以下两个方面：

(1) 绝对收敛级数的每一项取绝对值后所得的新级数也收敛；而条件收敛级数每一项取绝对值后所得的新级数发散.

(2) 绝对收敛级数的和不因项的顺序改变而变化；而条件收敛级数的和随着项的顺序改变而变化.

例如　级数

$$1-\frac{1}{2}+\frac{1}{3}-\frac{1}{4}+\frac{1}{5}-\frac{1}{6}+\cdots+(-1)^{n-1}\frac{1}{n}+\cdots$$

条件收敛,其和为 ln 2. 现对其项的先后顺序作如下调整:顺次在每一个正项后面接两个负项得一新级数

$$1-\frac{1}{2}-\frac{1}{4}+\frac{1}{3}-\frac{1}{6}-\frac{1}{8}+\cdots+\frac{1}{2n-1}-\frac{1}{4n-2}-\frac{1}{4n}+\cdots$$

该级数前 $3n$ 项之和

$$\begin{aligned}s_{3n}&=\left(1-\frac{1}{2}\right)-\frac{1}{4}+\left(\frac{1}{3}-\frac{1}{6}\right)-\frac{1}{8}+\cdots+\left(\frac{1}{2n-1}-\frac{1}{4n-2}\right)-\frac{1}{4n}\\&=\frac{1}{2}\left(1-\frac{1}{2}+\frac{1}{3}-\frac{1}{4}+\cdots+\frac{1}{2n-1}-\frac{1}{2n}\right)\\&\to\frac{1}{2}\ln 2\,(n\to\infty),\end{aligned}$$

即新级数不收敛于 ln2.

26. 如何判定常数项级数的敛散性?

分析:常数项级数敛散性的判别方法可分为三部分:正项级数、交错级数和任意项级数. 当判定一个常数项级数 $\sum_{n=1}^{\infty}u_n$ 的敛散性,首先看其一般项 u_n 是否趋于零,若 $\lim_{n\to\infty}u_n\neq 0$,则级数发散;若 $\lim_{n\to\infty}u_n=0$,则需进一步判断其类型. 如果级数为正项级数,可先用比值或根值审敛法和比较审敛法;如果级数是交错级数则用莱布尼茨判别法;如果级数为任意项级数,则先对其一般项取绝对值得到一新级数,再判断新级数是否收敛,若新级数收敛,则原级数绝对收敛,若新级数不收敛,则用敛散性的定义来判定.

(四) 幂级数

27. 函数项级数的收敛域一定为一区间吗?

分析:不一定. 例如,函数

$$u_n(x)=\begin{cases}1, & x\in\mathbf{Q},\\0, & x\in\mathbf{Q}^c\end{cases}$$

易知 $\sum_{n=1}^{\infty}u_n(x)$ 的收敛域为 $\{x\mid x\in\mathbf{Q}^c\}$,并不是一个区间.

28. 函数 $f(x)=\ln x$ 能否展开成 x 的幂级数? 为什么?

分析:不能. 所谓把 $f(x)$ 展开成 x 的幂级数,就是指把 $f(x)$ 在 $x=0$ 处展开成幂级数,要求 $f(x)$ 在 $x=0$ 处的任意阶导数都存在. 而 $f(x)=\ln x$ 在 $x=0$ 处无定义,即 $f(x)=\ln x$ 在 $x=0$ 处的各阶导数都不存在,故 $f(x)=\ln x$ 不能展开成 x 的幂级数.

29. 已知幂级数 $\sum_{n=1}^{\infty}a_nx^n$ 在 $x=x_0\,(x_0\neq 0)$ 处条件收敛,则该级数的收敛半径是多少?

分析:由阿贝尔定理,若幂级数 $\sum_{n=1}^{\infty}a_nx^n$ 在 $x=x_0\,(x_0\neq 0)$ 处收敛,则对于一切满足

$|x|<|x_0|$的 x 使该幂级数绝对收敛．注意到，幂级数 $\sum\limits_{n=1}^{\infty} a_n x^n$ 在 $x=x_0$ 处收敛，则对于满足 $|x|<|x_0|$的一切点，$\sum\limits_{n=1}^{\infty} a_n x^n$ 绝对收敛．

另外，由于 $\sum\limits_{n=1}^{\infty} a_n x^n$ 在 $x=x_0$ 处条件收敛，因此任何$|x|>|x_0|$的点都不可能使该幂级数收敛．否则，由阿贝尔定理，$\sum\limits_{n=1}^{\infty} a_n x^n$ 在 $x=x_0$ 处绝对收敛，这与题设矛盾．

由于当$|x|<|x_0|$时 $\sum\limits_{n=1}^{\infty} a_n x^n$ 收敛，当$|x|>|x_0|$时 $\sum\limits_{n=1}^{\infty} a_n x^n$ 发散，因此 $\sum\limits_{n=1}^{\infty} a_n x^n$ 的收敛半径为 $R=|x_0|$．

30. 若$\lim\limits_{n\to\infty}\left|\dfrac{a_{n+1}}{a_n}\right|$不存在，那幂级数 $\sum\limits_{n=1}^{\infty} a_n x^n$ 的收敛半径如何求解？

例如，幂级数 $\sum\limits_{n=0}^{\infty} \dfrac{2+(-1)^n}{2^n}x^n$，有

$$\left|\frac{a_{n+1}}{a_n}\right|=\frac{1}{2}\cdot\frac{2+(-1)^{n+1}}{2+(-1)^n}=\begin{cases}\dfrac{3}{2},\text{当 } n \text{ 为奇数时}\\ \dfrac{1}{6},\text{当 } n \text{ 为偶数时}\end{cases}$$

那么此幂级数的收敛半径是多少？

分析：幂级数的收敛半径既不是$\dfrac{2}{3}$也不是 6，这是由于$\lim\limits_{n\to\infty}\left|\dfrac{a_{n+1}}{a_n}\right|$不存在，因此此级数的收敛半径不能用公式来求．下面我们用 3 种解法来求收敛半径．

解法一　用根值审敛法．记 $u_n(x)=\dfrac{2+(-1)^n}{2^n}x^n$，由于

$$\lim_{n\to\infty}\sqrt[n]{|u_n(x)|}=\lim_{n\to\infty}\sqrt[n]{2+(-1)^n}\frac{|x|}{2}=\frac{|x|}{2},$$

则当$|x|<2$时，幂级数收敛；当$|x|>2$时，幂级数发散．故收敛半径为 $R=2$.

解法二　当$|x|<2$时，因为幂级数 $\sum\limits_{n=0}^{\infty}\dfrac{2}{2^n}x^n$ 和 $\sum\limits_{n=0}^{\infty}\dfrac{(-1)^n}{2^n}x^n$ 都收敛，所以 $\sum\limits_{n=0}^{\infty}\dfrac{2+(-1)^n}{2^n}x^n$ 也收敛．又当 $x=2$ 时，级数 $\sum\limits_{n=0}^{\infty}[2+(-1)^n]$ 发散，即当$|x|>2$时原级数发散．故原级数的收敛半径为 $R=2$.

解法三　由于

$$\frac{1}{2^n}|x|^n\leqslant\frac{2+(-1)^n}{2^n}|x|^n\leqslant\frac{3}{2^n}|x|^n,$$

由正项级数的比较审敛法知，当 $\sum\limits_{n=0}^{\infty}\dfrac{3}{2^n}|x|^n$ 收敛时，原级数也收敛；当 $\sum\limits_{n=0}^{\infty}\dfrac{1}{2^n}|x|^n$ 发散时，原级数也发散．又幂级数 $\sum\limits_{n=0}^{\infty}\dfrac{1}{2^n}|x|^n$ 和 $\sum\limits_{n=0}^{\infty}\dfrac{3}{2^n}|x|^n$ 的收敛半径都为 2，故原级数的收敛半径也为 2.

31. 若 $\sum_{n=1}^{\infty} a_n x^n$ 的收敛半径为 R,则是否有$\lim_{n\to\infty}\left|\frac{a_{n+1}}{a_n}\right|=\frac{1}{R}$?

例　已知幂级数 $\sum_{n=1}^{\infty} a_n x^n$ 的收敛半径为 $R_1=1$,求幂级数

$$\sum_{n=1}^{\infty} b_n x^n = \sum_{n=1}^{\infty} \frac{a_n}{n!}x^n$$

的收敛半径 R_2. 有人求解如下:由于 $R_1=1$,即有$\lim_{n\to\infty}\left|\frac{a_{n+1}}{a_n}\right|=1$,于是

$$\lim_{n\to\infty}\left|\frac{b_{n+1}}{b_n}\right|=\lim_{n\to\infty}\frac{1}{n+1}\left|\frac{a_{n+1}}{a_n}\right|=0,$$

所以 $R_2=+\infty$. 以上计算是否正确?

分析:结果正确,但求解方法不正确. 因为由 $R_1=1$ 并不能得到$\lim_{n\to\infty}\left|\frac{a_{n+1}}{a_n}\right|=\frac{1}{R}$. 正确的求解方法如下:

由 $R_1=1$,现任取 $x_0\in(0,1)$,则 $\sum_{n=1}^{\infty} a_n x_0^n$ 绝对收敛. 即数列 $\{a_n x_0^n\}$ 必有界,不妨设 $|a_n x_0^n|<M$,其中 $M>0$,于是

$$\left|\frac{a_n}{n!}x^n\right|=\left|\frac{a_n x_0^n}{n!\ x_0^n}x^n\right|\leqslant\frac{M}{n!\ x_0^n}|x^n|.$$

由比值审敛法知 $\sum_{n=1}^{\infty}\frac{M}{n!x_0^n}x^n$ 对于任何 x 都绝对收敛,从而再由比较审敛法知 $\sum_{n=1}^{\infty}\frac{a_n}{n!}x^n$ 也对于任何 x 都绝对收敛,即收敛半径 $R_2=+\infty$.

32. 逐项求导或逐项积分会改变幂级数的收敛区间和收敛域吗?

分析: 因为逐项求导或逐项积分不改变幂级数的收敛半径,所以逐项求导或逐项积分后所得新幂级数与原幂级数的收敛区间相同,但它们的收敛域不一定相同. 例如,对于幂级数 $\sum_{n=0}^{\infty}\frac{x^n}{n^2}$,由收敛半径公式,易知 $R=1$. 当 $x=1$ 或 -1 时,由 $p-$级数的收敛性,$x=1$ 和 -1 也是级数的收敛点,故其收敛域为闭区间$[-1,1]$.

现对 $\sum_{n=0}^{\infty}\frac{x^n}{n^2}$ 逐项求导得一新级数 $\sum_{n=0}^{\infty}\frac{x^{n-1}}{n}$,类似上面的分析可得其收敛域为$[-1,1)$.

再逐项求导得另一级数 $\sum_{n=0}^{\infty}\frac{n-1}{n}x^{n-2}$,易得其收敛域为开区间$(-1,1)$.

33. 怎样使用将函数展开为幂级数(或反之求级数之和)的逐项求导和逐项积分方法?

分析:这也不能一概而论. 但有一条经验可以总结,就是将所给函数(或级数的通项)求导或求积演算一下,看看所得新函数(或新级数)是否是已知展开式的函数(和可求和函数的级数),是否比较接近.

例如,求函数 arcsin$x$ 的展开式,求导可去掉超越性,得

$$(\arcsin x)'=\frac{1}{\sqrt{1-x^2}}=(1-x^2)^{-\frac{1}{2}}.$$

于是,可先用微分法得到二项式级数,后用逐项积分法去展开它.

又如,求级数 $\sum\limits_{n=0}^{\infty}(n+1)^2x^n$ 的和函数,易知它的收敛半径为 $R=1$,而收敛域为开区间 $(-1,1)$. 记 $S(x)=\sum\limits_{n=0}^{\infty}(n+1)^2x^n$, $x\in(-1,1)$,观察通项可发现,其积分一次可去掉一个 $n+1$,于是先逐项积分得

$$\int_0^x S(x)\,\mathrm{d}x=\sum_{n=0}^{\infty}\int_0^x(n+1)^2x^n\,\mathrm{d}x=\sum_{n=0}^{\infty}(n+1)x^{n+1},$$

再观察新级数的通项,又发现新级数的通项是 $(x^{n+1})'\cdot x$,于是再逐项微分得

$$\int_0^x S(x)\,\mathrm{d}x=x\sum_{n=0}^{\infty}(x^{n+1})'=x\left(\sum_{n=0}^{\infty}x^{n+1}\right)'=x\left(\frac{x}{1-x}\right)'=\frac{x}{(1-x)^2},$$

最后求导还原可得

$$S(x)=\left(\int_0^x S(x)\,\mathrm{d}x\right)'=\left(\frac{x}{(1-x)^2}\right)'=\frac{1+x}{(1-x)^3},x\in(-1,1).$$

34. 在利用逐项求导或逐项积分求幂级数的和函数时应如何选择求导和积分的顺序?

分析:利用逐项求导、逐项积分求幂级数的和函数时,是先求导,还是先积分,关键是看级数逐项求导或逐项积分后所得到的新级数是否容易求出和函数. 一般地,如果幂级数的通项有形如$\frac{x^n}{n}$,常用“先微后积”的方法求和;如果通项形如 nx^{n-1} 或$(2n+1)x^{2n}$那样,则常用“先积后微”的方法求和.

35. 如何求函数项级数的收敛域?

分析:对于一般的函数项级数 $\sum\limits_{n=0}^{\infty}u(x)\ (x\in I)$,若取定值 $x_0\in I$,则得到的级数 $\sum\limits_{n=0}^{\infty}u(x_0)$ 成为常数项级数. 因此,函数项级数在一点 x 处的敛散性问题也是任意常数项级数的敛散性问题,通常可利用比值审敛法来判定. 即由 $\lim\limits_{n\to\infty}\left|\frac{u_{n+1}(x)}{u_n(x)}\right|<1$ 解出 x 的范围. 对于满足 $\lim\limits_{n\to\infty}\left|\frac{u_{n+1}(x)}{u_n(x)}\right|=1$的 x 要分别讨论其敛散性.

36. 如何求幂级数的收敛域?

分析:在求幂级数的收敛域时,要根据所给幂级数的类型,采用相应的方法.

(1) 对于标准形幂级数 $\sum\limits_{n=1}^{\infty}a_nx^n$,先用公式 $R=\lim\limits_{n\to\infty}\left|\frac{a_n}{a_{n+1}}\right|$求其收敛半径得到收敛区间,然后再讨论幂级数在收敛区间两个端点处的敛散性,得到其收敛域.

(2) 对于形如 $\sum\limits_{n=1}^{\infty}a_n(x-x_0)^n$ 的幂级数,令 $t=x-x_0$ 而化为标准形幂级数 $\sum\limits_{n=1}^{\infty}a_nt^n$,再利用(1)的方法确定 t 的范围,进而得到 x 的范围即收敛域.

(3) 对于“缺项”的幂级数,一般先考察一般项的各项取绝对值得到的新级数,其次利用比值审敛法得到新级数的收敛半径,再考虑两端点处的敛散性,最后得到所求收敛域.

37. 求函数$f(x)$的幂级数展开式有哪些方法?

分析: 求函数$f(x)$的幂级数展开式有直接法和间接法. 比较这两种方法可以看到:直接

法计算量较大,而且要研究余项 $R_n(x)$.

因此,将函数展开成幂级数通常采用间接法,这时要利用一些函数 $\left(\text{如 } e^x、\sin x、\cos x、\ln(1+x)、(1+x)^{\alpha}、\frac{1}{1-x}\right)$ 的幂级数展开式,通过适当变形以及逐项求导或逐项积分等将所给函数 $f(x)$ 展开成幂级数.

38. 有人用除法得到: $\frac{x}{1-x}=x+x^2+x^3+x^4+\cdots+x^n+\cdots$,

及
$$\frac{x}{x-1}=1+\frac{1}{x}+\frac{1}{x^2}+\cdots+\frac{1}{x^n}+\cdots,$$

两式相加,因为 $\frac{x}{1-x}+\frac{x}{x-1}=0$,即有

$$\cdots+\frac{1}{x^n}+\cdots+\frac{1}{x^2}+\frac{1}{x}+1+x+x^2+x^3+x^4+\cdots+x^n+\cdots=0.$$

上述等式能成立吗?

分析:不成立. 因为

$$\frac{x}{1-x}=x+x^2+x^3+x^4+\cdots+x^n+\cdots$$

只有当 $|x|<1$ 时才成立,而

$$\frac{x}{x-1}=1+\frac{1}{x}+\frac{1}{x^2}+\cdots+\frac{1}{x^n}+\cdots$$

只有当 $|x|>1$ 时才成立. 由于这两个级数的收敛域没有公共点,所以不能相加. 因此,两个级数相加,必须要有共同的收敛点.

39. 级数 $\sum_{n=1}^{\infty}a_nx^n$、$\sum_{n=1}^{\infty}b_nx^n$ 和 $\sum_{n=1}^{\infty}(a_n+b_n)x^n$ 的收敛域有什么关系?

设幂级数 $\sum_{n=1}^{\infty}a_nx^n$、$\sum_{n=1}^{\infty}b_nx^n$ 和 $\sum_{n=1}^{\infty}(a_n+b_n)x^n$ 的收敛域分别为 I_1、I_2 和 I_3,是否有 $I_3=I_1\cap I_2$.

分析:不一定. 虽然等式

$$\sum_{n=1}^{\infty}a_nx^n+\sum_{n=1}^{\infty}b_nx^n=\sum_{n=1}^{\infty}(a_n+b_n)x^n,$$

但只能当 $x\in I_1\cap I_2$ 时成立,即有 $I_3\supseteq I_1\cap I_2$,但有可能 $I_3\supset I_1\cap I_2$.

不妨记 $\sum_{n=1}^{\infty}a_nx^n$、$\sum_{n=1}^{\infty}b_nx^n$ 和 $\sum_{n=1}^{\infty}(a_n+b_n)x^n$ 的收敛半径分别为 R_1、R_2 和 R_3,下面分几种情形分别说明.

(1) 当 $I_1=I_2$ 时,有可能 $I_3\supset I_1$. 若取

$$\sum_{n=1}^{\infty}a_nx^n=\sum_{n=1}^{\infty}x^n,\sum_{n=1}^{\infty}b_nx^n=\sum_{n=1}^{\infty}(-x^n),$$

则 $I_1=I_2=(-1,1)$. 此时,$\sum_{n=1}^{\infty}(a_n+b_n)x^n=0$,即 $I_3=(-\infty,+\infty)\supset I_1$.

(2) 当 $I_1\neq I_2$ 且 $R_1=R_2$ 时,则有 $R_3=R_1$,但有可能 $I_3\supset I_1\cap I_2$.

由于 $I_3 \supseteq I_1 \cap I_2 \supseteq (-R_1, R_1)$，则 $R_3 \geqslant R_1$. 又 $I_1 \neq I_2$，则在两个端点 $x=\pm R_1$ 中至少有一个端点，在该点处 $\sum_{n=1}^{\infty} a_n x^n$ 和 $\sum_{n=1}^{\infty} b_n x^n$ 中有一个收敛而另一个发散，于是在该点处 $\sum_{n=1}^{\infty}(a_n+b_n)x^n$ 必发散.

从而当 $|x|>R_1$ 时，$\sum_{n=1}^{\infty}(a_n+b_n)x^n$ 也发散，即 $R_3 \leqslant R_1$. 故有 $R_3=R_1$.

例如取

$$\sum_{n=1}^{\infty} a_n x^n = \sum_{n=1}^{\infty} \frac{1}{n} x^n = -\ln(1-x), I_1 = [-1,1);$$

$$\sum_{n=1}^{\infty} b_n x^n = \sum_{n=1}^{\infty} \frac{(-1)^{n-1}-1}{n} x^n = -\sum_{k=1}^{\infty} \frac{1}{k} x^{2k} = \ln(1-x^2), I_2 = (-1,1).$$

则

$$\sum_{n=1}^{\infty}(a_n+b_n)x^n = \sum_{n=1}^{\infty} \frac{(-1)^{n-1}}{n} x^n = \ln(1+x), I_3 = (-1,1].$$

即 $I_1 \cap I_2 = (-1,1)$，且 $I_3 \supset I_1 \cap I_2$，但 $I_3 \neq I_1 \cap I_2$.

(3) 当 $R_1 \neq R_2$ 时，则有 $I_3 = I_1 \cap I_2$. 证明如下：

不妨设 $R_1 > R_2$，则 $I_1 \supset I_2$，且 $I_1 \cap I_2 = I_2$.

当 $x \in I_2$ 时，$\sum_{n=1}^{\infty} a_n x^n$ 和 $\sum_{n=1}^{\infty} b_n x^n$ 都收敛，即 $\sum_{n=1}^{\infty}(a_n+b_n)x^n$ 也收敛；当 $x \in I_1$ 且 $x \notin I$ 时，$\sum_{n=1}^{\infty} a_n x^n$ 收敛而 $\sum_{n=1}^{\infty} b_n x^n$ 发散，即 $\sum_{n=1}^{\infty}(a_n+b_n)x^n$ 发散.

再由幂级数的性质，当 $x \notin I_1$ 时，$\sum_{n=1}^{\infty}(a_n+b_n)x^n$ 也发散.

综上所述，$\sum_{n=1}^{\infty}(a_n+b_n)x^n$ 的收敛域为 I_2. 同理，当 $R_1 < R_2$ 时也成立.

40. 泰勒公式与泰勒级数有何联系与区别？它们的余项是否相同？

分析：函数 $f(x)$ 的泰勒公式与泰勒级数中的泰勒系数是相同的，为 $\frac{f^{(n)}(x_0)}{n!}$. 但泰勒公式

$$\sum_{k=0}^{n} \frac{f^{(k)}(x_0)}{k!}(x-x_0)^k + R_n(x)$$

是有限(项)形式的等式，而 $f(x)$ 的泰勒级数

$$\sum_{n=0}^{\infty} \frac{f^{(n)}(x_0)}{n!}(x-x_0)^n$$

是无限(项)形式的等式，且此级数还不一定收敛于 $f(x)$. 由泰勒级数收敛定理得，当 $\lim_{n\to\infty} R_n(x)=0$ 时，泰勒级数在收敛域内收敛于 $f(x)$. 这是二者的区别.

泰勒公式余项是有限形式的，例如拉格朗日型余项

$$R_n(x) = \frac{f^{(n+1)}(\xi)}{(n+1)!}(x-x_0)^{n+1} (\xi \text{ 介于 } x \text{ 和 } x_0 \text{ 之间}),$$

或

$$R_n(x) = f(x) - \sum_{k=0}^{n} \frac{f^{(k)}(x_0)}{k!}(x - x_0)^k.$$

它是函数与 n 次多项式之差,是有限形式的.

而泰勒级数的余项

$$r_n(x) = S(x) - S_n(x) = u_{n+1}(x) + u_{n+2}(x) + \cdots = \sum_{k=n+1}^{\infty} \frac{f^{(k)}(x_0)}{k!}(x - x_0)^k$$

仍然是一个无穷级数,它是无限形式的. 可见这两个余项是不同的. 只有当泰勒级数收敛于 $f(x)$时,$R_n(x) = r_n(x)$,此时二者又一致了.

41. 若$f(x)$在点 x_0 的邻域内具有任意阶导数,则在点 x_0 处是否总能展开成泰勒级数?

分析:不一定. 首先我们要明确两个概念:

(1) 若$f(x)$在点 x_0 的邻域内具有任意阶导数,则级数 $\sum\limits_{n=0}^{\infty} \frac{f^{(n)}(x_0)}{n!}(x - x_0)^n$ 就称为$f(x)$在点 x_0 的泰勒级数.

(2) 若$f(x)$在点 x_0 的泰勒级数 $\sum\limits_{n=0}^{\infty} \frac{f^{(n)}(x_0)}{n!}(x - x_0)^n$ 在点 x_0 的某邻域 $U(x_0)$ 内收敛,且收敛于 $f(x)$,即

$$f(x) = \sum_{n=0}^{\infty} \frac{f^{(n)}(x_0)}{n!}(x - x_0)^n$$

在 $U(x_0)$ 内成立,则泰勒级数 $\sum\limits_{n=0}^{\infty} \frac{f^{(n)}(x_0)}{n!}(x - x_0)^n$ 就称为$f(x)$在点 x_0 的泰勒展开式,或者说$f(x)$在点 x_0 处能展开成泰勒级数.

因此,$f(x)$在点 x_0 处有“泰勒级数”与“能展开成泰勒级数”是两个不同的概念. 只要$f(x)$在点 x_0 的邻域内具有任意阶导数,那么 $\sum\limits_{n=0}^{\infty} \frac{f^{(n)}(x_0)}{n!}(x - x_0)^n$ 就是$f(x)$在点 x_0 的泰勒级数. 至于此级数是否收敛,如果收敛它的和函数 $S(x)$ 是否是 $f(x)$,这些都是未知的. 因此不能用等号把$f(x)$与其泰勒级数连起来,通常用记号“~”表示. 只有当$f(x)$在点 x_0 的泰勒级数存在且在点 x_0 的邻域内收敛于$f(x)$时,才可以说$f(x)$在点 x_0 处能展开成泰勒级数,即

$$f(x) = \sum_{n=0}^{\infty} \frac{f^{(n)}(x_0)}{n!}(x - x_0)^n, \quad x \in U(x_0),$$

这就是$f(x)$在点 x_0 的泰勒展开式.

例如函数

$$f(x) = \begin{cases} e^{-\frac{1}{x^2}}, & x \neq 0, \\ 0, & x = 0 \end{cases}$$

由于 $f^{(n)} = 0(n = 1,2,\cdots)$,则$f(x)$在点 $x = 0$ 的泰勒级数为

$$f(x) \sim \sum_{n=0}^{\infty} \frac{0}{n!}x^n,$$

易见它在 $x = 0$ 的邻域内处处收敛于0. 但当 $x \neq 0$ 时,$f(x) \neq 0$,即$f(x)$在 $x = 0$ 处不能展开成泰勒级数,即$f(x) = \sum\limits_{n=0}^{\infty} \frac{0}{n!}x^n \ (x \neq 0)$不成立.

42. 可否用泰勒展开式求任意阶可导函数$f(x)$在点$x=0$处的n阶导数$f^{(n)}(0)$?

分析:可以利用$f(x)$的麦克劳林展开式来求,因为在$f(x)$的麦克劳林展开式

$$f(x) = \sum_{n=0}^{\infty} \frac{f^{(n)}(0)}{n!}x^n$$

中含有$f(x)$在点$x=0$处的n阶导数$f^{(n)}(0)$. 因此,当$f(x)$的麦克劳林展开式能利用间接法容易求出时,即可方便得到$f^{(n)}(0)$.

例如　考虑函数$f(x)=\frac{x^4}{1+x^3}$,由于

$$f(x) = x^4 \cdot \frac{1}{1+x^3} = x^4 \sum_{k=0}^{\infty} (-1)^k x^{3k} = \sum_{k=0}^{\infty} (-1)^k x^{3k+4}, x \in (-1,1),$$

与$f(x)$的麦克劳林展开式相比,则有

$$\frac{f^{(3k+4)}(0)}{(3k+4)!} = (-1)^k, k=0,1,\cdots$$

即$f^{(3k+4)}(0)=(-1)^k(3k+4)!$,而$f(x)$在点$x=0$处的其他各阶导数均为零.

43. 求幂级数的和函数有什么规律?一般步骤如何?

分析:求幂级数的和函数,一般来说并没有规律可循,而且幂级数的和函数大多也不一定是初等函数. 但对于一些较为简单的情形,可以利用几个已知的初等函数的展开式经过某些简单运算来求得,主要是指

$$e^x、\sin x、\cos x、\ln(1+x)、\frac{1}{1-x}、\frac{1}{\sqrt{1-x}}$$

等函数的麦克劳林展开式. 而简单运算是指:变量代换——以$-x$代替x、以x^2代替x等;求导或积分;两个幂级数相加、相减合成一个幂级数;或相反,将一个幂级数分解成两个幂级数之和或差;以x的整数次幂乘幂级数等.

求幂级数的解题步骤大致如下:

(1) 求出幂级数的收敛域,设其和函数为$s(x)$;

(2) 对等式$s(x) = \sum_{n=0}^{\infty} a_n x^n$进行运算. 对$s(x)$的运算保留所有运算记号,而对$\sum_{n=0}^{\infty} a_n x^n$的运算必须具体算出,并使具体算出的结果中有上述的一些已知函数的展开式出现,从而使结果能用已知函数来表达;

(3) 再进行上述运算的逆运算,得到$s(x)$.

44. 怎样利用幂级数去求常数项级数的和?

分析:利用幂级数求常数项级数$\sum_{n=0}^{\infty} u_n$的和,通常按如下步骤进行:

(1) 找一个幂级数$\sum_{n=0}^{\infty} a_n x^n$,使得$a_n x_0^n = u_n$;

(2) 求$\sum_{n=0}^{\infty} a_n x^n$的收敛域,若$\sum_{n=0}^{\infty} a_n x_0^n$发散,则$\sum_{n=0}^{\infty} u_n$发散;

(3) 求出$\sum_{n=0}^{\infty} a_n x^n$的和函数$s(x)$;

(4) $\sum_{n=0}^{\infty} u_n = s(x_0)$.

这里,步骤(3)是难点,为减少它的困难,步骤(1)在选取幂级数 $\sum_{n=0}^{\infty} a_n x^n$ 时,就要考虑所选幂级数应尽可能比较容易求出和函数.

(五) 傅里叶级数

45. 为什么要把形式上很简单的函数展开成复杂的傅里叶级数?

分析:把函数展开成幂级数的优点和用途是明显的,易被读者认同. 如同幂函数一样,正弦函数和余弦函数也是我们熟悉的基本初等函数,且有很好的分析性质和初等性质,是简单的周期函数,在示波器和电脑中都很容易显示出来,可以想见,如果能把一个函数展开成三角级数:

$$\frac{a_0}{2} + \sum_{k=1}^{\infty} (a_k \cos kx + b_k \sin kx),$$

就会化难为易,给我们对该函数的研究带来方便.

在物理学(如电学)、电工学和工程技术(如振动问题)中,经常遇到周期现象,其中以正弦函数 $f(t) = A\sin(\omega t + \varphi)$ 来描述的所谓简谐振动(荡)最重要和最简单. 如果其他复杂的周期现象能分解为一些简谐振动的叠加,即表示为一系列正(余)弦量之和,那么其他复杂的周期波就可以通过简单的正弦波来研究了,这就是所谓"谐波分析". 因此,我们需要把貌似简单的函数展开成傅里叶级数.

46. 写出 $f(x)$ 的傅里叶级数与把 $f(x)$ 展开成傅里叶级数是否相同?

分析:与幂级数的这类问题类似,它们是不相同的. 写出 $f(x)$ 的傅里叶级数要求的条件较少,只要 $f(x)$ 可积(例如 $f(x)$ 连续必可积,不像写出泰勒级数要 $f(x)$ 具有任意阶导数),即可按照公式

$$\begin{cases} a_n = \dfrac{1}{\pi}\displaystyle\int_{-\pi}^{\pi} f(x)\cos nx\,dx, & (n = 0,1,\cdots), \\ b_n = \dfrac{1}{\pi}\displaystyle\int_{-\pi}^{\pi} f(x)\sin nx\,dx, & (n = 1,2,\cdots) \end{cases}$$

求出傅里叶系数 a_n 和 b_n,并写出 $f(x)$ 的傅里叶级数:

$$\frac{a_0}{2} + \sum_{k=1}^{\infty} (a_k \cos kx + b_k \sin kx).$$

至于写出的这个傅里叶级数是否收敛? 收敛时是否恰好收敛于 $f(x)$? 这些都是尚未解决的问题,所以两者不是一样的,它们既有区别,又有联系.

如果 $f(x)$ 满足狄利克雷收敛定理的条件,当 x 是 $f(x)$ 的连续点时,傅里叶级数的和函数 $S(x) = f(x)$,也就是说 $f(x)$ 和 $\frac{a_0}{2} + \sum_{k=1}^{\infty} (a_k \cos kx + b_k \sin kx)$ 可用等号连接,即写出 $f(x)$ 的傅里叶级数就是 $f(x)$ 的傅里叶展开式,这是二者的联系.

在 $f(x)$ 的间断点(有时包括区间的端点也不连续),$f(x)$ 的傅里叶级数不收敛于 $f(x)$,而是收敛于 $f(x)$ 的左、右极限的平均值: $\frac{f(x^-) + f(x^+)}{2}$. 在这些点处,$f(x)$ 与其傅里叶级数之间

不能划上“=”号,这又是二者的区别所在. 因此,我们在求出展开式到最后得结论时,特别要在收敛域中找出间断点,指出它们收敛于何值.

47. 如何求函数的傅里叶级数的和函数?

分析:由狄利克雷充分条件知道:如果周期函数$f(x)$在一个周期内连续或只有有限个第一类间断点并且只有有限个极值点,则$f(x)$的傅里叶级数处处收敛,并且

当x是$f(x)$的连续点时,它的和$S(x)=f(x)$;

当x是$f(x)$的第一类间断点时,$S(x)=\frac{f(x^-)+f(x^+)}{2}$.

这就是和函数$S(x)$与$f(x)$的关系. 因此,在求函数$f(x)$的傅里叶级数的和函数$S(x)$以及它在某些特殊点x_0处的和$S(x_0)$时,只要讨论$f(x)$的连续性即可,并不用求出$f(x)$的傅里叶级数的具体表达式.

48. 如何将函数展开成傅里叶级数?

分析:将函数展开成傅里叶级数时,首先要注意函数$f(x)$的定义区间和周期. 定义区间不同时,其解法也不同;周期不一样时,傅里叶系数的计算公式和傅里叶级数的形式也不一样. 其次要验看函数$f(x)$是否满足狄利克雷充分条件,如果满足,则要进一步明确函数$f(x)$的所有连续点的集合I. 根据收敛定理可知,只有在I上$f(x)$的傅里叶级数才收敛于$f(x)$. 最后在写出$f(x)$的傅里叶级数展开式时,必须注明其成立的范围I(注意不能丢掉).

49. 在学习傅里叶级数时,为什么要研究周期延拓和奇、偶延拓?

分析:收敛定理中要求$f(x)$是周期函数,有时要把某些非周期函数在某区间上也展开成傅里叶级数,这就要作周期延拓.

有时根据研究的需要,只要$f(x)$的傅里叶级数仅含正弦(或余弦)项,这就需要作奇(或偶)延拓,因为延拓成奇(或偶)函数的傅里叶级数只含正弦(或余弦)项.

不过,作以上各种延拓工作的叙述,我们常常将它不写出而省略掉了,认为这是自然而然的事情.

50. 非周期函数可以展开成傅里叶级数吗?

分析: 我们知道,满足一定条件的周期函数可以展开成傅里叶级数,那么非周期函数是否也可以展开成傅里叶级数呢? 对这个问题,因为傅里叶级数的和函数(若存在的话)一定是周期函数,非周期函数怎么可以展开成傅里叶级数呢?

着眼于周期性作这样的回答是对的. 但是,如果我们并不要求在$(-\infty,+\infty)$上把函数展开成傅里叶级数,而仅仅要求在某一有限区间内把它展开成傅里叶级数,那就可能进行了.

例如,为了把定义在区间(a,b)内的函数$f(x)$展开成周期为$2l(b-a\leqslant 2l)$的傅里叶级数,可以作一个周期为$2l$的函数$F(x)$,使当$a<x<b$时,有$F(x)=f(x)$. 如果$F(x)$可以展开成傅里叶级数,那么当x限制在(a,b)内时,它就是$f(x)$的傅里叶展开式了.

通常,我们采取周期延拓的办法来作周期函数. 如果把函数$f(x)$在区间$[-\pi,\pi]$上展开成以2π为周期的傅里叶级数,那么

当$f(-\pi)=f(\pi)$时,就可以按公式$f(x+2\pi)=f(x)$进行周期延拓;

当$f(-\pi)\neq f(\pi)$时,可以从$[-\pi,\pi)$或$(-\pi,\pi]$出发进行延拓.

这里要注意的是,延拓后的周期函数的傅里叶级数在区间端点$x=\pm\pi$处收敛于$\frac{f(-\pi^+)+f(\pi^-)}{2}$.

51. 在$[0,\pi]$上有定义的可积函数,它的傅里叶级数展开式唯一吗? 如果不唯一,有几种形式? 各如何得到?

分析:在$[0,\pi]$上有定义的可积函数$f(x)$,其傅里叶级数展开式取决于将$f(x)$延拓为周期函数的延拓方式. 延拓方式不同,其展开式也不同. 比如,对$f(x)$依次进行奇延拓、周期延拓时,得到的展开式为正弦级数;对$f(x)$依次进行偶延拓、周期延拓时,得到的展开式为余弦级数.

52. 将可积函数$f(x)$在任意区间$[a,a+2l)$上展开成傅里叶级数

$$f(x)=\frac{a_0}{2}+\sum_{n=1}^{\infty}\left(a_n\cos\frac{n\pi x}{l}+b_n\sin\frac{n\pi x}{l}\right). \tag{1}$$

可以直接利用系数公式计算:

$$a_n=\frac{1}{l}\int_a^{a+2l}f(x)\cos\frac{n\pi x}{l}\mathrm{d}x\ (n=0,1,\cdots), \tag{2}$$

$$b_n=\frac{1}{l}\int_a^{a+2l}f(x)\sin\frac{n\pi x}{l}\mathrm{d}x\ (n=1,2,\cdots), \tag{3}$$

请证明上述公式(1)~(3).

分析:以$T=2l$为周期将$f(x)$作周期延拓,由定积分的性质得,对于任意实数a,有

$$\int_a^{a+2l}f(x)\,\mathrm{d}x=\int_0^{2l}f(x)\,\mathrm{d}x=\int_{-l}^{l}f(x)\,\mathrm{d}x.$$

现在,周期延拓后的$f(x)$、$\sin\frac{n\pi x}{l}$和$\cos\frac{n\pi x}{l}$都是以$T=2l$为周期函数,即有

$$a_n=\frac{1}{l}\int_{-l}^{l}f(x)\cos\frac{n\pi x}{l}\mathrm{d}x=\frac{1}{l}\int_a^{a+2l}f(x)\cos\frac{n\pi x}{l}\mathrm{d}x\ (n=0,1,\cdots).$$

同理,(3)也成立. 故公式(1)~(3)都成立.

53. 设函数$f(x)$和$f^2(x)$均在$[-\pi,\pi]$上可积,当三角多项式

$$T_n=\frac{A_0}{2}+\sum_{k=1}^{n}(A_k\cos kx+B_k\sin kx)$$

的系数A_k和B_k取何值时,积分

$$I=\int_{-\pi}^{\pi}[f(x)-T_n(x)]^2\mathrm{d}x$$

的值最小?

分析:记a_k和b_k为函数$f(x)$的傅里叶系数,则有

$$\int_{-\pi}^{\pi}f(x)\cos kx\mathrm{d}x=\pi a_k,k=0,1,\cdots,n;$$

$$\int_{-\pi}^{\pi}f(x)\sin kx\mathrm{d}x=\pi b_k,k=1,2,\cdots,n.$$

此时

$$I=\int_{-\pi}^{\pi}[f(x)-T_n(x)]^2\mathrm{d}x=\int_{-\pi}^{\pi}f^2(x)\mathrm{d}x-2\int_{-\pi}^{\pi}f(x)T_n(x)\mathrm{d}x+\int_{-\pi}^{\pi}T_n^2(x)\mathrm{d}x$$

$$=\int_{-\pi}^{\pi}f^2(x)\mathrm{d}x-2\int_{-\pi}^{\pi}\frac{A_0}{2}f(x)\mathrm{d}x-2\int_{-\pi}^{\pi}f(x)\sum_{k=1}^{n}(A_k\cos kx+B_k\sin kx)\mathrm{d}x$$

$$+\int_{-\pi}^{\pi}\left[\frac{A_0}{2}+\sum_{k=1}^{n}(A_k\cos kx+B_k\sin kx)\right]^2\mathrm{d}x$$

$$=\int_{-\pi}^{\pi}f^2(x)\mathrm{d}x-\pi a_0A_0-2\pi\sum_{k=1}^{n}(a_kA_k+b_kB_k)+\frac{\pi}{2}A_0^2+\pi\sum_{k=1}^{n}(A_k^2+B_k^2)$$

$$=\int_{-\pi}^{\pi}f^2(x)\mathrm{d}x+\frac{\pi}{2}(a_0-A_0)^2-\frac{\pi}{2}a_0^2+\pi\sum_{k=1}^{n}[(A_k-a_k)^2+(B_k-b_k)^2)]-\pi\sum_{k=1}^{n}(a_k^2+a_k^2).$$

于是,当 $A_k=a_k(k=0,1,\cdots,n)$、$B_k=b_k(k=1,2,\cdots,n)$ 时,I 取最小值

$$I=\int_{-\pi}^{\pi}f^2(x)\mathrm{d}x-\frac{\pi}{2}a_0^2-\pi\sum_{k=1}^{n}(a_k^2+a_k^2).$$

顺便指出,当我们用 $T_n(x)$ 近似表示 $f(x)$ 时,常以绝对误差 $|f(x)-T_n(x)|$ 的均方根

$$\delta=\sqrt{\frac{1}{2\pi}\int_{-\pi}^{\pi}[f(x)-T_n(x)]^2\mathrm{d}x}$$

来衡量二者的近似程度,δ 也称为二者的“距离”. 在这种“距离”的含义下,称 $T_n(x)$ 平均逼近 $f(x)$.

由本题可知,用三角多项式平均逼近函数 $f(x)$ 时,其最佳逼近(δ 最小,也就是说 $f(x)$ 最小)是:系数为 $f(x)$ 的傅里叶系数的三角多项式.

从这个问题的结果,可以推得以下有关傅里叶系数的几个性质:

(1) 由于积分 I 的值非负,即有 $I_0\geqslant 0$

$$\frac{a_0^2}{2}+\sum_{k=1}^{n}(a_k^2+a_k^2)\leqslant\frac{1}{\pi}\int_{-\pi}^{\pi}f^2(x)\mathrm{d}x.$$

这个不等式的右端与 n 无关,而左端的 n 为任意正整数,从而正项级数

$$\frac{a_0^2}{2}+\sum_{k=1}^{n}(a_k^2+a_k^2) \tag{1}$$

的部分和有界,所以它收敛,且有不等式

$$\frac{a_0^2}{2}+\sum_{k=1}^{n}(a_k^2+a_k^2)\leqslant\frac{1}{\pi}\int_{-\pi}^{\pi}f^2(x)\mathrm{d}x. \tag{2}$$

不等式(2)通常称为**贝塞尔不等式**.

(2) 由上可知,任意一个在$[-\pi,\pi]$上平方可积函数(自身和它的平方可积)的傅里叶系数的平方组成的级数(1)一定是收敛的.

(3) 根据级数收敛的必要条件:当 $n\to\infty$ 时,通项的极限为零,由(1)式可得

$$\lim_{k\to\infty}a_k=0,\lim_{k\to\infty}b_k=0.$$

三、是非辨析

1. 若$\lim\limits_{n\to\infty}u_n\neq0$,则$\sum\limits_{n=1}^{\infty}u_n$必定发散.

【解析】正确,可利用反证法证明.

若$\lim\limits_{n\to\infty}u_n\neq0$,而$\sum\limits_{n=1}^{\infty}u_n$收敛,则由级数收敛的必要条件可得$\lim\limits_{n\to\infty}u_n=0$,这与已知矛盾. 这个命题可作为判定级数发散的充分条件. 即欲判断$\sum\limits_{n=1}^{\infty}u_n$的收敛性,当$\lim\limits_{n\to\infty}u_n$易求时,可以先求极限值,如果其不为零,则可断定所给级数发散.

如判定$\sum\limits_{n=1}^{\infty}n^2\left(1-\cos\frac{1}{n}\right)$的收敛性. 由于$u_n=n^2\left(1-\cos\frac{1}{n}\right)$,

$$\lim_{n\to\infty}u_n=\lim_{n\to\infty}\frac{1-\cos\frac{1}{n}}{\frac{1}{n^2}}=\lim_{n\to\infty}\frac{\frac{1}{2}\left(\frac{1}{n}\right)^2}{\frac{1}{n^2}}=\frac{1}{2},$$

可知所给级数发散.

2. 若级数$\sum\limits_{n=1}^{\infty}(u_n+v_n)$收敛,则必有$\sum\limits_{n=1}^{\infty}(u_n+v_n)=\sum\limits_{n=1}^{\infty}u_n+\sum\limits_{n=1}^{\infty}v_n$.

【解析】错误. 如果$\sum\limits_{n=1}^{\infty}u_n$与$\sum\limits_{n=1}^{\infty}v_n$都收敛,则有$\sum\limits_{n=1}^{\infty}(u_n+v_n)=\sum\limits_{n=1}^{\infty}u_n+\sum\limits_{n=1}^{\infty}v_n$,如果没有指明$\sum\limits_{n=1}^{\infty}u_n$与$\sum\limits_{n=1}^{\infty}v_n$都收敛,那么上述式子不一定正确.

例如,$\sum\limits_{n=1}^{\infty}u_n=\sum\limits_{n=1}^{\infty}n$发散,$\sum\limits_{n=1}^{\infty}v_n=\sum\limits_{n=1}^{\infty}(-n)$也发散,而$\sum\limits_{n=1}^{\infty}(u_n+v_n)=\sum\limits_{n=1}^{\infty}(n-n)=0$收敛. 使用该性质,必须在保证前提条件下进行.

3. 若级数$\sum\limits_{n=1}^{\infty}u_n$收敛,则$\sum\limits_{n=1}^{\infty}u_n^2$必定收敛.

【解析】错误. 例如$\sum\limits_{n=1}^{\infty}(-1)^{n-1}\frac{1}{\sqrt{n}}$收敛,但$\sum\limits_{n=1}^{\infty}\frac{1}{n}$发散. 需要指出的是:如果$\sum\limits_{n=1}^{\infty}u_n$为正项级数且收敛,则$\sum\limits_{n=1}^{\infty}u_n^2$必定收敛.

事实上,若正项级数$\sum\limits_{n=1}^{\infty}u_n$收敛,由级数收敛的必要条件可知$\lim\limits_{n\to\infty}u_n=0$,因此存在自然数$N$,当$n>N$时,有

$$0<u_n<1,$$

因此

$$0<u_n^2\leqslant u_n<1,$$

由比较审敛法,结论成立.

4. 若级数 $\sum_{n=1}^{\infty} u_n$ 收敛,则 $\sum_{n=1}^{\infty} u_{2n}$ 必定收敛.

【解析】错误. 例如 $\sum_{n=1}^{\infty} u_n = \sum_{n=1}^{\infty} (-1)^n \frac{1}{n}$ 收敛,而 $\sum_{n=1}^{\infty} u_{2n} = \frac{1}{2} + \frac{1}{4} + \cdots + \frac{1}{2n} + \cdots$ 发散.

说明　如果 $\sum_{n=1}^{\infty} u_n$ 为正项级数,当 $\sum_{n=1}^{\infty} u_n$ 收敛时, $\sum_{n=1}^{\infty} u_{2n}$ 必定收敛,这可作为正项级数的性质使用.

5. 若 $a_n \geqslant 0 (n=1,2,\cdots)$,且 $\{a_n\}$ 单调减少有下界,则 $\sum_{n=1}^{\infty} (-1)^n a_n$ 必定收敛.

【解析】错误. 可知级数 $\sum_{n=1}^{\infty} (-1)^n a_n$ 为交错级数,由莱布尼茨定理可知,本题中只知道 $\lim_{n\to\infty} a_n = a$ 存在,但并不一定有 $a=0$,此时是不能用莱布尼茨定理判断所给级数的收敛性的.

例如, $a_n = \frac{n+1}{n} = 1 + \frac{1}{n} > 0, a_{n+1} = 1 + \frac{1}{n+1}$, $\{a_n\}$ 为单调减少数列. 但是由于 $\lim_{n\to\infty} a_n = 1$,可知 $\sum_{n=1}^{\infty} (-1)^n a_n = \sum_{n=1}^{\infty} (-1)^n \frac{n+1}{n}$ 发散.

6. 幂级数 $\sum_{n=0}^{\infty} a_n x^n$ 在其收敛区间 $(-R, +R)$ 内可以逐项可导,即

$$\left(\sum_{n=0}^{\infty} a_n x^n\right)' = \sum_{n=0}^{\infty} (a_n x^n)' = \sum_{n=1}^{\infty} n a_n x^{n-1},$$

式中: $|x| < R$,逐项求导后所得到的幂级数与原幂级数收敛域相同.

【解析】正确. 此为幂级数在其收敛区间的基本性质,相应的有:

幂级数 $\sum_{n=0}^{\infty} a_n x^n$ 在其收敛区间 $(-R, +R)$ 内可以逐项积分,即

$$\int_0^x \sum_{n=0}^{\infty} a_n x^n \mathrm{d}x = \sum_{n=0}^{\infty} \int_0^x a_n x^n \mathrm{d}x = \sum_{n=1}^{\infty} \frac{1}{n+1} a_n x^{n+1},$$

逐项积分后所得到的幂级数与原幂级数收敛域相同,收敛半径也相同.

7. 幂级数 $\sum_{n=1}^{\infty} a x^n$ 的和函数在其收敛区间 $(-R, +R)$ 内有任意阶导数.

【解析】是. 这个命题为求高阶导数提供了一条途径. 例如求函数 $f(x) = x^2 \ln(1+x)$ 在点 $x=0$ 的 n 阶导数 $f^{(n)}(0) (n>3)$.

由于

$$f(x) = \sum_{n=0}^{\infty} \frac{1}{n!} f^{(n)}(0) x^n$$

及

$$x^2 \ln(1+x) = x^2 \sum_{n=1}^{\infty} (-1)^{n-1} \frac{x^n}{n} = \sum_{n=1}^{\infty} (-1)^{n-1} \frac{x^{n+2}}{n},$$

比较 x^n 的系数可得

$$\frac{1}{n!} f^{(n)}(0) = \frac{(-1)^{n-1}}{n-2},$$

所以

$$f^{(n)}(0)=\frac{(-1)^{n-1}}{n-2}n!\ .$$

8. 若$f(x)$在$[-\pi,\pi]$上至多有有限个第一类间断点,且至多有有限个极值点,又

$$S(x)=\frac{a_0}{2}+\sum_{n=1}^{\infty}(a_n\cos nx+b_n\sin nx),$$

其中

$$a_n=\frac{1}{\pi}\int_{-\pi}^{\pi}f(x)\cos nx\mathrm{d}x\quad(n=0,1,\cdots),$$

$$b_n=\frac{1}{\pi}\int_{-\pi}^{\pi}f(x)\sin nx\mathrm{d}x\quad(n=1,2,\cdots),$$

则$S(x)$为$(-\infty,+\infty)$上以2π为周期的周期函数.

【解析】是. 因为$f(x)$满足狄利克雷收敛定理的条件,因此傅里叶级数收敛,在$[-\pi,+\pi]$上有:

当x为$f(x)$的连续点时,$S(x)=f(x)$;

当$x=\pm\pi$时,$S(x)=\dfrac{f(-\pi+0)+f(\pi-0)}{2}$

且$S(x)$在$(-\infty,+\infty)$内为以2π为周期的函数.

四、真题实战

(一) 填空题

1. 设周期为2的周期函数,它在区间$(-1,1]$上定义为$f(x)=\begin{cases}2 & -1\leqslant x\leqslant 0\\ x^2 & 0<x\leqslant 1\end{cases}$,则其傅里叶级数在$x=1$处收敛于__________.

2. 幂级数$\sum\limits_{n=1}^{\infty}(-1)^{n-1}nx^{n-1}$在区间$(-1,1)$内的和函数$S(x)=$__________.

3. 设$f(x)=\begin{cases}-1, & -\pi<x\leqslant 0\\ 1+x^2, & 0<x\leqslant\pi\end{cases}$,则其以$2\pi$为周期的傅里叶级数在点$x=\pi$处收敛于__________.

4. 设函数$f(x)=\pi x+x^2(-\pi<x<\pi)$的傅里叶级数展开式为

$$\frac{a_0}{2}+\sum_{n=1}^{\infty}(a_n\cos nx+b_n\sin nx),$$

则其中系数b_3的值为__________.

5. 幂级数$\sum\limits_{n=1}^{\infty}\dfrac{n}{2^n+(-3)^n}x^{2n-1}$的收敛半径$R=$__________.

(二) 选择题

1. 设常数$k>0$,则级数$\sum\limits_{n=1}^{\infty}(-1)^n\dfrac{k+n}{n^2}$(   ).

(A) 发散　　　　　　　　　　　　　(B) 绝对收敛

(C) 条件收敛　　　　　　　　　　　(D) 散敛性与 k 的取值有关

2. 设 $\sum_{n=1}^{\infty} a_n(x-1)^n$ 在 $x=-1$ 处收敛,则此级数在 $x=2$ 处(　　).

(A) 条件收敛　　　　　　　　　　　(B) 绝对收敛

(C) 发散　　　　　　　　　　　　　(D) 收敛性不能确定

3. 设函数 $f(x)=x^2, 0\leqslant x<1$, 而 $S(x)=\sum_{n=1}^{\infty} b_n \sin n\pi x, -\infty<x<+\infty$, 其中

$$b_n = 2\int_0^1 f(x)\sin n\pi x \mathrm{d}x, n=1,2,\cdots$$

则 $S\left(-\frac{1}{2}\right)$ 等于(　　).

(A) $-\frac{1}{2}$　　(B) $-\frac{1}{4}$　　(C) $\frac{1}{4}$　　(D) $\frac{1}{2}$

4. 设 a 为常数,则级数 $\sum_{n=1}^{\infty}\left[\frac{\sin(na)}{n^2}-\frac{1}{\sqrt{n}}\right]$ (　　).

(A) 绝对收敛　　(B) 条件收敛　　(C) 发散　　(D) 收敛性与 a 的取值有关

5. 已知级数 $\sum_{n=1}^{\infty}(-1)^{n-1}a_n=2$, $\sum_{n=1}^{\infty}a_{2n-1}=5$, 则级数 $\sum_{n=1}^{\infty}a_n$ 等于(　　).

(A) 3　　(B) 7　　(C) 8　　(D) 9

6. 若级数 $\sum_{n=1}^{\infty}a_n$ 条件收敛,则 $x=\sqrt{3}$ 与 $x=3$ 依次为幂级数 $\sum_{n=1}^{\infty}na_n(x-1)^n$ 的(　　).

(A) 收敛点,收敛点　　　　　　　　(B) 收敛点,发散点

(C) 发散点,收敛点　　　　　　　　(D) 发散点,发散点

7. $\sum_{n=0}^{\infty}(-1)^n\frac{2n+3}{(2n+1)!}=$ (　　).

(A) $\sin 1+\cos 1$　　　　　　　　(B) $2\sin 1+\cos 1$

(C) $2\sin 1+2\cos 1$　　　　　　　(D) $2\sin 1+3\cos 1$

8. 设 $\{u_n\}$ 是单调增加的有界数列,则下列级数中收敛的是(　　).

(A) $\sum_{n=1}^{\infty}\frac{u_n}{n}$　　　　　　　　(B) $\sum_{n=1}^{\infty}(-1)^n\frac{1}{u_n}$

(C) $\sum_{n=1}^{\infty}\left(1-\frac{u_n}{u_{n+1}}\right)$　　　　(D) $\sum_{n=1}^{\infty}(u_{n+1}^2-u_n^2)$

9. 设 R 为幂级数 $\sum_{n=1}^{\infty}a_nx^n$ 的收敛半径,r 是实数,则(　　).

(A) 当 $\sum_{n=1}^{\infty}a_{2n}x^{2n}$ 发散时,$|r|\geqslant R$　　(B) 当 $\sum_{n=1}^{\infty}a_{2n}x^{2n}$ 收敛时,$|r|\leqslant R$

(C) 当 $|r|\geqslant R$ 时,$\sum_{n=1}^{\infty}a_{2n}x^{2n}$ 发散　　(D) 当 $|r|\leqslant R$ 时,$\sum_{n=1}^{\infty}a_{2n}x^{2n}$ 收敛

10. 级数 $\sum_{n=1}^{\infty}(-1)^n\left(1-\cos\frac{\alpha}{n}\right)$ (常数 $\alpha>0$) (　　).

(A) 发散　　　　(B) 条件收敛

(C) 绝对收敛　　　　(D) 收敛性与 α 有关

11. 设常数 $\lambda>0$,且级数 $\sum_{n=1}^{\infty}a_n^2$ 收敛,则级数 $\sum_{n=1}^{\infty}(-1)^n\frac{|a_n|}{\sqrt{n^2+\lambda}}$ (　　).

(A) 发散　　　　(B) 条件收敛

(C) 绝对收敛　　　　(D) 收敛性与 λ 有关

12. 设 $u_n=(-1)^n\ln\left(1+\frac{1}{\sqrt{n}}\right)$,则级数(　　).

(A) $\sum_{n=1}^{\infty}u_n$ 与 $\sum_{n=1}^{\infty}u_n^2$ 都收敛　　　　(B) $\sum_{n=1}^{\infty}u_n$ 与 $\sum_{n=1}^{\infty}u_n^2$ 都发散

(C) $\sum_{n=1}^{\infty}u_n$ 收敛而 $\sum_{n=1}^{\infty}u_n^2$ 发散　　　　(D) $\sum_{n=1}^{\infty}u_n$ 发散而 $\sum_{n=1}^{\infty}u_n^2$ 收敛

13. 设 $a_n>0(n=1,2,\cdots)$,且 $\sum_{n=1}^{\infty}a_n$ 收敛,常数 $\lambda\in\left(0,\frac{\pi}{2}\right)$,则级数(　　).

$$\sum_{n=1}^{\infty}(-1)^n\left(n\tan\frac{\lambda}{n}\right)a_{2n}$$

(A) 绝对收敛　　　　(B) 条件收敛

(C) 发散　　　　(D) 收敛性与 λ 有关

(三) 求解和证明下列各题

1. 求幂级数 $\sum_{n=1}^{\infty}\frac{1}{n2^n}x^{n-1}$ 的收敛域,并求其和函数.

2. 求幂级数 $\sum_{n=1}^{\infty}\frac{(x-3)^n}{n3^n}$ 的收敛域.

3. 将函数 $f(x)=\arctan\frac{1+x}{1-x}$展为 x 的幂级数.

4. 求幂级数 $\sum_{n=0}^{\infty}(2n+1)x^n$ 的收敛域,并求其和函数.

5. 将函数 $f(x)=2+|x|(-1\leqslant x\leqslant 1)$展开成以 2 为周期的傅里叶级数,并由此求级数 $\sum_{n=1}^{\infty}\frac{1}{n^2}$ 的和.

6. 设数列 $\{a_n\}$, $\{b_n\}$满足 $0<a_n<\frac{\pi}{2}$, $0<b_n<\frac{\pi}{2}$, $\cos a_n-a_n=\cos b_n$,且级数 $\sum_{n=1}^{\infty}b_n$ 收敛.

(1) 证明 $\lim\limits_{n\to\infty}a_n=0$;

(2) 证明级数 $\sum_{n=1}^{\infty}\frac{a_n}{b_n}$ 收敛.

7. 已知函数 $f(x)$可导,且 $f(0)=1$, $0<f'(x)<\frac{1}{2}$,设数列 $\{x_n\}$满足

$$x_{n+1}=f(x_n)\ (n=1,2,\cdots),$$

证明:(1) 级数 $\sum_{n=1}^{\infty}(x_{n+1}-x_n)$ 绝对收敛;

(2) $\lim\limits_{n\to\infty}x_n$ 存在,且 $0<\lim\limits_{n\to\infty}x_n<2$.

8. 设数列 $\{a_n\}$ 满足 $a_1=1,(n+1)a_{n+1}=\left(n+\dfrac{1}{2}\right)a_n$.

证明:当 $|x|<1$ 时,幂级数 $\sum\limits_{n=1}^{\infty}a_nx^n$ 收敛,并求其和函数.

9. 求级数 $\sum\limits_{n=0}^{\infty}\dfrac{(-1)^n(n^2-n+1)}{2^n}$ 的和.

10. 将函数 $f(x)=\dfrac{1}{4}\ln\dfrac{1+x}{1-x}+\dfrac{1}{2}\arctan x-x$ 展开成 x 的幂级数.

11. 设 $f(x)$ 在点 $x=0$ 的某一领域内具有二阶连续导数,且 $\lim\limits_{x\to 0}\dfrac{f(x)}{x}=0$,证明级数 $\sum\limits_{n=1}^{\infty}f\left(\dfrac{1}{n}\right)$ 绝对收敛.

12. 将函数 $f(x)=x-1(0\leqslant x\leqslant 2)$ 展开成周期为 4 的余弦级数.

13. 求级数 $\sum\limits_{n=2}^{\infty}\dfrac{1}{(n^2-1)2^n}$ 的和.

(四) 参考答案

(一) 填空题

1. $\dfrac{3}{2}$

【解析】由狄利克雷收敛定理知,$f(x)$ 的傅里叶级数在 $x=1$ 处收敛于

$$\frac{f(-1^+)+f(1^-)}{2}=\frac{2+1}{2}=\frac{3}{2}.$$

2. $\dfrac{1}{(1+x)^2}$

【解析】$\sum\limits_{n=1}^{\infty}(-1)^{n-1}nx^{n-1}=\left(\sum\limits_{n=1}^{\infty}(-1)^{n-1}x^n\right)'=\left(\dfrac{x}{1+x}\right)'=\dfrac{1}{(1+x)^2}$.

3. $\dfrac{1}{2}\pi^2$

【解析】 $x=\pi$ 是 $[-\pi,\pi]$ 区间的端点,由收敛性定理——狄利克雷充分条件知,该傅里叶级数在 $x=\pi$ 处收敛于

$$\frac{1}{2}[f(-\pi+0)+f(\pi-0)]=\frac{1}{2}[-1+1+\pi^2]=\frac{1}{2}\pi^2.$$

4. $\dfrac{2}{3}\pi$

【解析】按傅里叶系数的积分表达式

$$b_n=\frac{1}{\pi}\int_{-\pi}^{\pi}f(x)\sin nx\mathrm{d}x,$$

所以

$$b_3=\frac{1}{\pi}\int_{-\pi}^{\pi}(\pi x+x^2)\sin 3x\mathrm{d}x=\int_{-\pi}^{\pi}x\sin 3x\mathrm{d}x+\frac{1}{\pi}\int_{-\pi}^{\pi}x^2\sin 3x\mathrm{d}x.$$

因为 $x^2\sin 3x$ 为奇函数,所以 $\int_{-\pi}^{\pi}x^2\sin 3x\mathrm{d}x=0$;$x\sin 3x$ 为偶函数,所以

$$=2\int_0^{\pi}x\mathrm{d}\left(-\frac{1}{3}\cos 3x\right)=\left[-\frac{2x}{3}\cos 3x\right]_0^{\pi}+\frac{2}{3}\int_0^{\pi}\cos 3x\mathrm{d}x$$

$$=\frac{2}{3}\pi+\frac{2}{3}\left[\frac{-\sin 3x}{3}\right]_0^{\pi}=\frac{2}{3}\pi.$$

5. $R=\sqrt{3}$

【解析】 令 $a_n=\frac{n}{2^n+(-3)^n}x^{2n-1}$,则当 $n\to\infty$ 时,有

$$\lim_{n\to\infty}\frac{|a_{n+1}|}{|a_n|}=\lim_{n\to\infty}\frac{\left|\frac{n+1}{2^{n+1}+(-3)^{n+1}}x^{2(n+1)-1}\right|}{\left|\frac{n}{2^n+(-3)^n}x^{2n-1}\right|}$$

$$=\lim_{n\to\infty}x^2\cdot\left|\frac{n+1}{n}\right|\cdot\left|\frac{3^n\left[\left(\frac{2}{3}\right)^n+(-1)^n\right]}{3^{n+1}\left[\left(\frac{2}{3}\right)^{n+1}+(-1)^{n+1}\right]}\right|=\frac{1}{3}x^2,$$

而当 $\frac{1}{3}x^2<1$ 时,幂级数收敛;即 $|x|<\sqrt{3}$ 时,此幂级数收敛;当 $\frac{1}{3}x^2>1$ 时,即 $|x|>\sqrt{3}$ 时,此幂级数发散,因此收敛半径为 $R=\sqrt{3}$.

(二) 选择题

1. (C)

【解析】因为 $(-1)^n\frac{k+n}{n^2}\sim(-1)^n\frac{k}{n^2}+(-1)^n\cdot\frac{1}{n}$

其中 $\sum_{n=1}^{\infty}(-1)^n\frac{1}{n}$ 是条件收敛,所以级数 $\sum_{n=1}^{\infty}(-1)^n\frac{k+n}{n^2}$ 条件收敛.

2. (B)

【解析】$\sum_{n=1}^{\infty}a_n(x-1)^n$ 在 $x=-1$ 处收敛,由阿贝尔定理,当 $|x-1|<|-1-1|=2$,即 $-1<x<3$ 时,$\sum_{n=1}^{\infty}a_n(x-1)^n$ 绝对收敛,故此级数在 $x=2$ 处绝对收敛.

3. (B)

【解析】$S(x)$ 是函数 $f(x)$ 先作奇延拓后再作周期为 2 的周期延拓后的函数的傅里叶级数的和函数,由于 $S(x)$ 是奇函数,于是 $S\left(-\frac{1}{2}\right)=-S\left(\frac{1}{2}\right)$.

当 $x=\frac{1}{2}$ 时,$f(x)$ 连续,由傅里叶级数的收敛性定理,$S\left(\frac{1}{2}\right)=f\left(\frac{1}{2}\right)=\left(\frac{1}{2}\right)^2=\frac{1}{4}$. 因此,$S\left(-\frac{1}{2}\right)=-\frac{1}{4}$.

4. (C)

【解析】本题可利用分解法判别级数的敛散性(收敛级数与发散级数之和为发散级数).

$\sum_{n=1}^{\infty}\frac{1}{\sqrt{n}}$ 发散,因此为 p-级数:$\sum_{n=1}^{\infty}\frac{1}{n^p}$ 当 $p>1$ 时收敛;$p\leqslant 1$ 时发散.

$\sum_{n=1}^{\infty}\frac{\sin n\alpha}{n^2}$ 收敛. 因为由三角函数的有界性 $\left|\frac{\sin n\alpha}{n^2}\right|\leqslant\frac{1}{n^2}$,而 p-级数:$\sum_{n=1}^{\infty}\frac{1}{n^2}$ 收敛. 根据正项级数的比较判别法:设 $\sum_{n=1}^{\infty}u_n$ 和 $\sum_{n=1}^{\infty}v_n$ 都是正项级数,且 $\lim_{n\to\infty}\frac{v_n}{u_n}=A$,则

(1) 当 $0<A<+\infty$ 时,$\sum_{n=1}^{\infty}u_n$ 和 $\sum_{n=1}^{\infty}v_n$ 同时收敛或同时发散;

(2) 当 $A=0$ 时,若 $\sum_{n=1}^{\infty}u_n$ 收敛,则 $\sum_{n=1}^{\infty}v_n$ 收敛;若 $\sum_{n=1}^{\infty}v_n$ 发散,则 $\sum_{n=1}^{\infty}u_n$ 发散;

(3) 当 $A=+\infty$ 时,若 $\sum_{n=1}^{\infty}v_n$ 收敛,则 $\sum_{n=1}^{\infty}u_n$ 收敛;若 $\sum_{n=1}^{\infty}u_n$ 发散,则 $\sum_{n=1}^{\infty}v_n$ 发散.

所以 $\sum_{n=1}^{\infty}\left|\frac{\sin n\alpha}{n^2}\right|$ 收敛,所以级数 $\sum_{n=1}^{\infty}\frac{\sin n\alpha}{n^2}$ 绝对收敛.

由收敛级数与发散级数之和为发散级数,可得级数 $\sum_{n=1}^{\infty}\left[\frac{\sin(na)}{n^2}-\frac{1}{\sqrt{n}}\right]$ 发散.

5. (C)

【解析】因为

$$\begin{aligned}\sum_{n=1}^{\infty}(-1)^{n-1}a_n &= a_1-a_2+a_3-a_4+\cdots+a_{2n-1}-a_{2n}+\cdots\\ &=(a_1-a_2)+(a_3-a_4)+\cdots+(a_{2n-1}-a_{2n})+\cdots\\ &=\sum_{n=1}^{\infty}(a_{2n-1}-a_{2n})=\sum_{n=1}^{\infty}a_{2n-1}-\sum_{n=1}^{\infty}a_{2n}\text{(收敛级数的结合律与线性性质)},\end{aligned}$$

所以 $\sum_{n=1}^{\infty}a_{2n}=\sum_{n=1}^{\infty}a_{2n-1}-\sum_{n=1}^{\infty}(-1)^{n-1}a_n=5-2=3$. 而

$$\begin{aligned}\sum_{n=1}^{\infty}a_n &=(a_1+a_2)+(a_3+a_4)+\cdots+(a_{2n-1}+a_{2n})+\cdots\\ &=\sum_{n=1}^{\infty}(a_{2n-1}+a_{2n})=\sum_{n=1}^{\infty}a_{2n-1}+\sum_{n=1}^{\infty}a_{2n}=5+3=8.\end{aligned}$$

6. (B)

【解析】因为 $\sum_{n=1}^{\infty}a_n$ 条件收敛,即 $x=2$ 为幂级数 $\sum_{n=1}^{\infty}a_n(x-1)^n$ 的条件收敛点,所以 $\sum_{n=1}^{\infty}a_n(x-1)^n$ 的收敛半径为1,收敛区间为(0,2). 而幂级数逐项求导不改变收敛区间,故 $\sum_{n=1}^{\infty}na_n(x-1)^n$ 的收敛区间还是(0,2). 因而 $x=\sqrt{3}$ 与 $x=3$ 依次为幂级数 $\sum_{n=1}^{\infty}na_n(x-1)^n$ 的收敛点,发散点.

7. (B)

【解析】$\sum\limits_{n=0}^{\infty}(-1)^n\frac{2n+3}{(2n+1)!}=\sum\limits_{n=0}^{\infty}(-1)^n\frac{1}{(2n)!}+2\sum\limits_{n=0}^{\infty}(-1)^n\frac{1}{(2n+1)!}=\cos 1+2\sin 1$.

8. (D)

【解析】对级数 $\sum\limits_{n=1}^{\infty}(u_{n+1}^2-u_n^2)$,其部分和

$$S_n=(u_{n+1}^2-u_n^2)+(u_n^2-u_{n-1}^2)+\cdots+(u_2^2-u_1^2)=u_{n+1}^2-u_1^2.$$

数列$\{u_n\}$单调增加且有界,则$\lim\limits_{n\to\infty}u_n$ 存在. 因而,$\lim\limits_{n\to\infty}S_n$ 存在,即级数 $\sum\limits_{n=1}^{\infty}(u_{n+1}^2-u_n^2)$ 收敛.

9. (A)

【解析】由阿贝尔定理,当 $r<R$ 时,$\sum\limits_{n=1}^{\infty}a_nx^n$ 收敛,进而,级数 $\sum\limits_{n=1}^{\infty}a_{2n}x^{2n}$ 收敛. 所以,当 $\sum\limits_{n=1}^{\infty}a_{2n}x^{2n}$ 发散时,$|r|\geqslant R$.

10. (C)

【解析】对原级数的通项取绝对值后,再利用等价无穷小

$$1-\cos\frac{1}{n}\sim\frac{1}{2n^2}(n\to+\infty),$$

$$\left|(-1)^n\left(1-\cos\frac{\alpha}{n}\right)\right|=1-\cos\frac{\alpha}{n}\sim\frac{\alpha^2}{2n^2}(n\to+\infty),$$

又因为 p-级数:$\sum\limits_{n=1}^{\infty}\frac{1}{n^p}$ 当 $p>1$ 时收敛;当 $p\leqslant 1$ 时发散.

所以有

$$\sum_{n=1}^{\infty}\frac{1}{2}\frac{\alpha^2}{n^2}\text{ 收敛}\Rightarrow\sum_{n=1}^{\infty}\left|(-1)^n\left(1-\cos\frac{\alpha}{n}\right)\right|\text{ 收敛}.$$

所以原级数绝对收敛.

11. (C)

【解析】因

$$\left|\frac{(-1)^n|a_n|}{\sqrt{n^2+\lambda}}\right|\leqslant\frac{1}{2}a_n^2+\frac{1}{2}\cdot\frac{1}{n^2+\lambda}<\frac{1}{2}a_n^2+\frac{1}{2n^2},$$

(第一个不等式是由 $a\geqslant 0,b\geqslant 0,ab\leqslant\frac{1}{2}(a^2+b^2)$ 得到的.)

又 $\sum\limits_{n=1}^{\infty}a_n^2$ 收敛,$\sum\limits_{n=1}^{\infty}\frac{1}{2n^2}$ 收敛,(此为 p-级数:

$\sum\limits_{n=1}^{\infty}\frac{1}{n^p}$ 当 $p>1$ 时收敛;当 $p\leqslant 1$ 时发散.)

所以 $\sum\limits_{n=1}^{\infty}\frac{1}{2}a_n^2+\frac{1}{2n^2}$ 收敛,由比较判别法,得 $\sum\limits_{n=1}^{\infty}\left|\frac{(-1)^n|a_n|}{\sqrt{n^2+\lambda}}\right|$ 收敛.

故原级数绝对收敛.

12. (C)

【解析】这是讨论 $\sum_{n=1}^{\infty} u_n$ 与 $\sum_{n=1}^{\infty} u_n^2$ 敛散性的问题.

$\sum_{n=1}^{\infty} u_n = \sum_{n=1}^{\infty} (-1)^n \ln\left(1+\frac{1}{\sqrt{n}}\right)$ 是交错级数,显然 $\ln\left(1+\frac{1}{\sqrt{n}}\right)$ 单调下降趋于零,由莱布尼茨判别法知,该级数收敛.

正项级数 $\sum_{n=1}^{\infty} u_n^2 = \sum_{n=1}^{\infty} \ln^2\left(1+\frac{1}{\sqrt{n}}\right)$ 中,$u_n^2 = \ln^2\left(1+\frac{1}{\sqrt{n}}\right) \sim \left(\frac{1}{\sqrt{n}}\right)^2 = \frac{1}{n}$.

根据正项级数的比较判别法以及 $\sum_{n=1}^{\infty} \frac{1}{n}$ 发散,可导出 $\sum_{n=1}^{\infty} u_n^2$ 发散.

13. (A)

【解析】若正项级数 $\sum_{n=1}^{\infty} a_n$ 收敛,则 $\sum_{n=1}^{\infty} a_{2n}$ 也收敛,且当 $n \to +\infty$ 时,有

$$\lim_{n\to+\infty}\left(n\tan\frac{\lambda}{n}\right) = \lim_{n\to+\infty}\frac{\tan\frac{\lambda}{n}}{\frac{\lambda}{n}}\cdot\lambda = \lambda.$$

用比较判别法的极限形式,有

$$\lim_{n\to+\infty}\frac{n\tan\frac{\lambda}{n}a_{2n}}{a_{2n}} = \lambda > 0.$$

因为 $\sum_{n=1}^{\infty} a_{2n}$ 收敛,所以 $\lim_{x\to+\infty} n\tan\frac{\lambda}{n}a_{2n}$ 也收敛,所以原级数绝对收敛.

(三)求解和证明下列各题

1. 收敛域为 $[-2,2)$, $\sum_{n=1}^{\infty}\frac{1}{n2^n}x^{n-1} = \begin{cases} -\frac{1}{x}\ln\left(1-\frac{x}{2}\right), & -2 \leqslant x < 2, \quad x \neq 0 \\ \frac{1}{2}, & x = 0 \end{cases}$

【解析】先用公式求出幂级数的收敛半径、收敛区间,再考察端点处的敛散性可得到收敛域.将幂级数 $\sum_{n=1}^{\infty}\frac{1}{n2^n}x^{n-1}$ 转化为基本情形 $\sum_{n=1}^{\infty}\frac{x^n}{n}$,即可求得和函数.

因为 $\rho = \lim_{n\to\infty}\frac{|a_{n+1}|}{|a_n|} = \lim_{n\to\infty}\frac{n2^n}{(n+1)2^{n+1}} = \frac{1}{2}$,所以收敛半径 $R=2$,收敛区间为 $(-2,2)$. 当 $x=2$ 时,级数 $\sum_{n=1}^{\infty}\frac{1}{2n}$ 发散,当 $x=-2$ 时,级数 $\sum_{n=1}^{\infty}(-1)^{n-1}\frac{1}{2n}$ 收敛,所以幂级数 $\sum_{n=1}^{\infty}\frac{1}{n2^n}x^{n-1}$ 的收敛域为 $[-2,2)$.

令 $S(x) = \sum_{n=1}^{\infty}\frac{1}{n2^n}x^n = \sum_{n=1}^{\infty}\frac{1}{n}\left(\frac{x}{2}\right)^n$,则

$$S'(x) = \frac{1}{2}\sum_{n=1}^{\infty}\left(\frac{x}{2}\right)^{n-1} = \frac{1}{2}\frac{1}{1-\frac{x}{2}} = \frac{1}{2-x}(-2<x<2),$$

所以$S(x)=S(0)+\int_0^x S'(t)\mathrm{d}t=\int_0^x\frac{1}{2-t}\mathrm{d}t=-\ln\left(1-\frac{x}{2}\right)(-2\leqslant x<2)$.

于是,当$x\neq0$时,$\sum_{n=1}^{\infty}\frac{1}{n2^n}x^{n-1}=\frac{1}{x}S(x)=-\frac{1}{x}\ln\left(1-\frac{x}{2}\right)$;当$x=0$时,$\sum_{n=1}^{\infty}\frac{1}{n2^n}x^{n-1}=\frac{1}{2}$.

因此,

$$\sum_{n=1}^{\infty}\frac{1}{n2^n}x^{n-1}=\begin{cases}-\frac{1}{x}\ln\left(1-\frac{x}{2}\right),\ -2\leqslant x<2, & x\neq0\\ \frac{1}{2}, & x=0\end{cases}.$$

2. [0,6)

【解析】因为$\rho=\lim_{n\to\infty}\frac{|a_{n+1}|}{|a_n|}=\lim_{n\to\infty}\frac{\frac{1}{(n+1)3^{n+1}}}{\frac{1}{n3^n}}=\frac{1}{3}$,所以收敛半径为$R=\frac{1}{\rho}=3$,收敛区间为(0,6).

当$x=0$时,原级数为$\sum_{n=1}^{\infty}\frac{(-1)^n}{n}$是收敛的,当$x=6$时,原级数为$\sum_{n=1}^{\infty}\frac{1}{n}$是发散的.故所求的收敛域为[0,6).

3. $f(x)=\arctan\frac{1+x}{1-x}=\frac{\pi}{4}+\sum_{n=0}^{\infty}\frac{(-1)^n}{2n+1}x^{2n+1},x\in[-1,1)$

【解析】直接展开$f(x)$相对比较麻烦,可$f'(x)$容易展开,

$$f'(x)=\frac{1}{1+\left(\frac{1+x}{1-x}\right)^2}\cdot\frac{1-x-(1+x)\cdot(-1)}{(1-x)^2}=\frac{2}{(1-x)^2+(1+x)^2}=\frac{1}{1+x^2}.$$

由$\frac{1}{1+t}=1-t+t^2-\cdots+(-1)^nt^n+\cdots=\sum_{n=0}^{\infty}(-1)^nt^n,(|t|<1)$,令$t=x^2$得

$$\frac{1}{1+t}=\frac{1}{1+x^2}=1-x^2+x^4-\cdots+(-1)^nx^{2n}+\cdots=\sum_{n=0}^{\infty}(-1)^nx^{2n},(x^2<1),$$

即$f'(x)=\frac{1}{1+x^2}=\sum_{n=0}^{\infty}(-1)^nx^{2n},(|x|<1)$.所以

$$\begin{aligned}f(x)&=\int_0^x f'(u)\mathrm{d}u+f(0),\\&=\int_0^x\sum_{n=0}^{\infty}(-1)^nu^{2n}\mathrm{d}u+\arctan\frac{1+0}{1-0}=\frac{\pi}{4}+\sum_{n=0}^{\infty}(-1)^n\int_0^x u^{2n}\mathrm{d}u\\&=\frac{\pi}{4}+\sum_{n=0}^{\infty}(-1)^n\frac{x^{2n+1}}{2n+1},(|x|<1).\end{aligned}$$

当$x=\pm1$时,式$\sum_{n=0}^{\infty}(-1)^n\frac{x^{2n+1}}{2n+1}$均收敛,而左端$f(x)=\arctan\frac{1+x}{1-x}$在$x=1$处无定义.

因此$f(x)=\arctan\frac{1+x}{1-x}=\frac{\pi}{4}+\sum_{n=0}^{\infty}\frac{(-1)^n}{2n+1}x^{2n+1},x\in[-1,1)$.

4. 收敛域$(-1,1)$,$\sum_{n=0}^{\infty}(2n+1)x^n=\frac{1+x}{(1-x)^2}(|x|<1)$

【解析】先用公式求出收敛半径及收敛区间，再考察端点处的敛散性可得到收敛域；将幂级数 $\sum\limits_{n=0}^{\infty}(2n+1)x^n$ 转化为基本情形 $\sum\limits_{n=0}^{\infty}nx^{n-1}$，可求得和函数.

$$\sum_{n=0}^{\infty}nx^{n-1}=\left(\sum_{n=1}^{\infty}x^n\right)'=\left(\frac{x}{1-x}\right)'=\frac{1}{(1-x)^2}(-1<x<1).$$

具体地：直接考察 $\sum\limits_{n=0}^{\infty}x^{2n+1}=\dfrac{x}{1-x^2}(|x|<1)$（几何级数求和），逐项求导得

$$\sum_{n=0}^{\infty}(2n+1)x^{2n}=\left(\frac{x}{1-x^2}\right)'=\frac{1+x^2}{(1-x^2)^2}(|x|<1),$$

将 x^2 换成 x 得 $\sum\limits_{n=0}^{\infty}(2n+1)x^n=\dfrac{1+x}{(1-x)^2}(|x|<1)$，故有收敛域 $(-1,1)$.

5. $f(x)=\dfrac{5}{2}-\dfrac{4}{\pi^2}\sum\limits_{n=1}^{\infty}\dfrac{1}{(2n-1)^2}\cos(2n-1)\pi x\ (-1\leqslant x\leqslant 1)$，$\sum\limits_{n=1}^{\infty}\dfrac{1}{n^2}=\dfrac{\pi^2}{6}$

【解析】按傅里叶级数公式，先求 $f(x)$ 的傅里叶系数 a_n 与 b_n. 因 $f(x)$ 为偶函数，所以

$$b_n=\frac{1}{l}\int_{-l}^{l}f(x)\sin\frac{n\pi}{l}x\mathrm{d}x=0\ (n=1,2,\cdots),$$

$$\begin{aligned}a_n&=\frac{1}{l}\int_{-l}^{l}f(x)\cos\frac{n\pi}{l}x\mathrm{d}x=\frac{2}{l}\int_{0}^{l}f(x)\cos\frac{n\pi}{l}x\mathrm{d}x\\&=2\int_0^1(2+x)\cos n\pi x\mathrm{d}x=4\int_0^1\cos n\pi x\mathrm{d}x+\frac{2}{n\pi}\int_0^1x\mathrm{d}\sin n\pi x\\&=-\frac{2}{n\pi}\int_0^1\sin n\pi x\mathrm{d}x=\frac{2(\cos n\pi-1)}{n^2\pi^2}\quad(n=1,2,\cdots),\end{aligned}$$

$$a_0=2\int_0^1(2+x)\mathrm{d}x=5.$$

因为 $f(x)=2+|x|$ 在区间 $(-1\leqslant x\leqslant 1)$ 上满足狄利克雷收敛定理的条件，所以

$$\begin{aligned}f(x)=2+|x|&=\frac{a_0}{2}+\sum_{n=1}^{\infty}\left(a_n\cos\frac{n\pi}{l}x+b_n\sin\frac{n\pi}{l}x\right)\\&=\frac{5}{2}+\sum_{n=1}^{\infty}\frac{2(\cos n\pi-1)}{n^2\pi^2}\cos n\pi x\\&=\frac{5}{2}-\frac{4}{\pi^2}\sum_{n=1}^{\infty}\frac{1}{(2n-1)^2}\cos(2n-1)\pi x\quad(-1\leqslant x\leqslant 1).\end{aligned}$$

令 $x=0$，有 $f(0)=2+0=\dfrac{5}{2}-\dfrac{4}{\pi^2}\sum\limits_{n=1}^{\infty}\dfrac{1}{(2n-1)^2}\cos 0$，所以，$\sum\limits_{n=1}^{\infty}\dfrac{1}{(2n-1)^2}=\dfrac{\pi^2}{8}$.

又 $$\sum_{n=1}^{\infty}\frac{1}{n^2}=\sum_{n=1}^{\infty}\left[\frac{1}{(2n-1)^2}+\frac{1}{(2n)^2}\right]=\sum_{n=1}^{\infty}\frac{1}{(2n-1)^2}+\frac{1}{4}\sum_{n=1}^{\infty}\frac{1}{n^2},$$

所以，$\dfrac{3}{4}\sum\limits_{n=1}^{\infty}\dfrac{1}{n^2}=\dfrac{\pi^2}{8}$，即 $\sum\limits_{n=1}^{\infty}\dfrac{1}{n^2}=\dfrac{\pi^2}{6}$.

6. (1) 证明：因为 $\sum\limits_{n=1}^{\infty}b_n$ 收敛，所以 $\lim\limits_{n\to\infty}b_n=0$. 而 $a_n=\cos a_n-\cos b_n=-2\sin\dfrac{a_n+b_n}{2}\sin\dfrac{a_n-b_n}{2}>0$,

且 $\sin\frac{a_n+b_n}{2}>0$，有 $\sin\frac{a_n-b_n}{2}<0$. 又 $-\frac{\pi}{4}<\frac{a_n-b_n}{2}<\frac{\pi}{4}$，故 $-\frac{\pi}{4}<\frac{a_n-b_n}{2}<0$，即 $0<a_n<b_n$，由夹逼定理知 $\lim\limits_{n\to\infty}a_n=0$.

(2) 证明：因为 $\lim\limits_{n\to\infty}\frac{\frac{a_n}{b_n}}{b_n}=\lim\limits_{n\to\infty}\frac{a_n}{b_n^2}=\lim\limits_{n\to\infty}\frac{1-\cos b_n}{b_n^2}\cdot\frac{a_n}{1-\cos b_n}=\lim\limits_{n\to\infty}\frac{1}{2}\frac{a_n}{1-\cos b_n}=\lim\limits_{n\to\infty}\frac{1}{2}\frac{a_n}{a_n+1-\cos a_n}=\frac{1}{2}$

且级数 $\sum\limits_{n=1}^{\infty}b_n$ 收敛，于是由正项级数的比较判别法知级数 $\sum\limits_{n=1}^{\infty}\frac{a_n}{b_n}$ 收敛.

7. 证明 (1) $|x_{n+1}-x_n|=|f(x_n)-f(x_{n-1})|=|f'(\xi)(x_n-x_{n-1})|<\frac{1}{2}|x_n-x_{n-1}|<\frac{1}{2^2}|x_{n-1}-x_{n-2}|<\cdots<\frac{1}{2^{n-1}}|x_2-x_1|$. 因为 $\sum\limits_{n=1}^{\infty}\frac{1}{2^{n-1}}|x_2-x_1|=|x_2-x_1|\sum\limits_{n=1}^{\infty}\frac{1}{2^{n-1}}$ 收敛，所以，$\sum\limits_{n=1}^{\infty}|x_{n+1}-x_n|$ 收敛，即 $\sum\limits_{n=1}^{\infty}(x_{n+1}-x_n)$ 绝对收敛.

(2) 由(1)的结论知 $\sum\limits_{n=1}^{\infty}(x_{n+1}-x_n)$ 绝对收敛，其部分和的极限 $\lim\limits_{n\to\infty}S_n=\lim\limits_{n\to\infty}(x_{n+1}-x_1)=\lim\limits_{n\to\infty}x_{n+1}-x_1$ 存在，故 $\lim\limits_{n\to\infty}x_n$ 存在.

设 $\lim\limits_{n\to\infty}x_n=a$，由于 $f(x)$ 可导，从而 $f(x)$ 连续，对 $x_{n+1}=f(x_n)$ 两边取极限得 $a=f(a)$，

又 $f(a)-f(0)=f'(\xi)a$，即

$a=\frac{1}{1-f'(\xi)}$，即 $0<\lim\limits_{n\to\infty}x_n<2$.

8. 证明：$\rho=\lim\limits_{n\to\infty}\left|\frac{a_{n+1}}{a_n}\right|=\lim\limits_{n\to\infty}\frac{n+\frac{1}{2}}{n+1}$

幂级数 $\sum\limits_{n=1}^{\infty}a_nx^n$ 的收敛半径 $R=\frac{1}{\rho}=1$，所以当 $|x|<1$ 时，$\sum\limits_{n=1}^{\infty}a_nx^n$ 收敛.

令 $S(x)=\sum\limits_{n=1}^{\infty}a_nx^n$，则

$$
\begin{aligned}
S'(x)&=\sum_{n=1}^{\infty}na_nx^{n-1}=\sum_{n=1}^{\infty}(n+1)a_{n+1}x^n+a_1=\sum_{n=1}^{\infty}\left(n+\frac{1}{2}\right)a_nx^n+1\\
&=\sum_{n=1}^{\infty}na_nx^n+\frac{1}{2}\sum_{n=1}^{\infty}a_nx^n+1=x\left(\sum_{n=1}^{\infty}a_nx^n\right)'+\frac{1}{2}\sum_{n=1}^{\infty}a_nx^n+1,
\end{aligned}
$$

即 $S'(x)=xS'(x)+\frac{1}{2}S(x)+1$，$\frac{S'(x)}{S(x)+2}=\frac{1}{2}\cdot\frac{1}{1-x}$.

得 $S(x)+2=\frac{C}{\sqrt{1-x}}$，由 $S(0)=0$ 得 $C=2$，所求和函数为 $S(x)=\frac{2}{\sqrt{1-x}}-2$.

9. $\frac{22}{27}$

【解析】先将级数分解，

$$
A=\sum_{n=0}^{\infty}\frac{(-1)^n(n^2-n+1)}{2^n}=\sum_{n=0}^{\infty}\frac{(-1)^nn(n-1)}{2^n}+\sum_{n=0}^{\infty}\left(-\frac{1}{2}\right)^n.
$$

第二个级数是几何级数,它的和已知

$$\sum_{n=0}^{\infty}\left(-\frac{1}{2}\right)^n=\frac{1}{1-\left(-\frac{1}{2}\right)}=\frac{2}{3}.$$

求第一个级数的和转化为幂级数求和．考察

$$\sum_{n=0}^{\infty}(-1)^n x^n=\frac{1}{1+x}(|x|<1).$$

$$S(x)=\sum_{n=0}^{\infty}(-1)^n n(n-1)x^{n-2}=\left(\sum_{n=0}^{\infty}(-1)^n x^n\right)''=\left(\frac{1}{1+x}\right)''=\frac{2}{(1+x)^3},$$

所以
$$\sum_{n=0}^{\infty}\frac{(-1)^n n(n-1)}{2^n}=\frac{1}{2^2}S\left(\frac{1}{2}\right)=\frac{1}{4}\frac{2}{\left(1+\frac{1}{2}\right)^3}=\frac{4}{27}.$$

因此原级数的和 $A=\frac{4}{27}+\frac{2}{3}=\frac{22}{27}$.

10. $f(x)=\sum_{n=1}^{\infty}\frac{x^{4n+1}}{4n+1}(|x|<1)$

【解析】$f(x)=\frac{1}{4}\ln(1+x)-\frac{1}{4}\ln(1-x)+\frac{1}{2}\arctan x-x$.

先求 $f'(x)$ 的展开式．将 $f(x)$ 微分后,可得简单的展开式,再积分即得原函数的幂级数展开．所以由

$$(1+x)^\alpha=1+\alpha x+\frac{\alpha(\alpha-1)}{2!}x^2+\cdots+\frac{\alpha(\alpha-1)\cdots(\alpha-n+1)}{n!}x^n+\cdots,(-1<x<1),$$

该级数在端点 $x=\pm1$ 处的收敛性视 α 而定．特别地,当 $\alpha=-1$ 时,有

$$\frac{1}{1+x}=1-x+x^2-x^3+\cdots+(-1)^n x^n+\cdots,\qquad(-1<x<1)$$

$$\frac{1}{1-x}=1+x+x^2+x^3+\cdots+x^n+\cdots,\qquad(-1<x<1)$$

得
$$f'(x)=\frac{1}{4}\frac{1}{1+x}+\frac{1}{4}\frac{1}{1-x}+\frac{1}{2}\frac{1}{1+x^2}-1=\frac{1}{2}\frac{1}{1-x^2}+\frac{1}{2}\frac{1}{1+x^2}-1$$

$$=\frac{1}{1-x^4}-1=\sum_{n=0}^{\infty}x^{4n}-1=\sum_{n=1}^{\infty}x^{4n}\ (|x|<1),$$

积分,由牛顿－莱布尼茨公式得

$$f(x)=f(0)+\int_0^x f'(x)\mathrm{d}x=\sum_{n=1}^{\infty}\int_0^x t^{4n}\mathrm{d}t=\sum_{n=1}^{\infty}\frac{x^{4n+1}}{4n+1}\quad(|x|<1).$$

11.【解析】$\lim\limits_{x\to0}\frac{f(x)}{x}=0$ 表明 $x\to0$ 时 $f(x)$ 是比 x 高阶的无穷小,若能进一步确定 $f(x)$ 是 x 的 p 阶或高于 p 阶的无穷小,$p>1$,从而 $\left|f\left(\frac{1}{n}\right)\right|$ 也是 $\frac{1}{n}$ 的 p 阶或高于 p 阶的无穷小,这就证明了级数 $\sum\limits_{n=1}^{\infty}f\left(\frac{1}{n}\right)$ 绝对收敛．

12. $f(x)=-\frac{8}{\pi^2}\sum_{n=1}^{\infty}\frac{1}{(2n-1)^2}\cos\frac{(2n-1)\pi}{2}x,x\in[0,2]$

【解析】这就是将$f(x)$作偶延拓后再作周期为 4 的周期延拓．于是得$f(x)$的傅里叶系数：

$$b_n = 0(n = 1,2,\cdots)$$

$$a_n = \frac{2}{l}\int_0^l f(x)\cos\frac{n\pi x}{l}\mathrm{d}x \underline{\underline{l = 2}} \int_0^2 (x-1)\cos\frac{n\pi}{2}x\mathrm{d}x$$

$$= \frac{2}{n\pi}\int_0^2 (x-1)\mathrm{d}\sin\frac{n\pi}{2}x = -\frac{2}{n\pi}\int_0^2 \sin\frac{n\pi}{2}x\mathrm{d}x$$

$$= \frac{4}{n^2\pi^2}\cos\frac{n\pi}{2}x\Big|_0^2 = \frac{4}{n^2\pi^2}((-1)^n - 1)$$

$$= \begin{cases} \dfrac{-8}{(2k-1)^2\pi^2}, & n = 2k-1, \\ 0, & n = 2k, \end{cases} \quad k = 1,2,\cdots$$

$$a_0 = \frac{2}{2}\int_0^2 f(x)\mathrm{d}x = \int_0^2 (x-1)\mathrm{d}x = \frac{1}{2}(x-1)^2\Big|_0^2 = 0.$$

由于(延拓后)$f(x)$在$[-2,2]$分段单调、连续且$f(-1)=1$. 于是$f(x)$有展开式

$$f(x) = -\frac{8}{\pi^2}\sum_{n=1}^{\infty}\frac{1}{(2n-1)^2}\cos\frac{(2n-1)\pi}{2}x,\quad x\in[0,2].$$

13. $\dfrac{5}{8} - \dfrac{3}{4}\ln 2$

【解析】$A = \displaystyle\sum_{n=2}^{\infty}\frac{1}{(n^2-1)2^n} = \sum_{n=2}^{\infty}\frac{1}{2^{n+1}}\left(\frac{1}{n-1} - \frac{1}{n+1}\right)$

$$= \sum_{n=2}^{\infty}\frac{1}{2^{n+1}}\cdot\frac{1}{n-1} - \sum_{n=2}^{\infty}\frac{1}{2^{n+1}}\cdot\frac{1}{n+1} = \sum_{n=1}^{\infty}\frac{1}{2^{n+2}\cdot n} - \sum_{n=3}^{\infty}\frac{1}{2^n\cdot n}.$$

令 $\quad A_1 = \displaystyle\sum_{n=1}^{\infty}\frac{1}{2^{n+2}\cdot n}, A_2 = \sum_{n=3}^{\infty}\frac{1}{2^n\cdot n},$

则 $\quad A = A_1 - A_2.$

由熟知$\ln(1+x)$幂级数展开式,即$\ln(1+x) = \displaystyle\sum_{n=1}^{\infty}\frac{(-1)^{n-1}}{n}x^n(-1 < x \leqslant 1)$,得

$$A_1 = \sum_{n=1}^{\infty}\frac{1}{2^{n+2}\cdot n} = -\frac{1}{4}\sum_{n=1}^{\infty}\frac{(-1)^{n-1}}{n}\left(-\frac{1}{2}\right)^n = -\frac{1}{4}\ln\left(1-\frac{1}{2}\right) = \frac{1}{4}\ln 2,$$

$$A_2 = \sum_{n=3}^{\infty}\frac{1}{2^n\cdot n} = -\sum_{n=3}^{\infty}\frac{(-1)^{n-1}}{n}\left(-\frac{1}{2}\right)^n$$

$$= -\sum_{n=1}^{\infty}\frac{(-1)^{n-1}}{n}\left(-\frac{1}{2}\right)^n - \frac{1}{2} - \frac{1}{2}\left(-\frac{1}{2}\right)^2 = -\ln\left(1-\frac{1}{2}\right) - \frac{1}{2} - \frac{1}{8} = \ln 2 - \frac{5}{8},$$

因此,$A = A_1 - A_2 = \dfrac{5}{8} - \dfrac{3}{4}\ln 2.$

参考文献

[1] 高等学校工科数学课程教学指导委员会本科组．高等数学释疑解难[M]．北京:高等教育出版社,1992.
[2] 汪林．数学分析中的问题和反例[M]．昆明:云南科技出版社,1990.
[3] 同济大学应用数学系．高等数学[M].7 版．北京:高等教育出版社,2015.
[4] 武忠祥．数学考研历年真题分类解析(数学一)[M]．西安:西安交通大学出版社,2010.
[5] 邓乐斌．高等数学的基本概念与方法[M]．武汉:华中科技大学出版社,2004.
[6] 朱勇,张小柔,林益,等．高等数学中的反例[M]．武汉:华中理工大学出版社,1986.
[7] 韩云瑞．微积分概念解析[M]．北京:高等教育出版社,2007.
[8] 魏战线．工科数学分析基础释疑解难[M]．北京:高等教育出版社,2007.
[9] 王金金,李广民,于力．高等数学学习辅导(上册)[M]．西安:西安电子科技大学出版社,2007.
[10] 王金金,李广民,于力．高等数学学习辅导(下册)[M]．西安:西安电子科技大学出版社,2008.
[11] 舒阳春．高等数学中的若干问题解析[M]．北京:科学出版社,2005.
[12] 黄光谷,萧复生,李杨,等．高等数学学习辅导与考题解析(上册)[M]．武汉:华中科技大学出版社,2004.
[13] 黄光谷,萧复生,李杨,等．高等数学学习辅导与考题解析(下册)[M]．武汉:华中科技大学出版社,2004.
[14] 孙法国．高等数学学习指导(上册)[M]．西安:西北工业大学出版社,2011.
[15] 孙法国．高等数学学习指导(下册)[M]．西安:西北工业大学出版社,2011.
[16] 西北工业大学高等数学教研室．高等数学学习指导解析[M]．北京:科学出版社,2007.
[17] 朱宝彦,刘玉柱．高等数学学习指导[M]．北京:北京大学出版社,2008.
[18] 侯风波．高等数学[M].5 版．北京:高等教育出版社,2018.
[19] VARBERG D,PURCELL E J,RIGDON S E. 微积分(翻译版・原书第 9 版)[M]．刘深全,张万芹,张同斌,等译．北京:机械工业出版社,2011.
[20] 胡金德,谭泽光．考研数学历年真题名师精解:数学一[M]．北京:清华大学出版社,2015.
[21] 胡金德,谭泽光．考研数学历年真题名师精解:数学二[M]．北京:清华大学出版社,2015.
[22] 李永乐,王世安．数学历年真题全精解析．基础篇．数学一[M]．西安:西安交通大学出版社,2021.
[23] 李永乐,王世安．数学历年真题全精解析．基础篇．数学二[M]．西安:西安交通大学出版社,2021.
[24] 张天德,蒋晓芸．吉米多维奇高等数学习题精选精解[M]．济南:山东科学技术出版社,2007.